21世纪高等院校计算机网络工程专业规划教材

局域网技术与组网工程

（第2版）

苗凤君 夏冰 主编

董跃钧 盛剑会 董智勇 副主编

清华大学出版社

北京

内容简介

本书自2010年首次出版以来，已经十多次印刷。第2版在原有结构和内容的基础之上，根据局域网技术的发展、真实网络设计和教学内容的需求，做了增补、调整和修改，以适应当前教学的需要和网络发展。

本书从真实案例出发，以核心技术和应用为中心，比较全面地介绍了局域网技术与组网工程的主要内容。全书共10章，具体内容包括局域网概述、局域网的硬件系统、局域网的软件系统、局域网技术、局域网环境设计、局域网服务器组网、局域网安全与管理、局域网规划与设计、局域网解决方案案例、网络故障排除。本书具有突出局域网新技术、侧重工程建设性和实用性等特点，且图文并茂、内容翔实，各章均配有习题和实践题。

本书可供高等院校网络工程、数据通信、信息安全、电子信息及相关专业本科生、专科生使用，对从事相关专业的教学、科研、工程人员及初学者也有参考价值。

图书在版编目(CIP)数据

局域网技术与组网工程/苗凤君，夏冰主编. —2版. —北京：清华大学出版社，2018（2021.8重印）
（21世纪高等院校计算机网络工程专业规划教材）
ISBN 978-7-302-49201-6

Ⅰ. ①局… Ⅱ. ①苗… ②夏… Ⅲ. ①局域网 Ⅳ. ①TP393.1

中国版本图书馆CIP数据核字(2017)第327983号

责任编辑：魏江江 薛 阳
封面设计：何凤霞
责任校对：焦丽丽
责任印制：刘海龙

出版发行：清华大学出版社
网　　址：http://www.tup.com.cn，http://www.wqbook.com
地　　址：北京清华大学学研大厦A座　　**邮　　编**：100084
社 总 机：010-62770175　　**邮　　购**：010-83470235
投稿与读者服务：010-62776969，c-service@tup.tsinghua.edu.cn
质量反馈：010-62772015，zhiliang@tup.tsinghua.edu.cn
课件下载：http://www.tup.com.cn,010-83470236
印 装 者：三河市龙大印装有限公司
经　　销：全国新华书店
开　　本：185mm×260mm　　**印　　张**：25.75　　**字　　数**：627千字
版　　次：2010年2月第1版　2018年5月第2版　　**印　　次**：2021年8月第6次印刷
印　　数：9001～10500
定　　价：59.50元

产品编号：077686-02

前 言

随着网络技术的快速发展，云计算、数据存储、数据中心、软件定义网络等新型网络规划设计所需技术伴随而生，局域网技术和组网工程发生了新变化和新需求。为适应局域网技术的发展、真实网络设计和教学内容的需求，本书在第1版的基础上编写而成。为使教材保持原有风格，编者对增加的技术内容进行了筛选。

第1章局域网概述，增加了数据通信基础知识和局域网新技术的概念，主要包括虚拟化技术、软件定义网络SDN、数据中心、ICT、物联网和大数据。

第2章局域网的硬件系统，增加了调制解调器、VPN、磁盘阵列RAID、网络安全设备、SDN设备、数据中心设备，删除了交换机和路由器的基本配置的内容。

第3章局域网的软件系统，增加了非结构化数据库、虚拟化软件、网站集群管理系统、SDN、数据存储等。

第4章局域网技术，增加了网络可靠性技术、VXLAN技术，删除原4.3节第三层交换机，将STP内容调整到4.2节中。

第5章局域网环境设计，将综合布线系统更改为局域网环境设计，大幅度压缩综合布线系统知识，增加数据中心机房环境建设和环境建设案例。

第6章局域网服务器组网，将Windows Server 2003组网技术更改为局域网服务器组网。在服务器组网方面，通过Windows和Linux两大通用平台介绍服务组网步骤，增加Workstation和Hyper-V常见的虚拟化软件的安装和使用，删除活动目录相关知识。

第7章局域网安全与管理，增加上网行为管理技术、网络新技术安全、网络安全法。

第8章局域网规划与设计，增加存储规划设计、数据备份设计、网络可靠性设计、数据中心设计和虚拟化设计相关知识。

第9章局域网解决方案案例，增加基于等级保护方案、无线网络方案和云数据中心方案。

第10章网络故障排除，增加了光纤网络故障排除、虚拟机故障排除和网络安全故障排除知识。

编写第2版时保持了第1版的风格，并突出以下几个特点。

(1) 突出新技术、产品和解决方案。以校园网、企业网、无线网络、数据中心为案例，使读者对局域网组网的主流技术、主流产品、设计方法及解决方案有所掌握。

(2) 突出网络规划设计核心地位。以网络工程的生命周期引领局域网的需求分析、规划设计过程以及相关网络文档的编写。

(3) 突出局域网安全。及时跟进新技术安全，以基于等级保护的建设为例，给出局域网安全解决方案。

(4) 突出工程建设性和实用性。在云数据中心、无线网络建设、基于等级保护的网络安全建设方面为读者提供工程参考。

(5) 突出理论教学和实践能力。各章配有习题和实践题,对读者的理论知识和实践能力有所检验。

本书由中原工学院网络工程系课程组完成,改版得到河南省"网络工程专业教学团队"的项目资助。苗凤君统稿并参与第1章、第7章的编写;夏冰统筹教学内容体系,参与第8章、第9章的编写,其中,第9章中的数据中心案例由董跃钧编写,无线网络案例由张俊宝编写;董智勇参与编写第2章;张茜参与编写第3章及第6章的部分内容;许峰参与编写第1章及第5章的部分内容;盛剑会参与第6章的编写;董跃钧参与第4章的编写;张俊宝参与编写第10章。郑秋生教授、潘磊副教授、裴斐高级实验师和杨华博士为本书的编写提供了基础性、建设性的意见,网络中心王桢高级工程师对其中的无线网络技术细节给予了技术支持和帮助,在此表示感谢。

由于编者水平所限,书中疏漏或不妥之处在所难免,恳请广大读者批评指正。

编　者
2018年1月

目　录

第1章 局域网概述

本章学习目标

- 了解局域网的概念、组成、分类及新技术；
- 熟悉局域网的参考模型、介质访问控制方式和常用局域网协议；
- 掌握局域网常见传输介质的分类和特点。

直观来说，网络就是相互连接的独立自主的计算机的集合，计算机通过网线、同轴电缆、光纤或无线的方式连接起来，使资源得以共享。绝大多数网络用户使用的网络是位于一个企业、一所学校甚至一幢建筑物或一个房间内的网络，这类网络称为局域网(Local Area Network，LAN)。

局域网由于覆盖范围小，传输时间有限并可预知，目前已被广泛应用于办公自动化、企业管理信息系统、军事指挥和控制系统、银行系统等方面。各机关、团体和企业部门众多的计算机、工作站通过LAN连接起来，以达到资源共享、信息传递和远程数据通信的目的。

1.1 局域网基础

局域网的研究工作开始于20世纪70年代，以1975年美国Xerox(施乐)公司推出的实验性以太网和1974年英国剑桥大学研制的剑桥环网为典型代表。局域网产品真正投入使用是在20世纪80年代。到20世纪90年代，LAN已经渗透到各行各业，在速度、带宽等指标方面有很大进展。例如，Ethernet(以太网)产品从传输率为10Mb/s的Ethernet发展到100Mb/s的高速以太网和千兆(1000Mb/s)以太网。局域网在访问、服务、管理、安全和保密等方面也都有了进一步的改善。

1.1.1 局域网的定义

由于局域网正处于不断飞速发展的过程中，在网络产品、技术等方面还存在着许多不确定的因素，所以很难对局域网做出明确定义。

按照IEEE的定义，“局域网络中的通信被限制在中等规模的地理范围内，例如一幢办公楼，一座工厂或一所学校，能够使用具有中等或较高数据速率的物理信道，且具有较低的误码率，局域网络是专用的、由单一组织机构所利用。”

从上面的定义中不难看出局域网的主要特征。

(1) 局域网是限定区域的网络。这个区域是一个功能上相对独立、组织上相对封闭的空间，通常由某个组织单独拥有，例如一座办公大楼、学校园区、一个企业等。这也意味着最长传输时间是一定的，而且是已知的，从而可以采取特定的设计方案。

(2) 局域网具有较高的数据传输速率。由于覆盖范围有限，线路相对较短，构建局域网时可以选用高性能的传输介质以获取较高的数据传输速率，一般为10～100Mb/s，甚至到10Gb/s。

(3) 误码率低。一般为10^{-8}～10^{-11}，最好可达10^{-12}。这是因为局域网通常采用短距离基带传输，可以使用高质量的传输媒体，从而提高了数据传输质量。

(4) 局域网的线路是专用的。"线路专用"是局域网的显著特点之一。局域网一般不使用公用通信线路，是自行用传输介质连接而成的网络。

1.1.2　局域网的功能

局域网最主要的功能是提供资源共享和相互通信，它可提供以下几项主要服务。

(1) 资源共享。包括硬件资源共享、软件资源共享及数据库共享。在局域网上各用户可以共享昂贵的硬件资源，如大型外部存储器、绘图仪、激光打印机、图文扫描仪等特殊外设，也可共享网络上的系统软件和应用软件，避免重复投资及重复劳动。网络技术可使大量分散的数据被迅速集中、分析和处理，分散在网内的计算机用户可以共享网内的大型数据库而不必重新设计这些数据库。

(2) 数据传送和电子邮件。数据和文件的传输是网络的重要功能，现代局域网不仅能传送文件、数据信息，还可以传送声音、图像等。

(3) 提高计算机系统的可靠性。局域网中的计算机可以互为后备，避免了单机系统无后备时可能出现的导致系统瘫痪的故障，大大提高了系统的可靠性，特别是在工业过程控制、实时数据处理等应用中尤为重要。

(4) 易于分布处理。利用网络技术能将多台计算机连成具有高性能的计算机系统，通过一定算法，将较大型的综合性问题分给不同的计算机去完成。在网络上可建立分布式数据库系统，使整个计算机系统的性能大大提高。

1.2　局域网的组成

局域网是一个通信网络，它连接的是数据通信设备。从硬件角度看一个局域网，它是线缆、网卡、工作站、服务器和其他连接设备的集合体；从软件角度看，局域网是由网络操作系统统一指挥，提供文件、打印、通信和数据库等服务功能的系统；从体系结构来考查，局域网则由一系列的层和协议标准所定义。

图1-1是一所高校的网络拓扑图。

从图中看出，该校园网由三个局域网组成，分别是南区、北区和西区局域网，通过铺设光缆、租用通信公司裸光纤，将三个分校区连接在一起成为该校的校园网。全校所有上网计算机均通过各个院系大楼的楼栋汇聚交换机与该区域的汇聚层交换机相连，区域汇聚交换机分别连接到两台不同的核心交换机上，再通过路由器分别与CERNET和中国电信网连通以访问Internet。校园网中利用防火墙、DMZ(非军事区)及网络防病毒技术保障校园网的安全。

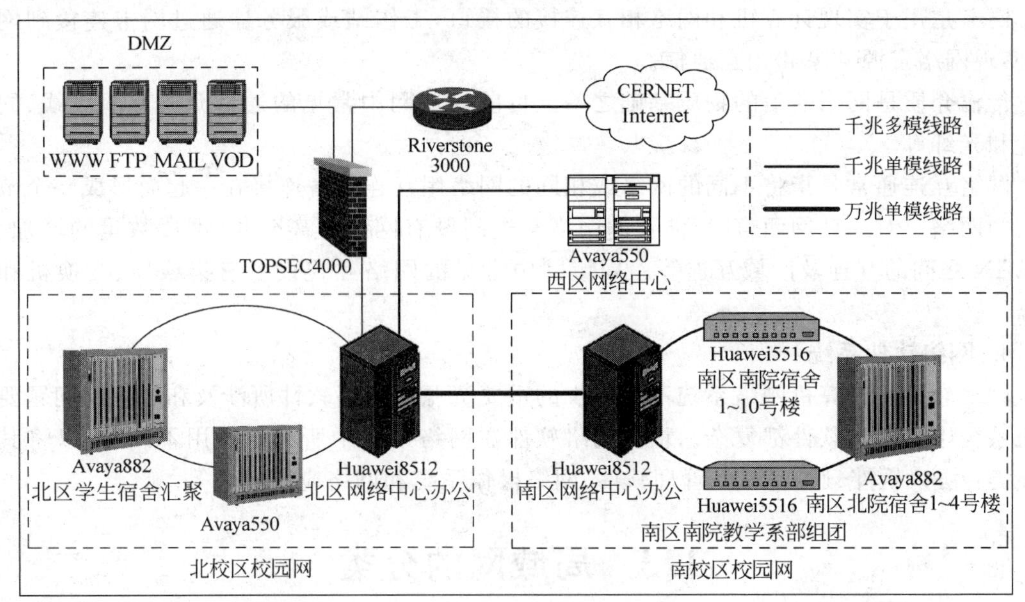

图 1-1　某高校网络拓扑图

校园网主干传输速率为南、北校区万兆、各校区内千兆、百兆到用户桌面的全交换。校园网内运行各类网站三十余个，共有各类服务器三十余台，总存储空间约 10TB，存储各类软件数万个(套)，音视频内容上千部，为广大校园网用户提供了 WWW 浏览、文件下载、电子邮件、信息及图书资料查询、视频点播、教务管理系统、办公自动化系统等网络服务。

该校园网采用的就是目前广泛运用的局域网的形式。一般来说，局域网主要由网络服务器、用户工作站、通信设备(网卡、传输介质、网络互连设备)和网络软件系统等 4 个部分组成。

1. 网络服务器

网络服务器是局域网的核心，用于向用户提供各种网络服务，如文件服务、Web 服务、FTP 服务、E-mail 服务、数据库服务、打印服务和流媒体播放服务等。按在不同的体系结构中的应用，服务器可分为文件服务器、应用程序服务器、通信服务器等。一般情况下，服务器的硬件配置都非常高，包括多个高速 CPU、多块大容量硬盘、以 GB 计的内存、冗余电源等。

2. 工作站

在网络环境中，工作站是网络的前端窗口，用户一般通过工作站来访问网络的共享资源。工作站使用客户端软件与服务器建立连接，将用户的请求定向传送到服务器。

在局域网中，工作站可以由计算机担任，也可以由输入输出终端担任，对工作站性能的要求主要根据用户需求而定。根据实际需求，工作站可以带有硬盘，也可以没有硬盘，没有硬盘的工作站被称为无盘工作站。

3. 通信设备

在局域网中，通信设备是进行数据通信和信息交换的物质基础，主要包括网卡、传输介质和网络互连设备等。

网卡是用于实现计算机和网络相互连接的接口，工作站或服务器通过网卡连接到网络上，实现网络资源共享和相互通信。

传输介质是网络通信的物质基础之一。目前局域网中常见的通信介质有双绞线、同轴电缆和光纤等。

网络互连通常是指将不同的网络或相同的网络用互连设备连接在一起而形成一个范围更大的网络。对局域网而言，所涉及的网络互连问题有网络距离延长、网段数量的增加、不同 LAN 之间的互连及广域互连等。局域网中常见的网络互连设备有集线器、交换机和路由器。

4. 网络软件系统

网络软件是计算机网络系统不可缺少的重要资源。网络软件所涉及和解决的问题要比单机系统中的各类软件都复杂。根据网络软件在网络系统中所起的作用不同，可以将其分为 5 类：协议软件、通信软件、管理软件、网络操作系统和网络应用软件等。

1.3 局域网的分类

局域网有许多种不同的分类方法，可以从不同的角度对计算机网络进行分类。常见局域网的分类包括按局域网的规模分类、按传输介质分类、按拓扑结构分类、按管理模式分类、按服务对象分类、按网络操作系统分类、按网络协议分类、按技术分类等方式。这里主要介绍前 4 种分类方式。

1.3.1 按局域网的规模分类

局域网按照其规模可以分为小型局域网、中型局域网和大型局域网三种。

1. 小型局域网

小型局域网主要是用来实现网内用户全部信息资源共享，例如实现文件共享、打印共享、收发电子邮件、Web 发布、财务管理以及人事管理等功能。由于此类局域网联网计算机数量一般为 20～50 台，而且各节点相对集中，每个站点与集线器或交换机之间的距离不超过 100m，采用双绞线进行结构化布线就足够了。

在选用硬件方面，一般采用桌面交换机、所有计算机(包括服务器和 PC)选用 10/100Mb/s 自适应网卡、所有的连线均采用 UTP 5 类或超 5 类线。由于在设计网络的时候采用了桌面交换机，所以网络传输速度比较快，能适应高速网络的发展，升级容易，同时，技术复杂程度低，构造比较简单，不必进行子网划分、不必实施三层交换，对技术人员要求比较低。如图 1-2 所示为小型局域网。

2. 中型局域网

中型局域网需要连接的计算机节点一般都在 60 台以上，并且各节点之间的距离也较远，一般都会超过 100m 甚至更远，利用双绞线作为传输介质已经远远不够。此时企业办公环境对网络的性能要求较高，对网络的传输速度也有一定的要求，相对来讲企业往往有较多的资金投入，可以使用光纤介质来连接整个企业园区的主干网络，因为光纤的有效传输距离可以达到两千米(多模光纤)或更长(单模光纤)。

中型局域网可以采用两层结构，即中心交换机层和供各个节点连入的桌面交换机层。

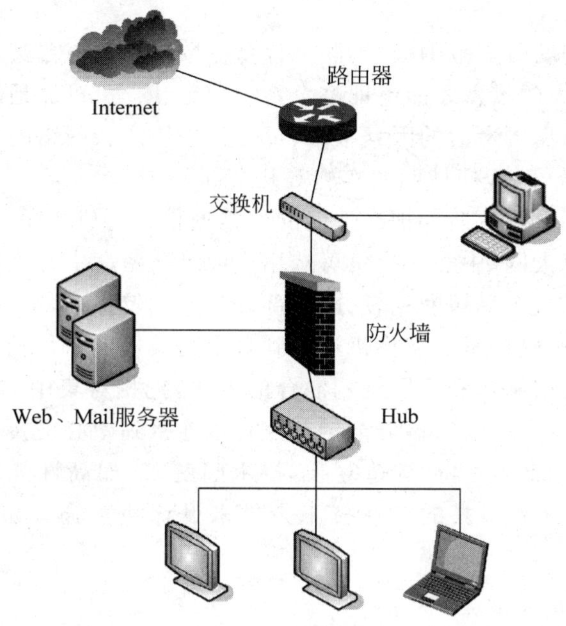

图 1-2　小型局域网

中心交换机可以采用一台高档的企业级交换机，提供多个千兆网络端口。各个节点的桌面交换机连接到中心交换机上，这些桌面交换机内部就相当于一个小型局域网。

中心服务器为了适应整体性能要求，采用千兆服务器网卡。这种方案需要大量的资金，不过相对于企业来说，可以提供优质的服务和得到较高的数据传送速度，性价比比较高。如图 1-3 所示为中型局域网。

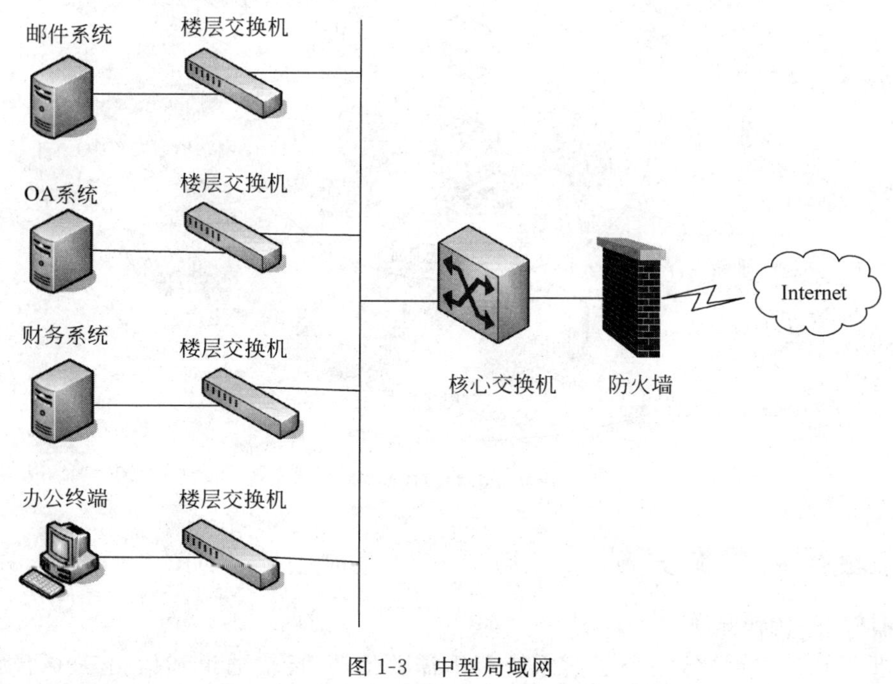

图 1-3　中型局域网

3. 大型局域网

大型的企业局域网的覆盖范围极广,联网计算机数量达数百台甚至上千台。因此,必须采用性能优良、功能强大的设备才能保证整个系统稳定、安全、可靠地运行。

建造大型局域网时需要考虑的因素很多,可分为总体局域网络的建设、部门局域网的组织、Internet 的接入系统、远程广域网的实施等几个部分。

需要大型局域网的企业一般都把高性能的网络通信作为性能需求的第一位,这种大型局域网应该采用千兆以太网,中心交换机可选用企业级高密度中心交换机,适宜采用两层结构或者三层结构。如果整个局域网比较分散,部分节点比较集中,则采用三层结构较好。如果各个节点之间都比较分散,桌面交换机连接到骨干交换机上路程较远,则采用两层结构比较合理。也可以采用两层结构和三层结构混合的方法,把相对集中的桌面交换机通过骨干交换机汇集起来连接到中心交换机,分散的节点直接连接到中心交换机。

大型局域网技术复杂程度高,构造复杂,技术问题多,如高性能网络主干、冗余连接、多层交换等,需要技术水平很高的专业技术人员来设计和实施。如图 1-4 所示为大型局域网。

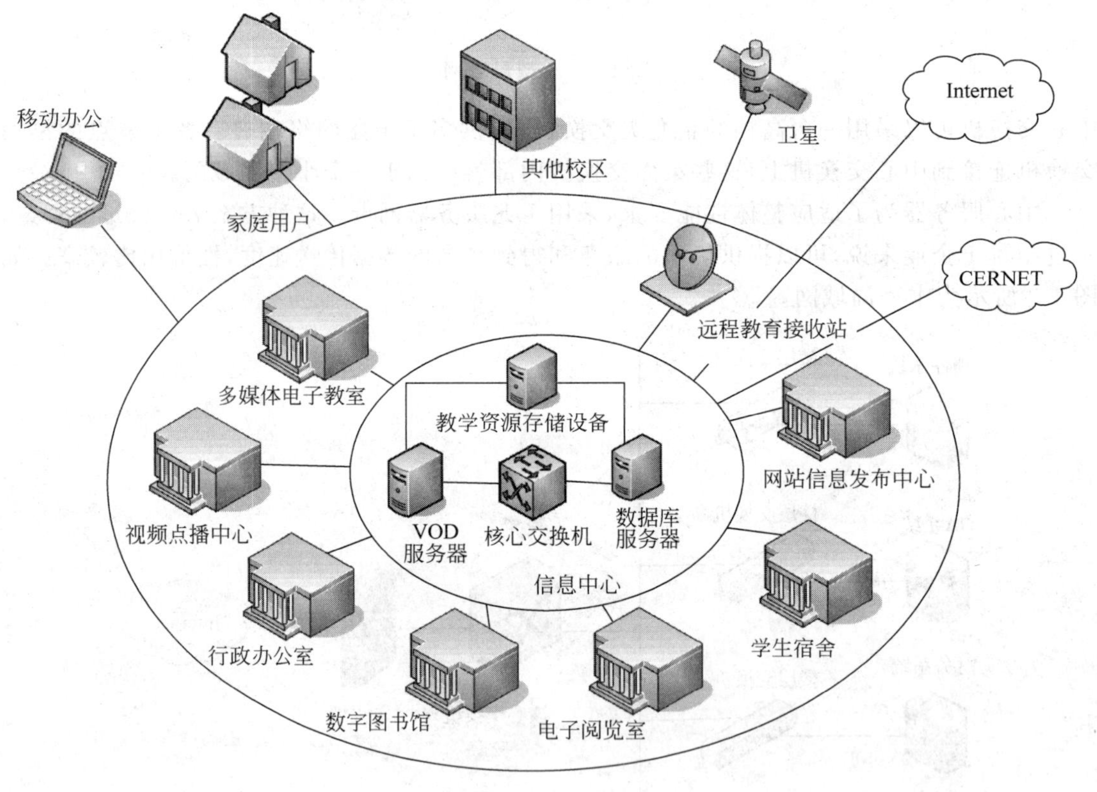

图 1-4　大型局域网

1.3.2　按传输介质分类

1. 局域网的传输介质

从数据通信的角度看,一个通信系统至少需要信源、传输通道和信宿三个子系统。其中，传输通道的重要组成之一就是各种传输介质。传输介质一般分为两大类：有线传输介质(如双绞线、光纤、同轴电缆)和无线传输介质(如微波、红外)。

1) 双绞线

双绞线(Twisted Pair Cable)是综合布线工程中最常用的一种传输介质。与其他传输介质相比，双绞线在传输距离、信道宽度和数据传输速度等方面均受到一定限制，但价格较为低廉、连接可靠、维护简单，可提供高达1～10Gb/s的传输带宽，可以传输数据、语音和多媒体。

双绞线由两根相互绝缘的铜线组成，形成一个可以传输信号的线路。两根绝缘的铜导线按一定密度互相绞合在一起，可以降低信号干扰的程度，每一根导线在传输中辐射的电波会被另一根线上发出的电波抵消。

双绞线一般由两根22、24或26号(直径分别为0.63mm、0.5mm、0.4mm，具体可以查看美国线缆规格American Wire Gauge)绝缘铜导线相互缠绕而成。实际工程中，一般把4对双绞线一起包在一个绝缘电缆套管里，形成双绞线电缆。在双绞线电缆内，不同线对具有不同的扭绞长度。一般来说，扭绞长度为3.81～14cm，按逆时针方向扭绞，相临线对的扭绞长度在1.27cm以上，扭线越密其抗干扰能力就越强。

(1) 非屏蔽双绞线和屏蔽双绞线

双绞线可分为非屏蔽双绞线(Unshielded Twisted Pair，UTP)和屏蔽双绞线(Shielded Twisted Pair，STP)两种。非屏蔽双绞线价格便宜、施工简单，被广泛应用于各种规模网络布线工程的水平布线和工作区布线。屏蔽双绞线在线径上要明显比非屏蔽双绞线精细，而且由于它具有较好的屏蔽性能，所以也具有较好的电气性能。但由于屏蔽双绞线的价格较非屏蔽双绞线贵，且非屏蔽双绞线的性能对于普通的企业局域网来说影响不大，甚至说很难察觉，所以在企业局域网组建中所采用的通常是非屏蔽双绞线。如图1-5所示为UTP双绞线，如图1-6所示为屏蔽双绞线电缆结构及横截面图。

图1-5 非屏蔽双绞线

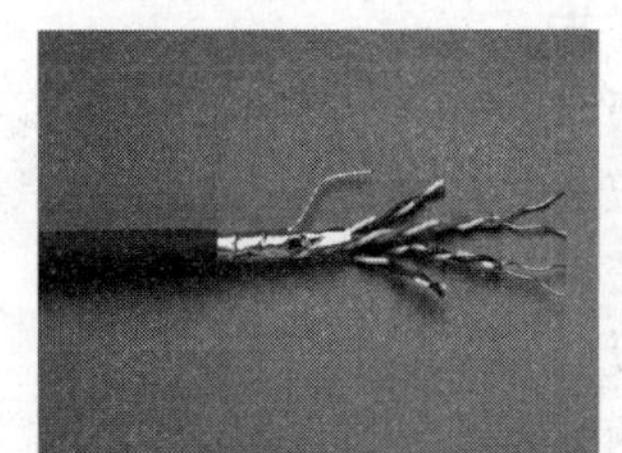

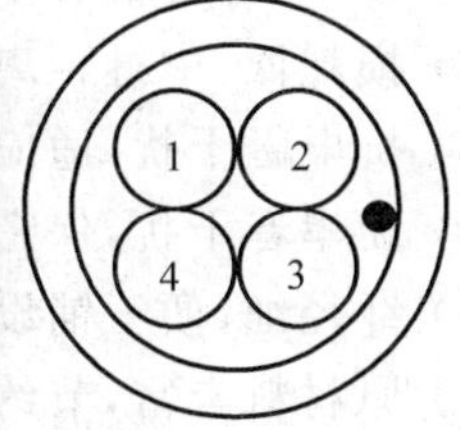

图1-6 屏蔽双绞线

(2) 超5类、6类和7类双绞线

根据电缆电气性能的不同，可以将双绞线分为7类。除了传统的语音系统仍然使用3类双绞线以外，网络布线目前的主流产品为超5类和6类非屏蔽双绞线。

超5类(Enhanced Category 5，简称5e)双绞线是在对原有5类双绞线部分性能加以改善后的电缆，不少性能参数都有所提高。超5类双绞线采用4个绕对和一条拉绳，线对的颜色与5类线完全相同，分别为橙白、橙、绿白、绿、蓝白、蓝、棕白和棕。

6类(Category 6)非屏蔽双绞线的各项参数都有较大提高，带宽也扩展至250MHz或更高。6类线在外形上和结构上与5类线或超5类线都有一定的差别,不仅增加了绝缘的十字骨架,将双绞线的4对线分别置于十字骨架的4个凹槽内,而且电缆的直径也更粗。

7类双绞线要实现全双工10Gb/s速率传输,所以只能采用屏蔽双绞线,而没有非屏蔽的7类双绞线。7类线通常被应用于高安全性和高带宽的网络环境。

如图1-7所示是对双绞线的线对数量、传输带宽、线缆结构、截面形状等所做的一个总结。

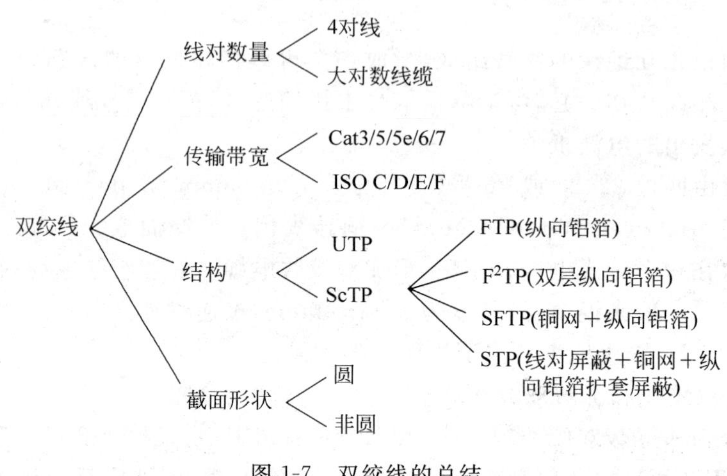

图1-7　双绞线的总结

2) 光纤

随着光纤和光纤设备价格的不断下降,光纤被越来越多地应用于局域网布线。由于光纤具有链路带宽高、传输距离长的特点,因此不仅应用于楼宇之间的布线,还被广泛应用于服务器机房的布线,以实现中心交换机与骨干交换机,以及中心交换机与服务器之间的高速连接。

与双绞线相比,光纤通信具有其无法比拟的优点。

(1) 频带宽、通信容量大。

(2) 损耗低,中继距离长。

(3) 抗电磁干扰,适应恶劣环境。

(4) 无串音干扰,保密性好。

(5) 纤径细,便于铺设。

(6) 原材料丰富,节约材料。

光纤也存在缺点,主要是将光纤切断和将两根光纤精确相连所需要的技术比较复杂,并且光纤接口、光缆布线、光纤设备的价格也比较贵。

(1) 单模和多模光纤

根据光纤传输模式的不同,光纤分为单模光纤和多模光纤两种。多模光纤的芯径粗,直径大约为15～50μm,粗细与人的头发大致相当;单模光纤的纤芯则相应较细,直径大约只有4～10μm。常用单模光纤的芯一般为8.3～10μm,包层均为125μm;多模光纤的芯一般为50μm、62.5μm和100μm,包层分别为125μm、125μm和140μm。

EIA/TIA-568A和ISO/IECIS11801推荐使用62.5/125μm多模光纤、50/125μm多模光纤和8.3/125μm单模光纤。

(2) 光缆

光缆是以一根或多根光纤或光纤束制成符合光学、机械和环境特性的结构。它由缆芯、护层、加强芯组成。

目前工程中常用的光缆有以下几种类别。

① 室(野)外光缆。室外直埋、管道、架空及水底敷设的光缆。

② 室(局)内光缆。室内布放的光缆。

③ 软光缆。具有优良的曲绕性能的可移动光缆。

④ 设备内光缆。设备类布放的光缆。

⑤ 海底光缆。跨海洋敷设的光缆。

(3) 光纤连接器

在安装任何光纤系统时,都必须考虑以低损耗的方法把光纤或光缆相互连接起来,以实现光链路的接续。光纤链路的接续,又可以分为永久性和活动性的两种。永久的接续,大多采用熔接法、粘接法或固定连接器来实现;活动性的接续,一般采用活动连接器来实现。

光纤连接器是用于连接两根光纤或光缆形成连续光通路的可以重复使用的无源器件,广泛应用在光纤传输线路、光纤配线架和光纤测试仪器仪表中。与双绞线不同,光纤连接器具有多种不同的类型,而不同类型的连接器之间无法直接进行连接。

按传输介质的不同,可分为单模光纤连接器和多模光纤连接器;按连接器的插针端面可分为球面的 PC(Physical Contact)或 UPC(Ultra Physical Contact),以及端面为倾斜的球面的 APC(Angled Physical Contact);按光纤的芯数分为单芯连接器和多芯连接器;按结构的不同分为 FC(Ferrule Connector)、SC(Subscriber Connector)、ST(Straight Tip)、MU(Miniature Unit Coupling)、LC(Lucent Connector)、MT-RJ(MT Register Jack)等各种类型。

如图 1-8 所示是对光纤的总结。

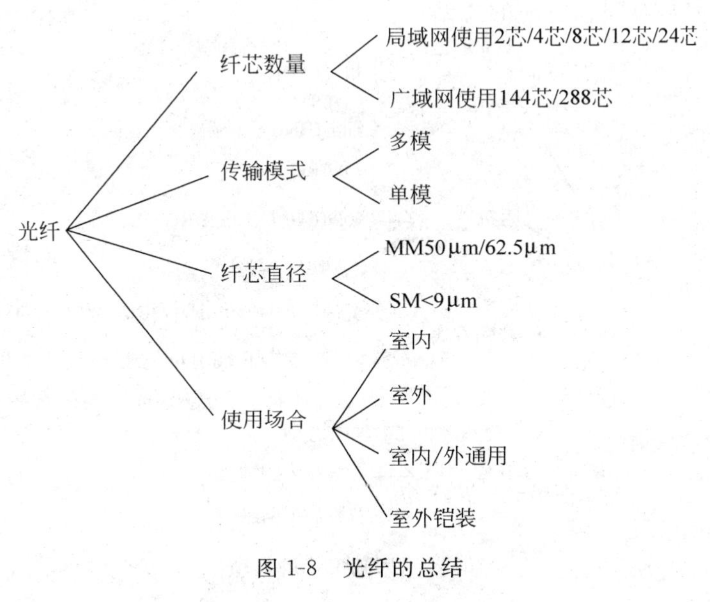

图 1-8 光纤的总结

3) 同轴电缆

同轴电缆(Coaxial Cable)从用途上可分为基带同轴电缆和宽带同轴电缆(即网络同轴电缆和视频同轴电缆)。

网络同轴电缆内外由相互绝缘的同轴心导体构成：内导体为铜线,外导体为铜管或网。电磁场封闭在内外导体之间,故辐射损耗小,受外界干扰影响小。

同轴电缆根据其直径大小可以分为：粗同轴电缆与细同轴电缆。粗缆适用于比较大型的局部网络,它的标准距离长,可靠性高,由于安装时不需要切断电缆,因此可以根据需要灵活调整计算机的入网位置,但粗缆网络必须安装收发器电缆,安装难度大,所以总体造价高。相反,细缆安装则比较简单,造价低,但由于安装过程要切断电缆,两头须装上基本网络连接头(BNC),然后接在T型连接器两端,所以当接头多时容易产生不良的隐患,这是目前运行中的以太网所发生的最常见故障之一。

无论是粗缆还是细缆均为总线型拓扑结构,即一根缆上接多部机器,这种拓扑适用于机器密集的环境,但是当某个触点发生故障时,故障会串联影响到整根缆上的所有机器。故障的诊断和修复都很麻烦,因此,被非屏蔽双绞线或光缆所取代。

同轴电缆的优点是可以在相对长的无中继器的线路上支持高带宽通信,而其缺点也是显而易见的：一是体积大,细缆的直径就有3/8英寸粗,要占用电缆管道的大量空间；二是不能承受缠结、压力和严重的弯曲,这些都会损坏电缆结构,阻止信号的传输；最后就是成本高,而所有这些缺点正是双绞线能克服的,因此在现在的局域网环境中,基本已被基于双绞线的以太网物理层规范所取代。

视频同轴电缆英文简称SYV,常用的有75-7,75-5,75-3,75-1等型号,特性阻抗都是75Ω,以适应不同的传输距离,是以非对称基带方式传输视频信号的主要介质。主要应用范围如设备的支架连线,闭路电视(CCTV),共用天线系统(MATV),以及彩色或单色射频监视器的转送。

如图1-9所示是对同轴电缆的总结。

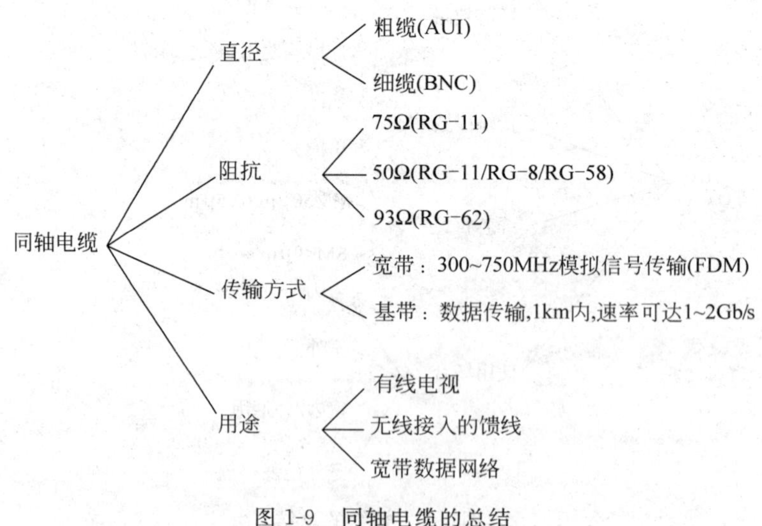

图1-9 同轴电缆的总结

4) 无线传输介质

无线传输介质都不需要架设或铺埋电缆或光纤，而是通过大气传输，目前有三种技术：微波、红外线和激光。

(1) 微波

微波通信是在对流层视线距离范围内利用无线电波进行传输的一种通信方式，频率范围为 2～40GHz。微波通信的工作频率很高，与通常的无线电波不一样，是沿直线传播的，由于地球表面是曲面，微波在地面的传播距离有限，直接传播的距离与天线的高度有关，天线越高距离越远，但超过一定距离后就要用中继站来接力，两微波站的通信距离一般为 30～50km，长途通信时必须建立多个中继站。中继站的功能是变频和放大，进行功率补偿，逐站将信息传送下去。

(2) 红外线和激光

红外通信和激光通信也像微波通信一样，有很强的方向性，都是沿直线传播的。这三种技术都需要在发送方和接收方之间有一条视线(Line-of-sight)通路，有时统称这三者为视线媒体。所不同的是红外通信和激光通信把要传输的信号分别转换为红外光信号和激光信号，直接在空间传播。

这三种视线媒体，由于都不需要铺设电缆，对于连接不同建筑物内的局域网特别有用。这是因为很难在建筑物之间架设电缆，不论是在地下或用电线杆，特别是要穿越的空间属于公共场所，例如要跨越公路时，会更加困难，使用无线技术只需在每个建筑物上安装设备。这三种技术对环境气候较为敏感，例如雨、雾和雷电。相对来说，微波一般对雨和雾的敏感度较低。

(3) 卫星通信

卫星通信是以人造卫星为微波中继站，它是微波通信的特殊形式。卫星接收来自地面发送站发出的电磁波信号后，再以广播方式用不同的频率发回地面，为地面工作站接收。卫星通信可以克服地面微波通信距离的限制。一个同步卫星可以覆盖地球的三分之一以上表面，三个这样的卫星就可以覆盖地球上的全部通信区域，这样地球上的各个地面站之间都可互相通信了。由于卫星信道频带宽，也可采用频分多路复用技术分为若干个子信道，有些用于由地面站向卫星发送(称为上行信道)，有些用于由卫星向地面转发(称为下行信道)。卫星通信的优点是容量大、距离远，缺点是传播延迟时间长。从发送站通过卫星转发到接收站的传播延迟时间要花 270ms，这个传播延迟时间是和两点间的距离无关的。这相对于地面电缆约 6μs/km 的传播延迟时间来说，要相差几个数量级。

2. 局域网按传输介质分类

按照网络的传输介质分类，可以将计算机网络分为有线网络和无线网络两种。某个局域网通常采用单一的传输介质，比如目前较流行双绞线，而城域网和广域网则可以同时采用多种传输介质，如光纤、同轴细缆、双绞线等。

1) 有线网络

有线网络指采用同轴电缆、双绞线、光纤等有线介质来连接的计算机网络。采用双绞线联网是目前最常见的联网方式。它价格便宜，安装方便，但易受干扰，传输率较低，传输距离比同轴电缆要短。光纤网采用光导纤维作为传输介质，传输距离长，传输率高，抗干扰性强，现在正在迅速发展。

2）无线网络

无线网络(Wireless Local Area Network,WLAN)采用微波、红外线、无线电等电磁波代替传统的电缆作为传输介质,提供传统有线网络功能的网络。如图1-10所示为使用无线方式组网的网络示意图。

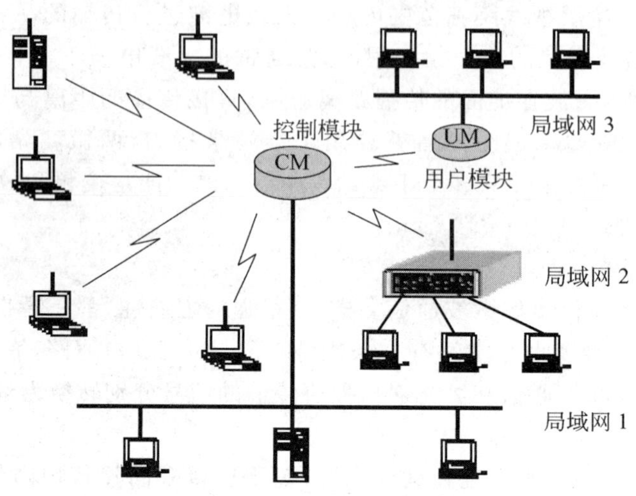

图 1-10　无线网络示意图

由于无线网络的联网方式灵活方便,不受地理因素影响,因此,不少大学和公司已经在使用无线网络了。无线网络的发展依赖于无线通信技术的支持。目前无线通信系统主要有低功率的无绳电话系统、模拟蜂窝系统、数字蜂窝系统、移动卫星系统、无线LAN和无线WAN等。

1.3.3　按拓扑结构分类

网络拓扑结构是指局域网中通信线路和站点(计算机或设备)相互连接的几何形式。按照拓扑结构的不同,常见的局域网拓扑结构有总线型、星状、环状和混合型等。

1. 总线型拓扑结构

总线型拓扑结构是指各工作站和服务器均连接在一条总线上,各工作站地位平等,无中心节点控制,公用总线上的信息多以基带形式串行传递,其传递方向总是从发送信息的节点开始向两端扩散,如同广播电台发射的信息一样,因此又称为广播式计算机网络。各节点在接收信息时都进行地址检查,看是否与自己的工作站地址相符,相符则接收网上的信息。图1-11是总线型网络拓扑结构的示意图。

这种网络拓扑结构比较简单,总线型中所有设备都直接与采用一条称为公共总线的传输介质相连,这种介质一般也是同轴电缆(包括粗缆和细缆),不过现在也有采用光缆作为总线型传输介质的,如ATM网、Cable Modem所采用的网络等都属于总线型网络结构。

总线型拓扑结构的网络具有如下特点。

(1) 组网费用低。在总线型拓扑的网络中,由于所有计算机直接通过一条总线进行连接,所以不需要另外的互连设备,大大降低了设备购置成本。

(2) 网络用户扩展灵活。总线型拓扑结构的网络,如果需要扩展用户时只需要添加一

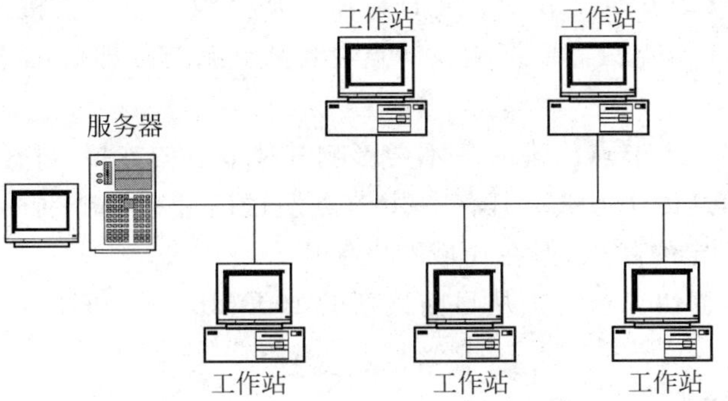

图 1-11　总线型网络拓扑结构图

个接线器即可，但所能连接的用户数量有限。

(3) 维护较容易。在总线型结构中，单个节点(每台计算机或集线器等设备都可以看作是一个节点)失效不影响整个网络的正常通信。

(4) 扩展性较差。总线型网络因为各节点是共用总线带宽的，所以在传输速度上会随着接入网络的用户的增多而下降，因此，只适用于小型网络。

(5) 传输效率低。这种网络拓扑结构由于一次仅能有一个端用户发送数据，其他端用户必须等待直到获得发送权，因此，网络的通信速率和效率都受到一定程度的影响，只能提供 10Mb/s 的传输速率，并且以半双工方式传输，因此，不适用于工作繁忙或计算机数量较多的大中型网络。

2. 星状拓扑结构

星状拓扑结构是指网络中的各工作站节点设备通过一个网络集中设备(如集线器或者交换机)连接在一起，各节点呈星状分布而得名。网络有中央节点，其他节点(工作站、服务器)都与中央节点直接相连，这种结构以中央节点为中心，因此又称为集中式网络。这种结构是目前在局域网中应用最为广泛的一种，在企业网络中几乎都是采用这一方式。星状网络几乎是 Ethernet(以太网)专用，这类网络目前用得最多的传输介质是双绞线，如常见的 5 类线、超 5 类双绞线等。图 1-12 是星状网络拓扑结构的示意图。

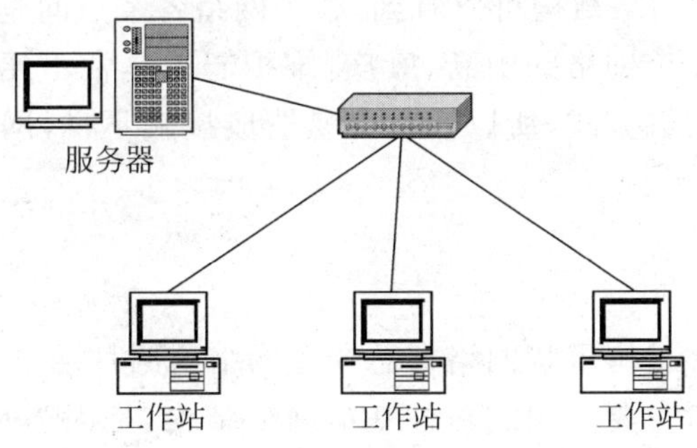

图 1-12　星状网络拓扑结构图

这种拓扑结构网络的基本特点主要有如下几点。

(1) 容易实现。它所采用的传输介质一般都是采用通用的双绞线，这种传输介质相对来说比较便宜。这种拓扑结构主要应用于 IEEE 802.2、IEEE 802.3 标准的以太局域网中。

(2) 节点扩展、移动方便。节点扩展时只需要从集线器或交换机等集中设备中拉一条线即可,而要移动一个节点只需要把相应节点设备移到新节点即可,而不会像环状网络那样"牵其一而动全局"。

(3) 维护容易。一个节点出现故障不会影响其他节点的连接,可任意拆走故障节点。

(4) 采用广播信息传送方式。任何一个节点发送信息在整个网中的节点都可以收到,这在网络方面存在一定的隐患,但在局域网中使用影响不大。

(5) 网络传输数据快。这一点从目前最新的1000Mb/s～10Gb/s以太网接入速度可以看出。

3. 环状拓扑结构

环状拓扑结构由网络中若干节点通过点到点的链路首尾相连形成一个闭合的环,这种结构使公共传输电缆组成环状连接,数据在环路中沿着一个方向在各个节点间传输。信号通过每台计算机,计算机的作用就像一个中继器,增强该信号,并将该信号发到下一个计算机上。这种结构的网络形式主要应用于令牌网中,通常把这类网络称为"令牌环网"。图1-13是环状网络拓扑结构的示意图。

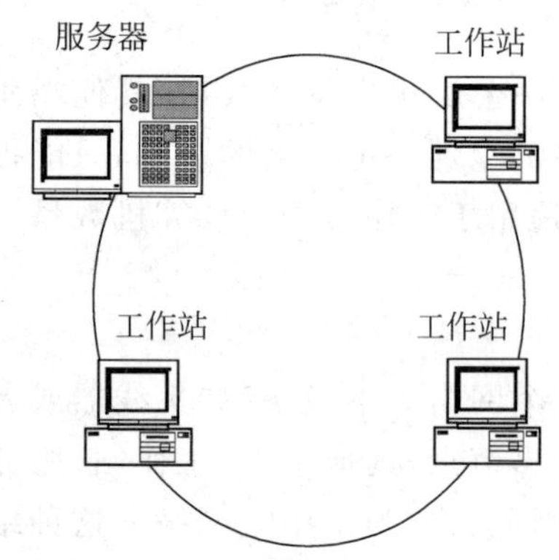

图1-13 环状网络拓扑结构图

这种拓扑结构的网络主要有如下几个特点。

(1) 这种网络结构一般仅适用于IEEE 802.5的令牌网。这种网络中的"令牌"在环状连接中依次传递,所用的传输介质一般是同轴电缆。

(2) 这种网络实现非常简单,投资小。可以从其网络结构示意图中看出,组成这个网络除了各工作站就是传输介质——同轴电缆,以及一些连接器材,没有节点集中设备,如集线器和交换机。

(3) 传输速度较快。在令牌网中允许有16Mb/s的传输速度,它比普通的10Mb/s以太网要快很多。当然,随着以太网的广泛应用和以太网技术的发展,以太网的速度也得到了极大提高,目前普遍都能提供100Mb/s以上的网速,远比16Mb/s要高。

(4) 维护困难。从其网络结构可以看到,整个网络各节点间是直接串联,这样任何一个节点出了故障都会造成整个网络的中断、瘫痪,维护起来非常不便。另一方面,因为同轴电缆所采用的是插针式的接触方式,所以非常容易造成接触不良,网络中断,而且查找起来非常困难。

(5) 扩展性能差。

4. 混合型拓扑结构

混合型网络结构通常是指星状网络与总线型网络这两种网络结构在一个网络中的混合使用。之所以在企业网络中要采用这两种基本网络结构,是因为星状网络和总线型网络都有各自不同的优缺点,如果把它们混合在一个网络中应用,则可在缺点上相互弥补。如星状网络的优点是便于扩展和维护,但距离较短,不便于工作于远距离连接(双绞线网络直径限制在100m);而总线型网络的优点(细同轴电缆最大长度185m,粗同轴电缆最大长度可达500m,光纤则更长)正好弥补了星状网络的缺点,而其不便于扩展的缺点又得到星状网络的弥补。

这种网络拓扑结构主要用于较大型的局域网中，例如一个单位有几栋在地理位置上分布较远的大楼(当然是同一小区中)，如果单纯用星状网来组整个单位的局域网，因受到星状网传输介质——双绞线的单段传输距离(100m)的限制很难成功；如果单纯采用总线型结构来布线则很难承受单位的计算机网络规模的需求。结合这两种拓扑结构，在同一栋楼层采用双绞线的星状结构，而不同楼层采用同轴电缆的总线型结构，而在楼与楼之间采用总线型，传输介质要视楼与楼之间的距离而定。如果距离较近(500m 以内)可以采用粗同轴电缆来作为传输介质，如果在 180m 之内还可以采用细同轴电缆来作为传输介质，但是如果超过 500m 则需要采用光缆或者粗缆加中继器来满足。这种布线方式就是常见的综合布线方式。

在局域网中，使用最多的是星状结构，除此之外，蜂窝拓扑结构目前也逐步进入局域网的舞台。蜂窝拓扑结构是无线局域网中常用的结构，它以无线传输介质(微波、卫星、红外线、无线发射台等)点到点和点到多点传输为特征，是一种无线网，适用于城市网、校园网、企业网，更适合于移动通信。

1.3.4 按管理模式分类

在局域网络中，按照网络管理模式分类，可以分为对等局域网和客户/服务器局域网。

1. 对等局域网

对等局域网是把联网的计算机组成工作组，并且连入网内的各计算机的地位是平等的，没有服务器，也没有提供像以服务器为中心的网络那样的安全特性，用户只能简单地通过网络在独立的同级系统间共享资源。仅由客户端操作系统，如 Windows 2000 Professional、Windows XP Home/Professional 构建的网络均为对等网络。如图 1-14 所示为对等局域网的基本结构。

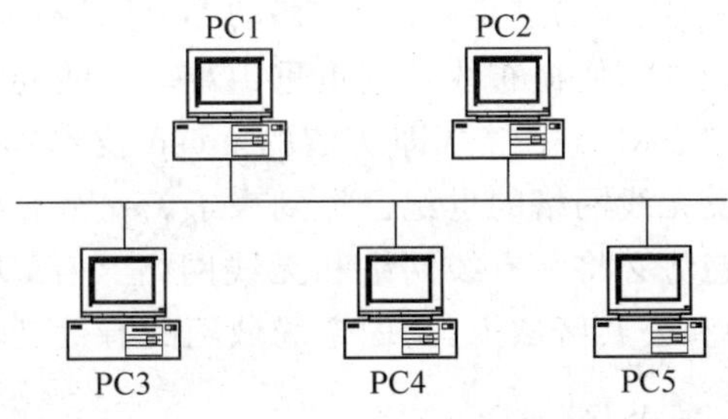

图 1-14 对等局域网基本结构

对等局域网不但能方便连接两台以上的计算机，而且更关键的是它们之间是对等的，连接之后双方可以互相访问，没有主从之分。对等网的优点是无须购置专门的网络服务器，缺点是缺乏统一的身份验证机制，访问不同计算机时需要分别进行验证，操作比较烦琐，而且网络安全性也比较差。

对等网适用于计算机数量较少的小型网络系统。

2. 客户/服务器局域网

如果网络所连接的计算机较多，在 10 台以上且共享资源较多时，就要考虑在网络中专门设置一台或多台服务器，用于控制和管理网络，或建立特殊的应用一个计算机来存储和管理需要共享的资源，这种网络称为客户/服务器局域网，简称 C/S 网络。服务器是指专门提供服务的高性能计算机或专用设备,客户机就是用户计算机。

客户/服务器网是客户机向服务器发出请求并获得服务的一种网络形式,这是最常用、最重要的一种网络类型。不仅适合于同类计算机联网,也适合于不同类型的计算机联网,如PC、Mac机的混合联网。这种网络安全性容易得到保证,计算机的权限、优先级易于控制,监控容易实现,网络管理能够规范化。网络性能在很大程度上取决于服务器的性能和客户机的数量。目前针对这类网络有很多优化性能的服务器,称为专用服务器。银行、证券公司都采用这种类型的网络。如图1-15所示为客户/服务器网络的网络拓扑结构图。

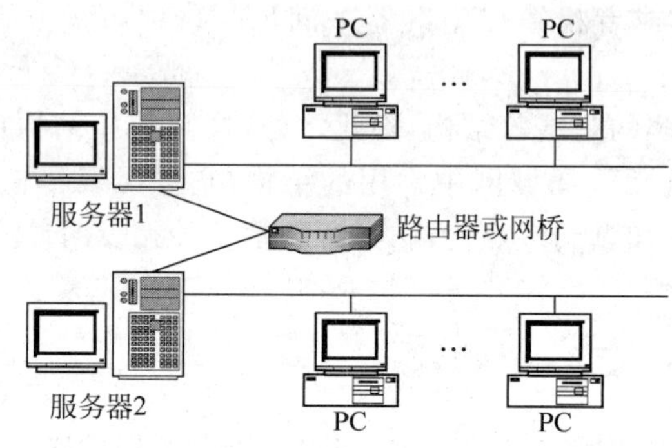

图1-15 客户/服务器网络拓扑结构

未来的局域网将集成一整套服务器程序、客户程序、防火墙、开发工具、升级工具等,给企业向局域网转移提供一个全面解决方案。局域网将进一步加强和E-mail、群件的结合,将Web技术带入E-mail和群件,从信息发布为主的应用转向信息交流与协作。局域网将提供一个日益牢固的安全防卫、保障体系,局域网也是一个开放的信息平台,可以随时集成新的应用。

近年来,网络技术取得了巨大的进步。随着"移动办公"日益强烈的需求,有线接入难以为继。同时,众多局域网的互联,使得布线遇到重重困难。无线局域网在这种情况下应运而生,它所提供的"多点接入""点对点中继"(即所谓的mesh技术)为用户提供了一种替代有线的高速解决方案。可以说无线网络的世纪已经到来了。

将来的局域网的发展趋势必将是有线网络和无线网络共存,无线局域网作为一种灵活的数据通信系统,在建筑物和公共区域内,是固定局域网的有效延伸和补充。

1.3.5 按数据传输方式分类

局域网按数据传输方式分类大致分为以太网、ATM、FDDI和无线网络等几种类型。

1. 以太网

以太网(Ethernet)标准是Xerox、Digital与Intel三家公司于20世纪70年代初开发的,是目前应用最为广泛也最为成熟的网络类型。以太网按执行标准和传输速率不同,分为以太网(Ethernet)、快速以太网(Fast Ethernet)、千兆以太网(Gigabit Ethernet)和万兆以太网。

1) 以太网

以太网执行IEEE 802.3标准,数据传输方式为CDMA/CD,可使用光纤、双绞线、细缆和粗缆作为传输介质。

以太网属于“基频”(Baseband)，即在一条传输线路上，在同一时刻只能传送一个数据。理论传输速度可达到 10Mb/s，但由于广播、碰撞等原因，实际上传输速率只有 2～3Mb/s。以太网不适合于大型或忙碌的网络。

传统的 10Mb/s 以太网有 4 种标准：10BASE-5、10BASE-2、10BASE-T、10BASE-F，现在基本已经不用。

2）快速以太网

1993 年 10 月，Grand Junction 公司推出了世界上第一台快速以太网集线器 FastSwitch10/100 和网络接口卡 FastNIC100，快速以太网技术正式得以应用。快速以太网与原来在 100Mb/s 带宽下工作的 FDDI 相比具有许多的优点，最主要体现在快速以太网技术可以有效地保障用户在布线基础实施上的投资，它支持 3、4、5 类双绞线以及光纤的连接，能有效地利用现有的设施。

1995 年 3 月，IEEE 宣布了 IEEE 802.3u 100BASE-T 快速以太网标准(Fast Ethernet，FE)，将以太网的带宽扩大为 100Mb/s，是标准以太网的数据速率的 10 倍。

100Mb/s 快速以太网标准分为 100BASE-T4、100BASE-TX、100BASE-FX 三个子类。

(1) 100BASE-T4。100BASE-T4 是一种可使用 3、4、5 类无屏蔽双绞线或屏蔽双绞线的快速以太网技术。它使用 4 对双绞线，3 对用于传送数据，1 对用于检测冲突信号，它的最大网段长度为 100m。由于该标准价格过于昂贵，实际网络工程中几乎没有应用。

(2) 100BASE-TX。100BASE-TX 是一种使用 5 类数据级无屏蔽双绞线或屏蔽双绞线的快速以太网技术。它使用两对双绞线，一对用于发送，一对用于接收数据。它的最大网段长度为 100m，支持全双工的数据传输。

(3) 100BASE-FX。100BASE-FX 是一种使用光缆的快速以太网技术，可使用单模和多模光纤(62.5μm 和 125μm)，最大网段长度为 150m、412m、2000m 或更长至 10km，这与所使用的光纤类型和工作模式有关，它支持全双工的数据传输。100BASE-FX 特别适合于有电气干扰的环境、较大距离连接或高保密环境等情况下。

3）千兆以太网

千兆以太网是建立在以太网标准基础之上的技术。大到成千上万人的大型企业，小到几十人的中小型企业，在建设企业局域网时都可以选择千兆以太网技术。

千兆以太网和以太网及快速以太网能够完全兼容，并利用了原有以太网标准所规定的全部技术规范，其中包括 CSMA/CD 协议、以太网帧、全双工、流量控制以及 IEEE 802.3 标准中所定义的管理对象。作为以太网的一个组成部分，千兆以太网也支持流量管理技术，它保证在以太网上的服务质量。

千兆以太网的技术标准有 1000BASE-SX、1000BASE-LX、1000BASE-CX、1000BASE-T 等。

(1) 1000BASE-SX 是针对工作于多模光纤上的短波长 SX(850nm)激光收发器而制定的 IEEE 802.32 标准。使用纤芯直径为 62.5μm 的多模光纤时，传输距离为 275m，使用纤芯直径为 50μm 的多模光纤时，传输距离为 550m。

(2) 1000BASE-LX 是针对工作于单模或多模光纤上的长波长 LX(1300nm)激光收发器而制定的 IEEE 802.3z 标准。使用纤芯直径为 62.5μm 和 50μm 的多模光纤时，传输距离为 550m；使用纤芯直径为 10μm 的单模光纤时，传输距离为 5km。

(3) 1000BASE-CX是针对低成本、优质的屏蔽绞合线或同轴电缆的短途铜线缆而制定的IEEE 802.3z标准,传输距离为25m。

(4) 1000BASE-T(IEEE 802.3ab标准)是千兆位以太网物理层标准,使用4对5类非屏蔽双绞线缆,传输距离为100m。

千兆以太网产品设备主要有:交换机、上连/下连模块、千兆以太网卡、千兆以太网路由器、缓存式分配机。

4) 万兆以太网

万兆以太网是以太网世界的最新技术。万兆以太网不仅速度比千兆以太网提高了10倍,在应用范围上也得到了更多的扩展。传统以太网技术不适于用在城域网骨干/汇聚层的主要原因是带宽以及传输距离。随着万兆以太网技术的出现,这两个问题基本已得到解决。

万兆以太网技术与千兆以太网类似,仍然保留了以太网帧结构。通过不同的编码方式或波分复用提供10Gb/s传输速度。就其本质而言,10G以太网仍是以太网的一种类型。

10GB以太网于2002年7月在IEEE通过。新的万兆以太网标准包含7种不同的介质类型以适用于局域网、城域网和广域网。

10GBASE-CX4短距离铜缆方案。

10GBASE-SR短距离多模光纤,根据线缆类型能达到26～82m。

10GBASE-LX4使用波分复用,支持多模光纤。能达到240～300m的传输距离,使用单模光纤时,能够超过10km。

10GBASE-LR、ER使用单模光纤,支持10km和40km的传输距离。

10GBASE-SW、LW、EW用于广域网PHY,OC-192/STM-64同步光纤和SDH设备。

10GBASE-T使用非屏蔽双绞线。

万兆以太网在设计之初就考虑城域骨干网需求。10G带宽能够满足现阶段以及未来一段时间内城域骨干网带宽需求;万兆以太网最长传输距离可达40km,且可以配合10G传输通道使用,能够满足大多数城市城域网覆盖。

在城域网骨干层采用万兆以太网链路可以提高网络性价比并简化网络。采用万兆以太网作为城域网骨干可以省略骨干网设备的POS或者ATM链路。以太网端口价格远远低于相应的POS端口或者ATM端口,可以有效节约成本;使端到端采用以太网帧成为可能:一方面可以端到端使用链路层的VLAN信息以及优先级信息,另一方面可以省略在数据设备上的多次链路层封装解封装以及可能存在的数据包分片,简化网络设备。

2. ATM

ATM是Asynchronous Transfer Mode(异步传输模式)的缩写,它是专门为电信ISDN(综合业务数据网)开发的一门关键技术。

ATM是以"信元"(Cell)为基础的一种分组交换和复用技术。ATM将数据分割成固定长度的信元,通过虚连接进行交换,ATM能以很高的数据速率支持各种类型服务,我们可以在ATM网络上传输声音、数据、视频等各种信息,尤其是可以支持宽带视频业务这样的高速实时通信,能够提供可伸缩的吞吐率,根据通信的需要,数据率从155MB/s到2.4GB/s之间可调,ATM采用交换的点对点通信,随时可以保证需要的带宽,而不像共享介质网络(即IP网络)那样会受到背景流量的影响,它是一种网络数据化的样式。

ATM 的主要优点是高带宽、有保证的服务质量和可扩展的、能提供所有速度与应用的拓扑结构，ATM 技术是建立在小的、规模不变的单元上的，它使快速交换成为可能，从而使多种等时的数据能在计算机网络传输中统计复用。然而，ATM 通常需要使用光纤作为传输介质，并且 ATM 交换机的价格也较为昂贵，因此，目前主要用于网络主干，而非用于实现到桌面的连接。

3. FDDI

FDDI 的中文名称为光纤分布式数据接口(Fiber Distributed Data Interface)，是于 20 世纪 80 年代中期发展起来的一项局域网技术，它提供的高速数据通信能力要高于当时的以太网(10Mb/s)和令牌网(4 或 16Mb/s)的能力。

FDDI 标准由 ANSI X3T9.5 标准委员会制定，为繁忙网络上的高容量输入输出提供了一种访问方法。FDDI 技术同 IBM 的令牌环技术相似，并具有局域网和令牌环所缺乏的管理、控制和可靠性措施，FDDI 支持长达 2km 的多模光纤。

FDDI 网络的主要缺点是价格同前面所介绍的“快速以太网”相比贵许多，且因为它只支持光缆和 5 类电缆，使用环境受到限制，从以太网升级更是面临大量移植问题，所以在目前 FDDI 技术并没有得到充分的认可和广泛的应用。

1.4 局域网基础知识

1.4.1 数据通信基本概念

数据通信是计算机和通信相结合而产生的一种新的通信方式，它是各类计算机通信网赖以建立的基础。

1. 编码与调制

由于传输介质及其格式的限制，通信双方的信号不能直接进行传送，必须通过一定的方式处理之后，使之能够适合传输媒体特性，才能够正确无误地传送到目的地。

目前存在的传输通道主要有模拟信道和数字信道两种，其中，模拟信道一般只用于传输模拟信号，数字信道一般只用于传输数字信号。为了需要，有时也可能需要用数字信道传输模拟信号，或用模拟信道传输数字信号，此时就需要先将传输的数据转换为信道能传送的数据类型，即模拟信号与数字信号的转换，这是编码与调制的主要内容。

1) 模拟信号使用模拟信道传送

有时候模拟数据可以在模拟信道上直接传送，但在网络数据传送中这并不常用，人们仍然会将模拟数据调制出来，然后再通过模拟信道发送。调制的目的是将模拟信号调制到高频载波信号上以便于远距离传输。目前存在的调制方式主要有调幅(Amplitude Modulation,AM)、调频(Frequency Modulation,FM)及调相(Phase Modulation,PM)。

2) 模拟信号使用数字信道传送

使模拟信号在数字信道上传送，首先要将模拟信号转换为数字信号，这个转换的过程就是数字化的过程，数字化的过程主要包括采样和量化两步。常见的将模拟信号编码到数字信道传送的方法主要有脉冲幅度调制(Pulse Amplitude Modulation,PAM)、脉冲编码调制(Pulse Code Modulation,PCM)、差分脉冲编码调制(Differential PCM,DPCM)和增量脉码调制方式(Delta Modulation,DM)。

3) 数字信号使用模拟信道传送

将数字信号使用模拟信道传送的过程是一个调制的过程,它是一个将数字信号(二进制0或1)表示的数字数据变换成具有模拟信号特征的过程,即将二进制数据调制到模拟信号上来的过程。

一个正弦波可以通过三个特性进行定义:振幅、频率和相位。改变其中任何一个特性时,就有了波的另一个形式。如果用原来的波表示二进制1,那么波的变形就可以表示二进制0;反之亦然。波的三个特性中的任意一个都可以用这种方式改变,从而使我们至少有三种将数字数据调制到模拟信号的机制:幅移键控法(Amplitude-Shift Keying,ASK)、频移键控法(Frequency-Shift Keying,FSK)以及相移键控法(Phase-Shift Keying,PSK)。另外,还有一种将振幅和相位变化结合起来的机制叫正交调幅(Quadrature Amplitude Modulation,QAM)。其中,正交调幅的效率最高,也是现在所有的调制解调器中经常采用的技术。

4) 数字信号使用数字信道传送

要是数字信号在数字信道上传送,需要对数字信号先进行编码,即由计算机产生的二进制0和1数字信号被转换成一串可以在导线上传输的电压脉冲。

目前,常见的数据编码方式主要有不归零码、曼彻斯特编码、差分曼彻斯特编码和4B/5B这4种。

(1) 不归零码(Non-Return to Zero,NRZ):二进制数字0、1分别用两种电平来表示,常用−5V表示1,+5V表示0。缺点是存在直流分量,传输中不能使用变压器;不具备自同步机制,传输时必须使用外同步。

(2) 曼彻斯特编码(Manchester Code):用电压的变化表示0和1,规定在每个码元的中间发生跳变。高→低的跳变代表0,低→高的跳变代表1(注意:某些教程中关于此部分内容有相反的描述,也是正确的)。每个码元中间都要发生跳变,接收端可将此变化提取出来,作为同步信号。这种编码也称为自同步码(Self-Synchronizing Code)。其缺点是需要双倍的传输带宽(即信号速率是数据速率的二倍)。

(3) 差分曼彻斯特编码:每个码元的中间仍要发生跳变,用码元开始处有无跳变来表示0和1。有跳变代表0,无跳变代表1(注意:某些教程中关于此部分内容有相反的描述,也是正确的)。

(4) 4B/5B编码:在IEEE 802.9a等时以太网标准中的4B/5B编码方案,因其效率高和容易实现而被采用。在同样的20MHz钟频下,利用4B/5B编码可以在10兆位/秒的10BASE-T电缆上得到16兆位/秒的带宽。其优势是可想而知的。4B/5B编码方案的特点是将欲发送的数据流每4bit作为一个组,然后按照4B/5B编码规则将其转换成相应5bit码。5bit码共有32种组合,但只采用其中的16种对应4bit码的16种,其他的16种或者未用或者用作控制码,以表示帧的开始和结束、光纤线路的状态(静止、空闲、暂停)等。8B/10B编码与4B/5B的概念类似,例如在千兆以太网中就采用了8B/10B的编码方式。

2. 数据通信过程中涉及的主要技术问题

1) 数据传输方式

数据传输方式是数据在信道上传送所采取的方式。若按数据传输的顺序可以分为并行传输和串行传输；若按数据传输的同步方式可分为同步传输和异步传输；若按数据传输的流向和时间关系可以分为单工、半双工和全双工数据传输。

(1) 并行传输与串行传输

并行传输是将数据以成组的方式在两条以上的并行信道上同时传输。例如，采用8单位代码字符可以用8条信道并行传输，一条信道一次传送一个字符，因此不需另外的措施就实现了收发双方的字符同步。缺点是传输信道多，设备复杂，成本较高，故较少采用。

串行传输是数据流以串行方式在一条信道上传输。该方法易于实现。缺点是要解决收、发双方码组或字符的同步，需外加同步措施。串行传输采用较多。

(2) 同步传输与异步传输

同步是数字通信中必须解决的问题。同步是指要进行通信的收发双方在时间基准上保持一致的过程。异步传输和同步传输是指两种采用不同同步方式的传输方式。

异步传输以字节为独立的传输单位，字节之间的时间间隔不是固定的，接收端仅在每个字节的起始处对字节内的比特实现同步。为此，通常要在每个字节的前后分别加上起始位和结束位。这里的异步是指在字节级上的异步，但是字节中的每个比特仍然要同步，它们的持续时间是相同的。

同步传输以数据帧为传输单位，或简称为帧。数据帧的第一部分包含一组同步字符，它是一个独特的比特组合，类似于前面提到的起始位，用于通知接收方一个帧已经到达，但它同时还能确保接收方的采样速度和比特的到达速度保持一致，使收发双方进入同步。帧的最后一部分是一个帧结束标记。与同步字符一样，它也是一个独特的比特串，类似于前面提到的停止位，用于表示在下一帧开始之前没有别的即将到达的数据了。

(3) 单工、半双工和全双工数据传输

按数据传输的流向和时间关系，数据传输方式可以分为单工、半双工和全双工数据传输。

单工数据传输是两数据站之间只能沿一个指定的方向进行数据传输。半双工数据传输是两数据站之间可以在两个方向上进行数据传输，但必须交替进行。全双工数据传输是在两数据站之间，可以在两个方向上同时进行传输。

2) 数据交换技术

数据交换技术是在两个或多个数据终端设备(DTE)之间建立数据通信的暂时互连通路的各种技术。

在数据通信系统中，当终端与计算机之间，或者计算机与计算机之间不是直通专线连接，而是要经过通信网的接续过程来建立连接的时候，那么两端系统之间的传输通路就是通过通信网络中若干节点转接而成的所谓“交换线路”。

在一种任意拓扑的数据通信网络中，通过网络节点的某种转接方式来实现从任一端系统到另一端系统之间接通数据通路的技术，就称为数据交换技术。

数据交换技术主要是电路交换、分组交换和报文交换。

这三种交换方式各有优缺点，因而各有适用场合，并且可以互相补充。与电路交换相比，分组交换电路利用率高，可实现变速、变码、差错控制和流量控制等功能。与报文交换相比，分组交换时延小，具备实时通信特点。分组交换还具有多逻辑信道通信的能力。分组交换获得的优点是有代价的。把报文划分成若干个分组，每个分组前要加一个有关控制与监督信息的分组头,增加了网络开销。所以,分组交换适用于报文不是很长的数据通信,电路交换适用于报文长且通信量大的数据通信。

3) 差错控制技术

实际的物理通信信道是有差错的,为了达到网络规定的可靠性技术指标,必须采用差错控制。差错控制中的主要内容包括差错的自动检测和差错纠正两个方面,通过这两方面的技术达到数据准确、可靠传输的通信目的。因此,在网络中各层次都有相应的差错控制任务及差错控制协议。

差错控制方法主要有前向纠错、检错重发、混合纠错三种方式。

(1) 前向纠错(FEC)

在FEC方式中,接收端不但能发现差错,而且能确定二进制码元发生错误的位置,从而加以纠正。FEC方式使用纠错码,不需要反向信道来传递请示重发的信息,发送端也不需要设置用来存放重发数据的数据缓冲区,但编码效率低,纠错设备也比较复杂。

(2) 检错重发(ARQ)

在ARQ方式中,接收端检测出有差错时,就设法通知发送端重发,直到收到正确的码字为止。ARQ方式使用检错码,但必须有双向信道才可能将差错信息反馈到发送端。同时,发送方要设置数据缓冲区,用以存放已发出的数据以便于重发出错的数据。

(3) 混合纠错(HEC)

混合纠错方式是ARQ和FEC的结合。在这种系统中,发送端发送的码不仅能够发现错误,而且具有一定的纠错能力。接收端的信道译码器在收到码字后,检查出错情况,如果在纠错能力之内,则自动纠正,否则通过反馈信道要求重发。这种系统的优点是避免了FEC复杂的译码设备和ARQ连续性差的缺点。但它需要反馈信道,不能进行1对N的通信。

差错控制已经成功应用于卫星通信和数据通信。在卫星通信中一般用卷积码或级联码进行前向纠错,而在数据通信中一般用分组码进行反馈重传。此外,差错控制技术也广泛应用于计算机。

1.4.2 IEEE 802参考模型及网络协议

美国IEEE(Institute of Electrical and Electronic Engineers,美国电气与电子工程师协会)于1980年2月专门成立了局域网课题研究组,对局域网制定了美国国家标准,并把它提交国际标准化组织作为国际标准的草案,1984年3月得到ISO的采纳。IEEE 802是主要的局域网标准。

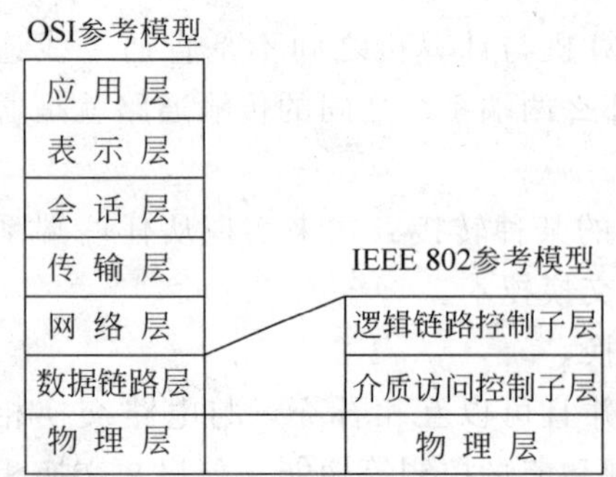

图1-16 局域网参考模型与OSI七层参考模型的关系

1. IEEE 802参考模型与OSI参考模型

IEEE 802标准包括局域网参考模型与各层协议,其所描述的局域网参考模型与OSI七层参考模型的对比如图1-16所示。

IEEE主要对第一、二两层制定了规程,所以局域网的IEEE 802模型是在OSI的物理层和数据链路层实现基本通信功能的,高层的标准没有制定,因为局域网的绝大多数高层功能与OSI参考模型是一致的。

局域网的物理层负责物理连接和在媒体上传输比特流，其主要任务是描述传输媒体接口的一些特性。这与OSI参考模型的物理层相同。但由于局域网可以采用多种传输媒体，各种媒体的差异很大，所以局域网中的物理层的处理过程更复杂。通常，大多数局域网的物理层分为两个子层：一个子层描述与传输媒体有关的物理特性，另一个子层描述与传输媒体无关的物理特性。

在局域网中，数据链路层的主要作用是通过一些数据链路层协议，在不太可靠的传输信道上实现可靠的数据传输，负责帧的传送与控制。由于局域网可采用的传输介质有多种，数据链路层必须具有接入多种传输介质的访问控制方法。因此，从体系结构的角度出发，将数据链路层化分成两个子层：介质访问控制(MAC)子层和逻辑链路控制(LLC)子层。其中只有MAC子层才与具体的物理介质有关，LLC子层则起着屏蔽局域网类型的作用。

在IEEE 802局域网参考模型中没有网络层。这是因为局域网的拓扑结构非常简单，且各个站点共享传输信道，在任意两个节点之间只有唯一的一条链路，不需要进行路由选择和流量控制，所以在局域网中不单独设置网络层。这与OSI参考模型是不同的。但从OSI的观点看，网络设备应连接到网络层的服务访问点SAP上。因此，在局域网中虽不设置网络层，但将网络层的服务访问点SAP设在LLC子层与高层协议的交界面上。

2. IEEE 802标准

局域网技术的发展带来了更多的具有各自特点的产品，为了统一，IEEE在1980年2月成立了局域网标准化委员会(简称IEEE 802委员会)，专门进行局域网标准的制定，IEEE 802委员会现有16个分委员会，共同构成了IEEE 802体系结构，制定了一系列的局域网标准——IEEE 802标准。

(1) IEEE 802.1：综述和体系结构(IEEE 802.1(A))，它除了定义IEEE 802标准和OSI参考模型高层的接口外，还解决寻址、网际互连和网络管理等方面的问题(IEEE 802.1(B))。

(2) IEEE 802.2：逻辑链路控制，定义LLC子层为网络层提供的服务。对于所有的MAC规范，LLC是共同的。

(3) IEEE 802.3：定义了CSMA/CD总线介质访问控制子层和物理层规范。在物理层定义了4种不同介质的10Mb/s的以太网规范，包括10BASE-5(粗同轴电缆)、10BASE-2(细同轴电缆)、10BASE-F(多模光纤)和10BASE-T(无屏蔽双绞线UTP)。另外，到目前为止，IEEE 802.3工作组还开发了如下一系列标准。

① IEEE 802.3u标准，百兆快速以太网标准，现已合并到IEEE 802.3中。

② IEEE 802.3z标准，光纤介质千兆以太网标准规范。

③ IEEE 802.3ab标准，传输距离为100m的5类无屏蔽双绞线千兆以太网标准规范。

④ IEEE 802.3ae标准，万兆以太网标准规范。

目前，局域网中应用最多的就是基于IEEE 802.3标准的各类以太网。

(4) IEEE 802.4：令牌总线控制方法和物理层技术规范。

(5) IEEE 802.5：令牌环控制方法和物理层技术规范。

(6) IEEE 802.6：城域网(Metropolitan Area Network，MAN)可以实现一个城市范围内的计算机联网。在城市网上，可以传输数据，也可以传输语音和图像。

(7) IEEE 802.7：宽带时隙环媒体访问控制方法及物理层技术规范。

(8) IEEE 802.8：光纤网媒体访问控制方法及物理层技术规范。

(9) IEEE 802.9：LAN-ISDN 接口。

(10) IEEE 802.10：互操作 LAN 安全标准(SILS)。

(11) IEEE 802.11：定义了无线局域网介质访问控制方法和物理层规范。

(12) IEEE 802.12：100VG-ANYLAN 的 MAC 标准及物理规范。

(13) IEEE 802.14：交互式电视网,包括 Cable Modem 的技术规范。

(14) IEEE 802.15 标准,定义了无线个人局域网(WPAN)技术。

(15) IEEE 802.16 标准,定义了宽带无线局域网技术。

(16) IEEE 802.17 标准,正在制定的弹性分组环(RPR)标准。

(17) IEEE 802.18 标准,正在制定的宽带无线局域网标准规范。

IEEE 802 这一组标准的数目还在不断扩充和完善。

IEEE 802 标准对微机局域网的标准化起到了重要作用,目前,尽管高层软件和网络操作系统不同,但由于低层采用了标准协议,几乎所有局域网均可实现互连。

3. 局域网介质访问控制方式

介质访问控制方式是指控制网络中各个节点之间信息的合理传输,对信道进行合理分配的方法。目前在局域网中常用的介质访问控制方式有4种：带冲突检测的载波侦听多路访问(Carrier Sense Multiple Access with Collision Detection,CSMA/CD)、载波侦听多点接入/避免冲撞(Carrier Sense Multiple Access with Collision Avoidance,CSMA/CA)、令牌环(Token Ring)、令牌总线(Token Bus)。

1) CSMA/CD

最早的 CSMA 方法起源于美国夏威夷大学的 ALOHA 广播分组网络。1980 年,美国 DEC、Intel 和 Xerox 公司联合宣布 Ethernet 采用 CSMA 技术,并增加了检测碰撞功能,称之为 CSMA/CD。这种方式适用于总线型和树状拓扑结构,主要解决如何共享一条公用广播传输介质,是一种采用竞争机制实现网络通信平等权利的技术。

CSMA/CD 的简单原理是：在网络中,任何一个工作站在发送信息前,要侦听一下网络中有无其他工作站在发送信号,如无,则立即发送；如有,即信道被占用,此工作站要等一段时间再争取发送权。等待时间可由两种方法确定,一种是某工作站检测到信道被占用后,继续检测,直到信道出现空闲；另一种是检测到信道被占用后,等待一个随机时间进行检测,直到信道出现空闲后再发送。

CSMA/CD 要解决的另一主要问题是如何检测冲突。由 IEEE 802.3 标准确定的 CSMA/CD 检测冲突的方法是：当一个工作站开始占用信道进行发送信息时,再用碰撞检测器继续对网络检测一段时间,即一边发送,一边监听,把发送的信息与监听的信息进行比较,如结果一致,则说明发送正常,抢占总线成功,可继续发送；如结果不一致,则说明有冲突,应立即停止发送。等待一个随机时间后,再重复上述过程进行发送。

CSMA/CD 控制方式的优点是：原理比较简单,技术上也容易实现,网络中各工作站处于平等地位,不需要集中控制,不提供优先级控制。但在网络负载增大时,发送时间增长,发送效率急剧下降。它的代价是用于检测冲突所花费的时间。当然,这个问题也可以通过其他方法来解决,比如说,将一个大的网络划分为几个小的子网络,然后,再由特定的设备(如路由器)连接起来,从而起到将广播域彼此分割开来的目的。但是相对来说增加了成本,因此 CSMA/CD 还是比较适合于中小型网络应用。

2) CSMA/CA

无线局域网(WLAN)标准 IEEE 802.11 协议的 MAC 和 IEEE 802.3 协议的 MAC 非常相似,都是在一个共享媒体之上支持多个用户共享资源。在 IEEE 802.3 协议中,是由 CSMA/CD 协议来完成调节,这个协议解决了在 Ethernet 上的各个工作站如何在线缆上进行传输的问题,利用它检测和避免当两个或两个以上的网络设备需要进行数据传送时网络上的冲突。在 IEEE 802.11 无线局域网协议中,冲突的检测存在一定的问题,这是由于要检测冲突,设备必须能够一边接收数据信号一边传送数据信号,而这在无线系统中是无法办到的。鉴于这个差异,在 IEEE 802.11 中对 CSMA/CD 进行了一些调整,采用了新的协议 CSMA/CA 或者 DCF(Distributed Coordination Function)。

CSMA/CA 协议的工作流程是:一个工作站希望在无线网络中传送数据,如果没有探测到网络中正在传送数据,则附加等待一段时间,再随机选择一个时间片继续探测,如果无线网络中仍旧没有活动的话,就将数据发送出去。接收端的工作站如果收到发送端送出的完整的数据则回发一个 ACK 数据报,如果这个 ACK 数据报被接收端收到,则这个数据发送过程完成,如果发送端没有收到 ACK 数据报,或者发送的数据没有被完整地收到,或者 ACK 信号的发送失败,不管是哪种现象发生,数据报都在发送端等待一段时间后被重传。

CSMA/CA 通过这种方式来提供无线的共享访问,IEEE 802.11 这种显式的 ACK 机制在处理无线问题时非常有效。在一旦遭受其他噪声干扰或者由于侦听失败时,信号冲突就有可能发生,而这种工作于 MAC 层的 ACK 此时能够提供快速的恢复能力,使系统更加稳固。

CSMA/CD 和 CSMA/CA 的主要差别对比如下。

(1) 两者的传输介质不同,CSMA/CD 用于总线以太网,而 CSMA/CA 则用于无线局域网 IEEE 802.11b。

(2) 检测方式不同,CSMA/CD 通过电缆中电压的变化来检测,当数据发生碰撞时,电缆中的电压就会随着发生变化;CSMA/CA 采用能量检测(ED)、载波检测(CS)和能量载波混合检测三种检测信道空闲的方式。

(3) WLAN 中,对某个节点来说,其刚刚发出的信号强度要远高于来自其他节点的信号强度,也就是说它自己的信号会把其他的信号给覆盖掉;本节点处有冲突并不意味着在接收节点处就有冲突;因此,在 WLAN 中实现 CSMA/CD 是比较困难的。

3) 令牌环

令牌环是一种适用于环状网络的分布式介质访问控制方式,已由 IEEE 802 委员会建议成为局域网控制协议标准之一,即 IEEE 802.5 标准。其主要原理是:使用一个称为"令牌"的控制标志(令牌是一个二进制数的字节,它由"空闲"与"忙"两种编码标志来实现,既无目的地址,也无源地址),当无信息在环上传送时,令牌处于"空闲"状态,它沿环从一个工作站到另一个工作站不停地进行传递。当某一工作站准备发送信息时,就必须等待,直到检测并捕获到经过该站的令牌为止,然后,将令牌的控制标志从"空闲"状态改变为"忙"状态,并发送出一帧信息。其他的工作站随时检测经过本站的帧,当发送的帧目的地址与本站地址相符时,就接收该帧,待复制完毕再转发此帧,直到该帧沿环一周返回发送站,并收到接收站指向发送站的肯定应答信息时,才将发送的帧信息进行清除,并使令牌标志又处于"空闲"状态,继续插入环中。当另一个新的工作站需要发送数据时,按前述过程,检测到令牌,修改状态,把信息装配成帧,进行新一轮的发送。

令牌环控制方式的优点是它能提供优先权服务,有很强的实时性,在重负载环路中,"令牌"以循环方式工作,效率较高。其缺点是控制电路较复杂,令牌容易丢失。但 IBM 在 1985 年已解决了实用问题,近年来采用令牌环方式的令牌环网实用性已大大增强。

4) 令牌总线

令牌总线主要用于总线型或树状网络结构中。它的访问控制方式类似于令牌环,但它是把总线型或树状网络中的各个工作站按一定顺序,如按接口地址大小排列形成一个逻辑环。只有令牌持有者才能控制总线,才有发送信息的权力。令牌总线网中信息是双向传送的,每个站都可检测到其他站点发出的信息。在令牌传递时,都要加上目的地址,所以只有检测到并得到令牌的工作站,才能发送信息,它不同于 CSMA/CD 方式,可在总线型和树状结构中避免冲突。

这种控制方式的优点是各工作站对介质的共享权力是均等的,可以设置优先级,也可以不设,有较好的吞吐能力,吞吐量随数据传输速率增高而加大,联网距离较 CSMA/CD 方式大。缺点是控制电路较复杂、成本高,轻负载时,线路传输效率低。

4. 局域网网络协议

网络中的协议就如同语言一样,要使不同硬件之间的交流得以实现,就必须有一个统一的语言进行交流,而通信协议就是这个语言。在局域网中常用的通信协议有 NetBEUI、IPX/SPX 和 TCP/IP 三种。

1) NetBEUI/NetBIOS 协议

NetBIOS(Network Basic Input/Output System,网络基本输入/输出系统)协议是 IBM 公司于 1983 年开发的用于实现 PC 间通信的协议,主要用于数十台计算机的小型局域网。NetBIOS 协议是一种在局域网上的程序可以使用的应用程序编程接口(API),为程序提供了请求低级服务的统一的命令集,作用是为了给局域网提供网络以及其他特殊功能,几乎所有的局域网都是在 NetBIOS 协议的基础上工作的。

NetBEUI(NetBIOS Extended User Interface,NetBIOS 下的扩展用户接口)由 IBM 公司于 1985 年推出,是 NetBIOS 的改进版,是除了 TCP/IP 之外微软公司最钟爱的第二种通信协议。在微软的主流产品,如 Windows NT 和 Windows 98、Windows ME 等中 NetBEUI 会自动与网卡连接,在网络上的计算机就能自动利用其功能与其他计算机进行通信。

NetBEUI 是专门为由几台到百余台 PC 所组成的单网段部门级小型局域网而设计的,由于该协议不能跨越路由器进行通信,所以只能在局域网内使用,在互联网中没有使用 NetBEUI 协议进行通信的。

虽然 NetBEUI 有许多不尽如人意的地方,但由于它体积小、占用内存少、效率高、速度快、安装完毕后几乎无须任何配置即可投入工作,在微软产品几乎独占 PC 操作系统的今天,它很适合于广大的网络初学者使用。

2) IPX/SPX 及其兼容协议

IPX/SPX(Internetwork Packet Exchange/Sequences Packet Exchange,网际包交换/顺序包交换)是 Novell 公司开发于 20 世纪 80 年代的通信协议集。由于 IPX/SPX 在设计时考虑了多网段的问题,因此具有强大的路由功能,适合于大型网络使用。当用户端需要与

NetWare 服务器连接时,IPX/SPX 及其兼容协议是最好的选择。

NWLink NetBIOS 协议不但可在 NetWare 服务器与 Windows 计算机之间传递信息,而且能够用于 Windows 计算机之间的通信。

3) TCP/IP

TCP/IP(Transmission Control Protocol/Internet Protocol,传输控制协议/网际协议)是美国国防部高级计划研究局为实现 ARPA 互联网而开发的。

TCP/IP 是目前最成熟并被广为接受的通信协议之一,它不仅广泛应用于各种类型的局域网络,而且也是 Internet 的协议标准,用于实现不同类型的网络以及不同类型操作系统的主机之间的通信。

TCP/IP 是一组协议的名词,其准确的名称应该是 Internet 协议族。TCP 和 IP 只是协议族中的两个协议,是 TCP/IP 协议族的核心。在网络层,IP 提供了非常可靠的尽最大努力去完成好任务的无连接的分组投递系统;在运输层,TCP 提供了面向连接的可靠的字节流投递服务。

TCP/IP 中主要有如下 7 个协议。

(1) ARP:地址分析协议。

(2) ICMP:网络互连控制信息协议。

(3) TCP:传输控制协议。

(4) UCP:用户数据报协议。

(5) RIP:路由选择信息协议。

(6) SNMP:简单网络管理协议。

(7) IP:网际网协议。

典型的网络应用有如下 4 种。

(1) FTP:文件传输协议。

(2) TELNET:仿真终端协议。

(3) RCP:远程拷贝协议。

(4) SMTP:简单邮件传递协议。

5. 通信协议选择策略

在组建局域网时,具体选择哪一种网络通信协议主要取决于局域网的规模、局域网之间的兼容性和是否便于网络管理等几个方面。

(1) 组建一个单网段的局域网,而且不要求连接 Internet,最好的选择就是 NetBEUI 通信协议。

(2) 从其他平台迁移到更高的操作平台,或多个操作平台共存时,IPX/SPX 及其兼容协议能提供一个很好的传输环境。

(3) 规划互连性和扩展性兼备的网络,TCP/IP 将是最佳的选择。

除此之外,在选择通信协议时,还应遵循以下的原则。

(1) 根据局域网的特点进行选择。如果网络存在多个网段或要通过路由器相连时,就不能使用不具备路由和跨网段操作功能的 NetBEUI 协议,而必须选择 IPX/SPX 或 TCP/IP 等协议。另外,如果网络规模较小,同时只是为了简单的文件和设备的共享,这时最关心的就是网络的速度,所以在选择协议时应选择占用内存小和带宽利用率高的协议,如

NetBEUI。当网络规模较大且网络结构复杂时,应选择可管理性和可扩充性较好的协议,如TCP/IP。

(2) 优化网络协议。除特殊情况外,一个网络中应尽量只选择一种通信协议。现实中许多人的做法是一次选择多个协议,或选择系统所提供的所有协议,其实这样做是很不可取的。因为每个协议都要占用计算机的内存,选择的协议越多,占用计算机的内存资源就越多。一方面影响了计算机的运行速度,另一方面不利于网络的管理。事实上,一个网络中一般一种通信协议就可以满足需要。

(3) 选择正确的协议版本。每个协议都有它的发展和完善过程,因而出现了不同的版本,每个版本的协议都有它最为合适的网络环境。从整体来看,高版本协议的功能要比低版本强,性能要比低版本好。所以在选择时,在满足网络功能要求的前提下,应尽量选择高版本的通信协议。

(4) 注意协议的协调性。如果要让两台实现互联的计算机间进行对话,它们两者使用的通信协议必须相同,否则中间还需要一个“翻译”进行不同协议的转换,不仅影响通信速度,也不利于网络的安全、稳定运行。

1.5 局域网新技术

1.5.1 虚拟化技术

虚拟化(Virtualization)是一种资源管理技术,是将计算机的各种实体资源,如服务器、网络、内存及存储等,予以抽象、转换后呈现出来,打破实体结构间的不可切割的障碍,使用户可以比原本的组态更好的方式来应用这些资源。这些资源的新虚拟部分是不受现有资源的架设方式、地域或物理组态所限制的。

在云计算概念提出以后,虚拟化技术可以用来对数据中心的各种资源进行虚拟化和管理,可以实现服务器虚拟化、存储虚拟化、网络虚拟化和桌面虚拟化。虚拟化技术已经成为构建云计算环境的一项关键技术。

1. 服务器虚拟化

将服务器物理资源抽象成逻辑资源,让一台服务器变成几台甚至上百台相互隔离的虚拟服务器,我们不再受限于物理上的界限,而是让CPU、内存、磁盘、I/O等硬件变成可以动态管理的“资源池”,从而提高资源的利用率,简化系统管理,实现服务器整合,让IT对业务的变化更具适应力——这就是服务器的虚拟化。在实际的生产环境中,虚拟化技术主要用来解决高性能的物理硬件产能过剩和老旧硬件产能过低的重组重用,透明化底层物理硬件,从而最大化地利用物理硬件。

2. 存储虚拟化

存储虚拟化(Storage Virtualization)是指将存储网络中的各个分散且异构的存储设备按照一定的策略映射成一个统一的连续编址的逻辑存储空间,称为虚拟存储池。虚拟存储池可以跨多个存储子系统,并将虚拟存储池的访问接口提供给应用系统。逻辑卷与物理存储设备之间的这种映射操作是由置入存储网络中的专门的虚拟化引擎来实现和管理的。实现存储虚拟化的方式主要有三种:基于主机的虚拟存储、基于存储设备的存储虚拟化和基于网络的存储虚拟化。

3. 网络虚拟化

网络虚拟化就是在一个物理网络上模拟出多个逻辑网络。引入虚拟化技术之后，在不改变传统数据中心网络设计的物理拓扑和布线方式的前提下，可以实现网络各层的横向整合，形成一个统一的交换架构。数据中心网络虚拟化分为核心层、接入层和虚拟机网络虚拟化三个方面。

4. 桌面虚拟化

桌面虚拟化是指利用虚拟化技术将用户桌面的镜像文件存放到数据中心。从用户的角度看，每个桌面就像是一个带有应用程序的操作系统，终端用户通过一个虚拟显示协议来访问他们的桌面系统。当用户关闭系统的时候，通多第三方配置文件管理软件，可以做到用户个性化定制以及保留用户的任何设置。桌面虚拟化技术实质上是将用户使用与系统管理进行了有效的分离。这样带来的直接好处，就是用户对桌面的访问不需要被限制在具体设备、具体地点和具体时间了。同时，作为云计算的一种方式，由于所有的计算都放在服务器上，对终端设备的要求将大大降低。

1.5.2 SDN

软件定义网络(Software Defined Network，SDN)作为一种新型的网络架构，已成为最近学术界关注的热点。SDN 的设计理念是将网络的控制平面与数据转发平面进行分离，从而通过集中的控制器中的软件平台去实现可编程化控制底层硬件，实现对网络资源灵活的按需调配。

传统 IT 架构中的网络，根据业务需求部署上线以后，如果业务需求发生变动，重新修改相应网络设备(路由器、交换机、防火墙)上的配置是一件非常烦琐的事情。SDN 所做的事是将网络设备上的控制权分离出来，由集中的控制器管理，无须依赖底层网络设备(路由器、交换机、防火墙)，屏蔽了来自底层网络设备的差异。控制权是完全开放的，用户可以自定义任何想实现的网络路由和传输规则策略，从而更加灵活和智能。

SDN 本质上具有“控制和转发分离”“设备资源虚拟化”和“通用硬件及软件可编程”三大特性，这至少带来了以下好处。

第一，设备硬件归一化，硬件只关注转发和存储能力，与业务特性解耦，可以采用相对廉价的商用的架构来实现。

第二，网络的智能性全部由软件实现，网络设备的种类及功能由软件配置而定，对网络的操作控制和运行由服务器作为网络操作系统(NOS)来完成。

第三，对业务响应相对更快，可以定制各种网络参数，如路由、安全、策略、QoS、流量工程等，并实时配置到网络中，开通具体业务的时间将缩短。

随着 OpenFlow/SDN 概念的发展和推广，其研究和应用领域也得到了不断拓展。目前，关于 OpenFlow/SDN 的研究领域主要包括网络虚拟化、安全和访问控制、负载均衡、聚合网络和绿色节能等方面。另外，还有关于 OpenFlow 和传统网络设备交互和整合等方面的研究。Google、Facebook 先后宣布在他们的数据中心大规模地使用 OpenFlow/SDN，从而证明了 OpenFlow 不再仅仅是停留在学术界的一个研究模型，而是已经完全具备了可以在产品环境中应用的技术成熟度。

1.5.3 数据中心

数据中心是企业的业务系统与数据资源进行集中、集成、共享、分析的场地、工具、流程等的有机组合。从应用层面看,包括业务系统、基于数据仓库的分析系统;从数据层面看,包括操作型数据和分析型数据以及数据与数据的集成/整合流程;从基础设施层面看,包括服务器、网络、存储和整体IT运行维护服务。

维基百科给出的定义是"数据中心是一整套复杂的设施。它不仅包括计算机系统和其他与之配套的设备(例如通信和存储系统),还包含冗余的数据通信连接、环境控制设备、监控设备以及各种安全装置"。

数据中心的概念既包括物理的范畴,也包括数据和应用的范畴。数据中心容纳了支撑业务系统运行的基础设施,为其中的所有业务系统提供运营环境,并具有一套完整的运行、维护体系以保证业务系统高效、稳定、不间断地运行。

商业化的发展促使了承载上万甚至超过10万台服务器的大型数据中心的出现。Facebook、谷歌、亚马逊等在多地建立了自己的大规模数据中心,Google拥有36个数据中心超过90万台服务器,Facebook在建第4座数据中心,亚马逊也开始建设第10座数据中心,针对成本、环保等问题,这些云计算数据中心在网络架构、绿色节能、自动化管理等方面进行了大胆革新。

从传统数据中心到云计算数据中心是一个渐进的过程。进入一个云计算数据中心,除了规模化、集中程度更高,可见的基础设施与传统数据中心差异并不会很大,但是服务会不断升级,云计算数据中心的架构也会随着社会的进步不断调整和优化。

1.5.4 ICT

ICT(Information Communications Technology)是信息、通信和技术三个英文单词的词头组合。它是信息技术与通信技术相融合而形成的一个新的概念和新的技术领域。

事实上,信息通信业界对ICT的理解并不统一。作为一种技术,一般人的理解是ICT不仅可提供基于宽带、高速通信网的多种业务,也不仅是信息的传递和共享,而且还是一种通用的智能工具。至于业务会多到什么程度,这个工具会"智能"到什么地步,目前的概念还十分模糊。三网融合只是ICT的一个基础和前奏,IPTV、手机电视等恐怕也仅仅是冰山一角而已。

对于已经吹响转型号角的固网运营商来说,目前更多地把ICT作为一种向客户提供的服务,这种服务是IT(信息业)与CT(通信业)两种服务的结合和交融,通信业、电子信息产业、互联网、传媒业都将融合在ICT的范围内。固网运营商如中国移动、中国电信和中国联通等为客户提供的一站式ICT整体服务中,包含集成服务、咨询服务、外包服务、专业服务、知识服务以及软件开发服务等。事实上,ICT服务不仅为企业客户提供线路搭建、网络构架的解决方案,还减轻了企业在建立应用、系统升级、运维、安全等方面的负担,节约了企业运营成本,因此受到了企业用户的欢迎。目前,IT与CT的交叉主要体现在IT企业对运营商的支撑系统的建设,值得一提的就是BOSS(Business Operating Support System),中国移动的称为BOSS,中国电信和中国联通的一般称为BSS。

2015年8月,根据韩国信息通信政策研究所发布的数据,在全球ICT企业市值总额排行榜上排名第一的是苹果公司。苹果公司从 2012 年开始连续三年保持第一。继苹果公司之后，排名第二至第五位的公司依次是谷歌、微软、脸书和亚马逊。阿里巴巴位居第六，是前十名中唯一一家非美国企业。

1.5.5 物联网

物联网在 1999 年被提出，是新一代信息技术的重要组成部分，也是“信息化”时代的重要发展阶段。其英文名称是“Internet of Things(IoT)”。顾名思义，物联网就是物物相连的互联网。这有两层意思：其一，物联网的核心和基础仍然是互联网，是在互联网基础上延伸和扩展的网络；其二，其用户端延伸和扩展到了任何物品与物品之间，进行信息交换和通信，也就是物物相息。

物联网是指通过各种信息传感设备（射频识别(RFID)(RFID＋互联网)、红外感应器、全球定位系统、激光扫描器、气体感应器等），实时采集任何需要监控、连接、互动的物体或过程等各种需要的信息，与互联网结合形成的一个巨大网络。其目的是实现物与物、物与人，所有的物品与网络的连接，方便识别、管理和控制。

物联网在 2011 年的产业规模超过 2600 亿元人民币。构成物联网产业 5 个层级的支撑层、感知层、传输层、平台层以及应用层，分别占物联网产业规模的 2.7%、22.0%、33.1%、37.5%和 4.7%。物联网感知层、传输层参与厂商众多，成为产业中竞争最为激烈的领域。产业分布上，国内物联网产业已初步形成环渤海、长三角、珠三角，以及中西部地区等四大区域集聚发展的总体产业空间格局。其中，长三角地区产业规模位列四大区域之首。与此同时，物联网的提出为国家智慧城市建设奠定了基础，实现智慧城市的互联互通协同共享。

在物联网应用中有如下三项关键技术。

(1) 传感器技术：是计算机应用中的关键技术。大家都知道，到目前为止绝大部分计算机处理的都是数字信号。自从有计算机以来就需要传感器把模拟信号转换成数字信号计算机才能处理。

(2) RFID 技术：是一种传感器技术。RFID 技术是融合了无线射频技术和嵌入式技术为一体的综合技术，RFID 在自动识别、物品物流管理方面有着广阔的应用前景。

(3) 嵌入式系统技术：是综合了计算机软硬件、传感器技术、集成电路技术、电子应用技术为一体的复杂技术。经过几十年的演变，以嵌入式系统为特征的智能终端产品随处可见：小到人们身边的 MP3，大到航天航空的卫星系统。嵌入式系统正在改变着人们的生活，推动着工业生产以及国防工业的发展。

1.5.6 大数据

半个世纪以来，信息爆炸已经积累到了一个开始引发变革的程度。最先经历信息爆炸的学科，如天文学和基因学，创造出了“大数据”(Big Data)这个概念，如今，这个概念几乎应用到所有人类致力于发展的领域中。

所谓大数据，研究机构给出了这样的定义：无法在一定时间范围内用常规软件工具进行捕捉、管理和处理的数据集合，是需要新处理模式才能具有更强的决策力、洞察发现力和流程优化能力的海量、高增长率和多样化的信息资产。

IBM 说：“可以用三个特征相结合来定义大数据：数量(Volume，或称容量)、种类

(Variety,或称多样性)和速度(Velocity),或者就是简单的3V,即庞大容量、极快速度和种类丰富的数据。"

(1) Volume(数量)。用现有技术无法管理的数据量,从现状来看,基本上是指从几十TB到几PB这样的数量级。

(2) Variety(种类、多样性)。随着传感器、智能设备以及社交协作技术的激增,企业的数据也变得更加复杂,不仅包含传统的关系型数据,还包含来自网页、互联网日志文件、搜索索引、社交媒体论坛、电子邮件、文档、主动和被动系统的传感器数据等原始、半架构化和非结构化数据。

(3) Velocity(速度)。数据和更新的频率,也是衡量大数据的一个重要特征。就像搜集和存储的数据量和种类发生了变化一样,生成和需要处理数据的速度也在变化。速度的概念不能限定为与数据存储相关的增长速率,而应动态地将此定义应用到数据,即数据流动的速度。有效处理大数据需要在数据变化的过程中对它的数量和种类进行分析,而不只是在它静止后执行分析。

IBM在3V的基础上又归纳总结了第4个V——Veracity(真实和准确)。只有真实和准确的数据才能让对数据的管控和治理真正有意义。

IDC(互联网数据中心)对大数据进行定义的时候,揭示了大数据除了传统的3V基本特征,还增添了一个新特征:Value(价值)。

适用于大数据的技术,包括大规模并行处理(MPP)数据库、数据挖掘、分布式文件系统、分布式数据库、云计算平台、互联网和可扩展的存储系统。

大数据技术的战略意义不在于掌握庞大的数据信息,而在于对这些含有意义的数据进行专业化处理。换而言之,如果把大数据比作一种产业,那么这种产业实现盈利的关键,在于提高对数据的"加工能力",通过"加工"实现数据的"增值"。

小　　结

局域网在一个适中的地理范围内,把若干独立的设备连接起来,通过物理通信信道,以高的数据传输速率实现各独立设备之间的直接通信,具有区域限定、线路专用、较高的通信速率和误码率低等特点。

局域网最主要的功能是提供资源共享和相互通信,同时在提高计算机系统的可靠性、进行分布式处理等方面提供服务。一般来说,局域网主要由网络服务器、用户工作站、通信设备(网卡、传输介质、网络互连设备)和网络软件系统等4个部分组成。

局域网有许多不同的分类方法,可以从不同的角度对计算机网络进行分类。常见的局域网分类包括按局域网的规模分类、按传输介质分类、按拓扑结构分类、按管理模式分类等方式。常见的局域网拓扑结构有总线型、星状、环状和混合型等。

IEEE 802是主要的局域网标准,该标准所描述的局域网通过共享传输介质通信。IEEE 802委员会的16个分委员会制定了一系列的局域网标准——IEEE 802标准。IEEE 802标准对微机局域网的标准化起到了重要作用。目前,尽管高层软件和网络操作系统不同,但由于低层采用了标准协议,几乎所有局域网均可实现互连。

介质访问控制方式是指控制网络中各个节点之间信息的合理传输,对信道进行合理分配的方法。目前在局域网中常用的介质访问控制方式有CSMA/CD、CSMA/CA、令牌环和令牌总线。

在局域网中常用的通信协议有NetBEUI、IPX/SPX和TCP/IP三种。在组建局域网时，具体选择哪一种网络通信协议主要取决于局域网的规模、局域网之间的兼容性和是否便于网络管理等几个方面。

习题与实践

1. 填空题

(1) 局域网是一个通信网络，一般来说，局域网主要由________、________、________和网络软件系统4个部分组成。

(2) 局域网按照其规模可以分为________，________，________；按照网络的传输介质，可以划分为________和________；按照管理模式，可以划分为________和________。

(3) ________是主要的局域网标准，该标准包括局域网参考模型与________，IEEE主要对第________和第________两层制定了规程。

(4) 目前，局域网中常用的介质访问方式有________，________，令牌环和________。

(5) 局域网中常用的通信协议有________，________和________。

(6) 虚拟化技术可以用来对数据中心的各种资源进行虚拟化和管理，目前主要可以实现________，________，________和________。

2. 简答题

(1) 局域网有哪些特点？局域网的主要功能有哪些？

(2) 局域网按拓扑结构分类分为哪些种类？各自有什么特点？

(3) 简述IEEE 802参考模型与OSI参考模型的关系与区别。

(4) 简述CSMA/CD的工作过程。

(5) 简述令牌环的工作原理。

(6) 在构建局域网时，如何正确选择通信协议？

(7) 简述大数据的定义及大数据的特征。

(8) 简述SDN的设计理念及带来的好处。

3. 实践

参观校园网或者校园网站，给出校园网中常见的应用、校园网的拓扑结构。

第2章 局域网的硬件系统

本章学习目标

- 掌握局域网硬件系统的构成；
- 掌握集线器的分类和连接；
- 掌握调制解调器的原理及分类；
- 掌握交换机的工作原理、分类、连接方式、Cisco 产品线；
- 掌握路由器的功能、分类、Cisco 路由器产品线；
- 掌握网卡的组成与分类；
- 了解服务器的特性、分类、硬件组成、主要技术以及选择原则；
- 掌握 VPN 的分类、实现方式；
- 掌握主要的 RAID 类型及特点；
- 了解 SDN 生态系统；
- 了解数据中心的分类与分级、组网与架构。

一个局域网主要由硬件系统、软件系统、信息和服务组成。本章介绍局域网里主要的硬件设备：网卡、集线器、交换机、路由器、服务器、VPN 服务器、RAID、安全设备、SDN 设备和数据中心等。只有对网络的硬件系统有一个全面的了解，才能在设计、建设和维护网络时得心应手。

2.1 集 线 器

集线器（Hub）的主要功能是对接收到的信号进行再生整形放大，以扩大网络的传输距离，同时把所有节点集中在以它为中心的节点上。它工作于 OSI 参考模型的物理层。

集线器与网卡、网线等传输介质一样，属于局域网中的基础设备，采用 CSMA/CD 介质访问控制机制。

随着交换机价格的不断下降，传统的集线器基本上已经被淘汰。

2.1.1 集线器的分类

集线器是管理网络的最小单元，以集线器组成的网络，从物理上来说，是星状的拓扑结构，而其逻辑拓扑则是总线型结构。集线器按配置形式可分为独立式集线器、底盘式集线器和堆叠式集线器三种。

1. 独立式集线器

独立式集线器是单个盒子，它服务于一个计算机的工作组，是与网络中的其他设备隔离的。它可以通过双绞线与计算机连接，组成局域网。最适合于较小的独立部门、家庭办公室或实验室环境。它们既可以是被动式的，也可以是智能型的。

独立式集线器可以有4个、8个、12个或24个端口。使用带有这么多连接的单个集线器，其坏处就是很容易导致网络的单点失败。

2. 堆叠式集线器

堆叠式集线器物理上被设计成与其他集线器连在一起，并被置于一个单独的机柜里；从逻辑上来看，堆叠式集线器代表了一个大型集线器。使用堆叠式集线器的网络或工作组不依赖于一个单独的集线器，因此避免了单点失败。目前，堆叠式集线器最多可堆叠8个集线器。

同独立式集线器一样，堆叠式集线器可以支持不同传输介质的连接器和传输速率。

3. 底盘式集线器

底盘式集线器是一种模块化的设备，在其底板电路板上可以插入多种类型的模块。有些集线器带有冗余的底板和电源。同时，有些模块允许用户不必关闭整个集线器便可替换那些失效的模块。集线器的底板给插入模块准备了多条总线，这些插入模块可以适应不同的段，如以太网、快速以太网、光纤分布式数据接口(FDDI)和异步传输模式(ATM)中。有些集线器还包含网桥、路由器或交换模块。有源的底盘集线器还可能会有重定时的模块，用来与放大的数据信号关联。

另外，Hub按照对输入信号的处理方式分类，可以分为无源Hub、有源Hub、智能Hub和其他Hub。

2.1.2 集线器的连接

根据所使用端口和连接电缆的不同，可以将集线器之间的连接方式分为两种，即堆叠和级联。

1. 集线器的堆叠

堆叠方式是指将若干集线器以电缆通过堆栈端口连接起来，以实现单台集线器端口数的扩充，要注意的是，只有可堆叠集线器才具备这种端口，一个可堆叠集线器中一般同时具有UP和DOWN堆叠端口。

集线器堆叠是通过厂家提供的一条专用连接电缆，从一台集线器的UP堆栈端口直接连接到另一台集线器的DOWN堆栈端口。这种集线器间的连接通常不会占用集线器上原有的普通端口，而且在这种堆叠端口中具有智能识别性能，集线器堆叠技术采用了专门的管理模块和堆栈连接电缆，能够在集线器之间建立一条较宽的宽带链路，这样每个实际使用的用户带宽就有可能更宽(只有在并不是所有端口都使用的情况下)。

2. 集线器的级联

级联是在网络中增加用户数的另一种方法，但是此项功能的使用要求Hub必须提供可级联的端口，此端口上常标有Uplink或MDI的字样，用此端口与其他的Hub进行级联。如果没有提供专门的端口而必须要进行级联时，连接两个集线器的双绞线在制作时必须要使用交叉线。

2.2 调制解调器

调制解调器(Modem,源自 modulator-demodulator)是一个可将计算机输出的数字信号调制(modulation)成模拟信号后进行传输,而这些模拟信号又可被该传输线路另一端的另一个调制解调器接收,并解调(demodulation)收到的模拟信号以得到数字信号的电子设备。

它的目标是产生能够方便传输的模拟信号并且能够通过解码还原原来的数字信号。

根据不同的应用场合,调制解调器可以使用不同的手段来传送模拟信号,比如使用光纤、射频无线电或电话线等。

1. 调制解调器的分类

1) 根据放置位置分类

根据放置位置不同,可以把调制解调器分为外置式调制解调器、内置式调制解调器和PCMCIA 插卡式调制解调器三种。

(1) 外置式调制解调器

外置式调制解调器放置于机箱外,通过串行通信口与主机连接。这种调制解调器方便灵巧、易于安装,闪烁的指示灯便于监视调制解调器的工作状况。外置式调制解调器需要使用额外的电源与电缆。

(2) 内置式调制解调器

内置式调制解调器在安装时需要拆开机箱,并且要对终端和 COM 口进行设置,安装较为烦琐。这种调制解调器要占用主板上的扩展槽,但无须额外的电源与电缆,且价格比外置式调制解调器要便宜一些。

(3) PCMCIA 插卡式

插卡式 Modem 主要用于笔记本,体积纤巧,配合移动电话时可方便地实现移动办公。

2) 根据工作原理分类

根据工作原理,可以把调制解调器分为"硬猫"和"软猫"。调制解调器处理数据的过程分为两部分:一部分主要负责数/模转换;另一部分是控制部分,主要用于完成通信协议标准的规范。

硬猫就是将这两部分的功能集成到一起的调制解调器;软猫只有数/模转换功能,其控制部分的功能则由 CPU 负责,由于软猫占用了 CPU 资源,因此影响了上网的速度,给人一种在同样的计算机配置下,软猫不如硬猫的印象。

3) 根据使用的传输介质分类

根据使用的传输介质,调制解调器可分为普通电话线调制解调器、电缆调制解调器、有线电视电缆调制解调器、ADSL 调制解调器和光纤调制解调器、无线调制解调器(如移动电话)、微波调制解调器等。

使用普通电话线音频波段进行数据通信的电话调制解调器是人们最常接触到的调制解调器。电缆调制解调器(Cable Modem)最大的特点就是传输速率高。其下行速率一般为3～10Mb/s,最高可达 30Mb/s,而上行速率一般为 0.2～2Mb/s,最高可达 10Mb/s。电缆调制解调器比在普通电话线上使用的调制解调器要复杂得多,并且不是成对使用,而是只安装在用户端。

微波调制解调器速率可以达上百万比特每秒;而使用光纤作为传输介质的光调制解调器可以达到几十 Gb/s 以上,是现在电信传输的骨干。

2. 调制解调器的选购

选购调制解调器时,应考虑以下几个方面。

1) 选择软猫还是硬猫

如果用户计算机的配置较高,可购买软猫来上网;因为虽然软猫占用了 CPU 功能,但由于 CPU 的配置高,这部分的占用可忽略不计,这样,由于软猫比硬猫便宜,可减少购置成本。如计算机的配置一般,建议用户选择有独立处理数据功能的硬猫,它占用系统资源少,上网速度比较快。

2) 品牌

在选购调制解调器时,用户应尽量选购知名厂家的产品,如华为、TP-LINK、中兴、Tenda、水星、FAST、金浪和磊科等。这些品牌的调制解调器具有较好的质量和完善的售后服务,便于日后的维护使用。

3) 其他

除上述的考虑因素外,还要考虑接入 Internet 的方式。根据接入方式的不同,选购普通电话线 Modem、光纤 Modem 等。

3. 调制解调器的安装方法

用 Modem 拨号上网,首先要安装 Modem。要注意电话线尽量使用屏蔽线,且最好短些,避免使用分机等。

1) 外置式 Modem 的安装

第一步:连接电话线。把电话线的 RJ-11 插头插入 Modem 的 Line 接口,再用电话线把 Modem 的 Phone 接口与电话机连接。

第二步:关闭计算机电源,将 Modem 所配的电缆的一端(25 针阳头端)与 Modem 连接,另一端(25 针插头)与主机上的 COM 口连接。

第三步:将电源变压器与 Modem 的 POWER 或 AC 接口连接。接通电源后,Modem 的 MR 指示灯应长亮。

如果 MR 灯不亮或不停闪烁,则表示未正确安装或 Modem 自身故障。对于带语音功能的 Modem,还应把 Modem 的 SPK 接口与声卡上的 Line In 接口连接,当然也可直接与耳机等输出设备连接。

另外,Modem 的 MIC 接口用于连接麦克风,但最好还是把麦克风连接到声卡上。

2) 内置式 Modem 的安装

第一步:根据说明书的指示,设置好有关的跳线。由于 COM1 与 COM3、COM2 与 COM4 共用一个中断,因此通常可设置为 COM3/IRQ4 或 COM4/IRQ3。

第二步:关闭计算机电源并打开机箱,将 Modem 卡插入主板上任一空置的扩展槽。

第三步:连接电话线。把电话线的 RJ-11 插头插入 Modem 卡上的 Line 接口,再用电话线把 Modem 卡上的 Phone 接口与电话机连接。此时拿起电话机,应能正常拨打电话。

2.3 交 换 机

交换机作为网络设备和网络终端之间的纽带,是组建各种类型局域网都不可或缺的最为重要的设备。同时,交换机还最终决定着网络的传输速率、网络的稳定性、网络的安全性以及网络的可用性。

2.3.1 交换机的原理

1. 交换机的基本功能

交换机工作在OSI模型的数据链路层。第二层交换机有三种不同的功能:地址学习、转发/过滤决定和避免环路。

(1) 地址学习(Address Learning)。

交换机能够记住在一个接口上所收到的每个帧的源设备硬件地址,而且它们会将这个硬件地址信息输入到被称为转发/过滤表的MAC表中。

(2) 转发/过滤(Froward/Filter)。

当在某个接口上收到帧时,交换机就检查其硬件地址,并在MAC表中找到其外出的接口。帧只被转发到指定的目的端口。

(3) 避免环路(Loop avoidance)。

如果为了提供冗余而在交换机之间创建了多个连接,网络中就可能产生环路。在提供冗余的同时,可使用生成树协议来防止产生网络环路。

2. 交换机的转发模式

交换机在转发数据帧的时候,可以有三种模式:存储转发(Store and Forward)模式、直通式(Cut Through)模式、无碎片(Fragment Free)模式。

1) 存储转发模式

交换机首先接收整个数据帧,并对该数据帧进行循环冗余校验,校验正确则按目的MAC地址转发该帧;如经校验发现该数据帧错误,则直接丢弃该数据帧而不会转发。因此减少了网络中错误数据帧的传输数量,保证了接收端能做到无差错的接收。但由于要等到完全接收数据帧后才能进行校验,因此存储转发模式是所有模式中最慢的,它的网络延迟最长。一般情况下,Cisco的中高端交换机都使用这种转发模式。

2) 直通式

直通转发:当帧的前6个字节(目的MAC地址)一到达交换机,即按该目的MAC地址转发该帧。由于它没有等到数据帧完全进入交换机就转发该帧,因此大大减少了交换机延迟。但转发的帧可能是错误帧。适用于网络质量好,误码率低的情形。该模式是交换机速率最快但是出错率最高的模式。

3) 无碎片模式

无碎片模式是存储转发模式和直通模式的折中。无碎片模式可以在转发数据帧之前过滤出帧长小于64字节的冲突碎片,并将其丢弃。在无碎片模式中,交换机等待数据帧进入交换机达到64字节时就按帧首部中的目的MAC地址转发该数据帧。该模式可有效避免转发冲突碎片数据帧,但由于该模式依然没有对数据帧进行循环冗余校验,因此该模式难以完全防止转发错误帧。无碎片模式的速度不如直通式，但是比直通式发送的错误数据帧少，同时又比存储转发模式快。

2.3.2 交换机的分类

由于交换机具有许多优越性，所以它的应用和发展速度远远高于集线器。目前出现了各种类型的交换机，主要是为了满足各种不同应用环境的需求。

1. 从网络覆盖范围划分

1）广域网交换机

广域网交换机主要是应用于电信城域网互联、互联网接入等领域的广域网中，提供通信用的基础平台。

2）局域网交换机

局域网交换机应用于局域网络，用于连接终端设备，如服务器、工作站、集线器、路由器、网络打印机等网络设备，提供高速独立通信通道。局域网交换机是我们学习的重点。

局域网交换机又可以划分为多种不同类型的交换机。下面继续介绍局域网交换机的主要分类标准。

2. 根据传输介质和传输速度划分

根据交换机使用的网络传输介质及传输速度的不同，一般可以将局域网交换机分为快速以太网交换机、千兆以太网交换机、万兆以太网交换机、FDDI 交换机、ATM 交换机等。

1）快速以太网交换机

快速以太网交换机是一种在普通双绞线或者光纤上实现 100Mb/s 传输带宽的交换机，以 10/100Mb/s 自适应型的为主，通常用于接入层。快速以太网交换机通常采用双绞线，有的为了兼顾与其他光传输介质的网络互联，会留有少数的光纤接口“SC”。

2）千兆以太网交换机

千兆以太网交换机是指交换机提供的端口或插槽全部为 1000Mb/s，既有固定配置交换机，也有模块化交换机，通常用于汇聚层或核心层。千兆以太网交换机的接口类型主要有 1000BASE-T 双绞线端口、1000BASE-SX 光纤端口、1000BASE-LX 光纤端口、1000BASE-GBIC 插槽、1000BASE-SFP 插槽。

3）万兆以太网交换机

万兆以太网交换机是指交换机拥有 10Gb/s 以太网端口或插槽，有固定配置和模块化交换机。通常用于汇聚层或核心层，保证核心层与汇聚层交换机间的高速连接，搭建无阻塞的网络骨干。万兆以太网接口主要以 10Gb/s 插槽方式提供。

3. 根据应用层次划分

根据交换机所应用的网络层次，可以将网络交换机划分为核心层交换机、汇聚层级交换机和接入层交换机。

1）核心层交换机

核心层交换机（也称企业级交换机）属于高端交换机，采用模块化的结构，可作为网络骨干构建高速局域网。核心层交换机可以提供用户化定制、优先级队列服务和网络安全控制，并能很快适应数据增长和改变的需要，从而满足用户的需求。对于有更多需求的网络，核心层交换机不仅能传送海量数据和控制信息，更具有硬件冗余和软件可伸缩性特点，保证网络的可靠运行。如图2-1所示为Cisco Catalyst 6500系列交换机。

图2-1 Cisco Catalyst 6500系列交换机

2) 汇聚层交换机

汇聚层交换机(也称部门级交换机)是面向楼宇或部门级网络使用的交换机,用于将接入层交换机连接在一起,并实现与核心交换机的连接。它可以是固定配置,也可以是模块配置,一般除了常用的RJ-45双绞线接口外,还带有光纤接口。汇聚层交换机一般具有较为突出的智能型特点,支持基于端口的VLAN(虚拟局域网),可实现端口管理,可任意采用全双工或半双工传输模式,可对流量进行控制,有网络管理的功能,可通过PC的串口或经过网络对交换机进行配置、监控和测试。

3) 接入层交换机

接入层交换机(也称工作组交换机)一般为固定配置,配有一定数目的100BASE-TX以太网口,用于终端设备接入计算机网络。交换机按每一个包中的MAC地址相对简单地决策信息转发,这种转发决策一般不考虑包中隐藏的更深的其他信息。接入层交换机往往有2～4个1000Mb/s端口或插槽,用于实现与汇聚层交换机的连接。

4. 根据交换机的结构划分

按交换机的端口结构可分为固定端口交换机和模块化交换机。也可两者兼顾,在提供基本固定端口的基础之上再配备一定的扩展插槽或模块。

1) 固定端口交换机

固定端口交换机相对来说价格便宜一些,但由于它只能提供有限数量的端口和固定类型的接口,无论从可连接的用户数量上,还是从可使用的传输介质上来讲都具有一定的局限性,这种交换机通常用于接入层交换机,为普通用户提供网络接入。

2) 模块化交换机

模块化交换机虽然在价格上要贵很多,但拥有更大的灵活性和可扩充性,用户可任意选择不同数量、不同速率和不同接口类型的模块,以适应千变万化的网络需求。而且,模块化交换机大都有很强的容错能力,支持交换模块的冗余备份,并且往往拥有可热插拔的双电源,以保证交换机的电力供应。通常被用于核心层交换机或汇聚层交换机,以适应复杂的网络环境和网络需求。

5. 根据交换机工作的协议层划分

根据工作的协议层,交换机可分为第二层交换机、第三层交换机和第四层交换机。

1) 第二层交换机

第二层交换机依赖于链路层中的信息(如 MAC 地址)完成不同端口数据间的线速交换。这是最原始的交换技术产品,所有交换机都能够工作在第二层。接入层交换机通常全部采用第二层交换机。

2) 第三层交换机

第三层交换机具有路由功能,将 IP 地址信息提供给网络路径选择,并实现不同网段间数据的线速交换。当网络规模较大时,可以根据特殊应用需求划分为小面积独立的 VLAN 网段,以减小广播所造成的影响。通常这类交换机是采用模块化结构,以适应灵活配置的需要。在大中型网络中,第三层交换机已经成为核心层或汇聚层的基本配置设备。

3) 第四层交换机

第四层交换机使用传输层包含在每一个 IP 包包头的服务进程/协议进行交换和传输处理,实现带宽分配、故障诊断和对 TCP/IP 应用程序数据流进行访问控制功能。第四层交换机是核心层交换机的当然之选。

2.3.3 交换机间的连接

交换机之间的连接不论是使用超 5 类线还是 6 类线只是性能上的不同,并没有差别。光纤链路则有所不同,单模光纤和多模光纤千万不能混用,否则光纤端口将无法通信。

1. 光纤端口的级联

光纤端口均没有堆叠的能力,只能用于级联。

1) 光纤跳线的交叉连接

大多数交换机的光纤端口都是两个,分别是一发一收。当然,光纤跳线也一般是两根,否则端口之间将无法进行通信。当交换机通过光纤端口级联时,必须将光纤跳线两端的收发对调,当一端“收”时,另一端“发”,如图 2-2 所示。Cisco GBIC 光纤模块都标记有收发标志,左侧向内的箭头表示“收”,右侧向外箭头表示“发”。如果光纤跳线的两端均连接“收”或“发”,则该端口的 LED 指示灯不亮,表示该连接失败。只有当光纤端口连接成功后,LED 指示灯才转为绿色。

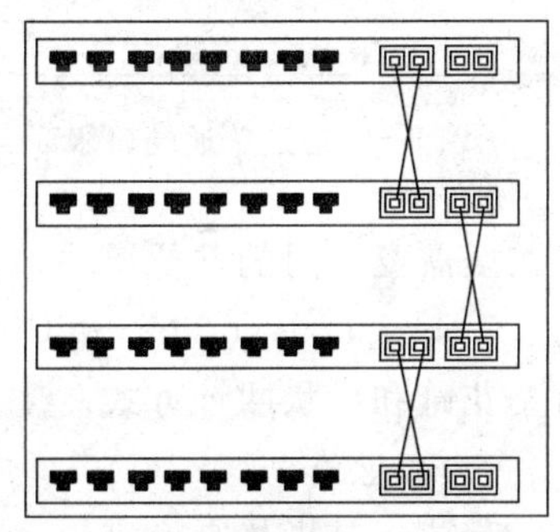

图 2-2　光纤端口的级联

2) 光电收发器的连接

当建筑之间或楼层之间的布线采用光缆,而水平布线采用双绞线时,可以采用两种方式实现两种传输介质之间的连接。一是采用同时拥有光纤端口和 RJ-45 端口的交换机,在交换机之间实现光电端口之间的互连;二是采用廉价的光电转换设备,如图 2-3 所示。一端连接光纤,一端连接交换机的双绞线端口,实现光电之间的相互转换。

图 2-3　光电收发器

2. 双绞线端口的级联

级联既可使用普通端口(即 MDI-X 类型端口)也可使用特殊的 Uplink 端口(即 MDI-Ⅱ类型端口)。交换机不能无限制级联,超过一定数量的交换机进行级联,最终会引起广播风暴,导致网络性能严重下降。

1) 使用 Uplink 端口级联

Uplink 端口是专门用于与其他交换机连接的端口,可利用直通线将该端口连接至其他交换机的除 Uplink 端口外的任意端口,如图 2-4 和图 2-5 所示。

图 2-4 Uplink 端口

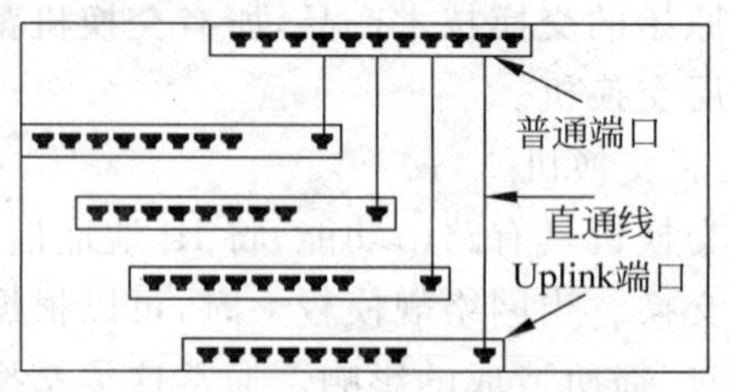

图 2-5 通过 Uplink 端口级联交换机

2) 使用普通端口级联

如果交换机没有提供专门的 Uplink 端口,可以使用交叉线将两台交换机的普通端口连接在一起,扩展网络端口数量,如图 2-6 所示。

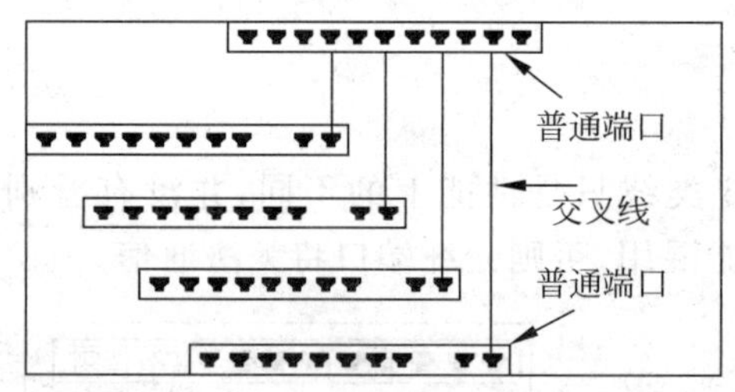

图 2-6 通过普通端口级联交换机

3) 使用智能端口级联

智能端口就是交换机中的所有 RJ-45 端口都能够智能判断对端连接是普通网络终端,还是其他网络设备,并自动将端口的类型切换到与之相适应的类型(MDI-X 或 MDI-Ⅱ),从而实现只使用直通线与对端设备的正常连接。

3. 交换机的堆叠

堆叠不仅通常需要使用专门的堆叠电缆,而且甚至需要专门的堆叠模块。同一堆叠中的交换机必须是同一品牌,否则将无法堆叠。

Cisco Catalyst 2950 和 Cisco Catalyst 3550 支持 GigaStack 堆叠技术。GigaStack 堆叠有菊花链和星状两种方式。

1) 菊花链式

菊花链是指将交换机一个一个地串接起来,每台交换机都只与自己相邻的交换机进行连接,如图 2-7 所示。为了提高网络的稳定性,可以在首尾两台交换机之间再连接一条堆叠电缆作为链接冗余。当中间某一台交换机发生故障时,冗余电缆立即被激活,从而保障网络畅通。

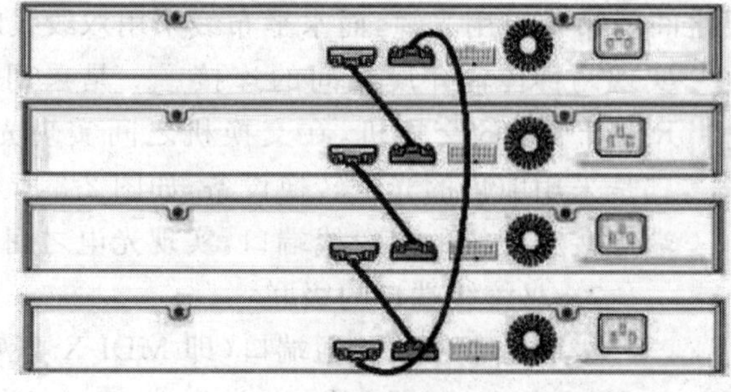

图 2-7 菊花链式堆叠

2）星状

星状是指采用一台多千兆端口的交换机作为堆叠中心，其他交换机通过堆叠模块与该交换机连接在一起，如图 2-8 所示。可以通过使用第二台 Cisco Catalyst 3508G XL 交换机完成连接冗余，目的是在堆叠内构造冗余。

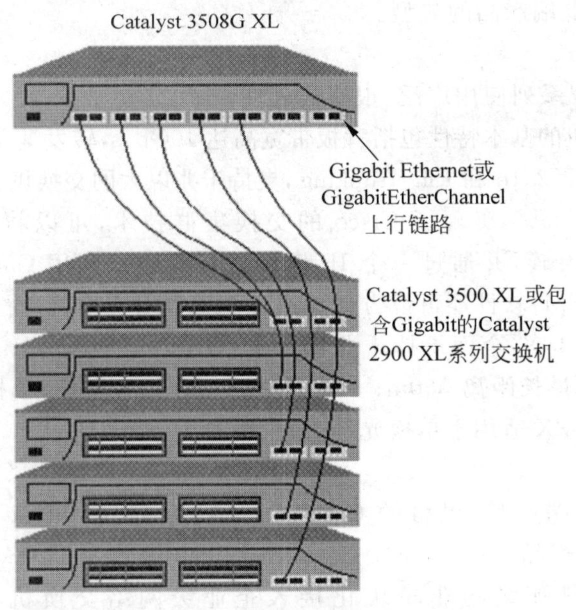

图 2-8 星状堆叠

2.3.4 交换机的选择

国内外通信设备制造商比较多，如思科、华为等，大的厂商各自都有比较丰富的产品线，在网络设计和建设中，需要对重要厂商的主要交换机产品有一个全面的认识。下面主要介绍 Cisco 的交换机产品线和主要产品。

1. Cisco 交换机产品线概述

Cisco 的交换机产品以“Catalyst”为商标，包含 3500、4000、5000、5500、6000、8500、9300、9400、9500 等多个系列。总的来说，这些交换机可以分为固定配置交换机和模块化交换机两类。

固定配置交换机包括 3500 及以下的大部分型号，除了有限的软件升级外，这些交换机不能扩展。另一类是模块化交换机，主要指 4000 及以上的机型，网络设计者可以根据网络需求，选择不同数目和型号的接口板、电源模块及相应的软件。

Cisco 对产品的命名有基本规定，就 Catalyst 交换机来说，产品命名的格式如下：

```
Catalyst NNXX [ – C] [ – M] [ – A/ – EN]
```

其中，NN 是交换机的系列号，XX 对于固定配置的交换机来说是端口数，对于模块化交换机来说是插槽数，有-C 标志表明带光纤接口，-M 表示模块化，-A 和-EN 分别是指交换机软件是标准版或企业版。

2. 主要产品介绍

目前,网络集成项目中常见的Cisco交换机有以下几个系列:1900、2900、3500、6500系列,分别使用在网络的低端、中端和高端。下面分别介绍一下这几个系列的产品。

1) 低端产品

1900和2900是低端产品的典型。

2) 中端产品

中端产品中3500系列使用广泛,很有代表性。

C3500系列交换机的基本特性包括背板带宽高达10Gb/s,转发速率7.5Mpps,它支持250个VLAN,支持IEEE 802.1q和ISL Trunking,支持千兆以太网交换机、可选冗余电源等。

管理特性方面,C3500实现了Cisco的交换集群技术,可以将16个C3500、C2900、C1900系列的交换机互连,并通过一个IP地址进行管理。利用C3500内的Cisco Visual Switch Manager(CVSM)软件还可以方便地通过浏览器对交换机进行设置和管理。

千兆特性方面,C3500全面支持千兆接口卡(GBIC)。目前,GBIC有三种1000BASE-SX,适用于多模光纤,最长距离550m;1000BASE-LX/LH,多模/单模光纤都适用,最长距离10km;1000BASE-ZX适用于单模光纤,最长距离100km。

3) 高端产品

对于企业级的高端产品,思科的Catalyst 9300系列、Catalyst 9400系列和Catalyst 9500系列是最常用的产品。

9300系列是思科顶级的非模块化接入企业级网络交换机系列,堆叠速度高达480Gb/s。

9400系列是思科领先的企业级模块化接入交换机,最高支持9Tb/s的堆叠速度,如图2-9所示。

9500系列是业内第一款面向企业的非模块化核心40Gb/s交换机,如图2-10所示。

图2-9 Catalyst 9400系列

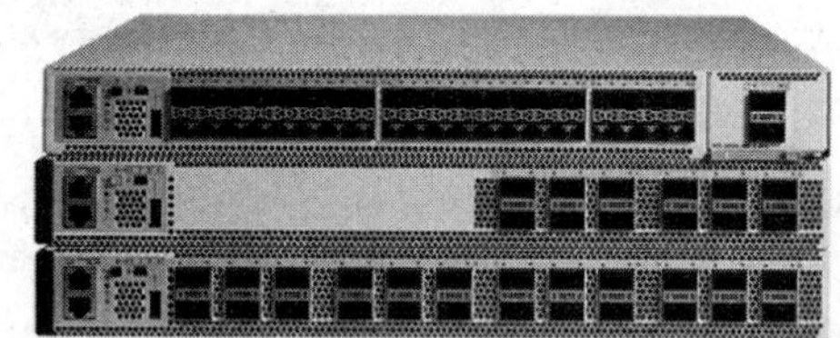

图2-10 Catalyst 9500系列

2.4 路由器

2.4.1 路由器的功能

路由器工作在OSI模型的网络层。路由器通常有多个网络接口,分别连接不同的网络。

路由器的常见功能如下。

1. 连接网络

路由器用于连接多个逻辑上分开的网络,逻辑网络代表一个单独的网络或者一个子网。局域网内如果有多个异构网络需要互连(如以太网、ATM、FDDI 网络),就需要借助于路由器。由于现在的局域网大多是以太网,所以局域网内各子网的连接,一般使用三层交换机,而不是路由器。此时,路由器主要是连接 Internet。有的大型局域网有多个区域(譬如校园网有多个校区),由于局域网的传输距离有限,所以为了实现局域网间的连接,就必须借助广域网连接,需要使用路由器。

2. 路由选择和数据转发

路由器主要负责将数据包传送到本地和远程目的网络,其方法如下。

1) 路由选择

路由器使用路由表来确定转发数据包的最佳路径,也就是进行路由选择。路由器是按照一定的规则来动态地更新它所保持的路由表,以便保持路由信息的有效性。常见的路由选择协议包括路由信息协议(RIP)、开放最短路径优先协议(OSPF)。

2) 数据转发

当路由器收到数据包时,它会检查其目的 IP 地址,并在路由表中搜索最匹配的网络地址。路由表还包含用于转发数据包的接口。一旦找到匹配条目,路由器就会将 IP 数据包封装到传出接口或送出接口的数据链路帧中。

3. 网络安全

越来越多的应用,如防火墙、VPN 集成、语音闸道器和视频监控,都归路由器掌控。作为与外界网络的出口,路由器还担当保护内部用户和数据安全的重要职责。

1) 网络地址转换

NAT(Network Address Translation)就是指在一个网络内部,根据需要可以随意自定义 IP 地址,而不需要经过申请。在网络内部,各计算机间通过内部的 IP 地址进行通信。而当内部的计算机要与外部 Internet 进行通信时,具有 NAT 功能的设备负责将其内部的 IP 地址转换为合法的 IP 地址(即经过申请的 IP 地址)进行通信。

如果一个企业不想让外部网络用户知道自己的网络内部结构,可以通过 NAT 将内部网络与外部 Internet 隔离开,则外部用户根本不知道通过 NAT 设置的内部 IP 地址。如果一个企业申请的合法 Internet IP 地址很少,而内部网络用户很多,可以通过 NAT 功能实现多个用户同时共用一个合法 IP 与外部 Internet 进行通信。

设置 NAT 功能的路由器至少要有一个内部端口(Inside),一个外部端口(Outside)。内部端口连接的网络用户使用的是内部 IP 地址。内部端口可以为任意一个路由器端口。外部端口连接的是外部的网络。外部端口可以为路由器上的任意端口。

2) 访问控制列表

访问控制列表(ACL)使用包过滤技术,在路由器上读取第三层及第四层包头中的信息,如源地址、目的地址、源端口和目的端口等,根据预先定义好的规则对包进行过滤,从而达到访问控制的目的。该技术初期仅在路由器上支持,后来扩展到三层交换机。

借助 IP 访问控制列表,在路由器上可以设置各种访问策略,规定哪段时间、哪种网络协议和哪种网络服务是被允许外出和进入的,从而不仅可以避免对网络的滥用,提高网络传输性能和带宽利用效率,也可以有效地避免蠕虫病毒、黑客工具对网络的侵害。

2.4.2 路由器的分类

路由器的价格以及产品性能都存在很大的差异。路由器的分类标准也不是唯一的,根据不同的标准,可以将路由器做不同的分类。

1. 按性能划分

从路由性能上,路由器可分为高端路由器和中低端路由器。低端路由器主要适用于小型网络的Internet接入或企业网络远程接入,端口数量和类型、包处理能力都非常有限。中端路由器适用于较大规模的网络,拥有较高的包处理能力,具有丰富的网络接口,适应较为复杂的网络结构。高端路由器主要应用于大型网络的核心路由器,拥有非常高的包处理性能,并且端口密度高、端口类型多,能够适应复杂的网络环境。

通常将背板交换能力大于40Gb/s的路由器称为高端路由器,25～40Gb/s的路由器称为中端路由器,低于25Gb/s的是低端路由器。

2. 按结构划分

从结构上分,路由器可分为模块化结构与非模块化结构路由器。通常情况下,中高端路由器均为模块化结构,可以使用各种类型的模块灵活配置路由器,增加端口的数量,提供丰富的端口类型,以适应企业不断变化的业务需求。低端路由器则多为非模块化结构,只能提供固定类型和数量的端口。

3. 按网络位置划分

从网络位置划分,路由器分为核心路由器、汇聚路由器和接入路由器。

核心路由器位于网络中心,通常使用性能稳定的高端模块化路由器,一般被电信级大企业选用。要求低速的包交换能力与高速的网络接口。

汇聚路由器则主要适用于大型企业和Internet服务提供商,或者分级系统中的中级系统。主要目标是以尽量方便的方法实现尽可能多的端点互连,并且进一步要求支持不同的服务质量。这类路由器的主要特点就是端口数量多,价格便宜,应用简单。

接入路由器一般位于网络的边缘。通常使用中低端产品,也是目前应用最广的一类路由器,主要应用于中小型企业或大型企业的分支机构中,要求相对低速的端口以及较强的接入控制能力。

4. 按功能划分

从路由器的功能方面划分,路由器可分为通用路由器与专用路由器。一般所说的路由器为通用路由器。专用路由器通常为实现某种特定功能对路由器接口、硬件等做专门优化。例如,网络专用路由器适合大量用户同时进行在线网络游戏、视频聊天、网上电影等应用;VPN路由器增强隧道处理能力以及硬件加密等。

5. 按传输性能划分

从性能上分,路由器可分为线速路由器以及非线速路由器。通常线速路由器是高端路由器,能以介质速度转发数据包;中低端路由器是非线速路由器。

2.4.3 路由器的选购

选择路由器时应注意安全性、控制软件、网络扩展能力、网管系统、带电插拔能力、尺寸及支持的协议等方面。另外，选择路由器还应遵循如下基本原则：标准化原则、技术简单性原则、环境适应性原则、可管理性原则和容错冗余性原则。

对于高端路由器，更多的还应该考虑是否适应骨干网对网络高可靠性、接口高扩展性以及路由查找和数据转发的高性能要求。高可靠性、高扩展性和高性能的“三高”特性是高端路由器区别于中、低端路由器的关键所在。

下面以 Cisco 为例，分别介绍高、中、低端路由器产品。

1. Cisco ASR 9006

Cisco ASR 9006 是一款高端路由器，可以扩容配置高密度万兆端口、高密度千兆端口、窄带高密度 T1/E1 端口、通道化或非通道化 POS 端口、高密度通道分时隙或不分时隙 T1/E1 或 T3/E3 端口、高密度 100G 端口、高密度与传输集成的 100G 端口等。支持运营商级别 IPv6 能力。整机系统支持 4.8TB 容量。最大支持 9000Mpps 的包转发率。该款运营商级别平台，提供专门硬件，提供二层、三层各种 VPN 业务，包括 MPLS VPN 技术和最新的 EVPN 技术、IPv4 或 IP。支持三百万个队列；该款路由器支持众多 QoS 技术，支持标准的网管协议，既可以使用统一品牌的网管系统来管理，也支持业界第三方网管系统来管理。同时提供开放接口，适应 SDN(软件定义网络)的发展需求。

2. Cisco ASR-903

思科 ASR-903 汇聚业务路由器是一款中端路由器，它可以扩容配置万兆端口、千兆端口、窄带高密度 T1/E1 端口、POS 端口、高密度同步异步端口等。它提供 400GB 容量，600Mpps 的包转发率。该款路由器提供专门硬件，提供二层、三层各种 VPN 业务，包括 MPLS VPN 技术。它还支持众多 QoS 技术，支持标准的网管协议，既可以使用统一品牌的网管系统来管理，也支持业界第三方网管系统来管理。

3. Cisco 2911

Cisco 2911 集成多业务路由器是一款低端路由器，它可以继续扩容配置其他高密度千兆以太口、T1/E1 端口、高密度同步异步端口、通道化分时隙端口、模拟 Modem 端口、VDSL/HDSL 端口、高密度音频端口、不同波段 4G 移动接口、模拟电话、数字电话接口，甚至可以增加刀片服务器、视频处理模块等。该路由器包转发率最大可以达到 4Mpps；提供专门的处理硬件，提供 IPSec/SSL 等 VPN 加速；提供硬件加密，包括数字加密标准和三重 DES (3DES)；高级加密标准(AES) 128、192 和 256；消息摘要算法 5 (MD5)和使用散列消息鉴别码；MD5_hmac 的 MD5；安全散列算法-1 (SHA-1)和 SHA1_hmac 等；同时可以对 VPN 数据做对应压缩，大大节省带宽资源；该款路由器支持众多 QoS 技术，支持标准的网管协议，既可以使用统一品牌的网管系统来管理，也支持业界第三方网管系统来管理。

2.5 网　　卡

网卡(Network Interface Card)又称为网络适配器或网络接口卡，是一种插在普通计算机或服务器扩展槽中的扩展卡，无论是普通计算机还是高端服务器，只要想连接到局域网，就都需要安装一块网卡。如果有必要，一台计算机也可以同时安装两块或多块网卡。

网卡的功能主要有两个：一是将计算机发出的数据封装为帧，并通过网线将数据发送到网络；二是接收所有在网络上传输的信号，但只接收发送到该计算机的帧或广播帧，并将这些帧重新组合成数据,传输到所在的计算机中,由CPU做进一步的处理。

2.5.1 网卡的组成

网卡主要由主控制编码芯片、调控元件、Boot ROM芯片插槽和状态指示灯4部分组成。

1. 主控制编码芯片

主控制编码芯片主要负责进出网卡的数据流的处理。PCI接口的网卡,进出的数据主要由主控制芯片负责处理,不占用CPU资源,因而可以有效地减轻系统的负担。还有一些智能型网卡也自带了自己的处理芯片。数据由其芯片处理,不占用CPU资源。

2. 调控元件

调控元件主要负责发送和接收中断请求(IRQ)信号。

3. Boot ROM芯片插槽

在Boot ROM芯片插槽上安装无盘启动芯片,当在局域网中的无盘工作站想要启动计算机时,可以通过这块启动芯片来启动计算机。

4. 状态指示灯

状态指示灯用来显示网卡的工作状态,网卡上通常配置有电源指示灯、发送指示灯、接收指示灯,有些网卡上还配有链路状态指示灯、超长指示灯和碰撞指示灯。

2.5.2 网卡的分类

网络有许多种不同的类型,如以太网、令牌环、FDDI、ATM、无线网络等,不同的网络必须采用不同的网卡与之配合使用。

1. 以太网卡分类

目前的绝大多数局域网都是以太网,当然配备的网卡是以太网网卡,下面就对以太网网卡进行分类。

1) 根据传输带宽划分

目前主流的网卡主要有10Mb/s网卡、100Mb/s、1000Mb/s、10Gb/s网卡。

2) 根据总线接口分类

按网卡的总线接口类型,可以将网卡分为ISA网卡、PCI网卡、PCI-X网卡、USB网卡和笔记本的PCMCIA网卡等。

(1) ISA总线网卡

这是早期的一种接口类型网卡,ISA总线接口由于I/O速度较慢,随着20世纪90年代初PCI总线技术的出现,很快被淘汰了。

(2) PCI总线网卡

这种总线类型的网卡在当前的网络客户端上相当普遍,也是目前最主流的一种网卡接口类型。目前主流的PCI规范有PCI 2.0、PCI 2.1和PCI 2.2三种。PCI 2.1之前的32位网卡,其主频基本上是33MHz和66MHz;在PCI 2.2后出现了64位PCI网卡,其主频可达100MHz和133MHz,主要用于服务器中,带宽通常为1000Mb/s。

(3) PCI-X、PCI-Express总线网卡

新型的PCI-X总线、PCI-Express总线网卡大多被应用于网络服务器。具体选择何种

类型总线的网卡，要看服务器主板所能提供的扩展槽的总线类型。由 Intel 提出，由 PCI-SIG(PCI 特殊兴趣组织)颁布的 PCI-Express 无论在速度上，还是结构上，都比 PCI-X 总线要强许多。目前 Intel 的 i875P 芯片组已提供对 PCI-Express 总线的支持，有专家分析预计将来会逐步普及这一新的总线接口。它将取代 PCI 和现行的 AGP 接口，最终实现内部总线接口的统一。

(4) PCMCIA 总线网卡

PCMCIA 总线类型的网卡是笔记本专用的，它受笔记本的空间限制，体积远不可能像 PCI 接口网卡那么大。PCMCIA 总线分为两类，一类为 16 位的 PCMCIA，另一类为 32 位的 CardBus，如图 2-11 所示。

CardBus 是一种用于笔记本的新的高性能 PC 卡总线接口标准。该总线标准与原来的 PC 卡标准相比，具有吞吐量大、总线自主、低功耗、后向兼容等优势。

图 2-11 PCMCIA 网卡

(5) USB 接口网卡

USB(Universal Serial Bus，通用串行总线)已经被广泛应用于鼠标、键盘、打印机、扫描仪、Modem、音箱等各种设备。由于其传输速率远远大于传统的并行口和串行口，设备安装简单并且支持热插拔，所以越来越受到厂商和用户的喜爱。USB 网卡通常只被用于普通网络客户端。

3) 按网络端口划分

根据与所连接的传输介质相连接的端口分类，有 RJ-45 端口网卡、光纤端口网卡和无线网卡。其中，光纤端口又分为 LC 端口和 SC 端口两种。按网卡端口的数量分，有单端口网卡、双端口网卡甚至 4 端口网卡。

4) 按应用领域划分

按使用的用途，可以将网卡分为客户端网卡和服务器网卡。

(1) 客户端网卡

客户端网卡通常连接双绞线，一般使用 10/100Mb/s 自适应网卡。客户端网卡的特点如下。

① PCI 总线接口；

② 1 个双绞线端口；

③ 10/100Mb/s 自适应端口。

(2) 服务器网卡

服务器网卡的特点如下。

① 接口总线速率高。通常采用 PCI-X 或 PCI-Express 总线，避免系统总线成为数据传输的瓶颈。

② 网络传输速率高。传输速率通常为 1000Mb/s 或 10Gb/s，以保证能够迅速响应网络客户并发的大数据量访问。

③ 端口数量多。为了实现负载均衡、高速率传输、提高网络可用性、连接多个网络等诸多原因，往往需要提供两个以上的端口。

④ 可网络管理。服务器网卡可以借助 SNMP 实现远程管理,以便实现对网卡状态和网络传输的远程实时监控。

⑤ 功能丰富强大。服务器网卡往往可以支持负载均衡、链路汇聚、服务质量和流量控制等诸多丰富的功能,用于实现服务器连接的高带宽、高稳定性和高可用性。

2. 无线网卡分类

无线网卡作为无线网络的接口,实现与无线网络的连接。无线网卡根据接口类型的不同,主要分为 4 种类型:PCMIA 无线网卡、PCI 无线网卡、USB 无线网卡和无线网络适配器。

(1) PCMIA 无线网卡。PCMIA 无线网卡仅适用于笔记本,支持热插拔,可方便地实现移动式的无线接入。

(2) PCI 无线网卡。PCI 接口的无线网卡适用于普通的台式计算机。支持 PCI 接口的无线网卡经常是在 PCI 转接卡上插入一块普通的 PC 卡。

(3) USB 无线网卡。USB 无线网卡适用于笔记本和台式计算机,支持热插拔。

(4) 无线网络适配器。无线网络适配器其实就是无线网卡,它适用于笔记本。

2.6 服 务 器

现在的计算机网络是以服务器为核心构建的网络。作为网络的灵魂,服务器不仅担负着繁重的处理任务,而且还要保证网络服务的稳定。

2.6.1 服务器的特性

服务器在硬件、软件等各个方面与普通的计算机存在着非常大的差异,分别是可扩展性(Scalability)、可用性(Usability)、可管理性(Manageability)、可利用性(Availability),简称 SUMA。

1. 可扩展性

服务器需要具有一定的"可扩展性"。可扩展性是指服务器的配置,如内存、硬盘、处理器等,可以很方便地实施扩容。如果网络需求发生变化时,而服务器没有一定的可扩展性,当用户增多时,一台昂贵的服务器在短时间内就要遭到淘汰,这是许多用户都无法接受的。

2. 可用性

服务器的可用性是指服务器应具有很高的稳定性和可靠性。因为服务器所面对的是整个网络的用户,而不是本机登录用户,在一些特殊应用领域,即使没有用户使用有些服务器也得不间断地工作。一般来说,专门的服务器都需要 7×24 小时不间断工作,特别是一些大型的网络服务器,如大公司所用服务器、网站服务器以及公众服务器等。提高服务器可靠性的最常见的做法是部件的冗余配置,如 RAID 技术、热插拔技术、冗余电源、冗余风扇等方法。

3. 可管理性

服务器主板上集成了多种传感器,用于检测硬件设备的运行状态。系统管理员可以在异地通过网络随时了解服务器的运行状况,实现对服务器的远程监测和资源分配,并及时解决服务器的许多硬件故障。

4. 可利用性

服务器的可利用性是指服务器要具有很高的数据处理能力和处理效率。目前，该特性主要是通过对称多处理器技术和集群技术实现。对称多 CPU 处理技术是指在一个计算机上汇集了一组处理器，各 CPU 之间共享内存子系统和总线结构，系统将任务队列对称地分布于多个 CPU 之上，从而极大地提高了整个系统的数据处理能力。常见的对称多处理系统通常采用 2、4、6 或 8 路处理器。服务器集群技术是近几年兴起的用于提高服务器性能的新技术。它是将一组相互独立的计算机通过高速的通信网络组成的一个单一的计算机系统，并以单一系统的模式加以管理。一个服务器集群包含多台拥有共享数据存储空间的服务器，集群系统内任意一台服务器都可以被所有的网络用户所使用。

2.6.2 服务器的分类

1. 按照外观划分

按服务器的机箱结构来划分，可以把服务器划分为台式服务器、机架式服务器、机柜式服务器和刀片式服务器等 4 类。

1）台式服务器

台式服务器也称为“塔式服务器”。有的台式服务器采用大小与普通立式计算机大致相当的机箱，有的采用大容量的机箱，像个硕大的柜子。低档服务器由于功能较弱，整个服务器的内部结构比较简单，所以机箱不大，都采用台式机箱结构。如图 2-12 所示为 IBM 塔式服务器 X350 m5。

2）机架式服务器

对于信息服务企业（如 ISP/ICP/ISV/IDC）而言，选择服务器时首先要考虑服务器的体积、功耗、发热量等物理参数，因为信息服务企业通常使用大型专用机房统一部署和管理大量的服务器资源，机房通常设有严密的保安措施、良好的冷却系统、多重备份的供电系统，其机房的造价相当昂贵。如何在有限的空间内部署更多的服务器直接关系到企业的服务成本，通常选用机械尺寸符合 19 英寸工业标准的机架式服务器。

图 2-12 IBM X350 m5 塔式服务器

机架式服务器也有多种规格，例如 1U（4.45cm 高）、2U、4U、6U、8U 等。通常 1U 的机架式服务器最节省空间，但性能和可扩展性较差，适合一些业务相对固定的使用领域。4U 以上的产品性能较高，可扩展性好，一般支持 4 个以上的高性能处理器和大量的标准热插拔部件。管理也十分方便，厂商通常提供相应的管理和监控工具，适合大访问量的关键应用，但体积较大，空间利用率不高。

3）机柜式服务器

在一些高档企业服务器中由于内部结构复杂，内部设备较多，有的还具有许多不同的设备单元或几个服务器都放在一个机柜中，这种服务器就是机柜式服务器。机柜式服务器管理模式不仅可以提高空间利用率以及可管理性，而且还为数据存储的拓展提供了全新的解决方案。

4) 刀片式服务器

刀片式服务器是一种 HAHD(High Availability High Density,高可用高密度)的低成本服务器平台,是专门为特殊应用行业和高密度计算机环境设计的,其中每一块"刀片"实际上就是一块系统母板,类似于一个个独立的服务器。在这种模式下,每一个母板运行自己的系统,服务于指定的不同用户群,相互之间没有关联。不过可以使用系统软件将这些母板集合成一个服务器集群。在集群模式下,所有的母板可以连接起来提供高速的网络环境,可以共享资源,为相同的用户群服务,如图 2-13 所示。

图 2-13 刀片式服务器

2. 按照构架划分

服务器处理器的执行方式一般为 CISC、RISC、VLIW 三类构架。

1) CISC 构架

CISC(Complex Instruction Set Computer,复杂指令集)架构服务器,即通常所讲的 PC 服务器。它是 IA(Intel Architecture,Intel 架构)服务器,基于 PC 体系结构,使用 Intel 或与其兼容的处理器芯片的服务器,如联想的万全系列服务器、HP 公司的 NetServer 系列服务器等。这类以"小、巧、稳"为特点的 IA 服务器凭借可靠的性能、低廉的价格,得到了更为广泛的应用,在互联网和局域网内更多地完成文件服务、打印服务、通信服务、Web 服务、电子邮件服务、数据库服务、应用服务等主要应用,一般应用在中小公司机构或大企业的分支机构。

2) RISC

RISC(Reduced Instruction Set Computing,精简指令集)架构服务器,它完全采用了与普通 CPU 不同的结构。使用 RISC 芯片并且主要采用 UNIX 操作系统的服务器,如 Sun 公司的 SPARC、HP 公司的 PA-RISC、DEC 公司的 Alpha 芯片、SGI 公司的 MIPS 等。这类服务器通常价格都很昂贵,一般应用在证券、银行、邮电、保险等大公司大企业,作为网络的中枢神经,提供高性能的数据等各种服务。

3) VLIW 构架

VLIW(Very Long Instruction Word,超长指令集构架)采用先进的 EPIC(清晰并行指令)设计,也称"IA-64 构架",比 CISC 和 RISC 强大得多。VLIW 的最大优点是简化了处理器的结构,删除了处理器内部许多复杂的控制电路,使芯片制造成本降低、能耗减少,而处理性能提高。

3. 按照应用层次划分

按应用层次和性能,服务器可划分为入门级服务器、工作组级服务器、部门级服务器和企业级服务器 4 类。

1) 入门级服务器

入门级服务器通常只使用一块 CPU,并根据需要配置相应的内存和大容量 IDE 硬盘,必要时也会采用 IDE RAID 进行数据保护。入门级服务器主要是针对基于 Windows NT、NetWare 等网络操作系统的用户,可以满足办公室型的中小型网络用户的文件共享、打印服务、数据处理、Internet 接入及简单数据库应用的需求,也可以在小范围内完成诸如

E-mail、Proxy、DNS 等服务。

2）工作组级服务器

工作组级服务器一般支持 1～2 个服务器专用处理器，可支持大容量的 ECC 内存，拥有 PCI-X 或 PCI-Express 插槽，功能全面。它可管理性强且易于维护，具备了小型服务器所必备的各种特性，如采用 SCSI 总线的 I/O（输入/输出）系统、SMP 对称多处理器结构、可选装 RAID、热插拔硬盘、热插拔电源等，具有高可用性特性。适用于为中小企业提供 Web、Mail 等服务，也能够用于学校等教育部门的数字校园网、多媒体教室的建设等。

3）部门级服务器

部门级服务器通常可以支持 2～4 个服务器专用处理器，具有较高的可靠性、可用性、可扩展性和可管理性。首先，集成了大量的监测及管理电路，具有全面的服务器管理能力，可监测如温度、电压、风扇、机箱等状态参数。此外，结合服务器管理软件，可以使管理人员及时了解服务器的工作状况。同时，部门级服务器具有优良的系统扩展性，当用户在业务量迅速增大时能够及时在线升级系统，可保护用户的投资。目前，部门级服务器是企业网络中分散的各基层数据采集单位与最高层数据中心保持顺利连通的必要环节。适合中型企业作为数据中心、Web 站点、视频会议等应用。

4）企业级服务器

企业级服务器属于高档服务器，普遍可支持 4～8 个 64 位服务器专用处理器，超大容量的 DDR2 ECC 内存，大容量热插拔硬盘和热插拔电源，具有超强的数据处理能力。这类产品具有高度的容错能力、优异的扩展性能和系统性能、极长的系统连续运行时间，能在很大程度上保护用户的投资。可作为大型企业级网络的数据库服务器。

目前，企业级服务器主要适用于需要处理大量数据、高处理速度和对可靠性要求极高的大型企业和重要行业（如金融、证券、交通、邮电、通信等行业），可用于提供 ERP（企业资源配置）、电子商务、OA（办公自动化）等服务。如戴尔公司的 PowerEdge 4600 服务器，标准配置为 2.4GHz Intel Xeon 处理器，最大支持 12GB 的内存。此外，采用了 Server Works GC-HE 芯片组，支持 2～4 路 Xeon 处理器。集成了 RAID 控制器并配备了 128MB 缓存，可以为用户提供 0、1、5、10 这 4 个级别的 RAID，最大可以支持 10 个热插拔硬盘并提供 730GB 的磁盘存储空间。

4. 按照用途划分

服务器按用途划分为通用型服务器和专用型服务器两类。

1）通用型服务器

通用型服务器是没有为某种特殊服务专门设计的、可以提供各种服务功能的服务器，当前大多数服务器是通用型服务器。这类服务器因为不是专为某一功能而设计，所以在设计时就要兼顾多方面的应用需要，服务器的结构就相对较为复杂，而且要求性能较高，当然在价格上也就更贵些。

2）专用型服务器

专用型（或功能型）服务器是专门为某一种或某几种功能专门设计的服务器。在某些方面与通用型服务器不同。如光盘镜像服务器主要是用来存放光盘镜像文件的，需要配备大容量、高速的硬盘以及光盘镜像软件。FTP 服务器主要用于在网上（包括 Intranet 和 Internet）进行文件传输，这就要求服务器在硬盘稳定性、存取速度、I/O（输入/输出）带宽方面具有明显优势。功能型服务器的性能要求比较低,因为它只需要满足某些需要的功能应用即可,所以结构比较简单;在稳定性、扩展性等方面要求不高,价格也便宜许多。尽管硬件配置可能并不高,但是处理速度却并不比通用服务器逊色。

5. GPU服务器

现在的GPU应该称为"大规模多线程并行处理器"或叫"GPU计算机",GPU也可以看成是"General Processing Unit",即通用处理器的缩写。它是高性能的通用处理器。我们把采用GPU技术的服务器称为GPU服务器。

GPU的设计思想是并行技术,它适合完成密集型的计算任务。

1) GPU的优势

GPU的优势在于天生的并行计算的体系机构。目前的8800 GTX GPU中,有128个Stream Multi Processor(流处理器,即通常说的核),可同时并发上万个线程。而最新的GTX 280 GPU里面,流处理器的数量达到了240个,在高性能计算领域有着无与伦比的优势。

目前,GPU已经达到240核,14亿晶体管,浮点运算能力可达到1TFLOPS(万亿次/每秒),而四核CPU的浮点运算能力仅为0.07TFLOPS(700亿次/每秒)。

Telsa S1070 1U机架服务器,有4个GPU卡,共960个内核,性能达到4万亿次每秒,功耗只有700W。而如果要达到相同的计算性能,需要CPU服务器集群才能实现,而功耗可能达到几万瓦。

目前的GPU服务器支持CUDA(Compute Unified Device Architecture,统一计算设备架构)并行架构和CUDA程序环境,支持多种编程语言和API,包括C、C++、OpenCL、DirectCompute或FORTRAN。GPU服务器广泛应用于生命科学、地球科学、工程和科学、分子生物学、医学诊断、电子设计自动化(EDA)、政府和国防、可视化、金融建模,以及石油和天然气等领域。

2) GPU服务器厂家

目前,主流的GPU服务器厂家主要有超微、戴尔、思腾合力、惠普、Intel和IBM等。用户选购时,要结合自己的需求,从需要GPU的块数、CPU的需求、外形尺寸、插槽形式、内存大小、工作盘大小、系统盘大小以及存储盘大小等多方面衡量,选出适合自己的产品。

戴尔HPC GPU服务器平台如表2-1所示。

表2-1 戴尔HPC GPU服务器平台

机型	图　片	CPU处理器	内存	PCIe	外形尺寸	GPU
Dell T7910工作站		1颗或2颗 Intel E5-2600 V4处理器	2400MHz 16x DIMMS 支持最大1TB内存	4个PCIe 3.0	塔式	3块NVIDIA Quadro GPU卡(3×225瓦)
Dell T7910工作站		1颗或2颗 Intel E5-2600 V4处理器	2400MHz 24x DIMMS 支持最大1TB内存	4个PCIe 3.0	机架式2U	4块NVIDIA GPU卡×150瓦或2块300瓦GPU卡

续表

机型	图　片	CPU 处理器	内存	PCIe	外形尺寸	GPU
Dell C4130 工作站		1 颗或 2 颗 Intel E5-2600 V4 处理器	2400MHz 16x DIMMS 支持最大 ITB 内存	6 个 PCIe 3.0	机架式 1U	4 块 NVIDIA Tesla GPU 卡
Dell R730 工作站		1 颗或 2 颗 Intel E5-2600 V4 处理器	2400MHz 24x DIMMS 支持最大 1.5TB 内存	7 个 PCIe 3.0	机架式 2U	2 块 GPU 卡
Dell T630 工作站		1 颗或 2 颗 Intel E5-2600 V4 处理器	2400MHz 24x DIMMS 支持最大 1.5TB 内存	8 个 PCIe 3.0	5U (rackable)	4 块 GPU 卡

2.6.3 服务器的硬件

服务器的 CPU、主板、内存、硬盘和总线等决定着服务器的整体性能。其关键部件与普通 PC 相比，技术更先进，性能更强大。

1. 服务器的 CPU

服务器的 CPU 负责处理各种信息和协调各部分的工作。因此，CPU 的性能从根本上决定着服务器的性能。

1）RISC 处理器

在同等频率下，采用 RISC 架构的 CPU 比 CISC 架构的 CPU 性能高很多。目前在中高档服务器中普遍采用 RISC 架构的 CPU。RISC 指令系统更加适合高档服务器的 UNIX 操作系统。RISC 型 CPU 与 Intel 和 AMD 的 CPU 在软件和硬件上都不兼容。

在 RISC 架构的基础上，各服务器厂家研发了多种 CPU 产品，如 IBM 公司的 PowerPC 系列、Sun 公司的 SPARC 系列、HP 公司的 PA-RISC 系列等。

2）Intel 处理器

目前能够支持 Intel 处理器的操作系统包括微软的 Windows Advanced Server、Limited Edition 和 Windows XP 64 位版、惠普公司的 HP-UX，以及来自 Caldera、Red Hat、SuSE 和 TurboLinux 公司的 Linux 系统。

3）AMD 处理器

AMD Opteron（皓龙）处理器采用 AMD64 结构。AMD64 是以业内标准 X86 指令集结构为基础而加以改良的全新计算技术，可以支持 32 位及 64 位的平台。AMD Opteron 处理器的独特之处是成功将 64 位计算结构集成到 X86 结构之内，使这个统一的新结构可与普遍采用的 X86 结构完全兼容。基于 AMD Opteron 处理器的系统可以同时执行目前及未来的软件，从而消除系统升级 64 位计算的障碍，大大简化系统升级的过程。

2. 服务器的主板

对于服务器而言，稳定性才是首要，服务器必须承担长年累月高负荷的工作要求，而且不能像台式计算机一样随意重启，为了提高其可靠性，普遍的做法都是部件的冗余技术，而这一切的支持都落在主板的肩上。

服务器主板具有如下一些特性。

(1) 服务器的可扩展性决定着它们的专用板型为较大的ATX、EATX或WATX。

(2) 中高端服务器主板一般都支持多个处理器,所采用的CPU也是专用的CPU。

(3) 主板的芯片组也是采用专用的服务器芯片组,比方Intel E7520、ServerWorks GC-HE等,不过像入门级的服务器主板,一般都采用高端的台式计算机芯片组(比如Intel 875P芯片组)。

(4) 服务器通常要扩展板卡(如网卡、SCSI卡等),因此服务器主板上会有较多的PCI、PCI-X、PCI-E插槽。

(5) 服务器主板同时承载了管理功能。一般都会在服务器主板上集成各种传感器,用于检测服务器上的各种硬件设备,同时配合相应管理软件,可以远程检测服务器,从而使网络管理员对服务器系统进行及时有效的管理。

(6) 在内存支持方面,由于服务器要适应长时间、大流量的高速数据处理任务,因此其能支持高达十几GB甚至几十GB的内存容量,而且大多支持ECC内存以提高可靠性。

(7) 存储设备接口方面。中高端服务器主板多采用SCSI接口、SATA接口而非IDE接口,并且支持RAID方式以提高数据处理能力和数据安全性。

(8) 在显示设备方面,服务器对显示设备要求不高,一般多采用整合显卡的芯片组,例如在许多服务器芯片组中都整合有ATI的RAGE XL显示芯片,要求较高的就采用普通的AGP显卡。

(9) 在网络接口方面,服务器主板大多配备双网卡,甚至是双千兆网卡以满足局域网与Internet的不同需求。

3. 服务器的内存和缓存

(1) 服务器内存的主要技术有ECC、Chipkill、Register、FB-DIMM技术。

Chipkill是IBM公司为了解决服务器内存中ECC技术的不足而开发的一种新的ECC内存保护标准。带有Register的内存一定带Buffer(缓冲),并且目前能见到的Register内存也都具有ECC功能,其主要应用在中高端服务器及图形工作站上。FB-DIMM(Fully Buffered-DIMM,全缓冲内存模组)是Intel在DDR2、DDR3的基础上发展出来的一种新型内存模组与互连架构,既可以搭配现在的DDR2内存芯片,也可以搭配未来的DDR3内存芯片。FB-DIMM可以极大地提升系统内存带宽并且极大地增加内存最大容量。

(2) 服务器内存的类型:SDRAM、DDR SDRAM、DDR2 SDRAM。SDRAM(Synchronous Dynamic Random Access Memory)是"同步动态随机存储器",DDR(DoubleDataRate)是"双数据传输模式"。

(3) 服务器操作系统对服务器内存的需求比较高。如Windows Server 2003网络操作系统,对服务器内存要求1GB才能运行较多的网络服务。

(4) 服务器需要的内存容量与服务器的用途有关。在实际应用中,工作组级服务器应为1～2GB,部门级服务器应为4～8GB,企业级服务器则应当为16GB以上。

(5) CPU缓存(Cache Memory)可以提高CPU读取数据的效率。不同CPU的一级缓存容量往往相差不大,二级和三级缓存容量就成为决定CPU性能的关键。

4. 服务器的硬盘

由于IDE接口硬盘的传输速率比较低,所以服务器硬盘采用SCSI硬盘和SATA硬盘。

1) SCSI 硬盘

SCSI(Small Computer System Interface,小型计算机系统接口)硬盘从最初的 SCSI-1 标准发展到现在的 Ultra320 SCSI,达到 320Mb/s 传输速度。SCSI 硬盘大多采用 Ultra160 和 Ultra320 标准,80 针的接口支持热插拔,68 针不支持。SCSI 主要用于高速应用、磁盘阵列、网络存储。

2) SATA 硬盘

SATA(Serial Advanced Technology Attachment,串行高级技术附件)硬盘当前可以实现 150Mb/s 传输速度,下一代可达 300～600Mb/s 传输速度。SATA 主要用于一些使用频率不高,或者并发访问较低的数据存储。

SAS(Serial Attached SCSI)作为新一代的 SCSI 技术,可提升存储系统的效能、可靠性及扩充性,提供与 SATA 硬盘的兼容性,用于满足性能要求苛刻的服务器数据存储。SAS 降低了 70%体积和更低的电耗,从而在密集计算和存储环境中体现出更高价值。

2.6.4 服务器的主要技术

1. 热插拔技术

热插拔技术指在不关闭系统和不停止服务的前提下更换系统中出现故障的部件,达到提高服务器系统可用性的目的。目前的热插拔技术已经可以支持硬盘、电源、扩展卡的热插拔。而系统中更为关键的 CPU 和内存的热插拔技术也已日渐成熟。

2. 冗余磁盘阵列技术

冗余磁盘阵列(Redundant Array of Independent Disks,RAID)是将两块或者是多块的廉价硬盘连接成一个冗余阵列,作为一个独立的大型存储设备出现,然后用特殊方式进行读写盘操作的一种技术。它有效地防止了一块甚至多块硬盘在损坏后数据全部丢失的情况发生。目前对 RAID 级别的定义可以获得业界广泛认同的有 RAID 0、RAID 1、RAID 0+1 和 RAID 5。

3. 对称多处理器技术

对称多处理器(Symmetric Multi Processor,SMP)指多个处理器通过共享同一存储区来协调工作。SMP 节点包含两个或两个以上完全相同的处理器,在处理上没有主从之分。每个处理器对节点计算资源享有同等访问权。SMP 系统通过将处理负载分布到各个空闲的 CPU 上来增强性能。在处理分布或执行线程中,各个 CPU 的功能是相同的,它们共享内存及总线结构。系统通过将处理任务队列对称地分布于多个 CPU 上,从而极大地提高了系统的数据处理能力。

4. 服务器集群技术

服务器集群(Cluster)是一组相互独立的服务器,通过高速通信网络组成一个计算机系统,并以单一系统的模式进行管理。集群中的多台服务器共享数据存储空间,当其中一台出现故障停止服务时,其他的服务器会自动接管它的服务,从而整体提高了可靠性、容错性和抗灾难性。一旦在服务器上安装并运行了集群服务,该服务器即可加入集群。

常用的服务器集群有以下两种。

(1) 将备份服务器连接在主服务器上,当主服务器发生故障时,备份服务器才投入运行,把主服务器上所有任务接管过来。

(2) 将多台服务器连接,这些服务器一起分担同样的应用和数据库计算任务,改善关键大型应用的响应时间。同时,每台服务器还承担一些容错任务,一旦某台服务器出现故障时,系统可以在系统软件的支持下,将这台服务器与系统隔离,并通过各服务器的负载转嫁机制完成新的负载分配。

在集群系统中,所有的计算机拥有一个共同的名称,集群内任一系统上运行的服务可被所有的网络客户所使用。集群必须可以协调管理各分离组件的错误和失败,并可透明地向集群中加入组件。用户的公共数据被放置到了共享的磁盘柜中,应用程序被安装到了所有的服务器上,也就是说,在集群上运行的应用需要在所有的服务器上安装一遍。当集群系统在正常运转时,应用只在一台服务器上运行,并且只有这台服务器才能操纵该应用在共享磁盘柜上的数据区,其他的服务器监控这台服务器,只要这台服务器上的应用停止运行(无论是硬件损坏、操作系统死机、应用软件故障,还是人为误操作造成的应用停止运行),其他的服务器就会接管这台服务器所运行的应用,并将共享磁盘柜上的相应数据区接管过来。

5. ISC 技术

ISC(Intel Server Control)是一种网络监控技术,只适用于使用 Intel 的带有集成管理功能主板的服务器。采用这种技术后,用户在一台普通的客户机上就可以监测网络上所有使用 Intel 主板的服务器,监控和判断服务器是否“健康”,一旦服务器中机箱、风扇、内存、处理器、系统信息、温度、电压或第三方硬件中的任何一项出现错误,就会报警提示管理人员。值得一提的是,监测端和服务器端之间的网络可以是局域网也可以是广域网,直接通过网络对服务器进行启动、关闭或重新置位,极大地方便了管理和维护工作。

6. EMP 技术

EMP(Emergency Management Port)技术也是一种远程管理技术,利用 EMP 技术可以在客户端通过电话线或电缆直接连接到服务器,来对服务器实施异地操作,如关闭操作系统、启动电源、关闭电源、捕捉服务器屏幕、配置服务器 BIOS 等操作。应用 ISC 和 EMP 两种技术可以实现对服务器进行远程监控管理。

7. 负载均衡技术

网络负载均衡服务在 Windows 2003 Server 及以上高级服务器和 Windows 2003 Server 及以上数据中心服务器操作系统中均可得到。网络负载均衡提高了使用在诸如 Web 服务器、FTP 服务器和其他关键任务服务器上的因特网服务器程序的可用性和伸缩性。运行 Windows 2003 Server 及以上的单一计算机可以提供有限级别的服务器可靠性和伸缩性。但是,通过将两个或两个以上运行 Windows 2003 Server 及以上高级服务器的主机连成集群,网络负载均衡就能够提供关键任务服务器所需的可靠性和性能。

8. 虚拟化技术

虚拟化的浪潮从各个方向涌来,无论是服务器,还是存储,甚至网络领域。一台虚拟化的服务器就如同一个全功能的服务器,可以在上面安装任何操作系统,进行网络配置,并安装所需要的软件。服务器虚拟化技术在实验环境和生产环境的使用,能够节省资金、整合服务器,并将基础架构发挥到最大化。

2.6.5 服务器的选择

不同行业的用户应该根据应用的实际情况选择服务器的类型和配置,对于服务器的选择要根据应用功能、效率、兼容性和可移植性等多种因素来决定。

1. 应考虑应用功能需求

如服务器的主要作用是完成文件和打印服务，硬件配置可较低。如服务器要运行各种网络应用，则应采用多CPU，以提高运行速度；同时，大的内存可以保证在用户数量较多时保持较高的服务性能，快速大容量硬盘系统同样有利于提高系统整体性能。

2. 应重视服务器软件工具的选择

建立一个高效的服务器，需要与服务器应用模式相关的各种软件产品具有高效性、兼容性和可移植性等特点。

(1) 系统管理软件应提供系统视图，实现对服务器软件及数据的有效管理。

(2) 应用开发工具。对于具体的应用，可以有各种针对性很强的软件开发工具，可在其中选择一种功能较强的，以提高在服务器上的编写应用程序的效率。

(3) 开放的服务环境。用以支持客户对网络资源的访问，提供快速连接、快速操作数据库和触发应用程序，以及提供方便友好的用户访问标准界面等。

3. 运行的安全可靠性

服务器运行的安全可靠性，是衡量其性能的重要指标。比如热插拔技术和RAID冗余磁盘阵列技术的成功应用，使得它的安全可靠性有了保证。

4. 好的品牌

好的品牌应从产品特点、产品质量、服务质量、厂商信誉等几个方面比较。由于激烈的市场竞争，一般来说厂商之间的价格差异不会太大，并且由于产品除主要配置外，附件及扩展能力方面也会影响价格，所以不能一味追求价格低。确定品牌及型号后，接下来应选择经销商。一般来说，从厂商认证的二级经销商中选择经销商比较保险。

总之，必须认真考虑以下几个因素：系统最好是业界著名的品牌；必须有规格齐全的产品系列；整个系统应该具备优秀的可管理性；在数据保护方面应该具备先进的技术；售后服务和技术支持体系必须完善。

2.7 VPN设备

虚拟专用网络(Virtual Private Network，VPN)是一种通过公共网络把两个专用网络连接在一起的、进行通信的技术。VPN可通过服务器、硬件、软件等多种方式实现。

2.7.1 VPN分类

根据不同的划分标准，VPN可以按几个标准进行分类。

1. 按VPN的协议分类

VPN按使用的协议可分为PPTP VPN、L2TP VPN、IPSec VPN、GRE VPN、SSL VPN、Open VPN等。由于PPTP和L2TP工作在OSI模型的第二层，因此又称为第二层隧道协议；IPSec是第三层隧道协议。

2. 按VPN的应用分类

1) Access VPN(远程接入VPN)

客户端到网关，使用公网作为骨干网在设备之间传输VPN数据流量称为远程接入

VPN；如公司员工在外地通过公网接入公司内部网络。

2）Intranet VPN(内联网 VPN)

网关到网关，由同一公司的位于两地的内部网络利用各自的网关，通过公网连接在一起的 VPN 称为内联网 VPN，如图 2-14 所示。

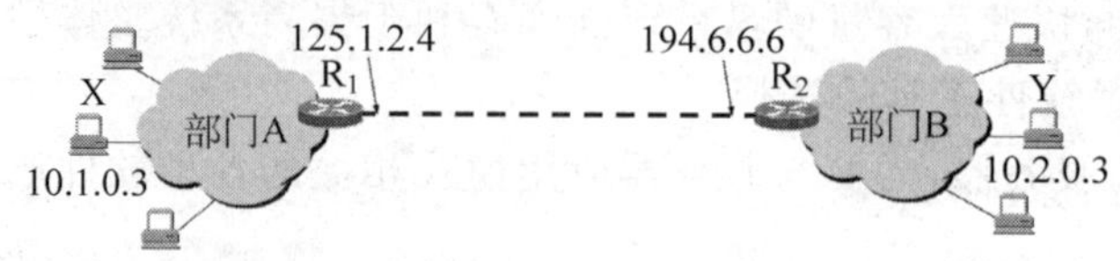

图 2-14　内联网 VPN

3）Extranet VPN(外联网 VPN)

网关到网关，由两个公司的内部网络利用各自的网关，通过公网连接在一起的 VPN 称为外联网 VPN。

3. 按所用的设备类型进行分类

网络设备提供商针对不同客户的需求，开发出不同的 VPN 网络设备，主要包括交换机、路由器和防火墙三种。

(1) 路由器式 VPN。部署较容易，只要在路由器上添加 VPN 服务即可。

(2) 交换机式 VPN。主要应用于连接用户较少的 VPN 网络。

(3) 防火墙式 VPN。最常见的一种 VPN 的实现方式，许多厂商都提供这种配置类型。

4. 按照实现原理划分

(1) 重叠 VPN。此 VPN 需要用户自己建立端节点之间的 VPN 链路，主要包括 GRE、L2TP、IPSec 等众多技术。

(2) 对等 VPN。由网络运营商在主干网上完成 VPN 通道的建立，主要包括 MPLS、VPN 技术。

2.7.2　VPN 实现方式

VPN 的实现有很多种方法，常用的有以下 4 种。

1. VPN 服务器

在大型局域网中，可以通过在网络中心搭建 VPN 服务器的方法实现 VPN。具体实现在第 4 章讲述。

2. 软件 VPN

可以通过专用的软件实现 VPN。国内外较知名的 VPN 软件有 VPNGate、CyberGhost、Spotflux Lite、Unblock Youku、FlyVPN、ExpressVPN 和 NordVPN 等。

3. 硬件 VPN

可以通过专用的硬件实现 VPN。

硬件 VPN 是目前应用最多的 VPN 技术，特点是安全性高。对于软件 VPN，如果安全级别设置太高，则处理速度会下降，传输速度也会降低。如果一味地追求处理速度和传输速率，安全性又难以保障。在这种情况下，硬件 VPN 就诞生了。

专业的硬件 VPN 设备可进行高级别加密和信息处理。如 Cisco VPN 3800 系列支持

3DES 加密技术，加密吞吐量高达 1.9Gb/s。可见，专业的硬件 VPN 可同时满足安全和速度的要求。

4. 集成 VPN

某些硬件设备，如路由器、防火墙等，都含有 VPN 功能。

目前，较知名的 VPN 设备厂商有深信服、天融信、启明星辰、H3C、信安世纪、卫士通等。

2.8 磁盘阵列 RAID

独立硬盘冗余阵列(Redundant Array of Independent Disks，RAID)，旧称廉价磁盘冗余阵列(Redundant Array of Inexpensive Disks)，简称磁盘阵列。

2.8.1 RAID 工作原理

RAID 的基本思想是把多个相对便宜的硬盘组合成为一个硬盘阵列组，使性能达到甚至超过一个价格昂贵、容量巨大的硬盘。简单来说，RAID 把多个硬盘组合成为一个逻辑扇区，因此，操作系统只会把它当作一个硬盘。RAID 常被用在服务器上，并常使用完全相同的硬盘作为组合。

磁盘阵列可直连主机或通过网络与主机相连。磁盘阵列的多个端口可被不同主机或不同端口连接。一个主机连接磁盘阵列的不同端口可提升传输速度。RAID 为加快与主机的交互速度，其内部都带有一定量的缓存。主机与 RAID 的缓存交互，缓存与具体的磁盘交互数据。

在应用中，有部分常用的数据是需要经常读取的，磁盘阵列根据其内部的算法，查找出这些经常读取的数据，存储在缓存中，这样就加快了主机读取这些数据的速度；对于 RAID 缓存中没有的数据，则由阵列从磁盘上直接读取传输给主机。对于主机写入的数据，只写在缓存中，主机可以立即完成写操作，然后由缓存再慢慢写入磁盘。

2.8.2 RAID 分类

磁盘阵列根据样式分为三类，即：外接式磁盘阵列柜、内接式磁盘阵列卡和利用软件仿真。

1. 外接式磁盘阵列柜

外接式磁盘阵列柜常用于大型服务器，具有可热交换(Hot Swap)的特性，但价格都很贵。

2. 内接式磁盘阵列卡

内接式磁盘阵列卡虽价格便宜，但需要较高的安装技术。能够提供在线扩容、动态修改阵列级别、自动数据恢复、驱动器漫游、超高速缓冲等功能。它能提供性能、数据保护、可靠性、可用性和可管理性的解决方案。

3. 利用软件仿真

利用软件仿真的方式是指网络操作系统通过自身的磁盘管理功能将连接的多块硬盘配置成逻辑盘，从而组成阵列。软件阵列可以提供数据冗余功能，但是磁盘子系统的性能会有所降低，有的降低幅度还比较大，达30%左右。因此会拖累机器的速度，不适合大数据流量的服务器。

2.8.3 标准RAID级别

RAID按级别可分为RAID 0、RAID 1、RAID 1E、RAID 5、RAID 6、RAID 7、RAID 10、RAID 50、RAID 53和RAID 60。其中，常用的级别有RAID 0、RAID 1、RAID 10、RAID 5、RAID 6。

1. RAID 0

RAID 0即带区卷，它将两个或两个以上的容量一样的磁盘并联成一个大容量的磁盘。带区卷可以同时对所有磁盘进行读/写数据操作，并以相同的速率并行向所有磁盘读/写数据。因此在所有的级别中，RAID 0的读写速度是最快的。但是RAID 0既没有冗余功能，也不具备容错能力，如果一个磁盘(物理)损坏，所有数据都会丢失，危险程度与JBOD相当。

2. RAID 1

RAID 1也称为镜像卷。两组以上的n个磁盘相互作镜像，在一些多线程操作系统中能有很好的读取速度，理论上读取速度等于硬盘数量的倍数，与RAID 0相同。另外，写入速度有微小的降低。只要一个磁盘正常即可维持运作，可靠性最高。RAID 1在主硬盘上存放数据的同时也在镜像硬盘上写完全一样的数据。当主硬盘损坏时，镜像硬盘则代替主硬盘的工作。因为有镜像硬盘做数据备份，所以RAID 1的数据安全性在所有的RAID级别上来说是最好的。但无论用多少磁盘作RAID 1，仅算一个磁盘的容量，是所有RAID中磁盘利用率最低的一个级别。

3. RAID 2

这是RAID 0的改良版，以海明码(Hamming Code)的方式将数据进行编码后分区为独立的比特，并将数据分别写入硬盘中。因为在数据中加入了错误修正码(Error Correction Code,ECC)，所以数据整体的容量会比原始数据大一些，RAID2最少要三台磁盘驱动器方能运作。

4. RAID 3

RAID 3采用带奇偶校验码的并行传送技术，它需要先通过编码，再将数据分割后分别存在不同的数据磁盘中，而将奇偶校验数据单独存在一个磁盘中(称为奇偶校验盘)，如果某一数据磁盘失效，则奇偶校验盘及其他数据盘可以重新产生数据。如果奇偶盘失效，则不影响数据使用。由于RAID 3的数据分散在不同的硬盘上，因此就算要读取一小段数据资料都可能需要所有的硬盘进行工作，所以它适于读取大量数据时使用。但对于随机数据，奇偶盘会成为写操作的瓶颈。

5. RAID 4

RAID 4和RAID 3很像。但它与RAID 3不同的是它对数据的访问是按数据块进行的，也就是按磁盘进行的，每次是一个盘。但由于每次数据访问都要进行奇偶校验，因此访问数据的速度不高。

6. RAID 5

RAID 5是一种存储性能、数据安全和存储成本兼顾的存储解决方案。RAID 5至少需要三块硬盘，RAID 5不是对存储的数据进行备份，而是把数据和相对应的奇偶校验信息存储到组成 RAID 5 的各个磁盘上，并且奇偶校验信息和相对应的数据分别存储于不同的磁盘上。当 RAID 5 的一个磁盘数据发生损坏后，可以利用剩下的数据和相应的奇偶校验信息去恢复被损坏的数据。RAID 5 可以为系统提供数据安全保障，但保障程度要比镜像低而磁盘空间利用率要比镜像高。RAID 5 具有和 RAID 0 相近似的数据读取速度，只是因为多了一个奇偶校验信息，写入数据的速度相对单独写入一块硬盘的速度略慢，若使用"回写缓存"可以让性能改善不少。同时由于多个数据对应一个奇偶校验信息，RAID 5 的磁盘空间利用率要比 RAID 1 高，存储成本相对较便宜。

7. RAID 6

与 RAID 5 相比，RAID 6 增加第二个独立的奇偶校验信息块。两个独立的奇偶系统使用不同的算法，数据的可靠性非常高，任意两块磁盘同时失效时不会影响数据完整性。RAID 6 需要分配给奇偶校验信息更大的磁盘空间和额外的校验计算，相对于 RAID 5 有更大的 IO 操作量和计算量，其"写性能"强烈取决于具体的实现方案，因此 RAID 6 通常不会通过软件方式来实现，而更可能通过硬件/固件方式实现。

8. RAID 7

RAID 7 并非公开的 RAID 标准，它是在 RAID 3 及 RAID 4 的基础上扩展的，通过强化以解决原来的一些限制。另外，在实现中使用大量的高速缓存以及用以实现异步数组管理的专用即时处理器，使得 RAID 7 可以同时处理大量的 I/O 要求，所以性能甚至超越了许多其他 RAID 标准的产品，但价格非常贵。

9. RAID 10/01

RAID 10 是先做镜像卷 RAID 1，再做带区卷 RAID 0，而 RAID 01 则相反。因为镜像卷和带区卷各有优缺点，因此结合后能达到既高效又高速的目的。它们主要用于数据容量不大，但要求速度和差错控制的数据库中。具体如图 2-15 和图 2-16 所示，其中的 A*i* 代表数据。

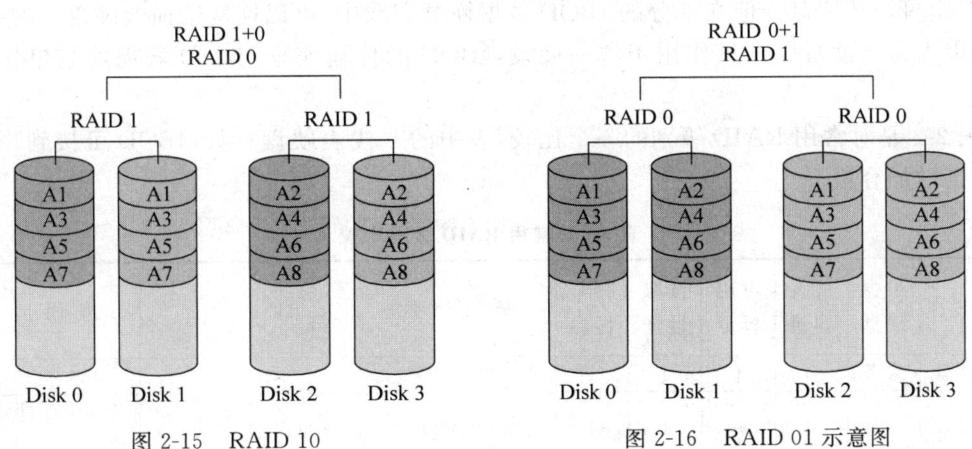

图 2-15　RAID 10

图 2-16　RAID 01 示意图

10. RAID 50

RAID 50 是 RAID 5 与 RAID 0 的组合，先作 RAID 5，再作 RAID 0。由于 RAID 50 是以 RAID 5 为基础，而 RAID 5 至少需要三块硬盘，因此要以多组 RAID 5 构成 RAID 50，至少需要 6 块硬盘。以 RAID 50 最小的 6 块硬盘配置为例，先把 6 块硬盘分为两组，每组三块构成 RAID 5,如此就得到两组 RAID 5,然后再把两组 RAID 5 构成 RAID 0。

RAID 50 的任一组或多组 RAID 5 中出现一块硬盘损坏时,仍能维持运作,不过如果任一组 RAID 5 中出现两块或两块以上硬盘损毁,整组 RAID 50 就会失效。RAID 50 读写性能比起单纯的 RAID 5 高,容量利用率比 RAID 5 要低。比如同样使用 9 块硬盘,由各三块 RAID 5 再组成 RAID 0 的 RAID 50,每组 RAID 5 浪费一块硬盘,利用率为(1－3/9)×100%,RAID 5 则为(1－1/9)×100%。

11. RAID53

RAID 5 是 RAID 3 与 RAID 0 的组合(不是 RAID5 和 RAID 3 的组合),因此速度快且有容错功能,但价格非常高,且不易实现。

12. RAID 60

RAID 60 是 RAID 6 与 RAID 0 的组合:先作 RAID 6,再作 RAID 0。RAID 60 最小需要 8 块硬盘。由于底层是以 RAID 6 组成,所以 RAID 60 可以容许任一组 RAID 6 中损毁最多两块硬盘,而系统仍能维持运作。比起单纯的 RAID 6,RAID 60 的访问速度要快些。不过使用门槛高,而且容量利用率低是较大的问题。

13. JBOD

在分类上,磁盘族 JBOD(Just a Bunch Of Disks)并不属于 RAID。由于并没有规范,市场上有以下两类主流的做法。

(1) 使用单独的链接端口如 SATA、USB 或 1394 同时控制多个分别独立的硬盘,使用这种模式通常是较高级的设备,还具备有 RAID 的功能,不需要依靠 JBOD 达到合并逻辑扇区的目的。

(2) 只是将多个硬盘空间合并成一个大的逻辑硬盘,没有容错机制。数据的存放是由第一块硬盘开始依序往后存放,即操作系统看到的是由许多小硬盘组成的一个大硬盘。但如果硬盘损坏,则该损坏硬盘上的所有数据将无法救回。它的好处是不会像 RAID,每次访问都要读写全部硬盘。但在部分的 JBOD 数据恢复实践中,可以恢复未损毁硬盘上的数据。同时,因为每次读写操作只作用于单一硬盘,JBOD 的传输速率与 I/O 表现均与单块硬盘无异。

表 2-2 是对常用 RAID 级别的一个比较,表中的 n 代表硬盘总数,JBOD 可接到现有硬盘,直接增加容量。

表 2-2 常用 RAID 级别比较

RAID 档次	最少硬盘	最大容错	可用容量	读取性能	写入性能	安全性	目的	应用产业
单一硬盘	(参考)	0	1	1	1	无		
JBOD	1	0	n	1	1	无(同 RAID 0)	增加容量	个人(暂时)存储备份
6	4	2	$n-2$	$n-2$	$n-2$	安全性较 RAID 5 高	同 RAID 5,但较安全	个人、企业备份
5	3	1	$n-1$	$n-1$	$n-1$	高	追求最大容量、最小预算	个人、企业备份

续表

RAID 档次	最少硬盘	最大容错	可用容量	读取性能	写入性能	安全性	目的	应用产业
10	4	$n/2$	$n/2$	n	$n/2$	安全性高	综合 RAID 0/1 优点，理论速度较快	大型数据库、服务器
1	2	$n-1$	1	n	1	最高，一个正常即可	追求最大安全性	个人、企业备份
0	2	0	n	n	n	一个硬盘异常，全部硬盘都会异常	追求最大容量、速度	视频剪接缓存用途

选购 RAID 设备时，要结合自己的使用环境和需求，根据上面 RAID 各级别的特点，去选择适合自己的产品。目前，知名的 RAID 产品的公司有戴尔、西数、奥睿科、华为、希捷等。

2.9 网络安全设备

具体网络安全的技术细节和原理参考 7.2 节，本节主要给出产品方面的介绍。

2.9.1 防火墙

硬件防火墙比较著名的有深信服、思科、华为、飞塔、天融信等。不同价位的防火墙的保护能力不同，用户可根据自己的实际需要，选择合适的产品。防火墙厂商中做网络版软件防火墙中著名的有 COMODO、ZoneAlarm Pro、Outpost Firewall、Checkpoint、Ashampoo FireWalld 等。其中，COMODO 是目前世界排名第一的防火墙。如 COMODO 是基于云计算的行为分析，基于云计算的白名单，是获奖的并受到高度评价的防火墙。Check Point 在统一的下一代防火墙平台中，为各种规模客户提供最新的数据和网络安全防护，从而降低复杂性和总体拥有成本。

2.9.2 漏洞扫描设备

这里所说的漏洞扫描工具，包括主机漏洞扫描工具、远程系统扫描工具、网站安全检测工具、数据库系统安全检测工具、应用安全检测工具、恶意代码检测工具等。目前，国内外较知名的漏洞扫描设备厂家有 WebRAY、中科网威、北京国舜、H3C、深信服和绿盟等。如远程漏洞扫描设备有天镜脆弱性扫描与管理系统、极光远程安全评估系统、榕基网络隐患扫描系统、Nessus 等。网站安全检查常见工具如 AppScan、WebRavor、WebInspect、Acunetix Web Vulnerability Scanner、N-Stealth 等。

2.9.3 安全隔离网闸

安全隔离网闸是使用带有多种控制功能的固态开关读写介质连接两个独立网络系统的信息安全设备。物理隔离网闸从物理上隔离、阻断了具有潜在攻击可能的一切连接，使"黑客"无法入侵，无法攻击，无法破坏，实现了真正的安全。

安全隔离网闸是实现两个相互业务隔离的网络之间的数据交换，通用的网闸模型设计一般分为三个基本部分。内网处理单元包括内网接口单元与内网数据缓冲区。接口部分负责与内网的连接,并终止内网用户的网络连接,对数据进行病毒检测、防火墙、入侵防护等安全检测后剥离出“纯数据”,同时也完成来自内网对用户身份的确认,确保数据的安全通道;数据缓冲区是存放并调度剥离后的“纯数据”,负责与隔离交换单元的数据交换。外网处理单元与内网处理单元功能相同,但处理的是外网连接。隔离硬件,是指隔离与交换控制单元,它是网闸隔离控制的摆渡控制,控制交换通道的开启与关闭。控制单元中包含一个数据交换区,即数据交换中的摆渡船。对交换通道的控制方式目前有两种技术:摆渡开关与通道控制。

如果针对网络七层协议,安全隔离网闸是在硬件链路层上断开。通常应用于涉密网与非涉密网之间,或应用于局域网与互联网之间(内网与外网之间),或应用于办公网与业务网之间,或应用于业务网与互联网之间等。

目前,较知名的安全隔离网闸厂商有华安保、网神、天行网安、伟思信安和启明星辰等公司。

2.9.4 流量监控设备

流量监控一般是通过网络协议得到网络设备的流量信息,并将流量负载以图形或表格方式显示给用户,以非常直观的形式显示网络设备流量负载。流量监控还可以以网络应用层协议方式进行更精细化的监控。通过流量监控,网络管理人员可以对网络带宽需求、网络设备运行情况等信息进行分析。主要功能如全面透视网络流量,快速发现与定位网络故障,保障关键应用的稳定运行,确保重要业务顺畅地使用网络。在使用方式上,具有以下三种模式。

(1) 网关模式。即设备置于出口网关,所有数据流直接经由设备端口通过。

(2) 网桥模式。如同集线器的作用,设备置于网关出口之后,设置简单、透明。

(3) 旁路模式。与交换机镜像端口相连,通过对网络出口的交换机进行镜像映射,设备获得链路中的数据“拷贝”,主要用于监听、审计局域网中的数据流及用户的网络行为。

目前,较知名的流量监控设备厂商有天融信、蓝盾、网神等。

2.9.5 防病毒网关

防病毒网关是一种网络设备,用以保护网络内(一般是局域网)进出数据的安全。主要体现在病毒查杀、关键字过滤(如色情、反动)、垃圾邮件阻止的功能,同时部分设备也具有一定防火墙的功能。主要工作原理是对进出防病毒网关数据监测,以特征码匹配技术为主;对监测出的病毒数据进行查杀,采取将数据包还原成文件的方式进行病毒处理。主要的查杀方式有基于代理服务器的方式,基于防火墙协议还原的方式,基于邮件服务器的方式。

目前,防病毒网关通过license授权方式,通过模块化部署在防火墙上。国内各大安全厂商都具备类似产品。

2.9.6 安全审计系统

安全审计系统针对互联网行为提供有效的行为审计、内容审计、行为报警、行为控制及相关审计功能,从管理层面提供互联网的有效监督,预防、制止数据泄密。满足用户对互联网行为审计备案及安全保护措施的要求，提供完整的上网记录，便于信息追踪、系统安全管理和风险防范。根据被审计的对象划分，安全审计系统可以划分为以下几种。

(1) 主机审计。审计针对主机的各种操作和行为。

(2) 设备审计。对网络设备、安全设备等各种设备的操作和行为进行审计。

(3) 网络审计。对网络中各种访问、操作的审计，例如 Telnet 操作、FTP 操作等。

(4) 数据库审计。对数据库行为和操作甚至操作的内容进行业务审计：对业务操作、行为、内容的审计。

(5) 终端审计。对终端设备(PC、打印机)等的操作和行为进行审计。

(6) 用户行为审计。对企业和组织的人进行审计，包括上网行为、运维操作审计等。

有的审计产品针对上述一种对象进行审计，还有的产品综合上述多种审计对象。

安全审计产品在网络中的部署方式主要为旁路部署。目前，较知名的安全审计系统厂商有绿盟、网神、任子行、InfoCube、黑盾和启明星辰等。

2.9.7 入侵检测系统

入侵检测即通过从网络系统中的若干关键节点收集并分析信息，监控网络中是否有违反安全策略的行为或者是否存在入侵行为。入侵检测系统通常包含三个必要的功能组件：信息来源、分析引擎和响应组件。组件能够提供安全审计、监视、攻击识别和反攻击等多项功能，对内部攻击、外部攻击和误操作进行实时监控，在网络安全技术中起到了不可替代的作用。常见的入侵检测系统可分为基于主机的入侵检测系统(HIDS)和基于网络的入侵检测系统(NIDS)。

IDS 作为防火墙后的第二道防线，适于以旁路接入方式部署在具有重要业务系统或内部网络安全性、保密性较高的网络出口处。目前，较知名的入侵检测系统厂商有绿盟、网神、任子行、华为、安恒信息、汉柏和思科等。

2.9.8 入侵防御系统

入侵防御系统是一部能够监视网络或网络设备的网络资料传输行为的计算机网络安全设备，能够即时地中断、调整或隔离一些不正常或是具有伤害性的网络资料传输行为，可分为 4 类 IPS。

(1) 基于特征的 IPS。这是许多 IPS 解决方案中最常用的方法。通过把特征添加到设备中，可识别当前最常见的攻击。也被称为模式匹配 IPS。特征库可以添加、调整和更新，以应对新的攻击。

(2) 基于异常的 IPS。也被称为基于行规的 IPS。基于异常的方法可以用统计异常检测和非统计异常检测。

(3) 基于策略的 IPS。它更关心的是是否执行组织的安保策略。如果检测的活动违反了组织的安保策略就触发报警。使用这种方法的 IPS，要把安全策略写入设备之中。

(4) 基于协议分析的 IPS。它与基于特征的方法类似。大多数情况检查常见的特征，但基于协议分析的方法可以做更深入的数据包检查，能更灵活地发现某些类型的攻击。

IPS 主要通过串联部署在具有重要业务系统或内部网络安全性、保密性较高的网络出口处。目前，较知名的入侵防御系统厂商有天泰、华安保、网神、华为、安恒信息等。

2.10 SDN 设备

软件定义网络(Software Defined Network,SDN),是由美国斯坦福大学 Clean Slate 研究组提出的新型网络创新架构。

2.10.1 工作原理

SDN 的核心理念是希望应用软件可以参与对网络的控制管理,满足上层的业务需求,并通过自动化业务部署简化网络的运维。

传统网络设备紧耦合的网络架构被拆分成应用、控制、转发三层分离的架构。控制功能被转移到了服务器,上层应用、底层转发设施被抽象成多个逻辑实体。

2.10.2 SDN 产业生态系统

目前,SDN 的产业生态系统已初现雏形,基本形成了芯片提供商、设备和解决方案提供商、互联网企业和运营商三大产业角色。

1. 芯片提供商

伴随着网络形态的变化,交换设备厂商一方面对芯片尺寸、系统成本、功耗等方面的要求不断提升,另一方面,他们也从定制化、大型模块化交换芯片转向了采用通用的商用交换芯片,通过外形尺寸固定的交换机实现数据中心的部署。目前,可以提供支持 SDN 设备的芯片厂商包括盛科、博通、英特尔等。

(1) 盛科。盛科在最新发布的第 3 代 GreatBelt 系列以太网芯片中,推出 N-FlowTM 技术,以支持 SDN 的更多高级应用,为 OpenFlow 技术的大规模商用创造条件。N-FlowTM 技术引入了基于 TCAM 的模糊匹配和基于哈希的精确匹配相结合的流表模式,从而在保持灵活性、低功耗、低成本的前提下大大增加流表的数目。

(2) 博通。博通也宣布推出实现 SDN 的芯片解决方案,其 StrataXGS 芯片是业界首款支持 VXLAN 网络虚拟化的芯片。基于智能虚拟化技术,可以线速转发支持云网络基础设施的虚拟化,支持 NVGRE、VXLAN 等网络虚拟化技术;基于智能缓冲器技术,可以实现基于负载均衡的动态数据分组,提升对突发流量的处理性能,提升缓存利用效率;基于智能哈希技术,在业务量繁重及业务量分布多种多样的树状网络中,消除极化和负载失衡问题,提高网络性能和可视性。芯片支持 VXLAN 的交换和网关功能,可提供多用户网络的扩展能力,使基于软件的逻辑网络可以按需创建,通过在物理服务器上增加虚拟机规模来保证用户所需的服务质量。

2. 设备和解决方案提供商——传统设备厂商

传统的网络设备制造商,以思科、瞻博、华为、阿朗等为代表。思科目前有三个 SDN 控制器的应用程序,分别是 Network Slicing、Network Tapping 和 Custom Forwarding。Network Slicing 可依据控制器所示的拓扑图,逻辑性地部署网络资源;Network Tapping 提供网络流量监控、分析及除错功能,这和 SDN 控制器厂商 Big Switch 推出的 Big Tap 应用程序提供的功能类似;Custom Forwarding 则可让网络管理者根据不同的参数来制定特别的转发规则。思科也公布了将会支持 onePK API 或 OpenFlow 代理程序的硬体平台。

3. 设备和解决方案提供商——创新公司

比较典型的初创型公司包括Nicira、Big Switch、Peca8等，它们有可能打破传统网络设备巨头的垄断地位。

1) Nicira

Nicira推出的产品是NVP，其思路是在现有的IP网络上建立交叠的二层虚拟网络。在具体实现中，NVP利用Open vSwitch虚拟交换机为各个数据流建立虚拟的网络连接。只要满足IP网络可达的条件，它就可以在现有的IP网络的基础上实现完全隔离的多租户网络环境，而无须升级或更换任何网络设备。基于NVP网络虚拟化方案，二层逻辑网络将不再受到传统的物理限制，属于同一个二层逻辑网络的节点之间可以跨越三层网络进行通信，有力地支撑了"大二层网络"的概念，因此在云数据中心领域拥有非常广阔的应用前景。

2) Big Switch

Big Switch提出了Open SDN的架构。该架构主要包括三个层次：基于标准的南向协议、开放的核心控制器及北向开放的API。其中，架构的核心是名为Floodlight的控制器，它已经获得了广泛的认可，拥有业界最大的SDN控制器开发社区支持。Floodlight具有的模块化结构使得其功能易于扩展和增强，它既能够支持以Open vSwitch为代表的虚拟交换机，又能够支持众多OpenFlow物理交换机，并且可以对由OpenFlow交换机和非OpenFlow交换机组成的混合网络提供支持。

Big Switch除了控制器之外，还提供网络应用平台Big Network Controller及运行在其上的网络虚拟化应用Big Virtual Switch，统一网络监控应用Big Tap等产品。

4. 互联网企业和运营商

(1) 互联网企业。由于SDN在数据中心网络虚拟化、流量优化和管理方面具有天然的优势，全球与数据中心相关的ISP、ICP企业都对SDN充满期待，部分巨头已经开始在自身的内部网络中部署SDN。

(2) 运营商。SDN在数据中心、融合接入、网络管理等应用领域有望给网络运营商带来诸多好处，因此SDN自诞生以来一直受到来自网络运营企业的高度关注。

2.11 数据中心设备

数据中心，或称服务器农场，指用于安置计算机系统及相关部件的设施，例如电信和储存系统。一般它包含冗余和备用电源、冗余数据通信连接、环境控制(例如空调、灭火器)和各种安全设备。

1. 数据中心的分类

依据业务应用系统在规模类型、服务的对象、服务质量的要求等各方面的不同，数据中心的规模、配置也有很大的不同。数据中心按照服务的对象来分，可以分为企业数据中心和互联网数据中心。

1) 企业数据中心

企业数据中心指由企业或机构构建并所有，服务于企业或机构自身业务的数据中心，它为企业、客户及合作伙伴提供数据处理、数据访问等信息服务。企业数据中心的服务器可以自己购买，也可以从电信级机房中租用，运营维护的方式也很自由，既可以由企业内部的IT

部门负责运营维护,也可外包给专业的IT公司运营维护。

2) 互联网数据中心

互联网数据中心由服务提供商所有,通过互联网向客户提供有偿信息服务。相对于企业数据中心来讲,互联网数据中心的服务对象更广、规模更大,设备与管理更为专业。

长期以来,业界采用等级划分的方式来规划和评估数据中心的可用性和整体性能。采用这种方法可以明确设计者的设计意图,帮助决策者理解投资效果。

2. 数据中心的分级

美国Uptime Institute提出的等级分类系统已经被广泛采用,成为设计人员在规划数据中心时的重要参考依据。在该系统中,数据中心按照其可用性的不同,被分为Tier Ⅰ～Tier Ⅳ 4个等级,最高等级为Tier Ⅳ。

第一等级被称为基础级,该级别的数据包中心没有冗余设备(包括计算和存储),所有设备由一整套线路系统(包括电力和网络)相连通。

第二等级(Tier Ⅱ)被称为"具冗余设备级",该级别数据中心具有冗余设备,但是所有设备仍由一套线路系统相连通。

第三等级(Tier Ⅲ)被称为"可并行维护级",该级别数据中心具有冗余设备,所有计算机设备都具备双电源并按照数据中心的建筑结构合理安装。此外,Tier Ⅲ要求数据中心拥有多套线路系统,任何时刻只有一套线路被使用。

第四等级(Tier Ⅳ)被称为"容错级",该级别数据中心具有多重的、独立的、物理上相互分隔的冗余设备,所有计算机设备都具备双电源并按照数据中心的建筑结构合理安装。此外,Tier Ⅳ要求数据中心拥有动态分布的多套线路系统来同时连通计算机设备。

可见,随着等级的提高,数据中心具有了更强的可用性和整体性能。目前,已落成的数据中心在进行升级改造时都在力争达到Tier Ⅳ的要求。而面向云计算的下一代数据中心在设计时更是以Tier Ⅳ作为建设的标准。

数据中心通常采用宽带ADSL、专线方式或无线方式接入Internet。PUE(Power Usage Effectiveness,电源使用效率)是国际上通行的数据中心电力使用效率的衡量指标。PUE值等于数据中心消耗的所有能源与IT负载消耗的能源的比值。PUE值越接近于1,表示一个数据中心的能源效率越高。数据中心基础架构效率(DCIE)是电源使用效率的倒数,以百分比的形式表示,DCIE越接近100%则表示整体能源效率越高。根据Uptime Institute的调查,典型数据中心的PUE值平均为2.5,即电表中每2.5W的电能,只有1W的电能用于IT负荷。如果数据中心使用最有效的设备和采取最佳做法,其PUE可达到1.6。当前,国外先进的数据中心PUE值通常小于2,而我国的大多数数据中心的PUE值为2～3。

3. 数据中心产品

不同类型的数据中心有不同的产品或解决方案,如用于网上商贸、云端运算等采用的流动数据中心,它需要快速部署数据中心,或做灾难恢复运用,能在短时间内安装操作。

生产流动数据中心的主要厂商和产品包括Google的Google Modular Data Center、昇阳计算机的Sun Modular Datacenter、IBM的Portable Modular Data Center、思科系统的Containerized Data Center、HP的Performance Optimized Datacenter以及华为的Container Data Center Solution等。

小　　结

局域网硬件系统是局域网的重要组成,理解和掌握局域网硬件设备是设计、组建、维护和运行局域网的基础。

集线器工作在OSI模型第一层,价格低廉,使用方便。集线器的分类方式比较多,其中可以按独立式、堆叠式、底盘式进行划分。集线器之间有级联和堆叠两种方式。

调制解调器处理数据的过程分成数/模转换和通信协议标准的规范两部分。根据放置位置的不同,调制解调器可分为内置式调制解调器、外置式调制解调器和PCMCIA调制解调器三种。根据工作原理的不同,调制解调器可分为"硬猫"和"软猫"两种。

交换机工作在OSI模型的第二层,是局域网的核心设备。交换机的基本功能有地址学习、转发/过滤决定和避免环路。交换机的交换方式有存储转发、直通式、无碎片模式三种。交换机可以根据网络覆盖范围、传输速度和传输介质、应用层次、交换机结构、交换机工作的协议层次进行详细划分。交换机之间有级联和堆叠两种方式,连接交换机时,单模光纤和多模光纤不能混用,否则光纤端口将无法通信。

路由器工作在OSI模型的第三层。路由器主要具有连接网络、路由选择和数据转发及网络安全等功能。路由器可以按性能、结构、网络位置、功能、传输性能等进行详细划分。

局域网是以网络服务器为核心组建的网络。服务器具有可扩展性、可用性、可管理性、可利用性等4个特性。服务器可以按外观、构架、应用层次、用途等进行详细划分。服务器支持热插拔技术、RAID技术、SMP技术、服务器集群技术、ISC技术、EMP技术、负载均衡技术和虚拟化技术。

VPN是一种通过公共网络把两个专用网络连接在一起进行通信的技术。VPN可通过服务器、硬件、软件等多种方式实现。VPN可以按协议、应用、所用的设备类型和实现原理进行分类。

RAID是把多个相对便宜的硬盘组合成为一个硬盘阵列组,使性能达到甚至超过一个价格昂贵、容量巨大的硬盘。根据选择的RAID版本不同,RAID比单块硬盘有以下一个或多个方面的好处:增强数据集成度,增强容错功能,增加处理量或容量。另外,磁盘阵列对于计算机来说,看起来就像一个单独的硬盘或逻辑存储单元。RAID按级别可分为RAID 0、RAID 1、RAID 1E、RAID 5、RAID 6、RAID 7、RAID 10、RAID 50、RAID 53和RAID 60。其中,常用的级别有RAID 0、RAID 1、RAID 10、RAID 5、RAID 6。

网络安全设备包括防火墙、漏洞扫描设备、安全隔离网闸、流量监控设备、安全审计系统以及IDS、IPS等,合理搭配及有效配置这些安全设备是保护网络安全及公司机密的有力保障。

SDN的核心理念是应用软件可以参与对网络的控制管理,满足上层的业务需求,并通过自动化业务部署简化网络的运维。传统网络设备紧耦合的网络架构被拆分成应用、控制、转发三层分离的架构。控制功能被转移到了服务器,上层应用、底层转发设施被抽象成多个逻辑实体。目前,SDN的产业生态系统已基本形成了芯片提供商、设备和解决方案提供商、互联网企业和运营商三大产业角色。

数据中心是指用于安置计算机系统及相关部件的设施,一般它包含冗余和备用电源、冗余数据通信连接、环境控制(例如空调、灭火器)和各种安全设备。数据中心可分为企业数据中心和互联网数据中心。数据中心按照其可用性的不同,被分为 Tier Ⅰ～Tier Ⅳ 4 个等级,最高等级为 Tier Ⅳ。

习题与实践

1. 填空题

(1) 按网卡的总线接口类型,可以将网卡分为________、PCI、________网卡、USB 网卡和________网卡等。

(2) 交换机的基本功能有________、________和避免环路。

(3) 交换机的转发方式有________、直通模式和________模式。

(4) 交换机按传输速度可分为快速以太网交换机、________、________。

(5) 交换机的连接方式有________的级联、________的级联和________。

(6) 路由器的主要功能有________、________和网络安全等。

(7) 通常情况下,中高端路由器均为________,低端路由器则多为________。

(8) 衡量服务器的特性有________、________、可管理性和________。

(9) 服务器按外观可分为台式服务器、________、________和________等 4 类。

(10) VPN 按应用分类,可分为:________、________和内联网 VPN。

2. 简答题

(1) 集线器、交换机、路由器有什么区别?

(2) 交换机在局域网中的主要作用是什么?

(3) 交换机的工作方式有哪些?

(4) 交换机的连接方式有哪些?

(5) 简述思科公司和华为公司的交换机、路由器产品线。

(6) 路由器的主要功能是什么?

(7) 交换机和路由器的常见配置方式有哪些?

(8) 简述服务器的主要特性。

(9) 简述服务器采用的主要技术。

3. 问答题

(1) 总结 RAID 0～RAID 5 的主要特点和各自需要的磁盘数。

(2) SDN 的三大产业角色有哪些?并给出两个以上的 SDN 控制器说明。

(3) 数据中心有哪些分类、分级?

第3章 局域网的软件系统

本章学习目标

- 了解网络操作系统的类型；
- 了解数据库系统的发展；
- 熟悉常见的数据库系统；
- 掌握网管软件的主流技术；
- 了解网络存储技术。

第2章介绍了局域网的硬件，它们构成了局域网的骨架。本章将介绍局域网的软件系统，它们是局域网的灵魂。无论是企业网还是校园网，或是任何一个网络，构建的目的都是为用户提供服务，同时保证网络正常运转，这就需要一系列的软件系统来实现。

以一个典型的校园网为例，它需要提供的服务有Web服务、FTP服务、数据库、办公自动化系统、教学管理系统等。这些服务需要网络操作系统的支撑。同时，为了保证网络的正常运转，网络管理员需要使用网管软件对校园网进行监控、管理；为了抵抗随时会出现的安全威胁(如黑客入侵、病毒等)，还需要安全软件，如防病毒软件、防火墙软件、入侵检测软件等。

3.1 网络操作系统

在计算机上配置操作系统的主要目的是用它来管理系统中的资源和方便用户使用，操作系统是用户与计算机硬件系统之间的接口。网络操作系统(Network Operating System, NOS)除了实现单机操作系统的全部功能外，还具备管理网络中的共享资源，实现用户通信以及方便用户使用网络等功能。网络操作系统就是在计算机网络中管理一台或多台主机的软硬件资源、支持网络通信、提供网络服务的程序集合。

网络操作系统是用于网络管理的核心软件，目前流行的各种网络操作系统都支持构架局域网、Intranet、Internet等网络。在市场上得到广泛应用的网络操作系统有UNIX、Linux、NetWare、Windows Server 2008、Windows Server 2012和Windows Server 2016等。下面介绍它们各自的特点与应用。

3.1.1 UNIX操作系统

UNIX是为多用户环境设计的，即所谓的多用户操作系统，其内建TCP/IP支持，该协议已经成为互联网中通信的事实标准,由于UNIX发展历史悠久,具有分时操作、良好的稳定性、健壮性、安全性等优秀的特性,适用于几乎所有的大型计算机、中型计算机、小型计算机,也有用于工作组级服务器的UNIX操作系统。在中国,一些特殊行业,尤其是拥有大型计算机、小型计算机的单位一直沿用UNIX操作系统。

UNIX是用C语言编写的,有两个基本血统:系统V,由AT&T的贝尔实验室研制开发并发展的版本;伯克利BSD UNIX,由美国加州大学伯克利分校研制的,它的体系结构和源代码是公开的。在这两个版本上发展了许多不同的版本,如Sun公司销售的UNIX版本Sun OS和Solaris就是从BSD UNIX发展起来的。

UNIX主要特性如下。

(1) 模块化的系统设计。系统设计分为核心模块和外部模块。核心程序尽量简化、缩小;外部模块提供操作系统所应具备的各种功能。

(2) 逻辑化文件系统。UNIX文件系统完全摆脱了实体设备的局限,它允许有限个硬盘合成单一的文件系统,也可以将一个硬盘分为多个文件系统。

(3) 开放式系统。遵循国际标准,UNIX以正规且完整的界面标准为基础,提供计算机及通信综合应用环境,在这个环境下开发的软件具有高度的兼容性、系统与系统间的互通性以及在系统需要升级时有多重的选择性。系统界面涵盖用户界面、通信程序界面、通信界面、总线界面和外部界面。

(4) 优秀的网络功能。其定义的TCP/IP已成为Internet的网络协议标准。

(5) 优秀的安全性。其设计有多级别、完整的安全性能,UNIX很少被病毒侵扰。

(6) 良好的移植性。UNIX操作系统和核外程序基本上是用C语言编写的,这使得系统易于理解、修改和扩充,并使系统具有良好的可移植性。

(7) 可以在任何档次的计算机上使用。UNIX可以运行在笔记本到超级计算机上。

3.1.2 Linux操作系统

Linux是一种"自由"软件,在遵守自由软件联盟协议下,用户可以自由地获取程序及其源代码,并能自由地使用它们,包括修改和复制等。Linux是网络时代的产物,在互联网上经过了众多技术人员的测试和除错,并不断被扩充。Linux具有如下的特点。

(1) 完全遵循POSIX标准,并扩展支持所有AT&T和BSD UNIX特性的网络操作系统。由于继承了UNIX优秀的设计思想,且拥有干净、健壮、高效且稳定的内核,没有AT&T或伯克利的任何UNIX代码,所以Linux不是UNIX,但与UNIX完全兼容。

(2) 真正的多任务、多用户系统,内置网络支持,能与NetWare、Windows Server、OS/2、UNIX等无缝连接。网络效能在各种UNIX测试评比中速度最快。同时支持FAT16、FAT32、NTFS、Ext2FS、ISO9600等多种文件系统。

(3) 可运行于多种硬件平台,包括Alpha、SunSparc、PowerPC、MIPS等处理器,对各种新型外围硬件,可以从分布于全球的众多程序员那里迅速得到支持。

(4) 对硬件要求较低,可在较低档的机器上获得很好的性能,特别值得一提的是Linux出色的稳定性,其运行时间往往可以"年"计。

(5) 有广泛的应用程序支持。已经有越来越多的应用程序移植到Linux上,包括一些大型厂商的关键应用。

(6) 设备独立性。设备独立性是指操作系统把所有外部设备统一当作文件来看待，只要安装它们的驱动程序，任何用户都可以像使用文件一样，操纵、使用这些设备，而不必知道它们的具体存在形式。Linux 是具有设备独立性的操作系统，由于用户可以免费得到 Linux 的内核源代码，因此，可以修改内核源代码，适应新增加的外部设备。

(7) 安全性。Linux 采取了许多安全技术措施，包括对读、写进行权限控制、带保护的子系统、审计跟踪、核心授权等，这为网络多用户环境中的用户提供了必要的安全保障。

(8) 良好的可移植性。Linux 是一种可移植的操作系统，能够在微型计算机到大型计算机的任何环境和任何平台上运行。

(9) 具有庞大且素质较高的用户群，其中不乏优秀的编程人员和发烧级的"hacker"(黑客)，他们提供商业支持之外的广泛的技术支持。

正是因为以上这些特点，Linux 在个人和商业应用领域中的应用都获得了飞速的发展。

3.1.3 NetWare 操作系统

Novell 自 1983 年推出第一个 NetWare 版本后，20 世纪 90 年代初，相继推出了 NetWare 3.12 和 4.n 两个成功的版本。在与 1993 年问世的微软 Windows NT Server 及后续版本的竞争中，NetWare 在用于数据库等应用服务器的性能上做了较大提升。而 Novell 的 NDS 目录服务及后来的基于 Internet 的 e-Directory 目录服务，成了 NetWare 中最有特色的功能。与之相应，Novell 对 NetWare 的认识也由最早的 NOS(局域网操作系统)变为客户/服务器架构服务器，再到 Internet 应用服务器。1998 年，NetWare 5.0 发布，把 TCP/IP 作为基础协议，且将 NDS 目录服务从操作系统中分离出来，更好地支持跨平台。最新版本 NetWare 6 具备对整个企业异构网络的卓越管理和控制能力。

3.1.4 Windows Server 2008 操作系统

2008 年 2 月，微软公司正式发布了新一代服务器操作系统 Windows Server 2008。使用 Windows Server 2008，IT 专业人员能够更好地控制服务器和网络基础结构，从而可以将精力集中在处理关键业务需求上。增强的脚本编写功能和任务自动化功能(例如 Windows PowerShell)可帮助 IT 专业人员自动执行常见 IT 任务。通过服务器管理器进行的基于角色的安装和管理简化了在企业中管理与保护多个服务器角色的任务。服务器的配置和系统信息是从新的服务器管理器控制台这一集中位置来管理的。

Windows Server 2008 允许用户从远程位置(如远程应用程序和终端服务网关)执行程序，这一技术为移动工作人员增强了灵活性。Windows Server 2008 使用 Windows 部署服务(WDS)加速对 IT 系统的部署和维护，使用 Windows Server 虚拟化(WSV)帮助合并服务器。Windows Server 2008 提供了一系列新的和改进的安全技术，这些技术增强了对操作系统的保护，为企业的运营和发展奠定了坚实的基础。Windows Server 2008 提供了减小内核攻击面的安全创新(例如 PatchGuard)，因而使服务器环境更安全、更稳定。通过保护关键服务器服务使之免受文件系统、注册表或网络中异常活动的影响，Windows 服务强化有助于提高系统的安全性。借助网络访问保护(NAP)、只读域控制器(RODC)、公钥基础结构(PKI)增强功能、Windows 服务强化、新的双向 Windows 防火墙和新一代加密支持，Windows Server 2008 操作系统中的安全性也得到了增强。

Windows Server 2008 与 Windows Server 2003 相比，总体来说是一款功能强大并且可靠性好的产品，是企业一个好的选择。

3.1.5 Windows Server 2012 操作系统

Windows Server 2012 是延续 Windows Azure 成功经验而设计的云端最佳化平台。配备最新的虚拟化技术和简单控制管理等特性、相容于任何云端架构的设计与整合行动装置管理等崭新功能，令企业可建置私有云端或是混合云端，并有效降低成本。

Windows Server 2012 的增强功能如下。

(1) 图形用户界面(Graphical User Interface，GUI)。Windows Server 2012 由 Metro 设计语言开发，因此外观体验和 Windows 8 相似，在 Server Core 模式下安装情况除外。管理员不需要重新安装，可以在 Server Core 和 GUI 选项之间切换。

(2) 地址管理(Address Management)。Windows Server 2012 有一个 IP 地址管理(IPAM)角色，用以发现、监测、审计和管理网络的 IP 地址空间。

(3) Hyper-V。Hyper-V 3.0 提供可扩展的虚拟交换机，允许虚拟网络扩展功能。这在之前的版本中很难甚至无法实现。

(4) 活动目录(Active Directory)。活动目录也有了一些改进。基于 PowerShell 的部署向导可以远程运行，在向导非本地运行的情况下，帮助管理员将基于云计算的服务器加载到域控制器。PowerShell 脚本中包含此过程中使用到的命令的副本，此过程完成后，PowerShell 脚本实现附加域控制器的自动化，允许大规模部署活动目录。

(5) 文件系统(File System)。文件服务器中增加弹性文件系统(ReFS)。

(6) 存储迁移(Storage Migration)。允许动态存储迁移并且在使用 Hyper-V Replica 实现 VM 迁移时不再需要共享存储。

(7) 群集(Clustering)。群集识别实现自动化，这将使得整个群集在更新过程中始终保持在线，可用性上几乎没有损失。

(8) 网卡组合(NIC teaming，NIC)。这是首款内嵌 NIC 的 Windows Server 版本。该功能允许管理员整合 NIC，从而利于故障转移和宽带聚合。生成的服务器恢复作为操作系统的一部分。

3.1.6 Windows Server 2016 操作系统

Windows Server 2016 是微软公司于 2016 年 10 月 13 日正式发布的最新服务器操作系统。它在整体的设计风格与功能上更加靠近了 Windows 10。Windows Server 2016 的主要特性如下。

(1) 扩展性安全。Windows Server 2016 引入新的安全层，强化平台应对威胁的能力，控制访问权限和保护虚拟机。

(2) 弹性计算。简化虚拟化升级，新的安装选项，增加弹性，确保基础设备的稳定性而又不失灵活性。

(3) 降低存储成本。软件定义存储的扩展能力，强调适应性、降低成本、增强控制。

(4) 简化网络。新的网络栈带来核心网络功能集、SDN 软件架构，直接从 Azure 到数据中心。

(5) 应用效率和灵活性。Windows Server 2016 提供新的方式进行打包、配置、部署、运行、测试和保护应用程序，连续运行，本地或在云端，使用新的 Windows 容器和 Nano Server 轻量级系统部署选项。

3.2 客户端操作系统

局域网是由服务器和许多客户机组成的系统。客户机就是网络用户使用的计算机，用户通过使用客户机来共享网络资源。客户端主要分为 PC 端和移动端两类，目前常见的 PC 端操作系统有 Windows XP、Windows 7、桌面版 Linux 系统、Mac OS X 等。移动端的操作系统主要有 Android、Symbian、iOS 等。

3.2.1 Windows XP

Windows XP 是 Microsoft 继 Windows 2000 和 Windows Millennium 之后推出的新一代 Windows 操作系统。Window XP 在现有 Windows 2000 代码基础之上进行了很多改进，并且针对家庭用户和企业用户的不同需要提供了相应的版本：Windows XP Home Edition 和 Windows XP Professional。

3.2.2 Windows 7

Windows 7 是由微软公司开发的操作系统，内核版本号为 Windows NT 6.1。Windows 7 也延续了 Windows Vista -Aero 风格，并且在此基础上增添了一些功能。

Windows 7 可供选择的版本有入门版(Starter)、家庭普通版(Home Basic)、家庭高级版(Home Premium)、专业版(Professional)、企业版(Enterprise)(非零售)、旗舰版(Ultimate)。

3.2.3 Linux 桌面版

Linux 操作系统有数量众多的发行版，适用于客户机安装的 Linux 系统通常称为“桌面版”，常见的 Linux 桌面版有红旗 Linux、Ubuntu Linux 等。

红旗 Linux 是 Linux 的一个发展产品，是由中科红旗软件技术有限公司开发研制的国产操作系统版本。它标志着我国在发展国产操作系统的道路上迈出了坚实的一步。红旗 Linux 桌面版为用户集成了包括上网、图形图像处理、多媒体应用，以及娱乐游戏等完整实用的应用软件及配置工具，结合 Office 办公软件，还能够直接对微软 Office 格式文档进行操作，例如中文编辑和打印等，满足个人用户和政府的办公、上网、教育以及娱乐等需求。

Ubuntu Linux 由马克·舍特尔沃斯创立，其首个版本于 2004 年 10 月 20 日发布，并以 Debian 为开发蓝本。但其以每 6 个月发布一次新版本为目标，使得人们得以更频繁地获取新软件。而其开发目的是为了使个人计算机变得简单易用，但也有提供服务器版本。

Ubuntu 与一般 Linux 操作系统的一个不同之处是，它预装了大量常用的驱动程序及应用软件，如最新的办公套件 OpenOffice.org、Skype、Adobe Flash、各种常用播放软件等。用户安装 Ubuntu 后，马上可以体验到计算机的魅力，而不需像微软 Windows 那样从网上逐一下载软件安装。Ubuntu 项目完全遵从开源软件开发的原则；并且鼓励人们使用、完善并传播开源软件。也就是说,Ubuntu目前是并将永远是免费的。

3.2.4 Mac OS

Mac OS是一套运行于苹果Macintosh系列计算机上的操作系统。Mac OS是首个在商用领域成功的图形用户界面。Mac OS是基于UNIX的操作系统,它把UNIX的强大稳定的功能和Macintosh的简洁优雅风格完美地结合起来,自2001年推出以来,在业界引起巨大反响。Mac OS不仅有晶莹动感的操作界面,而且具备诸如抢占式多任务、内存保护以及对称多处理器等一切现代操作系统的特征。作为基于UNIX的装机量最大的操作系统,Mac OS提供了独特的技术原理和简单操作的完美结合,如Mach 3.0内核的多线程、紧密的硬件集成和SMP安全驱动以及零配置网络。

3.2.5 Android

Android一词的本义指"机器人",同时也是Google于2007年11月5日宣布的基于Linux平台的开源手机操作系统的名称,该平台由操作系统、中间件、用户界面和应用软件组成,号称是首个为移动终端打造的真正开放和完整的移动软件。随着科技的迅猛发展,以智能手机为代表的Android设备如雨后春笋般迅速发展壮大。Android系统自推出以来,就以明显的优势逐渐扩大自身的市场份额,在国内外都处于蓬勃发展的开拓阶段。

Android以Java为编程语言,从接口到功能,都有层出不穷的变化。Android的多媒体数据库采用SQLite数据库系统。Android的中间层多以Java实现,并且采用特殊的Dalvik虚拟机(Dalvik Virtual Machine)。Dalvik虚拟机是一种"暂存器形态"(Register Based)的Java虚拟机,变量皆存放于暂存器中,虚拟机的指令相对减少。

3.2.6 iOS

iOS是运行于iPhone、iPod touch以及iPad设备的操作系统,它管理设备硬件并为手机本地应用程序的实现提供基础技术。根据设备不同,操作系统具有不同的系统应用程序,例如Phone、Mail以及Safari,这些应用程序可以为用户提供标准系统服务。

iPhone SDK包含开发、安装及运行本地应用程序所需的工具和接口。本地应用程序使用iOS系统框架和Objective-C语言进行构建,并且直接运行于iOS设备。它与Web应用程序不同,一是它位于所安装的设备上,二是不管是否有网络连接它都能运行。可以说本地应用程序和其他系统应用程序具有相同地位。本地应用程序和用户数据都可以通过iTunes同步到用户计算机。

3.3 数据库软件系统

计算机数据库系统的萌芽出现于20世纪60年代,当时计算机开始广泛应用于数据管理,对数据的共享提出了越来越高的要求。传统的文件系统已经不能满足人们的需要。能够统一管理和共享数据的数据库管理系统(DBMS)应运而生。顾名思义,数据库通常指特定的信息集合,而数据库管理系统是对数据库进行管理和控制的软件。这些管理和控制功能主要包括数据的定义、数据存取和修改、数据库的运行管理、数据库的建立和维护等。除了功能方面的要求外，对于数据库系统性能方面也有一定要求，其中之一就是能够及时准确地满足多个用户的并发存取操作，另外还有能够保证事务的原子性、时刻保持数据的一致性、要求在硬件和操作系统正常工作的情况下独立的并发操作互不影响、不丢失数据。

3.3.1 数据库系统的发展

数据模型是数据库系统的核心和基础，通常由数据结构、数据操作和完整性约束三部分组成。各种 DBMS 软件都是基于某种数据模型的。通常也按照数据模型的特点将传统数据库系统分成网状数据库、层次数据库和关系数据库三类。

1. 网状数据库

最早出现的是网状 DBMS。网状模型中以记录为数据的存储单位。记录包含若干数据项。网状数据库的数据项可以是多值的和复合的数据。每个记录有一个唯一地标识它的内部标识符，称为数据库码(Database Key，DBK)，它在一个记录存入数据库时由 DBMS 自动赋予。DBK 可以看作记录的逻辑地址，可作记录的替身，或用于寻找记录。网状数据库是导航式(Navigation)数据库，用户在操作数据库时不但说明要做什么，还要说明怎么做。例如，在查找语句中不但要说明查找的对象，而且要规定存取路径。

2. 层次数据库

层次型数据库管理系统是紧随网络型数据库而出现的。现实世界中很多事物是按层次组织起来的。层次数据模型的提出，首先是为了模拟这种按层次组织起来的事物。层次数据库也是按记录来存取数据的。层次数据模型中最基本的数据关系是基本层次关系，它代表两个记录型之间一对多的关系，也叫作双亲子女关系(PCR)。数据库中有且仅有一个记录型无双亲，称为根节点。其他记录型有且仅有一个双亲。在层次模型中从一个节点到其双亲的映射是唯一的，所以对每一个记录型(除根节点外)只需要指出它的双亲，就可以表示出层次模型的整体结构。层次模型是树状的。

3. 关系数据库

网状数据库和层次数据库已经很好地解决了数据的集中和共享问题，但是在数据独立性和抽象级别上仍有很大欠缺。用户在对这两种数据库进行存取时，仍然需要明确数据的存储结构，指出存取路径，后来出现的关系数据库较好地解决了这些问题。关系数据库理论出现于 20 世纪 60 年代末到 70 年代初。1970 年，IBM 的研究员 E. F. Codd 博士发表《大型共享数据银行的关系模型》一文，提出了关系模型的概念。后来 Codd 又陆续发表多篇文章，奠定了关系数据库的基础。关系模型有严格的数学基础，抽象级别比较高，而且简单清晰，便于理解和使用。但是当时也有人认为关系模型是理想化的数据模型，用来实现 DBMS 是不现实的，尤其担心关系数据库的性能难以接受，更有人视其为当时正在进行中的网状数据库规范化工作的严重威胁。为了促进对问题的理解，1974 年，ACM 牵头组织了一次研讨会，会上开展了一场分别以 Codd 和 Bachman 为首的支持和反对关系数据库两派之间的辩论。这次著名的辩论推动了关系数据库的发展，使其最终成为现代数据库产品的主流。

4. 非结构化数据库

随着网络技术和网络应用技术的快速发展，完全基于 Internet 应用的非结构化数据库将成为继层次数据库、关系数据库之后的又一重点、热点技术。关系型数据库由于其严格的表格结构使其对图像、音频、视频等数据的处理存在着缺陷。这种无法用数字或统一的结构表示的信息,即通常意义上的多媒体信息统称为非结构化数据。随着非结构化数据的数据量日趋增大,非结构化数据库管理系统便应运而生。

非结构化数据库,即其字段长度可变,并且每个字段的记录又可以由可重复或不可重复的子字段构成的数据库。在其底层存储机制的变革基础上,采用先进的倒排索引技术,从而实现对于海量文献信息的快速全文检索的功能,并同时支持多种字段限定检索。对于多媒体信息的存储和管理,非结构化数据库系统采用外部文件方式,摈弃了传统关系型数据库采用二进制字段存储的方式,实现了对于图形、声音等多媒体信息的高效管理。

3.3.2 主流关系数据库软件介绍

1. IBM的DB2/DB2 Universal Database

作为关系数据库领域的开拓者和领航人,IBM于1980年开始提供集成的数据库服务器——System/38,随后是SQL/DS for VSE和VM,其初始版本与SystemR研究原型密切相关。DB2 for MVSV1在1983年推出。该版本的目标是提供这一新方案所承诺的简单性、数据不相关性和用户生产率。DB2以后的版本的重点是改进其性能、可靠性和容量,以满足广泛的关键业务的行业需求。1988年,DB2 for MVS提供了强大的在线事务处理(OLTP)支持,1989年和1993年分别以远程工作单元和分布式工作单元实现了分布式数据库支持。DB2 Universal Database 6.1是通用数据库的典范,是第一个具备网上功能的多媒体关系数据库管理系统,支持包括Linux在内的一系列平台。

2. Sybase

Sybase公司成立于1984年,公司名称"Sybase"取自"system"和"database"相结合的含义。Sybase公司的创始人之一Bob Epstein是Ingres大学版(与System/R同时期的关系数据库模型产品)的主要设计人员。公司的第一个关系数据库产品是1987年5月推出的Sybase SQL Server 1.0。Sybase首先提出了Client/Server数据库体系结构的思想,并率先在自己的Sybase SQL Server中实现。

3. Oracle

Oracle公司是最早开发关系数据库的厂商之一,其产品支持最广泛的操作系统平台。目前Oracle关系数据库产品的市场占有率名列前茅。1997年6月24日,Oracle公司发布了关系对象数据库系统Oracle 8。使用了一个对象关系模型,在完全支持传统关系模型的基础上,为对象机制提供了有限的支持。1998年11月,Oracle公司发布Oracle 8i,全面支持Internet。

4. SQL Server

1989年,微软公司发布了SQL Server 1.0版。1993年,在推出Windows NT 3.1后不久,微软公司如期发布了SQL Server的Windows NT版本,并取得了成功。继1995年发布代号为SQL 95的SQL Server 6.0后,微软公司推出了影响深远的SQL Server 6.5。SQL Server 6.5是一个性能稳定、功能强大的现代数据库产品。值得一提的是该产品完全是使用Windows平台的API完成的,没有使用未公开的内部函数,完全作为一个应用程序工作,不直接使用操作系统的地址空间。SQL Server 6.5采用多线程模型,支持动态备份,内嵌大量可调用的调试对象，提供开放式接口和一整套开发、管理、监测工具集合，还提供了多CPU的支持。MS SQL Server 6.5 Enterprise Edition在6.5基础上，主要增加了对群集(Cluster)的支持，1998年年底发布的MS SQL Server 7.0是微软公司划时代的产品，它完全摆脱了Sybase体系的框架，完全由微软公司独立设计和开发。

5. Access

Access是Office办公套件中一个极为重要的组成部分。不管是处理公司的客户订单数据，管理自己的个人通讯录，还是大量科研数据的记录和处理，人们都可以利用它来解决大量数据的管理工作。

3.3.3 非结构化数据库软件介绍

1. TRIP

TRIP源自于瑞典皇家工学院于1972年开发的图书情报检索专用软件3RIP。1985年，瑞典Paralog公司在3RIP基础上开发出TRIP后，在图书情报界以外的企业、公共机关中间找到了更多的用户，堪称是世界上最早、最成熟的全文检索系统。我国在1987年推出了基于单汉字倒排技术的中英文兼容的TRIP系统，并于1988年年底实现了世界上首例大型中文文献全文检索服务系统。此后，TRIP为全国科技情报界和新华社、经济日报等单位采用。随着计算机应用和互联网的普及，信息处理的对象越来越多涉及多媒体数据，TRIP系统所擅长于处理的领域越来越广。TRIP系统在原有的全文检索系统基础上，研发了一系列新产品，在文档管理、内容管理、知识管理以及媒体管理领域内，提供了世界领先的解决商务需求的检索应用技术。

2. Tokyo Cabinet

Tokyo Cabinet是日本人平林幹雄开发的一款DBM数据库。Tokyo Cabinet是一个用C语言写的数据存储引擎，以键值(Key-Value)的方式存储数据，支持Hash、B＋树、Hash Table等多种数据结构。同时提供了C、Perl、Ruby、Java和Lua等多种语言的API支持，但是如果通过网络来访问，就需要用TT。Tokyo Cabinet数据库读写非常快，哈希模式写入100万条数据只需0.643s，读取100万条数据只需0.773s，是Berkeley DB等DBM的几倍。

3. MongoDB

MongoDB是一个高性能、开源、无模式的文档型数据库，是当前NoSQL数据库产品中最热门的一种。它在许多场景下可用于替代传统的关系型数据库或键值存储方式，MongoDB使用C++开发。MongoDB是一个介于关系数据库和非关系数据库之间的产品，是非关系数据库当中功能最丰富，最像关系数据库的。它支持的数据结构非常松散，是类似JSON的BJSON格式，因此可以存储比较复杂的数据类型。MongoDB最大的特点是它支持的查询语言非常强大，其语法类似于面向对象的查询语言，几乎可以实现类似关系数据库单表查询的绝大部分功能，而且还支持对数据建立索引。它是一个面向集合的、模式自由的文档型数据库。

4. CouchDB

CouchDB是Apache组织发布的一款NoSQL开源数据库项目，是面向文档类型的NoSQL。它由Erlang编写而成，使用JSON格式去保存数据。所谓文档数据库，并不是说它只能存储文本。CouchDB的字段只有三个：文档ID、文档版本号和内容。内容字段可以看到是一个TEXT类型的文本,里面可以随意定义数据,而不用关注数据类型,但数据必须以JSON的形式表示并存放。CouchDB以RESTful API的格式提供服务,可以很方便地开发各种语言的客户端。CouchDB支持分布式节点的精确复制同步,可以在一个庞大的应用中,随意增加分布式的CouchDB节点,以支持数据的均衡。

3.4 网管软件系统

网管软件系统是辅助网络管理员对局域网进行管理的软件系统。网管软件是每个网管人员都熟悉的软件类型,跟进了解这些新技术和新功能是每个网管必须要精修的功课。

3.4.1 网管系统主流技术及其应用

目前的网络管理软件虽然在自动化和智能化方面有了很大提升,但这并不意味着网管员不需要了解网管软件的各种协议、技术、特性和配置等信息。一方面,在网管软件的几个主要方面中,尤其是配置管理方面,主要还要依靠网络设备自带的配置管理软件或通过超级终端使用命令行来进行详细配置;另一方面,网管软件的技术发展很快,不停地有新技术和新功能推出。因此,网络管理人员对网管产品、网管协议和技术的了解还是十分必要的。下面从网络协议、网管技术等方面简要介绍一下网络管理软件的技术应用及发展趋势。

1. 网管软件的主要协议

虽然各网管软件提供商在产品性能方面不尽相同,但是基本上都采用了SNMP、DMI、WMI、TCP/IP、SPX/IPX、SNA、DECNET、SAN等协议,如3Com Network、BMC software、游龙科技的SiteView等。SNMP是由一系列协议组和规范组成的,它们提供了一种从网络上的设备中收集网络管理信息的方法。另外,有些网络管理软件采用了CMIP(一种较SNMP更为详细的网络管理协议),但由于其自身的一些缺陷,并未被广泛使用。

2. 网管软件的主要技术及方向

随着网络管理需求的不断增加,越来越多的网络管理技术被开发和使用,下面简要介绍网络管理领域相关的一些最新技术及其应用。

1) Portal技术

Portal是一个基于浏览器的、建立和开发企业信息门户的软件环境,具有很强的可扩展性、兼容性和综合性。它提供了对分布式软件服务和信息资源的安全、可管理的框架。便于使用的Portal界面为每个用户提供了所需要的信息和Web内容,同时也保证了每个用户只能访问他所能访问的信息资源和应用逻辑。

2) RMON技术

网络管理技术的一个新的趋势是使用RMON(远程网络监控)。RMON的目标是为了扩展SNMP的MIB-Ⅱ(管理信息库),使SNMP更为有效、更为积极主动地监控远程设备。

3) 基于Web的网络管理技术

由于Web有独立的平台,且易于控制和使用,因而常被用来实现可视化的显示。

4) XML技术

采用XML技术,系统提供了标准的信息源,可以与企业内部的其他专业系统或外部系统进行数据交互。

5) CORBA 技术

CORBA 是 OMG(Object Management Group)为解决不同软硬件产品之间互操作而提出的一种解决方案。简单地说,CORBA 是一个面向对象的分布式计算平台,它允许不同的程序之间可以透明地进行互操作,而不用关心对方位于何地、由谁来设计、运行于何种软硬件平台以及用何种语言实现等,从而使不同的网络管理模式能够结合在一起。

6) SNMPTrap 技术

建立在简单网络管理协议(SNMP)上的网络管理,人们通常使用 SNMPTrap 机制进行日志数据采集。生成 Trap 消息的事件(如系统重启)由 Trap 代理内部定义,而不是通用格式定义。由于 Trap 机制是基于事件驱动的,代理只有在监听到故障时才通知管理系统,非故障信息不会通知给管理系统。对于该方式的日志数据采集只能在 SNMP 下进行,生成的消息格式单独定义,对于不支持 SNMP 的设备通用性不是很强。网络设备的部分故障日志信息,如环境、SNMP 访问失效等信息由 SNMPTrap 进行报告,通过对 SNMP 数据报文中 Trap 字段值的解释就可以获得一条网络设备的重要信息,由此可见,管理进程必须能够全面正确地解释网络上各种设备所发送的 Trap 数据,这样才能完成对网络设备的信息监控和数据采集。

7) syslog 技术

已成为工业标准协议的系统日志(syslog)协议是在加利福尼亚大学伯克利软件分布研究中心(BSD)的 TCP/IP 系统实施中开发的,目前,可用它记录设备的日志。在路由器、交换机、服务器等网络设备中,syslog 记录着系统中的任何事件,管理者可以通过查看系统记录,随时掌握系统状况。它能够接收远程系统的日志记录,在一个日志中按时间顺序处理包含多个系统的记录,并以文件形式存盘。同时不需要连接多个系统,就可以在一个位置查看所有的记录。

3.4.2 网络管理软件的分类及相应功能

网管系统开发商针对不同的管理内容开发相应的管理软件,形成了多个网络管理方面。目前主要的几个发展方面有网管系统(NMS)、应用性能管理(APM)、桌面管理(DMI)、员工行为管理(EAM)、安全管理。当然,传统网络管理模型中的资产管理、故障管理仍然是热门的管理课题。

1. 网管系统

网管系统(NMS)主要是针对网络设备进行监测、配置和故障诊断。主要功能有自动拓扑发现、远程配置、性能参数监测、故障诊断。网管系统主要由两类公司开发,一类是通用软件供应商,另一类是各个设备厂商。通用软件供应商开发的 NMS 是针对各个厂商网络设备的通用网管系统,目前比较流行的有 OpenView、Micromuse、Concord 等网管系统。选择网管系统时,要考虑以下因素。

(1) 网络拓扑搜索的准确率。

(2) 配置功能是否完善。

(3) 系统的开放性。

(4) 特定功能是否能满足。

2. 应用性能管理

应用性能管理(APM)是一个比较新的网络管理方向,主要指对企业的关键业务应用进行监测、优化,提高企业应用的可靠性和质量,保证用户得到良好的服务,降低IT总拥有成本(TCO)。一个企业的关键业务应用的性能强大,可以提高竞争力,并取得商业成功,因此,加强应用性能管理(APM)可以产生巨大商业利益。

3. 桌面管理系统

桌面管理系统(DMI)由最终用户的计算机组成,这些计算机运行Windows、Mac等系统。桌面管理是对计算机及其组件管理,内容比较多,目前主要关注在资产管理、软件派送和远程控制。桌面管理系统通过以上功能,一方面减少了网管员的劳动强度,另一方面增加了系统维护的准确性、及时性。这类系统通常分为两部分——管理端和客户端。

4. 员工行为管理

员工行为管理(EAM)包括两部分,一部分是员工网上行为管理(EIM),另一部分是员工桌面行为监测。它一般在Internet应用层、网络层对信息控制,对数据根据EIM数据库进行过滤;定制因特网访问策略,根据用户、团组、部门、工作站或网络设置不同的因特网访问策略。

5. 安全管理

网络安全管理指保障合法用户对资源安全访问,防止并杜绝黑客蓄意攻击和破坏。它包括授权设施、访问控制、加密及密钥管理、认证和安全日志记录等功能。目前市场上的防火墙产品和入侵检测(IDS)产品很多,防火墙有Check Point、NetScreen、Cisco PIX等。IDS有ISS公司的RealSecure、Axent的ITA、ESM,以及NAI的CyberCopMonitor等。在选择产品时可以考虑系统自身性能稳定,系统协议分析检测能力及解码速率、系统升级服务等。

3.4.3 常见网管软件简介

1. HP OpenView NNM网管软件

HP OpenView NNM(Network Node Manager)网管软件以其强大的功能、先进的技术、多平台适应性在全球网管领域得到了广泛的应用。首先,HP OpenView NNM具有计费、认证、配置、性能与故障管理功能,功能较为强大,特别适合网管专家使用。其次,HP OpenView NNM能够可靠运行在HP-UX10.20/11.X、Sun Solaris 2.5/2.6、Windows NT 4.0等多种操作系统平台上,它能够对局域网或广域网中所涉及的每一个环节中的关键网络设备及主机部件(包括CPU、内存、主板等)进行实时监控,可发现所有意外情况并发出报警,可测量实际的端到端应用响应时间及事务处理参数。

NNM软件比较适合电信运营商、移动服务供应商、ISP、宽带服务供应商等网管方面有大规模投入、具备网管专家而且HP-UX设备较多的用户。

2. IBM Tivoli NetView网络管理软件

IBM Tivoli NetView秉承IBM风范,关注高端用户,特别是IBM整体解决方案的用户。Tivoli NetView软件中包含一种全新的网络客户程序,这种基于Java的控制台比以前的控制台具有更大的灵活性、可扩展性和直观性,可允许网管人员从网络中的任何位置访问Tivoli NetView数据。从这个新的网络客户程序可以获得有关节点状况、对象收集与事件方面的信息,也可对Tivoli NetView服务器进行实时诊断。

它能监测 TCP/IP 网络，显示网络的拓扑结构，管理各种事件；监视系统运行和收集系统性能数据。Tivoli NetView 采用分布式的管理，减少了整体系统的维护费用，同时 Tivoli NetView 兼容多种厂家的设备并拥有全球数百个厂商的支持。

目前在金融领域，借助 IBM 主机在该领域的强大用户群体，该产品具有超过 50%的市场份额，在其他行业，如电信、食品、医疗、旅游、政府、能源和制造业等也有众多用户。比较适合网管方面有大规模投入、具备网管专家而且 IBM 设备较多的用户。

3. CA Unicenter 网络管理软件

Computer Associates(CA)是全球领先的电子商务软件公司，Unicenter 就是 CA 公司的一套网管产品。它的显著特点是功能丰富、界面较友好、功能比较细化。它提供了各种网络和系统管理功能，可以实现对整个网络架构的每一个细小细节(从简单的 PDA 到各种大型主机设备)的控制，并确保企业环境的可用性。从网络和系统管理角度来看，Unicenter 可以工作在 NT 到大型主机的所有平台上；从自动运行管理方面来看，它可以实现日常业务的系统化管理，确保各主要架构组件(Web 服务器和应用服务器中间件)的性能和运转。从数据库管理来看，它还可以对业务逻辑进行管理，确保整个数据库范围的最佳服务。

它不仅可以对支持标准 SNMP(简单网管协议)的设备进行直接管理，还能够对不支持 SNMP 的网络设备进行管理，极大地扩展了设备管理的范围。在采集和汇总大量原始数据的基础上，Unicenter 的性能管理根据考核指标的要求自动生成直观、易懂的性能报表，通过 Unicenter，来自各个系统、数据库、应用系统所产生的消息、报警等事件，将自动传送到管理员那里，而无须等待系统轮询。管理员对需要报告的事件和程度进行方便的定义和修改，以满足企业的具体需要，根据这些事件，管理员可以灵活地定义事件发生之后的相应措施。

产品适用于电信运营商、IT 技术服务商、金融、运输、企业、教育、政府等网管方面有大规模投入、IT 管理机构健全、维护人员水平较高的用户。

4. 其他

除了上述三大网管软件外，还有许多优秀的网络管理软件满足各种不同的需求。国外的有 Cisco 公司的 CiscoWorks、3Com 公司的 Network Supervisor、NetScout 公司的 nGenius Performance Manager 和硬件探针、Micromuse 公司的 NetCool 网管系统、Concord 公司的 Concord eHealth 软件套装等。通过分析企业需求，国内网络管理软件提供商提出了“基于平台级设计思路”和“面向业务”，实现对网络、服务器、应用程序的综合管理。另外，少数国内成熟、专业的网管软件提供商已经推出了拥有“完全自主知识产权”和“本土化”的网络管理软件，如游龙科技的 SiteView、北大青鸟的 NetSureXpert 网管系统、神州数码的 LinkManager、北邮的 FullView、亚信网管、武汉擎天的 QTNG 等。

3.5 应用软件系统

局域网中使用的应用软件系统有很多种，常见的有 OA(办公自动化)系统、视频会议系统、行业软件等。

3.5.1 OA 系统

办公自动化(OA)是面向组织的日常运作和管理，员工及管理者使用频率最高的应用系统。自1985年国内召开第一次办公自动化规划会议以来,OA在应用内容的深度与广度、IT技术运用等方面都有了新的变化和发展,并成为组织不可缺的核心应用系统。当前国内主流OA产品包括通达OA、金和OA、用友OA、金蝶OA等。

3.5.2 视频会议系统

视频会议系统(Video Conference System)包括软件视频会议系统和硬件视频会议系统,是指两个或两个以上不同地方的个人或群体,通过现有的各种电信通信传输媒体,将人物的静态图像、动态图像、语音、文字、图片等多种资料分送到各个用户的计算机上,使得在地理上分散的用户可以共聚一处,通过图形、声音等多种方式交流信息,增加双方对内容的理解能力。目前,视频会议逐步向着多网协作、高清化、开发化的方向发展着。

一般的视频会议系统包括MCU多点控制器(视频会议服务器)、会议室终端、PC桌面型终端、电话接入网关(PSTN Gateway)、Gatekeeper(网闸)等几个部分。各种不同的终端都连入MCU进行集中交换,组成一个视频会议网络。此外,语音会议系统可以让所有桌面用户通过PC参与语音会议,这些是在视频会议基础上的衍生。目前,语音系统也是多功能视频会议的一个参考条件。

国际电信联盟ITU对于视音频通信及其兼容性的技术进行了规范,在这些基本的协议中,同时对语音、视频、数字信号的编码格式、用户控制模式等要件进行了相关的规定。ITU-T制定的适用于视频会议的标准有H.320协议(用于ISDN上的群视频会议)、H.323协议(用于局域网上的桌面视频会议)、H.324(用于电话网上的视频会议)、H.310(用于ATM和B-ISDN网络上的视频会议)和H.264(高度压缩数字视频编解码器标准)。其中,H.323协议成为目前应用最广最通用的协议标准,而H.264是目前最先进的网络音视频编解码技术。

目前市场上的视频会议系统可以分为软件视频会议系统及硬件视频会议系统。

软件视频会议是基于PC架构的视频通信方式,主要依靠CPU处理视、音频编解码工作,其最大的特点是廉价,且开放性好,软件集成方便。但软件视频在稳定性、可靠性方面还有待提高,视频质量普遍无法超越硬件视频系统。当前的市场主要集中在个人和企业,政府、大型企业也逐渐开始慢慢接受,并越来越多地运用到会议中。

硬件视频会议是基于嵌入式架构的视频通信方式,依靠DSP+嵌入式软件实现视音频处理、网络通信和各项会议功能。其最大的特点是性能高、可靠性好,大部分中高端视讯应用中都采用了硬件视频方式,但随着技术的发展,其市场份额正逐渐被软件所占领。

3.5.3 行业软件

行业软件就是针对特定行业而专门制定的、具有明显行业特性的软件,如ERP系统、财务软件等。行业软件具有针对性强、易操作等特点。下面以ERP系统为例介绍一下行业软件的特点。

ERP是Enterprise Resource Planning(企业资源计划)的简写,是指建立在信息技术基础上,以系统化的管理思想,为企业决策层及员工提供决策运行手段的管理平台。

ERP是从MRP(物料资源计划)发展而来的新一代集成化管理信息系统,它扩展了MRP的功能,其核心思想是供应链管理。它跳出了传统企业边界,从供应链范围去优化企业的资源，是基于网络经济时代的新一代信息系统。它对于改善企业业务流程、提高企业核心竞争力的作用是显而易见的。ERP是在20世纪80年代初开始出现的。20世纪90年代开始，以SAP、Oracle为代表的国际著名ERP产品进入中国，并迅速扩展。接着，国内也相继出现了一些早期ERP产品，例如开思ERP、利玛ERP、和佳ERP及博科ERP等。

ERP系统的特点及核心内容如下。

(1) 企业内部管理所需的业务应用系统，主要指财务、物流、人力资源等核心模块。

(2) 物流管理系统采用了制造业的MRP管理思想；FMIS有效地实现了预算管理、业务评估、管理会计、ABC成本归集方法等现代基本财务管理方法；人力资源管理系统在组织机构设计、岗位管理、薪酬体系以及人力资源开发等方面同样集成了先进的理念。

(3) ERP系统是一个在全公司范围内应用的、高度集成的系统。数据在各业务系统之间高度共享，所有源数据只需在某一个系统中输入一次，保证了数据的一致性。

(4) 对公司内部业务流程和管理过程进行了优化，主要的业务流程实现了自动化。

(5) 采用了计算机最新的主流技术和体系结构：B/S,Internet体系结构，Windows界面。在能通信的地方都可以方便地接入到系统中来。

(6) 集成性、先进性、统一性、完整性、开放性。

目前，国内主流的ERP系统开发厂商有用友、金蝶、浪潮、新中大、速达等。

3.6 安全软件系统

对于局域网而言，安全威胁始终存在，因此，部署有效的安全软件是必须认真考虑的问题。常见的安全软件主要有防病毒软件、防火墙软件、入侵检测软件、漏洞扫描软件等。

3.6.1 常见防病毒软件简介

1. Symantec Norton Internet Security

Symantec的诺顿网络安全特警(Norton Internet Security)，首次整合了正在申请专利的Veritas VxMs(驱动程序原始卷直接访问)技术，具有检测操作系统内核模式运行的Rootkit和修复功能，极大提高了对隐藏在系统深处Rootkit的检测及删除能力，从根本上杜绝了病毒被删除后又反复发作的情况。

在第三方汤普森计算机安全实验室进行的Rootkit检测及清除测试中，诺顿网络安全特警力压其他同类软件稳获第一。其独有的Bloodhound启发式扫描技术可有效拦截新型未知病毒。智能主动防御技术不是逐一防护病毒的亚种和变种，而是作为已知组采取对策，因此不需要逐个病毒定义就能提供“零小时”防护。

自动防护功能可以在计算机启动的同时自动运行，自动清除各种木马软件、广告软件、间谍软件等恶意黑客工具。自动实时清除功能可检测间谍软件、广告软件、键盘间谍软件等恶意黑客工具，并执行自动清除等适当的处理。恶意代码防护功能可以检测到用于非法保存Internet访问信息的恶意代码，并可根据用户的指示加以清除。

独有的智能双向防火墙采用全新的ALEs引擎及Trust处理器，自动设定最佳的防火墙规则，在允许善意的应用程序正常访问的同时自动阻止间谍软件、蠕虫、病毒、犯罪软件及黑客窃取用户计算机中的敏感信息，不会经常弹出需要用户进行选择的允许或拒绝的对话框。入侵防御功能可阻止间谍软件、蠕虫、病毒和黑客利用用户计算机上的系统漏洞和安全漏洞对计算机进行入侵。

2. McAfee Internet Security

McAfee公司总部位于加利福尼亚的圣克拉拉市,1998年收购欧洲第一大反病毒厂商Dr. Solomon,利用最新的加速处理和智能识别技术全面更新了其防病毒产品引擎。

McAfee Internet Security使PC和在线保护便于每个人使用。这个"设置好即可高枕无忧"的解决方案使PC免受病毒、间谍软件、黑客、在线诈骗者、身份信息窃贼和其他计算机罪犯的侵扰。

McAfee的安全产品使用屡获殊荣的技术,易于安装,而且随附无限制的电子邮件和聊天帮助。McAfee使用连续的自动更新来确保用户在订购期内始终获得最新的安全保护,从而抵御Internet上不断变化的威胁。

3. 瑞星杀毒软件

北京瑞星信息技术有限公司成立于1997年3月,其前身为1991年成立的北京瑞星电脑科技开发部,是中国最早从事计算机病毒防治与研究的大型专业企业之一。瑞星以研究、开发、生产及销售计算机反病毒产品、网络安全产品和反"黑客"防治产品为主,拥有全部自主知识产权和多项专利技术。

3.6.2 常见防火墙软件简介

1. Windows Firewall

这是Windows系统自带的功能。傻瓜式操作,任何人都可以轻松上手,没有发出信息检查,功能单薄。Windows Firewall会阻止计算机病毒和蠕虫进入计算机;使用者可以准许阻止或取消阻止某些连接请求;可以创建安全日志(对尝试连接到计算机的成功和失败企图加以记录的安全日志),此日志可用作故障诊断工具。

2. Microsoft ISA Server

Microsoft Internet Security and Acceleration(ISA)Server是可扩展的企业防火墙和Web缓存服务器,它构建在Windows操作系统安全、管理和目录上,以实现基于策略的访问控制、加速和网际管理。

Internet为组织提供与客户、合作伙伴和员工连接的机会。这种机会的存在,同时也带来了与安全、性能和可管理性等有关的风险和问题。ISA服务器旨在满足当前通过Internet开展业务的公司的需要。ISA服务器提供了多层企业防火墙,来帮助防止网络资源受到病毒、黑客的攻击以及未经授权的访问。ISA Server Web缓存使得组织可以通过从本地提供对象(而不是通过拥挤的Internet)来节省网络带宽并提高Web访问速度。

无论是部署成专用的组件还是集成式防火墙和缓存服务器,ISA服务器都提供了有助于简化安全和访问管理的统一管理控制台。ISA服务器为Windows平台而构建,它通过强大的集成式管理工具来提供安全而快速的Internet连接性。

3.6.3 其他类型的安全软件系统

1. 入侵检测软件

入侵检测(Intrusion Detection)是对入侵行为的检测。它通过收集和分析网络行为、安全日志、审计数据、其他网络上可以获得的信息以及计算机系统中若干关键点的信息，检查网络或系统中是否存在违反安全策略的行为和被攻击的迹象。

常见入侵检测软件如下。

(1) Snort：这是一个几乎人人都喜爱的开源 IDS，它采用灵活的基于规则的语言来描述通信，将签名、协议和不正常行为的检测方法结合起来。其更新速度极快，成为全球部署最为广泛的入侵检测技术，并成为防御技术的标准。通过协议分析、内容查找和各种各样的预处理程序，Snort 可以检测成千上万的蠕虫、漏洞利用企图、端口扫描和各种可疑行为。

(2) OSSEC HIDS：这是一个基于主机的开源入侵检测系统，它可以执行日志分析、完整性检查、Windows 注册表监视、Rootkit 检测、实时警告以及动态的适时响应。除了其 IDS 的功能之外，它通常还可以被用作一个 SEM/SIM 解决方案。因为其强大的日志分析引擎，互联网供应商、大学和数据中心都乐意运行 OSSEC HIDS，以监视和分析其防火墙、IDS、Web 服务器和身份验证日志。

2. 漏洞扫描软件

漏洞扫描是对计算机进行全方位的扫描，检查当前的系统是否有漏洞，如果有漏洞则需要马上进行修复，否则计算机很容易受到网络的伤害甚至被黑客借助于计算机的漏洞进行远程控制，那么后果将不堪设想。漏洞扫描对于保护计算机和上网安全是必不可少的。有的漏洞系统自身就可以修复，而有些则需要手动修复。

3.7 虚拟化软件

局域网中使用的虚拟化软件有很多种，常见的有 VMware Workstation、Citrix XenCenter/Essential、Microsoft System Center、Microsoft Hyper-V 等。

3.7.1 VMware Workstation

VMware Workstation 是一款功能强大的桌面虚拟计算机软件，提供用户可在单一的桌面上同时运行不同的操作系统，以及进行开发、测试、部署新的应用程序的最佳解决方案。VMware Workstation 的开发商为 VMware(中文名“威睿”)，多年来，VMware 开发的 VMware Workstation 产品一直受到全球广大用户的认可，它可以使用户在一台机器上同时运行两个或更多 Windows、DOS、Linux、Mac 系统。与“多启动”系统相比，VMware 采用了完全不同的概念。多启动系统在一个时刻只能运行一个系统，在系统切换时需要重新启动机器。VMware 是真正同时运行多个操作系统在主系统的平台上，就像标准 Windows 应用程序那样切换。每个操作系统都可以进行虚拟的分区、配置而不影响真实硬盘的数据，甚至可以通过网卡将几台虚拟机用网卡连接为一个局域网，极其方便。

VMware Workstation 允许操作系统和应用程序在一台虚拟机内部运行。虚拟机是独立运行主机操作系统的离散环境。在 VMware Workstation 中，用户可以在一个窗口中加载一台虚拟机，它可以运行自己的操作系统和应用程序。用户可以在运行于桌面上的多台虚拟机之间切换，通过一个网络共享虚拟机(例如一个公司局域网)，挂起和恢复虚拟机以及退出虚拟机，这一切不会影响用户的主机操作和任何操作系统或者其他正在运行的应用程序。

3.7.2 Microsoft System Center

Microsoft System Center 适用于虚拟化平台的产品有 System Center Virtual Machine Manager 2008 R2(SCVMM)、System Center Configuration Manager(SCCM)、System Center Operation Manager(SCOM)、System Center Data Protection Manager(DPM)。SCVMM 为虚拟化数据中心提供全面的、跨平台的管理解决方案,以帮助对虚拟基础结构进行集中管理、提高服务器利用率以及对虚拟 IT 基础结构进行动态资源优化。SCCM 为宿主服务器提供自动化升级服务,以及可以实现虚拟机环境的自动化升级服务。通过使用 SCCM 对虚拟机环境进行自动化升级,减少了企业对虚拟机管理维护的成本,提高了虚拟环境的安全稳定性。简化了系统部署,实现任务自动化。SCOM 对物理服务器和虚拟机的统一监控,可以轻松监控成千上万台物理服务器和虚拟机、应用程序和客户端,它还提供一个 IT 环境运行状况的完整视图,能够快速对破坏活动做出反应。DPM 可以实现对 Hyper-V 服务器的虚拟机进行集中备份,不需要在虚拟机上单独安装 DPM 的 Agent,大大增加了备份的效率和灵活性。

3.7.3 Citrix XenCenter/Essential

Citrix XenCenter 是一款对 XenServer 进行集中管理的软件,辅助实现 Citrix XenServer 的一些高级功能,如 XenMotion、动态资源池、性能检测、备份等功能。Citrix Essentials for XenServer 是一款 XenServer 虚拟化平台管理软件,包括性能监控和报警、高可用性、高级存储集成、自动化流程管理、虚拟机和物理机自动供应、自动化实验室管理等特性。

3.7.4 Microsoft Hyper-V

Hyper-V 是微软公司旗下的服务器虚拟化产品,有两个版本,一种是操作系统自带的 Hyper-V on Windows 2008 R2/Windows 2012,另一种是 Hyper-V 发布的专门产品 Hyper-V Server 2008 R2/Windows 2012。Hyper-V 需要在安装 Windows Server(2008/2012)后才能激活 Hyper-V 功能,而 Hyper-V 是一个单独的虚拟化软件,直接安装在硬件设备上。目前承载于 Windows Server 2012 上的 Hyper-V 组件基于全新的内核结构,提供了更为强大的功能。

Hyper-V 管理工具有两种,一种是免费的 Hyper-V 管理器 MMC,另外一种是 SCVMM。SCVMM 可以管理 Hyper-V 服务器,完成 Live Migration、Storage Migration、快速生成、每个 LUN 多个 VM、集群等功能。Hyper-V 中除了提供基础的虚拟化功能之外,还包括常用 Live Migration、Storage Migration 功能,可以将虚拟机的整个存储空间由一个区域迁移到另外一个区域。

Hyper-V 作为企业级的虚拟化平台,主要支持如下功能。

(1) 全新且改善的架构。新的 64 位微核心化(micro-kernelized)Hypervisor 架构,让 Hyper-V 得以提供广泛大量的装置支持方法以及改善效能与安全性。

(2) 广泛的 OS 支持。广泛支持并执行不同类型的操作系统,包括各种不同服务器平台(例如 Windows、Linux 及其他操作系统)的 32 位和 64 位系统。

(3) 对称式多处理器(Symmetric Multiprocessors SMP)支持。对虚拟机器环境中最多可支持 4 颗多处理器,让用户得以彻底用于虚拟机器中的多执行应用程序。

(4) 网络负载平衡(NLB)。Hyper-V 包含新的虚拟切换功能,此即表示可轻松地设定虚拟机器,使其结合 Windows 网络负载平衡服务,平衡不同服务器上虚拟机器的负载。

(5) 新的硬件分享架构。Hyper-V 利用新的虚拟服务提供程序/虚拟服务用户端(VSP/VSC)架构,因而在核心资源(例如磁盘、网络和视讯)的访问和利用方面均已有所改善。

(6) 快速迁移。Hyper-V 运用了 Windows Server 和 System Center 管理工具中熟悉的高可用性功能,因此可将执行中的虚拟机器从一部物理主机系统快速迁移到另一部系统,并使系统停止运作的时间达到最少。

(7) 虚拟机器快照。Hyper-V 可提供虚拟机器快照的能力,因此可以轻易地回复至前一状态,以及改善整个备份和可修复性解决方案。

(8) 可扩充性。由于可在虚拟机器内支持主机层级的多处理器和多核心,以及记忆体访问都已有所改善,因此虚拟化环境目前已可进行垂直扩充,以便在指定的主机内支持大量的虚拟机器,并持续运用快速迁移,达成跨多主机的可扩充性。

(9) 可延展特性。Hyper-V 具有标准式的 Windows Management Instrumentation (WMI)界面和 API,因而可以让独立软件厂商和开发人员快速建立自订工具、公用程序以及强化虚拟化平台。

3.8 网站集群管理

网站集群建设就是将各站点连为一体,支持全部站点的统一管理,将现有的各职能部门的信息联系起来,使得同一组织内各个站点之间不再互相孤立。以统一的门户协同为来访者提供服务。来访者可以方便地通过一站式服务平台统一获得信息和服务。站点群管理是实现统一权限分配,统一导航和检索,消除"信息黑洞"和"信息孤岛"的基础。统一开发供各部门共享共用网站集群的软、硬件资源,共享共用的网站管理系统、互动交流系统。

在管理系统中采用先进的架构,通常能够支持 Windows、Linux、UNIX 等操作系统,支持 Oracle 数据库,同时支持当前主流的数据库系统,如 SQL Server、Sybase、MySQL 等,并且支持 WebLogic、Tomcat 等应用服务器。系统提供基于 XML 的数据交换接口,支持与第三方软件的应用集成。

典型的网站管理系统包括大汉网站群管理系统、维网网站群管理系统、博达网站集群系统。

3.9 SDN

传统的网络设备(交换机、路由器)的固件是由设备制造商锁定和控制,所以 SDN 希望将网络控制与物理网络拓扑分离,从而摆脱硬件对网络架构的限制。这样企业便可以像升级、安装软件一样对网络架构进行修改,满足企业对整个网站架构进行调整、扩容或升级。

而底层的交换机、路由器等硬件则无须替换,节省大量成本的同时,网络架构迭代周期将大大缩短。

目前,业界主要有以下几种SDN定义参考架构,分别是目前基于领导地位的ONF架构和由IT巨头思科、Juniper、IBM、微软参与的OpenDaylight开源项目提出的OpenDaylight架构,以及ETSI ISG及其参考架构。

3.9.1 ONF架构

成立于2011年3月份的开放网络基金会(Open Networking Foundation,ONF)主要致力于推动SDN架构、技术的规范和发展工作,是目前SND标准化技术的引领者,其提出并倡导的以OpenFlow为基础的网络架构首次系统地阐述了SDN架构以及一些应用场景,为SDN的发展奠定了重要基础。

ONF提出的SDN的典型架构分为三层:最上层的应用层、中间的控制层和最下层的基础设施层。应用层包括各种不同的业务和应用,根据业务和应用的需求可以通过API(按照接口和控制层的关系,此API称作北向接口)管理和控制网络的转发/处理的策略,通过北向接口也支持对网络属性的配置实现提升网络利用率、保障特定应用的安全和服务质量;控制层主要负责处理数据转发资源的抽象信息,支持网络拓扑、状态信息的汇总和维护,并基于业务和应用的控制来调用不同的转发面的资源;基础设施层负责基于业务的流表的数据处理、转发和状态收集。介于控制器和基础设施层之间的接口被称作南向接口,ONF在南向接口上定义了开放的OpenFlow标准,而在北向接口上还没有做统一要求。ONF将SDN网络架构划分为应用层、控制层、基础设施层,改变了传统网络中设备的转发与控制平面精密耦合关系。OpenFlow作为控制数据平面接口协议,目前已从1.0升级到1.3版本,已有思科、Juniper、Dell、HP等众多厂商的设备支持。OpenFlow是目前SDN体系架构中标准化程度最高,产品最接近商用的技术,在一些领域甚至成为SDN的代名词。

3.9.2 OpenDaylight架构

2013年4月8日,OpenDaylight开源项目被推出,其参与者主要来自业界主要的大牌硬件厂商和传统的IT巨头,包括思科、Juniper、IBM、微软、VMware等公司。

OpenDaylight提出的SDN架构跟ONF SDN架构类似,主要包括:最下层数据平面层,包括虚拟交换机、物理设备接口等,支持OpenFlow等协议的南向接口;中间控制层平台和相应的基于REST的API北向接口;与ONF应用层对应的网络应用和服务层。相比于ONF SDN架构以OpenFlow协议为基础,并将其作为架构中的唯一的南向接口协议,OpenDaylight开源项目在南向接口方面除了OpenFlow之外还有更丰富的选择。

3.9.3 ESTI NFV架构

欧洲电信标准协会(ETSI)于2012年11月成立了专门用于讨论NFV(Network Function Virtualization)网络功能虚拟化的ISG(Industry Specification Group,行业规范小组)。

ESTI NFV架构跟ONF SDN架构类似,实现了数据转发平面和控制平面的分离,并在控制平面之上提出了编排系统层。相比于ONF SDN架构，NFV定义架构增加了E2E(End to End)网络控制层，能够对多数据中心不同技术进行融合。ETSI NFV的重点是网络功能的虚拟化，NFV的目标主要是希望通过广泛采用标准化的IT虚拟化技术，采用业界标准的大容量服务器、存储和交换机承载各种各样的网络软件功能，实现软件的灵活加载，实现在数据中心、网络节点和用户端等各个位置灵活的部署配置，从而加快网络部署和调整的速度，降低业务部署的复杂度，提高网络设备的统一化、通用化、适配性等，最终降低网络的投资和运营成本。

3.10 网络存储技术

网络存储技术(Network Storage Technologies)是基于数据存储的一种通用网络术语。网络存储结构大致分为直连式存储(Direct Attached Storage，DAS)、网络存储设备(Network Attached Storage，NAS)和存储网络(Storage Area Network，SAN)三种。

3.10.1 DAS

DAS的存储设备是通过电缆(通常是SCSI电缆)直接到服务器的，I/O请求直接发送到存储设备。DAS存储在我们生活中是非常常见的，尤其是在中小企业应用中，DAS是最主要的应用模式，存储系统被直连到应用的服务器中，在中小企业中，许多的数据应用是必须安装在直连的DAS存储器上。

DAS存储更多地依赖服务器主机操作系统进行数据的I/O读写和存储维护管理，数据备份和恢复要求占用服务器主机资源(包括CPU、系统I/O等)，数据流需要回流主机再到服务器连接着的磁带机(库)，数据备份通常占用20%～30%的服务器主机资源，因此许多企业用户的日常数据备份常常在深夜或业务系统不繁忙时进行，以免影响正常业务系统的运行。直连式存储的数据量越大，备份和恢复的时间就越长，对服务器硬件的依赖性和影响就越大。

直连式存储与服务器主机之间的连接通道通常采用SCSI连接，随着服务器CPU的处理能力越来越强，存储硬盘空间越来越大，阵列的硬盘数量越来越多，SCSI通道将会成为I/O瓶颈；服务器主机SCSI ID资源有限，能够建立的SCSI通道连接有限。

无论是直连式存储还是服务器主机的扩展，从一台服务器扩展为多台服务器组成的群集(Cluster)，或存储阵列容量的扩展，都会造成业务系统的停机，从而给企业带来经济损失，对于银行、电信、传媒等行业7×24小时服务的关键业务系统，这是不可接受的。并且直连式存储或服务器主机的升级扩展，只能由原设备厂商提供，往往受原设备厂商限制。

DAS存储的优点在于易于部署，且经济实惠。不足之处在于存储系统可共享性差，存储系统分散不易于管理等，比较适合应用简单、前端服务器较少、业务量小的环境。

3.10.2 NAS

NAS存储也通常被称为附加存储，顾名思义，就是存储设备通过标准的网络拓扑结构(例如以太网)添加到一群计算机上。NAS是文件级的存储方法，它的重点在于帮助工作组和部门级机构解决迅速增加存储容量的需求。如今用户采用NAS较多的功能是用于文档共享、图片共享、电影共享等,而且随着云计算的发展,一些NAS厂商也推出了云存储功能,大大方便了企业和个人用户的使用。

NAS产品是真正即插即用的产品。NAS设备一般支持多计算机平台,用户通过网络支持协议可进入相同的文档,因而NAS设备无须改造即可用于混合UNIX/Windows NT局域网内,同时NAS的应用非常灵活。但NAS有一个关键性问题,即备份过程中的带宽消耗。与将备份数据流从LAN中转移出去的存储区域网(SAN)不同,NAS仍使用网络进行备份和恢复。NAS的一个缺点是它将存储事务由并行SCSI连接转移到了网络上。这就是说,LAN除了必须处理正常的最终用户传输流外,还必须处理包括备份操作的存储磁盘请求。

NAS存储方式通过以太网文件访问协议,提供不同操作系统的文件共享,由于依托现有的IP网络,易于部署。其不足之处在于由于在IP网络部署,数据备份或者存储过程中会占用大量网络带宽,公用网络带宽限定了NAS存储的性能。

3.10.3 SAN

存储区域网络,从名字上也可以看出,它是通过光纤通道交换机连接存储阵列和服务器主机,最后成为一个专用的存储网络。SAN经过十多年的发展,已经相当成熟,成为业界的事实标准。

SAN提供了一种与现有LAN连接的简易方法,并且通过同一物理通道支持广泛使用的SCSI和IP协议。SAN不受现今主流的、基于SCSI存储结构的布局限制。特别重要的是,随着存储容量的爆炸性增长,SAN允许企业独立地增加它们的存储容量。SAN的结构允许任何服务器连接到任何存储阵列,这样不管数据置放在哪里,服务器都可直接存取所需的数据。因为采用了光纤接口,SAN还具有更高的带宽。

由于SAN解决方案是从基本功能剥离出存储功能,因此运行备份操作就无须考虑它们对网络总体性能的影响。SAN方案也使得管理及集中控制实现简化,特别是对于全部存储设备都集群在一起的时候。最后一点,光纤接口提供了10km的连接长度,这使得实现物理上分离的、不在机房的存储变得非常容易。

由于SAN存储方式是基于以太网,因此有容易部署、没有距离限制、成本低等优势,随着10Gb/s以太网的应用,SAN存储方式得到相应的应用和发展。不足之处在于以太网本身的安全性、稳定性等一些因素在制约着它的发展。SAN应用成本较高,因此在做SAN规划时要充分考虑成本问题。

目前常见的SAN有FC-SAN和IP-SAN。其中,FC-SAN为通过光纤通道协议转发SCSI协议,IP-SAN通过TCP转发SCSI协议。

小结

本章介绍了局域网中涉及的各种软件系统,包括网络操作系统、客户端操作系统、数据库系统、网络管理软件、应用软件和网络安全相关软件。读者通过学习本章,能够对局域网的软件环境有一个系统的了解。

网络操作系统就是在计算机网络中管理一台或多台主机的软硬件资源、支持网络通信、提供网络服务的程序集合。在市场上得到广泛应用的网络操作系统有 UNIX、Linux、NetWare、Windows Server 2008、Windows Server 2012 和 Windows Server 2016 等。

客户机就是网络用户使用的计算机，用户通过使用客户机来共享网络资源。客户端主要分为 PC 端和移动端两类，目前常见的 PC 端操作系统有 Windows XP、Windows 7、桌面版 Linux 系统、Mac OS X 等。移动端的操作系统主要有 Android、Symbian、iOS 等。

数据库是局域网中常用的软件系统。现代数据库产品的主流是关系数据库。常见的产品有 IBM 的 DB2/DB2 universal database、Sybase、Oracle、SQL Server 等。非结构化数据库软件主要有 TRIP、Tokyo Cabinet、MongoDB、CouchDB。

网络管理软件是辅助网络管理员对局域网进行管理的软件系统。网管系统开发商针对不同的管理内容开发相应的管理软件，形成了多个网络管理方面。目前主要的几个发展方面有网管系统(NMS)、应用性能管理(APM)、应用性能管理、桌面管理(DMI)、员工行为管理(EAM)、安全管理。

局域网中使用的应用软件系统有很多种，常见的有 OA(办公自动化)系统、视频会议系统、行业软件等。

对于局域网而言，安全威胁始终存在，因此，部署有效的安全软件是必须认真考虑的问题。常见的安全软件主要有防病毒软件、防火墙软件、入侵检测软件、漏洞扫描软件等。

局域网中使用的虚拟化软件有很多种，常见的有 VMware Workstation、Citrix XenCenter/Essential、Microsoft System Center、Microsoft Hyper-V 等。

目前，业界主要有以下几种 SDN 定义参考架构，分别是目前基于领导地位的 ONF 架构，由 IT 巨头思科、Juniper、IBM、微软参与的 OpenDaylight 开源项目提出的 OpenDaylight 架构，以及 ETSI ISG 及其参考架构。

网站集群建设就是将各站点连为一体，支持全部站点的统一管理，将现有的各职能部门的信息联系起来，使得同一组织内各个站点之间不再互相孤立。

网络存储技术(Network Storage Technologies)是基于数据存储的一种通用网络术语。网络存储结构大致分为三种：直连式存储(Direct Attached Storage，DAS)、网络存储设备(Network Attached Storage，NAS)和存储网络(Storage Area Network，SAN)。

习题与实践

1. 填空题

(1) 网络操作系统除了实现单机操作系统的全部功能外，还具备________，________以及方便用户使用网络等功能。

(2) Mac OS 是一套运行于________上的操作系统。

(3) 传统数据库系统分成________、________和________三类。

(4) 网管软件的________、________、更多面向业务等是目前及以后网管技术的一种趋势。

2. 简答题

(1) 什么是网络操作系统？

(2) 常见的网络操作系统有哪几种？各自的特点是什么？

(3) 常见的数据库系统有哪些?

(4) 网管软件主要使用哪些技术?

(5) SDN是什么?

(6) 网络存储技术分类有哪些?

3. 实验

题目：Windows Server 2008的安装。

(1) 实验目的。

了解并掌握Windows Server 2008的安装过程及基本配置方法。

(2) 实验内容。

① 在虚拟机中分别用升级和全新两种方法安装Windows Server 2008。

② 对安装完成的系统进行基本配置(如IP地址等)。

(3) 实验设备与环境。

虚拟机软件可采用Virtual PC或VMware。

第4章 局域网技术

本章学习目标

- 熟悉高速以太网技术；
- 掌握生成树协议、HSRP和VRRP相关概念；
- 掌握VLAN、VPN相关概念，能够完成实际的工程方案设计；
- 熟悉无线局域网的设备和无线局域网的安全技术；
- 熟悉常见的广域网接入方式。

技术的发展总是与某一历史时段特定的应用需求密切相关，以太网技术的发展也是如此。从10M、100M、千兆到万兆以太网，以太网技术在速率呈数量级增长的同时，其应用领域也在不断拓宽；不同应用领域各自的应用需求又促进了这些领域内以太网技术的个性化发展。

在设计一个网络的技术方案时需要进行有效的网络技术选型。那么，网络技术选型包含哪些主要的工作呢？通常，在网络技术选型上需要考虑以下方面。

(1) 主干网络的设计标准(核心设备的选择依据等)。

(2) 局域网与Internet的互连方式。

(3) 如何实现远程访问服务。

(4) 内部子网的特定需求(VLAN、冗余技术等)。

如何对这些技术进行有效的选择？下面带着这个问题进入本章的学习。本章重点讨论的以太网相关技术包括高速以太网技术、可靠性技术、无线局域网技术、虚拟局域网技术、虚拟专用网技术、广域网接入技术以及VLAN中继协议、生成树协议等。

4.1 高速以太网

高速以太网技术包括快速以太网、千兆以太网、万兆以太网。本节重点学习千兆以太网和万兆以太网。

4.1.1 千兆以太网

D-Link千兆网吧解决方案。

网吧服务模式多样，网络游戏、视频点播、在线娱乐等层出不穷的新兴网络节目，为网吧行业注入了新的活力。尤其是网络游戏产业的蓬勃发展，为众多网吧经营者带来无限商机的同时,也对网吧的硬件设施提出了更高要求。

(1) 改善网络运行质量,提供优质网络服务,成为网吧经营者当前考虑的重要问题。为了改善网络服务,改善由于网络拥堵而造成的响应延迟、频繁掉线等问题,很多网吧经营者陷入了单纯提高PC配置的误区,却往往忽略了网络基础设施的升级和改造。

(2) 高效的网络传输速度以及稳定性至关重要。作为一个同时承载数百个接入终端的运营平台,庞大的数据流量以及较长的运营时间给网吧网络带来了巨大压力,传统的百兆网络早已不堪重负,在稳定性以及网络带宽方面都远远不能满足网民的应用需求。目前,网络游戏与局域网游戏已经成为网吧行业赢利的主要模式,网络游戏强调网络之间的交互通信稳定快速,而局域网游戏则对网络内部数据的交换速度提出了更高要求,因此网吧网络不仅要具备顺畅的网络出口,还要保证内部数据得以快速转发。

(3) 高效的网络管理能力和安全防范能力。对于网络技术水平较低的网吧行业而言,管理众多的网络终端并非一件轻松的工作,需要网络设备提供更加智能、集中的统一管理特性,简化网络管理及维护的流程和难度。此外,为了减少网络隐患,避免由于安全问题导致的业务中断或系统瘫痪,网吧网络必须具备多重安全防范机制。

(4) 成本控制。对于网吧经营者而言,成本控制的重要性不言而喻,它将直接关系到网吧的赢利能力以及持续发展,为此,适宜选择经济高效的网络结构和性价比优越的网络设备,帮助网吧经营者达到经济组网的目的。

有鉴于此,D-Link引入了全千兆网络的建设思路,实现了千兆到桌面,并采用高效、经济的二层网络架构,从根本上改善了局域网内部网络拥挤的现象,同时也为网络游戏、在线娱乐等网络应用提供了一个"无延迟"的高效传输平台。D-Link全千兆网吧拓扑结构如图4-1所示。

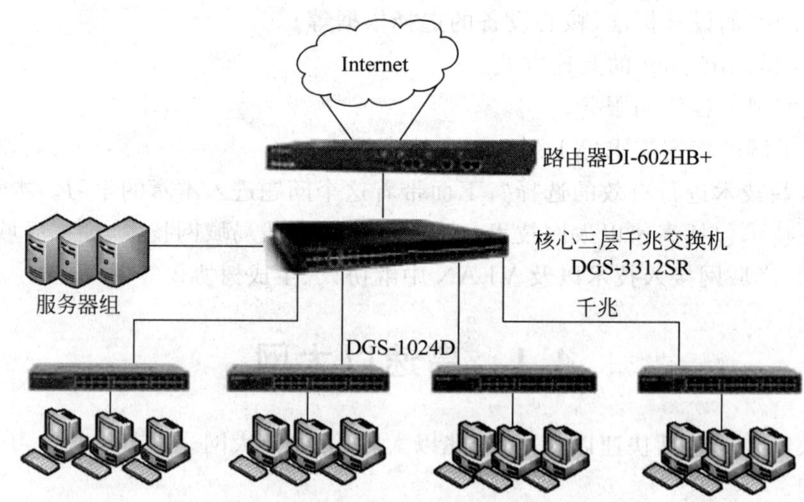

图4-1 D-Link全千兆网吧解决方案

本方案选用了D-Link的DGS-3312SR型千兆交换机作为核心层的交换机,DI-602HB+型路由器作为互联网的出口连接设备。

D-Link千兆交换机DGS-3312SR是企业级的三层可网管型交换机,配置了千兆端口，采用存储转发模式，能够实现数据的高速、稳定传输；对 VLAN 功能和网络管理功能的支持有效简化了网络管理及维护的流程和难度；模块化插槽能够满足网吧日后升级的需要。

DI-602HB＋路由器配置了千兆端口，应用了高性能的 CPU 以及先进的总线技术，具有超强的数据处理能力，可快速、及时响应多人并发访问；而独特的流量管理策略提供了多种队列算法，可以保证网络游戏、在线娱乐的数据包优先通过，令游戏运行更加流畅，从而为网吧赢得更多的客户资源；DI-602HB＋不仅内置了牢固的防火墙，而且采用了完善的安全防护策略，有力地改善了网络传输质量，并确保网吧客户机的安全。

4.1.2 万兆以太网

某校园网万兆建设案例。

某大学作为国家重点大学，也是我国较早加入教育信息化建设队伍的高校之一。经过几年的信息化建设，学校的教学、科研、图书馆等部门的网络建设已基本完成。为了进一步推动校园网建设的发展，扩大校园网的覆盖面，改善学生的学习条件，为学生创造一个更为便利的学习环境，某大学决定启动该校校园网学生宿舍网项目。该学生宿舍网需要对几千个节点进行管理，这其中存在的监控、认证、计费等各种问题十分复杂。

关于此项目的具体组网方案的制定，某学校主要提出了以下几方面的需求。

(1) 核心交换机需要具备高处理能力。考虑到作为网络核心的交换机需要承担大量的数据交换任务，因此对交换机的性能及稳定性提出了很高的要求。

(2) 接入层采用堆叠交换机，具有千兆扩展槽，同时要具有三层扩展能力。在网络接入层，网络设备需要支持基于 MAC 地址 IEEE 802.1x 功能和基于端口 IEEE 802.1x 功能，以此保证账号的唯一性；同时，支持远程 Telnet 管理、MIB-Ⅱ及远程开关交换机端口功能；此外还要求适应大量用户并发认证及复杂的工作环境等。

(3) 能解决学生用户使用代理服务器的问题；能记录用户上网的信息；能解决学生 IP 地址冲突问题。

(4) 方案需要支持标准的 RADIUS 认证计费，可连接多种接入设备。一方面需要支持 IEEE 802.1x 认证方式；同时，能够支持基于时长、流量以及包月的计费模式，为网络管理提供完善的、灵活的、可定制的计费策略；并可以保证 20 000 以上的用户数的运营稳定和管理简便。

通过细致的规划和多次论证，某宿舍网络的建设方案最终确定采用锐捷网络提供的以第二代万兆交换机为核心的全网解决方案。锐捷网络第二代万兆以太网交换机及可靠的技术保障是该校选择锐捷网络的主要原因。

如图 4-2 所示，某大学校园网二期工程，在核心层选用了锐捷网络万兆以太网交换机 RG-S6806 双核心模型，在接入层采用锐捷网络 STAR- S2024M 堆叠交换机，在网络的安全、稳定性、扩展性以及可管理性上都有很大的提升，达到了预计的效果。

(1) 网络核心采用的是锐捷网络第二代万兆以太网交换机 RG-S6806 双核心模型，通过 VRRP＋IEEE 802.1w＋OSPF 协议来实现，有效解决了故障时及时切换、负载均衡、快速收敛等问题，极好地保证了整个校园网络路由的健壮性和可靠性。RG-S6806 在完全符

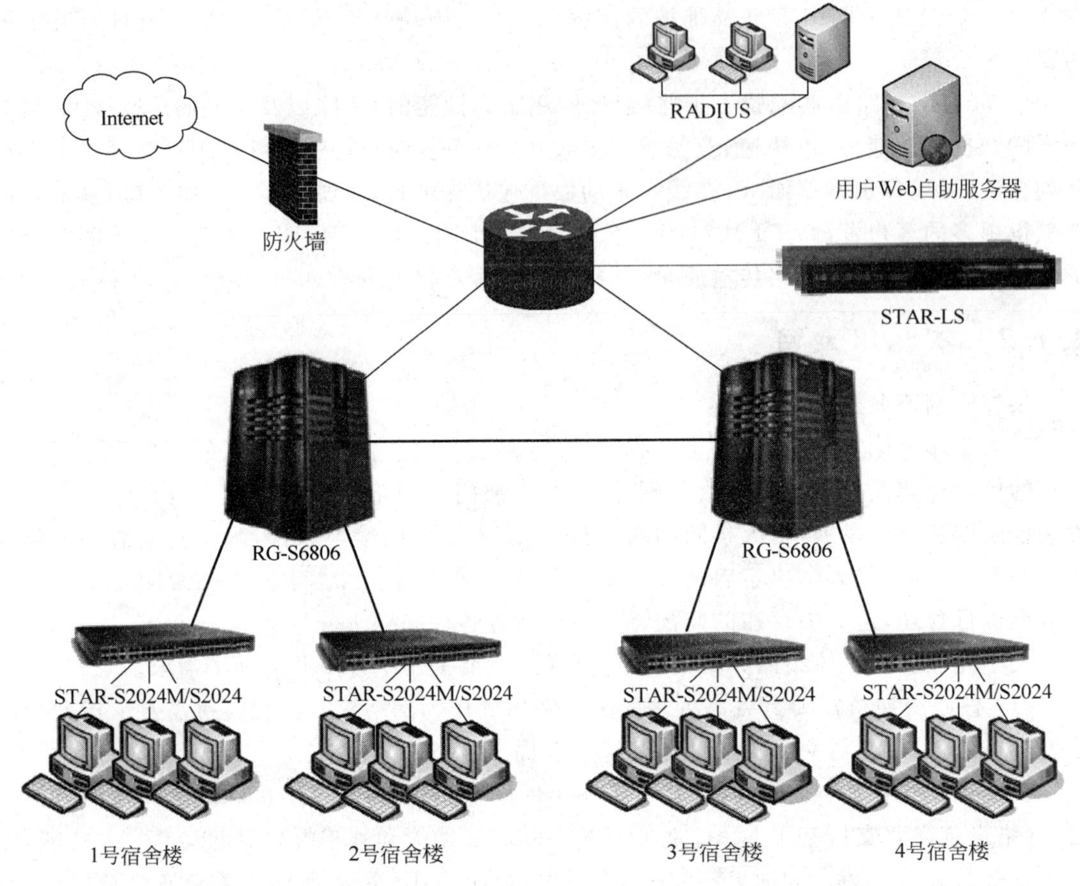

图 4-2 某大学校园网二期工程拓扑图

合万兆以太网标准基础上进行架构与体系设计,通过采用分布式设计理念,结合最新背板与线卡设计等技术(线卡带宽大于 20G),实现真正线速万兆处理的安全智能型万兆交换机。RG-S6806 交换机高达 512G/256G 的背板带宽和 286 Mpps/143Mpps 的二/三层包转发速率可为用户提供高速无阻塞的交换;同时结合强大的交换路由功能、安全智能技术,可以为用户提供完整的端到端解决方案。

(2) 网络接入层采用的是 STAR-S2024M/S2024 锐捷网络堆叠网管型交换机。该交换机通过多种网络管理方式,可以方便、有效地管理每一个端口。它具有强大的运行维护能力,能有效降低学校的管理、维护成本。另一个方面,STAR-S2024M 交换机能够提供全中文菜单或图形配置方式,为交换机的管理和配置提供了极大的便利,并为用户提供了故障告警和日志功能,用户通过机箱面板上的指示灯便可直观地了解设备的运行状态。

(3) 方案中锐捷网络提供的安全认证计费解决方案是选择在接入交换机 STAR-S2024M 上做认证计费,这样一来就为学校提供了三个重点服务:一是可以最大程度上做到分布认证,认证效率高;二是能够对接入用户实行有效、全面、完整的控制;三是扩展性好,为大规模的用户认证计费提供了保障和技术基础。

4.2 可靠性技术

局域网可靠性技术可以提高网络的可靠性、安全性和稳定性，避免单点故障。一旦网络出现故障，用户满意度会下降，所以我们希望网络能不间断地运转，即便网络出现故障，也希望故障时间在一年内不超过几分钟。如此高可靠性要求，质量再好的网络产品也难以保证，所以既能容忍网络故障，又能够从故障中快速恢复的网络设计是必要的。冗余正好可以最大限度地满足这个要求。

本节主要介绍冗余设备及链路、二层冗余及 STP 协议、三层冗余技术。

4.2.1 冗余设备及链路

1. 冗余设备

冗余设备就是为了避免单点故障而出现的，当网络某个节点只有一台交换机或者路由器时，如果发生故障那么这个网络就会断掉。在这个网络需求很高的社会里，这将引起巨大的损失。所谓的冗余设备就是增加备份设备，这样当一台设备出现故障时，有另一台能立即起来工作，然后在不影响网络正常运转的情况下，修复故障设备。有些厂商为了满足网络中冗余设备的需求，开发设计了具有双电源、双引擎、双接口模块的设备，而这样的设备就可以被当作两台独立的设备使用。

2. 冗余链路

当网络节点正常而连接节点的网络链路发生故障时，也会造成网络的中断。冗余链路就是在节点之间增加的备份链路，适当在核心层、汇聚层之间引入冗余链路，可以避免单点故障，提高整个网络系统的可靠性。同时，在一些关键链路上也可以采用这种设计。

3. 链路聚合技术

以太网链路聚合简称链路聚合，是一种非常重要的高可靠性技术，它通过将多条以太网物理链路捆绑在一起成为一条逻辑链路，在网络建设不增加更多成本的前提下，既实现了网络的高速性，也保证了链路的冗余性。

如图 4-3 所示，Device A 与 Device B 之间通过三条以太网物理链路相连，将这三条链路捆绑在一起，就成为一条逻辑链路 Link aggregation 1，这条逻辑链路的带宽等于原先三条以太网物理链路的带宽总和，从而达到了增加链路带宽的目的；同时，这三条以太网物理链路相互备份，有效地提高了链路的可靠性。

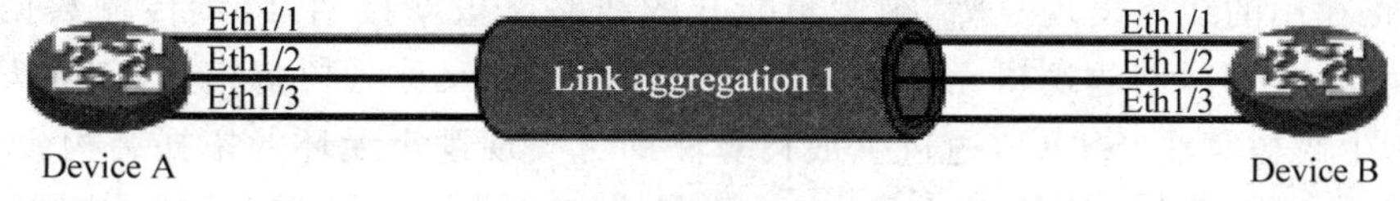

图 4-3 链路聚合示意图

(1) 链路聚合有以下三种方式。

① 手工聚合。由管理员通过手工命令配置哪些端口加入一个聚合组。

② 动态聚合。由协议动态确定哪些端口加入哪个聚合组，这种方式称为动态 LACP 聚合，由 LACP(Link Aggregation Control Protocol)来动态确定端口加入或离开聚合组。

③ 静态LACP聚合。由管理员手工指定哪些端口属于同一个聚合组，不过这些端口上仍然启动LACP，并收发处理LACP报文，一旦静态聚合组被删除，这些端口可以通过LACP动态确定加入其他某个聚合组。

(2) LACP协议。

在链路聚合的过程中需要两端设备端口之间周期性通过LACP进行相互协商，LACP通过链路汇聚控制协议数据单元(Link Aggregation Control Protocol Data Unit，LACPDU)与对端交互信息，动态探测对端端口的状态和信息，并据此确定端口加入或离开一个聚合组。当某端口的LACP启动后，该端口将通过发送LACPDU向对端通告自己的系统优先级、系统MAC地址、端口优先级、端口号和操作密钥等信息。对端接收到这些信息后，将这些信息与其他端口所保存的信息比较以选择能够汇聚的端口，从而双方可以对端口加入或退出某个汇聚组达成一致。

(3) 链路聚合的主要配置命令。

① interface port-channel *number*

功能：创建链路聚合逻辑端口。

参数：*number* 为PortChannel的组号，范围为1～48。

② channel-group *number* mode {active|passive|on}；no channel-group

功能：将物理端口加入PortChannel，该命令的no操作为将端口从PortChannel中去除。

参数：*number* 为PortChannel的组号，范围为1～48；active启动端口的LACP，并设置为Active模式；passive启动端口的LACP，并且设置为Passive模式；on强制端口加入PortChannel，不启动LACP。

4.2.2 二层冗余及生成树协议

在实际网络环境中，可以通过在交换机之间增加物理链路提高网络的可靠性，当一条链路断开或者出现故障时，另一条链路依然可以传输数据，并且在冗余的基础上实现的负载均衡可以提高网络的使用率。但是，在交换网络中，冗余在增加可靠性的同时将物理环路带入了网络，当交换机收到一个未知目的地址的数据帧时，交换机会广播出去，这样，在交换网络中，就会产生一个双向广播环，甚至广播风暴，导致交换机死机。

1. STP和RSTP

生成树协议(Spanning Tree Protocol，STP)是在逻辑上断开物理环路，防止产生广播风暴，而一旦正在用的线路出现故障，被逻辑断开的线路又重新接通，继续传输数据。即在保留物理环存在的同时，创建逻辑无环路拓扑。无环路拓扑又称为树状拓扑，创建无环路拓扑的算法称为生成树算法(STA)，通过生成树算法即可实现逻辑无环的拓扑结构。

STP是一个二层的链路管理协议，当交换机在拓扑中发现环路时，它自动地在逻辑上阻塞一个或多个冗余端口，从而获得无环路的拓扑。图4-4显示了一个例子，当网络拓扑改变时，运行STP的交换机自动重新配置端口，以避免失去连接或者产生环路。

当网络稳定时，网络也已经收敛。对于每一个交换网络，以下陈述都是正确的。

(1) 每个网络都有一个根网桥。

(2) 每个非根网桥都有一个根端口。

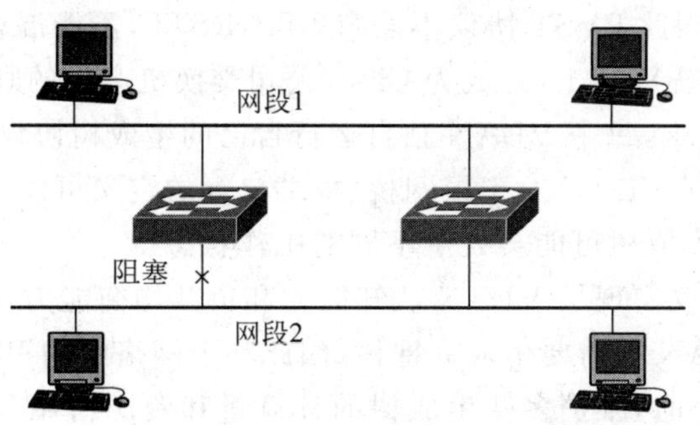

图 4-4　生成树协议

(3) 每个网段都有一个指定的端口。

(4) 不使用非指定端口。

运行生成树算法的交换机定期发送 BPDU(Bridge Protocol Data Unit)；选取唯一一个根网桥；在每个非根网桥选取唯一一个根端口；在每网段选取唯一一个标志端口。

将采用 STP 的网络收敛为一个逻辑上无环路的网络拓扑,通过以下步骤实现。

(1) 选取一个根网桥。在 STP 中,根网桥是具有最低 BID 的网桥,它包括优先级和网桥 MAC 地址。IEEE 802.1d 规定,默认的优先级为 32 768。根网桥中的所有端口都是指定端口,指定端口通常处于转发状态。优先级值最小的成为根网桥。如果优先级值相同,MAC 地址最小的成为根网桥。Bridge ID 值最小的成为根网桥。根网桥默认每 2s 发送一次 BPDU。

(2) 在每个非根网桥选取一个根端口。STP 在每个非根网桥上建立一个根端口,这个根端口是从非根网桥到根网桥的最低成本路径。根端口一般处在转发状态。根网桥上没有根端口。端口代价最小的成为根端口。如果端口代价相同,Port ID 最小的端口成为根端口。Port ID 通常为端口的 MAC 地址。MAC 地址最小的端口成为根端口。

(3) 在每网段选取指定端口。在每个网段上,STP 都会建立一个指定端口。将网桥上到达根网桥有最低成本的端口选为指定端口。指定端口一般处于转发状态。端口代价最小的成为标识端口。根网桥端口到各网段的代价最小。通常只有根网桥端口成为标识端口。被选定为根端口和标识端口的进行转发状态,落选端口进入阻塞状态,只侦听 BPDU。

IEEE 802.1d 是最早关于 STP 的标准,它提供了网络的动态冗余切换机制。为了解决 STP 收敛速度慢的问题,IEEE 推出了 802.1w 标准,作为对 IEEE 802.1d 标准的补充。在 IEEE 802.1w 标准里定义了快速生成树协议(Rapid Spanning Tree Protocol,RSTP),它是 STP 的扩展,其主要特点是增加了端口状态快速切换的机制,能够实现网络拓扑的快速转换。

由于 STP 和 RSTP 使用统一的生成树,也就是在网络中只会产生一棵生成树,当网络较大时,仍然会有较长的收敛时间。为了克服单生成树协议的缺陷,支持 VLAN 的多生成树协议出现了。

2. PVST 和 PVST+

PVST(Per VLAN Spanning Tree)意为每 VLAN 一棵生成树,它是 Cisco 特有的协议,可以保证每个 VLAN 在网络中都不存在环路。由于 PVST 的 BPDU 格式和 STP/RSTP

的BPDU格式不一样,因此PVST协议不兼容STP/RSTP,不能混合组网。Cisco针对这个问题推出了经过改进的PVST+,并成为Cisco公司交换机产品的默认生成树协议。

在PVST/PVST+中,每个VLAN独自运行自己的生成树协议,独自地选举根网桥、根端口、指定端口等。不同VLAN对于根网桥、根端口等的定义可能不同,而交换机的某个端口对于不同的VLAN生成树可能会处于不同的工作状态。

PVST/PVST+协议实现了VLAN认知能力和负载均衡能力,但是也存在如下问题。

(1) 由于每个VLAN都需要生成一棵树,因此整个网络中的BPDU通信量很大。

(2) 当VLAN较多时,维护多棵生成树的计算量和资源占用量将急剧增长,交换机的CPU将不堪重负。

(3) PVST/PVST+都是Cisco公司协议的私有性,不同厂家的设备不能在这种模式下直接互通。

3. MSTP

为了解决在STP的发展中遇到的各种问题,IEEE在802.1s中定义了一种新型多实例化生成树协议,即MSTP(Multiple Spanning Tree Protocol)。

1) MSTP的原理及优点

MSTP定义了"实例"的概念,所谓实例就是多个VLAN的一个集合,每个实例创建一棵生成树。具体就是把整个网络划分为若干个区域,每个区域可以有若干个实例,每个实例关联多个VLAN。

STP/RSTP是基于网络的,整个网络一棵生成树;PVST/PVST+是基于VLAN的,每个VLAN一棵生成树;MSTP是基于实例的,每个实例一棵生成树,而每个实例中包含多个VLAN。通过MSTP既避免了为每个VLAN维护一棵生成树的巨大资源消耗,又可以使不同的VLAN具有完全不同的生成树拓扑。

相对于之前介绍的各种生成树协议,MSTP的优势非常明显。

(1) MSTP具有VLAN认知能力,可以实现负载均衡。

(2) MSTP可以实现类似于RSTP的端口状态快速切换,可以捆绑多个VLAN到一个实例中从而大大减少BPDU的通信量,以降低资源占用率。

(3) MSTP可以很好地向下兼容STP/RSTP,可以实现混合组网。

(4) MSTP是IEEE标准协议,现在基本上各个网络厂商的交换机产品均能够支持MSTP。

2) MSTP的主要配置命令

(1) spanning-tree

功能:开启生成树协议。

(2) spanning-tree mode mst

功能:切换到MSTP工作模式。

(3) spanning-tree mst *instance-id* priority *priority*

参数:*instance-id* 为网络中规划的实例编号,是一个整数;*priority* 是实例在交换机中的优先级。

(4) spanning-tree mst configuration

功能:切换到MSTP工作模式。

(5) name *name*

功能：在 MSTP 工作模式中指定区域配置名。

参数：*name* 为区域名。

(6) revision *version*

功能：在 MSTP 工作模式中指定区域配置修订号，可以使用配置修订号来跟踪 MSTP 区域配置的变更。每次修改配置时，应将配置修订号加 1。在同一个区域中，所有交换机的区域配置(包括修订号)必须相同。因此，还需要更新其他交换机上的修订号以便匹配。

参数：*version* 为区域配置修订号。

(7) instance *instance-id* vlan *vlan-list*

功能：在 MSTP 工作模式中将 VLAN 捆绑到 MST 实例中。

参数：instance-id 为网络中规划的实例编号；vlan-list 是要捆绑到 MST 实例中的 VLAN 列表，该列表可包含一个或多个用逗号隔开的 VLAN。可以在该列表中指定 VLAN 范围，并使用连字符将下限和上限分开。

4.2.3 三层冗余技术

为了保障网络的稳定性，减少因网络设备故障而导致网络瘫痪，在第三层有 HSRP 技术和 VRRP 技术解决路由器的冗余备份问题。

1. HSRP

HSRP 即热备份路由器协议(Hot Standby Router Protocol)，是 Cisco 的私有协议。它的作用是能够把一台或多台路由器用来作备份。所谓热备份是指当正在使用的路由器不能正常工作时，候补的路由器能够实现平滑地替换，尽量不被用户感觉到。

通常，我们的网络上主机设置一条默认路由，指向主机所在网段内的一个路由器 R，这样，主机发出的目的地址不在本网段的报文将被通过默认路由发往路由器 R，从而实现了主机与外部网络的通信。在这种情况下，当路由器 R 坏掉时，本网段内所有以 R 为默认路由下一跳的主机将断掉与外部的通信。如图 4-5 所示，主机 A 通过默认网关(路由器 A)来访

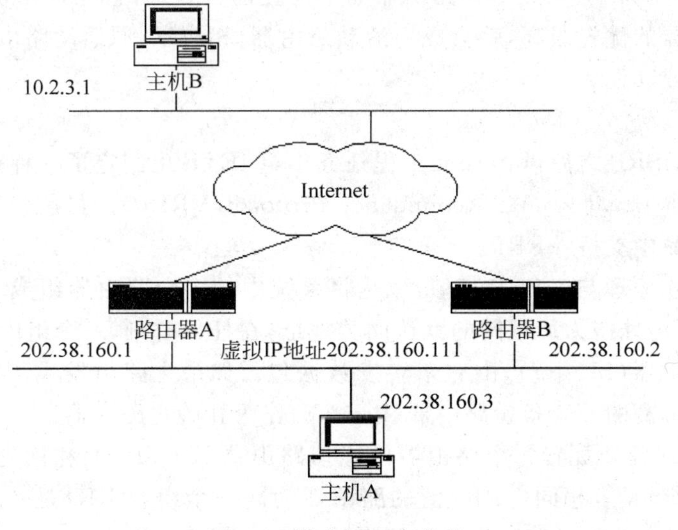

图 4-5 路由器冗余备份

问主机 B,一旦路由器 A 不能正常工作,主机 A 将无法访问主机 B。

HSRP 可以解决上述问题,首先由多台路由器组成备份组(路由器 A 和路由器 B),从主机 A 看来这个备份组就是一台虚拟的路由器,有独立的虚拟 IP 地址,主机 A 使用这台虚拟路由器作为网关(设置虚拟 IP 地址)。在备份组内有一台路由器是活动路由器(假设路由器 A),它完成虚拟路由器的工作,如负责转发主机送给虚拟路由器的数据包,路由器 B 作为备份路由器,当活动路由器 A 出现故障时,备份路由器 B 会接替活动路由器的工作,负责转发主机送给虚拟路由器的数据包。这对主机 A 来说是透明的,因为主机 A 只看到虚拟路由器。HSRP 确定备份组工作的机制,实现上述备份功能。HSRP 适用于具有多播或广播能力的局域网(如:以太网)。

当采用 HSRP 时,组内路由器通过接收来自活动路由器的周期性 HELLO 报文来判断活动路由器是否工作正常。如果组内备份路由器在一定时间间隔未收到活动路由器的 HELLO 报文,就认为活动路由器坏掉了,优先级高的备份路由器最终成为活动路由器。这样总能保证备份组中有一台活动路由器,一台备份路由器。

HSRP 的主要配置命令如下。

(1) standby *group-number* ip *virtual ip address*

功能:定义 HSRP 组。

参数:*group-number* 为组号,范围为 0~4095,如不指定,组号默认为 0; *virtual ip address* 为虚拟 IP 地址,如果不指定,路由器不会参与备份,直到从备份组中的活动路由器获得虚拟 IP 地址。

(2) standby *group-number* priority *priority-value*

功能:设置 HSRP 的优先级。

参数:*group-number* 为组号; *priority-value* 为 HSRP 的优先级,默认值是 100,可设置范围为 0~255。

(3) standby *group-number* preempt

功能:设置 HSRP 抢占方式。

参数:*group-number* 为组号。路由器如果设置抢占方式,它一旦发现自己的优先级比当前的活动路由器的优先级高,就会成为活动路由器,相应地,原活动路由器会退出活动态,成为备份路由器或其他。

2. VRRP

在 Cisco 的 HSRP 之后,Internet 工程任务小组 IETF 也制定了一种路由冗余协议:虚拟路由冗余协议(Virtual Router Redundancy Protocol,VRRP)。目前包括 Csico 在内的主流厂商均在其产品中支持 VRRP。

VRRP 的工作原理与 HSRP 相似,也是将系统中的多台路由器组成 VRRP 组,该组拥有同一个虚拟 IP 地址作为局域网的默认网关地址,在任何时刻,一个组内控制虚拟 IP 地址的路由器是主路由器(Master),由它来转发数据包。如果主路由发生了故障,VRRP 组将选择一个优先权最高的冗余备份路由器(Backup)作为新的主路由器。

配置 VRRP 时需要配置每个路由器的虚拟路由器 ID(VRID)和优先权值,使用 VRID 将路由器进行分组,具有相同 VRID 值的路由器为同一个组,VRID 是一个 0~255 的正整数;同一组中的路由器通过使用优先权值来选举 MASTER,优先权大者为 MASTER,优先权也是一个 0～255 的正整数。

VRRP 使用多播数据来传输 VRRP 数据，VRRP 数据使用特殊的虚拟源 MAC 地址发送数据而不是自身网卡的 MAC 地址。VRRP 运行时只有 MASTER 路由器定时发送 VRRP 通告信息，表示 MASTER 工作正常。BACKUP 只接收 VRRP 数据，不发送数据，如果一定时间内没有接收到 MASTER 的通告信息，各 BACKUP 将宣告自己成为 MASTER，发送通告信息，重新进行 MASTER 选举。

VRRP 的主要配置命令如下。

(1) vrrp *group-number* ip *virtual ip address*

功能：定义 VRRP 组。

参数：*group-number* 为组号；*virtual ip address* 为虚拟 IP 地址，在 VRRP 配置中可以是一台真实路由器的地址，也可以是虚拟的路由器地址。

(2) vrrp *group-number* priority *priority-value*

功能：设置 VRRP 的优先级。

参数：*group-number* 为组号；*priority-value* 为 VRRP 的优先级，可设置范围为 0～255。

(3) vrrp *group-number* preempt

功能：设置 VRRP 抢占方式。

参数：*group-number* 为组号。

3. HSRP 和 VRRP 的区别

VRRP 的工作原理与 HSRP 有许多相似之处，但二者也有很多不同。

(1) VRRP 的状态机比 HSRP 的要简单，HSRP 有 6 个状态：初始(Initial)状态、学习(Learn)状态、监听(Listen)状态、对话(Speak)状态、备份(Standby)状态、活动(Active)状态。VRRP 只有三个状态：初始状态(Initialize)、主状态(Master)、备份状态(Backup)。

(2) HSRP 有三种报文：呼叫(Hello)报文、告辞(Resign)报文、突变(Coup)报文。VRRP 只有一种报文：VRRP 广播报文。

(3) 在安全性方面，VRRP 允许参与 VRRP 组的设备间建立认证机制，而 HSRP 并没有认证机制。

(4) HSRP 将报文承载在 UDP 报文上，而 VRRP 承载在 TCP 报文上。

(5) HSRP 需要单独配置一个 IP 地址作为虚拟路由器对外体现的地址，这个地址不能是组中任何一个成员的接口地址，而 VRRP 允许使用组成员接口地址。

4.3 虚拟局域网

4.3.1 VLAN 的定义和优点

VLAN(Virtual Local Area Network，虚拟局域网)，是一种通过将局域网内的设备逻辑地划分成一个个网段从而实现虚拟工作组的技术。IEEE 于 1999 年颁布了用于标准化 VLAN 实现方案的 802.1Q 协议标准草案。

VLAN 技术允许网络管理者将一个 LAN 逻辑地划分成不同的广播域，每一个 VLAN

都包含一组有着相同需求的计算机工作站,与物理上形成的LAN有着相同的属性。但由于它是逻辑划分而不是物理划分,所以同一个VLAN内的各个工作站无须被放置在同一个物理空间里,即这些工作站不一定属于同一个物理LAN网段。一个VLAN内部的广播和单播流量都不会转发到其他VLAN中,从而有助于控制流量、减少设备投资、简化网络管理、提高网络的安全性。

图4-6显示了一个基于不同工作组来设计的VLAN。在这个例子中,定义了三个VLAN,它分布在不同物理位置的三台交换机上。

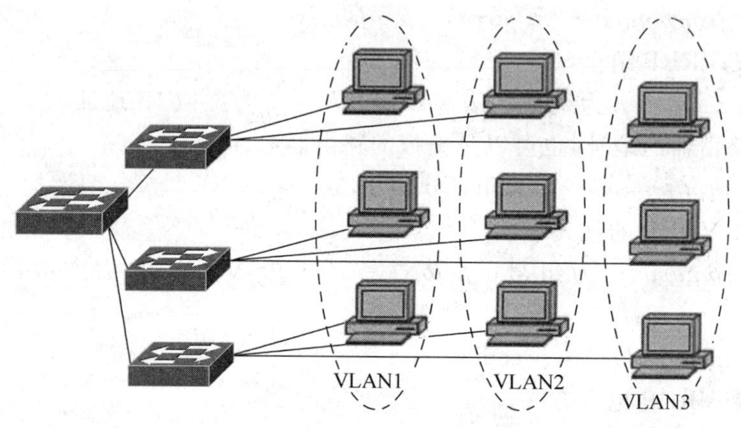

图4-6 VLAN逻辑结构图

VLAN是为解决以太网的广播问题和安全性而提出的一种技术,它在以太网帧的基础上增加了VLAN头,用VLAN ID把用户划分为更小的工作组,限制不同工作组间的用户二层互访,每个工作组就是一个虚拟局域网。虚拟局域网的好处是可以限制广播范围,并能够形成虚拟工作组,动态管理网络。

4.3.2 VLAN的实现方法

VLAN在交换机上的实现方法,可以大致划分为以下三类。

(1) 基于端口划分的VLAN(静态)。根据端口划分是目前定义VLAN的最广泛的方法,IEEE 802.1q规定了依据以太网交换机的端口来划分VLAN的国际标准。例如,可以指定交换机1的2～5端口和交换机2的3～6端口为同一VLAN。基于端口划分的VLAN定义VLAN成员时非常简单,但是如果VLAN1的用户离开了原来的端口,到了一个新的交换机的某个端口,那么就必须重新定义。

(2) 基于MAC地址划分VLAN(动态)。这种划分VLAN的方法是根据每个主机的MAC地址来划分,所以通常称这种根据MAC地址的划分方法是基于用户的VLAN。基于MAC地址划分VLAN时当用户物理位置移动时,VLAN不用重新配置。这种方法的缺点是初始化时,所有的用户都必须进行配置,如果有几百个甚至上千个用户的话,配置工作非常繁杂。同时这种划分的方法也导致了交换机执行效率的降低,因为在每一个交换机的端口都可能存在很多个VLAN组的成员,这样就无法限制广播包了。

(3) 基于协议划分VLAN(动态)。基于协议划分VLAN的方法是根据每个主机的网络层地址或协议类型划分的。基于协议划分VLAN优点是用户的物理位置改变了,不需要重新配置所属的 VLAN，而且可以根据协议类型来划分 VLAN。此外，基于协议划分 VLAN 不需要附加的帧标签来识别 VLAN，这样可以减少网络的通信量。基于协议划分 VLAN 的缺点是效率低。

4.3.3 VTP

1. VTP 简介

VLAN 中继协议(VLAN Trunking Protocol，VTP)负责在一个公共的网络管理域内维持 VLAN 配置的一致性。VTP 是一种消息协议，使用第二层的中继帧，在一组交换机之间进行 VLAN 通信，管理整个网络上 VLAN 的添加、删除和重命名。VTP 从一个中心控制点开始，向网络中的其他交换机集中传达变化，确保配置的一致性。

2. VTP 的优点

VTP 具有以下优点。

(1) 保持整个网络 VLAN 配置的一致性。

(2) 精确跟踪和监视 VLAN。

(3) 动态报告网络中新增加了的 VLAN 信息给 VTP 域中所有交换机。

(4) 可以使用即插即用(plug-and-play)的方法增加 VLAN。

(5) 可以在混合型网络中中继一个 VLAN 的映射方案，比如以太网映射到 ATM LANE、FDDI 等。

3. VTP 的工作原理

VTP 域，也称为 VLAN 管理域，由一个或多个共享 VTP 域名的相互连接的交换机组成。一台交换机可属于并且只属于一个 VTP 域。要使用 VTP，就必须为每台交换机指定 VTP 域名。VTP 信息只能在 VTP 域内保持。在同一管理域中的交换机共享它们的 VLAN 信息，并且，一个交换机只能参加到一个 VTP 管理域，不同域中的交换机不能共享 VTP 信息。

默认情况下，Catalyst 交换机处于 VTP 服务器模式，并且不属于任何管理域，直到交换机通过中继链路接收了关于一个域的通告，或者在交换机上配置了一个 VLAN 管理域，交换机才能在 VTP 服务器上把创建或者更改 VLAN 的消息通告给本管理域内的其他交换机。如果在 VTP 服务器上进行了 VLAN 配置变更，所做的修改会传播到 VTP 域内的所有交换机上。如果交换机配置为“透明”模式，可以创建或者修改 VLAN，但所做的修改只影响单个的交换机。控制 VTP 功能的一项关键参数是 VTP 配置修改编号，这个 32 位的数字表明了 VTP 配置的特定修改版本。配置修改编号的取值从 0 开始，每修改一次，就增加 1 直到达到 4 294 967 295，然后循环归 0，并重新开始增加。每个 VTP 设备会记录自己的 VTP 配置修改编号；VTP 数据包会包含发送者的 VTP 配置修改编号。这一信息用于确定接收到的信息是否比当前的信息更新。要将交换机的配置修改号置为 0，只需要禁中继，改变 VTP 的名称，并再次启用中继。

4. VTP 的运行模式

在 VTP 域里操作的三种模式如下。

(1) 服务器模式。一个 VTP 域里必须至少要有一个服务器用来传播 VLAN 信息。VTP 服务器控制着它们所在域中 VLAN 的创建、修改和删除，并对整个 VTP 域指定其他配置参数。VTP服务器从所有中继端口发送VTP消息。所有的VTP信息都被通告在本域中的其他交换机,而且,所有这些VTP信息都是被其他交换机同步接收的。VTP信息的改变必须在服务器模式下操作。该模式是交换机的默认模式。

(2) 客户机模式。在这种模式下,交换机从VTP服务器接收信息,而且它们也发送和接收更新,但是它们不能做任何改变。VTP客户机不允许管理员创建、修改或删除VLAN。它们监听本域中其他交换机的VTP通告,并相应修改它们的VTP配置情况。

(3) 透明模式。被配置为透明模式的交换机不参与VTP。当交换机处于透明模式时,它不通告其VLAN配置信息。而且,它的VLAN数据库更新与收到的通告也不保持同步。但它可以创建和删除本地的VLAN。不过,这些VLAN的变更不会传播到其他任何交换机上。

表4-1比较了各种运行模式的状态。

表4-1 VTP运行模式对比

功　　能	服务器模式	客户端模式	透明模式
提供VTP消息	√	√	×
监听VTP消息	√	√	×
修改VLAN	√	×	√(本地有效)
记住VLAN	√	×/√(版本相关)	√(本地有效)

4.3.4 VXLAN

1. VXLAN的产生

服务器虚拟化技术,允许在物理机上运行多个MAC地址各不相同的虚拟机,随着数量的增加,交换机上的MAC地址表将剧烈膨胀,甚至需要MAC覆盖。其次,大规模数据中心以及公有云的场景下,原有的数据中心用来划分虚拟网络的VLAN技术不再能够满足需求,因为现有VLAN数量受制于VLAN(IEEE 802.1q)协议,只有4096个虚拟网络标识可用,这远远满足不了现实的需求。另一方面,虚拟器搬迁受到限制,虚拟机启动后假如在业务不中断的基础上将该虚拟机迁移到另外一台物理机上去,需要将虚拟机的IP地址和MAC地址等参数保持不变,这就要求业务网络是一个二层的网络。VXLAN(Virtual eXtensible Local Area Network,虚拟扩展局域网)技术就是在这种背景下应运而生的,它很好地解决了上述问题,目前已经成为业界主流的虚拟网络技术之一。

2. VXLAN的报文格式

VXLAN是一种将二层报文用三层协议进行封装的技术,可以对二层网络在三层范围进行扩展。每个覆盖域被称为VXLAN segment,它的ID是由位于VXLAN数据包头中的VXLAN Network Identifier(VNI)标识的。VNI字段包含24b,故segments最大数量为2的24次方,约合16M个。并且只有在相同VXLAN segment内的虚拟机之间才可以相互通信。VXLAN的报文格式如图4-7所示。

3. VXLAN虚拟网络结构

根据VXLAN的封包方式,也可以将它看作一种隧道模式的网络覆盖技术,这种隧道是无状态的。隧道端点(VXLAN Tunnel End Point,VTEP)一般位于拥有虚拟机的宿主机

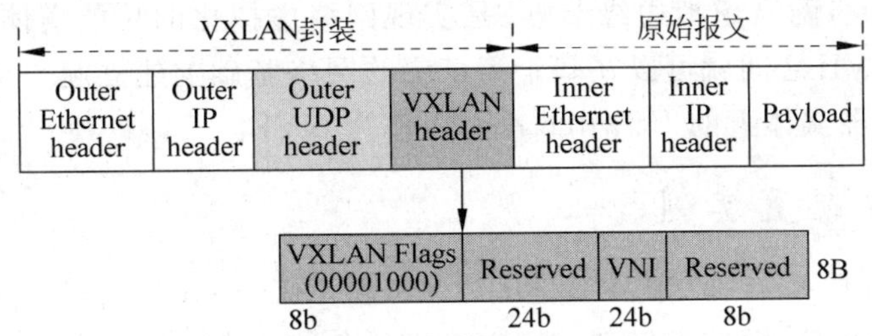

图 4-7 VXLAN 报文格式

中,因此 VNI 和 VXLAN 隧道只有 VTEP 可见,对于虚拟机是透明的,那么不同的 VXLAN segment 中就允许具有相同 MAC 地址的虚拟机。并且 VTEP 也可以位于物理交换机或物理主机中,甚至可以使用软件来定义。VTEP 用于 VXLAN 报文的封装和解封装,它与物理网络相连,分配的地址为物理网络 IP 地址。VXLAN 报文中源 IP 地址为本节点的 VTEP 地址,VXLAN 报文中目的 IP 地址为对端节点的 VTEP 地址,一对 VTEP 地址就对应着一个 VXLAN 隧道。VXLAN 虚拟网络结构如图 4-8 所示。

图 4-8 VXLAN 虚拟网络结构示意图

4. VXLAN 网关

为了让 VXLAN 虚拟网络之间以及虚拟网络与物理网络之间能够进行通信,VXLAN 标准还定义了一个 VXLAN 网关实体。其工作示意图如图 4-9 所示。

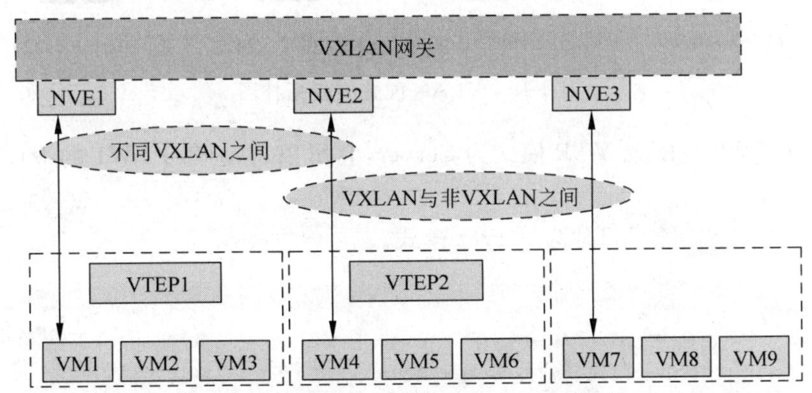

图 4-9 VXLAN 网关工作示意图

图中 VM 之间的通信模式主要有三种:同 VNI 下的不同 VM(分布在同一实体和不同实体两种),不同 VNI 下的跨网访问,VXLAN 和非 VXLAN 之间的访问。NVE(Network

Virtrualization Edge,网络虚拟边缘节点)是实现网络虚拟化的功能实体,VM 里的报文经过 NVE 封装后,NVE 之间就可以在基于第三层的网络基础上建立起二层虚拟网络。网络设备实体以及服务器实体上的 VSwitch 都可以作为 NVE。

4.3.5 VLAN 配置实例

该配置用到的技术有 VTP、STP、RIP V2 和 EthetnetChannel。配置完成后,实现 VLAN 之间的互相通信,并实现做到三层交换机的负载均衡和冗余备份。另要实现和外网通信的线路备份。实验的拓扑图如图 4-10 所示。

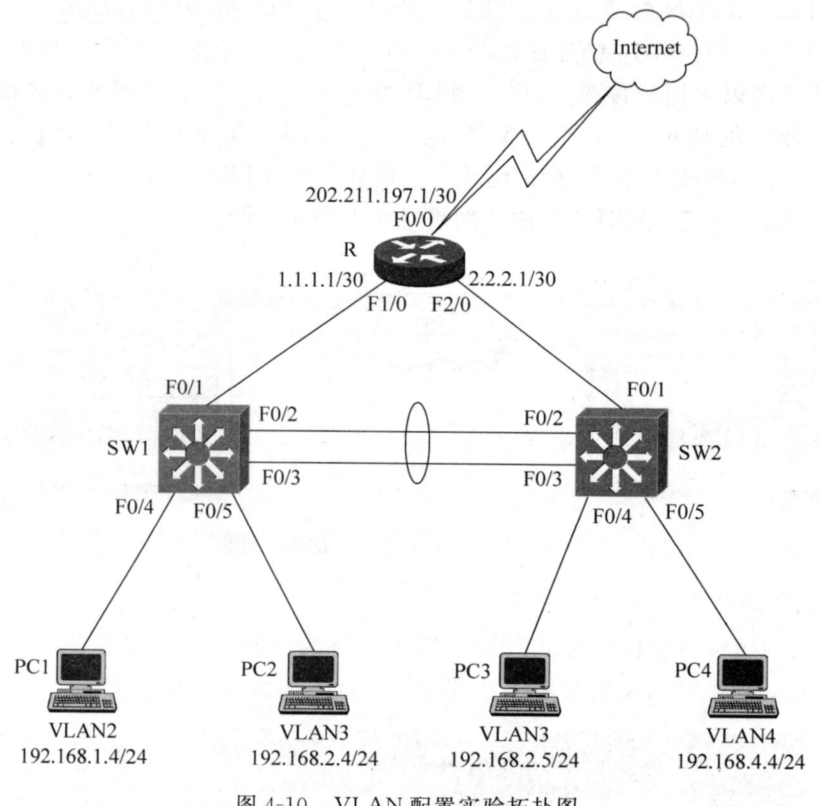

图 4-10 VLAN 配置实验拓扑图

SW1 配置(SW2 也配置 VTP 模式为 Server,它可以自动学习 SW1 的 VLAN 信息,配置略):

(1) 划分 VLAN 配置 VTP 为 Server 模式。

```
Sw1>en
Sw1#vl da   (完整命令: vlan database)
Sw1(vlan)#vtp d accp     (完整命令: vtp domain accp)
Sw1(vlan)#vtp pa 123     (完整命令: vtp password 123)
Sw1(vlan)#vtp pr   (完整命令: vtp pruning)
Sw1(vlan)#vtp s    (完整命令: vtp server)
Sw1(vlan)#exit
Sw1#vl da
```

```
Sw1(vlan)#vl 2
VLAN 2 added:
Name: VLAN0002
Sw1(vlan)#vl 3
VLAN 3 added:
Name: VLAN0003
Sw1(vlna)#exit
APPLY completed.
Exiting....
```

(2) 将 F0/4 - 5 端口加入相应 VLAN。

```
Sw1#conf  t
Sw1(config)#in f0/4
Sw1(config-if)#sw m a      (完整命令: switchport mode access)
Sw1(config-if)#sw a v 2      (完整命令: switchport access vlan 2)
Sw1(config-if)#exit
Sw1(config)#in f0/5
Sw1(config-if)#sw m a
Sw1(config-if)#sw a v 3
Sw1(config-if)#exit
```

(3) 将 F0/2 - 3 端口设置中继模式并配置以太通道。

```
Sw1(config)#in r f0/2 - 3      (完整命令: interface range f0/2 - 3)
Sw1(config-if-range)# sw m t   (完整命令: switchport mode trunk)
Sw1(config-if-range)#exit
Sw1(config)#in r f0/2 - 3
Sw1(config-if-range)#ch 1 m o  (完整命令: channel-group 1 mode on)
```

(4) 在 SW1 上配置为 VLAN2 和 VLAN3 的主根网桥,为 VLAN4 的备份根网桥。

在 SW2 上配置为 VLAN4 的主根网桥,为 VLAN2 和 VLAN3 的备份根网桥(配置步骤略)。

```
Sw1(config)#spa vl 2   (完整命令: spanning-tree vlan 2)
Sw1(config)#spa vl 3
Sw1(config)#spa vl 2 r p      (完整命令: spanning-tree vlan 2 root primary)
Sw1(config)#spa vl 3 r p      (完整命令: spanning-tree vlan 3 root primary)
Sw1(config)#spa vl 4 r s   (完整命令: spanning-tree vlan 4 root secondary)
```

(5) 在交换机上启用上行速链路和速端口(SW2 配置方法相同,略)。

```
Sw1(config)#spa u     (完整命令: spanning-tree uplinkfast)
Sw1(config)#in r f0/4 - 5 (完整命令: interface range f0/4 - 5)
Sw1(config-if-range)#spa portf   (完整命令: spanning-tree portfast)
```

(6) 在三层交换机 SW1 上启用路由,并配置每个 VLAN 的 IP 地址。

```
Sw1(config)# ip routing
Sw1(config)# in vl 2 (完整命令: interface vlan 2)
Sw1(config-if)# ip ad 192.168.1.1 255.255.255.0  (完整命令: ip address IP 子掩)
Sw1(config-if)# no sh(完整命令: no shutdown)
Sw1(config-if)# exit
Sw1(config)# in vl 3
Sw1(config-if)# ip ad 192.168.2.1 255.255.255.0
Sw1(config-if)# no sh
Sw1(config-if)# exit
```

(7) 配置三层交换机 SW1 的 F0/1 端口为路由接口,并配置 IP 地址。

```
Sw1(config)# in f0/1
Sw1(config-if)# no sw (完整命令: no switchport)
Sw1(config)# in f0/1
Sw1(config-if)# ip ad 1.1.1.2 255.255.255.252
Sw1(config-if)# no sh
Sw1(config-if)# exit
Sw2(config)# in f0/1
Sw2(config-if)# ip ad 2.2.2.2 255.255.255.252
Sw2(config-if)# no sh
Sw2(config-if)# exit
```

两台交换机全部进行完以上配置后可以发现,SW1 上的 VLAN2 和 VLAN3 可以相互通信,SW2 上的 VLAN3 和 VLAN3 可以相互通信,SW1 和 SW2 上的 VLAN3 可相互通信。原因如下所述。

在三层交换机上启用路由后可以使不同的 VLAN 之间相互通信,所以每台交换机上的两个不同 VLAN 可通信;另因两台交换机上配置了以太通道,并且捆绑成以太通道的 4 个端口都启用了 TRUNK,这样以太通道就相当于一条逻辑上的中继链路,中继链路可以使不同交换机上的相同 VLAN 之间相互通信,所以此时两台交换机上的不同 VLAN 之间是不能相互通信的。要想使两台交换机上的不同 VLAN 也能相互通信,就要对路由器配置相应的静态或动态路由。另动态路由可实现与外网通信的线路备份功能,静态路由则不能完全实现。

配置过程如下(两种配置方法:动态路由 RIP V2 版本、静态路由)。

1. 动态路由配置过程

(1) SW1 交换机配置(SW2 配置和 SW1 完全相同,此处略)。

```
Sw1(config)# router rip
Sw1(config-router)# ve 2       (完整命令: version 2)启用 V2 版本
Sw1(config-router)# no au      (完整命令: no auto-summary)关闭路由汇总功能
Sw1(config-router)# net 192.168.1.0      (完整命令: network 192.168.1.0)宣告主网络号
Sw1(config-router)# net 192.168.2.0
Sw1(config-router)# net 1.1.1.0
Sw2(config-router)# net 192.168.2.0
```

```
Sw2(config-router)#net 192.168.4.0
Sw2(config-router)#net 2.2.2.0
Sw1(config-router)#exit
```

(2) R 路由器配置：对路由器三个端口分别配置 IP 地址。

```
R>en
R#conf t
R(config)#in f0/0
R(config-if)#ip ad 202.211.197.1  255.255.255.252
R(config-if)#no sh
R(config-if)#exit
R(config)#in f1/0
R(config-if)#ip ad 1.1.1.1  255.255.255.252
R(config-if)#no sh
R(config-if)#exit
R(config)#in f2/0
R(config-if)#ip ad 2.2.2.1  255.255.255.252
R(config-if)#no sh
R(config-if)#exit
```

(3) R 路由器动态路由 RIP 配置。

```
R(config)#router rip
Rconfig-router)#ve 2
R(config-router)#no au
R(config-router)#net 1.1.1.0
R(config-router)#net 2.2.2.0
R(config-router)#net 202.211.197.0
```

2. 静态路由配置过程

(1) SW1 交换机配置(SW2 配置和 SW1 完全相同,此处略)。

(2) 配置 F0/1 端口的 IP 地址,启用默认路由。

```
Sw1(config)#in f0/1
Sw1(config-if)#ip ad 1.1.1.2 255.255.255.252
Sw1(config-if)#no sh
Sw1(config-if)#exit
Sw1(config)#ip route 192.168.3.0  255.255.255.0  192.168.2.2
Sw2(config)#ip route 192.168.1.0  255.255.255.0  192.168.2.1
```

通过以上两台交换机上静态路由条目的配置,可以实现内网互相通信，当路由器中也进行了相关的静态路由条目配置后,内网可以和外网互通,但两条出网线路无法做到备份,当其中一条断开后,必有一台内网 PC 无法和外网通信,所以要想实现出网线备份功能必须用动态 RIP V2 版本协议。

4.4 虚拟专用网

虚拟专用网(Virtual Private Network,VPN)指的是依靠ISP(Internet服务提供商)和其他NSP(网络服务提供商),在公用网络中建立专用的数据通信网络的技术。在虚拟专用网中,任意两个节点之间的连接并没有传统专网所需的端到端的物理链路,而是利用某种公众网的资源动态组成的。IETF草案理解基于IP的VPN为"使用IP机制仿真出一个私有的广域网"是通过私有的隧道技术在公共数据网络上仿真一条点到点的专线技术。VPN逻辑结构如图4-11所示。

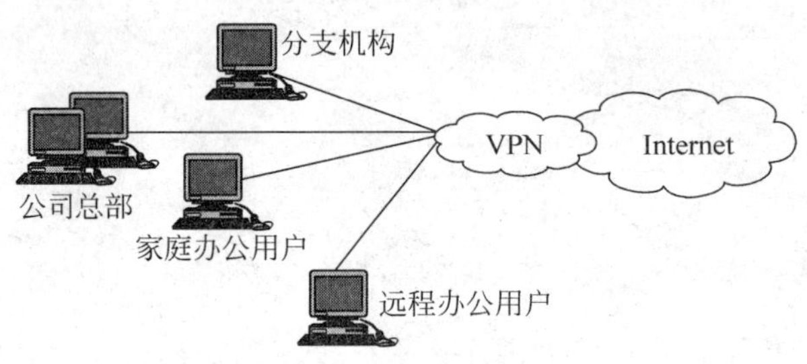

图4-11 VPN逻辑结构图

当移动用户或远程用户通过拨号方式远程访问公司或企业内部专用网络的时候,采用传统的远程访问方式不但通信费用比较高,而且在与内部专用网络中的计算机进行数据传输时,不能保证通信的安全性。为了避免以上的问题,通过拨号与企业内部专用网络建立VPN连接是一个理想的选择。

4.4.1 VPN的解决方案

目前常用的VPN解决方案分别是MPLS VPN、IPSec VPN和SSL VPN。

1. MPLS VPN

MPLS VPN是一种基于MPLS技术的IP VPN,是在网络路由和交换设备上应用MPLS(Multiprotocol Label Switching,多协议标记交换)技术,简化核心路由器的路由选择方式,利用结合传统路由技术的标记交换实现的IP虚拟专用网络(IP VPN),可用来构造宽带的Intranet、Extranet,满足多种灵活的业务需求。

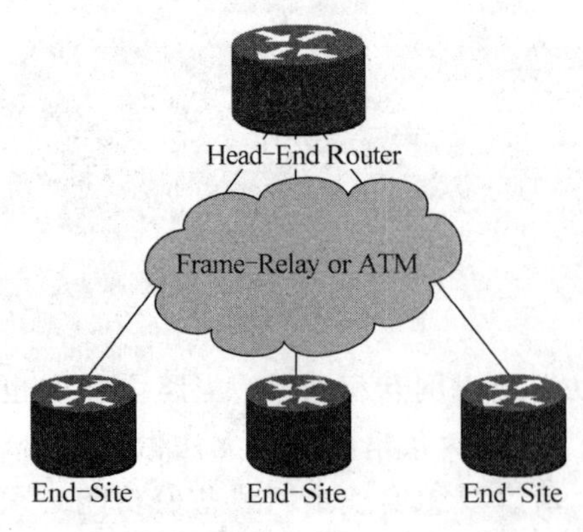

图4-12 MPLS/BGP VPN示意图

在MPLS/BGP VPN的模型中,如图4-12所示,网络由运营商的骨干网与用户的各个Site组成,所谓VPN就是对Site集合的划分,一个VPN就对应一个由若干Site组成的集合。VPN用户站点(Site):VPN中的一个孤立的IP网络,一般来说,不通过骨干网不具有连通性,公司总部、分支机构都是Site的具体例子。

MPLS VPN能够利用公用骨干网络强大的传输能力,降低企业内部网络的建设成本,极大地提高用户网络运营和管理的灵活性,同时能够满足用户对信息传输安全性、实时性、宽频带和方便性的需要。目前,在基于 IP 的网络中,MPLS 具有降低了成本、提高资源利用率、提高了网络速度、提高了灵活性和可扩展性、安全性高、业务综合能力强、MPLS 的 QoS 保证和适用于较大的企事业单位等特点。

适用于具有以下明显特征的企业:高效运作、商务活动频繁、数据通信量大、对网络依靠程度高、有较多分支机构,如网络公司、IT 公司、金融业、贸易行业、新闻机构等。企业网的节点数较多,通常将达到几十个以上。而像城域网这样的网络环境,业务类型多样、业务流向流量不确定,特别适合使用 MPLS。

2. IPSec VPN

IPSec VPN 即指采用 IPSec 协议来实现远程接入的一种 VPN 技术,如图 4-13 所示。IPSec 全称为 Internet Protocol Security,是由 IETF 定义的安全标准框架,用以提供公用和专用网络的端对端加密和验证服务。IPSec 不是一个单独的协议,它给出了应用于 IP 层上网络数据安全的一整套体系结构。该体系结构包括认证头协议(Authentication Header,AH)、封装安全负载协议(Encapsulating Security Payload,ESP)、密钥管理协议(Internet Key Exchange,IKE)和用于网络认证及加密的一些算法等。IPSec 规定了如何在对等体之间选择安全协议、确定安全算法和密钥交换,向上提供了访问控制、数据源认证、数据加密等网络安全服务。

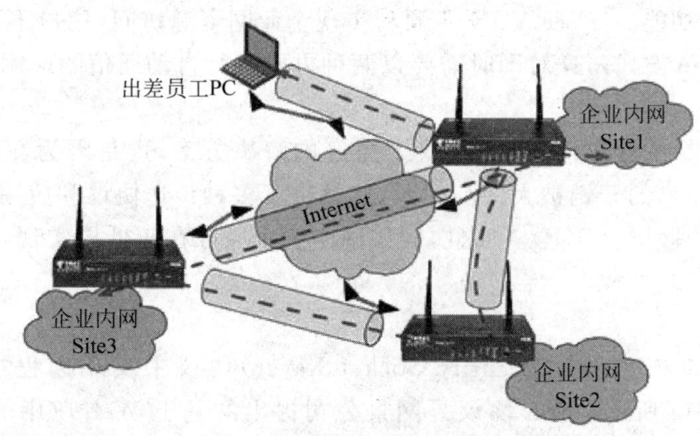

图 4-13 IPSec VPN 示意图

(1) 认证头协议(AH)。IPSec 体系结构中的一种主要协议,它为 IP 数据包提供无连接完整性与数据源认证,并提供保护以避免重播情况。AH 尽可能为 IP 头和上层协议数据提供足够多的认证。

(2) IPSec 封装安全负载(ESP)。ESP 是 IPSec 体系结构中的一种主要协议。ESP 加密需要保护的数据并且在 IPSec ESP 的数据部分进行数据的完整性校验,以此来保证机密性和完整性。ESP 提供了与 AH 相同的安全服务并提供了一种保密性(加密)服务,ESP 与 AH 各自提供的认证根本区别在于它们的覆盖范围。

(3) 密钥管理协议(IKE)。IKE 是一种混合型协议,由 Internet 安全联盟(SA)和密钥管理协议(ISAKMP)这两种密钥交换协议组成。IKE 用于协商 AH 和 ESP 所使用的密码算法,并将算法所需的必备密钥放到恰当位置。

VPN 只是 IPSec 的一种应用方式,IPSec VPN 的应用场景分为以下三种。

① Site-to-Site(站点到站点或者网关到网关)。如企业的三个机构分布在互联网的三个不同的地方,各使用一个网关相互建立 VPN 隧道,企业内网(若干 PC)之间的数据通过这些网关建立的 IPSec 隧道实现安全互连。

② End-to-End(端到端或者 PC 到 PC)。两个 PC 之间的通信由两个 PC 之间的 IPSec 会话保护,而不是网关。

③ End-to-Site(端到站点或者 PC 到网关)。两个 PC 之间的通信由网关和异地 PC 之间的 IPSec 进行保护。

基于 IPSec 的 VPN 的特点如下。

(1) 首先,利用不可靠的公用互联 VPN 作为信息传输媒介,通过附加的安全隧道技术对包进行 IP 封装,并通过用户认证等技术实现与专用网络相类似的安全性能,从而实现对重要信息的安全传输。运用协议实现的网关所体现的安全隧道封装技术 IPSec 有着多方面的优点:信息的安全性、方便的扩充性、方便的管理性、显著的成本效益等。基于 IPSec 的技术已成为 VPN 一种标准的安全协议。

(2) 其次,IPSec 方案安全级别高,基于 Internet 实现多专用网安全连接,IPSec VPN 是比较理想的方案。IPSec 工作于网络层,对终端站点间所有传输数据进行保护,而不管是哪类网络应用。它在事实上将远程客户端"置于"企业内部网,使远程客户端拥有内部网用户一样的权限和操作功能。IPSec VPN 能顺利实现企业网资源访问,用户不一定要采用 Web 接入(可以是非 Web 方式),这对同时需要以两种方式进行自动通信的应用程序来说是最好方案。

(3) 再次,IPSec 的提出使得 VPN 有了更好的解决方案,这是因为在网络层就进行安全服务,使得密钥协商的开销被大大削减了,这是由于多种传送协议和应用程序可共享由网络层提供的密钥管理结构(IKE)。而且,假如网络安全服务在较低层实现,那么需要改动的应用程序就要少得多。

3. SSL VPN

SSL VPN 即指采用 SSL(Security Socket Layer)协议来实现远程接入的一种新型 VPN 技术,如图 4-14 所示。SSL 协议是网景公司提出的基于 Web 应用的安全协议,它包括服务器认证、客户认证、SSL 链路上的数据完整性和 SSL 链路上的数据保密性。对于内、外部应用来说,使用 SSL 可保证信息的真实性、完整性和保密性。目前,SSL 协议被广泛应用于各种浏览器应用,也可以应用于 Outlook 等使用 TCP 传输数据的 C/S 应用。正因为 SSL 协议被内置于 IE 等浏览器中,使用 SSL 协议进行认证和数据加密的 SSL VPN 就可以免于安装客户端。相对于传统的 IPSec VPN 而言,SSL VPN 具有部署简单、无客户端、维护成本低、网络适应强等特点。

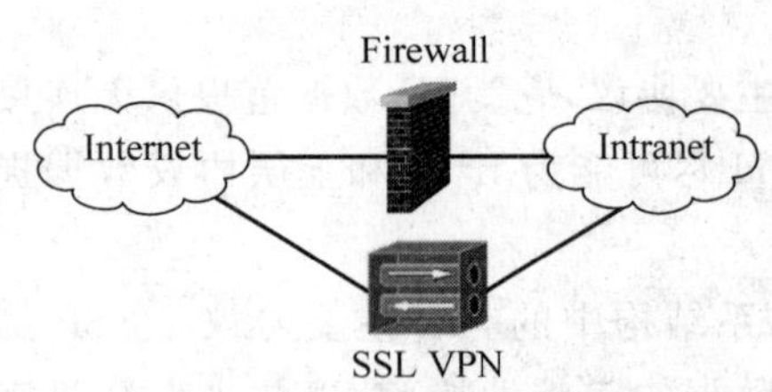

图 4-14　SSL VPN 示意图

SSL VPN 是解决远程用户访问敏感公司数据最简单最安全的解决技术。与复杂的 IPSec VPN 相比,SSL 通过简单易用的方法实现信息远程连通。任何安装浏览器的机器都可以使用 SSL VPN,这是因为 SSL 内嵌在浏览器中,它不需要像传统 IPSec VPN 一样必须为每一台客户机安装客户端软件,另外它兼容性好,可以适用于任何的终端及操作系统。这些对于拥有大量机器(包括家用机、工作机和客户机等)需要与公司机密信息相连接的用户至关重要。

SSL VPN并不能完全取代IPSec VPN,这两种技术目前应用在不同的领域,是可以进行互补的。SSL VPN考虑的是单点接入网络,是应用在点对网结构的接入模式;而IPSec VPN主要用在两个局域网之间通过Internet建立的安全连接,保护的是网对网之间的通信。在现代的商业机构模式中,普遍都存在着这两种需求,所以在选择VPN技术的时候应该根据实际的业务需求出发,选择某一种或者二合一的VPN技术。

4.4.2 VPN安全技术

目前,VPN主要采用4项技术来保证安全,这4项技术分别是隧道技术(Tunneling)、加解密技术(Encryption & Decryption)、密钥管理技术(Key Management)、使用者与设备身份认证技术(Authentication)。

1. 隧道技术

隧道技术是VPN的基本技术,类似于点对点连接技术,它在公用网建立一条数据通道(隧道),让数据包通过这条隧道传输。隧道是由隧道协议形成的,分为第二、三层隧道协议。第二层隧道协议是先把各种网络协议封装到PPP中,再把整个数据包装入隧道协议中。这种双层封装方法形成的数据包靠第二层协议进行传输。第二层隧道协议有L2F、PPTP、L2TP等。L2TP是目前IETF的标准,由IETF融合PPTP与L2F而形成。

第三层隧道协议是把各种网络协议直接装入隧道协议中,形成的数据包依靠第三层协议进行传输。第三层隧道协议有GRE、IPSec等。IPSec由一组RFC文档组成,定义了一个系统来提供安全协议选择、安全算法,确定服务所使用密钥等服务,从而在IP层提供安全保障。

2. 加解密技术

加解密技术是数据通信中一项较成熟的技术,VPN可直接利用现有技术。

3. 密钥管理技术

密钥管理技术的主要任务是如何在公用数据网上安全地传递密钥而不被窃取。现行密钥管理技术又分为SKIP与ISAKMP/OAKLEY两种。SKIP主要是利用Diffie-Hellman的演算法则,在网络上传输密钥;在ISAKMP中,双方都有两把密钥,分别用于公用、私用。

4. 使用者与设备身份认证技术

使用者与设备身份认证技术最常用的是使用者名称与密码或卡片式认证等方式。

4.4.3 SSL VPN应用案例

某银行作为一个国内大型银行,每天面临着巨大的信息量,要求其及时对众多的市场、金融信息做出处理。为提升数据整合速度,提高运营效率,银行建立了一套数据网络平台用于信息数据的整合与共享;所有邮件系统、业务系统的信息传输均在该平台上实现。

1. 远程移动办公面临的问题

因为该行需要对各分支机构进行监督、管理,其业务人员需要经常出差,移动办公需求急剧增加。该行员工不仅需要在单位局域网内访问OA、邮件系统、业务系统等网络资源,在外出差期间他们同样需要安全便捷地接入总行局域网访问相关办公系统。

为进一步提高工作人员的工作效率,有效地解决数据传输中的通道安全、数据安全、接入安全等问题,实现现有邮件系统的安全访问,该行信息中心的管理者考虑通过 VPN 接入的方式来实现工作人员对内网邮件系统的安全访问和操作,要求对访问、邮件接收都达到高级别的安全性和稳定性。

2. SSL VPN 解决方案

该行采用深信服科技的 SSL VPN 解决方案,部署了两台深信服千兆级 SSL VPN 设备,为远程接入构建了安全高效的接入平台;同时考虑到线路稳定性、设备稳定性等因素,以双机热备的方式实现系统连接,保障即使一条线路出现故障也能实现远程移动办公接入;并且引入了多因素身份认证方式,实现了静态认证和动态认证的混合模式身份认证体系,这样就保证了所有员工接入总行内网时,可以做到完备的身份安全认证。其 VPN 组网示意图如图 4-15 所示。

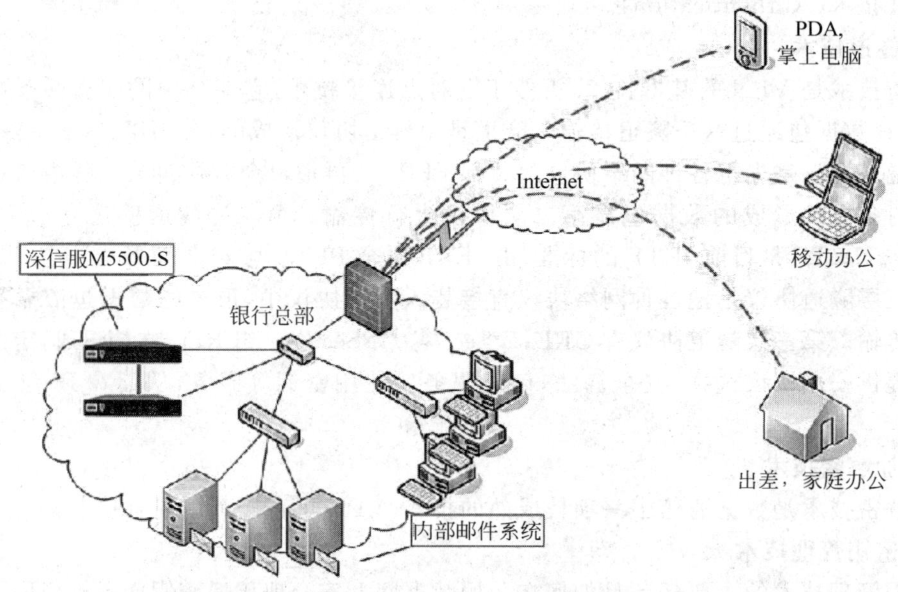

图 4-15　国内某行 VPN 组网示意图

3. 远程移动办公所达到的效果

(1) 通过 SSL VPN,远程办公和移动用户可以随时访问内部办公平台,获取、提交信息非常便捷。

(2) SSL VPN 提供丰富的认证,包括 USB Key、短信口令、软键盘、动态令牌、CA、硬件特征码等,最大程度上确保接入用户身份的合法性。

(3) 对内网的访问权限进行细致的设定,对不同的用户分配不同的权限规则,避免内部出现安全隐患。

(4) 操作简易,支持多种部署模式,不会对现有网络造成任何影响,各种服务及应用均可正常使用,与该行的各种 IT 办公系统结合良好。

目前,该行相关部门的邮件、OA 等应用都承载在这个网络中,所有移动办公人员在各个场所包括酒店、住宅、候机室等环境下都可通过 SSL VPN 接入总部的 IDC,进行信息交互,为日常业务的开展提供了有力的保障和支撑。

4.5 无线局域网

无线局域网(WLAN)是计算机与无线通信技术相结合的产物,它使用无线信道来接入网络,为通信的移动化、个人化和多媒体应用提供了潜在的手段,并成为宽带接入的有效手段之一。

4.5.1 无线局域网概述

1. 无线局域网标准

(1) IEEE 802.11 无线局域网标准。IEEE 802.11 标准定义了单一的 MAC 层和多样的物理层,其物理层标准主要有 IEEE 802.11b、a、g 和 n。

(2) IEEE 802.11b。IEEE 802.11b 标准是 IEEE 802.11 协议标准的扩展,1999 年 9 月正式通过。它可以支持最高 11Mb/s 的数据速率,运行在 2.4GHz 的 ISM 频段上,采用的调制技术是 CCK。

(3) IEEE 802.11a。IEEE 802.11a 工作在 5GHz 频段上,使用 OFDM 调制技术可支持 54Mb/s 的传输速率。

(4) IEEE 802.11g。2003 年 7 月,802.11 工作组批准了 IEEE 802.11g 标准,IEEE 802.11g 在 2.4G 频段使用 OFDM 调制技术,使数据传输速率提高到 20Mb/s 以上;IEEE 802.11g 标准能够与 IEEE 802.11b 的 Wi-Fi 系统互相连通。

(5) IEEE 802.11n。IEEE 802.11n 计划将 WLAN 的传输速率从 IEEE 802.11a 和 IEEE 802.11g 的 54Mb/s 增加至 108Mb/s 以上,最高速率可达 320Mb/s。IEEE 802.11n 计划采用 MIMO 与 OFDM 相结合,使传输速率成倍提高。IEEE 802.11n 标准全面改进了 IEEE 802.11 标准,不仅涉及物理层标准,同时也采用新的高性能无线传输技术提升 MAC 层的性能,优化数据帧结构,提高网络的吞吐量性能。

2. IEEE 802.11 无线局域网的物理层关键技术

随着无线局域网技术的应用日渐广泛,用户对数据传输速率的要求越来越高。但是在室内这个较为复杂的电磁环境中,多径效应、频率选择性衰落和其他干扰源的存在使得实现无线信道中的高速数据传输比有线信道中困难,WLAN 需要采用合适的调制技术。

IEEE 802.11 无线局域网络是一种能支持较高数据传输速率(1～54Mb/s),采用微蜂窝结构的自主管理的计算机局域网络。其关键技术有 DSSS/CCK 技术、PBCC 技术和 OFDM 技术。每种技术皆有其特点,目前,扩频调制技术正成为主流,而 OFDM 技术由于其优越的传输性能已成为人们关注的新焦点。

3. 无线局域网组件

无线网络的硬件设备主要包括 4 种,即无线网卡、无线 AP、无线路由和无线天线。当然,并不是所有的无线网络都需要这 4 种设备。事实上,只需几块无线网卡,就可以组建一个小型的对等式无线网络。当需要扩大网络规模时,或者需要将无线网络与传统的局域网连接在一起时,才需要使用无线 AP。只有当实现 Internet 接入时,才需要无线路由。而无线天线主要用于放大信号,以接收更远距离的无线信号,从而延长无线网络的覆盖范围。

(1) 无线 AP。无线接入点或称无线 AP(Access Point),如图 4-16 所示,其作用类似于以太网中的集线器。当网络中增加一个无线 AP 之后,即可成倍地扩展网络覆盖直径。另外,也可使网络中容纳更多的网络设备。通常,一个 AP 可以支持多达 80 台计算机的接入。

无线 AP 都拥有一个或多个以太网接口,用于无线与有线网络的连接,可以将安装双绞线网卡的计算机与安装无线网卡的计算机连接在一起,从而实现无线与有线的无缝融合。借助于 AP 可接入固定网络的特性,还可以将分散布置在各处的无线 AP 利用双绞线连接在一起,实现无线漫游。另外,借助于 AP,还可以实现若干固定网络的远程廉价连接,既无须架设光缆,也无须考虑由施工而可能带来的各种麻烦。

(2) 无线路由器。无线路由器(如图 4-17 所示)事实上就是无线 AP 与宽带路由器的结合。借助于无线路由器,可实现无线网络中的 Internet 连接共享,实现 ADSL、Cable Modem 和小区宽带的无线共享接入。如果不购置无线路由,就必须在无线网络中设置一台代理服务器才可以实现 Internet 连接共享。

图 4-16 无线 AP

图 4-17 无线路由器

无线路由器也通常拥有一个或多个以太网接口。如果家庭中原来拥有安装双绞线网卡的计算机,可以选择多端口无线路由器,实现无线与有线的连接,并共享 Internet。否则,可只选择拥有一个以太网端口的无线路由器,从而节约购置资金。

(3) 其他无线产品。远程供电模块用于借助双绞线为无线网桥提供远程供电,避免线缆随着距离延长而导致的信号衰减,从而便于无线网桥的部署。

无线打印共享器直接连接打印机的并行口,从而实现无线网络与打印机的连接,使无线网络中的计算机能够共享打印机。如图 4-18 所示为无线打印共享器。除此之外,还有无线摄像头(图 4-19),用于远程无线监控等。

图 4-18 无线打印共享器

图 4-19 无线摄像头

4. 无线局域网覆盖范围及容量

在无线局域网的设计中,有两个重要问题必须考虑:覆盖的范围和网络容量。

1) 覆盖范围

在进行无线局域网设计时首先要确定覆盖范围,由此确定需要部署的 AP 个数。无线信号的重叠是一个非常重要的因素,它保证漫游的顺利实现,但是 AP 必须工作在不同的信道上,以减少干扰的发生。WLAN 的应用场合主要是在大楼内或大楼间,因此,建筑物的体积、布局、建材以及办公环境内各式各样的干扰源都是影响信号传输质量的因素。同样的一套 WLAN 设备在一个地方信号有效传输距离可能是 100 多米,换个地方可能连 50m 都不到。所以,在确定 AP 位置时,设备的标称值只能作为一个大致的参考,精确的位置必须要通过场地信号强度测试仪和比较实验来定。通常情况下,由于 AP 的覆盖范围是一个向外扩散的近圆形区域,因此,应当尽量把 AP 放置在无线网络的中心位置,而且各无线客户端与 AP 的直线距离最好不要超过 30m,以避免因通信信号衰减过多而导致通信失败。

2) 容量

网络的容量取决于用户数量和用户密度,正常情况下,单个用户的最大带宽再乘上同时在线的用户数,就是实际的网络容量。例如,一个用户的最大带宽为 100kb/s,有 5 个同时在线的用户,那么就需要 500kb/s 的带宽或者更多。特定区域内的用户数量将决定 AP 部署的个数。在一个多用户的环境中,例如宾馆会议厅或大堂门厅,即使一个 AP 能提供足够的物理信号覆盖,也需要更多的 AP 来提供足够的网络容量。

特别要注意用户密度和典型用户的带宽需求量。比如,在会议室和教室这种地方,很多用户可能要在同一频道同时上网,这就应该缩小每个频道的覆盖半径,在单位区域里增加可用的频道数;而在仓库这种空旷的地方,同一时段上网的人很少,这就应该尽量扩大单个频道的覆盖半径,并提高天线增益。

4.5.2 无线局域网安全技术

无线局域网与传统有线局域网相比优势不言而喻,它可实现移动办公,其架设与维护更容易,但在巨大的应用与市场面前,无线局域网络的安全问题就显得尤为重要。在传统的有线网络上,一个攻击者可以物理接入到有线网络内或设法突破边缘防火墙或路由器。对一个无线网络而言,所有潜在的无线攻击者只需要携带其可移动设备待在一个舒服的位置,用其无线嗅探程序就可展开工作。

1. 无线局域网的主要安全威胁

1) 非授权用户

由于无线局域网的开放式访问方式,在一个 AP 所覆盖的区域中,包括未授权的客户端都可以接收到此 AP 的电磁波信号。未授权用户非法获取 SSID(Service Set Identifier),就可以接入无线局域网,从而未经授权而擅自使用网络资源,占用宝贵的无线信道资源,增加带宽费用,降低合法用户的服务质量。

2) 地址欺骗和会话拦截

在无线环境中,入侵者也可以首先通过窃听获取授权用户的 MAC 地址,然后篡改自己计算机的 MAC 地址而冒充合法终端。另外,由于 IEEE 802.11 没有对 AP 身份进行认证,非法用户很容易装扮成 AP 进入网络,并进一步获取合法用户的鉴别身份信息,通过会话拦截实现网络入侵。

3）高级入侵

一旦攻击者进入无线网络，它将成为进一步入侵其他系统的起点。多数企业部署的WLAN都在防火墙之后，这样WLAN的安全隐患就会成为整个安全系统的漏洞，只要攻破无线网络，就会使整个网络暴露在非法用户面前。

2. 无线局域网的安全技术

无线局域网的安全性主要体现在两个方面：一是访问控制，它用于保证敏感数据只能由授权用户进行访问；另一个是数据加密，它用于保证传送的数据只被所期望的用户所接收和理解。

1）WLAN的访问控制技术

(1) 服务集标识SSID匹配

SSID(Service Set Identifier)技术将一个无线局域网分为几个需要不同身份验证的子网，每一个子网都需要独立的身份验证，只有通过身份验证的用户才可以进入相应的子网络，防止未被授权的用户进入本网络，同时对资源的访问权限进行区别限制。SSID是相邻的无线接入点(AP)区分的标志，无线接入用户必须设定SSID才能和AP通信。通常SSID须事先设置于所有使用者的无线网卡及AP中。尝试连接到无线网络的系统在被允许进入之前必须提供SSID，这是唯一标识网络的字符串。

SSID对于网络中所有用户都是相同的字符串，其安全性差，人们可以轻易地从每个信息包的明文里窃取到它。SSID实际是一个简单口令，可以提供一定的安全，但如果配置AP向外广播其SSID，那么安全程度还将下降。

(2) MAC地址过滤

由于每个无线工作站的网卡都有唯一的48位物理地址，可在无线局域网的每一个AP设置一个许可接入的用户的MAC地址清单，MAC地址不在清单中的用户，接入点将拒绝其接入请求。如果各级组织中的AP数量很多，为了实现整个各级组织所有AP的无线网卡MAC地址统一认证，现在有的AP产品支持无线网卡MAC地址的集中RADIUS认证。

因为MAC地址在网上是明码模式传送，只要监听网络便可从中截取或盗用该MAC地址，进而伪装使用者潜入企业或组织内部偷取机密资料。其次，部分无线网卡允许通过软件来更改其MAC地址，可通过编程将想用的地址写入网卡就可以冒充这个合法的MAC地址，因此可通过访问控制的检查而获取访问受保护网络的权限。另外，媒体访问控制属于硬件认证，而不是用户认证。这种方式要求AP中的MAC地址列表更新是手工操作，MAC地址扩展困难。因此，媒体访问控制只适合于小型网络规模。

(3) 端口访问控制技术(IEEE 802.1x)和可扩展认证协议(EAP)

由于以上两种访问控制技术的可靠性、灵活性、可扩展性都不是很好，IEEE 802.1x协议应运而生，IEEE 802.1x定义了基于端口的网络接入控制协议(Port Based Network Access Control)，其主要目的是为了解决无线局域网用户的接入认证问题，IEEE 802.1x架构的优点是集中式，可扩展，双向用户验证。有线局域网通过固定线路连接组建，计算机终端通过网线接入固定位置物理端口，实现局域网接入，这些固定位置的物理端口构成有线局域网的封闭物理空间。但是，由于无线局域网的网络空间具有开放性和终端可移动性，所以很难通过网络物理空间来界定终端是否属于该网络，因此，如何通过端口认证来防止非法的移动终端接入本单位的无线网络就成为一项非常现实的问题。

IEEE 802.1x 提供了一个可靠的用户认证和密钥分发的框架，可以控制用户只有在认证通过以后才能连接到网络。但 IEEE 802.1x 本身并不提供实际的认证机制，需要和扩展认证协议（Extensible Authentication Protocol，EAP）配合来实现用户认证和密钥分发。EAP 允许无线终端使用不同的认证类型，与后台的认证服务器进行通信，如远程认证拨号用户服务器交互。EAP 的类型有 EAP-TLS、EAP-TTLS、EAP-MD5、PEAP 等类型，EAP-TLS 是现在普遍使用的，因为它是唯一被 IETF 接受的类型。当无线工作站与无线 AP 关联后，是否可以使用 AP 的受控端口要取决于 IEEE 802.1x 的认证结果，如果通过非受控端口发送的认证请求通过了验证，则 AP 为无线工作站打开受控端口，否则一直关闭受控端口，用户将不能上网。

2）WLAN 的数据加密技术

（1）WEP

WEP（Wired Equivalent Privacy，有线等效保密协议）是常见的资料加密措施，WEP 安全技术源自于名为 RC4 的 RSA 数据加密技术，以满足用户更高层次的网络安全需求。在链路层采用 RC4 对称加密技术，当用户的加密密钥与 AP 的密钥相同时才能获准存取网络的资源，从而防止非授权用户的监听以及非法用户的访问。

WEP 的目的是向无线局域网提供与有线网络相同级别的安全保护，它用于保障无线通信信号的安全，即保密性和完整性。当 WEP 提供 40 位长度的密钥机制时，它存在许多缺陷，非法用户往往能够在有限的几个小时内就能将加密信号破解掉。另外，由于同一个无线局域网中的所有用户往往都共享使用相同的一个密钥，只要其中一个用户丢失了密钥，那么整个无线局域网络都将变得不安全。

（2）WPA

WEP 存在的缺陷不能满足市场的需要，而最新的 IEEE 802.11i 安全标准的批准被不断推迟，Wi-Fi 联盟适时推出了 WPA 技术。WPA（Wi-Fi Protected Access，Wi-Fi 保护访问技术）使用的加密算法还是 WEP 中使用的加密算法 RC4，所以不需要修改原来无线设备的硬件，其原理为根据通用密钥，配合表示计算机 MAC 地址和分组信息顺序号的编号，分别为每个分组信息生成不同的密钥，然后与 WEP 一样将此密钥用 RC4 加密处理。通过这种处理，所有客户端的所有分组信息所交换的数据将由各不相同的密钥加密而成。WPA 还具有防止数据中途被篡改的功能和认证功能。

WPA 标准采用了 TKIP（Temporal Key Integrity Protocol，临时密钥完整性协议）、EAP（Extensible Authentication Protocol，扩展认证协议）和 IEEE 802.1x 等技术，在保持 Wi-Fi 认证产品硬件可用性的基础上，解决 IEEE 802.11 在数据加密、接入认证和密钥管理等方面存在的缺陷。因此，WPA 在提高数据加密能力、增强网络安全性和接入控制能力方面具有重要意义。WPA 是一种比 WEP 更为强大的加密方法。作为 IEEE 802.11i 标准的子集，WPA 包含认证、加密和数据完整性校验三个组成部分，是一个完整的安全性方案。

（3）WLAN 验证与安全标准——IEEE 802.11i

为了进一步加强无线网络的安全性和保证不同厂家之间无线安全技术的兼容，IEEE 802.11 工作组于 2004 年 6 月正式批准了 IEEE 802.11i 安全标准，从长远角度考虑解决 IEEE 802.11 无线局域网的安全问题。IEEE 802.11i 标准主要包含的加密技术是 TKIP 和

AES(Advanced Encryption Standard),以及认证协议 IEEE 802.1x。定义了强壮安全网络(Robust Security Network,RSN)的概念,并且针对 WEP 加密机制的各种缺陷做了多方面的改进。

IEEE 802.11i 规范了 IEEE 802.1x 认证和密钥管理方式,在数据加密方面,定义了 TKIP、CCMP(Counter-Mode/CBC2 MAC Protocol)和 WRAP(Wireless Robust Authenticated Protocol)三种加密机制。其中,TKIP 可以通过在现有的设备上升级固件和驱动程序的方法实现,达到提高 WLAN 安全的目的。CCMP 机制基于 AES 加密算法和 CCM 认证方式,使得 WLAN 的安全程度大大提高,是实现 RSN 的强制性要求。AES 是一种对称的块加密技术,有 128/192/256 位不同加密位数,提供比 WEP/TKIP 中 RC4 算法更高的加密性能,但由于 AES 对硬件要求比较高,因此 CCMP 无法通过在现有设备的基础上进行升级实现。

4.5.3 无线局域网的接入方式

目前,无线局域网的接入方式主要有以下 4 种:无线对等网络、独立无线网络、接入以太网的无线网络和无线漫游的无线网络。

1. 无线对等网络

无线对等网络方案通常只使用无线网卡。因此,仅为每台计算机插上无线网卡,就可以实现计算机之间的连接,构建成最简单的无线网络,它们之间可以相互直接通信。无线对等网络方案最适用于组建小型的办公网络和家庭网络(如图 4-20 所示)。

2. 独立无线网络

所谓独立无线网络,是指无线网络内的计算机之间构成一个独立的网络,无法实现与其他无线网络和以太网络的连接,如图 4-21 所示。独立无线网络使用一个无线访问点 AP 和若干无线网卡。

图 4-20　无线对等网络　　　　图 4-21　独立无线网络

独立无线网络方案与对等无线网络方案非常相似,所有的计算机中都安装有一块网卡。所不同的是,独立无线网络方案中加入了一个无线访问点 AP。无线访问点类似于以太网中的集线器,可以对网络信号进行放大处理,一个工作站到另外一个工作站的信号都可以经由该 AP 放大并进行中继。因此,拥有 AP 的独立无线网络的网络直径将是无线对等网络有效传输距离一倍,在室内通常为 60m 左右。

3. 接入以太网的无线网络

当无线网络用户足够多时,应当在有线网络中接入一个无线接入点 AP,从而将无线网络连接至有线网络主干。AP在无线工作站和有线主干之间起网桥的作用,实现了无线与有线的无缝集成,既允许无线工作站访问网络资源,同时又为有线网络增加了可用资源。

该方案适用于将大量的移动用户连接至有线网络,从而以低廉的价格实现网络直径的迅速扩展,或为移动用户提供更灵活的接入方式(如图4-22所示)。

4. 无线漫游的无线网络

无线漫游的无线网络中访问点作为无线基站和现有网络分布系统之间的桥梁。当用户从一个位置移动到另一个位置时,以及一个无线访问点的信号变弱或访问点由于通信量太大而拥塞时,可以连接到新的访问点,而不中断与网络的连接。这种方式与蜂窝移动电话非常相似,将多个AP各自形成的无线信号覆盖区域进行交叉覆盖,实现各覆盖区域之间无缝连接。所有AP通过双绞线与有线骨干网络相连,形成以固定有线网络为基础,无线覆盖为延伸的大面积服务区域,所有无线终端通过就近的AP接入网络,访问整个网络资源。蜂窝覆盖大大扩展了单个AP的覆盖范围,从而突破了无线网络覆盖半径的限制,用户可以在AP群覆盖的范围内漫游,而不会和网络失去联系,通信不会中断。

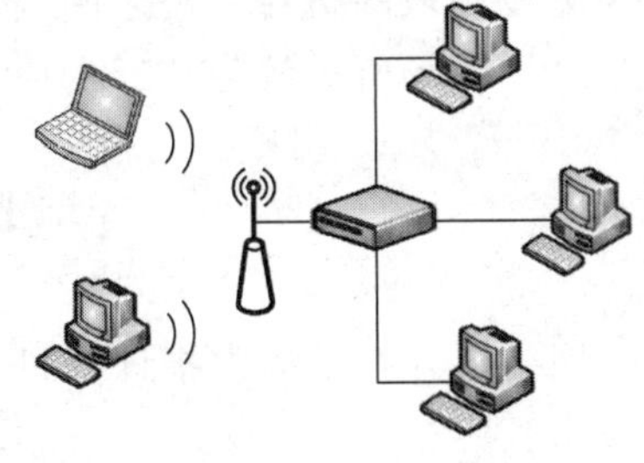

图4-22 接入以太网的无线网络

使用无线蜂窝覆盖结构具有以下优势:增加覆盖范围,实现全场覆盖;实现众多终端用户的负载平衡;可以动态扩展,系统可伸缩性大;对用户完全透明,保证覆盖场内服务无间断。

由于多个AP信号覆盖区域相互交叉重叠,因此,各个AP覆盖区域所占频道之间必须遵守一定的规范,邻近的相同频道之间不能相互覆盖,否则会造成AP在信号传输时的相互干扰,从而降低AP的工作效率。在可用的11个频道中,仅有三个频道是完全不覆盖的,它们分别是频道1、频道6和频道11,利用这些频道作为多蜂窝覆盖是最合适的(如图4-23所示)。

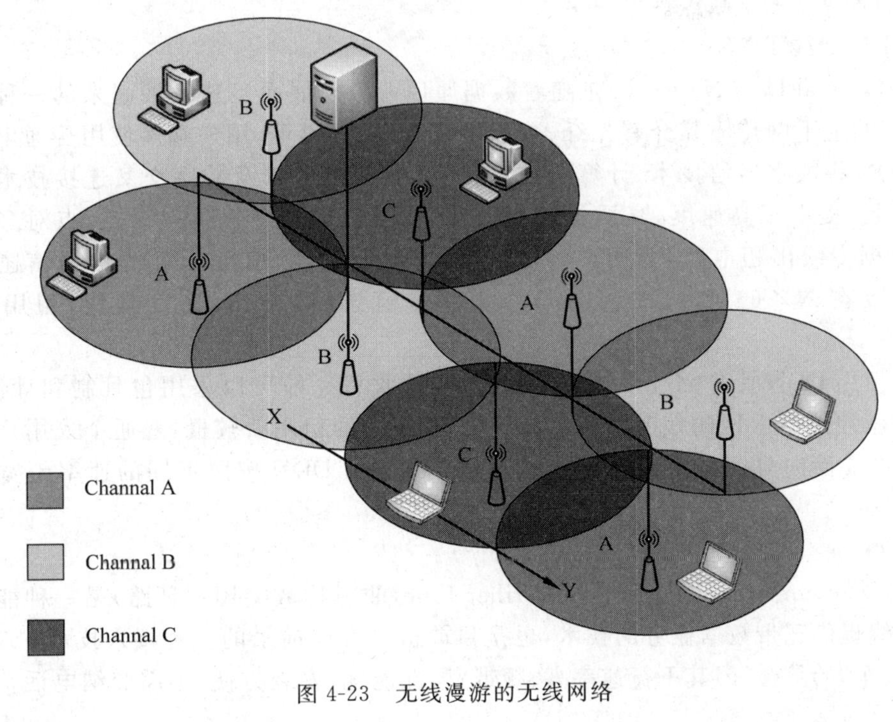

图4-23 无线漫游的无线网络

由于无线蜂窝覆盖技术的漫游特性,使其成为应用最广泛的无线覆盖方案,适合在学校、仓库、机场、医院、办公室、会展中心等不便于布线的环境使用,快速简便地建立起区域内的无线网络,用户可以在区域内的任何地点进行网络漫游,从而解决了有线网络无法解决的问题,为用户带来了最大的便利。

无线局域网络在大楼之间、餐饮及零售、医疗、企业、仓储管理、货柜集散场、监视系统、展示会场等场所有较为广泛的应用。无线局域网络发展前景十分广阔。

4.6 接入技术

网络接入技术通常指计算机主机和局域网接入广域网的技术,即用户终端与 ISP 的互连技术。

广域网具有以下的特点。

(1) 主要提供面向通信的服务,支持用户使用计算机进行远距离的信息交换。

(2) 覆盖范围广,通信的距离远。

(3) 由电信部门或公司负责组建、管理和维护,并向全社会提供面向通信的有偿服务、流量统计和计费问题。

(4) 与局域网相比较,广域网传输速率较低,传输延时较大,误码率较高。

4.6.1 常见的接入方式

提到接入网,首先要涉及一个带宽问题,随着互联网技术的不断发展和完善,接入网的带宽被人们分为窄带和宽带,业内专家普遍认为宽带接入是未来的发展方向。

在接入网中,目前可供选择的接入方式主要有 DDN、LAN、ADSL、Cable Modem 和 PON,它们各有各的优缺点。

1. DDN 专线

DDN(Digital Data Network)是随着数据通信业务发展而迅速发展起来的一种新型网络。DDN 的主干网传输媒介有光纤、数字微波、卫星信道等,用户端多使用普通电缆和双绞线。DDN 将数字通信技术、计算机技术、光纤通信技术以及数字交叉连接技术有机地结合在一起,提供了高速度、高质量的通信环境,可以向用户提供点对点、点对多点透明传输的数据专线出租电路,为用户传输数据、图像、声音等信息。DDN 的通信速率可根据用户需要在 $N\times 64$kb/s($N=1\sim 32$)之间进行选择,当然,速度越快,租用费用也越高。

用户租用 DDN 业务需要申请开户。DDN 的收费一般可以采用包月制和计流量制,这与一般用户拨号上网的按时计费方式不同。DDN 的租用费较贵,普通个人用户负担不起,DDN 主要面向集团公司等需要综合运用的单位。DDN 按照不同的速率带宽收费也不同。

2. xDSL

ADSL(Asymmetrical Digital Subscriber Line,非对称数字用户环路)是一种能够通过普通电话线提供宽带数据业务的技术,也是目前极具发展前景的一种接入技术。ADSL 素有“网络快车”的美誉,因其下行速率高、频带宽、性能优、安装方便、不需交纳电话费等特点而深受广大用户喜爱,成为继 Modem、ISDN 之后的又一种全新的高效接入方式。

ADSL 接入技术示意如图 4-24 所示。ADSL 方案的最大特点是不需要改造信号传输线路,完全可以利用普通铜质电话线作为传输介质,配上专用的 Modem 即可实现数据高速传输。ADSL 支持上行速率 640kb/s~1Mb/s,下行速率 1Mb/s~8Mb/s,其有效的传输距离在 3~5km 范围以内。在 ADSL 接入方案中,每个用户都有单独的一条线路与 ADSL 局端相连,它的结构可以看作是星状结构,数据传输带宽是由每一个用户独享的。

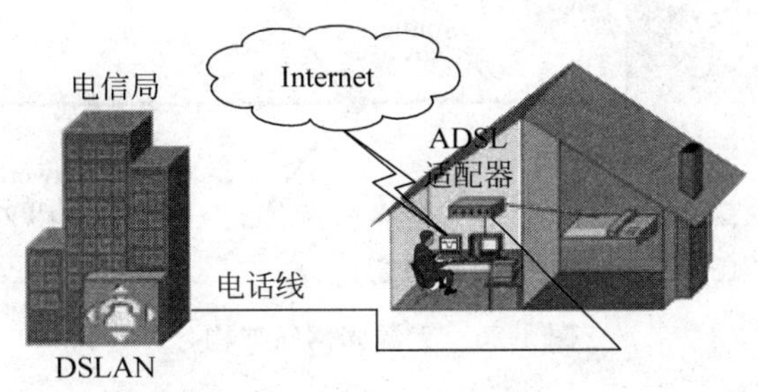

图 4-24 ADSL 接入技术示意图

3. Cable Modem

Cable Modem(线缆调制解调器)是一种超高速 Modem,它利用现成的有线电视(CATV)网进行数据传输,已是比较成熟的一种技术。随着有线电视网的发展壮大和人们生活质量的不断提高,通过 Cable Modem 利用有线电视网访问 Internet 已成为越来越受业界关注的一种高速接入方式。

由于有线电视网采用的是模拟传输协议,因此网络需要用一个 Modem 来协助完成数字数据的转化。Cable Modem 与以往的 Modem 在原理上都是将数据进行调制后在 Cable 的一个频率范围内传输,接收时进行解调,传输机理与普通 Modem 相同,不同之处在于它是通过有线电视 CATV 的某个传输频带进行调制解调的。

Cable Modem 连接方式可分为两种:对称速率型和非对称速率型。前者的 Data Upload(数据上传)速率和 Data Download(数据下载)速率相同,都为 500kb/s~2Mb/s;后者的数据上传速率为 500kb/s~10Mb/s,数据下载速率为 2~40Mb/s。

采用 Cable Modem 上网的缺点是由于 Cable Modem 模式采用的是相对落后的总线型网络结构,这就意味着网络用户共同分享有限带宽;另外,购买 Cable Modem 和初装费也都不算很便宜,这些都阻碍了 Cable Modem 接入方式在国内的普及。但是,它的市场潜力是很大的。

4. 无源光网络接入

PON(无源光网络)技术是一种点对多点的光纤传输和接入技术,下行采用广播方式,上行采用时分多址方式,可以灵活地组成树状、星状、总线型等拓扑结构,在光分支点不需要节点设备,只需要安装一个简单的光分支器即可,具有节省光缆资源、带宽资源共享、节省机房投资、设备安全性高、建网速度快、综合建网成本低等优点。其网络架构如图 4-25 所示,由光线路终端(Optical Line Terminal,OLT)、光网络单元(Optical Network Unit,ONU)和无源分光器(Passive Optical Splitter,POS)组成。

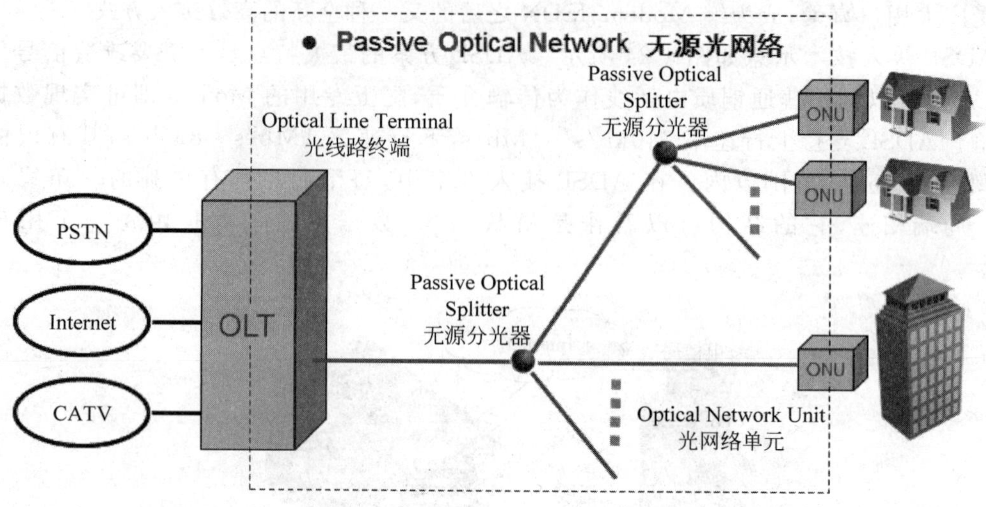

图 4-25　无源光网络架构

1) PON 的分类

PON 包括 APON(ATM-PON)和 EPON(Ethernet-PON)和 GPON(Gigabit-Capable PON)三种。APON 技术发展得比较早,它具有综合业务接入、QoS 服务质量保证等独有的特点;EPON 是基于以太网的 PON 技术,它采用点到多点结构、无源光纤传输,在以太网之上提供多种业务,具有低成本、高带宽、扩展性强、与现有以太网兼容、方便管理等优点;GPON 技术是基于 ITU-TG.984.x 标准的最新一代宽带无源光综合接入标准,具有高带宽、高效率、大覆盖范围、用户接口丰富等众多优点,被大多数运营商视为实现接入网业务宽带化,综合化改造的理想技术。

目前,GPON 已成为光接入的首选技术,GPON 产业链标准具有全球化优势,GPON 产业链上的芯片厂家和设备厂商数量已超过 EPON,且大部分都是全球主流的宽带芯片厂家和主流的设备厂家,产业链发展的后劲更强。

2) GPON 的优点

GPON 的技术优势主要有以下几点。

(1) GPON 是运营商驱动标准,提供 1.25Gb/s 上行速率和 2.5Gb/s 的下行速率,传输距离 20km,分路比可扩展到 1∶128。GPON 无论编码效率、汇聚层效率、承载协议率和业务适配效率都最高。

(2) GPON 具有更精细的业务 QoS 能力。GPON 独有的链路层机制支持 5 种带宽类型,可对宽带业务进行精细的分类,在支持未来多业务上,GPON 优势明显。

(3) GPON 能更好地支持业务运营和管理。GPON 定义了详细的终端管理协议(OMCI),可以对全球范围内多种厂家 ONU 进行维护管理;GPON 还定义了光纤链路检测技术,可对光纤网络进行测试和故障诊断。

3) GPON 的传输方式

GPON 系统在一根光纤上采用 WDM 技术,实现强制的单纤双向传输机制,如图 4-26 所示。为了分离同一根光纤上多个用户的来去方向的信号,采用两种复用技术:下行数据流采用广播技术;上行数据流采用 TDMA 技术。

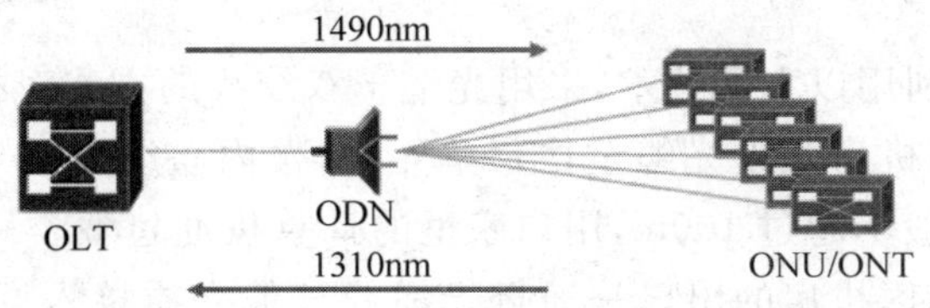

图 4-26　GPON 传输示意图

（1）下行数据

GPON 的下行数据采用广播方式，如图 4-27 所示。下行帧长为固定的 125μs，所有的 ONU 都能收到相同的数据，但是通过 ONUID 来区分不同的 ONU 数据，ONU 通过过滤来接收属于自己的数据。

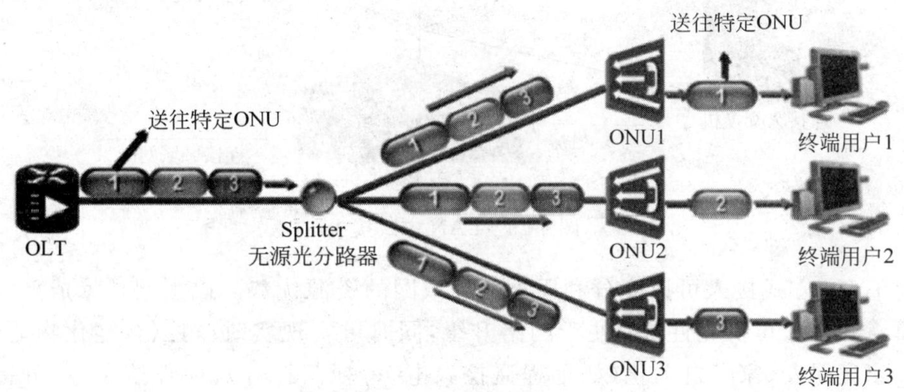

图 4-27　GPON 下行数据

（2）上行数据

GPON 的上行数据是通过 TDMA（时分复用）的方式进行传输，如图 4-28 所示。上行链路被分成不同的时隙，根据下行帧的上行带宽映射（Upstream Bandwidth Map）字段来给每个 ONU 分配上行时隙，这样所有的 ONU 就可以按照一定的秩序发送自己的数据了，不会产生为了争夺时隙而冲突。

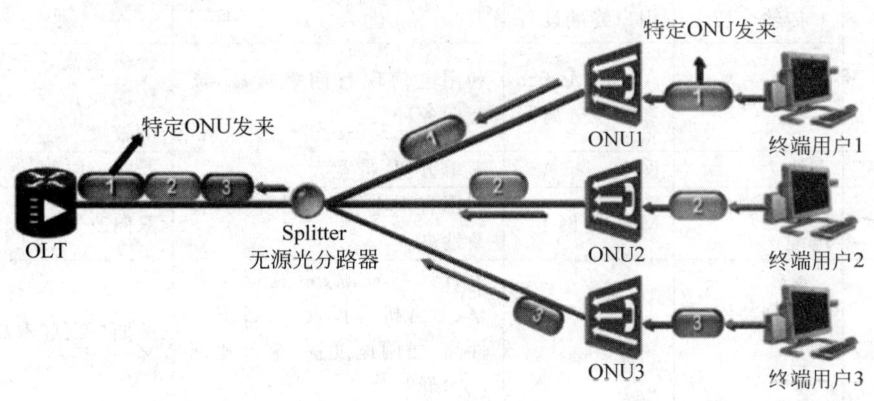

图 4-28　GPON 上行数据

5. LAN

LAN方式接入是利用以太网技术,采用光缆+双绞线的方式对社区进行综合布线。具体实施方案是:从社区机房敷设光缆至住户单元楼,楼内布线采用5类双绞线敷设至用户家里,双绞线总长度一般不超过100m,用户家里的计算机通过5类跳线接入墙上的5类模块就可以实现上网。社区机房的出口是通过光缆或其他介质接入城域网。LAN方式接入示意图如图4-29所示。

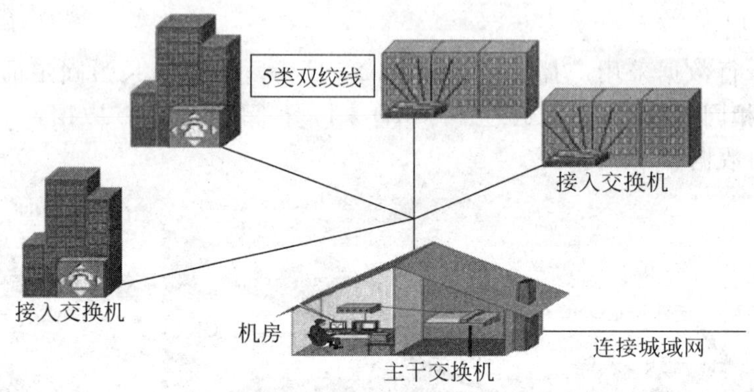

图4-29 LAN方式接入

采用LAN方式接入可以充分利用小区局域网的资源优势。以太网技术成熟、成本低、结构简单、稳定性、可扩充性好;便于网络升级,同时可实现实时监控、智能化物业管理、小区/大楼/家庭保安、家庭自动化(如远程遥控家电、可视门铃等)、远程抄表等,可提供智能化、信息化的办公与家居环境,满足不同层次的人们对信息化的需求。

4.6.2 接入方式比较

用户在选择Internet接入方式时,究竟应该选择哪一种方式?表4-2给出了几种常见方式的对比。

表4-2 接入方式对比表

比较内容	传输介质	用户终端设备	优 点	缺 点
xDSL	普通电话线	ADSL Modem和滤波分离器	利用电信现有网络资源,支持业务种类多	价格较高,安装不方便;传输质量受传输距离影响较大
以太网	网线	网卡	简单方便,带宽大	受距离限制
Cable Modem	有线电视同轴电缆	Modem网卡	利用有限电视网,带宽大,普及性高	双向改造投资较大
PON	光纤到楼网线到户	网卡	节省光缆资源、带宽资源共享、节省机房投资、设备安全性高、建网速度快、综合建网成本低等	前期投入成本高
无线	红外微波卫星	无线网卡	非常适合于布线不方便的场合移动多媒体;可以随时随地获取信息	带宽比以太网接入方式小,易受环境影响

小　结

本章重点讨论了局域网的相关技术。

高速局域网技术包括快速以太网、千兆以太网、万兆以太网。本章重点学习千兆以太网和万兆以太网。

生成树协议是一个二层的链路管理协议，它用于维护一个无环路的网络。当交换机和网桥在拓扑中发现环路时，它们自动地在逻辑上阻塞一个或多个冗余端口，从而获得无环路的拓扑。本章学习了STP、RSTP、PVST、PVST＋和MSTP。

HSRP和VRRP是三层冗余技术，为了解决路由器的冗余备份问题，保障网络的稳定性，减少因网络设备故障而导致网络瘫痪。

VLAN是一种通过将局域网内的设备逻辑地而不是物理地划分成一个个网段从而实现虚拟工作组的新兴技术。

VLAN中继协议负责在一个公共的网络管理域内维持VLAN配置的一致性。

虚拟专用网指的是依靠ISP和其他NSP，在公用网络中建立专用的数据通信网络的技术。

无线局域网(WLAN)是计算机与无线通信技术相结合的产物，它使用无线信道来接入网络，为通信的移动化、个人化和多媒体应用提供了潜在的手段，并成为宽带接入的有效手段之一。

习题与实践

1. 填空题

(1) 链路聚合的三种方式有________、________和________。

(2) VLAN在交换机上的实现方法可分为________、________、________三类。

(3) VTP是一种________协议，使用________在一组交换机之间进行VLAN通信，管理整个网络上VLAN的添加、删除和重命名。

(4) 在VTP域里操作的三种模式是________、________、________。

(5) 运行生成树算法的交换机定期发送________。

(6) 在第三层有________和________解决路由器的冗余备份问题。

(7) VPN的三种解决方案是________、________和________。

(8) SSL VPN即指采用________协议来实现远程接入的一种新型VPN技术。

(9) 目前VPN主要采用4项技术来保证安全，这4项技术分别是________、________、________和________。

(10) 无线局域网的接入方式主要有以下4种：________、________、________和________。

(11) ADSL(Asymmetrical Digital Subscriber Line，非对称数字用户环路)是一种________技术。

2. 简答题

(1) STP如何把网络收敛为一个逻辑上无环路的网络拓扑?

(2) 简述HSRP和VRRP的主要区别。

(3) VLAN的优点有哪些?

(4) 试阐述VLAN中继协议VTP的工作原理。

(5) 生成树协议STP的选举过程是如何进行的?

(6) 有哪些无线局域网标准?它们之间存在那些差别?

(7) 无线局域网的主要安全威胁有哪些?

(8) 试举出一个VPN应用的例子。

(9) 你们家庭目前采用的上网方式是哪一种?试阐述该网络接入方式的优点。

3. 实验

实验一:配置VTP

(1) 实验目的

熟练掌握VTP的配置方法,了解VTP的工作原理。

(2) 实验内容

该实验个人独立完成。实验主要内容包括:

① 打开VTP服务器选项;

② 配置VTP客户端;

③ 配置VLAN Trunk;

④ 验证VLAN Trunk;

⑤ 测试VLAN和Trunk。

(3) 实验设备与环境

交换机两台,PC两台

实验二:无线局域网

(1) 实验目的

帮助学生掌握用AP构建无线局域网的方法,掌握无线局域网接入有线局域网的方法。

(2) 实验内容

该实验可分组进行,两人一组。实验主要内容包括:

① 在WLAN中实现两台计算机间的点到点连接。

② 通过AP实现点到点连接。

③ 通过AP接入有线局域网。

(3) 实验设备与环境

PC、AP、无线网卡。

第5章 局域网环境设计

本章学习目标

- 了解结构化布线系统的概念和特点；
- 掌握结构化布线系统的结构；
- 掌握结构化布线系统的标准与设计等级；
- 掌握结构化布线系统的设计；
- 熟悉结构化布线系统的施工与验收；
- 掌握数据中心机房建设范围和原则；
- 掌握数据中心机房环境建设技术的设计；
- 了解数据中心机房的建设施工。

建立局域网的环境平台是为网络工程奠定物理基础。环境平台的设计包括结构化布线系统设计、数据中心机房系统的设计等内容。随着信息系统的广泛铺开，大数据、云计算等技术的深入实施，各个行业及部门均开始建设大规模的数据中心机房，对数据的处理和存储进行集中管理，以提高稳定性并有效降低运行及维护成本。本章从系统设计者以及系统集成方法的角度介绍局域网环境设计的相关知识。

5.1 结构化布线系统概述

结构化布线系统的对象是建筑物或楼宇内的传输网络，它包含建筑物内部和外部线路(网络线路、电话局线路)间的民用电缆及相关的设备连接措施。结构化布线系统是由许多部件组成的，主要有传输介质、线路管理硬件、连接器、插座、插头、适配器、传输电子线路、电气保护设施等，并由这些部件来构造各种子系统。

5.1.1 结构化布线系统的概念和特点

结构化布线系统(Structured Cabling Systems，SCS)是指按标准的、统一的和简单的结构化方式编制和布置各种建筑物(或建筑群)内各种系统的通信线路，包括网络系统、电话系统、监控系统、电源系统和照明系统等。因此，结构化布线系统是一种标准通用的信息传输系统，是建筑物内的“信息高速公路”。

结构化布线系统的代表产品是建筑与建筑群综合布线系统(Premises Distribution System，PDS)。建筑物综合布线系统的兴起与发展，是在计算机技术和通信技术发展的基础上,进一步适应社会信息化和经济国际化的需要而发展起来的。它也是建筑技术与信息技术相结合的产物,是计算机网络工程的基础。

1. 结构化布线系统特点

(1) 结构清晰,便于管理维护。

结构化布线是一套完整的系统工程,在实施过程中能做到统一选材、统一设计、统一布线、施工的工作流程,因此结构清晰,便于集中管理和维护。

(2) 材料统一先进,符合国内外布线标准。

结构化布线系统采用的材料均是当前布线技术中最先进的材料,至少满足未来10～20年的发展需要,有效地保证了投资效率。

(3) 灵活性强,适应各种不同的需求。

结构化布线系统的设计同时兼容话音及数据通信应用。这样就减少了对传统线路的需求,同时提供了一种结构化的设计来实现与管理这一系统,无论用户位置如何调整,结构化布线系统往往只需要做一些跳线的改动就可以适应新的需求。

(4) 开放式设计,扩展性强。

结构化布线系统采用的主要是星状结构的布线方式,既提高了设备的工作能力,又便于用户扩充。每一个布线子系统都考虑到了用户的需求,留下足够的冗余设计和备选空间,未来无论是扩充整个系统还是单独扩充某一个子系统都很容易。

2. 结构化布线系统的应用场合

结构化布线系统的应用场合非常广泛,主要适应以下环境。

(1) 智能化建筑的布线系统。在智能化建筑和高档住宅小区中,通常拥有相当数量的先进设备,其通信容量大,自动化程度高。

(2) 商业贸易类型的布线系统。它覆盖的范围领域包括商务贸易中心,商业大厦等;银行、保险公司、证券公司等金融机构;宾馆、饭店等服务行业。

(3) 机关办公类型的布线系统。它覆盖的范围领域包括政府机关、企事业单位、群众团体、公司机关等办公大楼或综合型大厦等。

5.1.2 结构化布线系统标准

布线工业标准是布线制造商和布线工程行业共同遵守的技术规范。它规定了从网络布线产品制造,到布线系统设计、安装施工、测试等一系列技术规范。结构化布线系统的标准有多个体系:北美标准体系(由ANSI/EIA/TIA制定)、国际标准体系(由ISO/IEC制定)、欧洲标准体系(由CENELEC制定)和网络应用标准(由一些网络标准化组织制定)。

方案设计及选用的国际标准主要有:

(1) ISO/IEC11801用户建筑通用布线标准。

(2) CENELECEN50173用户建筑布线标准。

(3) CENELECEN50174用户建筑布线安装规范。

(4) CENELECEN50167/68/69。

(5) EIA/TIA568A、EIA/TIA568B。

(6) EIA/TIA569A电信通道和空间的商业建筑标准。

(7) EIA/TIA570A 住宅和半商业通信布线标准。

方案设计依据的中国国内规范主要有：

(1) GB 50311—2016《综合布线系统工程设计规范》。

(2) GB 50312—2007《综合布线系统工程验收规范》。

(3) GB/T 50173—2000 建筑与建筑群综合布线系统工程验收规范。

(4) CECS72：95/97 建筑与建筑群综合布线系统工程设计规范。

(5) YD/T926 大楼通信综合布线系统。

5.1.3 结构化布线系统的设计等级

对于建筑物的结构化布线系统，一般分为三种不同的布线系统等级：基本型布线系统、增强型布线系统、综合型布线系统。

1. 基本型布线系统

基本型布线系统方案是一个经济有效的布线方案。它支持语音或综合型语音/数据产品，并能够全面过渡到数据的异步传输或综合型布线系统。

基本型布线系统的基本配置如下。

(1) 每一个工作区有一个信息插座。

(2) 每一个工作区有一条水平布线 4 对 UTP 系统。

(3) 完全采用 110A 交叉连接硬件，并与未来的附加设备兼容。

(4) 每个工作区的干线电缆至少有两对双绞线。

基本型布线系统的特性如下。

(1) 支持语音、数据或高速数据系统使用。

(2) 支持多种计算机系统的数据传输。

(3) 便于维护人员维护、管理。

(4) 采用气体放电管式过电压保护和能自复的过电流保护。

2. 增强型布线系统

增强型布线系统不仅支持语音和数据的应用，还支持图像、影像影视、视频会议等。它具有为增加功能提供发展的余地，并能够利用接线板进行管理。

增强型布线系统的基本配置如下。

(1) 每个工作区有两个以上信息插座。

(2) 每个信息插座均有水平布线 4 对 UTP 系统。

(3) 具有 110A 交叉连接硬件。

(4) 每个工作区的电缆至少有 8 对双绞线。

增强型布线系统的特点如下。

(1) 每个工作区有两个信息插座，灵活方便、功能齐全；

(2) 任何一个插座都可以提供语音和高速数据传输；

(3) 可统一色标，利用端子板进行管理，维护简单方便；

(4) 能够为众多厂商提供服务环境的布线方案；

(5) 采用气体放电管式过电压保护和能自复的过电流保护。

3. 综合型布线系统

综合型布线系统是将双绞线和光缆纳入建筑物布线的系统。

综合型布线系统的基本配置如下。

(1) 在建筑、建筑群的干线或水平布线子系统中配置 62.5μm 的光缆。

(2) 在每个工作区的电缆内配有 4 对双绞线。

(3) 每个工作区的电缆中应有两对以上的双绞线。

综合型布线系统的特点如下。

(1) 每个工作区有两个以上的信息插座,连接灵活、功能齐全。

(2) 任何一个信息插座都可供语音和高速数据传输。

(3) 采用光缆为主与铜芯导线电缆混合组网。

(4) 采用统一色标,利用端子板进行管理,维护简单方便。

(5) 适应多种产品的要求,具有适应性强、经济有效等特点。

5.1.4 结构化布线系统的设计原则

目前,国际上各综合布线产品都提出 15 年质量保证体系。为了保护建筑物投资者的利益,可采取"总体规划,分步实施,水平布线尽量一步到位"的思想实施结构化布线工程。具体设计原则如下。

(1) 用户至上。按照建筑与建筑群对结构化综合布线系统的要求为基础,并以满足用户需求为目标,最大限度满足用户提出的功能需求,并针对业务特点,确保可用性。

(2) 先进性。在满足用户需求的前提下,充分考虑信息社会迅猛发展的趋势,在技术上适度超前,提出的方案要保证将建筑与建筑群建成先进的、现代化的信息大楼。

(3) 灵活性和可扩展性。充分考虑楼宇内所涉及的各部门信息的集成和共享,保证整个系统的先进性、合理性,实现分散式控制,集中统一式管理。总体结构具有可扩展性和兼容性,可以集成不同厂商不同类型的先进产品,使整个系统可随技术的进步和发展,不断得到充实和提高。

(4) 标准化。网络结构化布线系统的设计依照国际和国家的有关标准进行。此外,根据系统总体结构的要求,各个子系统必须结构化和标准化,并代表当今最新的技术成就。

(5) 经济性。在实现先进性、可靠性的前提下,达到功能和经济的优化设计。结构化布线系统的设计采用新技术、新材料、新工艺使综合化布线大楼能够满足智能大厦的各项指标。

5.1.5 结构化布线系统的设计范围与步骤

结构化布线系统是一个模块化结构、星状布线,并具有开放特性的布线系统。按照设计原则,设计步骤如下。

(1) 获取建筑物平面图。

(2) 分析用户需求。生成问题清单。

(3) 系统结构设计。生成物理拓扑技术文档。

(4) 布线路由设计。生成逻辑拓扑,插座和电缆索引表,设备 MAC 地址和 IP 地址索引表等技术文档。

(5) 绘制布线施工图。生成插座标号,布设电缆标号等技术文档。

（6）编制布线用料清单。

5.1.6 结构化布线系统的组成

结构化布线系统是将各种不同组成部分构成一个有机的整体，而不是像传统的布线那样自成体系，互不相干。国家标准及国际标准化组织/国际电工委员会的标准都对结构化布线系统的组成进行了规定。只不过有些标准以一个建筑群为设计单元，有的是以一幢建筑物为设计单元。这里以一个建筑群为单元进行讨论，一般分为 6 个子系统：工作区子系统、水平子系统、管理子系统、垂直子系统、建筑群子系统、设备间子系统。结构化布线系统如图 5-1 所示。

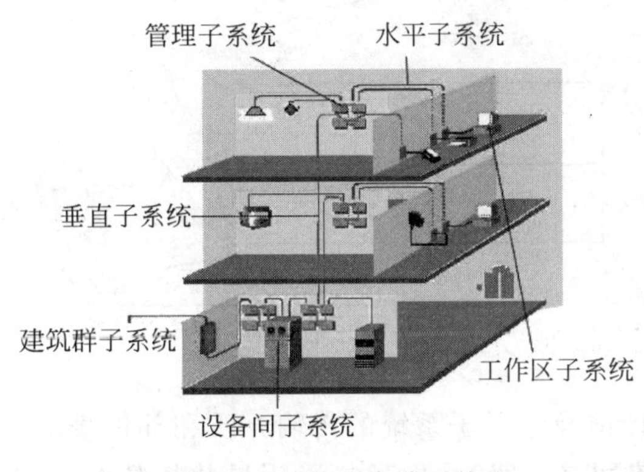

图 5-1　结构化布线系统

1. 工作区子系统

工作区子系统由终端设备连接到信息插座的跳线组成。它包括信息插座、信息模块、网卡和连接终端所需的跳线，并在终端设备和输入/输出（I/O）之间搭接，相当于电话配线系统中连接话机的用户线及话机终端部分。典型的终端连接系统如图 5-2 所示。终端设备可以是电话、微机和数据终端，也可以是仪器仪表和传感器的探测器。

一个独立的工作区，服务面积可按 5～30m^2 估算，每个工作区设置一部电话机或计算机终端设备，或按用户要求设置。工作区的设计根据需要参照基本型、增强型和综合型要求。目前普遍采用增强型设计等级，为语音点与数据点互换奠定了基础。

工作区子系统设计安装要考虑以下几点。

（1）工作区内线槽要布得合理、美观。

（2）信息插座要设计在距离地面 30cm 以上，与电源保持 20cm 以上距离（如图 5-3 所示）。

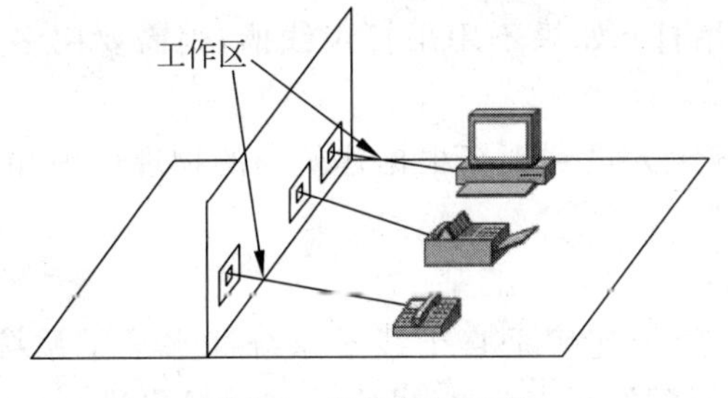

图 5-2　工作区子系统

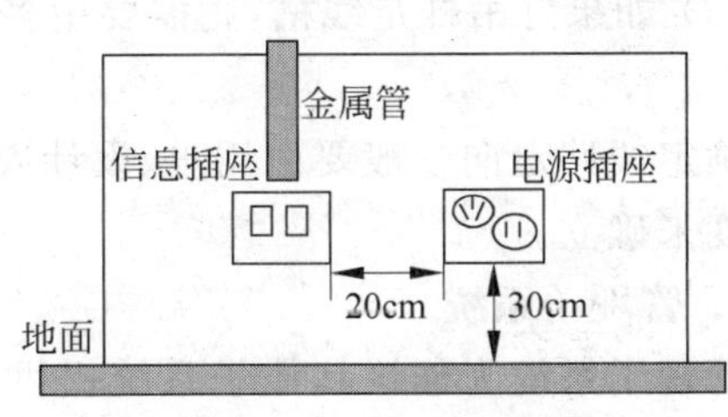

图 5-3　工作区插座与电源

(3) 信息插座与计算机设备的距离保持在5m范围内。

(4) 购买的网卡类型接口要与线缆类型接口保持一致。

(5) 充分考虑工作区所需的信息模块、信息插座、面板的数量。

(6) RJ-45所需的数量。

2. 水平子系统

水平子系统也称为水平干线子系统,是指从楼层配线间至工作区用户信息插座的线缆部分(如图5-4所示),由用户信息插座、水平线缆、配线设备等组成。水平子系统由4对UTP(非屏蔽双绞线)组成,能支持大多数现代化通信设备,如果有磁场干扰或信息保密时可用屏蔽双绞线。在高宽带应用时,可以采用光缆。

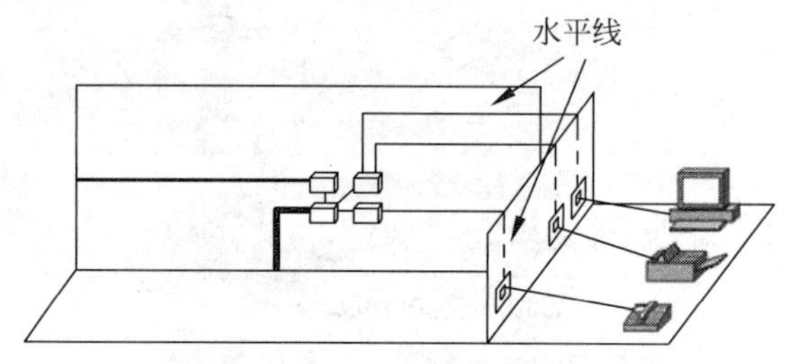

图5-4 水平子系统

水平干线子系统设计涉及水平子系统的传输介质和部件集成,主要有以下几点。

(1) 水平干线子系统用线一般为双绞线,采用星状拓扑结构,长度一般不超过90m(如图5-5所示)。

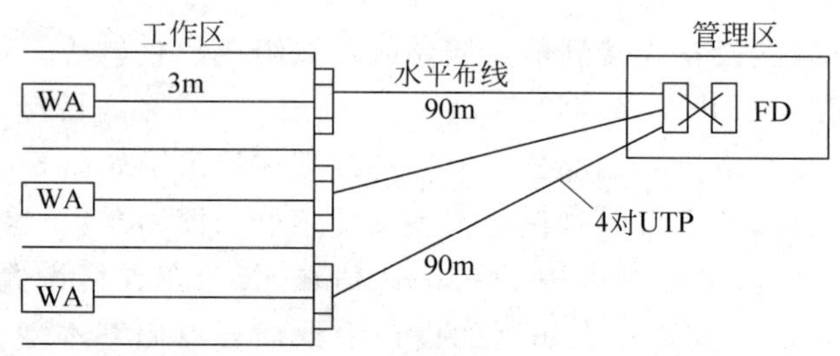

图5-5 水平布线拓扑和距离示意图

(2) 确定线路走向。

(3) 确定线缆、槽、管的数量和类型。

(4) 确定电缆的类型和长度。

(5) 如果打吊杆走线槽,则需要用多少根吊杆;如果不用吊杆走线槽,则需要用多少根托架。

确定线路走向一般要由用户、设计人员、施工人员到现场根据建筑物的物理位置和施工难易度来确立。

3. 管理子系统

管理子系统为连接其他子系统提供手段,用于连接垂直干线子系统和水平子系统(如图5-6所示)。其管理是针对设备间和工作区的配线设备和缆线按一定的规模进行标志和记录。内容包括管理方式、标识、色标、交叉连接等。

现在，许多大楼在结构化布线时都考虑在每一楼层都设立一个管理间，用来管理该层的信息点，摒弃了以往几层共享一个管理间子系统的做法，这也是布线的发展趋势。

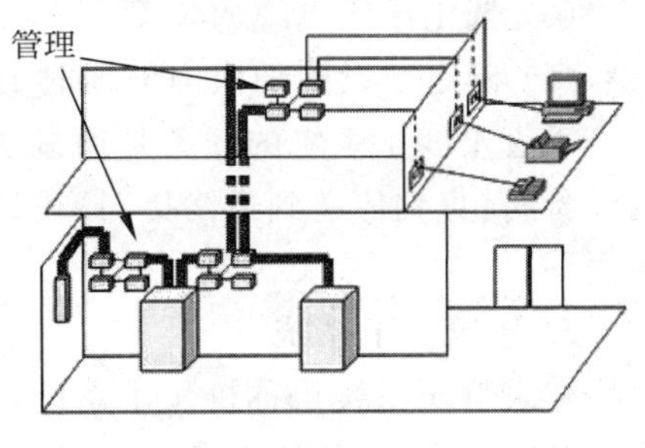

图 5-6　管理子系统

作为管理间子系统，应根据管理的信息点的多少安排使用房间的大小。如果信息点多，就应该考虑一个房间来放置；信息点少时，就没有必要单独设立一个管理间，可选用墙上型机柜来处理该子系统。

设计安装时要注意如下要点。

(1) 配线架的配线对数可由管理的信息点数决定。

(2) 利用配线架的跳线功能，可使布线系统实现灵活、多功能的能力。

(3) 配线架一般由光配线盒和铜配线架组成。

(4) 管理间子系统应有足够的空间放置配线架和网络设备。

(5) 有集线器、交换器的地方要配有专用稳压电源。

(6) 保持一定的温度和湿度，保养好设备。

作为管理间一般有以下设备：机柜或机架；信息点集线面板；语音点 S110 集线面板；可选设备：光电收发器等。

4. 垂直子系统

垂直子系统也称干线子系统，它是整个建筑物综合布线系统的一部分。它提供建筑物的干线电缆，是负责连接管理间子系统到设备间子系统的子系统(如图 5-7 所示)，一般使用光缆或选用大对数的非屏蔽双绞线。它也提供了建筑物垂直干线电缆的路由。该子系统通常是在两个单元之间，特别是在位于中央节点的公共系统设备处提供多个线路设施。该子系统由所有的布线电缆组成，或由导线和光缆以及将此光缆连到其他地方的相关支撑硬件组合而成。

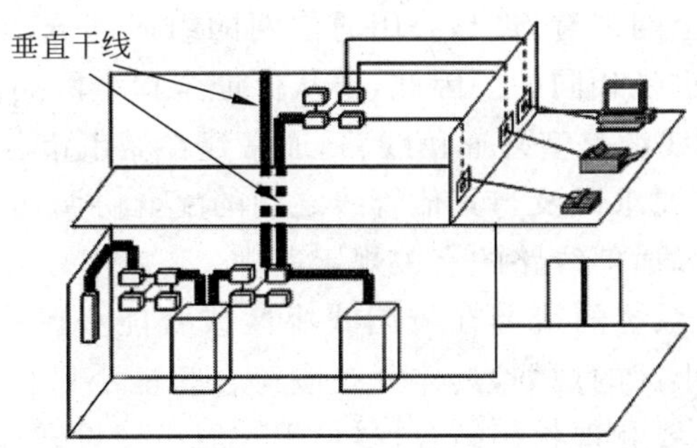

图 5-7　垂直子系统

垂直子系统设计安装时应注意以下要点。

(1) 确定每层楼的干线要求。

(2) 确定整座楼的干线要求。

(3) 确定从楼层到设备间的干线电缆路由。

(4) 确定干线接线间的接合方法。

(5) 选定干线电缆的长度。

(6) 确定敷设附加横向电缆时的支撑结构。

垂直干线子系统的任务是通过建筑物内部的传输电缆,把各个服务接线间的信号传送到设备间,直到传送到最终接口,再通往外部网络。它必须满足当前的需要,又要适应今后的发展。

5. 建筑群子系统

建筑群子系统也称校园子系统,它是将一个建筑物中的电缆延伸到另一个建筑物的通信设备和装置(如图5-8所示),通常是由光缆和相应设备组成。建筑群子系统是结构化布线系统的一部分,它支持楼宇之间通信所需的硬件,其中包括导线电缆、光缆以及防止电缆上的脉冲电压进入建筑物的电气保护装置。

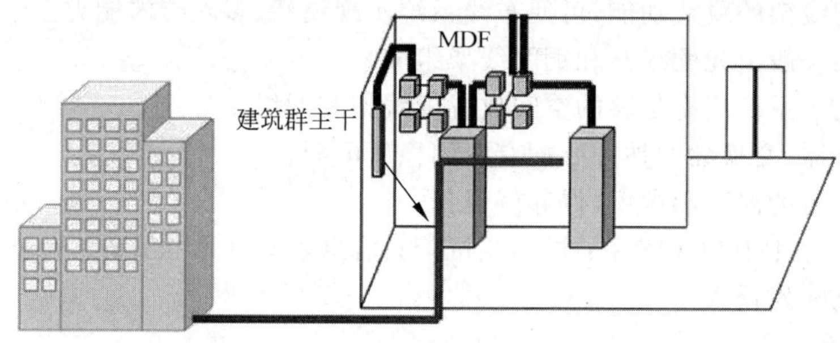

图5-8 建筑群子系统

建筑群子系统设计安装时注意事项如下。

(1) 由于建筑群干线子系统的线路设施主要在户外,且工程范围大,易受外界条件的影响较难控制施工,因此和其他子系统相比,更应注意协调各方关系,建设中更需加以重视。

(2) 由于结构化布线系统较多采用有线通信方式,一般通过建筑群干线子系统与公用通信网连成整体,从全程全网来看,也是公用通信网的组成部分,它们的使用性质和技术性能基本一致,其技术要求也是相同的。因此,要从保证全程全网的通信质量来考虑。

(3) 建筑群子系统的线缆是室外通信线路,通常建在城市市区道路两侧。其建设原则、网络分布、建筑方式、工艺要求以及与其他管线之间的配合协调均与市区内的其他通信管线要求相同,必须按照本地区通信线路的有关规定办理。

(4) 当建筑群干线子系统的线缆在校园式小区或智能小区内敷设成为公用管线设施时,其建设计划应纳入该小区的规划,具体分布应符合智能小区的远期发展规划要求(包括总平面布置),且与近期需要和现状相结合,尽量不与城市建设和有关部门的规定发生矛盾,使传输线路建设后能长期稳定、安全可靠地运行。

(5) 在已建或正在建的智能小区内,如已有地下电缆管道或架空通信线路时,应尽量设法利用,以避免重复建设,节省工程投资,使小区内管线设施减少,有利于环境美观和小区布置。

(6) 在建筑群子系统中,会遇到室外敷设电缆问题,一般有4种情况:架空电缆、直埋电缆、地下管道电缆、隧道电缆,或者是这几种的任何组合,具体情况应根据现场的环境来决定。

6. 设备间子系统

设备间子系统也称设备子系统，是一个集中的总机房，连接系统公共设备(如图 5-9 所示)。设备间子系统由电缆、连接器和相关支撑硬件组成。它把各种公共系统设备的多种不同设备互连起来，其中包括邮电部门的光缆、同轴电缆、程控交换机等。

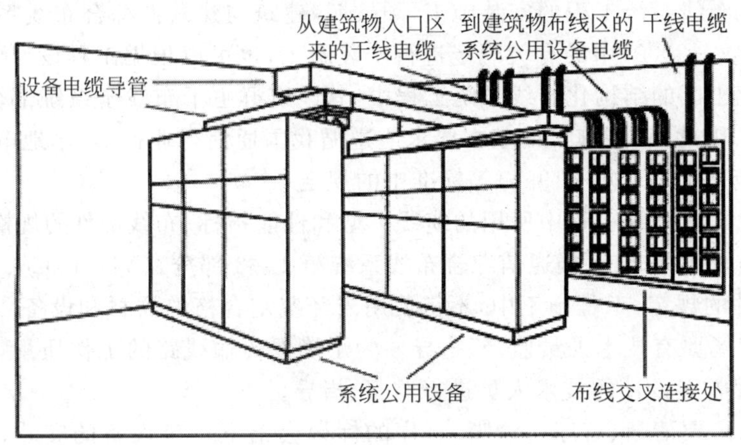

图 5-9　设备间子系统

设备间设计安装时注意要点如下。

(1) 设备间要有足够的空间保障设备的存放。

(2) 设备间要有良好的工作环境(温度湿度)。

(3) 设备间的建设标准应按机房建设标准设计。

(4) 设备间应设在位于干线综合体的中间位置，应尽可能靠近建筑物电缆引入区和网络接口。

(5) 设备间应在服务电梯附近，便于装运笨重设备。

(6) 设备间应防止可能的水害(如暴雨成灾、自来水管爆裂等)带来的灾害。

(7) 设备间应防止易燃易爆物的接近和电磁场的干扰。

所以，设计设备间时，必须把握下述要素：最低高度、房间大小、照明设施、地板负重、电气插座、配电中心、管道位置、楼内气温控制、门的大小方向与位置、端接空间、接地要求、备用电源、保护设施和消防设施。

5.1.7　结构化布线系统的施工

1. 布线施工的主要步骤

布线施工的主要步骤如下。

(1) 勘察现场。根据建筑物的实际情况确定具体的施工方案。

(2) 申请施工。将施工方案和工程预算向用户方和相关部门申报，等待批准。

(3) 指定工程负责人和工程监理人员，负责规划备料、备工、用户方配合要求等方面事宜，提出部门配合的时间表，负责内外协调和施工组织和管理。

(4) 现场施工。

(5) 现场认证测试，制作测试报告。

(6) 制作布线标记系统。布线的标记系统要遵循 TIA-606 标准。

(7) 测试。

2. 布线施工的基本要求

布线施工的基本要求如下。

(1) 结构化布线系统工程的安装施工,须按照《建筑与建筑群综合布线系统工程验收规范》(GB/T 50312—2000)中的有关规定进行安装施工,也可以根据工程设计要求办理。

(2) 智能化小区的结构化布线系统工程中,其建筑群主干布线子系统部分的施工,与本地电话网有关。因此,安装施工的基本要求应遵循我国通信行业标准《本地电话网用户线线路工程设计规范》(YD 5006—1995)等标准中的规定。

(3) 结构化布线系统工程中所用的缆线类型和性能指标、布线部件的规格以及质量等均应符合我国通信行业标准《大楼通信综合布线系统第1~3部分》(YD/T 926、1~3—2001)等规范或设计文件的规定,工程施工中,不得使用未经鉴定合格的器材和设备。

(4) 施工现场要有技术人员监督、指导。为了确保传输线路的工作质量,在施工现场要有参与该项工程方案设计的技术人员进行监督、指导。

(5) 标记一定要清晰、有序。清晰、有序的标记会给下一步设备的安装、调试工作带来便利,以确保后续工作的正常进行。

(6) 对于已敷设完毕的线路,必须进行测试检查。线路的畅通、无误是结构化布线系统正常可靠运行的基础和保证,测试检查是线路敷设工作中不可缺少的一项工作。要测试线路的标记是否准确无误,检查线路的敷设是否与图线一致等。

(7) 须敷设一些备用线。备用线的敷设是必要的,其原因是:在敷设线路的过程中,由于种种原因难免会使个别线路出问题,备用线的作用就在于它可及时、有效地代替这些出问题的线路。

(8) 高低压线须分开敷设。为保证信号、图像的正常传输和设备的安全,要完全避免电涌干扰,要做到高低压线路分管敷设,高压线需使用铁管;高低压线应避免平行走向,如果由于现场条件只能平行时,其间隔应保证按规范的相关规定执行。

3. 布线施工前的准备

施工前的准备工作主要包括技术准备、施工前的环境检查、施工前设备器材及施工工具检查、施工组织准备等环节。

(1) 技术准备工作。

① 熟悉结构化布线系统工程设计、施工、验收的规范要求,掌握结构化布线各子系统的施工技术以及整个工程的施工组织技术。

② 熟悉和会审施工图纸。施工图纸是工程人员施工的依据,因此作为施工人员必须认真读懂施工图纸,理解图纸设计的内容,掌握设计人员的设计思想。

③ 熟悉与工程有关的技术资料,如厂家提供的说明书和产品测试报告、技术规程、质量验收评定标准等内容。

④ 技术交底。技术交底工作主要由设计单位的设计人员和工程安装单位的项目技术负责人一起进行。

⑤ 编制施工方案。

⑥ 编制工程预算。

(2) 施工前的环境检查。

在工程施工开始以前应对楼层配线间、二级交接间、设备间的建筑和环境条件进行检查,具备下列条件方可开工。

① 楼层配线间、二级交接间、设备间、工作区土建工程已全部竣工。房屋地面平整、光洁,门的高度和宽度应不妨碍设备和器材的搬运,门锁和钥匙齐全。

② 房屋预留地槽、暗管、孔洞的位置、数量、尺寸均应符合设计要求。

③ 对设备间布设活动地板应专门检查,地板板块布设必须严密坚固。每平方米水平允许偏差不应大于 2mm,地板支柱牢固,活动地板防静电措施的接地应符合设计和产品说明要求。

④ 楼层配线间、二级交接间、设备间应提供可靠的电源和接地装置。

⑤ 楼层配线间、二级交接间、设备间的面积,环境温湿度、照明、防火等均应符合设计要求和相关规定。

(3) 施工前的器材检查。

工程施工前应认真对施工器材进行检查,经检验的器材应做好记录,对不合格的器材应单独存放,以备检查和处理。

① 型材、管材与铁件的检查要求。

② 电缆和光缆的检查要求。

③ 配线设备的检查要求。

5.1.8 结构化布线系统的测试与验收

结构化布线测试遵循 EIA/TIA 的测试标准对包括电缆、跳线架和信息插座等在内的整个链路进行测试,只有被测试确认为合格的布线工程才能通过验收投入使用。

1. 结构化布线测试连接方式定义

1) 水平布线测试连接方式

基本连接方式:基本连接是指通信回路的固定线缆安装部分,它不包括插座至网络设备的末端连接电缆。基本连接通常包括水平线缆和双端测试跳线,其中,F 小于等于 90m,G 和 H 小于等于 2m(F 指信息出口或转接点和水平跳线之间的连接线;G 指测试跳线;H 指测试跳线)。连接到测试仪上的连接头不包括在基本回路的定义中。

通道连接方式:通道连接是指网络设备的整个连接。通过通道回路测试,可以验证端到端回路(包括跳线、适配器)的传输性能。通道回路通常包括水平线缆、工作区子系统跳线、信息插座、靠近工作区的转接点及配线区的两个连接点。

水平布线光纤测试连接方式:光纤链路长度只要在楼宇内进行,就不受严格限制。

2) 楼宇内主干布线

楼宇使用多模光纤、单模光纤和大对数铜缆布线均可,测试起点为楼层配线架,测试终点为楼宇总配线架,主干链路程度小于 350m。

2. 测试参数和技术指标

1) 双绞线系统的测试元素及标准

连接图:连接图显示了双绞线的详细情况。连接图测试通常是一个布线系统的最基本测试。

线缆长度：线缆长度指的是电气长度。基本回路线缆长度小于等于94m(包括测试跳线)，通道回路线缆长度小于等于100m(包括设备跳线和快接式跳线)。

衰减：由于集肤效应、绝缘损耗、阻抗不匹配和连接电阻等因素，造成信号沿链路传输损失的能量，称为衰减。衰减是针对基本回路和通道回路信号损失程度的度量。

近端串扰：电磁波从一个传输回路(主串回路)串扰另一个传输回路(被串回路)的现象称为串扰。在UTP布线系统中，近端串扰为主要影响因素。布线系统都应通过NEXT测试，而且NEXT的测试必须从两个方向进行。

以上只是介绍了几个测试参数，不同线缆的测试参数都有不同的测试标准，实际工程中应区别对待。

2) 光缆布线系统的测试元素及标准

光缆测试的主要内容包括：对整个光纤链路(包括光纤和连接器)的衰减进行测试；光纤链路的反射测量以确定链路长度及故障点位置。

光纤布线链路在规定的传输窗口测量出的最大光衰减以及任一接口测出的光回波损耗都有相应的标准值。

3. 结构化布线工程验收

结构化布线系统工程的验收是施工方向用户方移交的正式手续，也是用户对工程的认可。验收标准应基于国内最新的有关工程竣工验收项目的内容和方法，例如《建筑与建筑群综合布线系统工程验收规范》(GB/T 50312—2000)，此标准密切与国际接轨，具有较强的操作性，建议在验收时予以参考。

5.1.9 结构化布线系统计算机辅助设计

1. 传统的结构化布线系统设计

当前各种结构化布线系统规范中没有提出对结构化布线系统设计的具体要求，如设计的方法论、系统思想以及可借鉴的软件工具。

要完成一项结构化布线系统工程，传统的做法如下。

(1) 调查用户需求及投资承受能力。

(2) 获取建筑物平面结构图及设计图。

(3) 通过各种手段设计系统结构和布线路由图。

(4) 计算材料清单，做出工程预算。

(5) 布线工程的组织实施和管理。

(6) 甲乙双方以及监理方对工程进行测试验收及竣工文档递交。

当前各系统集成商采用各种手段来进行设计和材料计算，其中包括以下几点。

(1) 在建筑物楼层平面图进行手工绘图标定布线的路由和信息点位置。

(2) 利用相应的绘图软件如AutoCAD、Visio等绘制结构化布线系统图、路由图及点位示意图。

(3) 利用数据库软件如Excel、Access等进行材料清单的统计以及材料费用的核算。

(4) 利用文本编辑软件如Word、WPS等书写标书的文案工作。

上述这种传统的结构化布线系统设计方法最大的缺陷如下。

(1) 设计的图形与材料数据分离，文件数量多，没有层次的概念。

(2) 设计人员难以根据方案路由图做出工程预算。

(3) 不能给甲方提供一个管理结构化布线以及网络的电子化平台，最终用户难以以此方案图作为日后维护管理在此结构化布线系统上运行的网络依据。

(4) 方案设计使用的计算机工作量大，软件工具多，难度大，需要较专业的人员。

2. 结构化布线系统计算机辅助设计

一项理想的结构化布线系统工程，在设计时要求系统中的图形和实际设备材料是一一对应的，数据资料完整，层次分明，而最终用户在管理结构化布线计算机网络系统时除了要了解网络的动态性能之外，从管理和维护维修网络的角度出发，更应关心它的静态配置。例如：

(1) 一个信息点所处的位置。

(2) 连接的水平系统电缆的长度。

(3) 连接到管理间配线架上的端口号。

(4) 此线缆通道的性能报告等。

(5) 网络工作站的网卡物理地址。

(6) IP 地址。

(7) 连接的交换机。

(8) 集线器的端口号。

(9) 对应的配线架的端口号。

(10) 设备的连接关系。

(11) 设备的详细配置信息。

(12) 其他相关信息。

这些对维护管理一个网络是非常有用的资源，但上述传统结构化布线系统设计出的方案达不到这一目的。

美国 NetViz 软件公司的 NetViz 绘图软件推出了全新的结构化布线系统计算机辅助设计的思想，实践证明，它是一个非常实用的设计工具。

5.2 数据中心机房环境建设

数据中心机房是各种信息系统的中枢，中心机房工程必须保证服务器设备、网络设备、存储设备等高级设备能长期可靠运行。数据中心机房建设是一项复杂的系统工程，它综合了建筑装饰、网络布线、延时供电、防雷接地、新风空调、环保节能、消防安防、动力及环境监控等多种技术，是网络系统运行的重要基础。

5.2.1 建设范围和原则

1. 数据中心机房建设规范的范围

数据中心机房建设规范标准给出了数据中心机房的建设要求，包括数据中心机房分级与性能要求，机房位置选择及设备布置，环境要求，建筑与结构，空气调节，电气技术，电磁屏蔽，机房布线，机房监控与安全防范，给水排水、消防的技术要求，具体如图 5-10 所示。

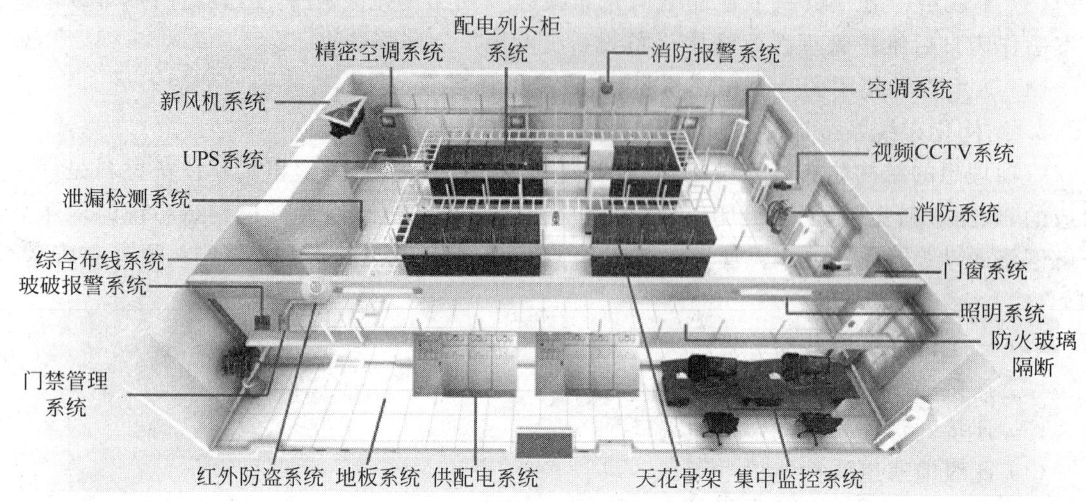

图 5-10　数据中心机房建设示意图

2. 数据中心机房建设原则

由于网络系统设备的高精密和系统的接插件多,所以数据中心机房环境的设计建设要求较高。建设的总体设计以"功能第一、实用为主、兼顾美观"的原则,充分论证其技术先进性和经济合理性,以业务完善为基础,力求功能齐全,安全可靠,以便于日后维护和管理,同时也考虑到扩充发展。在选材方面、投资方面根据功能及设备要求区别对待,做到投资有重点,确保系统的安全运行。建设原则如下。

(1) 先进性。使机房系统具有一定的超前性,确保机房系统长期高效运行。

(2) 可靠性。在意外情况下的抗干扰性和快速补充性,保证各环节都安全可靠。

(3) 标准性。严格按照国家技术场地的有关标准设计,图纸文件规范齐全。

(4) 实用性。充分考虑数据中心机房系统功能完善的基础,使其性价比达到最优。

(5) 扩充性。留有充分的扩展冗余,系统可进一步开发新应用及适应未来更新换代。

5.2.2 安全保护

1. 中心机房环境及场地安全

选择机房环境及场地时,安全方面应考虑以下几点。

(1) 为提高中心机房的安全可靠性,机房应有一个良好的环境。因此,机房的场地选择应避开有害气体来源以及存放腐蚀、易燃、易爆物品的地方,避开低洼、潮湿的地方,避开强振动源和强噪声源,避开电磁干扰源。

(2) 外部容易接近的进出口应有栅栏或监控措施。机房周围应有一定的安全保障,防止非法暴力入侵。

(3) 机房内应安装监视和报警装置。在机房内通风孔、隐蔽的地方安装监视器和报警器,用来监视和检测入侵者,预报意外灾害等。

(4) 建筑物周围要有足够亮度的照明设施和防止非法进入的设施。

(5) 机房供电系统应将动力、照明用电与计算机系统供电线路分开。

2. 中心机房装饰装修

中心机房的装饰装修应考虑以下几点。

(1) 机房装修材料应符合 TJ16《建筑设计防火规范》的规定，采用难燃材料或非燃材料，还应具有防潮、吸音、不起尘、抗静电、防辐射等功能。

(2) 机房应安装活动地板，活动地板应由难燃材料或者非燃材料制成，应有稳定的抗静电性能和承载能力，同时耐油、耐腐蚀、柔光、不起尘等。安装活动地板时，应采取相应措施，防止地板支脚倾斜、移位、横梁坠落等问题。

(3) 活动地板提供的各种规格的电线电缆进出口应光滑，以免损伤电线电缆。

(4) 活动地板下的建筑地面应平整、光洁、防潮、防尘。

(5) 机房应封闭门窗或采用双层密封玻璃等防音、防尘措施。

(6) 安装在活动地板下及吊顶上的送风口、回风口应采用难燃材料或非燃材料。

3. 中心机房的出入管理

应制定完善的机房安全出入管理制度，通过特殊标志、口令、指纹、通行证等标识对进入机房的人员进行识别和验证，以及对机房的关键通道加锁或设置警卫等，防止非法进入机房。

外来人员要进入机房，应先登记申请进入机房的时间和目的，经有关部门批准后由警卫领入或由相关人员陪同。进入机房应佩戴临时标志，且要限制一次性进入机房的人数。

另外，在机房建筑结构上，要考虑使电梯和步梯不能直接进入机房。

4. 中心机房的内部管理和维护

在机房的内部管理与维护方面应做到以下几点。

(1) 机房的空气要经过净化处理，要经常排除废气，换入新风。

(2) 工作人员要经常保证机房清洁卫生。

(3) 工作人员进入机房要穿工作服，佩戴标志或标识牌。

(4) 机房要制定一整套可行的管理制度和操作人员守则，并严格监督执行。

5.2.3 “三度”要求

为保证计算机网络系统的正常运行，对中心机房工作环境中的温度、湿度和洁净度都要有明确要求。为了使机房的这“三度”达到要求，机房应该配备空调系统、去/加湿机、除尘器等设备，甚至特殊场合要配备比公用空调系统在加湿、除尘等方面有更高要求的专用空调系统。

(1) 温度。由于数据中心机房，特别是大型 IDC 机房里的网络设备发热量都非常大，导致数据中心机房的环境温度变化也大。统计表明，当温度超过规定范围时，每升高 10℃，设备的可靠性就下降 25%。所以机房的温度应控制在 10℃～35℃，更具体一些，温度要求 20℃±2℃。

(2) 湿度。中心机房设备的工作环境要求湿度为 40%～55%。超过 65%的湿度，为湿度过高；超过 80%属于潮湿；低于 40%属于湿度过低(空气干燥)。当空气的相对湿度大于 65%时，容易造成“导电小路”或者飞弧，会使设备元件的绝缘能力降低，严重降低电路可靠性；湿度过低会导致系统设备中的某些器件龟裂，静电感应增加。

(3) 洁净度。洁净度指洁净空气中空气含灰尘(包括微生物)量多少的程度。灰尘会造成设备接插件的接触不良、发热元器件的散热效率降低、电子元件的绝缘性能下降等危害;灰尘还会增加机械磨损,灰尘不仅会使磁盘数据的读写出现错误,而且可能划伤盘片,甚至导致磁头损坏。因此,中心机房必须有防尘、除尘设备和措施,保持机房内的清洁卫生,以保证设备的正常工作。一般中心机房的清洁度要求灰尘颗粒直径小于0.5μm,平均每升空气含尘量少于一万粒。

5.2.4 电磁干扰防护

中心机房周围电磁场的干扰会影响系统设备的正常工作,而计算机和其他电气设备的组成器件都是电阻、电容、集成电路和各种磁性材料器件,很容易受电磁干扰的影响。电磁干扰会增加电路的噪声,使机器产生误动作,严重时将导致系统不能正常工作。

通常可采取以下措施来防止和减少电磁干扰的影响。

(1) 中心机房选择在远离电磁干扰源的地方,如离无线电广播发射塔、雷达站、工业电气设备、高压电力线和变电站等设置较远的地方。

(2) 建造中心机房时采用接地和屏蔽措施。良好的接地可防止外界电磁场干扰和设备间寄生电容的耦合干扰;良好的屏蔽(电屏蔽、磁屏蔽和电磁屏蔽)可减少外界的电磁干扰。

中心机房屏蔽主要防止各种电磁干扰对机房设备和信号的损伤,常见的有两种类型,即金属网状屏蔽和金属板式屏蔽。依据机房对屏蔽效果的要求不同,屏蔽的频率频段的高低不同,选择屏蔽系统的材质和施工方法、各项指标要求应严格按照国家规范标准执行。

国家规定中心机房内无线电干扰场强在频率范围为0.15~500MHz时不大于126dB,磁场干扰场强不大于800A/m。

5.2.5 接地保护与静电保护

1. 中心机房接地保护

为保证网络系统可靠运行、防止寄生电容的耦合干扰、保护设备及人员安全,中心机房必须提供良好的接地系统。中心机房接地系统是涉及多方面的综合型信息处理工程,是中心机房建设中的一项重要内容,也是衡量一个中心机房建设质量的关键性问题之一。

接地就是要使整个系统中各处的电位均以大地电位为基准,为系统各电子电路设备提供一个稳定的0V参考电位,从而达到保证系统设备安全和人员安全的目的,同时,接地也是防止电磁信息辐射的有效措施。

接地以接地电流易于流动为目的。接地电阻越小,接地电流越易于流动,同时从减少成为电噪声原因的电位变动来说,也是接地电阻越小越好。中心机房接地宜采用综合接地方案,综合接地电阻应小于1Ω。

在机房接地时应注意两点:信号系统和电源系统、高压系统和低压系统不应使用共地回路;灵敏电路的接地应各自隔离或屏蔽,以免因大地回流和静电感应而产生干扰。

根据国家标准,大型计算机机房一般具有4种接地方式:交流工作地、直流工作地、安全保护地和防雷保护地。

2. 中心机房静电保护

静电是机房发生最频繁、最难消除的危害之一。它不仅会使设备运行出现随机故障,而且会导致某些元器件被击穿或毁坏,此外还会影响操作人员和维护人员的工作和身心健康。

1）静电危害

（1）磁盘读写失败，打印机打印混乱，通信中断，芯片被击穿甚至主机板被烧坏等。

（2）当静电电压较低时，静电放电产生的电气噪声会对逻辑电路形成干扰，引发芯片内逻辑电路死锁，导致数据传输或运算出错，也可能对芯片形成轻微的物理损伤而提前老化或潜在失效。

（3）当静电电压超过250V时，静电放电就能击穿芯片了。

2）静电的防护

对静电问题的防护，不仅涉及计算机的系统设计，还与中心机房的结构和环境条件有很大关系。

通常采取的防静电措施如下。

（1）机房建设时，在机房地面敷设防静电地板。

（2）工作人员在工作时穿戴防静电衣服和鞋帽。

（3）工作人员在拆装和检修机器时应在手腕上戴防静电手环（该手环可通过柔软的接地导线放电）。

（4）保持机房内相应的温度和湿度。

5.2.6 电源系统

电源是中心机房系统的命脉，电源系统稳定可靠是网络系统正常运行的先决条件。电源系统电压的波动、浪涌电流或突然断电等意外事件的发生不仅可能使系统不能正常工作，还可能造成系统存储信息丢失、存储设备损坏等。因此，电源系统的安全是中心机房系统安全的一个重要组成部分。

在国标GB 2887—2000和GB 9361—1988中对机房的安全供电做了明确要求。国标GB 2887—2000将供电方式分为以下三类。

（1）一类供电：需建立不间断供电系统。

（2）二类供电：需要建立带备用的供电系统。

（3）三类供电：按一般用户供电要求考虑。

电源系统安全不仅包括外部供电线路的安全，更重要的是室内电源设备的安全。中心机房可采用以下措施保证电源的安全工作。

1. 隔离和自动稳压

把建筑物外电网电压输入到隔离变压器、稳压器及滤波器组成的设备上，再把滤波器输出电压提供给各设备。隔离变压器和滤波器对电网的瞬变干扰具有隔离和衰减作用。常用的稳压器是自动感应稳压器，对电网电压的波动具有调节作用。

2. 稳压稳频器

稳压稳频器是采用电子电路来稳定电网输入的电压和频率的装置，其输出供给系统设备。稳压稳频器通常由整流器、逆变器、充电器、蓄电池组成。蓄电池可在电网停止供电时，短时间内起供电作用；逆变器把直流电转变为交流电，因此它产生的交流电受电网影响是很小的；充电器对蓄电池充电，使蓄电池在一个固定的直流电压上。

3. 不间断电源

中心机房负载分为主设备负载和辅助设备负载。主设备是指中心计算机及网络系统、外部设备及机房监控系统，这部分配电系统统称为“设备供配电系统”，其供电质量要求较高，应采用不间断电源(UPS)供电来保证主设备负载供电的稳定性和可靠性。

UPS是由大量的蓄电池组成的，类似于稳压稳频器。系统交流电网一旦停止供电，立即启动UPS为系统继续供电。UPS根据其容量大小，可为系统提供连续供电30分钟甚至更长时间。在UPS供电期间，还可以启动备用发电机工作，以保证更长时间的不间断供电。另外，UPS还有滤除电压的瞬变和稳压作用。

5.2.7 建设施工

数据中心机房工程建设的目标：一方面，中心机房建设要满足系统网络设备要求，安全可靠，正常运行，延长设备的使用寿命，提供一个符合国家各项有关标准及规范的、优秀的技术场地；另一方面，中心机房建设还应给机房工作人员、网络客户提供一个舒适的工作环境。因此，在中心机房设计中要具有先进性、可靠性及高品质，保证各类信息通信畅通无阻，为今后的业务运行和发展提供服务。

1. 中心机房装修子系统

数据中心机房的室内装修工程的施工和验收主要包括天花吊顶、地面装修、墙面装饰、门窗等的施工验收及其他室内作业，其装修效果图如图5-11所示。

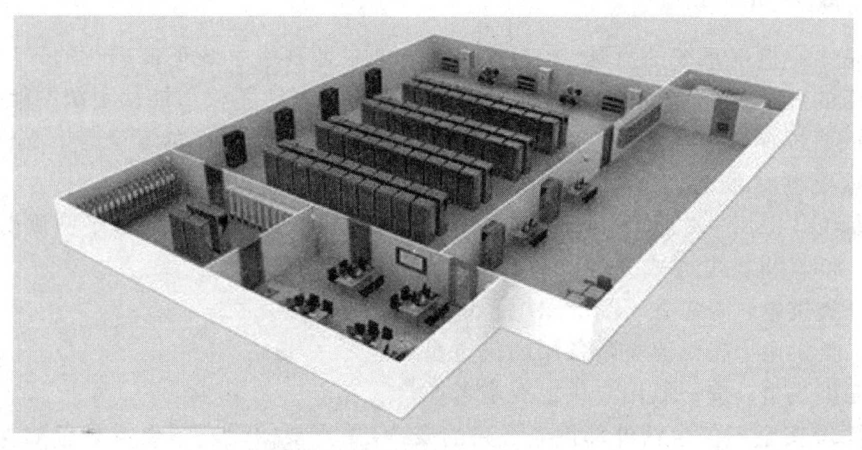

图5-11 中心机房装修效果图

在施工时应保证现场、材料和设备的清洁。隐蔽工程(如地板下、吊顶上、假墙、夹层内)在封口前必须先除尘、清洁处理，暗处表层应能保持长期不起尘、不起皮和不龟裂。

机房所有管线穿墙处的裁口必须做防尘处理，然后对缝隙必须用密封材料填堵。在裱糊、粘接贴面及进行其他涂复施工时，其环境条件应符合材料说明书的规定。

装修材料应尽量选择无毒、无刺激性的材料，尽量选择难燃、阻燃材料，否则应尽可能涂刷防火涂料。

2. 中心机房配电子系统

为保护计算机、网络设备、通信设备以及机房其他用电设备和工作人员正常工作和人身安全，要求配电系统安全可靠，因此该配电系统按照一级负荷考虑进行设计。

中心机房内供电宜采用两路电源供电，一路为中心机房提供市电用电，主要供应照明、市电插座、空调等非UPS用电系统供电；一路为UPS输入回路，供机房内UPS设备用电，如数据中心计算机系统和服务器系统负荷用电，保证本数据中心计算机系统正常运行，还为应急照明灯具供电。两路电源各成系统，如图 5-12 所示。

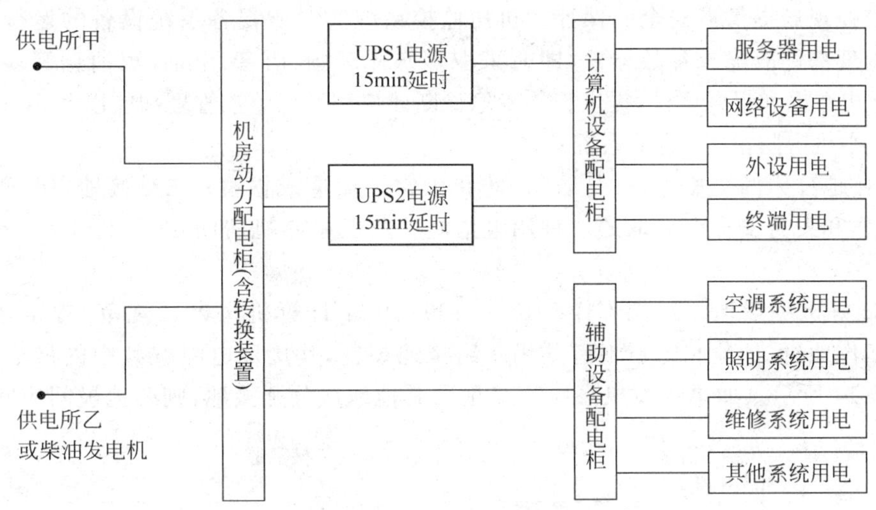

图 5-12　中心机房配电系统

3. 中心机房空调与新风子系统

为保证中心机房拥有一个良好的机房环境，机房专用空调应采用下送风、上回风的送风方式，主要满足机房设备制冷量和恒温恒湿需求。应选择的机房专用空调是模块化设计的，这样既可根据需要增加或减少模块，也可根据机房布局及几何图形的不同任意组合或拆分模块，且模块与模块之间可联动或集中或分开控制，如图 5-13 所示。

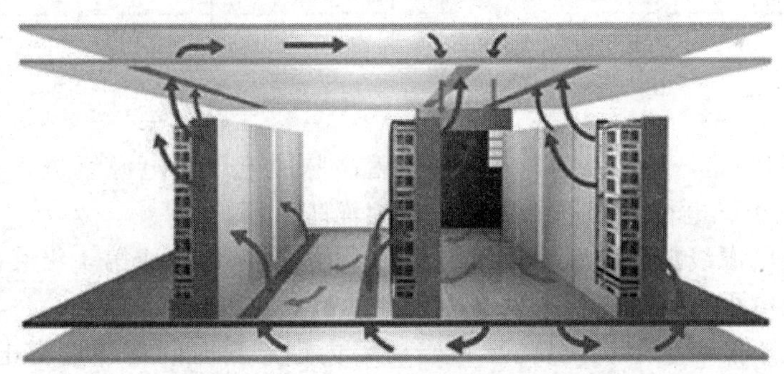

图 5-13　中心机房空调与新风子系统

根据机房的围护结构特点（主要是墙体、顶面和地面，包括楼层、朝向、外墙、内墙及墙体材料、门窗样式、单双层结构及缝隙、散热），人员的发热量、照明灯具的发热量、新风负荷等各种因素，计算出计算机房所需的制冷量，因此选定空调的容量。新风系统的风管及风口位置应配合空调系统和室内结构来合理布局，其风量根据空调送风量大小而定。

4. 中心机房监控子系统

中心机房监控子系统主要是针对中心机房所有的设备及环境进行集中监控和管理的，其监控对象构成机房的各个子系统：动力系统、环境系统、消防系统、保安系统、网络系统等。机房监控系统基于网络结构化布线系统，采用集散监控，在机房监视室放置监控主机，运行监控软件,以统一的界面对各个子系统集中监控。

监控中心值班人员实现对被监控设备的集中监控和统一管理,将可破坏程度降低到最低点,为监控现场提供最安全的保证。机房监控系统实时监视各系统设备的运行状态及工作参数,发现部件故障或参数异常,即时采取多媒体动画、语音、电话、短消息等多种报警方式,记录历史数据和报警事件,提供智能专家诊断建议和远程监控管理功能以及Web浏览等。

5. 中心机房防雷、接地子系统

防雷接地分为两个概念,一是防雷,防止因雷击而造成损害;二是接地,保证用电设备的正常工作和人身安全而采取的一种用电措施。所以中心机房防雷、接地工程一般要做以下工作。

(1) 做好机房接地。根据GB 50174—1993《电子计算机房设计规范》规定,交流工作地、直流工作地、保护地和防雷地宜共用一组接地装置,其接地电阻按其中的最小值要求确定,如图5-14所示。如果计算机系统直流地与其他地线分开接地,则两地极间应间隔25m。

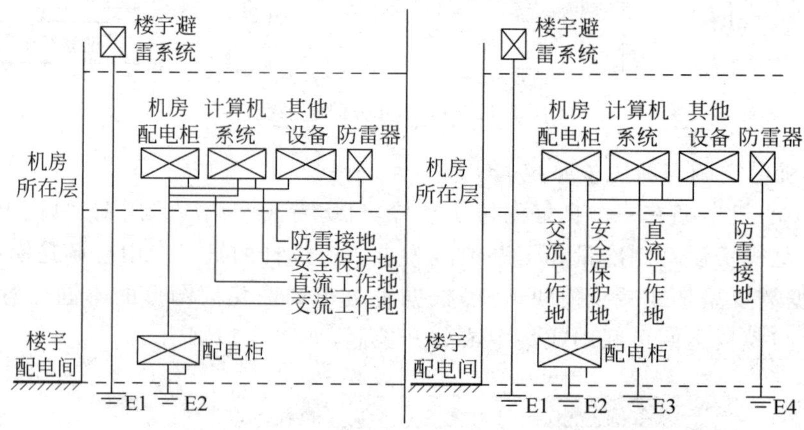

图5-14 中心机房接地

(2) 做好线路防雷。为防止感应雷、侧击雷高脉冲电压沿电源线进入机房损坏机房内的重要设备,在电源配电柜电源进线处应安装浪涌防雷器。

① 在动力室电源线总配电盘上安装并联式专用避雷针,构成第1级衰减。

② 在机房配电柜进线处安装并联式电源避雷针,构成第2级衰减。

③ 机房布线不能沿墙敷设,以防止雷击时墙内钢筋瞬时间传导墙雷电流时,瞬时变化的磁场在机房内的线路上感应出瞬间的高脉冲浪涌电压,把设备击坏。

5.2.8 工程施工的注意事项

1. 机房装修子系统注意事项

(1) 如果防静电地板接地环节处理不当,将导致正常情况下产生的静电没有良好的泄放路径,不但会影响工作人员身体健康,甚至会烧毁机器。

(2) 装修过程中环境卫生、空气洁净度不好、灰尘的长时间积累可引起绝缘等级降低、电路短路。

(3) 活动地板下的地表面如果没有做好地台保温处理,在送冷风的过程中地表面会因地面和冷风的温差而结霜。

(4) 安装活动地板时,要绝对保持围护结构的严密,尽量不留孔洞。如果有孔洞(如管、槽),则要做好封堵。

(5) 室内顶棚上安装的灯具、风口、火灾控测器及喷嘴等应协调布置,并应满足各专业的技术要求。

(6) 电子计算机机房各门的尺寸均应保证设备运输方便。

2. 机房配电子系统注意事项

(1) 为保证电压、频率的稳定,UPS必不可少。

(2) 配电回路线间绝缘电阻不达标,容易引起线路短路,发生火灾。

(3) 机房紧急照明亮度不达标,无法通过消防验收,发生火灾时易导致人员伤亡。

3. 机房空调子系统注意事项

(1) 空调用电要单独走线,区别于主设备用电系统。

(2) 空调机的上下水问题:设计中机房上下水管不宜经过机房。

4. 机房防雷、接地子系统注意事项

(1) 信号系统和电源系统、高压系统和低压系统不应使用共地回路。

(2) 灵敏电路的接地应各自隔离或屏蔽,以防止地回流和静电感应而产生干扰。机房接地宜采用综合接地方案,综合接地电阻应小于1Ω。

5.3 数据中心机房环境建设案例

随着数据业务的不断发展,某大学拟建立数据中心,为各院系提供各种数据服务。目前,该大学计划建立一个300m² 的数据中心。

5.3.1 数据中心设计原则

某大学的数据中心机房建设主要遵循以下几个原则。

(1) 规范性原则。在设计和建设过程中,始终遵循国家法律法规。该大学建立的是B类数据中心机房,建设过程按照国家的相关规定和标准执行。

(2) 可靠性原则。主要考虑严格最基本的防自然灾害以及机房自身运行的安全可靠性。防自然灾害,重点考虑防震、防雷、防水、防火,以及防鼠虫害。老鼠对网络的破坏能力不能小觑。机房本身运行的安全可靠性主要考虑机房配电系统和空调管理系统的安全性。

(3) 先进性原则。现在新的机房都承载着比较大的数据运行任务,先进性主要考虑在建设过程中使用国际上先进的技术和设备,满足今后一段时期数据中心能够适应计算机技术和网络技术发展的需求。

(4) 灵活性原则。主要考虑比如计算机机房面积、电力系统UPS系统的容量、空调的容量、信息点的容量,这些一般要留出来相应的冗余,也是为了进一步的发展考虑。

(5) 安全性原则。主要考虑影响机房建设可靠性的因素,如动环监控系统、安防监控系统。从数据安全的角度考虑,还需要考虑到结构化布线的合理性,这是根据学校的实际情况做出的简单总结。

(6) 节能环保原则。主要指建设中使用绿色环保材料,同时也需要考虑到动力系统、空调系统的节能、电耗问题。

5.3.2 数据中心设计内容

该大学数据中心机房具体功能分区如图5-15所示。

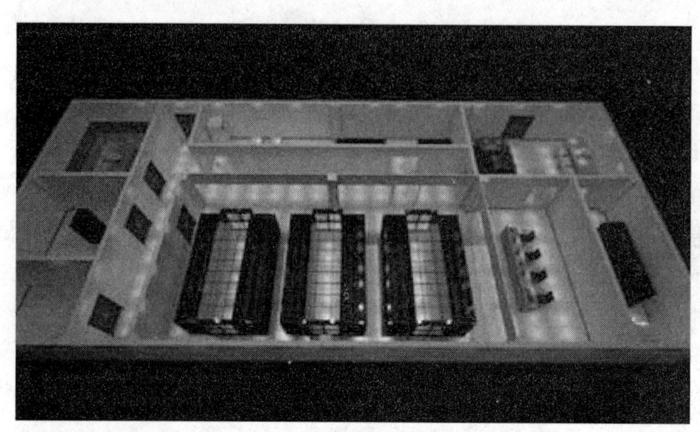

图5-15 某大学数据中心机房示意图

下面简单介绍建设包含的内容，具体来讲如下。

1. 中心机房装修工程

(1) 装修设计内容。按照B类机房建设标准，机房内部装修包括地面、墙面、吊顶、隔断、门窗、标识等内容。

(2) 装修设计原则。色调淡雅、柔和，简洁大方，有现代感；采用防火、防尘、保温、绿色环保材料。

(3) 吊顶方式。根据机房的实际位置和层高选择吊顶方式。如果机房层高允许的话，有吊顶的方式应该能够起到节能的作用，比如对散热、机房空调系统的节能都有一定的好处。我们采用的是有吊顶的方式。

(4) 地面装修工程。实际上也是目前机房建设的一种格式化方式：机房区域均铺设活动硫酸钙防静电地板，防静电地板下面铺设保温棉和防静电铝板。

(5) 立面装修工程。采用机房主题墙面，现在基本上用的都是彩钢板，它的好处是隔温隔热、防电磁辐射，美观度也比较好。

现在的机房装修都会考虑到美观度，所以会有一些玻璃隔断。采用玻璃隔断时，要注意消防防火要求和空调回风问题。

2. 中心机房电气系统

配电是数据中心机房非常重要的方面。首先应该考虑到整个机房运行的总功率，这很重要。一般来说，现在的配电基本都是双电，一主一备。因为是建一个新机房，总功率要细化到每个机柜，按照现在常规2U的一个服务器，功率大概在600多瓦(W)，那么按照8台或者6台布局，一个机柜能达到3000多瓦或者4000多瓦，这个一定要有仔细的计算，因为它对后期的用电非常关键。

还有一个问题是一定要做到方便扩容，该大学使用的是模块化的UPS。因为当前的UPS都具备网络管理功能，那么它也作为场地监控的一部分。

主要使用了120kVA UPS的4台主机为双总线结构供电。配电的冗余在设计时也是非常重要的，因此一定要考虑到冗余和其扩展性。

3. 中心机房空调通风系统

设置机房专用精密空调，设置全热式交换新风机。该大学采用的应该算是比较常规的方法，如图 5-16 所示。

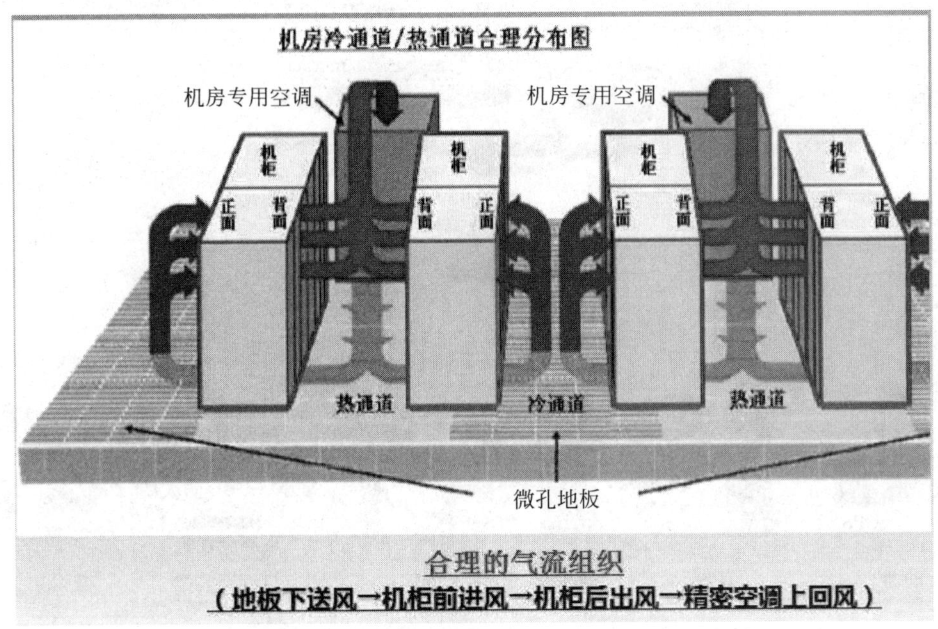

图 5-16　机房空调通风系统

这里有一个问题，该大学采用的是下送风的方式，也有的中心机房采用上送风的方案或者冷通道的方案。从节能的角度考虑，冷通道的方案更好，从理论上能够节省 20%～30% 的能源。

采用下送风的方案在建设过程中要考虑自己机房的实际情况，比如说如果层高不允许，最好就不用下送风，因为下送风对静电地板和地面高度有要求，最少应该达到 40cm，而该大学用的是 60cm。

4. 中心机房场地监控系统

现在的设备都越来越智能化，不管是空调、消防，包括 UPS 和配电等，都能够实现网络监控，所以说在机房建设过程中，监控也是非常重要的，是实现一体化和智能化管理的重要手段。在机房建设时也把相关的内容考虑进去了，包括机房温湿度、电源、漏水、UPS、安防、空调、电池、风机滤网、避雷器等，如图 5-17 所示。

5. 中心机房消防系统

该大学采用的是比较常用的七氟丙烷无管网气体灭火系统。因为该大学数据中心机房在学校图书馆一楼，而图书馆大楼本身也有消防系统，所以现在是两套消防系统联动。

6. 机房防雷接地系统

(1) M 形综合接地方式，接地电阻不大于 1Ω。

(2) 设置等电位连接带和等电位连接网格。

(3) 机房外围采用 30×3，内围采用 30×2 的铜排组成矩形等电位接地网络。

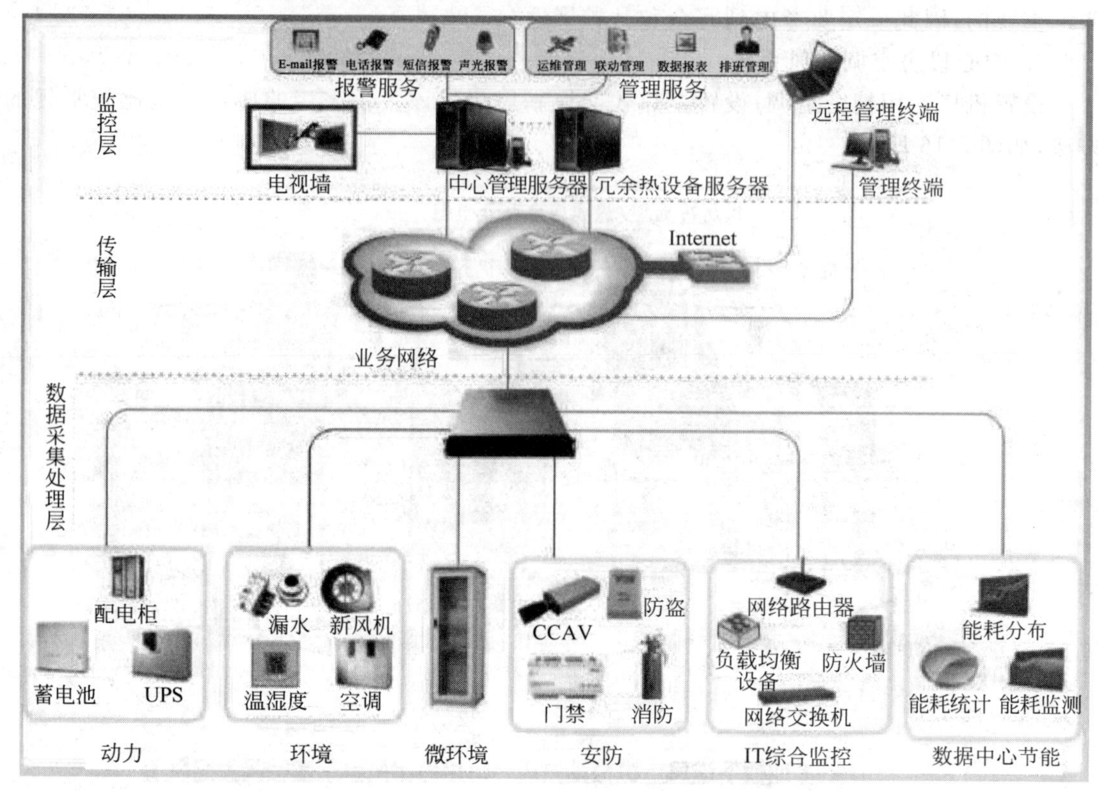

图 5-17　中心机房场地监控系统

(4) 每台机柜要采用不同长度的两根接地线与接地网格相连。

在遵循防雷系统相关行业标准的同时,该大学的防雷系统充分利用了整个大楼的防雷系统:每个机柜下面都有两个不同长度的接地线,统一汇聚到大楼的接地系统里面。

7. 节能策略

该大学对中心机房能耗的统计如图 5-18 所示。

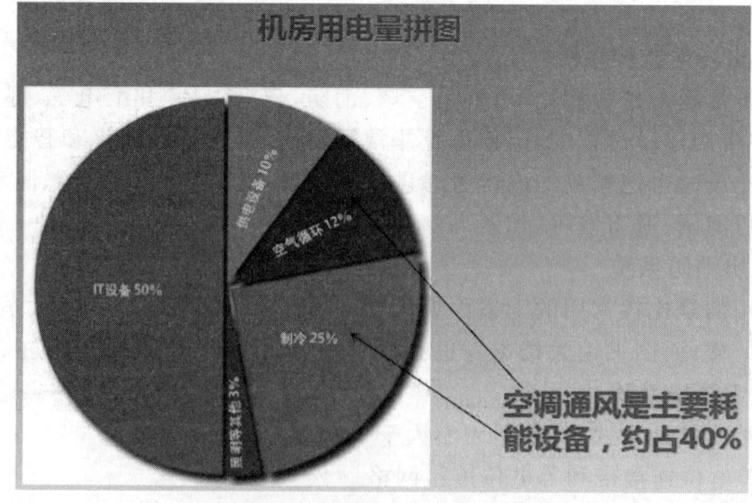

图 5-18　中心机房能耗图

配电系统占到 50%的能耗，空气循环（主要是新风系统）大概占 12%，制冷系统占 25%，然后是设备供电占 10%，其他照明占 3%。其中，空调通风是主要的耗能设备，约占 40%。

8. 机房结构化布线系统

应该说，B 类机房的建设标准对结构化布线系统的要求非常严格和细致。

(1) 高速、安全的网络。该大学整体建设中采用 6 类非屏蔽双绞线和万兆多模光纤布线系统。水平线缆采用 6 类低烟无卤阻燃双绞线，水平光纤点采用万兆光缆；数据主干采用室内万兆 OM3 多模光缆。

(2) 合理的布线方案。采用机柜上走线方案，双绞线直接进机柜；单、多模光纤集控在弱电列头柜。缺点是单点故障率低，管理麻烦。

另外也有下走线的方式，两种方式各有利弊。上走线更易于维护，但是在机房运行一段时间后，可能会出现线看起来比较乱的情况。考虑到这个问题，布线时在上走线线槽里，每到一个机柜，让双绞线下来，直接通过配电架做到机柜里面去，然后光纤统一到弱电列头柜，这样就可以防止机房运行一段时间后，因为进行大量的线路调整出现线很乱、机房不规整的问题。从线缆的布局方式来看，十年之内应该不用出现大的变动。每个机柜从线槽里面下来后都会根据实际应用，最多的是 24 根双绞线。布线的情况就是为了满足以后发展的需求和扩展性。

9. 智能化防雷接地系统

采用综合接地方式，即大楼防雷接地与交流工作接地、直流工作接地、安全保护接地共用一组大楼接地装置，如图 5-19 所示。接地装置的接地电阻值小于等于 1Ω。

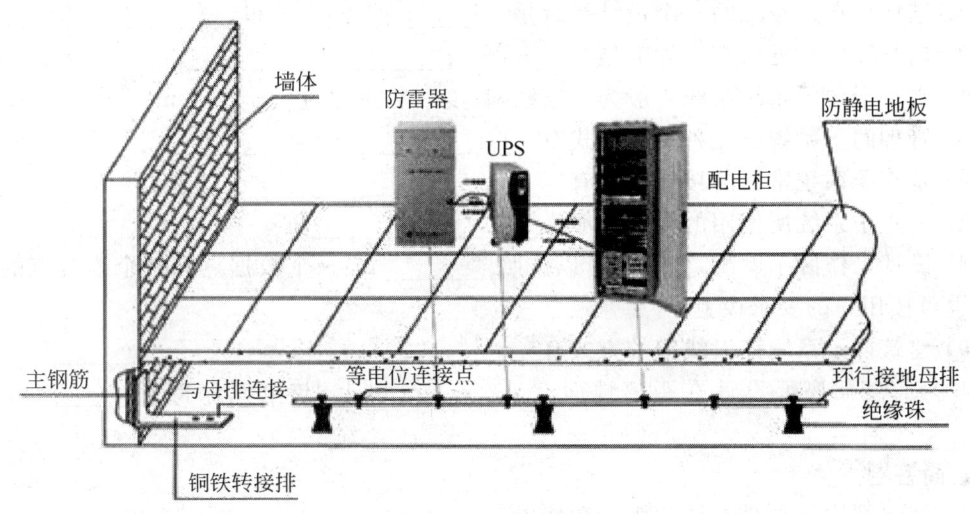

图 5-19　防雷接地系统

10. 综合管网系统

综合管网的设计原则有以下几点。

(1) 充分利用智能化系统工程建设的需求及特点，做到“统一规划、一步到位、适当冗余、经济合理”。

(2) 金属线槽内敷设的线缆均不超过线槽截面的 50%；KBG 钢管和 SC 钢管的截面利

用率不超过30%。

(3) 建筑室内各智能化系统均采用金属线槽和KBG钢管相结合的敷设方式，其中管道采用扣压式钢管，桥架采用金属酸洗、磷化及镀锌处理。防腐蚀，防静电。

小　结

建筑物结构化布线系统是计算机网络工程的基础。结构化布线系统具有系统化工程、模块化结构、灵活方便性、技术超前性等特点。

结构化布线系统分为工作区子系统、水平子系统、管理子系统、垂直子系统、设备间子系统、建筑群子系统等6部分。

数据中心机房是各种信息系统的中枢，中心机房工程必须保证服务器设备、网络设备、存储设备等高级设备能长期可靠运行。数据中心机房建设是一项复杂的系统工程，它综合了建筑装饰、网络布线、延时供电、防雷接地、新风空调、环保节能、消防安防、动力及环境监控等多种技术，是网络系统运行的重要基础。

习题与实践

1. 填空题

(1) 结构化布线系统分为________、________、________、________、________和建筑群子系统。

(2) 结构化布线系统的三个设计等级是________、________和________。

(3) 信息插座常见的有三种类型：________、________和________。

(4) 水平干线子系统用线一般为双绞线，长度一般不超过________ m。

(5) 管理间子系统的三种交连方式有________、________、________。

(6) 垂直子系统常见的接线方法有________、________。

(7) 垂直子系统所使用的介质一般为________、________。

(8) 设计工作区子系统，信息点可以按照________ m^2 一个数据点和一个语音点的原则设置，也可按用户的要求设置。

(9) 建筑群子系统铺设线缆的方式有________、________、________、________。

(10) 信息插座要设计在距离地面________ cm以上，与电源保持________ cm以上距离。

2. 简答题

(1) 简述结构化布线系统的概念和特点。

(2) 简述结构化布线系统的结构。

(3) 简述工作区子系统的组成及其设计。

(4) 简述水平子系统的组成及其设计。

(5) 简述垂直子系统的组成及其设计。

(6) 简述管理子系统的组成及其设计。

(7) 简述设备间子系统的组成及其设计。

(8) 简述建筑群子系统的组成及其设计。

(9) 简述结构化布线系统计算机辅助设计。

(10) 简述数据中心机房的建设内容。

(11) 简述数据中心机房环境监测的系统组成，环境监测系统的主要监测对象是哪些?

(12) 简述数据中心机房工程施工的注意事项。

3. 案例题

某企业数据中心机房管理员暂时离职，临时招聘的管理员对计算机管理与维护的知识很精通，但对中心机房管理的一些必备知识却了解甚少，要求你将中心机房的设计要求告诉他如何应付未来的工作。

4. 实验题

Fluke DSP-4300 应用实验。

(1) 实验目的。

掌握 Fluke DSP-4300 线缆测试仪的使用方法，加深对线缆测试相关知识的理解。

(2) 实验内容。

① 使用自动测试功能完成双绞线的测试;

② 使用单项测试功能完成双绞线的单项测试;

③ 掌握测试数据的存储方法;

④ 掌握测试报告的制作方法。

(3) 实验设备与环境。

Fluke DSP-4300 线缆测试仪一套; 双绞线网线若干。

(4) 实验步骤。

自动测试; 单项测试; 数据存储; 测试报告形成。

(5) 实验报告。

记录测试结果。

第6章 局域网服务器组网

本章学习目标

- 掌握虚拟化软件的安装和配置；
- 熟悉 DHCP 服务器的配置；
- 熟悉 DNS 服务器的配置；
- 熟悉 Web 服务器的配置；
- 了解 FTP 服务器的配置。

在局域网中，提供各种服务（如 Web 服务、FTP 服务、DHCP 服务等）都需要网络操作系统的支撑。常见的网络操作系统有 UNIX、Linux、Windows Server 2008 等（在第 3 章有详细介绍）。这其中，使用 Windows 系列中的 Windows Server 2008 或者 Linux 系列中的 RHEL (Red Hat Enterprise Linux)6.0 来提供各种网络服务都是比较简单和流行的方式，同时这两种网络操作系统也支持虚拟化功能。

6.1 虚拟化软件

虚拟化，是指通过虚拟化技术将一台计算机虚拟为多台逻辑计算机。在一台计算机上同时运行多个逻辑计算机，每个逻辑计算机可运行不同的操作系统，并且应用程序都可以在相互独立的空间内运行而互不影响，从而显著提高计算机的工作效率。下面分别以 VMware 公司的 Workstation 和微软的 Hyper-V 为例介绍虚拟化软件的安装和使用。

6.1.1 VMware Workstation 的安装和使用

VMware 公司的虚拟化软件有多种，包括 Workstation for Windows、Workstation for Linux、Fusion for MAC 等。下面介绍 Windows 平台下 VMware 虚拟软件的下载、安装和使用。

1. VMware Workstation 的下载和安装

在浏览器中打开网址 https://www.vmware.com/cn.html，单击左边的“下载”，双击右边的 Workstation Player，在打开的页面中选择主、次版本号进行下载，双击下载好的文件即可进行安装。

2. 使用 VMware Workstation 新建虚拟机

在计算机中打开 VMware Workstation 程序，在该软件的界面中选择“文件”菜单下的“新建虚拟机”，出现如图 6-1 所示的“新建虚拟机向导”对话框，初次使用该软件新建虚拟机，建议选择“典型(推荐)”，以后熟悉该软件及操作系统的安装过程之后可以选择“自定义(高级)”。

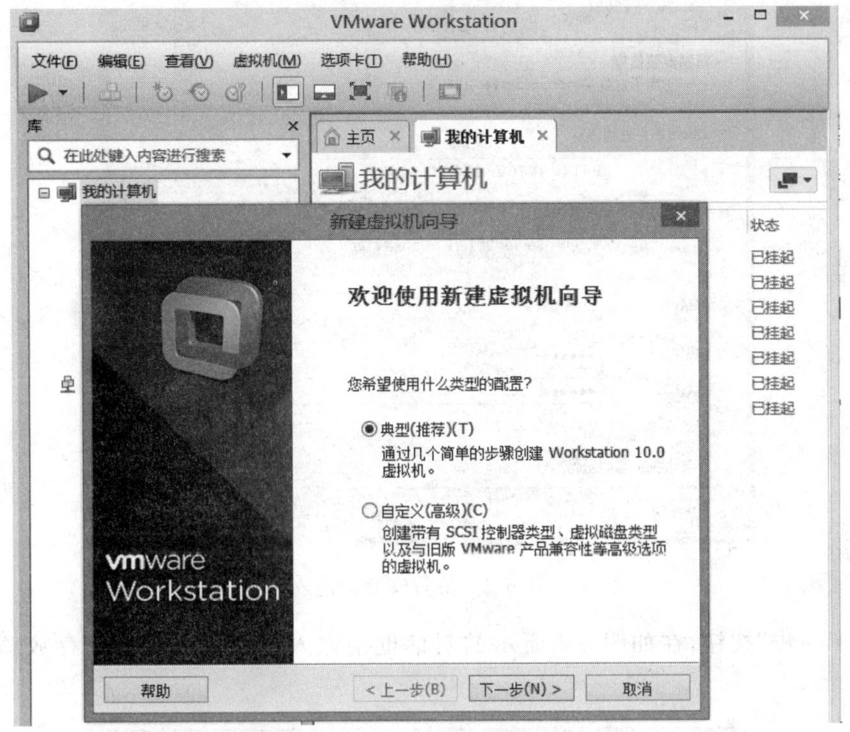

图 6-1　新建虚拟机向导

单击“下一步”按钮，在如图 6-2 所示的对话框中，选择“安装程序光盘映像文件(iso)”，单击“浏览”按钮，找到计算机中事先存储好的操作系统安装镜像文件，VMware 将自动检测到该操作系统的类型。

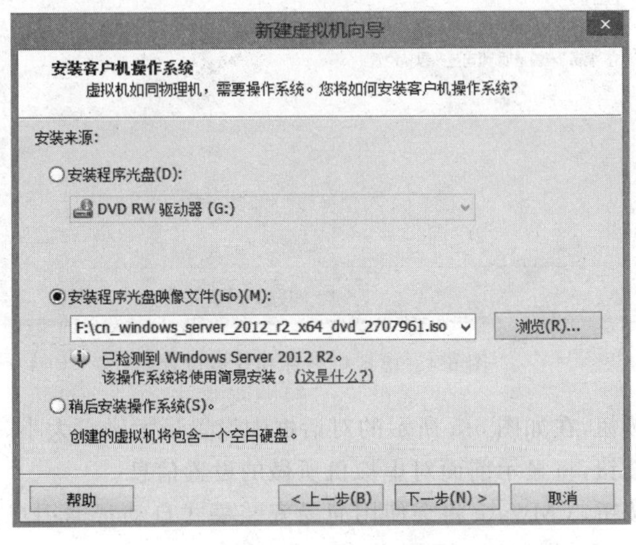

图 6-2　选择操作系统安装镜像文件

单击“下一步”,在如图6-3所示的对话框中,输入Windows产品密钥,选择要安装的Windows版本,在“个性化Windows”中输入用户账户的全称和密码。

图6-3 填写安装信息

单击“下一步”按钮,在如图6-4所示的对话框中输入虚拟机的名称和存放该虚拟机的文件夹。

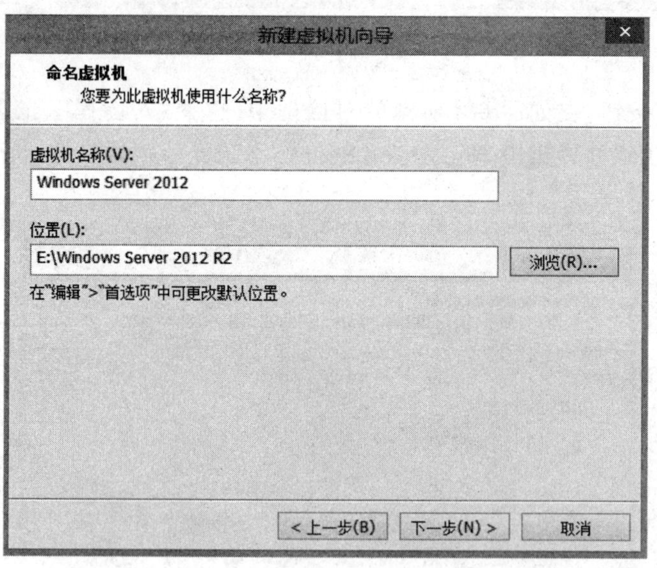

图6-4 虚拟机名称和安装位置

单击“下一步”按钮,在如图6-5所示的对话框中设置最大磁盘大小。

单击“下一步”按钮,将显示前面对虚拟机所做的设置信息。

单击“下一步”按钮,VMware将会使用简易安装模式自动帮助用户安装好操作系统并重新启动好Windows Server 2012系统,如图6-6所示。

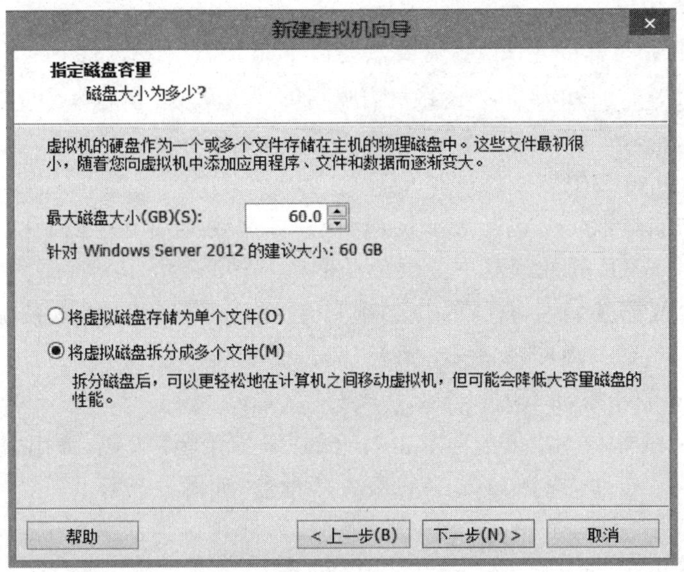

图 6-5 设置最大磁盘大小

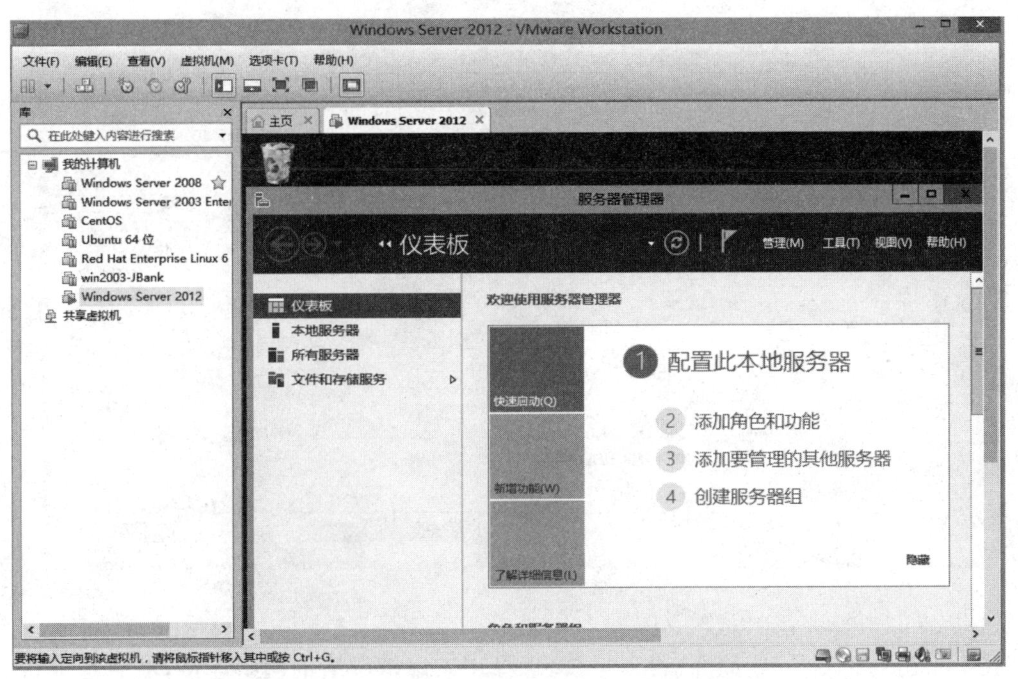

图 6-6 启动新建的 Windows Server 2012 虚拟机

6.1.2 Hyper-V 的安装和使用

微软公司早期的虚拟软件 Virtual PC 和 Virtual Server 都是在 32 位操作系统上使用的。在微软公司的 Windows Server 2008 及以上的 64 位操作系统中加入了对虚拟化技术 Hyper-V 的支持。下面介绍 Hyper-V 的安装和使用。

1. Hyper-V 的安装

若要安装和使用 Hyper-V 角色,需要具备以下条件。

(1) 一个基于 x64 的处理器。基于 x64 版本的 Windows Server 2008(具体来说是基于 x64 版本的 Windows Server 2008 Standard、Windows Server 2008 Enterprise 和 Windows Server 2008 Datacenter)中提供了 Hyper-V。

(2) 硬件协助的虚拟化。包括虚拟化选项(具体来说是 Intel 虚拟化技术(Intel VT)或 AMD 虚拟化(AMD-V))的处理器中提供此功能。

(3) 硬件强制数据执行保护(DEP)必须可用且必须启用。具体来说,必须启用 Intel XD 位(执行禁用位)或 AMD NX 位(无执行位)。

安装 Hyper-V 的步骤如下。

打开服务器管理器,单击"角色",双击右边的"添加角色"按钮,弹出"添加角色向导"对话框。单击"下一步"按钮,选择 Hyper-V 服务器角色,如图 6-7 所示。

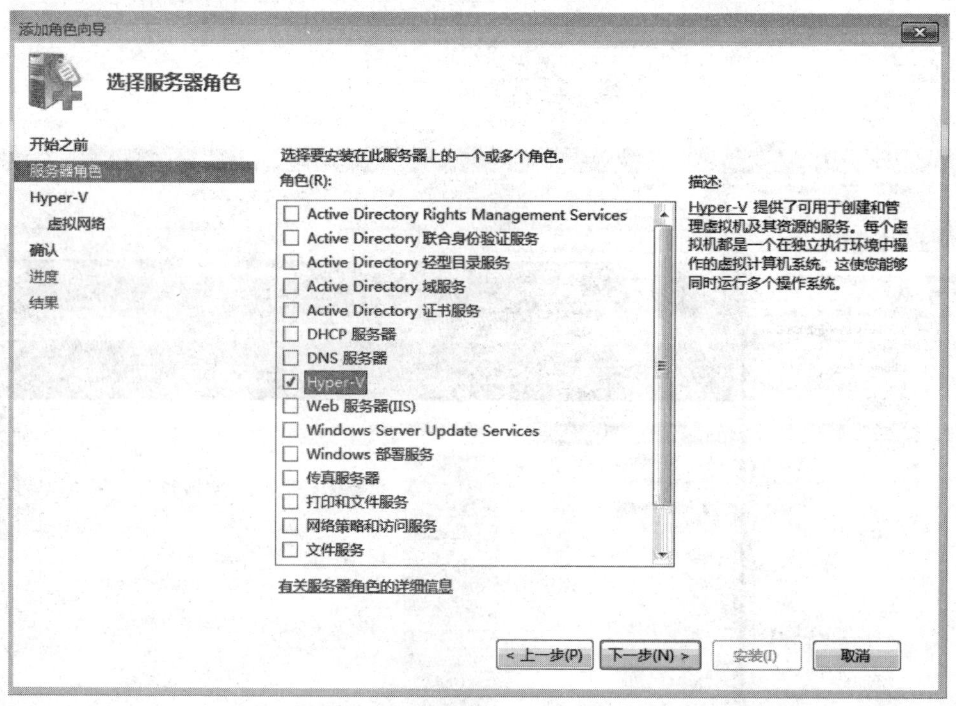

图 6-7 选择 Hyper-V 服务器角色

接下来出现 Hyper-V 简介,再下一步,选择用于虚拟网络的网络连接,然后是确认安装选择对话框,单击"安装"按钮,出现安装进度,安装完毕的对话框如图 6-8 所示。单击"关闭"按钮,最后重新启动该服务器使 Hyper-V 生效。

2. 使用 Hyper-V 新建虚拟机

打开 Hyper-V 管理器,单击右边操作中的"新建"→"虚拟机",如图 6-9 所示。出现新建虚拟机向导,选择使用自定义配置的方法创建虚拟机,在接下来的对话框中指定虚拟机的名称和存储位置,如图 6-10 所示。

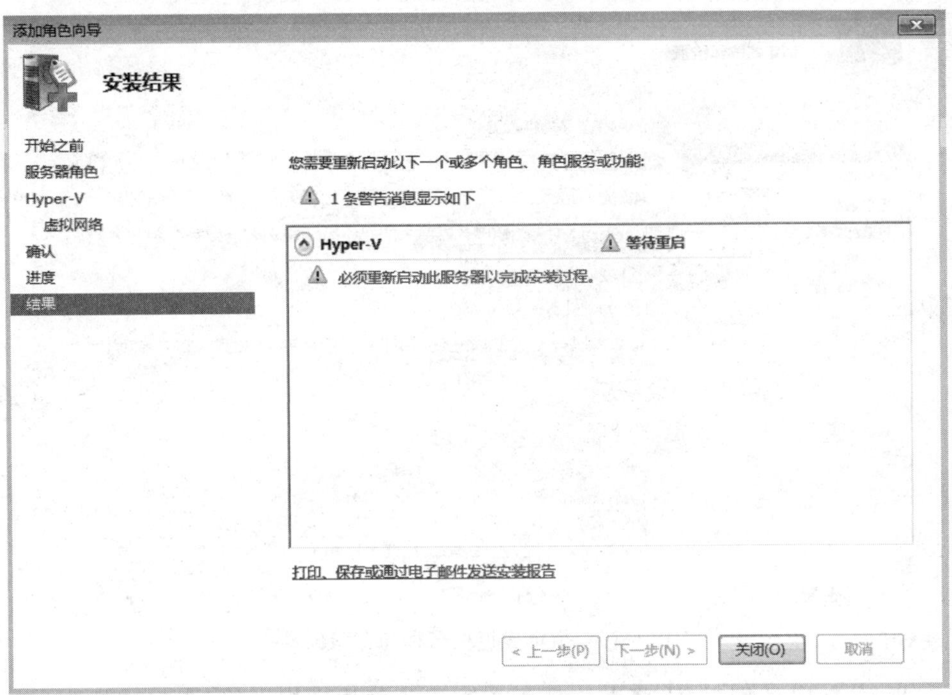

图 6-8　Hyper-V 安装完毕

图 6-9　在 Hyper-V 管理器中选择“新建”→“虚拟机”

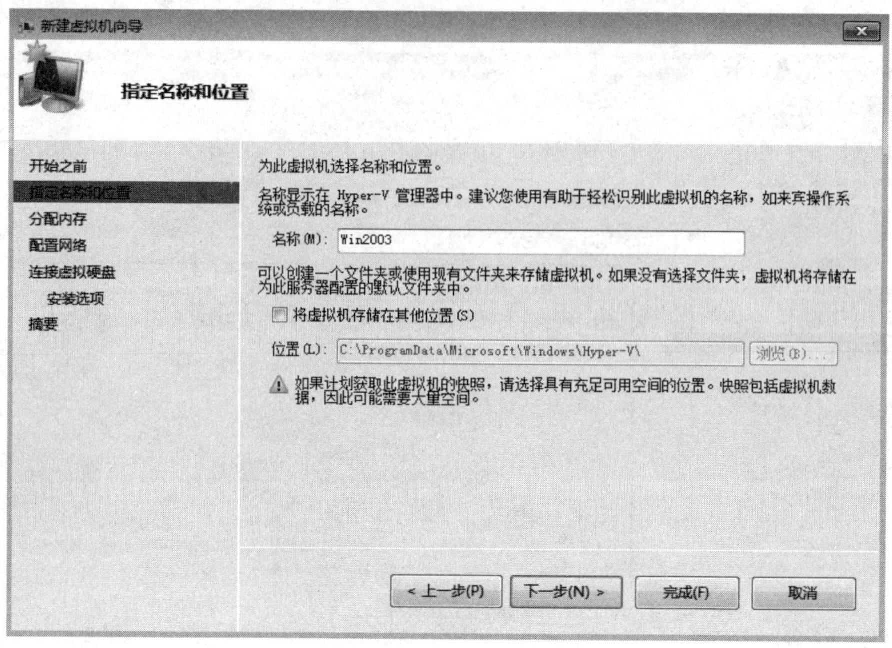

图 6-10　指定虚拟机名称和存储位置

下一步，分配内存 512MB，将网络适配器配置为使用虚拟网络，指定虚拟硬盘的名称、大小和位置，如图 6-11 所示。

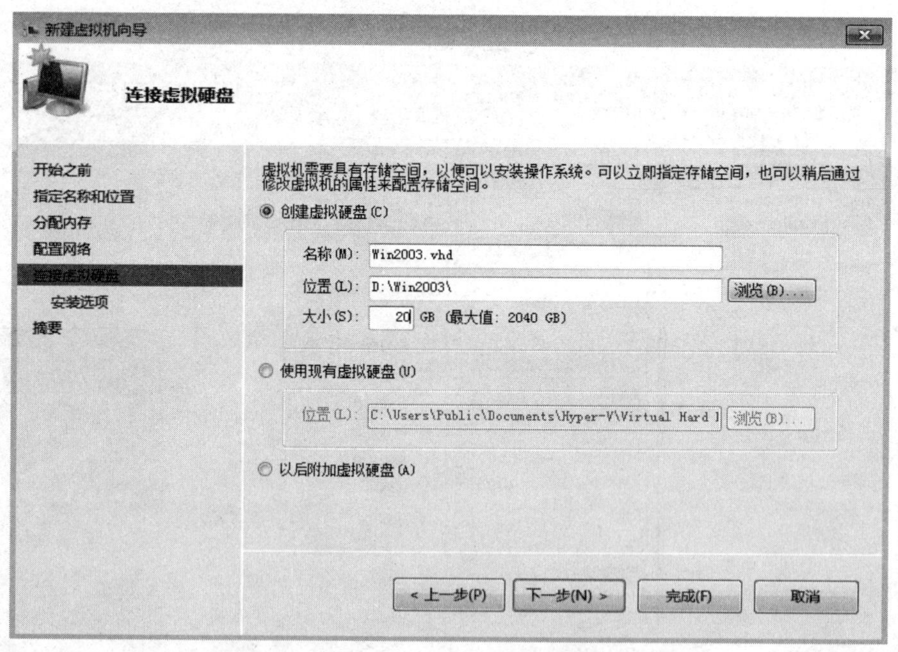

图 6-11　指定虚拟硬盘的名称、大小和位置

接下来选择要安装的客户机操作系统的镜像文件，如图 6-12 所示。之后出现摘要界面，单击“完成”按钮，返回 Hyper-V 管理器，如图 6-13 所示。右击 Win2003，选择“启动”，

开始 Windows Server 2003 操作系统的安装，具体安装步骤不再详述。至此，Win2003 虚拟机安装完毕。

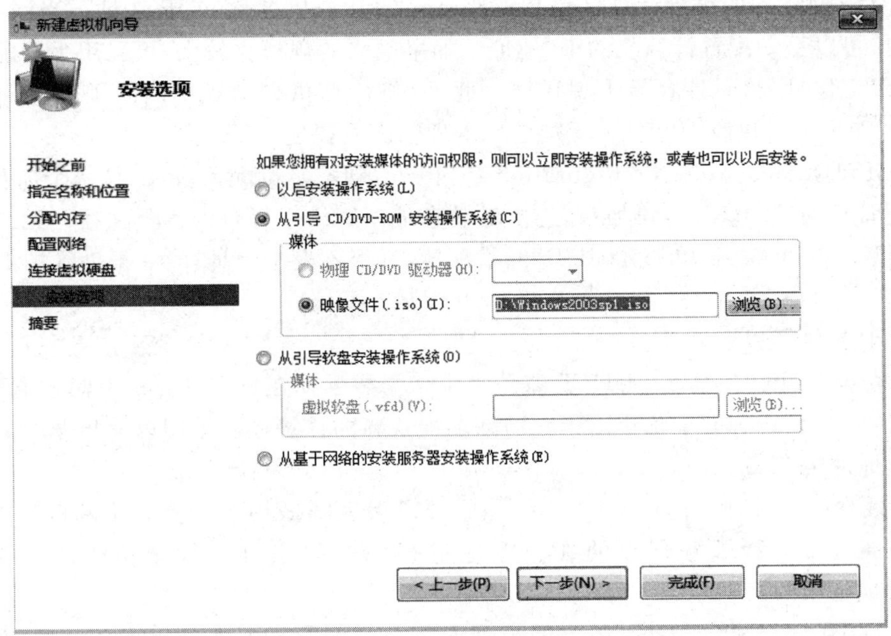

图 6-12 选择映像文件

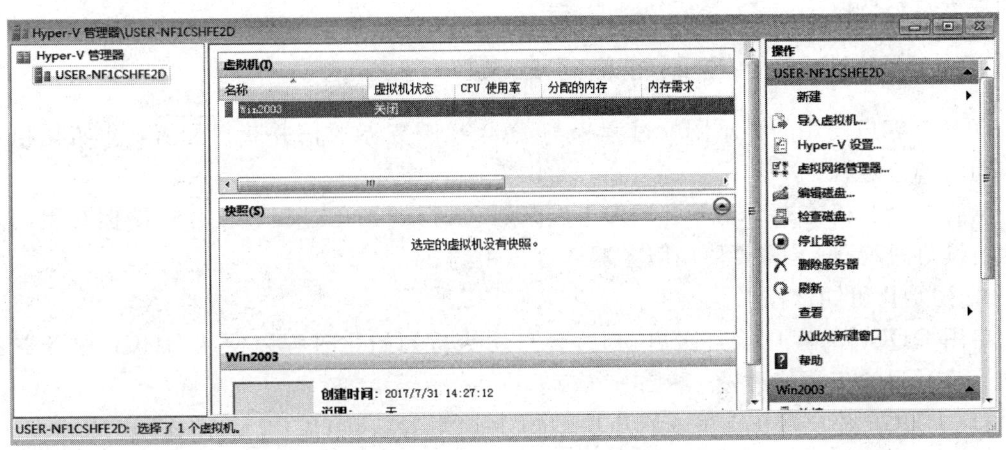

图 6-13 重返 Hyper-V 管理器

6.2 DHCP 服务器的配置

本节首先介绍 DHCP 服务器的基本概念和 DHCP 客户端获得 IP 地址等配置的过程，然后分别介绍在 Windows Server 2008 和 RHEL(Red Hat Enterprise Linux)6.0 中 DHCP 服务器的配置和管理。

6.2.1 DHCP 服务器的基本概念

TCP/IP 网络上的每台计算机都必须有唯一的计算机名称和 IP 地址。当网络的规模比较小时,可以手动配置计算机的 IP 地址。如果网络的规模比较大,再采用手动配置 IP 地址时,不仅工作量大,而且容易出现错误。此外,将计算机移动到不同的子网时,必须更改 IP 地址。如果手动更改 IP 地址,无疑会使管理工作变得复杂。

DHCP(Dynamic Host Configuration Protocol,动态主机配置协议)是一个简化主机 IP 地址分配管理的 TCP/IP 标准协议,它能够动态地向网络中每台设备分配独一无二的 IP 地址,并提供安全、可靠、简单的 TCP/IP 网络配置,确保不发生地址冲突,帮助维护 IP 地址的使用。

DHCP 提供了以下好处。

(1) 安全而可靠的配置。DHCP 避免了由于需要手动在每个计算机上输入值而引起的配置错误,DHCP 还有助于防止由于在网络上配置新的计算机时重用以前指派的 IP 地址而引起的地址冲突。

(2) 减少配置管理。使用 DHCP 服务器可以大大降低用于配置和重新配置网上计算机的时间。可以配置服务器以便在指派地址租约时提供其他配置值。这些值是使用 DHCP 选项指派的。

另外,DHCP 租约续订过程还有助于确保客户端配置需要经常更新的情况(如使用移动或便携式计算机频繁更改位置的用户),通过客户端直接与 DHCP 服务器通信可以高效自动地进行这些改动。

6.2.2 DHCP 客户端如何获得配置

DHCP 客户使用两种不同的过程来与 DHCP 服务器通信并获得配置:初始化租约过程和租约续订过程。

当客户计算机首先启动并尝试加入网络时,执行初始化过程。在客户端拥有租约之后将执行续订过程,但是需要使用服务器续订该租约。

1. 初始化租约过程

启用 DHCP 的客户端首次启动时,会自动执行初始化过程以便从 DHCP 服务器获得租约。该过程的步骤如下。

(1) DHCP 客户端在本地子网广播 DHCP 探索消息(DHCP Discover)。

(2) DHCP 服务器通过包含为客户端租约提供的 IP 地址的 DHCP 提供消息(DHCP Offer)进行响应。

(3) 如果没有 DHCP 服务器对客户探索请求进行响应,当客户端在 Windows 下运行并且仍未禁用 IP 自动配置时,客户端自动配置 IP 地址,以便与自动客户配置一起使用。如果客户端未在 Windows 下运行(或 IP 自动配置已被禁用),则客户端初始化失败。如果仍然保持运行,则它在后台继续重发 DHCP 探索消息(每 5 分钟 4 次),直至接收到来自服务器的 DHCP 提供消息。

(4) 客户端一旦收到 DHCP 提供的消息,就通过 DHCP 请求消息(DHCP Request)回复服务器来选择提供的地址。

(5) DHCP 服务器发送 DHCP 确认消息(DHCP ACK)表示租约已批准。同时,其他的 DHCP 选项信息也包含在确认消息中。

(6) 客户端一旦接收到确认消息,就使用消息回复中的信息来配置其 TCP/IP 属性并加入网络。DHCP 服务器和客户端之间的租约产生过程如图 6-14 所示。

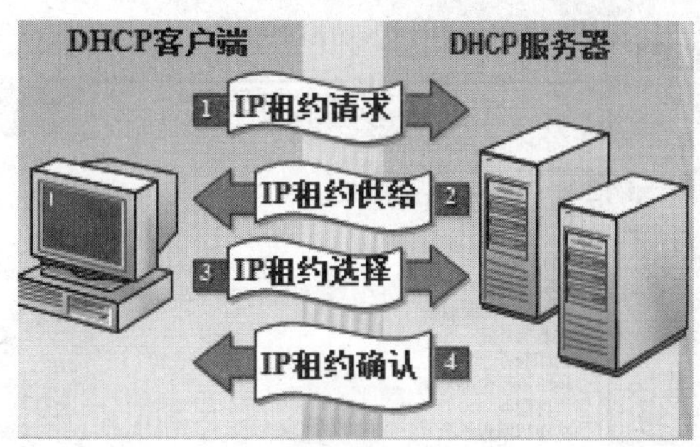

图 6-14 租约产生过程

2. 租约续订过程

当 DHCP 客户端关闭并在相同的子网上重新启动时,它一般能获得与它关机之前的 IP 地址相同的租约。

经过 50%的客户端租约时间后,客户端会尝试通过 DHCP 服务器来续订其租约,其过程如下。

(1) 客户端直接向它所租用的服务器发送 DHCP 请求消息(DHCP Request)以续订和扩展当前的地址租约。

(2) 如果能够访问到服务器,则 DHCP 服务器通常向客户端发送 DHCP 确认消息(DHCP ACK),该客户端续订当前租约。同时,和初始化租约过程中一样,其他 DHCP 的选项信息也包含在该回复消息中。自从客户端获得租约之后,只要有选项信息发生变化,客户端就会相应地更新其配置。

(3) 如果客户端不能与其最初的 DHCP 服务器通信,则客户端会一直等到它进入重新绑定状态。DHCP 服务器在到达该状态时,客户端会尝试通过任何可用的 DHCP 服务器来续订其租约。

(4) 如果服务器用 DHCP 提供消息(DHCP Offer)进行响应以更新当前客户端租约,则客户端可根据提供服务器来续订其租约并继续运行。

(5) 如果租约过期并且未联系到服务器,则客户端必须立即终止使用其租用的 IP 地址,然后客户端按照其初始启动操作期间使用的相同过程来获得新的 IP 地址租约。

6.2.3 Windows 平台下 DHCP 的配置和管理

1. DHCP 服务角色的安装

DHCP 服务器的 IP 地址应该是静态的,其 IP 地址、子网掩码、默认网关等有关数据必须用手动的方式输入。安装 DHCP 服务器的步骤如下。

在“服务器管理器”控制台中,单击“角色”节点,然后在控制台右侧单击“添加角色”按钮,打开“添加角色向导”页面,在打开的“选择服务器角色”对话框中,选择“DHCP 服务器”

复选框,如图 6-15 所示。

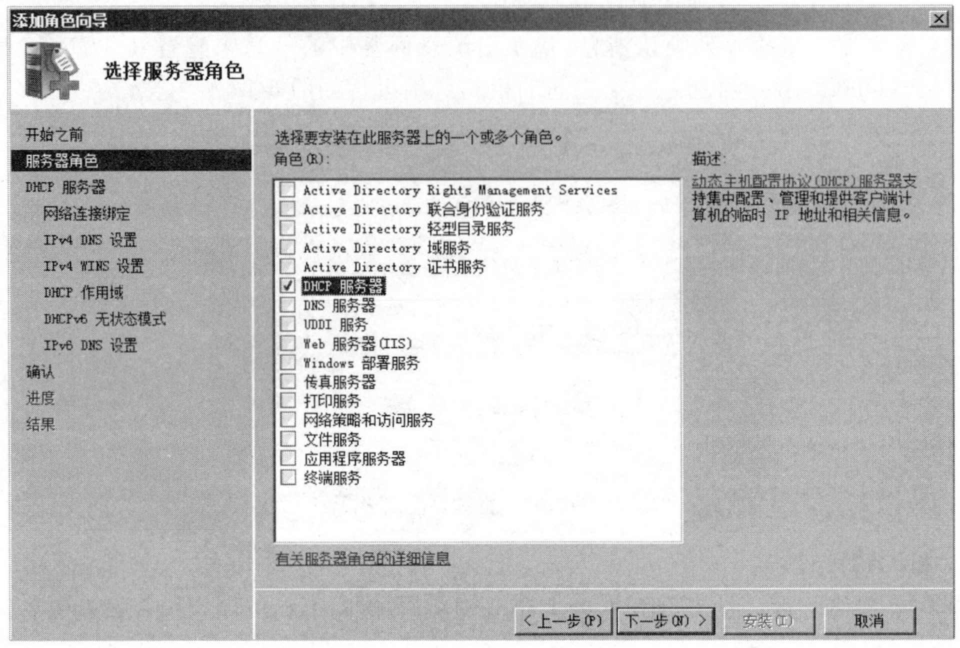

图 6-15 选择 DHCP 服务器角色

单击“下一步”按钮,出现“DHCP 服务器”对话框,在该对话框中显示 DHCP 服务器简介和注意事项。再单击“下一步”按钮,出现“选择网络连接绑定”对话框,为 DHCP 服务器指定一个网络连接,如图 6-16 所示。

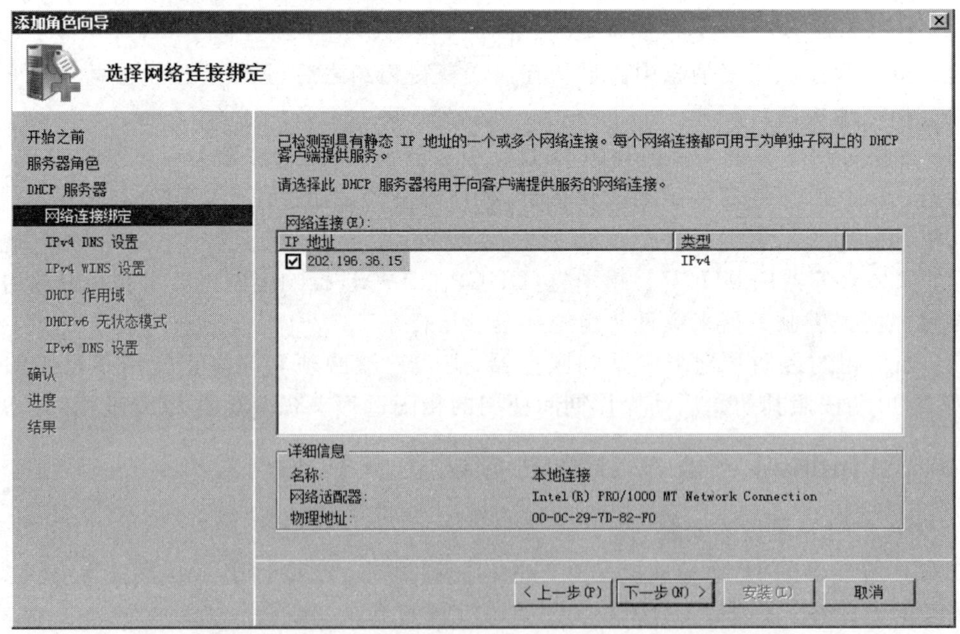

图 6-16 选择网络连接绑定

单击“下一步”按钮，出现“指定 IPv4 DNS 服务器设置”对话框，在该对话框中设置将父域和首选 DNS 服务器 IPv4 地址提供给 IPv4 客户端计算机，如果该 DHCP 服务器不在域中，可以不设，如图 6-17 所示。

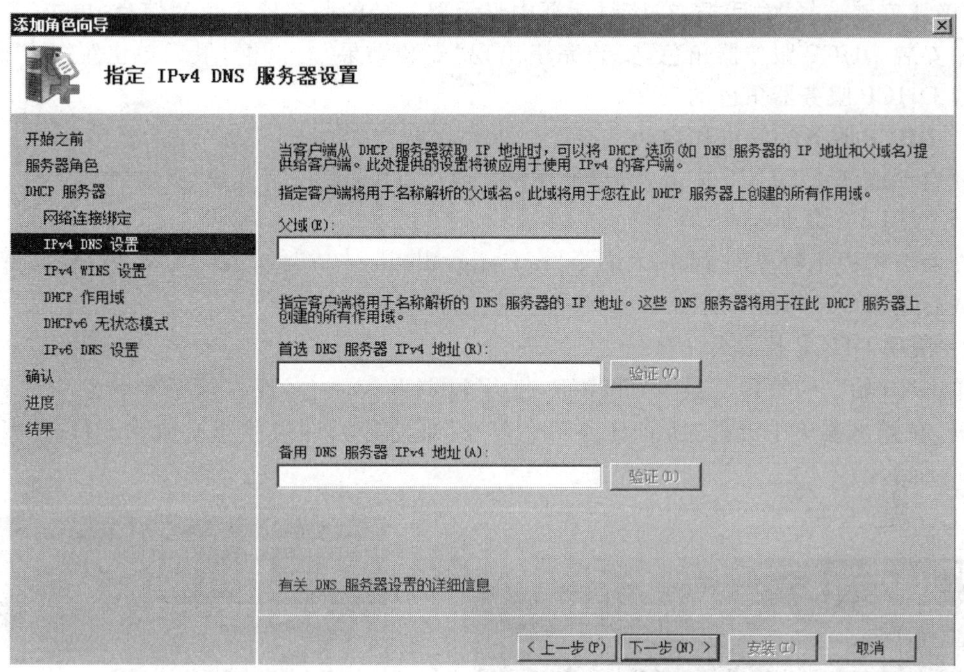

图 6-17　指定 IPv4 DNS 服务器配置

单击“下一步”按钮，出现“指定 IPv4 WINS 服务器设置”对话框，在此选择“此网络上的应用程序不需要 WINS”单选框，如图 6-18 所示。

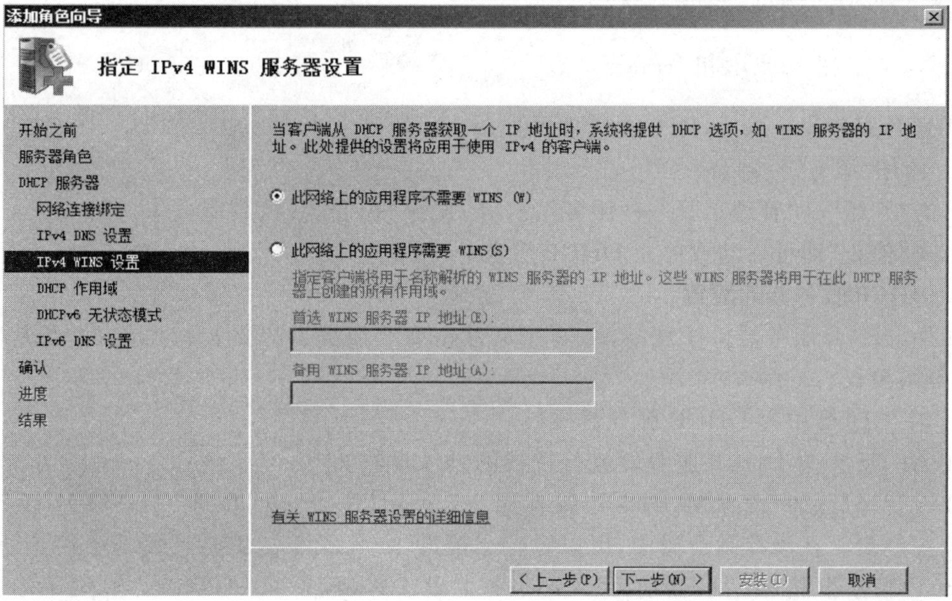

图 6-18　指定 IPv4 WINS 服务器设置

单击“下一步”按钮,出现“添加或编辑DHCP作用域”对话框,作用域也可以在DHCP服务器角色安装完毕之后添加,此处先不添加作用域。在下一步出现的“配置DHCPv6无状态模式”对话框中选择“对此服务器禁用DHCPv6无状态模式”单选框禁用该功能。然后出现“确认安装选择”对话框,在该对话框中显示要安装的服务器角色的信息,单击“安装”按钮开始安装DHCP服务器角色,安装完毕出现“安装结果”对话框,最后单击“关闭”按钮即可完成DHCP服务器角色的安装。

2. DHCP服务的停止和启动

要启动或停止DHCP服务,可以使用net命令、DHCP控制台或“服务”控制台。

1) 使用net命令

在命令行提示符界面中,输入命令“net stop dhcpserver”或“net start dhcpserver”即可停止或启动DHCP服务,如图6-19所示。

2) 使用DHCP控制台

单击“开始”→“管理工具”→DHCP,打开DHCP控制台,在左侧控制台树中右键单击服务器,在弹出菜单中选择“所有任务”→“停止”或“启动”即可停止或启动DHCP服务,如图6-20所示。

图6-19 使用net命令

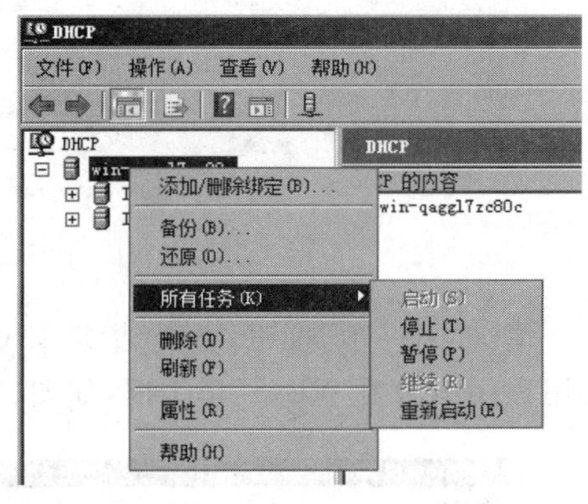

图6-20 使用DHCP控制台

DHCP服务停止以后,DHCP管理器控制台显示红色X号标识。

3) 使用“服务”控制台

单击“开始”→“管理工具”→“服务”,打开“服务”控制台,找到服务DHCP Server,单击“启动”或“停止”即可启动或停止DHCP服务。

3. DHCP服务器的配置

如果DHCP服务器位于域中,必须首先为DHCP服务器提供授权操作,如果其不在域中,则不用授权。

1) 在ADDS中为DHCP服务器授权

在ADDS中为DHCP服务器进行授权的具体步骤如下。

以域管理员账户登录到DHCP服务器上,单击“开始”→“管理工具”→DHCP,打开DHCP控制台。在该控制台树中,可以看到当前的IPv4状态标识是红色向下箭头,这表明该DHCP服务器未被授权,当前DHCP服务器处于“未经授权”的状态。右键单击控制台树中的DHCP,在弹出的菜单中选择“管理授权的服务器”,打开“管理授权的服务器”对话框后单击“授权”按钮，打开“授权 DHCP 服务器”对话框，在“名称或 IP 地址”文本框中输入要授权的 DHCP 服务器的主机名或 IP 地址，然后单击“确定”按钮，打开“确认授权”对话框，在该对话框中显示了将要授权的 DHCP 服务器的名称和 IP 地址信息。单击“确定”按钮，返回“管理授权的服务器”对话框，被授权的 DHCP 服务器出现在“授权的 DHCP 服务器”列表中。选择授权的服务器后单击“确定”按钮，在弹出的对话框中再单击“确定”按钮，即可完成 DHCP 服务器的授权。最后，单击 DHCP 控制台工具栏中的刷新图标，DHCP 服务器附带的状态标识被替换为向上的绿色箭头，这标识 DHCP 服务器已经成功授权，可以正常地为 DHCP 客户端分配 IP 地址了。

2) 配置 DHCP 作用域

在 DHCP 服务器中，需要设定一段 IP 地址的范围(可用的 IP 作用域)，当 DHCP 客户端请求地址时，DHCP 服务器将从此范围内提取一个尚未使用的 IP 地址分配给 DHCP 客户端。

但是在一台 DHCP 服务器内，针对一个子网只能设置一个作用域，例如，不可以建立一个作用域为 202.196.36.1～202.196.36.100 后，又建立一个作用域为 202.196.36.150～202.196.36.250，解决方法是先设置一个连续的作用域为 202.196.36.1～202.196.36.250，然后将中间的 202.196.36.101～202.196.36.149 添加到排除范围。

创建一个新的 DHCP 作用域的步骤如下。

打开 DHCP 控制台，在控制台树中展开服务器节点，右键单击 IPv4，选择“新建作用域”，打开“欢迎使用新建作用域向导”对话框。在下一步出现的“作用域名称”对话框中设置作用域的识别名称和相关描述信息。

单击“下一步”按钮，出现“IP 地址范围”对话框，在“输入此作用域分配的地址范围”选项区域中设置 IP 地址范围为 202.196.36.20～202.196.36.250。在子网掩码“长度”中选择默认的 24，“子网掩码”为 255.255.255.0，如图 6-21 所示。

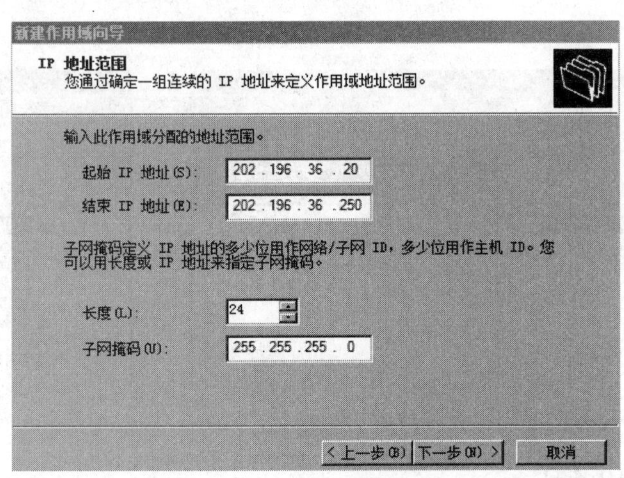

图 6-21 设置 IP 地址范围

单击“下一步”按钮，出现“添加排除”对话框，可以将不分配给客户机的 IP 地址从作用域中排除出去，本例中的排除地址为 202.196.36.101～202.196.36.149，如图 6-22 所示。

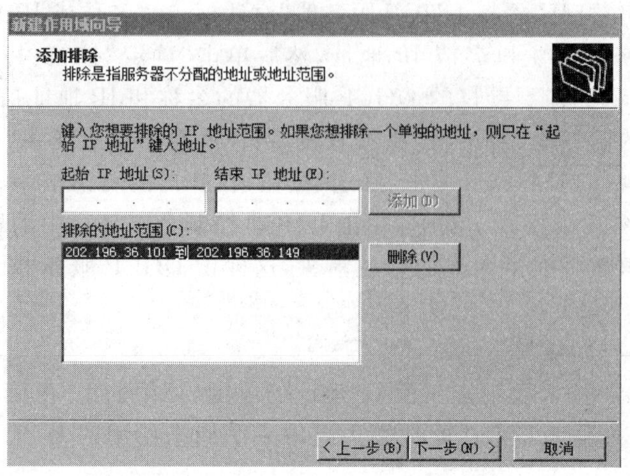

图 6-22　添加需要排除的 IP 地址段

单击“下一步”按钮，出现“租约期限”对话框，在此设置将 IP 地址租给客户端计算机使用的时间期限，这个时间默认为 8 天。

单击“下一步”按钮，出现“配置 DHCP 选项”对话框，在此可以配置作用域选项，关于如何配置作用域选项会在后面讲解，所以在此选择“否，我想稍后配置这些选项”单选框，接着出现“正在完成新建作用域向导”对话框，最后单击“完成”按钮即可完成作用域的创建。

3）激活 DHCP 作用域

在 DHCP 控制台树中，刚才创建的作用域上标识了红色向下箭头，表明该作用域现在处于不活动状态，不能给客户端计算机自动分配 IP 地址，如图 6-23 所示。

右键单击该作用域，在弹出的菜单中选择“激活”，激活该作用域以后，在 DHCP 控制台树中可以看到当前该作用域处于活动状态，此时，该作用域才可以自动给客户端计算机分配 IP 地址，如图 6-24 所示。

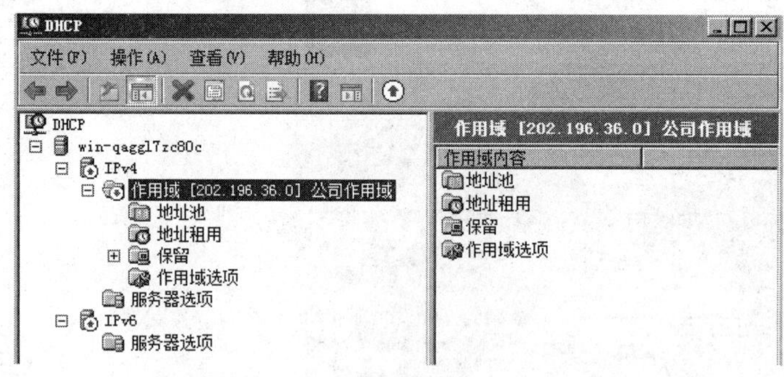

图 6-23　激活 DHCP 作用域前

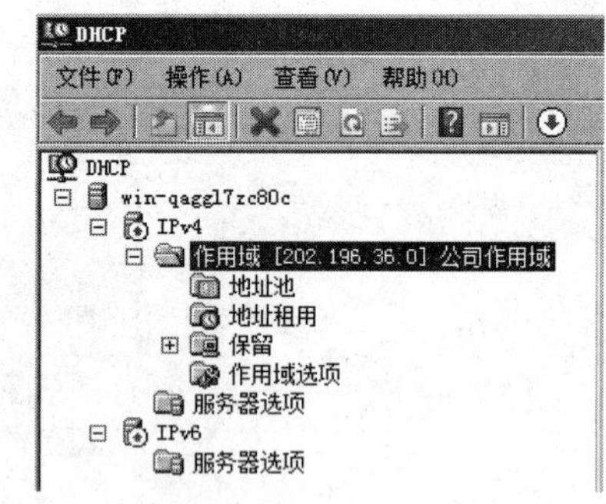

图 6-24　激活 DHCP 作用域后

4）保留特定的 IP 地址

可以为特定的客户端保留固定的 IP 地址，即所谓 IP-MAC 绑定，这样该客户端每次申请 IP 地址时都将拥有相同的 IP 地址。保留特定的 IP 地址设置步骤如下。

打开 DHCP 控制台，在某个作用域中右击“保留”，选择“新建保留”，在弹出的“新建保留”对话框中，输入保留名称、IP 地址和 MAC 地址，如图 6-25 所示。

这样 MAC 地址为 00d0f8082985 的 DHCP 客户端将一直使用 202.196.36.222 这一固定的 IP 地址，如图 6-26 所示。

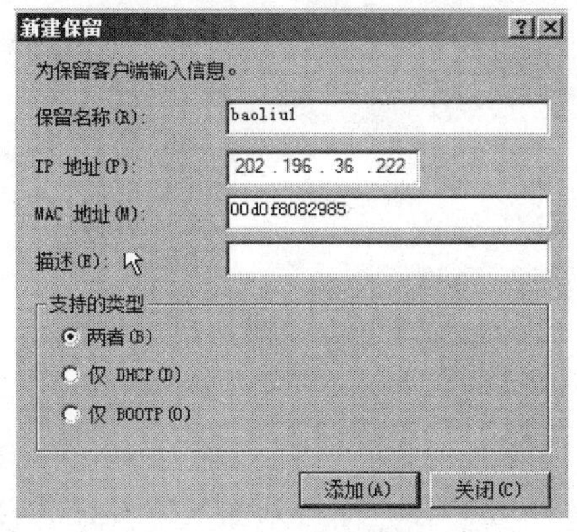

图 6-25　新建保留

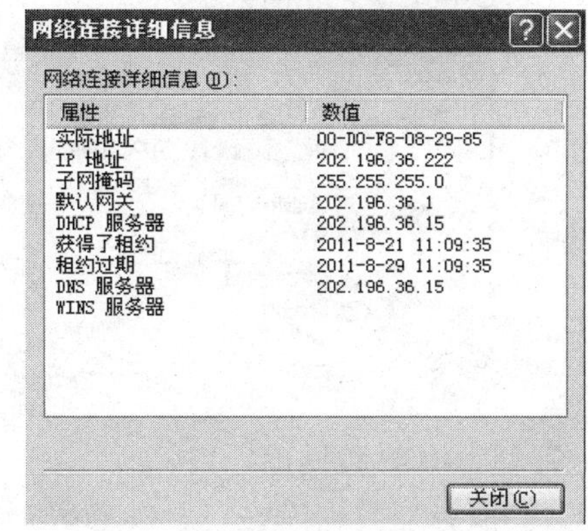

图 6-26　客户端得到保留的 IP 地址

5）配置 DHCP 作用域选项

DHCP 服务器除了给 DHCP 客户端分配 IP 地址和子网掩码外，还可以给客户端分配相关的选项，如网关地址、DNS 服务器和 WINS 服务器等。

在 DHCP 服务器中，选项分为 4 个级别，从低到高为服务器选项、作用域选项、保留选项和类别选项。如果不同级别的 DHCP 选项出现冲突时，DHCP 客户端应用 DHCP 选项的优先级顺序如下。

(1) DHCP 客户端的手动配置具有最高的优先级，覆盖从 DHCP 服务器获得的值。

(2) 如果具有保留选项，则保留选项覆盖作用域选项和服务器选项。

(3) 如果具有作用域选项，则作用域选项覆盖服务器选项。

(4) 如果具有服务器选项，则服务器选项的优先级是最低的。

(5) 如果在服务器、作用域、保留选项上设置了类别选项，则类别选项覆盖标准选项。

下面以设置作用域选项为例，具体步骤如下。

打开 DHCP 控制台，依次展开服务器、IPv4 和“作用域”节点，右击“作用域选项”，选择“配置选项”，弹出“作用域选项”对话框。

在“作用域选项”对话框中，选择“003 路由器”复选框，路由器就是局域网网关，在“IP 地址”文本框中输入网关地址，此处输入“202.196.36.1”，然后单击“添加”按钮，如图 6-27 所示，最后单击“应用”按钮即可。

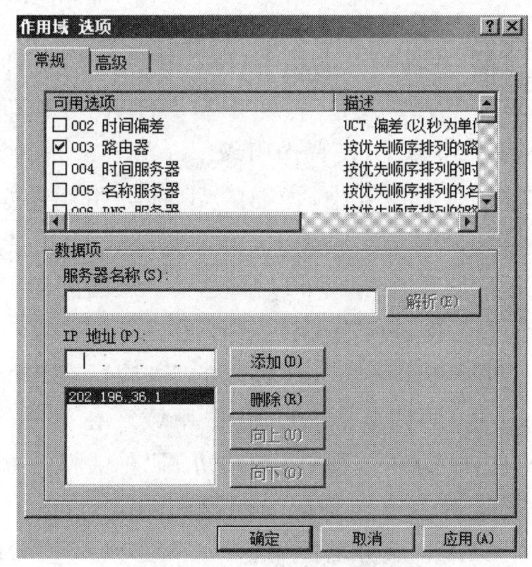

图 6-27　为作用域设置选项

所需的选项设置完毕以后，单击“作用域选项”对话框中的“确定”按钮，返回到 DHCP 控制台，在控制台左侧中单击“作用域选项”，可以在右侧看到刚才创建的作用域选项，如

图 6-28 所示。

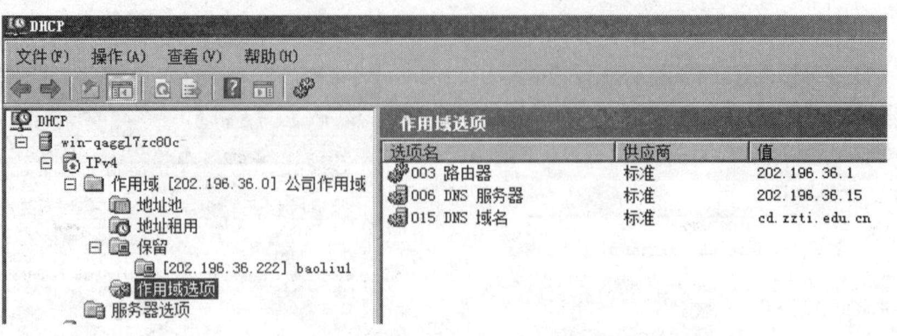

图 6-28 设置好的作用域选项

4. 管理 DHCP 数据库

DHCP 服务器数据库是一种动态数据库，它在 DHCP 客户端得到地址或者释放自己的 TCP/IP 配置参数时被更新。

1) 备份 DHCP 数据库

对 DHCP 数据库进行备份，以便当作用域被删除时可以还原，具体步骤如下。

在 DHCP 服务器上，创建"C:\DHCP backup"文件夹作为保存 DHCP 服务器数据备份的路径。在 DHCP 控制台树中，右键单击服务器，在弹出菜单中选择"备份"，打开"浏览文件夹"对话框，在该对话框中，选择创建的作为备份路径的文件夹"C:\DHCP backup"，最后单击"确定"按钮即可完成 DHCP 数据库的备份。

在"计算机"管理器中打开文件夹"C:\DHCP backup\new"，可以看到 DHCP 服务器的数据，其中 new 子文件夹下的 dhcp.mdb 是 DHCP 服务器的数据库文件。

2) 删除 DHCP 作用域

在 DHCP 控制台中右击作用域，在弹出菜单中选择"删除"，并在接下来的弹出界面中选择"是"，即可删除 DHCP 作用域。

3) 还原 DHCP 数据库

在 DHCP 控制台树中右键单击服务器，在弹出菜单中选择"还原"，打开"浏览文件夹"对话框，选择刚才备份 DHCP 数据库的文件夹"C:\DHCP backup"，单击"确定"按钮，在弹出界面中，单击"是"按钮重启 DHCP 服务即可完成 DHCP 服务器的还原。

4) 协调 DHCP 作用域

DHCP 服务中，详细的 IP 地址租用信息存储在 DHCP 数据库中，摘要性的 IP 地址租用信息存储在注册表中，协调是将 DHCP 数据库的值与 DHCP 注册表值进行比较验证的过程。协调作用域可以修复不一致的问题。

(1) 协调所有 DHCP 作用域。在 DHCP 控制台树中，展开服务器节点，右击 IPv4，选择"协调所有作用域"，在打开的"协调所有作用域"对话框中单击"验证"按钮。

(2) 协调单个 DHCP 作用域。在 DHCP 控制台中，展开服务器和 IPv4 节点，右击作用域，选择"协调"，在打开的"协调"对话框中单击"验证"按钮。

5. DHCP 客户端的配置和测试

DHCP 服务器配置好以后，必须配置 DHCP 客户端，使其从 DHCP 服务器上能够动态获取 IP 地址。以安装 Windows XP 操作系统的客户机为例，具体步骤如下。

双击任务栏右边的“本地连接”图标，打开“本地连接状态”对话框，选择“属性”→“Internet 协议(TCP/IP)”，在打开的对话框中选择“自动获得 IP 地址”和“自动获得 DNS 服务器地址”选项，单击“确定”按钮，完成设置。

此时在 DHCP 客户端的命令窗口中执行 ipconfig/all 命令，即可查看客户机的 IP 地址详细信息。使用命令 ipconfig /renew 可以续订 IP 地址，使用命令 ipconfig /release 可以释放 IP 地址。

6.2.4 Linux 平台下配置 DHCP 服务器

1. 安装 DHCP 服务器

在安装 DHCP 服务之前，需要确信服务器已经有一个固定的 IP 地址，如果没有，可以使用 ifconfig 命令自行设置。

1) 安装 DHCP 服务器程序

默认情况下，RHEL 6.0 并没有安装 DHCP 服务器程序，使用 rpm -qa dhcp 命令看不到任何提示。这时在光驱中放入 RHEL 6.0 的安装光盘，使用 mount 命令挂载光驱，然后使用 rpm 命令来安装 DHCP 服务器程序。具体过程如图 6-29 所示。

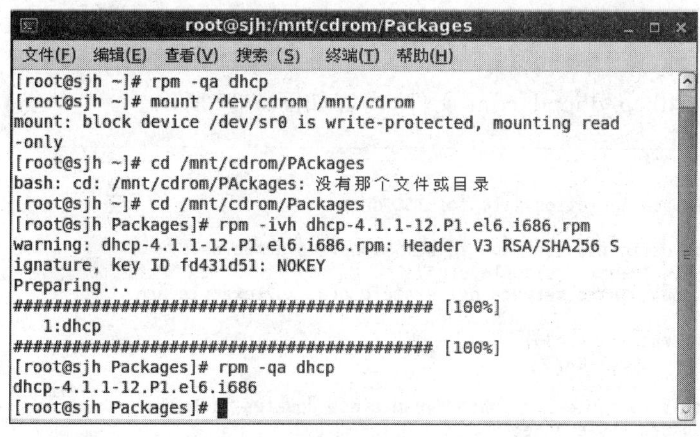

图 6-29 安装 DHCP 服务器程序

2) 启动 DHCP 服务

将 DHCP 服务器程序安装到系统中后，该服务程序的启动脚本程序位于/etc/rc.d/init.d 目录中，名为 dhcpd，使用该脚本程序可启动 DHCP 服务器程序。因此，可使用以下命令启动 DHCP 服务器程序：#/etc/rc.d/init.d/dhcpd start，同时也可使用# service dhcpd start 启动 DHCP 服务器程序。使用#/etc/rc.d/init.d/dhcpd restart 和# service dhcpd restart 都可以重启 DHCP 服务器程序。

由于还没有对 DHCP 服务器进行任何配置，因此此时启动 DHCP 服务失败。

3) 查看 DHCP 服务状态

使用# service dhcpd status 或者#/etc/rc.d/init.d/dhcpd status 都可以查看 DHCP 服务器程序的运行状态。

4) 停止 DHCP 服务

若要停止 DHCP 服务器程序，则可使用#/etc/rc.d/init.d/dhcpd stop 命令或者

service dhcpd stop。

2. 配置 DHCP 服务器

安装 DHCP 服务器程序后,系统自己并不会自动生成 DHCP 的配置文件,因此无法启动 dhcpd 进程,所以安装完成后,首先要进行的工作就是对 DHCP 服务器进行配置。

1) 相关的配置文件

与 DHCP 服务器相关的配置文件有以下两个。

(1) 主配置文件(/etc/dhcp/dhcpd.conf)

打开该文件后,里面是下面三行注释,并没有实际的内容,因此 dhcpd 服务器程序启动时会失败。

```
# DHCP Server Configuration file.
# see /usr/share/doc/dhcp*/dhcpd.conf.sample
# see 'man 5 dhcpd.conf'
```

从注释的内容可看到,在/usr/share/doc/dhcp*(这里的星号表示 DHCP 的版本)目录中可找到配置文件的模板。使用以下命令将该模板复制到/etc/dhcp 目录:

```
# cp /usr/share/doc/dhcp-4.1.1/dhcpd.conf.sample /etc/dhcp/dhcpd.conf
```

再次打开/etc/dhcp/dhcpd.conf 文件,内容如图 6-30 所示。

```
# dhcpd.conf
#
# Sample configuration file for ISC dhcpd
#
# option definitions common to all supported networks...
option domain-name "example.org";
option domain-name-servers ns1.example.org, ns2.example.org;

default-lease-time 600;
max-lease-time 7200;

# Use this to enble / disable dynamic dns updates globally.
#ddns-update-style none;

# If this DHCP server is the official DHCP server for the local
# network, the authoritative directive should be uncommented.
#authoritative;

# Use this to send dhcp log messages to a different log file (you also
# have to hack syslog.conf to complete the redirection).
log-facility local7;
```

图 6-30 dhcpd 的配置文件模板

该文件中主要包括一套声明集和一套参数集及大部分以"#"开头的注释语句。下面的语句就是一个网段的声明,也就是用这个声明来定义一个 IP 作用域,以便 DHCP 服务器向发出请求的 DHCP 客户端分配地址。

```
subnet 192.168.0.0 netmask 255.255.255.0 {
    option routers                  192.168.0.1;
    option subnet-mask              255.255.255.0;
```

```
    option domain-name                 "domain.org";
    option domain-name-servers         192.168.0.2;
    option time-offset                 -18000;
    range 192.168.0.100                192.168.0.200;
}
```

下面这段声明则用来为某台计算机保留特定的 IP 地址。

```
host ns {
    hardware ethernet 12:34:56:78:AB:CD;
    fixed-address 192.168.0.13;
    option routers                 192.168.0.1;
    option domain-name-servers     192.168.0.2;
      }
```

其中以 option 开头的语句为选项，具体格式为：

```
option 选项名选项值;
```

除了选项外，还可以设置参数，参数总是由设置项和设置值两部分组成，并且要以“;”结束。例如：

```
default-lease-time 21600;
max-lease-time 43200;
```

如果选项/参数在一个声明里设置，那么选项/参数将为局部选项，只在局部有效。如果选项/参数在声明外设置，则为全局选项，全局有效。

复制 dhcpd.conf 配置文件之后，仍然启动不了 DHCP 服务，还必须根据自己的要求进行一些配置。

(2) IP 地址分配信息(/var/lib/dhcpd/dhcpd.leases)

这个文件主要用来记录 DHCP 服务器分配出去的 IP 地址及相应的客户端信息。

2) 配置实例

【实例 6-1】 假设公司有一台服务器，采用 RHEL 6.0 作为操作系统，它除了作为 NAT 服务器供整个局域网共享上网之外，还提供 DHCP 分配 IP 地址的功能。其他的网络条件要求如下。

(1) 内部网段为 192.168.1.0/24，路由器的 IP 地址为 192.168.1.1，DNS 服务器的 IP 地址为 192.168.1.2。

(2) 可以分配的 IP 地址范围为 192.168.1.100～192.168.1.200。

(3) DHCP 分配的 IP 地址默认租约期限为一天，最长为两天。

(4) 有一台 Web 服务器，其 MAC 地址为 00:03:FF:0F:29:85，机器名为 cslab-win2003，需要分配给它的 IP 地址为 192.168.1.10。

其配置文件如图 6-31 所示。重启 dhcpd 服务后，即可以给 DHCP 客户端分配 IP 地址了。

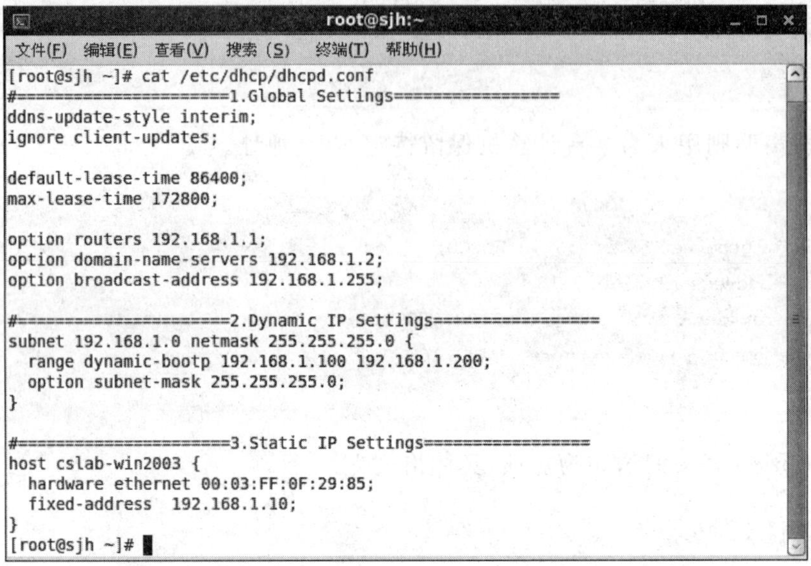

```
root@sjh:~
文件(F) 编辑(E) 查看(V) 搜索(S) 终端(T) 帮助(H)
[root@sjh ~]# cat /etc/dhcp/dhcpd.conf
#=====================1.Global Settings=================
ddns-update-style interim;
ignore client-updates;

default-lease-time 86400;
max-lease-time 172800;

option routers 192.168.1.1;
option domain-name-servers 192.168.1.2;
option broadcast-address 192.168.1.255;

#=====================2.Dynamic IP Settings=================
subnet 192.168.1.0 netmask 255.255.255.0 {
  range dynamic-bootp 192.168.1.100 192.168.1.200;
  option subnet-mask 255.255.255.0;
}

#=====================3.Static IP Settings=================
host cslab-win2003 {
  hardware ethernet 00:03:FF:0F:29:85;
  fixed-address  192.168.1.10;
}
[root@sjh ~]#
```

图 6-31　实例配置文件

3）查看客户租约文件

打开/var/lib/dhcpd/dhcpd.leases 文件，可以看到 DHCP 服务器已经分配出去的 IP 地址及客户端的相关信息，如图 6-32 所示。

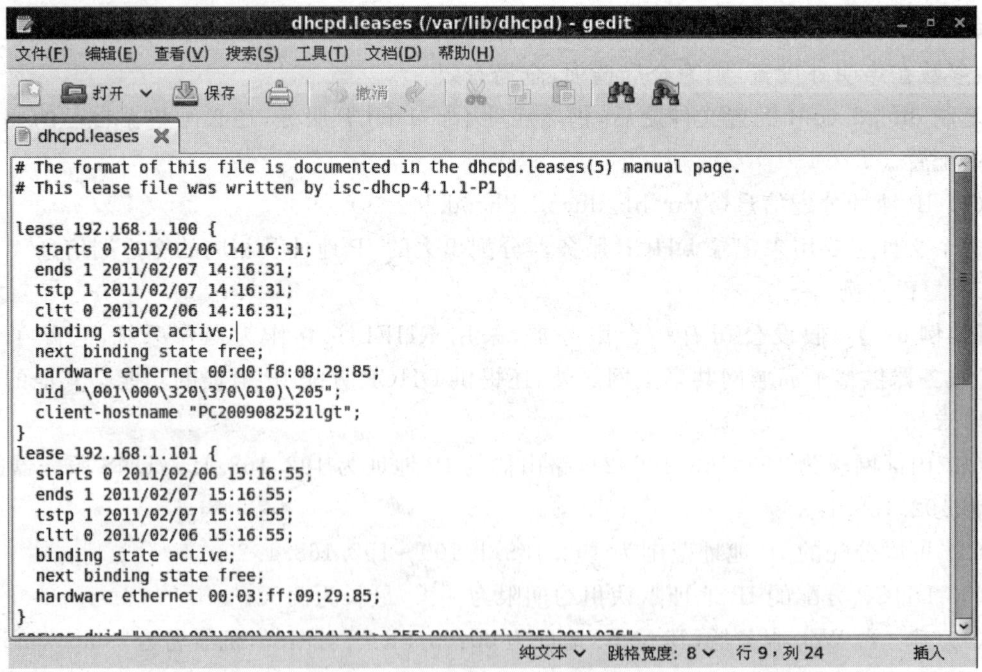

图 6-32　查看已经分配出去的 IP 地址

3. 配置 DHCP 客户端

DHCP 服务是一种标准的基于 TCP/IP 网络的应用，所以它的客户端可以是 Linux，可以是 Windows，也可以是 UNIX 或者 Mac OS X。下面以 Linux 客户端为例来设置 DHCP 客户端。

1）使用图形界面设置

在 RHEL 6.0 的终端中输入 system-config-network 命令，可以通过如图 6-33 所示的对话框进行 DHCP 客户端的配置。

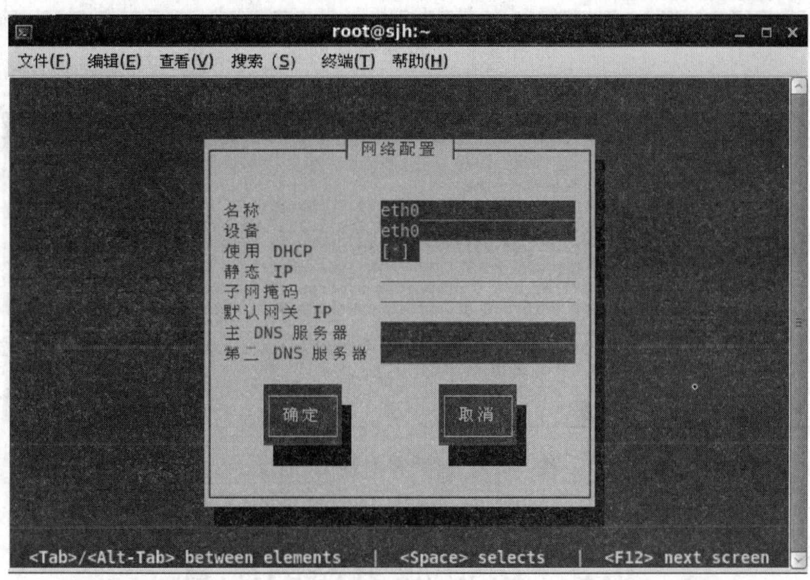

图 6-33 RHEL 6.0 中设置 DHCP 客户端

2）使用命令行设置

编辑/etc/sysconfig/network-scripts/ifcfg-eth0 文件，将 BOOTPROTO＝none 修改为 BOOTPROTO＝dhcp 并保存退出，如图 6-34 所示。

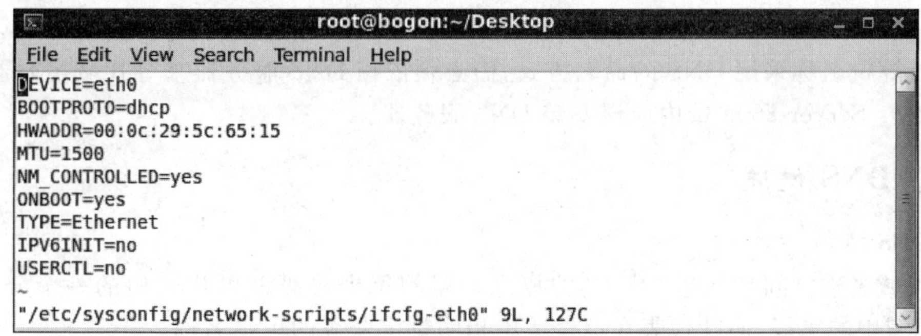

图 6-34 修改配置文件

修改完毕后，使用命令 # service network restart 重新启动网络，如图 6-35 所示。

这时使用 ifconfig 命令可以看到客户端已经得到 IP 地址，如图 6-36 所示。

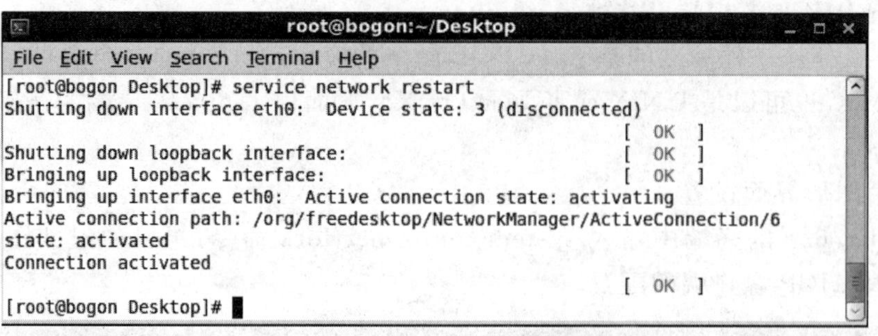

图 6-35　重新启动网络

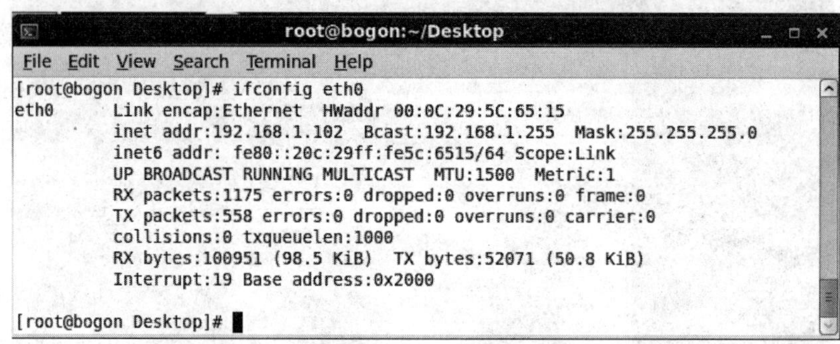

图 6-36　查看客户端 IP 地址

6.3　DNS 服务器的配置

DNS(Domain Name System,域名系统)是一种组织成域层次结构的计算机和网络服务命名系统。DNS 命名用于 TCP/IP 网络,如 Internet。很多用户在上网时喜欢用容易记住的名称来定位网络上的计算机。但是,计算机使用数字地址在网络上通信。为了更方便地使用网络资源,DNS 提供了将用户的计算机名称映射为数字地址的一种方法。

Windows Server 2008 域的 Active Directory 与 DNS 紧密结合在一起,Windows Server 2008 的计算机名称采用 DNS 的命名方式,而必须依赖 DNS 服务器来寻找域控制器,因此,在 Windows Server 2008 域内应该安装 DNS 服务器。

6.3.1　DNS 概述

1. DNS 域名

DNS 域名称空间是基于"域树"的概念。树的每个等级都可代表树的一个分支或叶。分支标识域中的等级,而叶代表在该等级中指明特定资源的单独名称。

DNS 有一种标注和解释 DNS 域名的方法,它以名称普遍使用的等级和方式为基础,称为完全合格域名(FQDN)。大多数 DNS 域名有一个或多个标号,每一个都表示树中的新等级。在各个标号中使用句点(.)分隔。例如,完全合格域名为 host-a. example. microsoft. com,DNS 在解释其域名时确定了 host-a 特定主机位置开始的 4 个独立 DNS 域等级。

(1) example 域,对应于计算机名 host-a 注册使用的子域。

（2）microsoft 域，对应于确定 example 子域的父域。

（3）com 域，对应于由确立 microsoft 域的公司或商业单位指派使用的顶级域。

（4）尾部句点（.），是一个标准的分隔符字符，使完整 DNS 域名限定到 DNS 名称空间树的根级。

2. 区域

域名系统允许 DNS 名称空间分成几个区域。所谓“区域”是指域名称空间树状结构的一部分，将域名称空间分为较小的区段，可以分散管理员的工作，便于管理。在区域内的主机数据必须存储在 DNS 服务器内，而用来存储这些数据的文件称为区域文件。一台 DNS 服务器内可以存储一个或多个区域的数据，同时一个区域的数据也可以存储到多台 DNS 服务器内。

3. DNS 查询的工作原理

DNS 查询过程按两部分进行：名称查询从客户机开始并传送至解析程序（DNS 客户服务）进行解析，当不能就地解析查询时，可根据需要查询 DNS 服务器来解析名称。

1）本地解析程序

当 DNS 客户机需要查询程序中使用的名称时，会发送查询请求。该请求随后传送至 DNS 客户服务，以通过使用就地缓存的信息进行解析。如果可以解析查询的名称，则查询将被应答并且此过程完成。

本地解析程序的缓存可包括从以下两个可能的来源获取的名称信息。

（1）如果主机文件（HOSTS 文件）就地配置，则来自该文件的任何主机名称到地址的映射在 DNS 客户服务启动时预先加载到缓存中。

（2）从以前的 DNS 查询应答的响应中获取的资源记录将被添加至缓存并保留一段时间。如果此查询不匹配缓存中的项目，则解析过程继续进行，客户机查询 DNS 服务器来解析名称。

2）查询 DNS 服务器

当 DNS 服务器接收到 DNS 客户机的查询请求时，首先检查它能否根据在服务器的就地配置区域中获取的资源记录信息做出权威性的应答。如果客户机查询的名称与本地区域信息中的相应资源记录匹配，则服务器做出权威性的应答，并且使用该信息来解析客户机查询的名称。

如果 DNS 客户机查询的名称没有区域信息，则服务器检查它能否通过本地缓存的先前查询信息来解析名称。如果从中发现匹配的信息，则服务器使用它应答查询，此次查询完成。

如果查询名称在 DNS 服务器中未发现来自缓存或区域信息的匹配应答，则查询过程可继续进行。DNS 服务器可代表请求客户机来查询或联系其他 DNS 服务器，以完全解析该名称，并随后将应答返回至客户机。这个过程称为递归。在默认情况下，DNS 客户服务要求服务器在返回应答前使用递归过程来代表客户机完全解析名称，在大多数情况下，DNS 服务器的默认配置支持递归过程。如果 DNS 服务器禁用递归过程，则可以使用迭代过程进行名称解析。

3）迭代的工作原理

迭代是在以下条件生效时 DNS 客户机和服务器之间使用的名称解析类型。

(1) 客户机申请使用递归过程,但递归在DNS服务器上被禁用。

(2) 查询DNS服务器时客户机不申请使用递归过程。

来自客户机的迭代请求告知DNS服务器:客户机希望直接从DNS服务器那里得到最好的应答,而无须联系其他DNS服务器。

使用迭代时,DNS服务器根据它对名称空间的特定认识来应答客户机,而这个名称空间正与目前查询的名称数据有关。

使用迭代时,除了向客户机提供自己最好的应答外,DNS服务器还可在名称查询解析中提供进一步的帮助。对于大部分迭代查询,如果它的主DNS不能辨识该查询,则客户机使用它在本地配置的DNS服务器列表在整个DNS名称空间中联系其他名称服务器。

4. 正向搜索和反向搜索

在大部分的DNS搜索中,客户机一般执行正向搜索。正向搜索是指DNS客户机利用主机名称查询其IP地址。这类查询希望将IP地址作为应答的数据。

DNS也提供反向搜索过程,即允许客户机根据已知的IP地址,搜索计算机名称。如DNS客户机可以查询IP地址为192.168.0.2的主机名称。反向搜索必须在DNS服务器内创建一个反向搜索的区域,其名称的最后为in-addr.arpa。

6.3.2 Windows平台下DNS服务器的安装

DNS服务器的安装与DHCP服务器的安装类似,步骤如下。

(1) 在需要安装DNS服务器角色的计算机上,为其设置固定的IP地址后,打开"服务器管理器"控制台,单击"角色"节点,然后在控制台右侧中单击"添加角色"按钮,打开"添加角色向导"页面。在打开的"选择服务器角色"对话框中,选择"DNS服务器"复选框,如图6-37所示。

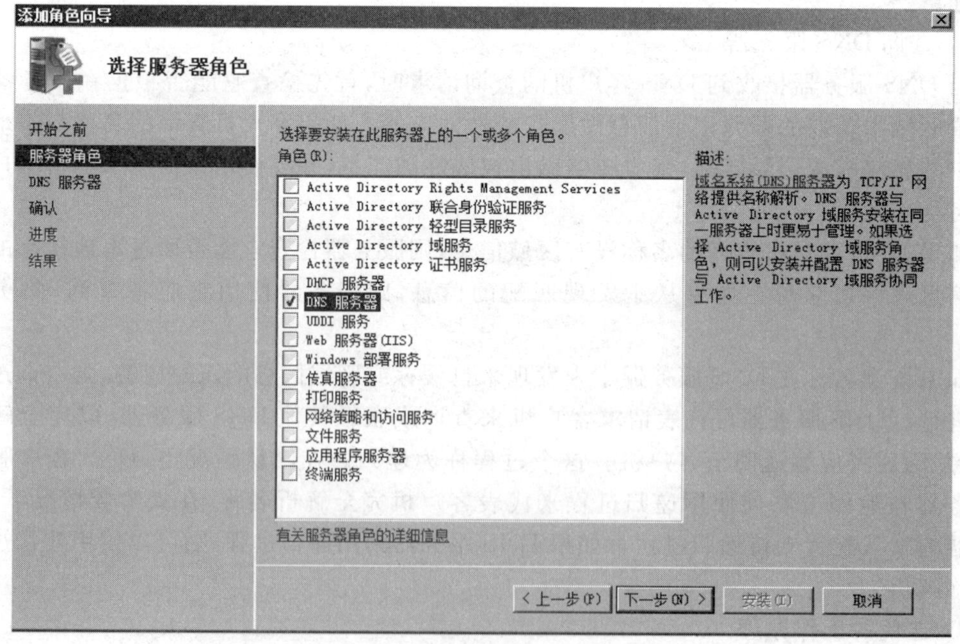

图6-37 选择DNS服务器角色

(2) 单击“下一步”按钮,出现“DNS 服务器”对话框,在该对话框中显示 DNS 服务器简介和注意事项。

(3) 单击“下一步”按钮,出现“确认选择安装”对话框。

(4) 单击“安装”按钮开始安装 DNS 服务器角色。安装结果如图 6-38 所示。

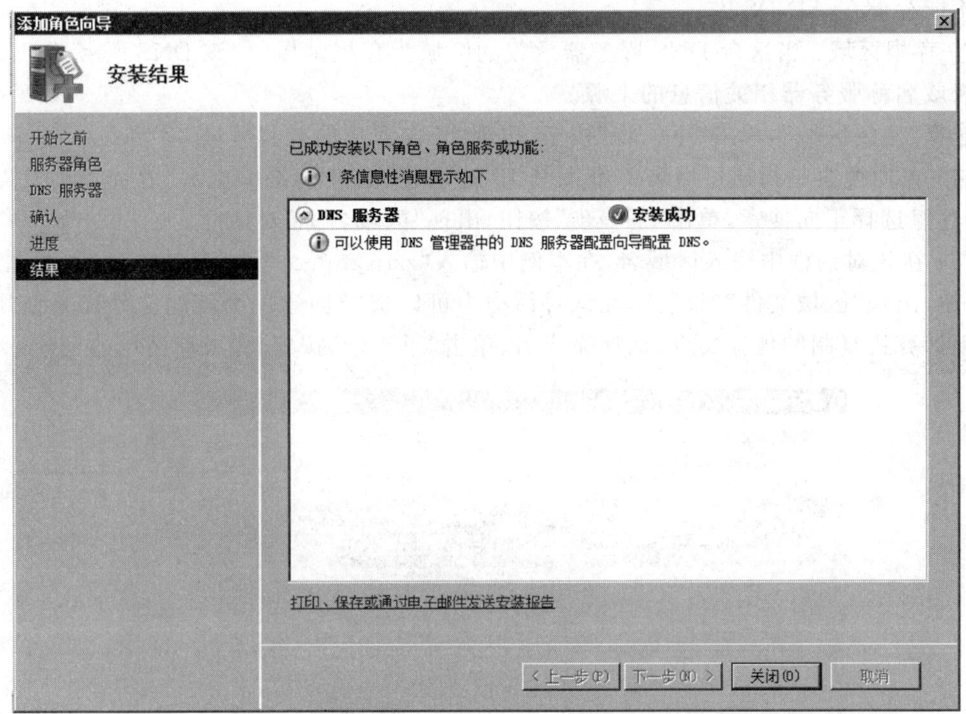

图 6-38　DNS 服务器安装结果

安装完成后,在“开始”→“程序”→“管理工具”菜单中会多出一个 DNS 菜单,供用户管理与设置 DNS 服务器。

6.3.3　Windows 平台下 DNS 服务器的设置

单击“开始”→“程序”→“管理工具”→DNS 菜单,打开 DNS 控制台,在该控制台中完成 DNS 服务器的设置。

1. 创建正向 DNS 区域

创建 Windows Server 2008 DNS 服务器的首要工作是决定 DNS 域和区域的树状结构。DNS 数据的管理是以区域为单位的,所以必须先建立区域。其操作步骤如下。

(1) 打开 DNS 控制台。

(2) 在控制台树中右击相应的 DNS 服务器,在弹出的快捷菜单中单击“新建区域”,出现“新建区域向导”对话框,单击“下一步”按钮,出现“区域类型”对话框。

(3) 在“区域类型”对话框中,共有以下三个选项。

① 主要区域:当这台 DNS 服务器承载的区域为主要区域时,DNS 服务器为此区域相关信息的主要来源,并且在本地文件或 AD DS 中存储区域数据的主副本,这个 DNS 服务器就是这个区域的主要名称服务器。将区域存储在文件中时,主要区域文件默认命名为 zone _name.dns,且位于服务器上的%windir%\System32\Dns文件夹中。

② 辅助区域:当这台DNS服务器承载的区域为辅助区域时,DNS服务器为此区域相关信息的辅助来源,这份数据从其"主要区域"通过区域传送的方式复制过来,只读不可以修改。创建辅助区域的DNS服务器为辅助名称服务器。由于辅助区域只是主要区域的副本,因此不能存储在AD DS中。

③ 存根区域:当这台DNS服务器承载的区域为存根区域时,该DNS服务器只是此区域的权威名称服务器相关信息的来源。

选择"主要区域",单击"下一步"按钮,出现"正向或反向查找区域"对话框。

(4) 正向搜索是指通过域名称查询其IP地址,反向搜索是根据IP地址查询其对应的域名,这里选择正向搜索,单击"下一步"按钮,出现"区域名称"对话框。

(5) 在该对话框中输入区域名,在本例中输入"zzti.edu.cn",如图6-39所示,单击"下一步"按钮,出现"区域文件"对话框,在该对话框中可以选择创建一个新的文件还是使用一个从其他计算机复制的现存文件,选择完成后,单击"下一步"按钮,完成新区域的创建。

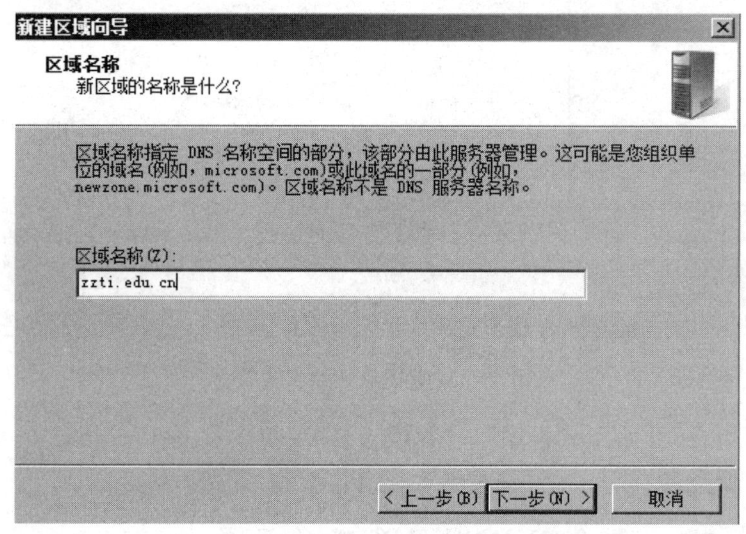

图6-39 区域名称

2. 向区域添加主机

(1) 打开DNS控制台。

(2) 在控制台树中,右击相应的正向搜索区域。

(3) 选择"新建主机",出现"新建主机"对话框,如图6-40所示。

(4) 在"新建主机"对话框中的"名称"编辑框中,输入新主机的DNS计算机名称;在"IP地址"编辑框中,输入新主机的IP地址。其中的"创建相关的指针(PTR)记录"复选框,表明根据在"名称"和"IP地址"中输入的信息,在此主机的反向区域中创建附加的指针记录。

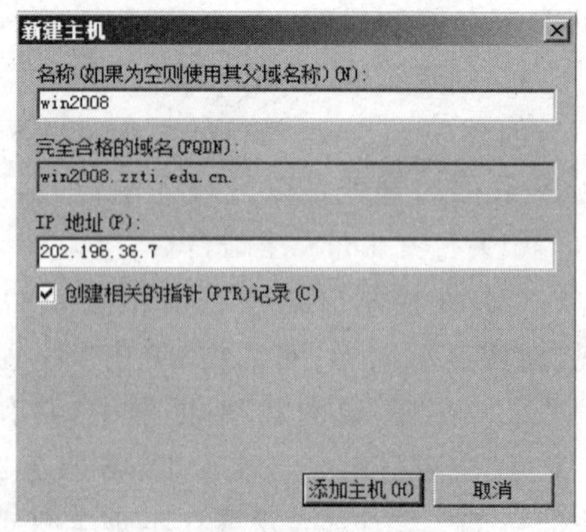

图6-40 "新建主机"对话框

(5) 单击“添加主机”按钮以向区域添加新主机记录。

3. 反向区域的操作

反向区域的创建与正向区域类似，只是在“正向或反向查找区域”对话框中选择“反向查找区域”，出现“反向查找区域名称”对话框，如图 6-41 所示。在该对话框中输入网络 ID 或区域名称。其他与正向区域相同。

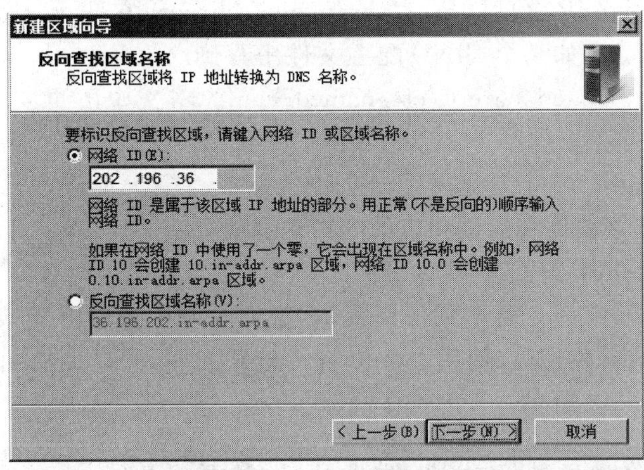

图 6-41 “反向查找区域名称”对话框

可以通过在反向区域内“新建指针”来创建反向区域内的记录。右击相应的反向区域，在弹出的快捷菜单中选择“新建指针”，出现“新建资源记录”对话框，如图 6-42 所示。在该对话框中输入主机 IP 地址和主机名称即可。

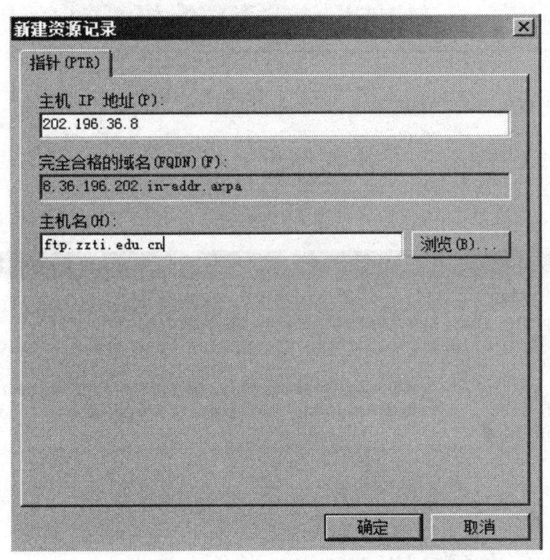

图 6-42 “新建资源记录”对话框

6.3.4 Linux 平台下 DNS 服务器的设置

1. 安装 DNS 服务器

在 RHEL 6.0 中，系统是通过 BIND(Berkeley Internet Name Domain)来实现 DNS 功

能的,安装 BIND 所需的软件包如下。

(1) bind：BIND 服务器软件包,默认没有被安装到 RHEL 6.0 系统中。

(2) bind-utils：提供了对 DNS 服务器的测试工具程序,系统默认安装。

(3) bind-chroot：chroot 是 BIND 的一种安装机制,使用 chroot 后,它会为 BIND 虚拟出一个 BIND 需要使用的目录。这个虚拟的目录可通过/etc/sysconfig/named 文件修改,位于文件的最后一行：ROOTDIR=/var/named/chroot,它表示对于 BIND 而言/var/named/chroot 就是/。比如某个 BIND 配置文件中写到/etc/named.conf,那么这个文件的实际路径应该是/var/named/chroot/etc/named.conf。本文中不再安装该软件包,直接使用 bind 安装后的真实路径。

(4) caching-nameserver。

下面将介绍安装该软件和启动相应的守护进程的方法。

1) 安装 DNS 服务器程序

使用#rpm -qa bind 命令看不到任何提示,说明系统中还没有安装 bind。这时在光驱中放入 RHEL 6.0 的安装光盘,使用 mount 命令挂载光驱,然后使用 rpm 命令来安装 bind 程序,具体过程如图 6-43 所示。

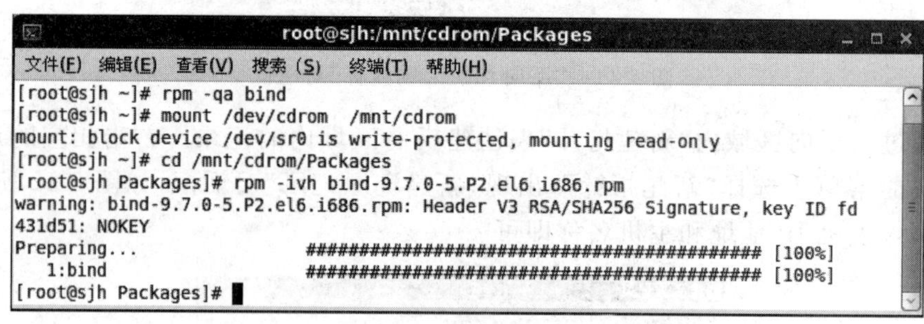

图 6-43　安装 bind

为了缓存 DNS 解析结果,还应安装软件包 cache-filesd-0.10.1-2.el6.i386.rpm,安装过程如图 6-44 所示。

图 6-44　安装 cache-filesd

2) 启动和关闭 DNS 服务器程序

DNS 服务器程序的守护进程为 named,将 DNS 服务器程序安装到系统中之后,就可以通过 named 进程来启动和关闭 DNS 服务器程序了。

使用#/etc/rc.d/init.d/named start 或者#service named start 都可以启动 DNS 服务器程序。

如果修改了 DNS 的配置文件,则可以使用#/etc/rc.d/init.d/named restart 或者

#service named restart 重启 DNS 服务器程序。

查看 DNS 服务器程序的状态可以使用#/etc/rc. d/init. d/named status 或者#service named status。

若要停止 DNS 服务可以使用#/etc/rc. d/init. d/named stop 或者#service named stop。

上述命令的执行过程如图 6-45 所示。

```
root@sjh:~
文件(F) 编辑(E) 查看(V) 搜索(S) 终端(T) 帮助(H)
[root@sjh ~]# service named start
Starting named:                                   [  OK  ]
[root@sjh ~]# service named stop
Stopping named:                                   [  OK  ]
[root@sjh ~]# /etc/rc.d/init.d/named start
启动 named:                                       [确定]
[root@sjh ~]# /etc/rc.d/init.d/named stop
停止 named:                                       [确定]
[root@sjh ~]# /etc/rc.d/init.d/named restart
停止 named:                                       [确定]
启动 named:                                       [确定]
[root@sjh ~]# service named restart
Stopping named:                                   [  OK  ]
Starting named:                                   [  OK  ]
[root@sjh ~]# service named status
version: 9.7.0-P2-RedHat-9.7.0-5.P2.el6
CPUs found: 1
worker threads: 1
number of zones: 16
debug level: 0
xfers running: 0
xfers deferred: 0
soa queries in progress: 0
query logging is OFF
recursive clients: 0/0/1000
```

图 6-45 启动、关闭和重启 named 的命令

2. DNS 的配置选项

现在虽然 DNS 服务器程序已经安装到系统中，服务也可以启动了，但是要作为本地的 DNS 服务器为本地域名及相关记录执行解析任务，还必须对配置文件进行修改。

1）配置文件简介

配置 DNS 时，需要修改多个文件，如下：

(1) /etc/named. conf：这是 DNS 服务器的主配置文件，在这里可以设置全局参数，但该文件并不负责具体的域名解析，而只是指定指向每个域名和 IP 地址映射信息的文件。

(2) /var/named/named. ca：该文件是根域 DNS 服务器指向的文件，通过该文件可以指向根域 DNS 服务器。此文件用户不要随意修改。

(3) /var/named/named. localhost 和/var/named/named. loopback：前者用于将名字 localhost 转换为本地 IP 地址 127.0.0.1，后者定义 loopback 为 localhost 的别名。

(4) 用户自己配置的域名解析文件：又称为区文件，如果当前 DNS 服务器需要解析多个域名，那么用户需要设置多个域名解析文件。若需要反向解析，还需要设置相应的反向解析文件。

2）主配置文件

DNS 服务器的主配置文件/etc/named. conf 指明了 DNS 服务器是主 DNS 服务器还是辅助 DNS 服务器或者是专用缓存服务器，还指定每个区域的用户配置文件。

named.conf 文件包含一系列语句,每条语句以分号结束,语句内各关键字或者数据之间用空白分隔,并以大括号进行分组。常用的语句有 directory、zone、masters、options、acl、key 和 server 等。下面以 options 和 zone 语句为例进行介绍。

(1) options 语句

options 语句主要用来设置全局选项,如区文件的默认目录、定义转发器等。如 named.conf 中的以下语句:

```
1: options{
2:         directory "/var/named";
3:         forwarders{192.168.1.2;
4:                 };
5: };
```

directory 子句用来定义服务器的区文件的默认路径,本例为/var/named 目录。forwarders 子句列出了作为转发器的服务器的 IP 地址。

(2) zone 子句

zone 子句是 named.conf 文件的主要部分,一个 zone 语句设置一个区的选项。如果需要解析 Internet 中的域名,首先需要定义一个名为"."的根区,该区的配置文件为/etc/named/named.ca。

在 zone 语句中通常使用 type 和 file 两个子句。

type 用来设置区的类型,一般有 master、slave 和 hint 三种。master 代表主 DNS 服务器,拥有区域数据文件,并对此区域提供管理数据。slave 代表辅助 DNS 服务器,拥有主 DNS 服务器区域数据文件的副本,辅助 DNS 服务器从主 DNS 服务器同步所有区域数据。hint 代表将该服务器初始化为专用缓存服务器。

file 用来指定一个区的配置文件名称。

```
1: zone "."{
2:             type hint;
3:             file "named.ca";
4:           };
5: zone "sjh.com"{
6:           type master;
7:           file "sjh.com.zone";
8:         };
```

其中,前 4 行定义了对根区域的引用。第 2 行定义类型为专用缓存服务器,第 3 行定义配置文件为/var/named/named.ca,其中,路径/var/named/是在 options 语句中设定的。

后 4 行定义了一个用户配置的区。第 5 行定义域名为 sjh.com,用户文件名称可以自行选取,为便于管理,此处都设置后缀为.zone。

3) 区文件和资源记录

区文件是指保存一个域的 DNS 解析数据的文件。系统管理员可在该文件中添加和删除解析信息。数据解析是通过资源记录来实现的,资源记录的基本格式如下:

```
名称    TTL    网络类型    记录类型    数据
```

(1) "名称"字段可以使用全名或者相对名,全名是以"."结尾的完整域名。例如,在区文件中有以下两条资源记录:

```
dns              IN     A     192.168.1.1
pc1.sjh.com.     IN     A     192.168.1.11
```

第一条记录使用的是相对名,若是为 sjh. com 域设置的记录,则其全名为 dns. sjh. com。第二条中的记录使用的是全名。

(2) TTL 字段设置数据可以被缓存的时间,单位为 s。该字段通常被省略,默认取该区文件开头的 $ TTL 中的值。

"网络类型"字段默认值为 IN,表示是 Internet 类型。

(3) "记录类型"字段设置该条记录为何种类型。常用的记录类型如表 6-1 所示。

表 6-1 常用记录类型

类 型	格 式	举 例
SOA	区名 网络类型 SOA 主 DNS 服务器 管理员邮件地址(序列号 刷新间隔 重试间隔 过期间隔 TTL)	@ IN SOA dns. sjh. com. admin (2011021701 15M 10M 1D 1D)
NS	区名 IN NS 完整主机名	sjh. com IN NS dns. sjh. com.
A	域名 IN A IPv4 地址	dns IN A 192. 168. 1. 1
AAAA	域名 IN A IPv6 地址	localhost IN AAAA ::1
PTR	IP 地址 IN PTR 域名	192. 168. 1. 1 IN PTR dns
MX	名称 IN MX 优先级 域名	mail IN MX 1 mail. sjh. com
CNAME	别名 IN CNAME 域名	samba IN CNAME www. sjh. com

在编写资源记录时,@表示继承主配置文件中的区域名称,最左边列不写表示继承上一行的内容,这只是为了方便编写,每次全部写全也可以。

① 主 DNS 服务器:区域的 DNS 服务器的 FQDN。

② 管理员邮件地址:其中,@用.代替,因为在这里@代表域名。如表 6-1 中管理员邮件地址使用的是相对名,若要使用全名,则应写为 admin. sjh. com。

③ 序列号:区域复制依据,每次主要区域修改完数据后,要手动增加它的值,辅助 DNS 服务器与主 DNS 服务器同步时通过该字段进行判断。

④ 刷新间隔:默认以秒为单位,也可如表 6-1 中写明时间单位,M 代表分钟,H 代表小时,D 代表天,W 代表周。辅助 DNS 服务器请求与主 DNS 服务器同步的等待时间。当刷新间隔到期时,辅助 DNS 服务器请求主 DNS 服务器的 SOA 记录副本。然后,辅助 DNS 服务器将主 DNS 服务器的 SOA 记录中的序列号与其本地 SOA 记录中的序列号进行比较,如果不同,则辅助 DNS 服务器从主要 DNS 服务器请求区域传输。这个域的默认时间是 900s。

⑤ 重试间隔:辅助 DNS 服务器在请求失败后,等待多长时间重试。通常这个时间应该短于刷新时间。默认为 600s。

⑥ 过期间隔:当这个时间到期后,若辅助 DNS 服务器仍然无法与主 DNS 服务器进行

区域传输,则辅助DNS服务器会认为它的本地数据不可靠。

(4)"数据"字段的内容因记录类型不同而有所差别。

3. DNS服务器配置实例

为使我们对DNS服务器的配置有更深入的理解,下面介绍一些具体的实例对主DNS服务器、辅助DNS服务器、DNS负载均衡、DNS转发等分别进行设置。

1)主DNS服务器

【实例6-2】 假设一公司内有Web服务器、FTP服务器和MAIL服务器以及多台计算机,现要求配置一台DNS服务器,负责Web、FTP和MAIL服务器的域名解析工作,包括反向解析。公司内部的域名为sjh.com,DNS服务器的IP地址为192.168.1.1,FTP服务器的IP:192.168.1.11,Web服务器的IP:192.168.1.12,MAIL服务器的IP:192.168.1.13,Web的别名为www,这些服务器除了可以使用内部域名相互访问之外,还要求能够访问Internet中的域名。

根据上述要求,我们需要配置三个文件,分别如下。

(1)named.conf:在该文件中不但要包含对根域服务器named.ca的引用,还要定义正向区域sjh.com和反向区域192.168.1。

(2)sjh.com.zone:该文件包含对区sjh.com中各个服务器的域名映射数据。

(3)192.168.1.zone:该文件中包含对区sjh.com反向解析的映射数据。

具体的步骤如下。

(1)编辑/etc/named.conf的内容如图6-46所示。

```
root@sjh:~
文件(F) 编辑(E) 查看(V) 搜索(S) 终端(T) 帮助(H)
options{
 directory "/var/named";
};
zone "." {
        type hint;
        file "named.ca";
};
zone "sjh.com" {
        type master;
        file "sjh.com.zone";
};
zone "1.168.192.in-addr.arpa"{
        type master;
        file "192.168.1.zone";
};
~
~
~
~
~
~
"/etc/named.conf" 17L, 211C
```

图6-46 编辑named.conf文件

(2)编辑/var/named/sjh.com.zone的内容如图6-47所示。

(3)编辑/var/named/192.168.1.zone的内容如图6-48所示。

(4)编辑并保存以上三个文件后,可以使用以下命令来检查named.conf、sjh.com.zone、192.168.1.zone文件是否有错误,如图6-49所示。

```
root@sjh:~
文件(F) 编辑(E) 查看(V) 搜索(S) 终端(T) 帮助(H)
[root@sjh ~]# cat /var/named/sjh.com.zone
$TTL 86400
@      IN    SOA    dns.sjh.com. admin(12345678  1H  60M  1D  1D)
@      IN    NS     dns.sjh.com.
dns    IN     A      192.168.1.1
ftp    IN     A      192.168.1.11
web    IN     A      192.168.1.12
mail   IN     A      192.168.1.13
sjh.com.  IN  MX   1   mail.sjh.com.
www    IN  CNAME  web
```

图 6-47　sjh. com. zone 文件

```
root@sjh:~
文件(F) 编辑(E) 查看(V) 搜索(S) 终端(T) 帮助(H)
[root@sjh ~]# cat /var/named/192.168.1.zone
$TTL 86400
@      IN     SOA    dns.sjh.com.  admin.sjh.com.(12345678  1H  60M  1D
  1D)
@      IN     NS     dns.sjh.com.
1      IN     PTR     dns.sjh.com.
11     IN     PTR     ftp.sjh.com.
12     IN     PTR     web.sjh.com.
13     IN     PTR     mail.sjh.com.

[root@sjh ~]#
```

图 6-48　192. 168. 1. zone 文件

```
root@sjh:~
文件(F) 编辑(E) 查看(V) 搜索(S) 终端(T) 帮助(H)
[root@sjh ~]# named-checkconf /etc/named.conf
[root@sjh ~]# named-checkzone sjh.com /var/named/sjh.com.zone
zone sjh.com/IN: loaded serial 12345678
OK
[root@sjh ~]# named-checkzone 1.168.192.in-addr.arpa /var/named/sjh.
com.zone
zone 1.168.192.in-addr.arpa/IN: loaded serial 12345678
OK
[root@sjh ~]#
```

图 6-49　检查配置文件

(5) 确认配置文件正确之后,使用# service named restart 命令重新启动 DNS 服务。

(6) 在 DNS 客户端,修改/etc/resolv. conf 文件,设置 DNS1=192. 168. 1. 1,如图 6-50 所示。

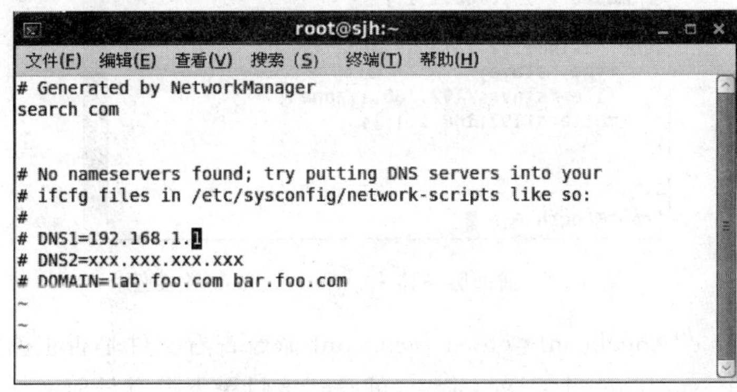

```
root@sjh:~
文件(F) 编辑(E) 查看(V) 搜索(S) 终端(T) 帮助(H)
# Generated by NetworkManager
search com


# No nameservers found; try putting DNS servers into your
# ifcfg files in /etc/sysconfig/network-scripts like so:
#
# DNS1=192.168.1.1
# DNS2=xxx.xxx.xxx.xxx
# DOMAIN=lab.foo.com bar.foo.com
~
~
~
```

图 6-50　修改/etc/resolv. conf 文件

(7) 输入 host 命令测试正向解析和方向解析,结果如图 6-51 所示。

图 6-51 测试解析结果

2) 辅助 DNS 服务器

辅助 DNS 服务器的配置比较简单,首先在主机上安装 bind 软件包,然后修改配置文件 named.conf,无须为每个区域再单独创建文件。

【实例 6-3】 现在为 192.168.1.1 这台 DNS 服务器配置辅助 DNS 服务器,辅助 DNS 服务器的 IP 地址为 192.168.1.2,具体步骤如下。

(1) 修改主 DNS 服务器 192.168.1.1 的主配置文件 named.conf,在 options 中添加以下语句:

```
options{
directory "/var/named";
allow-transfer{192.168.1.2;};
};
```

(2) 在需要设置为辅助 DNS 服务器的计算机中安装 bind 软件包。

(3) 修改辅助服务器中的/etc/named.conf 文件内容,如图 6-52 所示。

```
root@bogon:~
File Edit View Search Terminal Help
[root@bogon Desktop]# cd
[root@bogon ~]# cat /etc/named.conf
options {
  directory "/var/named";
};
zone "sjh.com"{
   type slave;
   file "slaves/sjh.com.zone";
   masters{192.168.1.1;};
};
zone "1.168.192.in-addr.arpa"{
    type  slave;
    file "slaves/192.168.1.zone";
    masters{192.168.1.1;};
};


[root@bogon ~]#
```

图 6-52 辅助服务器中/etc/named.conf 文件

(4) 使用#named-checkconf /etc/named.conf 命令查看文件是否正确。

(5) 使用 ls -l /var/named/slaves 命令,可看到该目录下没有任何文件。

(6) 使用#service named start 命令启动 named 进程。

(7) named 进程启动成功后，再次查看/var/named/slaves 目录，可以看到已经将主 DNS 服务器中正向解析和方向解析两个区域的文件复制过来了。这两个文件的内容不能修改。

(8) 修改 DNS 客户端的/etc/resolv.conf 文件，设置 DNS1=192.168.1.2。

(9) 使用 host 命令进行测试，这里不再列出测试过程。

3) DNS 负载均衡

DNS 负载均衡的优点是简单方便、经济易行，它在 DNS 服务器中为同一个域名设置多个 IP 地址，在客户端访问域名时，DNS 服务器对每个查询请求返回不同的 IP 地址，将客户端的访问引导到不同的计算机上，使得客户端访问不同的服务器，从而达到负载均衡的效果。

【实例 6-4】 现在我们再添加两台 FTP 服务器(其 IP 地址分别为 192.168.1.110 和 192.168.1.111)，使三台 FTP 服务器的内容完全相同，它们都使用 ftp.sjh.com 这一个域名。根据以上要求，我们不需要修改/etc/named.conf 文件，只需要修改 sjh.com.zone 和 192.168.1.zone 这两个文件即可。

(1) 在/var/named/sjh.com.zone 中添加以下两行：

```
ftp     IN     A      192.168.1.110
ftp     IN     A      192.168.1.111
```

(2) 在/var/named/192.168.1.zone 中添加以下两行：

```
110     IN     PTR     ftp.sjh.com.
111     IN     PTR     ftp.sjh.com.
```

(3) 重启进程 named。

(4) 使用 host 命令进行测试，结果如图 6-53 所示。

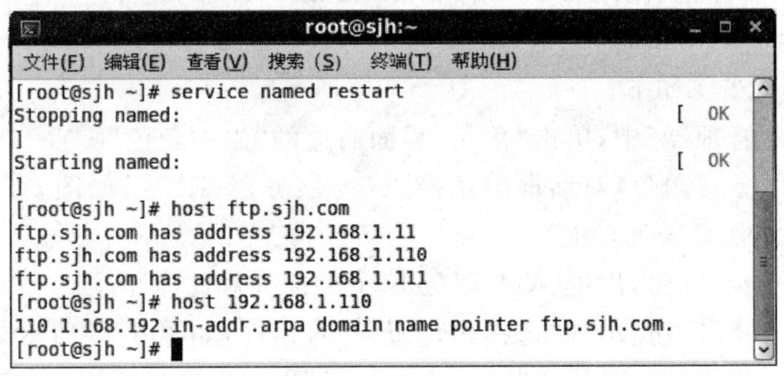

图 6-53 测试负载均衡

4) 专用缓存服务器

如果要把 DNS 服务器配置为专用缓存服务器，也即将该服务器设置为 DNS 转发模式。它本身不管理任何区域，但是客户端仍然可以向它请求查询。它没有自己的域名数据库，而是将所有的客户查询转发到其他的 DNS 服务器处理，在返回客户查询结果的同时，将查询结果保存在自己的缓存中。当有客户再次查询相同的域名时,就可以从缓存中直接查询到结果,从而加快了查询速度。

在/etc/named.conf 配置文件中添加如下语句,就可以将 DNS 服务器配置成专用缓存服务器。

```
options{
directory "/var/named";
forward only;
forwarders{202.196.32.1;};
};
```

6.4 Web 服务器的配置

World Wide Web(也称 Web、WWW 或万维网)是 Internet 上集文本、声音、动画、视频等多种媒体信息于一身的信息服务系统,整个系统由 Web 服务器、浏览器(Browser)及通信协议三部分组成。WWW 采用的通信协议是超文本传输协议(HyperText Transfer Protocol,HTTP),它可以传输任意类型的数据对象,是 Internet 发布多媒体信息的主要应用层协议。

6.4.1 Windows 平台下 Web 服务器的安装和配置

在 Windows Server 2008 中,使用 Internet Information Server(简称 IIS)组件(版本 7.0)来提供 Web 服务。

1. 安装 IIS

Windows Server 2008 内置了功能强大的 Web 服务功能,可以搭建功能完备的 Web 网站,支持 ASP 和.NET 动态功能。IIS(Internet Information Services,Internet 信息服务)是一个用于配置应用程序池、网站、FTP 站点、SMTP 或 NNTP 站点且基于 MMC 的控制台管理程序。

IIS 的具体安装步骤如下。

(1) 在"服务器管理器"中,单击"角色"界面右边的"添加角色"。

(2) 在"选择服务器角色"对话框中选择"Web 服务器(IIS)",如图 6-54 所示,并在弹出的对话框中单击"添加必需的功能"。

(3) 单击"下一步"按钮,出现 Web 服务器(IIS)简介和注意事项。

(4) 单击"下一步"按钮,出现"选择角色服务"对话框,如图 6-55 所示。

(5) 单击"下一步"按钮,确认在"确认安装选择"界面中选择无误后单击"安装"按钮。

(6) 出现"安装结果"界面时单击"关闭"按钮。

2. 配置 Web 服务器

选择"开始"→ "程序"→"管理工具"→"Internet 信息服务管理器",打开"Internet 信息服务"管理窗口,如图 6-56 所示,窗口显示此计算机上已经安装好的 Internet 服务,而且都已经自动启动运行。

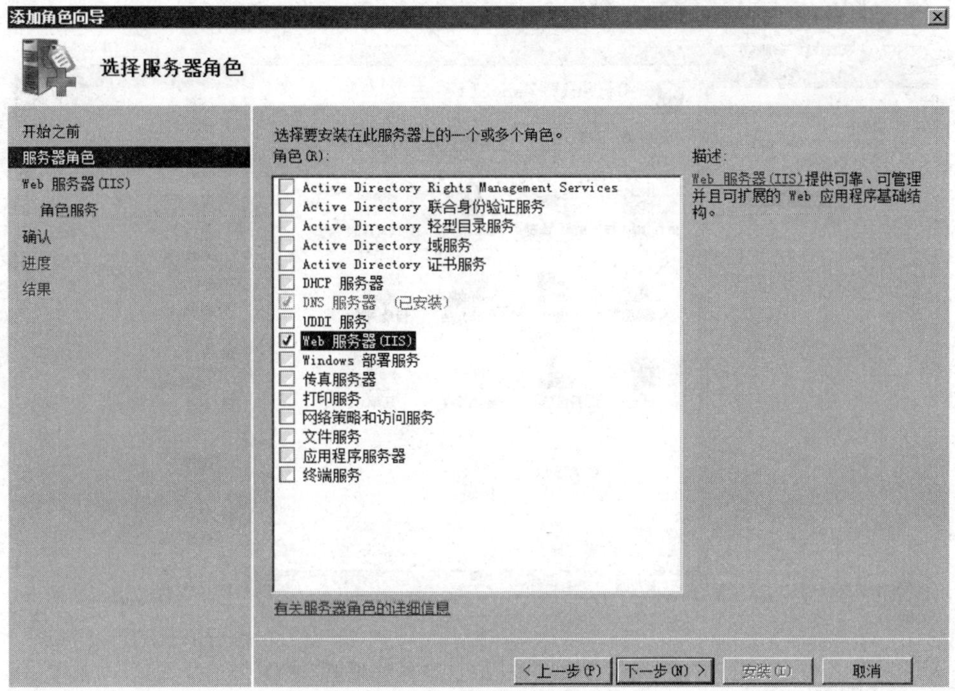

图 6-54　选择“Web 服务器(IIS)”角色

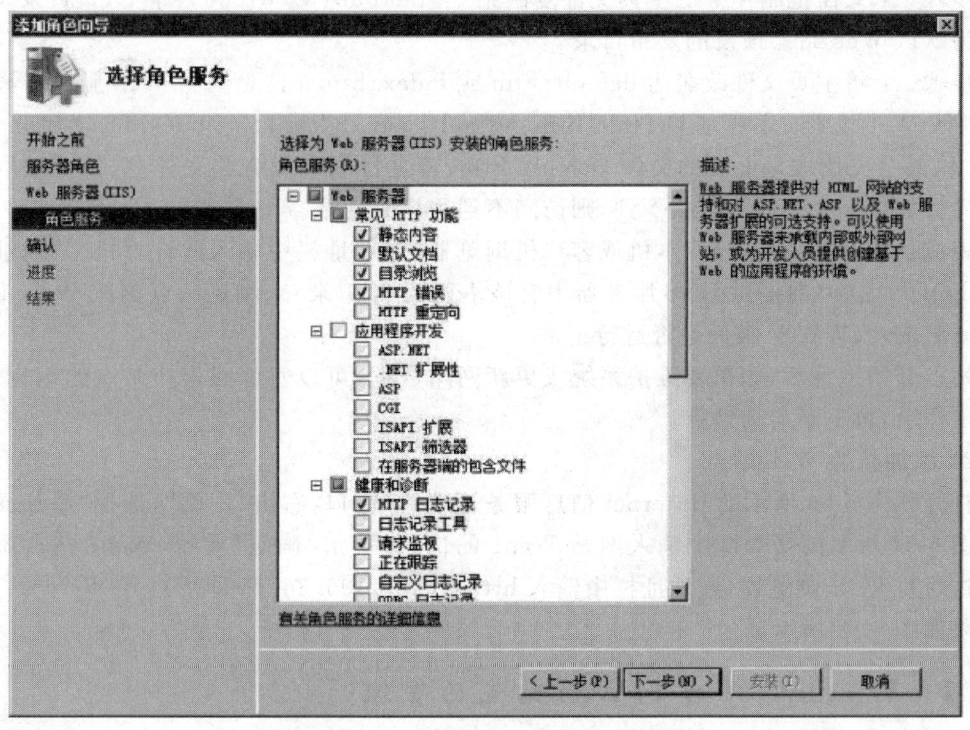

图 6-55　“选择角色服务”对话框

图 6-56 “Internet 信息服务管理器”窗口

1) 使用IIS的默认站点

步骤一:只需把制作好的主页文件复制到 c:\inetpub\wwwroot 目录下,该目录是安装程序为默认 Web 站点预设的发布目录。

步骤二:将主页文件改名为 default.htm 或 index.htm。这是因为 Web 服务器设定了5个默认 Web 文档,分别是 Default.htm、Default.asp、index.htm、index.html 和 iisstart.htm。网站会先读取最上面的文件 Default.htm,若主目录中没有此文件,则依序读取之后的文件。如果5个文件名都找不到,则访问不到用户的网站。

完成这两个步骤后,打开本机或客户机浏览器,在地址栏中输入此计算机 IP 地址或主机的 FQDN 名字(前提是 DNS 服务器中有该主机的 A 记录)来浏览站点测试 Web 服务器是否安装成功,WWW 服务是否运行正常。

站点开始运行后,如果要维护系统或更新网站数据,可以暂停或停止站点的运行,完成上述工作后,再重新启动站点。

2) 添加新的 Web 站点

打开如图 6-56 所示的“Internet 信息服务管理器”窗口,右击“网站”,选择“添加网站”,在如图 6-57 所示的文本框中输入网站 Web1 的信息,单击“确定”按钮,Web1 站点添加成功。这时打开 IE 浏览器,在地址栏中输入 http://202.196.36.15 即可打开 Web1 站点,浏览效果如图 6-58 所示。

6.4.2 Windows 平台下 Web 站点的管理

Web 站点建立好以后,可以通过“Internet 信息服务(IIS)管理器”来进一步管理和设置 Web 站点,管理 Web 站点既可以在本地进行,也可以远程管理。

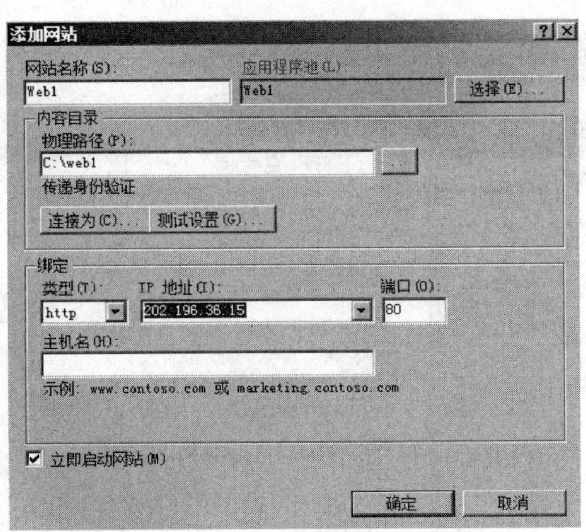

图 6-57　添加 Web1 站点

图 6-58　Web1 站点的浏览效果

1. 本地管理

1) HTTP 重定向

如果网站内容正在搭建或维护中,则可以将此网站暂时重定向到另一个网站,这样用户连接该网站时,所看到的将是另一个网站的网页。需要先安装 HTTP 重定向角色服务。双击 Web4 中的"HTTP 重定向",选择"将请求重定向到此目标"并输入目标网址,然后选择"将所有请求重定向到确切的目标(而不是相对于目标)"。如图 6-59 所示,表示将连接此网站(www.zzti.edu.cn)的请求重定向到 www.baidu.com。

2) 配置自定义错误

有时可能会因为网络或者 Web 服务器设置的原因,而使得用户无法正常访问 Web 页。为了使用户清楚地了解不能访问的原因,在 Web 服务器上应该设置相应的反馈给用户的错误页。错误页可以是自定义的,也可以包含排除故障原因的详细错误信息。

默认情况下,IIS 已经集成了一些常见的错误代码。在 Web4 站点中单击"错误页"图标,显示如图 6-60 所示的"错误页"窗口。右击某条记录,可以添加、编辑、删除错误代码或者更改状态代码。

3) 虚拟目录

可能需要在网站的主目录之下新建多个子文件夹,然后将网页与相关文件保存到主目录与这些子文件夹中。这些子文件夹称为物理目录。

然而网页文件不一定要保存到主目录中,也可以将它们保存到其他文件夹中,例如本地

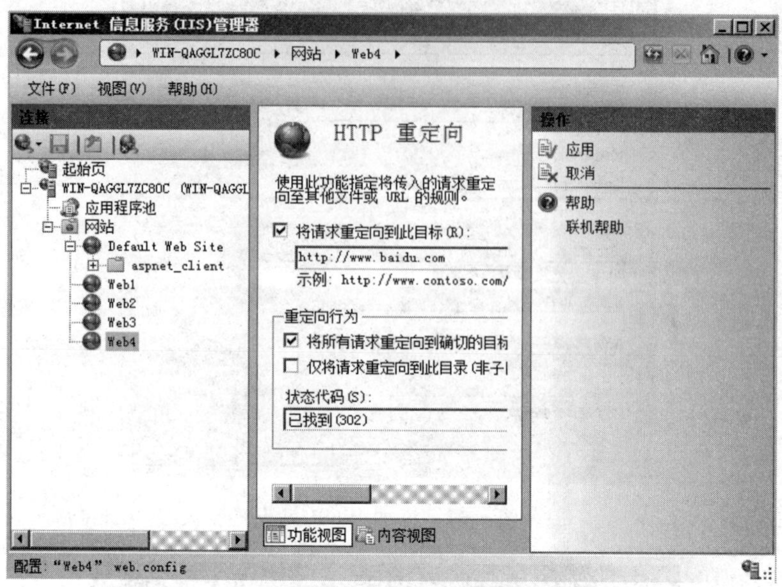

图 6-59 设置 HTTP 重定向

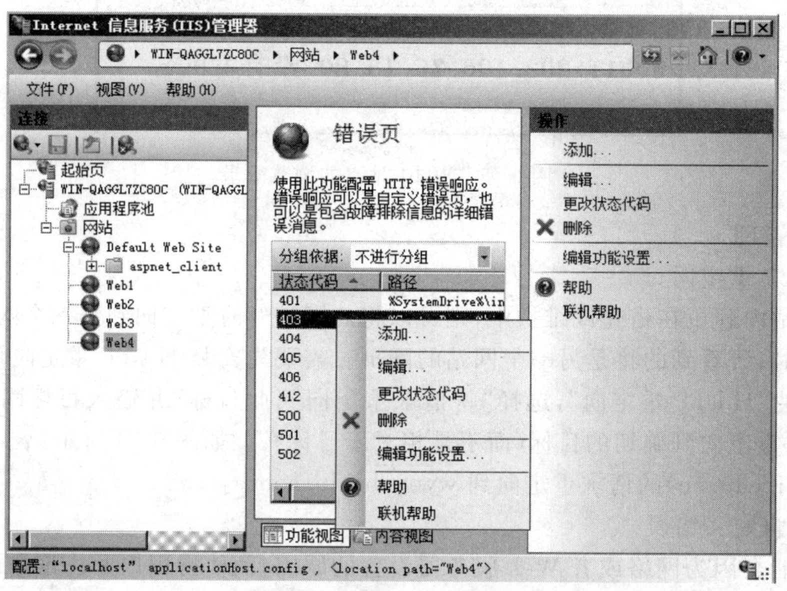

图 6-60 “错误页”设置界面

计算机其他磁盘驱动器的文件夹,或其他计算机的共享文件夹,然后通过虚拟目录对应到这个文件夹。每个虚拟目录都有一个别名,用户可以通过别名来访问这个文件夹中的网页。虚拟目录的好处是:不论将网页的保存更改到何处,只要别名不变,用户仍然可以通过相同的别名来访问网页。

创建虚拟目录的过程如下。

在 Web 服务器的 C 盘中新建一个名为 xuni 的文件夹,然后在此文件夹中新建一个名为 index.htm 的测试网页。

在“Internet信息服务(IIS)管理器”中右击Web1,选择“添加虚拟目录”,在弹出的如图6-61所示的对话框中输入别名(如xuni),输入或利用“浏览”按钮输入物理路径“C:\xuni”,单击“确定”按钮,返回IIS管理器。此时可看到Web1网站上多了一个虚拟目录xuni。完成设置后,在IE浏览器中输入“http://202.196.36.15/xuni”进行测试,结果如图6-62所示。

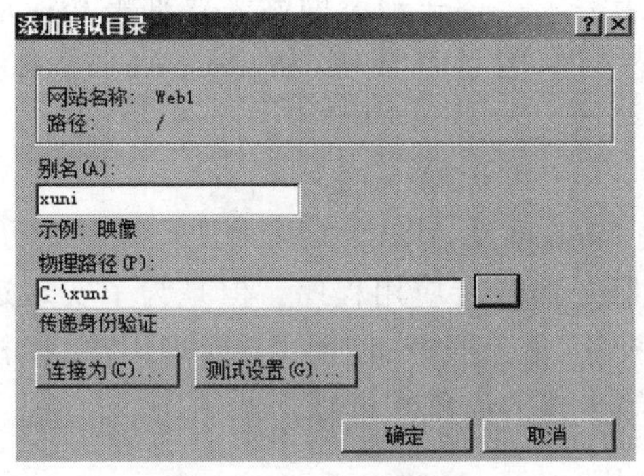

图6-61 添加虚拟目录

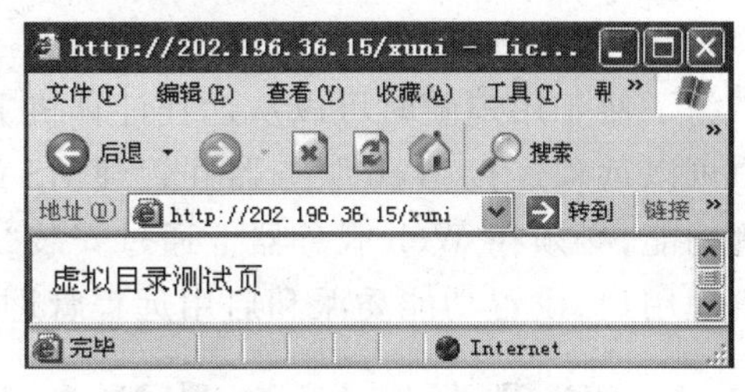

图6-62 虚拟目录的浏览效果

4) 查看Web站点日志

启用网站日志可以收集用户访问Web网站的信息。

在Web网站中可以使用Microsoft IIS日志文件格式、NCSA公用日志文件格式、W3C日志文件格式以及自定义文件格式记录访问网站的用户活动。

在“Internet信息服务(IIS)管理器”中单击Web1,然后在“功能视图”界面中双击“日志”,打开如图6-63所示的“日志”设置界面。

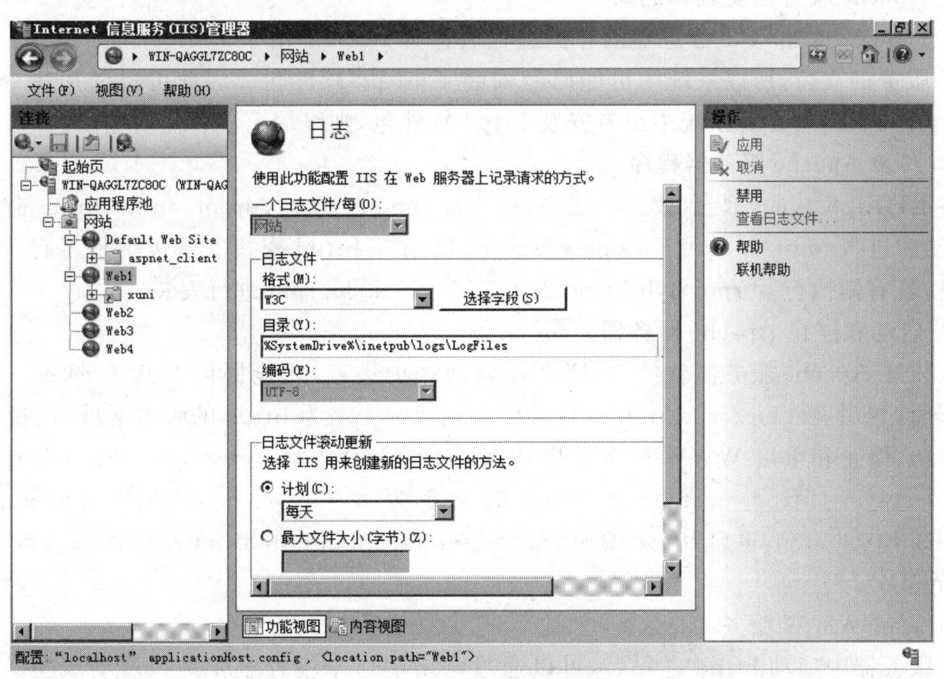

图6-63 “日志”设置界面

在该界面中可以设置日志文件的格式、日志文件的保存目录以及日志文件的滚动更新情况,默认情况下的日志文件保存在“c:\inetpub\logs\LogFiles”目录下。

5)动态网站

默认情况下,IIS只支持在Web网站运行静态HTML网页,但静态网页无法根据用户的需求和实际情况做出相应的变化,因此需要搭建动态网站。自动接收用户的请求信息并做出反应,无须人工参与网页的反映即可满足应用需求。搭建动态网站需要部署相应的应用程序,IIS支持多种应用程序,可搭建多种动态网站的运行环境,如JSP、ASP.NET和PHP等。

2. 远程管理

为了便于用户随时可以从远程计算机上管理Web网站,IIS 7.0提供了远程管理功能。用户可以远程连接Web服务器并管理IIS站点、服务器或者应用程序。但是为了实现远程管理功能,必须在Web服务器上通过安装“管理服务”角色服务、创建IIS管理用户、授权远程管理用户、设置功能委派和启用远程管理功能等步骤的设置才可以。

6.4.3 使用Apache配置Web服务器

Web服务是当今Internet和Intranet的一项重要的任务,在Linux系统中,首选的Web服务器软件是Apache。根据著名的Web服务器调查公司Netcraft在2011年2月的最新统计数据,Apache的市场占有率为60.10%,是世界上排名第一的Web服务器,远远高于IIS 20.04%的市场占有率。

Apache服务器的特点是源代码公开,稳定性好,使用是完全免费的,而且可以跨平台在Linux、UNIX和Windows操作系统下运行。

1. Apache服务器安装和启动

在Linux中,Apache服务器的守护进程名称为httpd。由于Linux中很多软件都需要WWW服务的支持,所以系统中可能已经安装了httpd软件包。因此可以使用命令# rpm -qa httpd先查询下。若系统中没有安装httpd软件包,则终端上没有任何输出。

1)安装Apache服务器程序

将RHEL 6.0的安装盘放入光驱中,执行# mount /dev/cdrom /mnt/cdrom命令挂载光驱,然后进入/mnt/cdrom/Packages目录下,使用ls httpd查找安装包中是否有httpd安装程序,若有则执行# rpm -ivh httpd-2.2.15-5.el6.i386.rpm进行安装。

2)启动和停止Apache服务器

安装好Apache服务器软件后,还必须启动守护进程,才能提供WWW服务。安装好httpd软件包后,在/etc/rc.d/init.d/目录中会创建一个名为httpd的脚本文件,通过该脚本可以启动、停止和重启WWW服务。启动httpd的命令为# /etc/rc.d/init.d/httpd start或者# service httpd start,停止httpd的命令为#/etc/rc.d/init.d/httpd stop或者#service httpd stop,重启httpd的命令为# /etc/rc.d/init.d/httpd restart或者# service httpd restart。

3)测试WWW服务

在服务器中启动httpd进程后,可以通过网络端口来检查服务是否启动成功。WWW服务默认的TCP端口号为80,使用#netstat -tnlp | grep 80命令查看80端口是否处于监

听状态，即可判断出 WWW 服务是否启动成功，如图 6-64 所示。

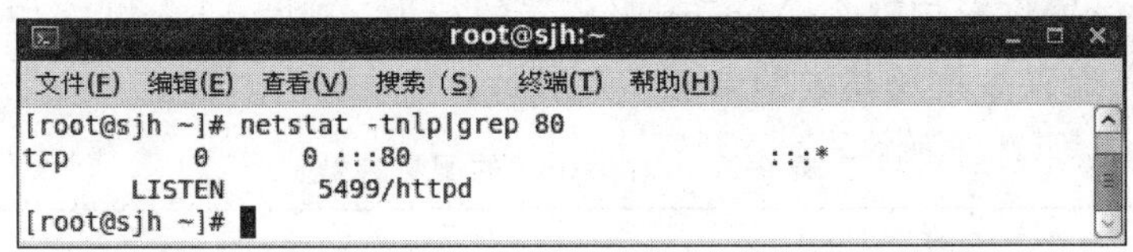

图 6-64 查看端口状态

此外，我们可以在本机中启动浏览器软件 Firefox，然后通过网址 http://127.0.0.1 或者 http://localhost 来测试，如能出现如图 6-65 所示画面，则表示 Apache 服务器软件安装成功，并已经成功启动。

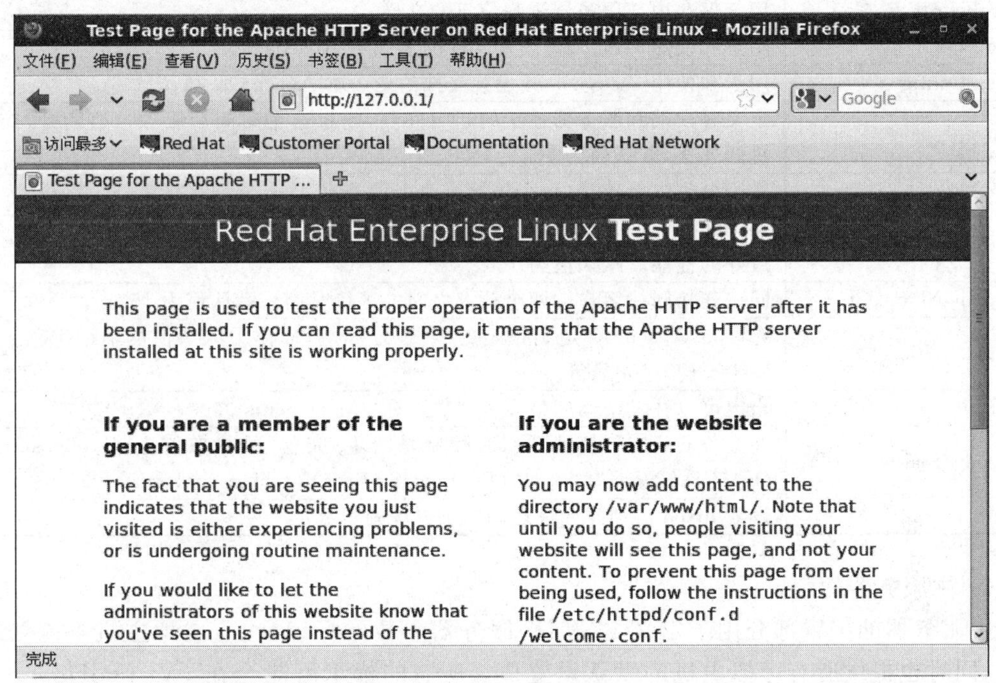

图 6-65 显示测试主页

2. Apache 服务器的配置文件

安装好 Apache 并启动成功之后，使用默认配置就可以直接打开 Apache 的说明网页。但是要发布用户自己的网站信息给客户端，必须对 Apache 进行配置。

Apache 通过配置文件进行配置，其配置文件名称为 httpd.conf，位于/etc/httpd/conf/目录，该文件是包含若干指令的纯文本文件，如果对此文件做了改动，必须重启 Apache 后修改的选项才会生效。

虽然 Apache 提供的配置参数很多，但这些参数基本上都很明确，也可以不加改动就能运行 Apache 服务器。但如果需要调整 Apache 服务器的性能，以及增加对某种特性的支持，就需要了解这些配置参数的含义。

httpd.conf 文件包括三部分，第一部分是全局环境变量设置部分，第二部分是主(默认)服务器配置部分，第三部分是虚拟主机的配置部分。

1) httpd.conf 的全局参数

全局参数的设置将影响整个 Apache 服务器的行为,它决定 httpd 守护进程的运行方式和运行环境,全局配置参数及其说明如表 6-2 所示。

表 6-2　httpd.conf 的配置参数

参　数	说　明
ServerType	定义服务器的启动方式,默认值为独立方式 standalone。inetd 方式使用超级服务器来监视连接请求并启动服务器
ServerRoot	指定守护进程 httpd 的运行目录。不要在目录末尾加"/"。默认值为"/etc/httpd"
PidFile	服务器用于记录 httpd 进程号的文件/var/run/httpd/httpd.pid
ScoreBoardFile	用于保存内部服务器进程信息的文件
ResourceConfig	用于和使用 srm.conf 设置文件的老版本 Apache 兼容
AccessConfig	用于和使用 access.conf 设置文件的老版本 Apache 兼容
Timeout	定义客户端和服务器连接的超时间隔,超过这个时间后服务器会断开与客户机的连接,默认值为 60s
KeepAlive	是否允许保持连接(每个连接有多个请求)
MaxKeepAliveRequests	每个连接的最大请求数。设置为 0 表示无限制。建议设置较高的值,以获得最好的性能。默认值为 100
KeepAliveTimeout	同一连接同一客户端两个请求之间的等待时间。默认值为 15s
Listen	允许将 Apache 绑定到指定的 IP 地址和端口,作为默认值的辅助选项。如:Listen 192.168.1.1:8080
MaxClients	指定可以并发访问的最多客户数。如:MaxClients 300
ExtendedStatus	在服务器状态句柄被呼叫时控制是产生"完整"的状态信息(ExtendedStatus On)还是仅返回基本信息(ExtendedStatus Off),默认是 Off
StartServers	设置 httpd 启动时允许启动的子进程副本数量

2) 主服务器的配置

主服务器的配置部分用于定义主(默认)服务器参数的标识,响应虚拟主机不能处理的请求,同时也提供所有虚拟主机的默认设置值。所有的标识可能会在< VirtualHost >中出现,对应的默认值会被虚拟主机重新定义覆盖。主服务器的配置参数如表 6-3 所示。

表 6-3　httpd.conf 的配置参数

参　数	说　明
Port	Standalone 服务器监听的端口,默认值为 80
ServerAdmin	管理员的电子邮箱,如果服务器有任何问题将发信到这个地址,默认值为 root@localhost
ServerName	允许设置主机名。主机名不能随便指定,必须是机器有效的 DNS 名称,否则无法正常工作。如果主机没有注册 DNS 名称,可在此输入 IP 地址
DocumentRoot	服务器对外发布的文档的路径,默认值为/var/www/html
ErrorLog	指定错误日志文件的位置,默认为 logs/error_log
LogLevel	指定日志的级别,默认为 warn
UserDir	当请求～user 时,追加到用户主目录的路径地址
DirectoryIndex	预设的 HTML 目录索引文件名,用空格来分隔多个文件名,默认值为 index.html

续表

参　　数	说　　明
HostnameLookups	是否启用DNS查询使日志中能记下主机名，默认值为off
Options	控制在特定目录中将使用哪些服务器特性，若设置为None，将不启用任何额外特性。还可设置为：Indexes MultiViews FollowSymLinks IncludesNoExec等
Alias	定义别名将文件系统的任何部分映射到网络空间中。如Alias /pub/"/var/doc/share/"，当使用http://www.sjh.com/pub/test.doc访问时，即是访问http://www.sjh.com/var/doc/share/test.doc
Redirect	重定向客户端访问的地址到其他URL。如Redirect /news http://happy.sjh.com，当使用http://www.sjh.com/news/news1.html访问时，将被重定向到http://happy.sjh.com/news1.html

3）虚拟主机的配置

通过配置虚拟主机，可以在一个Apache服务器进程中配置不同的IP地址和主机名。几乎所有的Apache标识都可用于虚拟主机内。

3. Apache服务器的应用

Apache服务器的主要用途是作为Linux环境下的Web服务器，通过虚拟主机的设置，在同一主机上运行多个Web站点。此外，Apache服务器还可以用作代理服务器。关于代理服务器的配置，此处不做介绍，请参阅相关书籍。

1）基于主机名的虚拟主机

所谓基于主机名的虚拟主机，是指在一台只有一个IP地址的主机上，配置多个Web站点，客户端通过提交不同的域名访问到不同的网站。基于主机名的虚拟主机，可以缓解IP地址不足的问题，占用资源少，管理方便，所以目前基本上都是采用这种方式来提供虚拟主机服务。

配置基于主机名的虚拟主机需要在DNS服务器中添加主机名到IP地址的映射，还需要修改Apache服务器的主配置文件，使其辨识不同的主机名。下面举例进行介绍。

【实例6-5】 给IP地址为192.168.1.1的WWW服务器配置虚拟主机，通过www.sjh.com和www.test.com分别访问两个不同的网站。

具体操作步骤如下。

(1) 修改DNS服务器的主配置文件/etc/named.conf，在其中添加以下语句：

```
zone "test.com" {
    type master;
    file "test.com.zone";
}
```

(2) 在/var/named中新建文件test.com.zone，内容如下：

```
$TTL 86400
@      IN  SOA   dns.test.com. admin(12345678 1H 60M 1D 1D)
@      IN  NS     dns.test.com.
dns  IN    A     192.168.1.1
www  IN  CNAME    dns
```

(3) 重复步骤(1)、(2)为 www. sjh. com 也设置好正向域名解析,然后重启 named 服务,使用 host 命令进行域名解析测试。

(4) 使用#mkdir /var/www/sjh. com 和#mkdir /var/www/test. com 命令创建两个子目录,分别用来保存两个网站的相关文件。

(5) 将两个网站的相关文件复制到上一步创建的两个目录中。这里为了测试,在每个目录中分别编写一个简单的 index. html 文件。

至此,用于网站测试的内容准备完毕。

(6) 编辑/etc/httpd/conf/httpd. conf 文件,在文件的最后添加以下内容:

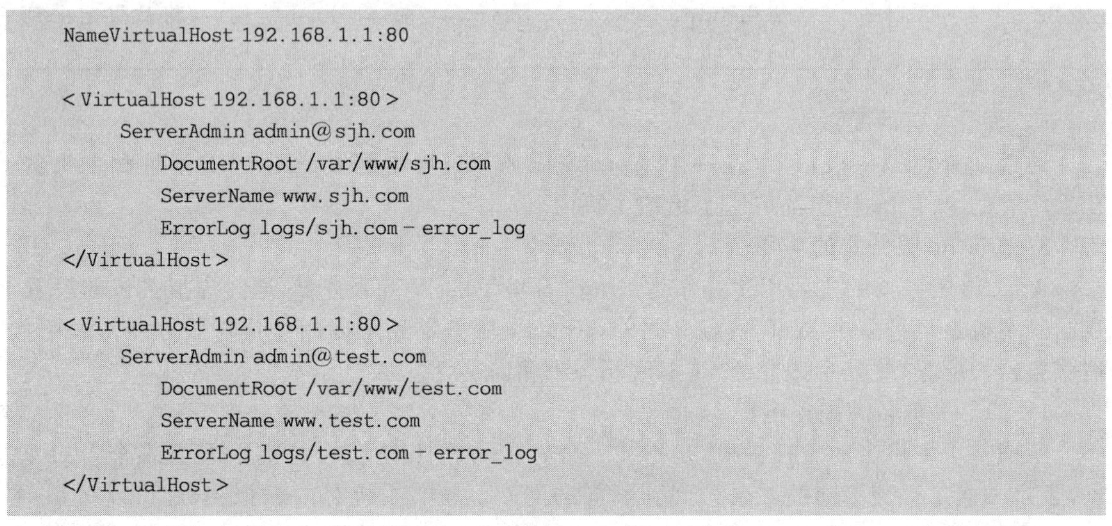

```
NameVirtualHost 192.168.1.1:80

<VirtualHost 192.168.1.1:80>
    ServerAdmin admin@sjh.com
        DocumentRoot /var/www/sjh.com
        ServerName www.sjh.com
        ErrorLog logs/sjh.com-error_log
</VirtualHost>

<VirtualHost 192.168.1.1:80>
    ServerAdmin admin@test.com
        DocumentRoot /var/www/test.com
        ServerName www.test.com
        ErrorLog logs/test.com-error_log
</VirtualHost>
```

在上面的指令中,第一句设置服务器使用 192. 168. 1. 1 这个地址来响应客户端 80 端口的访问。第二段设置第一个虚拟主机的参数,第三段设置第二个虚拟主机的参数。

(7) 重启 Apache 服务。

(8) 打开另一台主机,设置其 IP 地址为 192. 168. 1. 10,DNS 为 192. 168. 1. 1,在 IE 浏览器的地址栏里分别输入两个不同的域名,可以显示出不同的内容,如图 6-66 所示。

图 6-66 两个基于主机名的虚拟主机

2) 基于 IP 地址的虚拟主机

基于 IP 地址的虚拟主机是指在一个机器上设置多个 IP 地址,每个 IP 地址对应不同的 Web 站点。我们既可以在服务器中配置多个网卡来绑定不同的 IP 地址,也可以使用网络操作系统支持的虚拟界面对同一个网卡绑定多个 IP 地址。

【实例 6-6】 Apache 服务器已有 IP 地址 192.168.1.1，为此服务器再添加 IP 地址 192.168.1.2，并配置该服务器为基于 IP 地址的虚拟主机。

具体操作步骤如下。

(1) 使用命令 #ifconfig eth0:1 192.168.1.2 netmask 255.255.255.0 为同一块网卡设置第二个 IP 地址。

(2) 仍然使用上例中创建的两个目录来保存网站的内容，并使用上例中创建好的 index.html 文件。

(3) 编辑/etc/httpd/conf/httpd.conf 文件，在文件末尾添加以下内容：

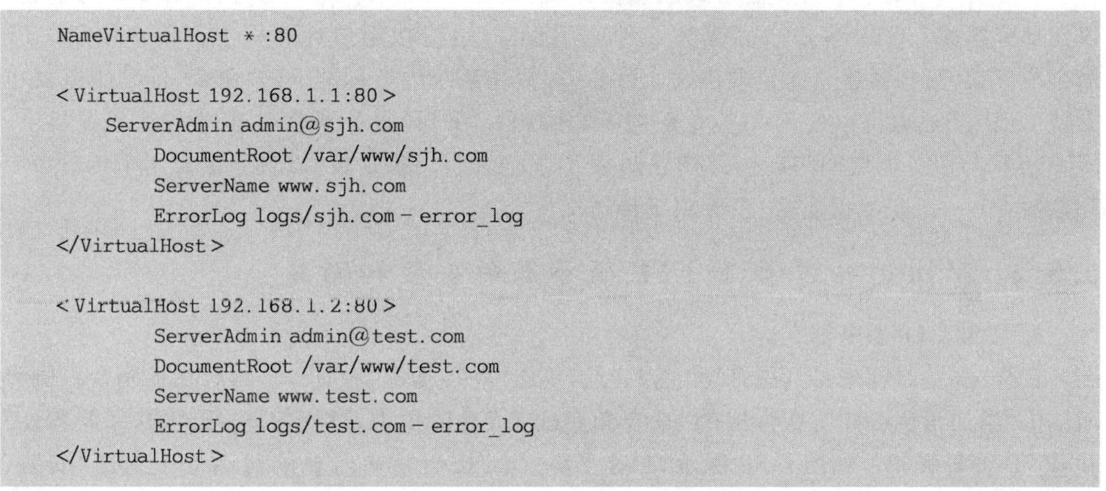

```
NameVirtualHost *:80

<VirtualHost 192.168.1.1:80>
    ServerAdmin admin@sjh.com
        DocumentRoot /var/www/sjh.com
        ServerName www.sjh.com
        ErrorLog logs/sjh.com-error_log
</VirtualHost>

<VirtualHost 192.168.1.2:80>
        ServerAdmin admin@test.com
        DocumentRoot /var/www/test.com
        ServerName www.test.com
        ErrorLog logs/test.com-error_log
</VirtualHost>
```

(4) 重启 Apache 服务。

(5) 在浏览器地址栏中分别输入 http://www.sjh.com、http://www.test.com、http://192.168.1.1、http://192.168.1.2 进行测试，结果如图 6-67 所示，从图中可以看出，由于两个域名在 DNS 服务器中都解析为 IP 地址 192.168.1.1，所以输入前三个地址看到的网页是一样的，而输入 http://192.168.1.2 时，打开的网页则是配置的第二个虚拟主机中所设置的。

图 6-67 基于 IP 地址的虚拟主机

6.5 FTP服务器的配置

6.5.1 FTP的基本概念

FTP(File Transfer Protocol)是文件传输协议,可以在服务器中存放大量的共享软件和免费资源,网络用户可以从服务器中下载文件,或者将客户机上的资源上传至服务器。FTP就是用来在客户机和服务器之间实现文件传输的标准协议。

FTP是基于客户/服务器模式的服务系统,它由客户软件、服务器软件和FTP通信协议三部分组成。FTP客户软件作为一种应用程序,运行在用户计算机上。用户使用FTP命令与FTP服务器建立连接或传送文件,一般操作系统内置标准FTP命令,标准浏览器也支持FTP,当然也可以使用一些专用的FTP软件。FTP服务器软件运行在远程主机上。FTP客户与服务器之间将在内部建立两条TCP连接:一条是控制连接,主要用于传输命令和参数;另一条是数据连接,主要用于传送文件。

6.5.2 Windows平台下FTP服务器的安装和配置

1. 安装FTP服务器

打开“服务器管理器”,展开“角色”节点,单击“Web服务器(IIS)”,然后在控制台右侧界面单击“添加角色服务”,在弹出的“选择角色服务”对话框中,选择“IIS6元数据库兼容性”和“FTP发布服务”,如图6-68所示,单击“下一步”按钮并在出现的对话框中单击“安装”按钮。

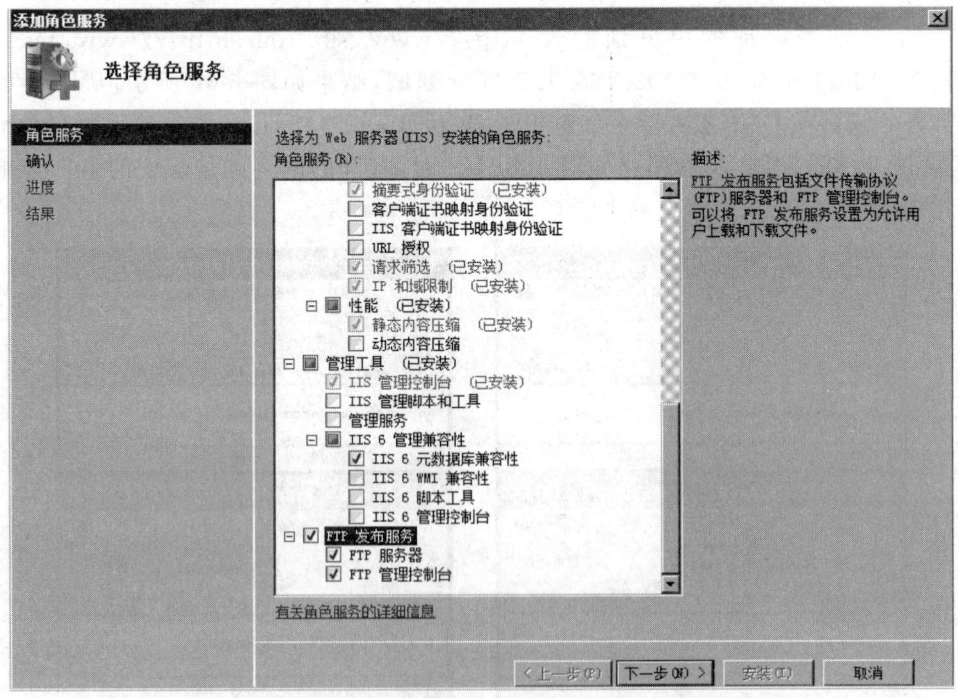

图6-68 为FTP选择角色服务

FTP 服务器安装好后，在服务器上有专门的目录供网络用户访问、存储下载文件、接收上传文件，合理设置站点有利于提供安全、方便的服务。

2. 配置 FTP 服务器

使用“Internet 信息服务(IIS)6.0 管理器”控制台允许在单台 FTP 服务器上创建多个 FTP 站点。区分不同 FTP 站点的标识信息有 IP 地址和端口，这二者不能完全相同，否则有一个站点不能启动。

打开“Internet 信息服务(IIS)6.0 管理器”，可以看到一个默认的 FTP 站点 Default FTP Site 正在运行。

下面创建一个新的站点 MyFtp，首先在 C 盘建立文件夹 myftp 作为上传和下载的主目录，并存入文件供测试之用。

右击 FTP 站点，选择“新建”→“FTP 站点”，在打开的“FTP 站点创建向导”中单击“下一步”按钮，在出现的“FTP 站点描述”对话框中输入 FTP 站点的描述“MyFtp”。

单击“下一步”按钮，在出现的“IP 地址和端口设置”对话框中设置 IP 为 202.196.36.15，端口号 21 默认不用更改，如图 6-69 所示。

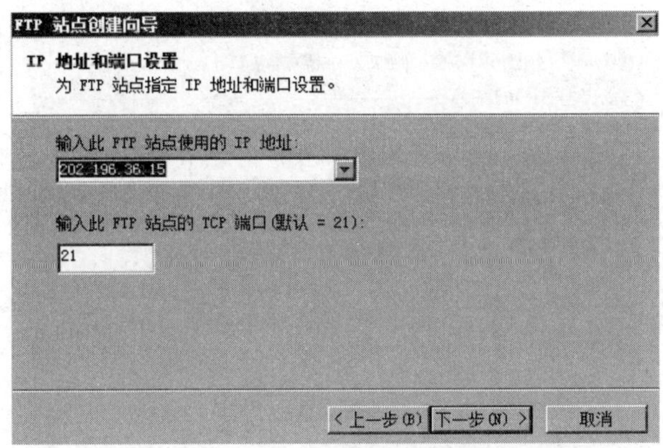

图 6-69 设置 IP 地址和端口

接下来选择“不隔离用户”，然后输入主目录的路径为“C:\myftp”，单击“下一步”按钮，在“FTP 站点访问权限”对话框中，如果选择“读取”，则用户可以下载资源，如果选择“写入”，则用户可以上传资源。在此使用默认设置，如图 6-70 所示。

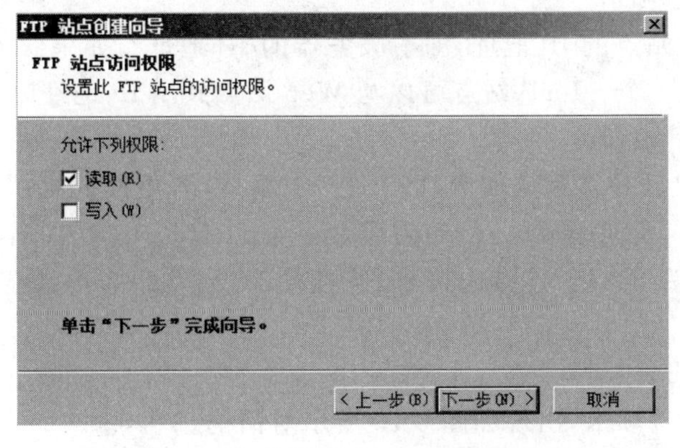

图 6-70 设置 FTP 站点访问权限

单击“下一步”按钮，在“已成功完成FTP站点创建向导”对话框中，单击“完成”按钮完成FTP站点的创建。

在客户机上打开IE浏览器，在地址栏输入“ftp://202.196.36.15”即可访问到MyFtp站点，如图6-71所示。

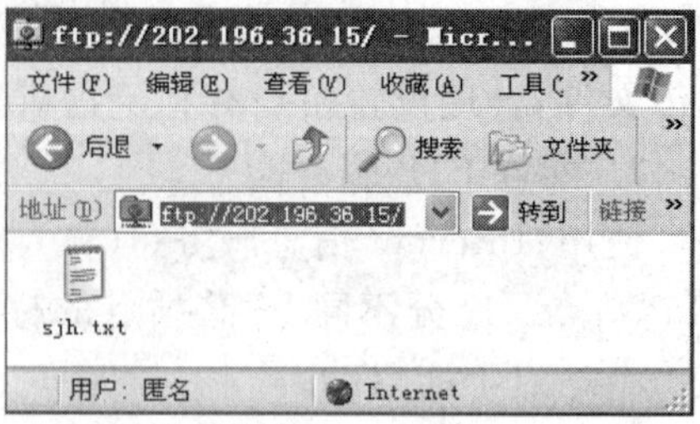

图6-71　在客户机上访问FTP站点

6.5.3　FTP站点的管理

FTP站点建立好之后，可以通过“Microsoft管理控制台”进一步来管理、设置FTP站点，站点管理工作既可以在本地进行，也可以远程管理。

1. 本地管理

通过“开始”→“程序”→“管理工具”→“Internet信息服务(IIS)6.0管理器”，打开“Internet信息服务(IIS)6.0管理器”窗口，在要管理的FTP站点上单击鼠标右键，选择“属性”命令，出现如图6-72所示对话框。

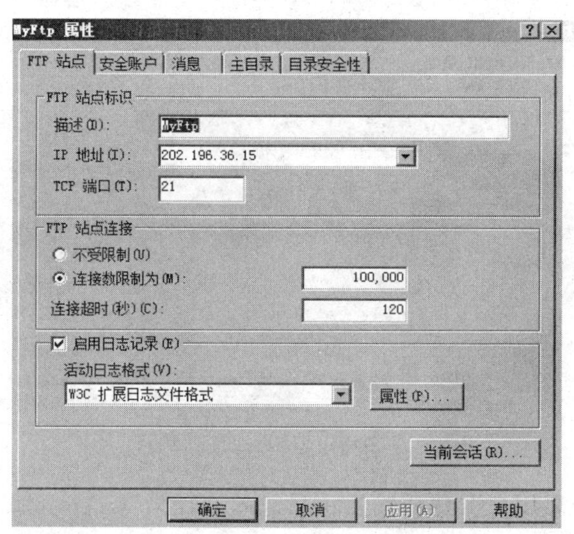

图6-72　FTP站点属性设置对话框

1)“FTP站点”选项卡

IP地址：设置此站点的IP地址，即本服务器的IP地址。如果服务器设置了两个以上的IP地址，可以任选一个。FTP站点可以与Web站点共用IP地址以及DNS名称，但不能设置使用相同的TCP端口。

TCP端口：FTP服务器默认使用TCP的21端口，若更改此端口，则用户在连接到此站点时，必须输入站点所使用端口，例如使用命令ftp 210.202.101.3:8021，表示连接FTP服务器的TCP端口为8021。连接限制到、连接超时、启动日志等设置参见WWW服务器配置。

2)“安全账户”选项卡

选择“安全账户“选项卡，出现如图6-73所示对话框。

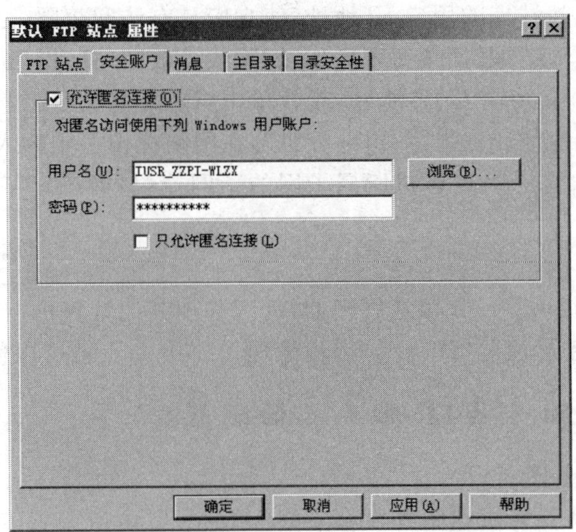

图 6-73 FTP 站点“安全账户”属性设置

允许匿名连接:FTP 站点一般都设置为允许用户匿名登录,除非想限制只允许 Server 管理的用户登录使用。在安装时系统自动建立一个默认匿名用户账号“IUSR_COMPUTERNAME”。注意用户在客户机登录 FTP 服务器的匿名用户名为“anonymous”,并不是上边给出的名字。

只允许匿名连接:选择此项,表示用户不能用私人的账号登录。只能用匿名登录 FTP 站点,可以用来防止具有管理权限的账号通过 FTP 访问或更改文件。

3)“消息”选项卡

在此选项卡中,可以设置一些类似站点公告的信息,比如用户登录后显示的欢迎信息。

4)“主目录”选项卡

在该选项卡上,可以设置提供网络用户下载文件的站点是来自于本地计算机,还是来自于其他计算机共享的文件夹。

选择此计算机上的目录,还需指定 FTP 站点目录,即站点的根目录所在的路径。选择另一计算机上的共享位置,需指定来自于其他计算机的目录,单击“连接为”按钮设置一个有权访问该目录的 Windows Server 2008 域用户账号。

对于站点的访问权限可进行几种复选设置。

“读取”:即用户拥有读取或下载此站点上的文件或目录的权限。

“写入”:即允许用户将文件上载至此 FTP 站点目录中。

“记录访问”:如果此 FTP 站点已经启用了日志访问功能,选择此项,则用户访问此站点文件的行为就会以记录的形式被记载到日志文件中。

5)“目录安全性”选项卡

设定客户访问 FTP 站点的范围,其方式为授权访问和拒绝访问。

授权访问:对所有用户开放此站点的访问权限,并可以在“下列地址例外”列表中加入不受欢迎的用户 IP 地址,将它们排除在外。

拒绝访问:关闭此站点的访问权限,默认所有人不能访问该 FTP 站点,在“下列地址例外”列表中加入允许访问站点的用户IP地址，使它们具有访问权限。

利用“添加”“删除”或“编辑”按钮来增加、删除或更改“下列计算机例外”列表中的内容，可选择“单机”模式，即直接输入IP地址，或者单击“DNS查找”按钮，输入域名称，让DNS服务器找出对应的IP地址。选择“一组计算机”，在网络标识栏中输入这些计算机的网络标识，在子网掩码中输入这一组计算机所属子网的子网掩码，即确定某一逻辑网段的用户属“例外”范围。

2. 远程管理

FTP服务器可利用Internet服务管理器，远程管理其他计算机上的FTP站点或通过浏览器启动Internet服务管理器(HTML)远程管理。Web站点也可以使用这种方法管理。

6.5.4 RHEL 6.0中FTP服务器的配置

1. 安装vsftpd服务器

RHEL 6.0在默认安装过程中并没有安装vsftpd，下面使用RPM方式将vsftpd安装包安装到系统中。

1) 查看系统中是否安装了vsftpd程序

使用# rpm -qa vsftpd命令查询系统中是否已经安装了vsftpd程序，如果没有安装，将不会显示任何信息。

2) 安装RPM软件包

将RHEL 6.0的系统安装光盘放入光驱中，执行# mount /dev/cdrom /mnt/cdrom命令挂载光驱，然后进入/mnt/cdrom/Packages目录下，使用ls vsftp*查找安装包中是否有vsftpd安装程序，若有则执行# rpm -ivh vsftpd-2.2.2-6.el6.i386.rpm进行安装。

3) 卸载vsftpd

如果是使用RPM包安装的vsftpd，那么不需要使用FTP时，则可以使用# rpm -e vsftpd*将其从系统中卸载掉。

2. vsftpd的配置文件

vsftpd的配置文件主要有以下几个。

(1) /etc/pam.d/vsftpd。

vsftpd的Pluggable Authentication Modules(PAM)配置文件，主要用来加强vsftpd服务器的用户认证。

(2) /etc/vsftpd/vsftpd.conf。

这个文件是vsftpd的主配置文件，各种选项的设置和修改都在这里完成，如图6-74所示。

(3) /etc/vsftpd/ftpusers。

不论在何种情况下，此文件中的用户都不能访问vsftpd服务。为安全起见，root用户默认已被放置在此文件中。如果想使用root账户登录FTP服务器，必须在此文件中去掉root，或者在root所在行前面加上“#”将root账户注释掉，如图6-75所示。

(4) /etc/vsftpd/user_list。

这个文件中的用户既可能是允许访问vsftpd服务的，也可能是拒绝访问的，这主要是由vsftpd.conf文件中的两项选项来决定的。

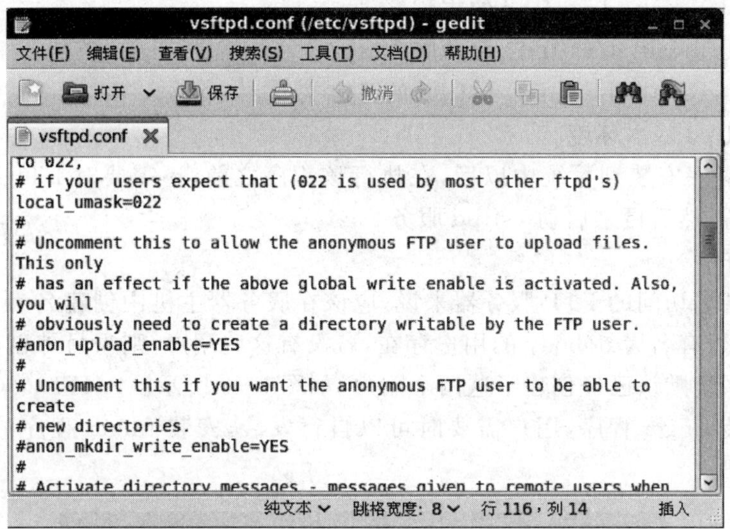

图 6-74 vsftpd. conf 文件

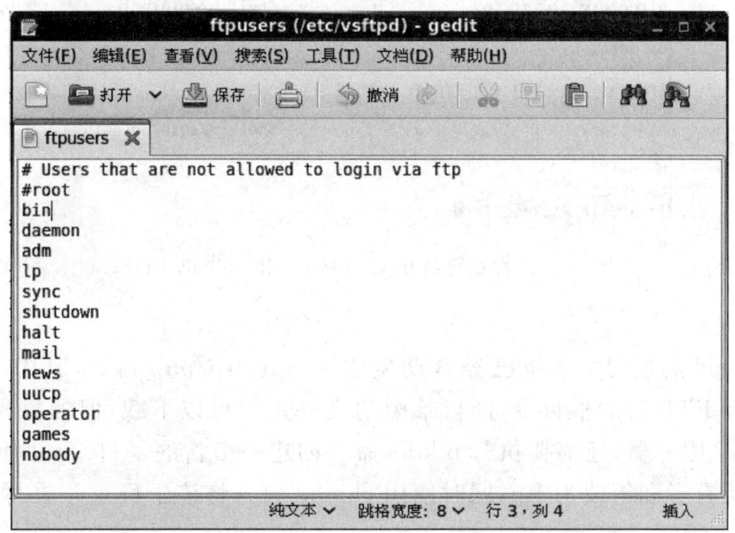

图 6-75 ftpusers 文件

① 如果 userlist_enable=NO,则 userlist_deny 选项不起作用,忽略 user_list 文件。

② 如果 userlist_enable=YES,则 userlist_deny 选项起作用,此时又分为以下两种情况。

userlist_deny=YES,则 user_list 中的所有用户都不能访问 vsftpd 服务。

userlist_deny=NO,则只有 user_list 中的用户才可以访问 vsftpd 服务。

(5) /var/ftp。

匿名用户主目录。本地用户主目录为:/home/用户主目录,即登录后进入自己的目录。/var/ftp 目录下包括一个 pub 子目录。默认情况下,所有的目录都是只读的,不过只有 root 用户有写权限。

(6) /usr/sbin/vsftpd：vsftpd的主程序。

(7) /etc/rc.d/init.d/vsftpd：启动脚本。

(8) /etc/logrotate.d/vsftpd：vsftpd的日志文件。

3. 配置vsftpd基本环境

将vsftpd程序安装到系统中以后,在执行该程序之前,还需要对FTP目录、用户名等进行简单的配置,然后再来启动vsftpd服务。

1) 配置用户

对于允许匿名访问的FTP服务器来说,应该在服务器主机中创建名为ftp的用户。另外,还需检查是否有名为nobody的用户存在,若没有这些用户,则需另外创建。使用finger命令可以看出系统默认已经创建了这两个用户,如图6-76所示。RHEL 6.0在默认安装过程中并没有安装finger程序,用户需要时可以自行安装,安装finger程序的过程此处不再详述。

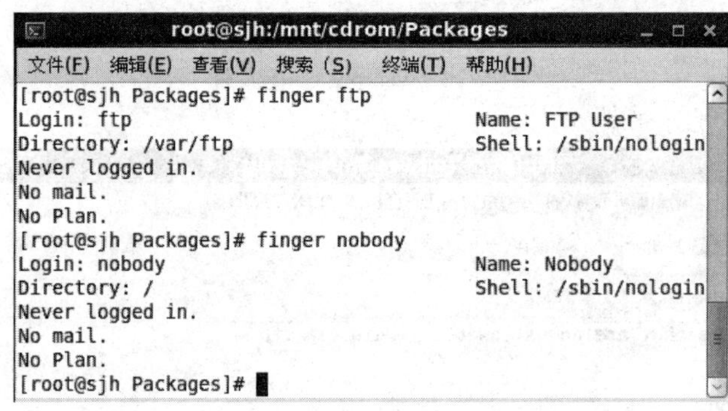

图6-76 检查系统中是否有ftp和nobody用户

2) 配置目录

在安装vsftpd的过程中系统已经自动生成了/var/ftp/pub目录,其中/var/ftp目录即为匿名用户访问FTP时的根目录,此目录中的文件用户可以下载,但如果允许匿名用户上传文件至此FTP服务器,还需要执行mkdir命令创建一个新的子目录,并使用chown命令将该子目录的所有者和组改为ftp,同时使用chmod命令将该子目录开放写入权限,具体执行过程如图6-77所示。

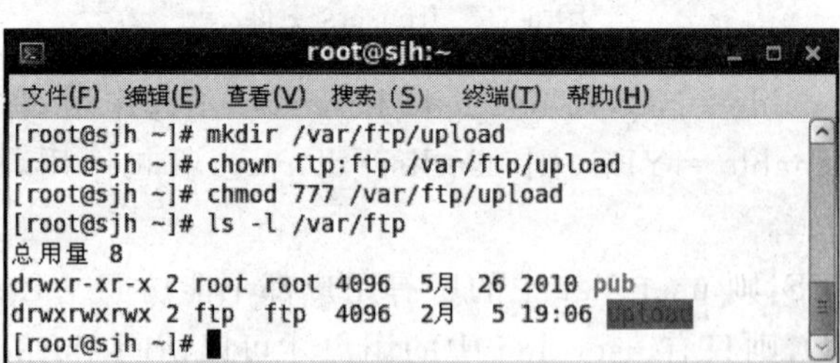

图6-77 创建上传目录

3) vsftpd的启动与关闭

我们可以使用# service vsftpd start命令启动服务,也可以使用# /etc/rc.d/init.d/vsftpd start命令启动服务。同样,若要关闭vsftpd服务,既可以使用# service vsftpd stop,也

可以使用# /etc/rc.d/init.d/vsftpd stop，如图 6-78 所示。

```
root@sjh:~
文件(F) 编辑(E) 查看(V) 搜索(S) 终端(T) 帮助(H)
[root@sjh ~]# service vsftpd start
Starting vsftpd for vsftpd:                              [  OK  ]
[root@sjh ~]# service vsftpd stop
Shutting down vsftpd:                                    [  OK  ]
[root@sjh ~]# /etc/rc.d/init.d/vsftpd start
为 vsftpd 启动 vsftpd：                                  [确定]
[root@sjh ~]# /etc/rc.d/init.d/vsftpd stop
关闭 vsftpd：                                            [确定]
[root@sjh ~]# service vsftpd restart
Shutting down vsftpd:                                    [FAILED]
Starting vsftpd for vsftpd:                              [  OK  ]
[root@sjh ~]# 
```

图 6-78　启动、关闭和重启动 vsftpd 服务

如果需要让 vsftpd 服务随系统的启动而自动加载，可以执行 ntsysv 命令启动服务配置程序，找到 vsftpd 服务，按下空格键，在其前面加上星号(*)，然后单击“确定”按钮即可，如图 6-79 所示。

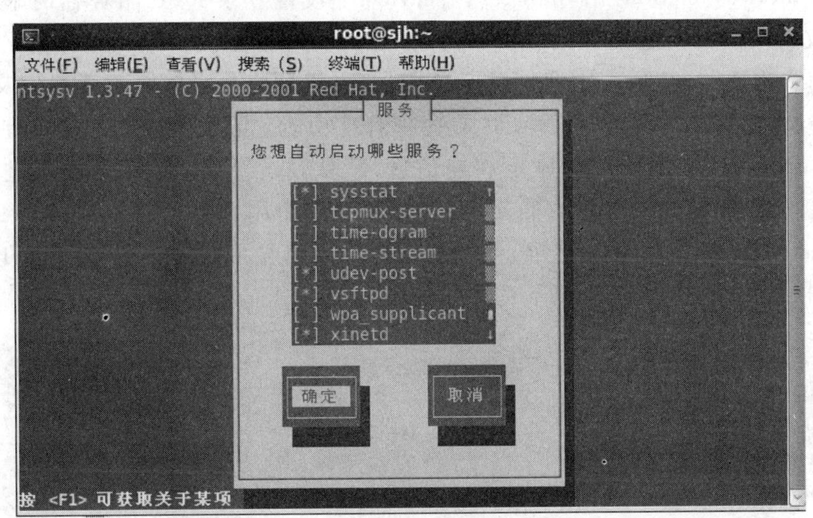

图 6-79　设置 vsftpd 服务自动启动

4）匿名用户下载文件测试

经过上面步骤的设置，现在 vsftpd 服务已启动，匿名用户已经可以登录到 FTP 的主目录/var/ftp 进行下载了，但此时还不能上传文件。

这时我们访问 FTP 的各种选项都是 vsftpd 的默认选项，如设置为使用匿名登录、不允许上传等。如果要设置匿名上传，或者使用用户名登录，就必须要修改 vsftpd.conf 配置文件中的相关选项。

4. vsftpd 常用选项

1）匿名用户配置选项

anonymous_enable=YES：是否允许匿名登录 FTP 服务器，默认设置为 YES 允许，即用户可使用用户名 ftp 或 anonymous 进行 FTP 登录，口令为用户的 E-mail 地址，也可不输入口令。如不允许匿名访问去掉前面#并设置为 NO。

anon_upload_enable=YES：是否允许匿名用户上传文件，须将 write_enable=YES，默认设置为 YES 允许。

anon_mkdir_write_enable=YES：是否允许匿名用户创建新文件夹，默认设置为 YES 允许。

anon_other_write_enable：匿名用户其他的写权利(如更改权限)。

chown_uploads=YES：设定是否允许改变上传文件的属主，与下面一个设定项配合使用。

chown_username=whoever：设置想要改变的上传文件的属主，如果需要，则输入一个系统用户名，例如可以把上传的文件都改成 root 属主。

anon_root=(none)：匿名用户主目录。

no_anon_passwd=YES：匿名用户登录时不询问口令。

从上面列出的选项可以看出，大部分都是开关型选项，可设置为 YES 或 NO。另外，还可以设置下面这些 FTP 服务器的公共选项以显示不同的欢迎信息。

ftpd_banner=Welcome to blah FTP service.：设置登录 FTP 服务器时显示的欢迎信息，可以修改“=”后的欢迎信息内容。另外，如在需要设置更改目录欢迎信息的目录下创建名为.message 的文件，并写入欢迎信息保存后，在进入到此目录时会显示自定义欢迎信息。

dirmessage_enable=YES：激活目录欢迎信息功能，当用户用命令方式首次访问服务器上某个目录时，FTP 服务器将显示欢迎信息，默认情况下，欢迎信息是通过该目录下的.message 文件获得的，此文件保存自定义的欢迎信息，由用户自己建立。

打开 vsftpd.conf 文件修改选项，使匿名用户登录后显示欢迎信息，并且可以上传文件，创建目录。根据要求，需要修改以下选项的值：

```
anonymous_enable = YES
write_enable = YES
anon_upload_enable = YES
anon_mkdir_write_enable = YES
ftpd_banner = Welcome to My FTP service
```

在 vsftpd.conf 文件中做了修改之后，需要重新启动 vsftpd 进程以使修改生效。下面我们在 RHEL 6.0 中使用命令方式进行匿名登录来检验上述设置，具体过程如图 6-80 所示。

从图 6-80 可以看出，欢迎信息已经显示出来。但是创建目录却失败了，这是因为/var/ftp 目录的所有者和用户都是 root，其他用户没有写权限。因此，客户端不能在根目录(也即/var/ftp 目录)中创建文件夹。这时，可以切换目录到有权限的 upload 中，再新建文件夹，如图 6-81 所示。

再测试一下上传功能，上传文件成功，如图 6-82 所示。

2）本地用户配置

本地用户是指在 FTP 服务器上拥有账户的用户，他们既可以在 FTP 服务器上进行本地登录，也可以使用自己的账户和密码远程访问 FTP 服务器。他们远程访问 FTP 服务器时，将登录到用户自己的主目录(home 目录)，操作权限与主目录操作权限相同，并且可以

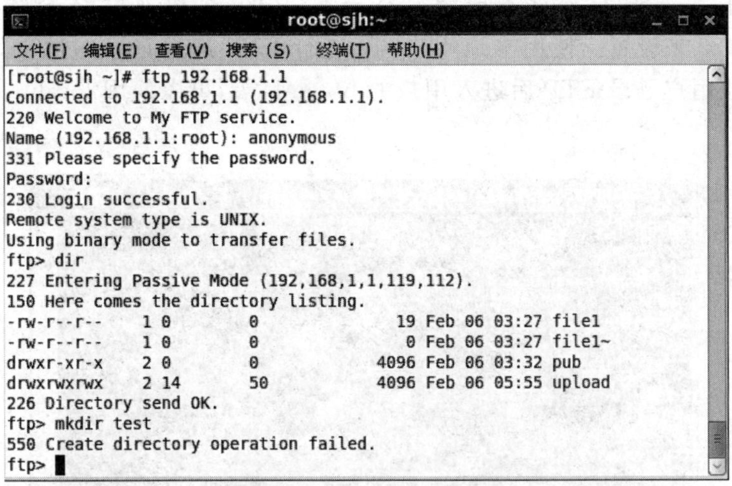

```
root@sjh:~
文件(F) 编辑(E) 查看(V) 搜索 (S) 终端(T) 帮助(H)
[root@sjh ~]# ftp 192.168.1.1
Connected to 192.168.1.1 (192.168.1.1).
220 Welcome to My FTP service.
Name (192.168.1.1:root): anonymous
331 Please specify the password.
Password:
230 Login successful.
Remote system type is UNIX.
Using binary mode to transfer files.
ftp> dir
227 Entering Passive Mode (192,168,1,1,119,112).
150 Here comes the directory listing.
-rw-r--r--    1 0        0              19 Feb 06 03:27 file1
-rw-r--r--    1 0        0               0 Feb 06 03:27 file1~
drwxr-xr-x    2 0        0            4096 Feb 06 03:32 pub
drwxrwxrwx    2 14       50           4096 Feb 06 05:55 upload
226 Directory send OK.
ftp> mkdir test
550 Create directory operation failed.
ftp> 
```

图 6-80　创建目录失败

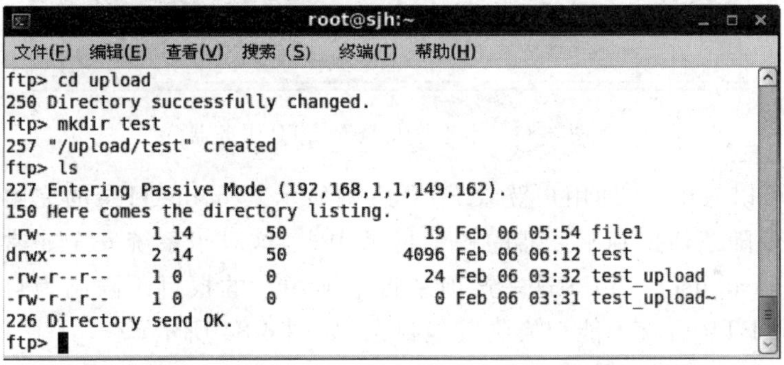

```
root@sjh:~
文件(F) 编辑(E) 查看(V) 搜索 (S) 终端(T) 帮助(H)
ftp> cd upload
250 Directory successfully changed.
ftp> mkdir test
257 "/upload/test" created
ftp> ls
227 Entering Passive Mode (192,168,1,1,149,162).
150 Here comes the directory listing.
-rw-------    1 14       50             19 Feb 06 05:54 file1
drwx------    2 14       50           4096 Feb 06 06:12 test
-rw-r--r--    1 0        0              24 Feb 06 03:32 test_upload
-rw-r--r--    1 0        0               0 Feb 06 03:31 test_upload~
226 Directory send OK.
ftp> 
```

图 6-81　创建目录

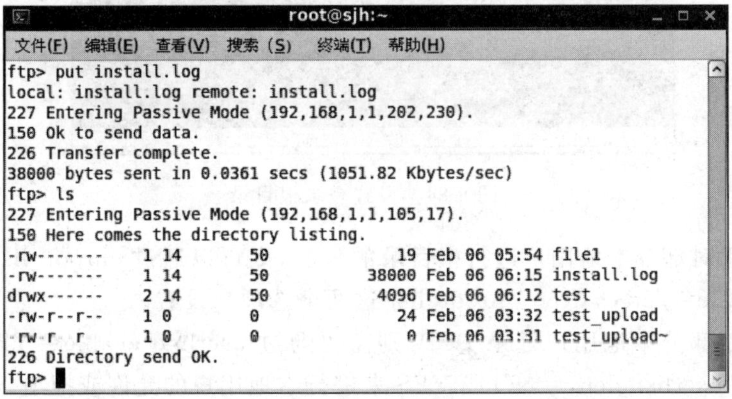

```
root@sjh:~
文件(F) 编辑(E) 查看(V) 搜索 (S) 终端(T) 帮助(H)
ftp> put install.log
local: install.log remote: install.log
227 Entering Passive Mode (192,168,1,1,202,230).
150 Ok to send data.
226 Transfer complete.
38000 bytes sent in 0.0361 secs (1051.82 Kbytes/sec)
ftp> ls
227 Entering Passive Mode (192,168,1,1,105,17).
150 Here comes the directory listing.
-rw-------    1 14       50             19 Feb 06 05:54 file1
-rw-------    1 14       50          38000 Feb 06 06:15 install.log
drwx------    2 14       50           4096 Feb 06 06:12 test
-rw-r--r--    1 0        0              24 Feb 06 03:32 test_upload
-rw-r--r--    1 0        0               0 Feb 06 03:31 test_upload~
226 Directory send OK.
ftp> 
```

图 6-82　上传文件

上传文件至此目录。

默认情况下,vsftpd 是允许本地用户登录 FTP 的,主要通过 local_enable=YES 和 local_umask=022 来设置。使用本地用户 sjh 进行 FTP 远程登录的过程如图 6-83 所示。如果不想让本地用户登录 FTP 后进入用户的 home 目录,可以使用 local_root=/path 进行设置。

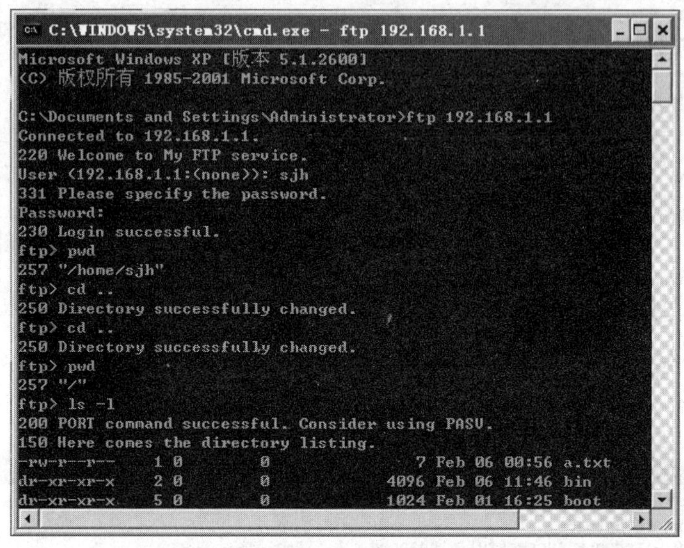

图 6-83　本地用户登录 FTP 服务器

从图 6-83 可以看出,本地用户登录 FTP 后将显示其 home 目录的完整路径,并且用户可以通过 cd 命令随意切换到服务器的各个目录中去,这对于系统安全非常不利。为此,可以通过 chroot_local_user=YES 这一选项来将本地用户的根目录限制为自己的主目录,这样本地用户登录 FTP 后就不能切换到其他目录,如图 6-84 所示。

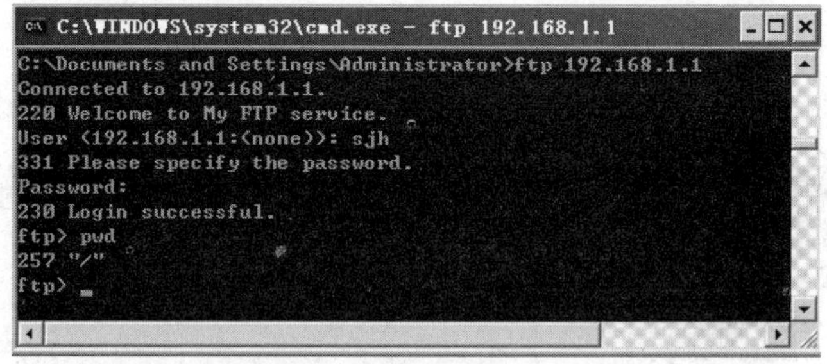

图 6-84　设置登录根目录

如果只是想对部分本地用户进行根目录的限制,则可以通过 chroot_list_enable=YES 和 chroot_list_file=/etc/vsftpd/chroot_list 这两个选项来设置。

如果想限制部分本地用户登录 FTP,则需要通过 userlist_enable=YES 启用 userlist 功能,同时配合 userlist_deny=NO 或 YES 来进行本地用户的允许或拒绝。

3) 网络和连接参数配置

在 FTP 服务器的管理中无论对本地用户还是匿名用户,对于 FTP 服务器资源的使用都需要进行控制，避免由于负担过大造成 FTP 服务器运行异常，可以添加以下配置项对 FTP 客户机使用 FTP 服务器资源进行控制。

max_client：设置 FTP 服务器所允许的最大客户端连接数，值为 0 时表示不限制。例如 max_client=100 表示 FTP 服务器的所有客户端最大连接数不超过 100 个。

max_per_ip：设置对于同一 IP 地址允许的最大客户端连接数，值为 0 时表示不限制。

local_max_rate：设置本地用户的最大传输速率，单位为 B/s，值为 0 时表示不限制。例如 local_max_rate=500000 表示 FTP 服务器的本地用户最大传输速率设置为 500KB/s。

anon_max_rate：设置匿名用户的最大传输速率，单位为 B/s，值为 0 表示不限制。idle_session_timeout=600：空闲连接超时时间，单位为 s。

data_connection_timeout=120：数据传输超时时间。

ACCEPT_TIMEOUT：PASV 请求超时时间。

connection_timeout=60：PORT 模式连接超时时间。

connection_from_port_20=YES：使用 20 端口来连接 FTP。

listen_port=4449：该语句指定了修改后 FTP 服务器的端口号，应尽量大于 4000。修改后访问 FTP 时需加上正确的端口号，否则不能正常连接。

修改端口后，连接 FTP 的过程如图 6-85 所示。

图 6-85　使用新的端口号连接 FTP 服务器

5. 日志选项

vsftpd 可以启用日志功能来记录文件的上传与下载信息。设置日志功能的选项如下。

xferlog_enable=YES：表明 FTP 服务器记录上传下载的情况。

xferlog_std_format=YES：使用标准格式记录日志。

xferlog_file=/var/log/xferlog：指定日志文件的位置。

上面三项设置记录 xferlog 日志的格式。

dual_log_enable=YES：表明启用了双份日志，在用 xferlog 文件记录服务器上传下载情况的同时，vsftpd_log_file 所指定的文件，即/var/log/vsftpd.log 也将用来记录服务器的传输情况。

vsftpd_log_file=/var/log/vsftpd.log：指定 vsftpd 日志文件的位置。

log_ftp_protocol：记录所有的 FTP 命令。

vsftpd.log 文件的内容如图 6-86 所示。

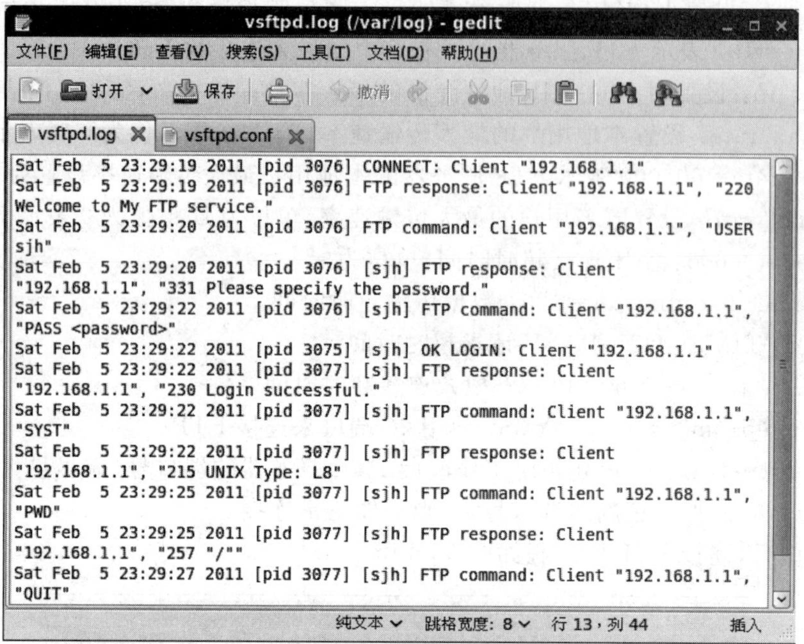

图 6-86 查看日志

vsftpd 中除了上面介绍的选项外还有很多选项，限于篇幅，此处就不再一一列举了。

小　　结

本章首先介绍了虚拟化软件 VMware Workstation 和 Hyper-V 的安装和使用，然后分别介绍了在 Windows 和 Linux 平台下 DHCP、DNS、Web 和 FTP 服务的安装与配置。

虚拟化，是指通过虚拟化技术将一台计算机虚拟为多台逻辑计算机。在一台计算机上同时运行多个逻辑计算机，每个逻辑计算机可运行不同的操作系统，并且应用程序都可以在相互独立的空间内运行而互不影响，从而显著提高计算机的工作效率。目前，常用的虚拟软件有 VMware 公司的 Workstation 和微软的 Hyper-V。

Windows Server 2008 是一个易于部署、管理和使用网络操作系统，提供了多种功能用于局域网的各种服务。RHEL 是由 Red Hat 公司提供收费技术支持和更新的 Red Hat Enterprise Linux(RHEL)服务器版。

DHCP 是一个简化主机 IP 地址分配管理的 TCP/IP 标准协议，它能够动态地向网络中每台设备分配独一无二的 IP 地址，并提供安全、可靠、简单的 TCP/IP 网络配置，确保不发生地址冲突，帮助维护 IP 地址的使用。

DNS 是一种组织成域层次结构的计算机和网络服务命名系统。DNS 命名用于 TCP/IP 网络，如 Internet。为了更方便地使用网络资源，DNS 提供了将用户的计算机名称映射为数字地址的一种方法。

Web 服务器是承载 Internet 上 WWW 服务的主要组成部分。WWW 采用的通信协议是超文本传输协议，它可以传输任意类型的数据对象，是 Internet 发布多媒体信息的主要应用层协议。

FTP 是文件传输协议，可以在服务器中存放大量的共享软件和免费资源，网络用户可以从服务器中下载文件，或者将客户机上的资源上传至服务器。FTP 就是用来在客户机和服务器之间实现文件传输的标准协议。

习题与实践

1. 填空题

(1) 目前比较流行的虚拟化软件有 VMware 公司的________和微软的________。

(2) DHCP 是________的缩写。

(3) DHCP 客户使用两种不同的过程来与 DHCP 服务器通信并获得配置：________过程和________过程。

(4) DNS 是一种组织成________结构的计算机和网络服务命名系统。

(5) 查询 DNS 服务器有两种过程：________过程和________过程。

(6) 在 Windows Server 2008 中，使用________组件来提供 Web 服务。

(7) FTP 是文件传输协议，它使用________模式。

(8) WWW 是________的缩写。

(9) DNS 是________的缩写。

(10) FTP 在传输层使用的默认端口号是________，HTTP 在传输层使用的默认端口号是________。

2. 简答题

(1) 什么是 DHCP？引入 DHCP 的好处有哪些？

(2) 如何实现 IP 地址与 MAC 地址的绑定？

(3) 什么是 DNS 域名系统？详细描述域名解析的过程。

(4) 客户机向 DNS 服务器查询 IP 地址有哪几种模式？

(5) 如何设置 Web 站点？

(6) 如何设置 FTP 站点？

(7) 如何在 VMware Workstation 中新建虚拟机？

(8) 如何安装 Hyper-V？

(9) 如何使用 Hyper-V 新建虚拟机？

3. 实验

实验一：Hyper-V 的安装和使用

(1) 实验目的。

熟练掌握使用 Hyper-V 新建虚拟机的方法。

(2) 实验内容。

① 在安装有 Windows Server 2008 R2 以上的计算机上添加 Hyper-V 角色。

② 在 Hyper-V 中新建虚拟机。

(3) 实验设备与环境。

在64位主机上安装Windows Server 2008 R2(64位)操作系统。CPU支持Inter-VT或AMD-V。

实验二：Windows Server 2008 网络服务配置

(1) 实验目的。

熟练掌握在Windows平台下DNS、DHCP、Web和FTP服务器的配置方法，掌握DHCP、DNS的工作原理及Web和FTP的基本概念。

(2) 实验内容。

该实验可分组进行，三人一组，分别作DNS服务器、DHCP服务器、Web(IIS)服务器。

① 选择一台虚拟机安装DNS服务，其余两人作客户端，练习配置DNS服务。

② 选择一台虚拟机安装DHCP服务，其余两人作客户端，练习配置DHCP服务。

③ 选择一台虚拟机安装Web(IIS)服务，配置HTTP和FTP访问，其余两人作客户端，练习配置Web服务。

(3) 实验设备与环境。

虚拟机软件可采用VMware Workstation。

实验三：RHEL 6.0 网络服务配置

(1) 实验目的。

熟练掌握在Linux平台下DNS、DHCP、Web和FTP服务器的配置方法，掌握DHCP、DNS的工作原理及Web和FTP的基本概念。

(2) 实验内容。

该实验可分组进行，4人一组，分别作DNS服务器、DHCP服务器、Web和FTP服务器。

① 选择一台虚拟机安装named服务，其余三人作客户端，练习配置DNS服务。

② 选择一台虚拟机安装dhcpd服务，其余三人作客户端，练习配置DHCP服务。

③ 选择一台虚拟机安装httpd服务，其余三人作客户端，练习配置Web服务。

④ 选择一台虚拟机安装vsftpd服务，其余三人作客户端，练习配置FTP服务。

(3) 实验设备与环境。

虚拟机软件可采用VMware Workstation。

第7章 局域网安全与管理

本章学习目标

- 掌握网络安全的概念、技术特征；
- 了解网络安全防范体系、安全技术评估标准；
- 了解常见网络安全技术和相关产品；
- 了解网络新技术的安全策略；
- 了解网络安全管理的概念、实现；
- 了解局域网安全解决方案的设计。

随着计算机技术的迅速发展，信息网络已经成为社会发展的重要保证。信息网络涉及国家的政府、军事、文教等诸多领域，存储、传输和处理包括政府宏观调控决策、商业经济信息、银行资金转账、股票证券、科研数据等重要信息，其中有很多是敏感信息，甚至是国家机密，所以难免会吸引来自世界各地的各种人为攻击（例如信息泄漏、信息窃取、数据篡改、数据删添、计算机病毒等）。图7-1是来自瑞星反病毒中心的网络由于黑客/病毒遭受攻击的

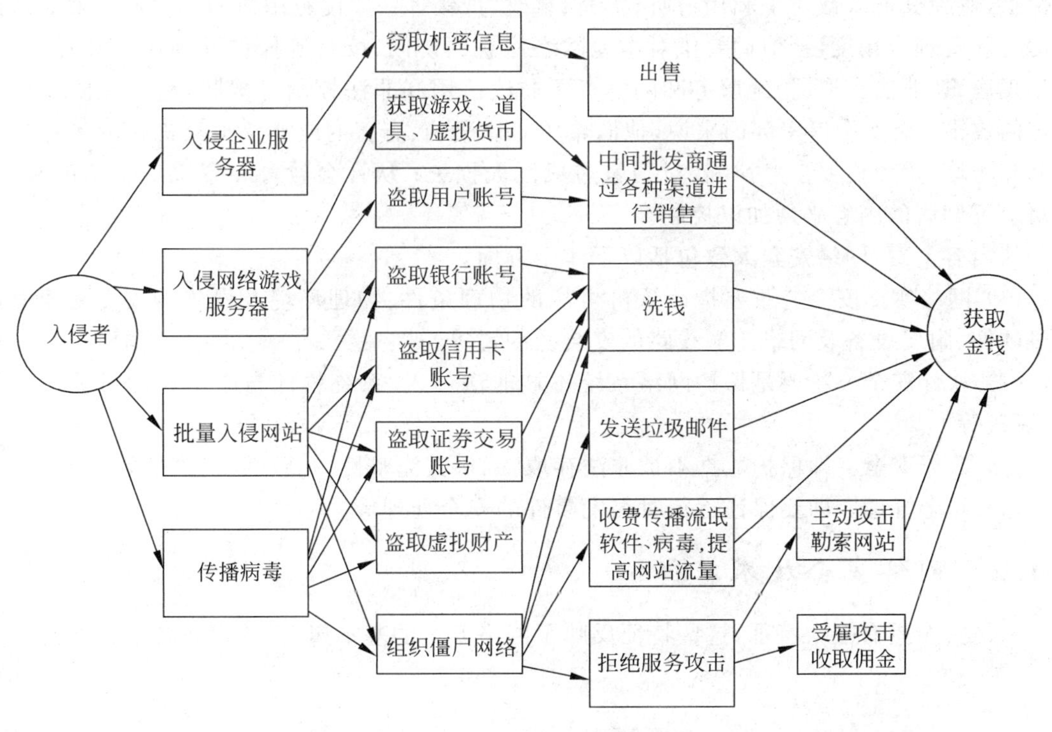

图7-1 网络遭受攻击示意图

可能情况示意图。

从图7-1中可以看出,互联网上的各类攻击无所不在。同时,网络实体还要经受诸如水灾、火灾、地震、电磁辐射等方面的考验。根据美国FBI的调查,美国每年因为网络安全造成的经济损失超过170亿美元。因此网络安全和计算机安全问题,应该像每家每户的防火防盗问题一样,做到防患于未然。

7.1 网络安全概述

网络安全是一门涉及计算机科学、网络技术、通信技术、密码技术、信息安全技术、应用数学、数论、信息论等多种学科的综合性学科。

7.1.1 网络安全概念

计算机网络安全(Computer Network Security),简称网络安全,泛指网络系统的硬件、软件及其系统中的数据受到保护,不受偶然的或者恶意的原因而遭到破坏、更改、泄漏,系统连续、可靠、正常地运行,网络服务不中断。

网络的安全问题包含网络的系统安全和网络的信息安全两方面的内容:系统安全主要指网络设备的硬件、操作系统和应用软件的安全;而信息安全主要指各种信息的存储、传输的安全,具体体现在信息的保密性、完整性及不可抵赖性上。保护网络的信息安全是网络安全的最终目标和关键。因此,网络安全的实质是网络的信息安全。

网络安全的具体含义会随着"角度"的变化而变化。比如:从个人或企业用户的角度来说,他们希望涉及个人隐私或商业利益的信息在网络上传输时受到机密性、完整性和真实性的保护,避免其他人或对手利用窃听、冒充、篡改、抵赖等手段侵犯用户的利益和隐私;从网络运行和管理者角度说,他们希望对本地网络信息的访问、读写等操作受到保护和控制,避免出现病毒、非法存取、拒绝服务和网络资源非法占用和非法控制等威胁,制止和防御网络黑客的攻击;对安全保密部门来说,他们希望对非法的、有害的或涉及国家机密的信息进行过滤和防堵,避免机要信息泄漏,对国家造成巨大损失;从社会教育和意识形态角度来讲,网络上不健康的内容必须加以控制。

从内容上看,网络安全大致包括以下4个方面。

(1) 网络实体安全。主要指计算机机房的物理条件、物理环境及设施的安全标准;计算机硬件、附属设备及网络传输线路的安装及配置等。

(2) 软件安全。主要是保护网络系统不被非法侵入、系统软件与应用软件不被非法复制、篡改等。

(3) 数据安全。即保护数据不被非法存取,确保其完整性、一致性、机密性等。

(4) 安全管理。即要保证运行时突发事件的安全处理等。

7.1.2 网络安全技术特征

网络安全具有五大特征,这些特征反映了网络安全的基本属性、要素与技术方面的重要特征。

1. 保密性

保密性(confidentiality)是指网络信息不泄漏给非授权的用户、实体的过程,或提供其利用的特性,即杜绝有用信息泄漏给非授权的用户或实体,强调有用信息只被授权对象使用的特征。

2. 完整性

完整性(integrity)是指信息在存储或传输过程中保持非修改、非破坏和非丢失的特性,即保持信息原样性,使信息能正确生成、存储、传输,这是最基本的安全特征。

3. 可用性

可用性(availability)是指可被授权实体访问并按需求使用的特性,即当需要时应能存取所需的信息。网络环境下拒绝服务、破坏网络和有关系统的正常运行等都属于对可用性的攻击。

4. 可控性

可控性(controllability)是指对信息的传播及内容具有控制能力,即网络系统中的任何信息在一定的传输范围和存放空间内可控。

5. 不可否认性

不可否认性(non-repudiation)又称可审查性(auditability),是指网络通信双方在信息交互过程中,确信参与者本身以及参与者所提供的信息的真实同一性,即所有参与者都不可能否认或抵赖本人的真实身份,以及提供信息的原样性和完成的操作与承诺。

7.1.3 网络安全防范体系

影响网络安全有多种因素,比如网络系统自身的脆弱性(包括硬件系统、软件系统、网络和通信协议的脆弱性)、安全威胁(信息泄漏、完整性破坏、服务拒绝、未授权访问等),因此,要解决网络安全问题需要安全技术、管理、法制、技术并举,但从安全技术方面解决信息网络安全问题是最基本的方法。

从技术角度讲,为保障网络安全,需要建立网络安全防范体系。作为全方位的、整体的网络安全防范体系是分层次的,不同层次反映了不同的安全问题,根据网络的应用现状情况和网络的结构,我们将安全防范体系的层次划分为物理层安全、系统层安全、网络层安全、应用层安全和安全管理。

1. 物理层安全(物理环境的安全性)

保证计算机信息系统各种设备的物理安全是整个计算机信息系统安全的前提。该层次的安全包括通信线路的安全、物理设备的安全、机房的安全等。物理层的安全主要体现在通信线路的可靠性(线路备份、网管软件、传输介质)、软硬件设备安全性(替换设备、拆卸设备、增加设备)、设备的备份、防灾害能力、防干扰能力、设备的运行环境(温度、湿度、烟尘)、不间断电源保障等。

2. 系统层安全(操作系统的安全性)

该层次的安全问题来自网络内使用的操作系统的安全,主要表现在三方面:一是操作系统本身的缺陷带来的不安全因素,主要包括身份认证、访问控制、系统漏洞等;二是对操作系统的安全配置问题;三是病毒对操作系统的威胁。

3. 网络层安全(网络的安全性)

该层次的安全问题主要体现在网络方面的安全性,包括网络层身份认证、网络资源的访问控制、数据传输的保密与完整性、远程接入的安全、域名系统的安全、路由系统的安全、入侵检测的手段和网络设施防病毒等。

4. 应用层安全(应用的安全性)

该层次的安全问题主要由提供服务所采用的应用软件和数据的安全性产生,包括 Web 服务、电子邮件系统、DNS 等。此外,还包括病毒对系统的威胁。

5. 管理层安全(管理的安全性)

安全管理包括安全技术和设备的管理、安全管理制度、部门与人员的组织规则等。管理的制度化极大程度地影响着整个网络的安全,严格的安全管理制度、明确的部门安全职责划分、合理的人员角色配置都可以在很大程度上降低其他层次的安全漏洞。

7.1.4 安全技术评估标准

信息安全保障体系的建设及应用,是一个极其庞大的复杂系统,必须具有配套的安全标准。

1. 美国 TCSEC(橘皮书)

TCSEC(Trusted Computer System Evaluation Criteria)标准,即"可信计算机系统评估标准",是计算机系统安全评估的第一个正式标准,具有划时代的意义。该准则于 1970 年由美国国防科学委员会提出,并于 1985 年 12 月由美国国防部公布。TCSEC 最初只是军用标准,后来延至民用领域。TCSEC 将计算机系统的安全划分为 4 个等级、7 个级别(从低到高依次为 D、C1、C2、B1、B2、B3 和 A 级)。

D 类安全等级:D 级是可用的最低安全形式。该标准说明整个计算机都是不可信任的,只为文件和用户提供安全保护。D 级系统最普通的形式是本地操作系统,或者是一个完全没有保护的网络。对于硬件来说,是没有任何保护措施的,操作系统容易受到损害,没有系统访问限制和数据限制,任何人不需要任何账户就可以进入系统,不受任何限制就可以访问他人的数据文件。属于这个级别的操作系统有 DOS、Windows 9x、Apple 公司的 Macintosh System 7.1。

C 级有两个安全子级别:C1 和 C2。

C1 类安全等级:C1 级又称有选择的安全保护或酌情安全保护(Discretionary Security Protection)系统,它要求系统硬件有一定的安全保护(如硬件有带锁装置,需要钥匙才能使用计算机),用户在使用前必须登记到系统。另外,作为 C1 级保护的一部分,允许系统管理员为一些程序或数据设立访问许可权限等。C1 级安全等级描述了一种典型的用在 UNIX 系统上的安全级别。

C2 类安全等级:C2 级又称访问控制保护,它针对 C1 级的不足之处增加了几个特性。C2 级引进了访问控制环境(用户权限级别),该环境具有进一步限制用户执行某些命令或访问某些文件的权限,而且还加入了身份验证级别。另外,系统对发生的事情加以审计(Audit),并写入日志当中。能够达到 C2 级的常见的操作系统有 UNIX 系统、XENIX、Novell 3.x 或更高版本、Windows NT 和 Windows 2000。

B 级有三个安全子级别:B1、B2 和 B3。

B1 类安全等级:B1 级即标志安全保护(Labeled Security Protection),是支持多级安全

(如秘密和绝密)的第一个级别,这个级别说明一个处于强制性访问控制之下的对象,系统不允许文件的拥有者改变其许可权限。即在这一级别上,对象(如盘区和文件服务器目录)必须在访问控制之下,不允许拥有者更改它们的权限。

B1 级安全措施的计算机系统,随着操作系统而定。政府机构和系统安全承包商是 B1 级计算机系统的主要拥有者。

B2 类安全等级:B2 级又叫做结构保护(Structured Protection)级别,它要求计算机系统中所有的对象都加标签,而且给设备(磁盘,磁带和终端)分配单个或多个安全级别。它提出了较高安全级别的对象与另一个较低安全级别的对象通信的第一个级别。

B3 类安全等级:B3 级又称安全域(Security Domain)级别,它使用安装硬件的方式来加强域。例如,内存管理硬件用于保护安全域免遭无授权访问或其他安全域对象的修改。该级别也要求用户通过一条可信任途径连接到系统上。

A 类安全等级:A 级也称为验证保护或验证设计(Verity Design)级别,是 TCSEC 中的最高级别,它包括一个严格的设计、控制和验证过程。与前面提到的各级别一样,这一级别包含较低级别的所有特性。设计必须是从数学角度上经过验证的,而且必须进行秘密通道和可信任分布的分析。可信任分布(Trusted Distribution)的含义是硬件和软件在物理传输过程中已经受到保护,以防止破坏安全系统。

可信计算机系统评估标准主要考虑的安全问题大体上还局限于信息的保密性,随着计算机和网络技术的发展,对于目前的网络安全不能完全适用。

2. 国外其他相关标准

欧洲四国(英、法、德、荷)在吸收了 TCSEC 的成功经验基础上,于 1989 年联合提出了信息技术安全评价准则(Information Technology Security Evaluation Criteria,ITSEC),俗称欧洲的白皮书,其中,首次提出了信息安全的机密性、完整性、可用性的概念,把可信计算机的概念提高到可信信息技术的高度。

之后,美国又联合以上诸国和加拿大,并会同国际标准化组织(ISO)共同提出通用安全评估准则(Command Criteria for IT Security Evaluation,CC),并于 1991 年宣布,1995 年发布正式文件。CC 已经被上述 6 个国家承认为代替 TCSEC 的评价安全信息系统的标准,且将发展成为国际标准。

3. 国内安全评估通用准则

由公安部主持制定、国家技术标准局发布的中华人民共和国国家标准 GB 17859—1999《计算机信息系统安全保护等级划分准则》,将计算机安全保护划分为以下 5 个级别。

(1) 用户自主保护级。

(2) 系统审计保护级。

(3) 安全标记保护级。

(4) 结构化保护级。

(5) 访问验证保护级。

主要的安全考核指标有身份认证、自主访问控制、数据完整性、审计、隐蔽信道分析、客体重用、强制访问控制、安全标记、可信路径和可信恢复等,这些指标涵盖了不同级别的安全要求。安全等级越高,所付出的人力、物力资源代价也越高。

评估准则的制定为我们评估、开发、研究计算机系统的安全提供了指导准则。

7.2 网络系统安全技术和网络安全产品

计算机网络面临的潜在威胁与攻击,使得单一的网络安全技术和网络安全产品无法解决网络安全的全部问题。网络安全需要从体系结构的角度,用系统工程的方法,根据联网环境及其应用的实际需要提出综合的安全解决方案。

要实施一个完整的网络安全系统,至少应该包括以下三类措施。

(1) 社会的法律、法规以及企业的规章制度和安全教育等外部软件环境。

(2) 技术方面的措施,如修补和阻止网络漏洞、网络防毒、加密、认证以及防火墙技术。

(3) 审计和管理措施,这方面措施同时也包含技术与社会措施。

7.2.1 密码与加密技术

加密技术是最基本的网络安全技术,被誉为信息安全的核心,而且融合到大部分安全产品之中。计算机网络系统安全一般采用防火墙、病毒查杀、安全防范等被动措施,而数据安全则主要采用现代密码技术对数据加密进行主动保护,通过数据加密、消息摘要、数字签名及密钥交换等技术,实现数据保密性、数据完整性、不可否认性和用户身份真实性等安全机制,从而保证在网络环境中信息传输和交换的安全性。

1. 密码技术的基本概念

加密和解密过程共同组成加密系统。在加密系统中,原始数据(也称为明文,plaintext)经过加密变换后而产生的数据称为密文(ciphertext),由明文变为密文的过程称为加密(Encryption),通常由加密算法来实现。将密文还原为原始明文的过程称为解密(Decryption),它是加密的反向处理,通常由解密算法来实现。图7-2是数据加密和解密的过程示意图。

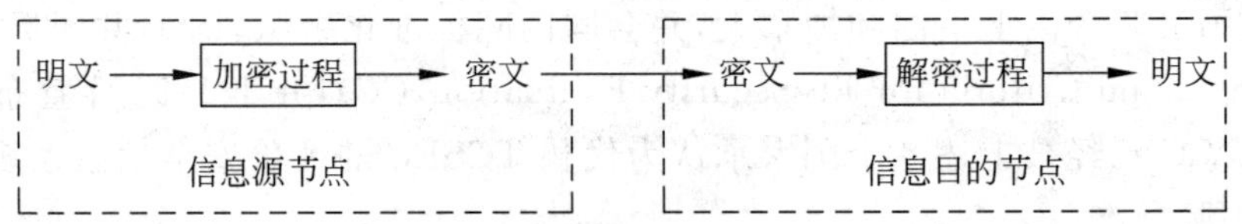

图7-2 数据加密和解密过程

一个密码系统由算法和密钥两个基本组件构成。密钥是一组二进制数,由进行密码通信的专人掌握,而算法则是公开的,任何人都可以获取使用。

密码技术包括密码算法设计、密码分析、安全协议、身份认证、消息确认、数字签名等多项技术。密码技术是保护大型传输网络系统上各种信息的唯一实现手段,是保障信息安全的核心技术,它不仅能够保证保密性信息的加密,而且能够完成数字签名、身份验证、系统安全等功能。

2. 常用加密技术

加密实际是对数据进行编码,使其无法被看出本来面目,可以保护机密信息,也可以用于协助认证过程。常用的加密方法有对称加密、非对称加密和单向加密三种。

1) 对称加密技术

在对称加密方法中,用于加密和解密的密钥是相同的,接收者和发送者使用相同的密钥。图 7-3 是对称加密技术示意图。

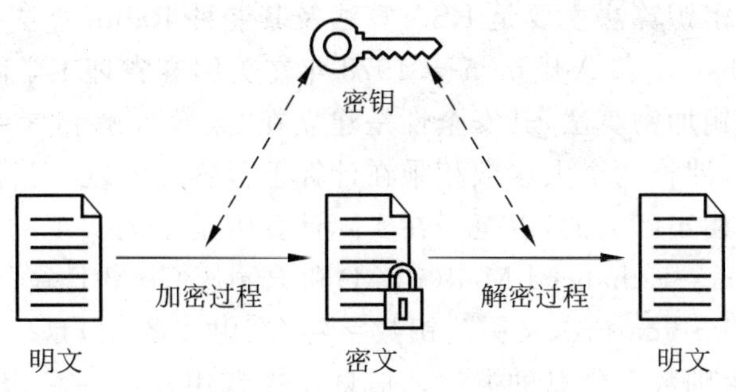

图 7-3　对称加密技术

RC2 和 RC4 是最常用的对称密钥算法。对称密钥加密技术中最具有代表性的算法是 IBM 公司提出的 DES(Data Encryptiorn Standard)算法、欧洲数据加密标准 IDEA(International Data Encryption Algorithm)等,目前加密强度最高的对称加密算法是高级加密标准(Advanced Encryption Standard,AES)。

传统的 DES 由于只有 56 位的密钥,因此已经不适应当今分布式开放网络对数据加密安全性的要求。1997 年,RSA 数据安全公司发起了一项“DES 挑战赛”的活动,志愿者 4 次分别用 4 个月、41 天、56 个小时和 22 个小时破解了其用 56 位密钥 DES 算法加密的密文。即 DES 加密算法在计算机速度提升后的今天被认为是不安全的。AES 是美国联邦政府采用的商业及政府数据加密标准,预计将在未来几十年里代替 DES 在各个领域中得到广泛应用。AES 提供 128 位密钥,因此,128 位 AES 的加密强度是 56 位 DES 加密强度的 10^{21} 倍还多。假设可以制造一部可以在 1s 内破解 DES 密码的机器,那么使用这台机器破解一个 128 位 AES 密码需要大约 149 亿万年的时间(更深一步比较而言,宇宙一般被认为存在了还不到 200 亿年)。因此可以预计,美国国家标准局倡导的 AES 即将作为新标准取代 DES。

2) 非对称加密技术

非对称加密技术采用公开密钥加密体制。1976 年,Diffie 和 Hellman 首次提出公开密钥加密体制,即每个人都有一对密钥,其中一个为公开的,一个为私有的。发送信息时用对方的公开密钥加密,收信者用自己的私用密钥进行解密。公开密钥加密算法的核心是运用一种特殊的数学函数——单向陷门函数,即从一个方向求值是容易的,但其逆向计算却很困难,从而在实际上成为不可行的。公开密钥加密技术不仅保证了安全性又易于管理,其不足是加密和解密的时间长。图 7-4 是非对称加密技术示意图。

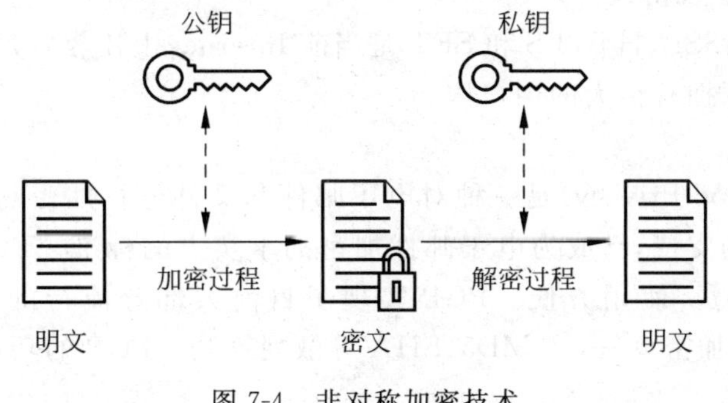

图 7-4　非对称加密技术

公开密钥算法有很多,一些算法如著名的背包算法和 McELiece 算法都已被破译,目前公认比较安全的公开密钥算法主要是 RSA 算法及其变种 Rabin 算法、离散对数算法等。

RSA 是 Rivet,Shamir 和 Adleman 于 1978 年在美国麻省理工学院研制出来的,它是一种比较典型的公开密钥加密算法,其安全性是建立在"大数分解和素性检测"这一已知的著名数论难题的基础上,即将两个大素数相乘在计算上很容易实现,但将该乘积分解为两个大素数因子的计算量是相当巨大的,以至于在实际计算中是不能实现的。RSA 被应用于保护电子邮件安全的 Privacy Enhanced Mail(PEM)和 Pretty Good Privacy(PGP)。

数字签名(Digital Signature,又称公钥数字签名、电子签章)是一种类似写在纸上的普通的物理签名,用于鉴别数字信息的方法。信息发送者用自己的私钥对原始数据的哈希摘要进行加密,信息接收者使用信息发送者的公钥对附在原始信息后的数字签名进行解密后获得哈希摘要,并通过与自己收到的原始数据产生的哈希摘要对照,便可确信原始信息是否被篡改,这样就保证了信息来源的真实性和数据传输的完整性。数字签名是非对称密钥加密技术与数字摘要技术的应用。

3) 单向加密技术

单向加密也称哈希(Hash)加密,利用一个含有 Hash 函数的哈希表,确定用于加密的十六进制数。对信息进行单向加密,在理论上是不可能解密的。Hash 加密主要用于不想对信息解读或读取,而只需证实信息的正确性。这种加密方式也适用于签名文件。

目前比较流行的单向加密技术有 MD5、SHA-1 和 RIPRMD-160。

4) 实用综合加密方法

为了确保信息在网络长距离传输的安全,一般采用将对称和非对称加密进行综合运用的方法。即结合使用 DES/IDEA 和 RSA,以 DES 为"内核",RSA 为"外壳",对于网络中传输的数据可用 DES 或 IDEA 加密,而加密用的密钥则用 RSA 加密传送,此种方法既保证了数据安全又提高了加密和解密的速度,也是目前加密技术发展的新方向之一。

5) 无线网络加密技术

无线局域网具有随时连线、成本低廉、速度快、部署简易、美观和机动性强等优势。但无线网是以电磁波为介质传输资料,资料传输范围不如有线网容易控制,任何人都有条件窃听或干扰信息。因此,应该充分考虑其安全性。

无线网络在不断的发展过程中,无线网络加密技术也在不断地完善。在无线局域网中,主要采用的加密技术有 SSID 技术、MAC 技术、WEP 加密技术、WPA 加密技术、国家标准 WAPI 和 VPN 技术等(详见第4章)。

3. 实用加密方法及协议

PGP、S/MIME、SSL、HTTPS 和 SET 是当前 Internet 上比较常用的加密方法,它们在各自的应用范围内都拥有很大的用户群。

1) PGP

PGP(Pretty Good Privacy)是一种对电子邮件和文件进行加密与数字签名的方法,推出后受到亿万用户的支持,已成为电子邮件加密的事实上的标准。PGP 软件功能强,速度快,而且源代码全免费,使用方便。PGP 实现了目前大部分流行的加密和认证算法,如 DES、IDEA、RSA 等加密算法,及 MD5、SHA 等散列算法。PGP 的巧妙之处在于它汇集了各种加密方法的精华。

PGP 加密平台——PGP Universal Server，提供邮件、文档、硬盘、网络共享文件夹的加密保护，可用它对文件、邮件进行加密，在常用的 WinZip、Word、ARJ、Excel 等软件的加密功能均告可被破解时，选择 PGP 对自己的私人文件、邮件进行加密不失为一个好办法。除此之外，还可以和同样装有 PGP 软件的朋友互相传递加密文件，安全十分保障。

2）S/MIME

邮件加密两把锁：PGP 和 S/MIME(Secure Multipurpose Internet Mail Extensions，多用途网际邮件扩充协议)。PGP 和 S/MIME 是目前互联网上实现电子邮件端到端的主流加密安全技术。S/MIME 和 PGP 采用的都是公钥加密技术。它们的主要功能就是身份的认证和传输数据的加密。在客户端，Netscape Messenger 和 Microsoft Outlook 都支持 S/MIME。

3）SSL

为了保护敏感数据在传送过程中的安全，全球许多知名企业采用 SSL(Security Socket Layer，安全套接字层)加密机制。SSL 是 Netscape 公司所提出的安全保密协议，在浏览器(如 Internet Explorer、Netscape Navigator)和 Web 服务器(如 Netscape 的 Netscape Enterprise Server、ColdFusion Server 等)之间构造安全通道来进行数据传输，SSL 运行在 TCP/IP 层之上、应用层之下，为应用程序提供加密数据通道，它采用了 RC4、MD5 以及 RSA 等加密算法，使用 40 位的密钥，适用于商业信息的加密。

只要 3.0 版本以上的 IE 或 Netscape 浏览器即可支持 SSL。它已被广泛地用于 Web 浏览器与服务器之间的身份认证和加密数据传输。

4）HTTPS

HTTPS(Secure Hypertext Transfer Protocol，安全超文本传输协议)，由 Netscape 公司开发并内置于其浏览器中，用于对数据进行压缩和解压操作，并返回网络上传送回的结果。HTTPS 是以安全为目标的 HTTP 通道，简单地讲是 HTTP 的安全版，即 HTTP 下加入 SSL 层，HTTPS 的安全基础是 SSL。

Netscape 公司将 HTTPS 内置于其浏览器中，HTTPS 使用 SSL 在发送方把原始数据进行加密，然后在接收方进行解密，加密和解密需要发送方和接收方通过交换共知的密钥来实现，因此，所传送的数据不容易被网络黑客截获和解密。

5）SET

针对电子商务交易的安全问题，由美国 Visa 和 MasterCard 两大信用卡组织联合国际上多家科技机构，共同制定了应用于 Internet 上的以银行卡为基础进行在线交易的安全标准，这就是“安全电子交易”(Secure Electronic Transaction，SET)。它采用公钥密码体制和 X.509 数字证书标准，主要用于保障网上购物信息的安全性。

由于 SET 提供了消费者、商家和银行之间的认证，确保了交易数据的安全性、完整可靠性和交易的不可否认性，特别是保证不将消费者银行卡号暴露给商家等优点，因此它成为目前公认的信用卡/借记卡的网上交易的国际安全标准。

7.2.2 防火墙技术

防火墙(Firewall)是保护计算机网络安全最成熟、最早产品化的技术。防火墙是网络访问的控制设备，位于两个(或多个)网络之间，通过执行访问策略来达到网络安全的目的。

1. 防火墙的定义

防火墙是一个系统或一组系统,它在企业内网与因特网间执行一定的安全策略。理想的防火墙应该是能过滤一切来自外部的不安全因素,防止危险的入侵活动。它可以与入侵检测系统一起维护系统的安全,也可以通过自身的良好的安全配置,简单、高效地完成大多数场合安全防护。

目前,关于网络防火墙的定义很多,其中最典型的是:防火墙是指设置在被保护网络(内联子网或局域网)与公共网络(如因特网)或其他网络之间并位于被保护网络边界的、对进出被保护网络信息实施"通过/阻断/丢失"控制的硬件、软件部件或系统。

通常防火墙具有以下特点。

(1) 从内部到外部或从外部到内部的所有通信都必须通过防火墙。

(2) 只有符合本地安全策略的通信才会被允许通过。

(3) 防火墙本身是免疫的,不会被穿透的。

防火墙处于5层网络安全体系中的最底层,属于网络层安全技术范畴。负责网络间的安全认证与传输,但随着网络安全技术的整体发展和网络应用的不断变化,现代防火墙技术已经逐步走向网络层之外的其他安全层次,不仅要完成传统防火墙的过滤任务,同时还能为各种网络应用提供相应的安全服务。另外还有多种防火墙产品具有数据安全与用户认证、防止病毒与黑客侵入等功能。图7-5是使用防火墙的典型的企业网络拓扑图。

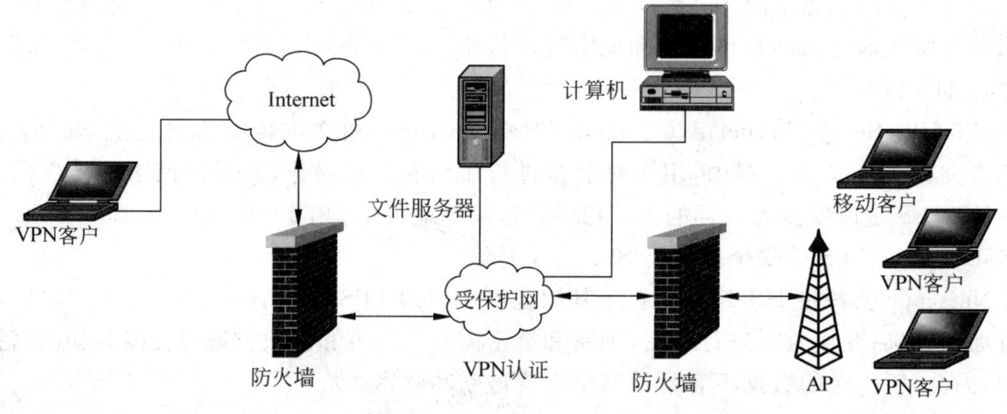

图7-5 部署防火墙企业网络拓扑图

2. 防火墙的功能

在计算机网络中,一个网络防火墙扮演着防备潜在的恶意的活动的屏障,并可通过一个"门"来允许人们在你的安全网络和开放的不安全的网络之间通信。其主要功能如下。

(1) 强化网络安全策略。防火墙的主要意图是强制执行安全策略。通过以防火墙为中心的安全方案配置,能将所有的安全软件配置在防火墙上。

(2) 创建一个阻塞点。防火墙在一个公司私有网络和分网间建立一个检查点。这种实现要求所有的流量都要通过这个检查点。一旦这些检查点清楚地建立,防火墙设备就可以监视、过滤和检查所有进来和出去的流量。网络安全产业称这些检查点为"阻塞点"。通过强制所有进出流量都通过这些检查点,网络管理员可以集中在较少地方来实现安全目的。如果没有这样一个供监视和控制信息的点,系统或安全管理员则要在大量的地方来进行监测。检查点的另一个名字叫做网络边界。

(3) 有效记录和审计内、外网络之间的活动。防火墙还能够强制日志记录,并且提供警报功能。通过在防火墙上实现日志服务,安全管理员可以监视所有从外部网或互联网的访问。好的日志策略是实现适当网络安全的有效工具之一。防火墙对于管理员进行日志存档提供了更多的信息。

(4) 隔绝内、外网络。防火墙在网络周围创建了一个保护的边界,通过隔离内、外网络,可以防止非法用户进入内部网络,通过认证功能和对网络加密来限制网络信息的暴露。通过对所能进来的流量实行源检查,以限制从外部发动的攻击。

7.2.3 身份认证与访问控制

大家熟悉的如防火墙、入侵检测、VPN、安全网关等安全产品实际上都是针对用户数字身份的权限管理,而身份认证和访问控制则解决了用户的物理身份、数字身份及用户"能够做什么"等相对应的问题,给他们提供了权限管理的依据。身份认证和访问控制技术是网络安全的最基本要素,是用户登录网络时保证其使用和交易"门户"安全的首要条件。

1. 身份认证的概念

身份认证(Identity and Authentication Management)是计算机网络系统的用户在进入系统或访问不同保护级别的系统资源时,系统确认该用户的身份是否真实、合法和唯一的过程。

从上面的定义不难看出,身份认证就是为了确保用户身份的真实、合法和唯一,防止非法人员进入系统,防止非法人员通过违法操作获取不正当利益,访问受控信息,恶意破坏系统数据的完整性的情况的发生。同时,在一些需要具有较高安全性的系统中,通过用户身份的唯一性,系统可以自动记录用户所做的操作,进行有效的稽核。一个系统的身份认证的方案,必须根据各种系统的不同平台和不同安全性要求来进行设计,比如,有些公用信息查询系统可能不需要身份认证,而有些金融系统则需要很高的安全性。同时,身份认证要尽可能地方便、可靠,并尽可能地降低成本。在此基础上,还要考虑系统扩展的需要。

图 7-6 为认证和访问控制模型。

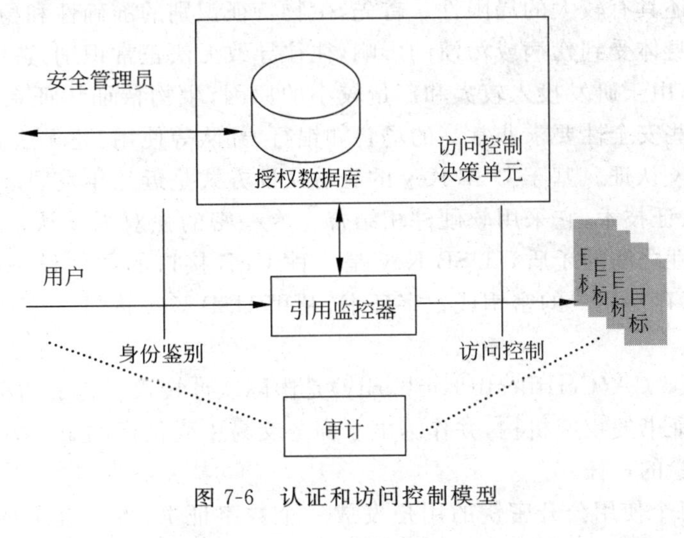

图 7-6 认证和访问控制模型

2. 身份认证技术方法

现在计算机及网络系统中常用的身份认证方式主要有以下几种。

(1) 用户名/密码方式。用户名/密码是最简单也是最常用的身份认证方法,每个用户的密码是由这个用户自己设定的,只有他自己才知道,因此只要能够正确输入密码,计算机就认为他就是这个用户。然而实际上,由于密码保存不当,或者由于密码在验证过程中被驻留在计算机内存中的木马程序或网络中的监听设备截获,极易造成密码泄漏。因此,用户名/密码方式是一种极不安全的身份认证方式。

(2) IC卡认证。IC卡是一种内置集成电路的卡片,卡片中存有与用户身份相关的数据,IC卡由专门的厂商通过专门的设备生产,可以认为是不可复制的硬件。IC卡由合法用户随身携带,登录时必须将IC卡插入专用的读卡器读取其中的信息,以验证用户的身份。IC卡认证是基于"what you have"的手段,通过IC卡硬件不可复制来保证用户身份不会被仿冒。然而由于每次从IC卡中读取的数据还是静态的,通过内存扫描或网络监听等技术还是很容易截取到用户的身份验证信息。因此,静态验证的方式还是存在根本的安全隐患。

(3) 动态口令。动态口令技术是一种让用户的密码按照时间或使用次数不断动态变化,每个密码只使用一次的技术。它采用一种称为动态令牌的专用硬件:内置电源、密码生成芯片和显示屏,密码生成芯片运行专门的密码算法,根据当前时间或使用次数生成当前密码并显示在显示屏上。认证服务器采用相同的算法计算当前的有效密码。用户使用时只需要将动态令牌上显示的当前密码输入客户端计算机,即可实现身份的确认。由于每次使用的密码必须由动态令牌来产生,只有合法用户才持有该硬件,所以只要密码验证通过就可以认为该用户的身份是可靠的。而用户每次使用的密码都不相同,即使黑客截获了一次密码,也无法利用这个密码来仿冒合法用户的身份。

(4) 生物特征认证。生物特征认证是指采用每个人独一无二的生物特征来验证用户身份的技术。常见的有指纹识别、虹膜识别等。从理论上说,生物特征认证是最可靠的身份认证方式,因为它直接使用人的物理特征来表示每一个人的数字身份,不同的人具有相同生物特征的可能性可以忽略不计,因此几乎不可能被仿冒。

生物特征认证基于生物特征识别技术,受到现在的生物特征识别技术成熟度的影响,采用生物特征认证还具有较大的局限性。首先,生物特征识别的准确性和稳定性还有待提高,特别是如果用户身体受到伤病或污渍的影响,往往导致无法正常识别,造成合法用户无法登录的情况。其次,由于研发投入较大和产量较小的原因,生物特征认证系统的成本非常高,目前只适合于一些安全性要求非常高的场合如银行、部队等使用,还无法做到大面积推广。

(5) USB Key认证。基于USB Key的身份认证方式是近几年发展起来的一种方便、安全、经济的身份认证技术,它采用软硬件相结合一次一密的强双因子认证模式,很好地解决了安全性与易用性之间的矛盾。USB Key是一种USB接口的硬件设备,它内置单片机或智能卡芯片,可以存储用户的密钥或数字证书,利用USB Key内置的密码学算法实现对用户身份的认证。

(6) CA认证。CA(Certificate Authority)是国际认证授权机构的通称,它是负责发放、管理和取消数字证书的权威机构,并作为电子商务交易中受信任的第三方,承担公钥体系中公钥的合法性检验的责任。

CA中心为每个使用公开密钥的用户发放一个数字证书,数字证书的作用是证明证书中列出的用户合法拥有证书中列出的公开密钥。CA机构的数字签名使得攻击者不能伪造和篡改证书。

为保证用户之间在网上传递信息的安全性、真实性、可靠性、完整性和不可抵赖性，不仅需要对用户的身份真实性进行验证，也需要有一个具有权威性、公正性、唯一性的机构，负责向电子商务的各个主体颁发并管理符合国内、国际安全电子交易协议标准的电子商务安全证，并负责管理所有参与网上交易的个体所需的数字证书，因此是安全电子交易的核心环节。

3. 访问控制技术

访问控制(Access Control)指对网络中的某些资源访问进行的控制，是在保障授权用户能够获得所需资源的同时拒绝非授权用户的安全机制。访问控制的目的是为了限制访问主体(用户、进程等)对访问客体(文件、系统等)的访问权限，从而使计算机系统在合法范围内使用。它决定用户能做什么，也决定代表一定用户利益的程序能做什么。

访问控制是网络安全防范和保护的主要策略，它的主要任务是保证网络资源不被非法使用和访问，是实现数据保密性和完整性机制的主要手段。访问控制是对信息系统资源进行保护的重要措施，也是计算机系统中最重要和最基础的安全机制。

1) 访问控制三要素

访问控制包括三个要素，即主体、客体和控制策略。

(1) 主体(Subject)。主体是可以对其他实体施加动作的主动实体，有时也称为用户或访问者(被授权使用计算机的人员)。主体的含义是广泛的，可以是用户所在的组织、用户本身，也可以是用户使用的计算机终端、卡机、手持终端等，甚至可以是应用服务程序或进程。

(2) 客体(Object)。客体是接受其他实体访问的被动实体。客体的概念也很广泛，凡是可以被操作的信息、资源、对象都可以认为是客体。在信息社会中，客体可以是信息、文件、记录等的集合体，也可以是网络上的硬件设施、无线通信中的终端，甚至一个客体可以包含另外一个客体。

(3) 控制策略。控制策略是主体对客体的操作行为集合约束条件集。简单地讲，控制策略是主体对客体的访问规则集，这个规则集直接定义了主体对客体的作用行为和客体对主体的条件约束。访问策略体现了一种授权行为，也就是客体对主体的权限允许，这种允许不超越规则集。

访问控制策略是网络安全防范和保护的主要策略，各种网络安全策略必须相互配合才能真正起到保护作用，而访问控制是保证网络安全最重要的核心策略之一。

2) 访问控制的内容

访问控制包括认证、控制策略实现和安全审计三个内容。

(1) 认证。认证包括主体对客体的识别认证和客体对主体的检验认证。

(2) 控制策略实现。控制策略实现如何设定规则集合从而确保正常用户对信息资源的合法使用。既要防止非法用户，也要考虑敏感资源的泄漏，对于合法用户而言，更不能越权行使控制策略所赋予其权利以外的功能。

(3) 安全审计。安全审计是对网络系统的活动进行监视、记录并提出安全意见和建议的一种机制。利用安全审计可以有针对性地对网络运行状态和过程进行记录、跟踪和审查，是网络用户对网络系统中的安全设备、网络设备、应用系统及系统运行状况进行全面的监测、分析、评估,保障网络安全的重要手段。

3) 访问控制策略

访问控制策略隶属于系统安全策略,可以在计算机系统和网络中自动地执行授权,其主要任务是保证网络资源不被非法使用和访问。应用方面的访问控制策略包括以下7个方面的内容。

(1) 入网访问控制

入网访问控制为网络访问提供了第一层访问控制。它控制哪些用户能够登录到服务器并获取网络资源,控制准许用户入网的时间和准许他们在哪台工作站入网。用户的入网访问控制可分为三个步骤:用户名的识别与验证、用户口令的识别与验证、用户账号的默认限制检查。三道关卡中只要任何一关未过,该用户便不能进入该网络。网络应对所有用户的访问进行审计。如果多次输入口令不正确,则认为是非法用户的入侵,应给出报警信息。

(2) 网络权限控制

网络的权限控制是针对网络非法操作所提出的一种安全保护措施。用户和用户组被赋予一定的权限。网络控制用户和用户组可以访问哪些目录、子目录、文件和其他资源。可以指定用户对这些文件、目录、设备能够执行哪些操作。根据访问权限将用户分为以下几类:①特殊用户(即系统管理员);②一般用户,系统管理员根据他们的实际需要为他们分配操作权限;③审计用户,负责网络的安全控制与资源使用情况的审计。用户对网络资源的访问权限可以用访问控制表来描述。

(3) 目录级安全控制

网络应允许控制用户对目录、文件、设备的访问。用户在目录一级指定的权限对所有文件和子目录有效,用户还可进一步指定对目录下的子目录和文件的权限。对目录和文件的访问权限一般有8种:系统管理员权限、读权限、写权限、创建权限、删除权限、修改权限、文件查找权限、访问控制权限。一个网络管理员应当为用户指定适当的访问权限,这些访问权限控制着用户对服务器的访问。8种访问权限的有效组合可以让用户有效地完成工作,同时又能有效地控制用户对服务器资源的访问,从而加强了网络和服务器的安全性。

(4) 属性安全控制

当用文件、目录和网络设备时,网络系统管理员应给文件、目录等指定访问属性。属性安全在权限安全的基础上提供更进一步的安全性。网络上的资源都应预先标出一组安全属性。用户对网络资源的访问权限对应一张访问控制表,用以表明用户对网络资源的访问能力。属性往往能控制以下几个方面的权限:向某个文件写数据、复制一个文件、删除目录或文件、查看目录和文件、执行文件、隐含文件、共享、系统属性等。

(5) 网络服务器安全控制

网络允许在服务器控制台上执行一系列操作。用户使用控制台可以装载和卸载模块,也可以安装和删除软件等操作。网络服务器的安全控制包括可以设置口令锁定服务器控制台,以防止非法用户修改、删除重要信息或破坏数据;可以设定服务器登录时间、非法访问者检测和关闭的时间间隔等。

(6) 网络监测和锁定控制策略

网络管理员应对网络实施监控,服务器要记录用户对网络资源的访问。如有非法的网络访问,服务器应以图形、文字或声音等形式报警,以引起网络管理员的注意。如果入侵者试图进入网络,网络服务器会自动记录企图尝试进入网络的次数,当非法访问的次数达到设定的数值,该用户账户就自动锁定。

(7) 防火墙控制策略

防火墙通过制定严格的安全策略实现内外网络或内部网络不同信任域之间的隔离与访问控制。根据防火墙的性能和功能,这种控制可以达到不同的级别。防火墙可实现几类访问控制:①连接控制,控制哪些应用程序节点之间可建立连接;②协议控制,控制用户通过一个应用程序可以进行什么操作;③数据控制,防火墙可以控制应用数据流的通过。防火墙实现访问控制的尺度依赖于它所能实现的技术。

7.2.4 漏洞扫描技术

漏洞扫描技术是网络安全技术中除了防火墙技术、入侵检测技术、加密技术之外的另一项重要的安全技术,其原理是采用模拟攻击的形式对目标可能存在的、已知的安全漏洞进行逐项检查,根据检测结果向系统管理员提供周密可靠的安全性分析报告,为提高网络安全整体水平提供了重要依据。漏洞扫描也称为事前的检测系统、安全性评估或者脆弱性分析,其作用是在发生网络攻击事件前,通过对整个网络扫描及时发现网络中存在的漏洞隐患,及时给出漏洞相应的修补方案,网络人员根据方案可以进行漏洞的修补。图 7-7 是漏洞扫描器在企业内部的部署示意图。

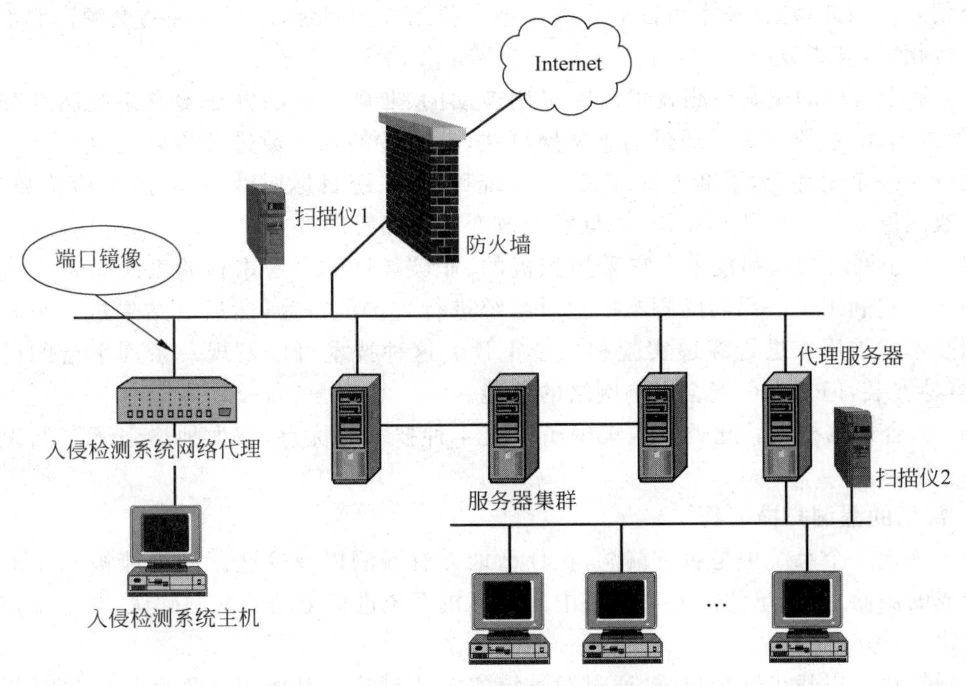

图 7-7　漏洞扫描器部署图

漏洞扫描的结果实际上就是系统安全性能的一个评估,它指出了哪些攻击是可能的,因此成为安全方案的一个重要组成部分。

1. 漏洞概念与分类

漏洞源自"vulnerability"(脆弱性)。一般认为,漏洞是指硬件、软件或策略上存在的安全缺陷,从而使得攻击者能够在未授权的情况下访问、控制系统。

入侵者可利用的漏洞大致分为以下三类。

(1) 网络传输和协议的漏洞。攻击者利用网络传输时对协议的信任以及网络传输的漏洞进入系统。

(2) 系统的漏洞。攻击者可以利用系统内部或服务进程的 BUG 和配置错误进行攻击。

(3) 管理的漏洞。攻击者可以利用各种方式从系统管理员和用户那里诱骗或套取可用于非法进入的系统信息,包括口令、用户名等。

2. 漏洞扫描技术分类

漏洞扫描技术通常采用两种策略,即被动式策略和主动式策略。被动式策略是基于主机的检测,对系统中不合适的设置、脆弱的口令以及其他同安全规则相抵触的对象进行检查;而主动式策略是基于网络的检测,通过执行一些脚本文件对系统进行攻击,并记录它的反应,从而发现其中的漏洞。

漏洞扫描有以下5种检测技术。

(1) 基于应用的检测技术。它采用被动的、非破坏性的办法检查应用软件包的设置,发现安全漏洞。

(2) 基于主机的检测技术。它采用被动的、非破坏性的办法对系统进行检测。通常,它涉及系统的内核、文件的属性、操作系统的补丁等。这种技术还包括口令解密、把一些简单的口令剔除。因此,这种技术可以非常准确地定位系统的问题,发现系统的漏洞。它的缺点是与平台相关,升级复杂。

(3) 基于目标的漏洞检测技术。它采用被动的、非破坏性的办法检查系统属性和文件属性,如数据库、注册号等。通过消息文摘算法,对文件的加密数进行检验。这种技术的实现是运行在一个闭环上,不断地处理文件、系统目标、系统目标属性,然后产生检验数,把这些检验数同原来的检验数相比较,一旦发现改变就通知管理员。

(4) 基于网络的检测技术。它采用积极的、非破坏性的办法来检验系统是否有可能被攻击崩溃。它利用了一系列的脚本模拟对系统进行攻击的行为,然后对结果进行分析。网络检测技术常被用来进行穿透实验和安全审计。这种技术可以发现一系列平台的已知漏洞,也容易安装,但是它可能会影响网络的性能。

(5) 综合检测技术。此类技术集中了以上4种技术的优点,极大地增强了漏洞识别的精度。

3. 常用的漏洞扫描工具

为了确定一个系统中是否有漏洞、在什么地方有漏洞以及这些漏洞可能被利用的方式及其造成的威胁,一个单位需要对网络中的计算机系统进行主动的漏洞确认,并尽量使此过程自动化。

漏洞扫描可以找出安全缺陷,通过对系统实施测试找出其弱点。管理员应当时刻关注最新的安全技术和系统漏洞,利用漏洞扫描器对本单位的网络进行检查。

企业网络中常用的扫描工具有网络扫描器、端口扫描器和 Web 应用程序扫描程序三类(具体产品参见第3章)。

漏洞扫描工具可以帮助管理员查找系统中的缺陷,但并不能代替其工作。安全管理员需要做的工作还有很多,如漏洞扫描工具的及时升级、及时打补丁、设置正确的用户权限等。

7.2.5 入侵检测技术

入侵检测技术实际上就是一种信息识别与检测技术，具体而言，就是在计算机网络系统中设置若干关键点来收集信息，并将信息输入到检测系统之中来分析判断，看网络中是否存在违反安全策略的行为或遭到袭击的迹象，从而帮助系统管理人员对付网络攻击的安全管理能力(包括安全审计、监视、进攻识别和响应)。

1. 入侵检测系统的概念及功能

入侵检测系统(Intrusion-Detection System，IDS)是一种对网络传输进行即时监视，在发现可疑传输时发出警报或者采取主动反应措施的软件与硬件的组合系统。它与其他网络安全设备的不同之处在于，IDS是一种积极主动的安全防护技术。

IDS最早出现在1980年4月，James P. Anderson在为美国空军所做的一份题为*Computer Security Threat Monitoring and Surveillance*的技术报告中提出了IDS的概念。20世纪80年代中期，IDS逐渐发展成为入侵检测专家系统(IDES)。1990年，IDS分化为基于网络的IDS和基于主机的IDS。后又出现分布式IDS。图7-8为经典的入侵检测系统部署拓扑图。

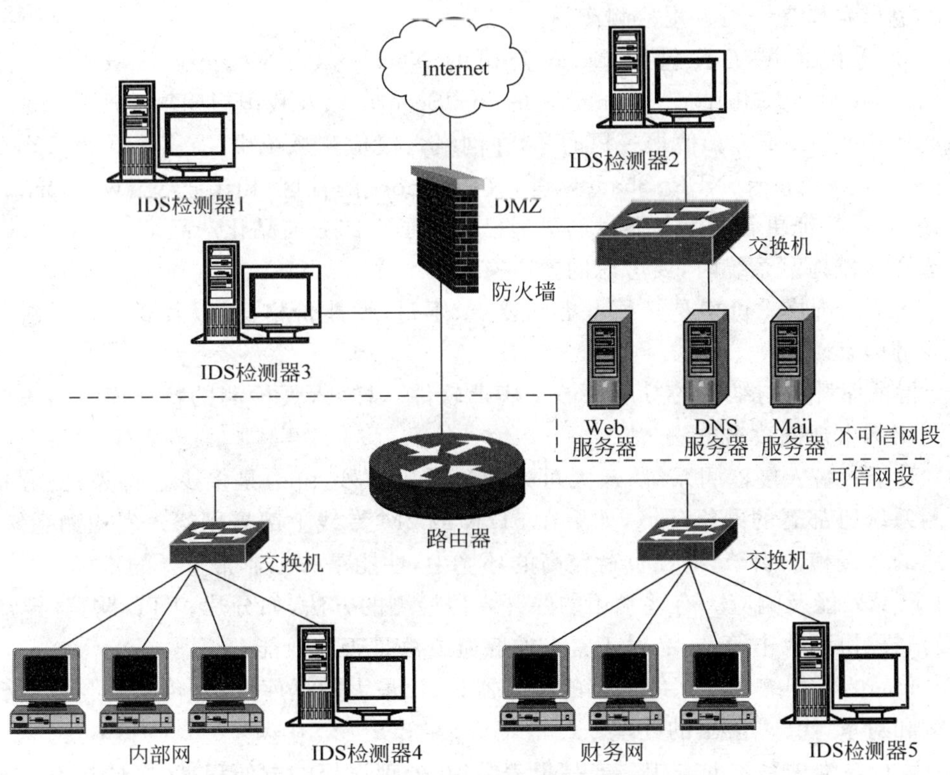

图7-8 入侵检测系统部署拓扑图

入侵检测技术虽然能对网络攻击进行识别并做出反应，但其侧重点还是在于发现，而不能代替防火墙系统执行整个网络的访问控制策略。防火墙系统能够将一些预期的网络攻击阻挡于网络外面，而入侵检测技术除了减小网络系统的安全风险之外，还对一些非预期的攻击进行识别并做出反应，切断攻击连接或通知防火墙系统修改控制准则，将下一次的类似攻击阻挡于网络外部。因此通过网络安全检测技术和防火墙系统结合,可以实现一个完整的网络安全解决方案。

2. 入侵检测系统分类

(1) 根据采用的技术和检测原理分类。根据采用的技术和原理分类,可以分为异常检测(Anormaly Detection)、误用检测(Misuse Detection)和特征检测三种。

(2) 按照数据源分类。根据监测的数据源分类,分为基于主机(Host-based)的入侵检测系统、基于网络(Network-based)的入侵检测系统和分布式入侵检测系统。

(3) 按照工作方式分类。根据工作方式分类,可以分为离线检测系统与在线检测系统。

3. 常用的入侵检测工具

经过几年的发展,入侵检测产品开始步入快速的成长期。一个入侵检测产品通常由两部分组成:传感器(Sensor)与控制台(Console)。传感器负责采集数据(网络包、系统日志等)、分析数据并生成安全事件。控制台主要起到中央管理的作用,商品化的产品通常提供图形界面的控制台,这些控制台基本上都支持 Windows NT 平台。

从技术上看,这些产品基本上分为以下几类:基于网络的产品和基于主机的产品。混合的入侵检测系统可以弥补一些基于网络与基于主机的片面性缺陷。此外,文件的完整性检查工具也可看作是一类入侵检测产品。

常用的入侵检测工具包括 Cisco 公司的 NetRanger、Network Associates 公司的 CyberCop、Internet Security System 公司的 RealSecure,以及我国启明星晨产品和北方计算中心的 NIDS detector 等。值得一提的是,在网络入侵检测系统中,有多个久负盛名的开放源码软件,它们是 Snort、NFR、Shadow 等,其中,Snort 的社区(http://www.snort.org)非常活跃,其入侵特征更新速度与研发的进展已超过了大部分商品化产品。

当选择入侵检测系统时,要考虑的要点有以下 9 个。

(1) 系统的价格。价格是必须考虑的要点,不过,性能价格比,以及要保护系统的价值是更重要的因素。

(2) 特征库升级与维护的费用。像反病毒软件一样,入侵检测的特征库需要不断更新才能检测出新出现的攻击方法。

(3) 对于网络入侵检测系统,最大可处理流量(包/秒,pps)是多少。首先,要分析网络入侵检测系统所部署的网络环境,如果在 512K 或 2M 专线上部署网络入侵检测系统,则不需要高速的入侵检测引擎,而在负荷较高的环境中,性能是一个非常重要的指标。

(4) 产品效能及响应。有些常用的躲开入侵检测的方法,如分片、TTL 欺骗、异常 TCP 分段、慢扫描、协同攻击等,产品对于常见的躲避方法是否有效能。

(5) 产品的可伸缩性。系统支持的传感器数目、最大数据库大小、传感器与控制台之间通信带宽和对审计日志溢出的处理。

(6) 运行与维护系统的开销。产品报表结构、处理误报的方便程度、事件与事志查询的方便程度以及使用该系统所需的技术人员数量。

(7) 产品支持的入侵特征数。不同厂商对检测特征库大小的计算方法都不一样,所以不能偏听一面之词。

(8) 产品有哪些响应方法。要从本地、远程等多个角度考察。自动更改防火墙配置较灵活、便捷,但是自动配置防火墙是一个极为危险的举动。

(9) 是否通过了国家权威机构的评测。主要的权威测评机构有国家信息安全测评认证中心、公安部计算机信息系统安全产品质量监督检验中心。

7.2.6 网络病毒防治技术

病毒对于计算机、黑客和Internet来说是一个永恒的话题，形形色色的病毒伴随着局域网和互联网的发展而愈加猖狂起来，浏览器配置被修改、数据受损或丢失、系统使用受限、网络无法使用、密码被盗是计算机病毒造成的主要破坏后果。要保证计算机系统的安全运行，除了运行服务安全技术措施外，还要专门设置计算机病毒检测、诊断、杀除设施，并采取系统的预防方法防止病毒再入侵。

1. 病毒的概念

计算机病毒，英文名字为Computer Viruses，简称CV。由于计算机病毒与生物学"病毒"特性有很多相似之处，因此得名。目前对于计算机病毒最流行的定义是：一段附着在其他程序上的可以实现自我繁殖的程序代码。

计算机病毒能将自身传染给其他的程序，并能破坏计算机系统的正常工作，如系统不能正常引导，程序不能正确执行，文件莫明其妙地丢失，干扰打印机正常工作等。从而有这样一个概念：计算机的病毒是通过某种途径传染并寄生在磁盘特殊扇区或程序中，在系统启动或运行带毒的程序时伺机进入内存，当达到某种条件时被激活，可以对其他程序或磁盘特殊扇区进行自我传播，并可能对计算机系统进行干扰和破坏活动的一种程序。

与生物病毒不同的是，几乎所有的计算机病毒都是人为地故意制造出来的，有时一旦扩散出来后连编者自己也无法控制。它已经不是一个简单的纯计算机学术问题，而是一个严重的社会问题了。计算机病毒主要来自于搞计算机的人员和业余爱好者的恶作剧、软件公司及用户为保护自己的软件被非法复制而采取的报复性惩罚措施、旨在攻击和摧毁计算机信息系统和计算机系统、用于研究或有益目的而设计的程序等渠道。

计算机病毒可以从不同的角度分类。若按其表现性质可分为良性的和恶性的；若按激活的时间可分为定时的和随机的；若按其入侵方式可分为操作系统型病毒、原码病毒、外壳病毒、入侵病毒；若按其是否有传染性又可分为不可传染性和可传染性病毒；若按传染方式可分为磁盘引导区传染的计算机病毒、操作系统传染的计算机病毒和一般应用程序传染的计算机病毒；若按其病毒攻击的机种分类，可分为攻击微型计算机的病毒、攻击小型计算机的病毒、攻击工作站的病毒。

2017年，最著名的病毒应该是WannaCry(又叫Wanna Decryptor)。WannaCry是一种"蠕虫式"的勒索病毒软件，由不法分子利用NSA(National Security Agency，美国国家安全局)泄漏的危险漏洞EternalBlue(永恒之蓝)进行传播。勒索软件通过骚扰、恐吓甚至采用绑架用户文件等方式，使用户数据资产或计算资源无法正常使用，并以此为条件向用户勒索钱财。这类用户数据资产包括文档、邮件、数据库、源代码、图片、压缩文件等多种文件。赎金形式包括真实货币、比特币或其他虚拟货币。一般来说，勒索软件作者还会设定一个支付时限，有时赎金数目也会随着时间的推移而上涨。有时，即使用户支付了赎金，最终也还是无法正常使用系统，无法还原被加密的文件。

2. 单机环境下的网络病毒防治技术

尽管现代流行的操作系统平台具备了某些抵御计算机病毒的功能特性,但还是未能摆脱计算机病毒的威胁。单机环境下(一般是指个人)的计算机病毒,也已是一个严重问题。因为现代个人计算机大部分都离不开网络,或都使用了携带病毒的工具软件,所以单机计算机病毒的感染率也是非常高的。

单机环境下的网络病毒防治,除了培养个人安全意识外,还有下面的技巧是很重要的。

(1) 用防毒软件保护计算机,及时升级防毒软件。

(2) 不要打开不明来源的邮件。

(3) 使用比较复杂的密码。

(4) 使用防火墙,防止计算机受到来自互联网的攻击。

(5) 不要让陌生用户连接到用户个人的计算机上。

(6) 不使用互联网时及时断开连接。

(7) 备份计算机数据。

(8) 定期下载安全更新补丁。

(9) 定期检查计算机。

(10) 进行主要的防护工作。关注在线安全,了解和掌握计算机病毒的发作时间,并事先采取措施。

3. 网络环境下的网络病毒防治技术

企业网络中计算机病毒一旦感染了其中的一台计算机,将会很快地蔓延到整个网络,而且不容易一下子将网络中传播的计算机病毒彻底清除。所以对于企业网络的计算机病毒防范必须要全面,预防计算机病毒在网络中的传播、扩散和破坏,客户端和服务器端必须要同时考虑。

1) 企业网络体系结构

目前大多数的企业网络都具有大致相似的体系结构,这种体系结构的相似性表现在网络的底层基本协议构架、操作系统、通信协议以及高层企业业务应用上,这就为通用的企业网络防病毒软件提供了某种程度上可以利用的共性。

从网络的应用模式上看,现代企业网络都是基于一种叫做客户/服务器的计算模式,由服务器来处理关键性的业务逻辑和企业核心业务数据,客户端处理用户界面以及与用户的直接交互。企业网络往往有一台或多台主要的业务服务器,在此之下分布着众多客户机或工作站,以及不同的应用服务器。

从操作系统上看,企业网络的客户端基本上都是 Windows 平台,中小企业服务器一般采用 Windows NT/2000 系列系统,部分行业用户或大型企业的关键业务应用服务器采用 UNIX 操作系统。Windows 平台的特点是价格比较便宜,具有良好的图形用户界面,而 UNIX 系统的稳定性和大数据量可靠处理能力使得它更适合于关键性业务应用。

对于大型网络的计算机病毒防护,除了要对各个内网严加防范外,更重要的是要建立多层次的网络防范架构,并同网络管理结合起来。主要的防范点有 Internet 接入口、外网上的服务器、各内网的中心服务器等。

2）企业网络防病毒系统的主要功能需求

(1) 贯彻“层层设防，集中控管，以防为主，防治结合”的企业防毒策略。在全企业网络中所有可能遭受病毒攻击的点或通道中设置对应的防病毒软件，通过全方位、多层次的防毒系统配置，使企业网络免遭所有病毒的入侵和危害。

(2) 应用先进的“实时监控”技术，在“以防为主”的基础上，不给病毒入侵留下任何可乘之机。

(3) 对新病毒的反应能力是考察一个防病毒软件好坏的重要方面。供应商对用户发现的新病毒的反应周期不仅体现了厂商对新病毒的反应速度，实际上也反映了厂商对新病毒查杀的技术实力。

(4) 智能安装、远程识别。由于企业网络中服务器、客户端承担的任务不同，在防病毒方面的要求也不大一样，因此在安装时如果能够自动区分服务器与客户端，并安装相应的软件，这对管理员来说将是一件十分方便的事。远程安装、远程设置，这也是网络防毒区分单机防毒的一点。这样做可以大大减轻管理员“奔波”于每台机器进行安装、设置的繁重工作，既可以对全网的机器进行统一安装，又可以有针对性地设置。

(5) 对现有资源的占用情况。防病毒程序进行实时监控都或多或少地要占用部分系统资源，这就不可避免地要带来系统性能的降低。尤其是对邮件、网页和 FTP 文件的监控扫描，由于工作量相当大，因此对系统资源的占用较大。如一些单位上网速度感觉太慢，有一部分原因是防病毒程序对文件“过滤”带来的影响。另一部分原因是升级信息的交换，下载和分发升级信息都将或多或少地占用网络带宽。

4. 病毒防治软件产品

下面列出国内外主要的病毒防治产品及其查询网址。

1）国外病毒防治产品

(1) 诺顿，NAV，网址 http://www.symantec.com/。

(2) 卡巴斯基，Kaspersky，网址 http://www.kaspersky.com.cn/。

(3) McAfee 防病毒，VirusScan，网址 http://www.mcafeeb2b.com/。

2）国内病毒防治产品

(1) 360 杀毒：http://sd.360.cn/。

(2) 瑞星，RAV，网址 http://www.rising.com.cn/。

(3) 金山毒霸，Kingsoft Anti-Virus，网址 http://www.duba.net/。

(4) 江民，KV，网址 http://www.jiangmin.com/。

杀毒软件的详细介绍见第 3 章。

7.2.7 上网行为管理技术

员工访问互联网的习惯正在发生变化，从最早使用 PC、有线局域网，到更多使用移动终端、WLAN 来进行办公，如果过度开放上网环境，会造成网络效率低下、性能恶化、机密泄漏、安全威胁等问题，甚至引发法律纠纷，给企业提出了严峻的问题与挑战。

上网行为管理是指帮助互联网用户控制和管理对互联网的使用。上网行为管理产品及技术是专用于防止非法信息恶意传播，避免国家机密、商业信息、科研成果泄漏的产品，并可实时监控、管理网络资源使用情况，提高整体工作效率。

1. 上网行为管理的标准功能

上网行为管理的标准功能包括上网人员管理、上网浏览管理、上网外发管理、上网应用管理、上网流量管理、上网行为分析、上网隐私保护、设备容错管理、风险集中告警等。

(1) 上网人员管理。主要包括上网身份管理、上网终端管理、移动终端管理、上网地点管理。

(2) 上网浏览管理。主要包括搜索引擎管理、网址URL管理、网页正文管理、文件下载管理。

(3) 上网外发管理。主要包括普通邮件管理、Web邮件管理、网页发帖管理、即时通信管理、其他外发管理。

(4) 上网应用管理。主要包括上网应用阻断、上网应用累计时长限额、上网应用累计流量限额。

(5) 上网流量管理。主要包括上网带宽控制、上网带宽保障、上网带宽借用、上网带宽平均。

(6) 上网行为分析。主要包括上网行为实时监控、上网行为日志查询、上网行为统计分析。

(7) 上网隐私保护。主要包括日志传输加密、管理三权分立、精确日志记录。

(8) 设备容错管理。主要包括死机保护、一键排障、双系统冗余。

(9) 风险集中告警。主要包括告警中心、分级告警、告警通知。

2. 上网行为管理的产品

从产品形态来看,目前上网行为管理产品分为"上网行为管理硬件"和"上网行为管理软件"两种。

硬件的优势在于部署简单,升级方便,故障率低;硬件的劣势是成本较高,运输不方便,维护复杂,维修需要专业人士,技术支持不到位。软件的优势在于成本适当,维护简单,安装容易,升级快速,可以在公司随便找个机器部署。目前的软硬件结合模式越来越多,包括加入准入模式、VPN的上网行为管理,基于客户端的内网管理模式和文档管理模式,从各种方向去弥补单一产品的不足。

上网行为管理硬件的品牌有深信服、网康等。软件的品牌有"超级嗅探狗"、WFilter、Websense等。

市面上目前能够提供全面或部分上网行为管理功能的产品有几十种,如果以产品适用范围来区分,通常分为以下三类。

(1) 适合同时上网PC数量低于50台。

这类产品一般以纯软件型和低端宽带路由器集成QQ、MSN、BT等的过滤为主。纯软件型产品通常成本低廉、稳定性较差,适合对上网行为管理有需求,但预算有限的用户。低端宽带路由器集成针对部分常见应用或软件的过滤功能,同样以价格低廉胜出。在提供基本组网应用的同时,兼顾最基础的上网行为管理需求,较容易被价格敏感的用户接受。

(2) 适合同时上网PC数量为50~200台。

这类产品一般以高性能上网行为管理设备和带自主研发Kercap引擎的软件产品为主。即在高性能网关路由器上,增加深度包检测(DPI)功能。通过分析网络应用特征码,配合智能带宽管理、自动行为管控等综合策略，全面管理聊天、在线视频、股票、游戏、P2P 下载、暴力及色情等非法网站的过滤，并配合 WAN 口流量统计、LAN 侧用户流量统计、并发 session 统计等功能，提供综合的管理手段。通常价格比软件产品或低端路由器略高，但功能更全面，性能更稳定，性价比能够为此等规模的企业用户所接受。

(3) 适合 200 台以上的 PC 同时上网。

这类产品通常是采用硬件与软件结合的方式。即同样的软件版本，安装在不同档次的工业计算机上，经过反复的测试后，根据所安装的工业计算机的处理性能不同，可以涵盖 200～500，500～1000，甚至更大范围的并发应用。由于有性能更为强大的工业计算机作为处理平台，这类产品能够提供的功能更加丰富，部分产品甚至可以缓存上网浏览或发送的内容，检索出可能涉及泄漏公司机密、触犯法律或不适合上班时间处理的内容，进而采取相应的策略加以限制。对于规模较大的公司，IT 管理对技术的依赖更加侧重，需要管理的内容和管理的手段更加广泛，以适应大批量管理的需要。此类产品由于其复杂的功能需要高性能的工业计算机才能够支撑，因此起步价格通常因硬件成本的因素，只有规模和需求达到一定程度的中大型企业可以接受。

7.2.8 网络新技术安全

随着云计算、虚拟化技术、物联网技术等网络新技术的不断涌现，网络新技术的安全问题逐渐进入人们的视野。

1. Web 安全

随着 Web 2.0、社交网络、微博等一系列新型的互联网产品的诞生，基于 Web 环境的互联网应用越来越广泛，企业信息化的过程中各种应用都架设在 Web 平台上，Web 引起了黑客们的强烈关注，黑客利用网站操作系统的漏洞和 Web 服务程序的 SQL 注入漏洞等得到 Web 服务器的控制权限，轻则篡改网页内容，重则窃取重要内部数据，更为严重的则是在网页中植入恶意代码，使得网站访问者受到侵害。

1) Web 攻击的种类

由于 Web 底层系统软件的复杂性，使得 Web 系统隐藏了许多安全隐患，因此常常受到各种攻击。对 Web 服务器的攻击也可以说是形形色色、种类繁多，常见的有挂马、SQL 注入、缓冲区溢出、嗅探、利用 IIS 等针对 Web Server 漏洞的攻击。

(1) SQL 注入：即通过把 SQL 命令插入到 Web 表单递交或输入域名或页面请求的查询字符串，最终达到欺骗服务器执行恶意的 SQL 命令，比如先前的很多影视网站泄漏 VIP 会员密码大多就是通过 Web 表单递交查询字符暴出的。

(2) 跨站脚本攻击(也称为 XSS)：指利用网站漏洞从用户那里恶意盗取信息。用户在浏览网站、使用即时通信软件甚至在阅读电子邮件时，通常会单击其中的链接。攻击者通过在链接中插入恶意代码，就能够盗取用户信息。

(3) 网页挂马：把一个木马程序上传到一个网站里面然后用木马生成器生成一个网马，再上传到空间里面，使得木马在打开网页里运行。

2) Web 安全服务的实现

Web 是一个运行于 Internet 和 TCP/IP Intranet 之上的基本的客户/服务器应用。Web 安全性涉及所有计算机与网络的安全性内容。实现 Web 安全的方法很多，从 TCP/IP

的角度分成网络层安全性、传输层安全性和应用层安全性三种。

(1) 网络层安全性

IPSec 可提供端到端的安全性机制,在网络层上对数据包进行安全处理,提供包括访问控制、完整性、数据认证等安全服务。在设计 Web 安全策略时,可以利用 IPSec 协议配置路由器、防火墙、主机与通信链路,实现 Web 服务器与浏览器端到端的安全通道。

(2) 传输层安全性

在传输层之上实现数据安全传输通常使用 SSL 协议和传输层安全(TSL)协议。它们工作在 TCP 之上,可以为应用层 HTTP、FTP、SMTP 等提供安全服务。

(3) 应用层安全性

在应用层,将安全服务嵌入应用程序可以实现应用层的 Web 安全访问,是增强 TCP/IP 体系安全性的一个重要方法。SET、S/MIME、PGP 都可以在相应的应用中提供机密性、完整性和不可抵赖性等安全服务。

3) Web 安全防护工具

Web 应用防火墙(WAF)可以提供一种安全运维控制手段:基于对 HTTP/HTTPS 流量的双向分析,为 Web 应用提供实时的防护。

(1) 梭子鱼 Web 应用防火墙

梭子鱼 Web 应用防火墙是比较优秀的一款 Web 安全防护产品。它能够为企业提供强大的应用层安全防护,同时通过梭子鱼直观、实时的管理界面对 Web 应用进行统一的安全管理。梭子鱼 Web 应用防火墙的主要防护功能如下。

① 全面 Web 站点防护。梭子鱼 Web 应用防火墙对 HTTP 流量进行代理,并全面扫描 7 层数据,确保攻击在到达 Web 服务器之前就将其阻断。在阻断攻击的同时,能够对外发的 HTTP 响应进行全面的监控,确保不让诸如信用卡卡号、社保卡卡号等敏感信息泄漏。结合动态学习功能,梭子鱼 Web 应用防火墙能够学习 Web 服务器的内在结构并生成策略,确保网站的高安全性。

② 流量管理与加速。梭子鱼 Web 应用防火墙使用动态更新机制,实时更新最新的安全策略库和攻击规则库。同时可提供 SSL 卸载、SSL 加速以及负载均衡功能。这些流量优化功能能够大大提高整个网站的性能和效率。

(2) 万兆环境下的 Web 安全防护工具

万兆网络并不仅意味着网络带宽的增加,与之相匹配的业务系统也随之而变得更加复杂。通过将万兆 WAF、万兆流量清洗与抗拒绝服务产品(ADM)和其他安全产品进行组合,能够提供万兆环境下的全面 Web 安全解决方案。

以启明星辰的产品为例,通过将万兆 WAF、万兆流量清洗与抗拒绝服务产品(ADM)和其他安全产品进行组合,能够提供全面的 Web 应用安全解决方案。在网络出入口部署 WAF、流量清洗与抗拒绝服务产品进行防御;在网络内部部署堡垒机及数据防泄密(DLP)产品,降低由于内部运维人员的违规操作带来的安全风险,同时还提供针对业务系统的漏洞扫描产品,以提前发现安全隐患。

2. 云计算安全

云计算是一种基于互联网的计算方式,通过这种方式,共享的软硬件资源和信息可以按需求提供给计算机和其他设备。云计算的“虚拟化”特色非常明显,在这种模式中,应用、数据和 IT 资源以服务的方式通过网络提供给用户使用。

云安全联盟(Cloud Security Alliance,CSA)在《云安全指南》中指出,在安全控制方面,云与其他 IT 环境相比没有很大的不同,但在服务模型、运营模型以及用于提供服务的相关技术等方面,云可能会导致与以往不同的风险。

1) 云计算面临的主要安全问题

云计算特有的数据和服务外包、虚拟化、多租户和跨域共享等特点带来了前所未有的安全挑战。云计算面临的主要安全问题如下。

(1) 虚拟化安全问题

利用虚拟化带来的可扩展性有利于加强在基础设施、平台、软件层面提供多租户云服务的能力,然而虚拟化技术也会带来以下安全问题。

① 如果主机受到破坏,那么主机所管理的客户端服务器有可能被攻克。

② 如果虚拟网络受到破坏,那么客户端也会受到损害。

③ 需要保障客户端共享和主机共享的安全,这些共享的漏洞有可能被利用。

④ 如果主机有问题,那么所有的虚拟机都会产生问题。

(2) 数据集中后的安全问题

用户的数据存储、处理、网络传输等都与云计算系统有关。如果发生关键或隐私信息丢失、窃取,对用户来说无疑是致命的。如何保证云服务提供商内部的安全管理和访问控制机制、如何实施有效的安全审计来对数据操作进行安全监控、如何避免云计算环境中多用户共存带来的潜在风险,都成为云计算环境所面临的安全挑战。

(3) 云平台可用性问题

用户的数据和业务应用处于云计算系统中,其业务流程依赖于云计算服务提供商所提供的服务,这对服务商的云平台服务连续性、SLA 和 IT 流程、安全策略、事件处理和分析等提出了挑战。另外,当发生系统故障时,如何保证用户数据的快速恢复也成为一个重要问题。

(4) 云平台遭受攻击的问题

云计算平台由于其用户、信息资源的高度集中,容易成为黑客攻击的目标,由于拒绝服务攻击造成的后果和破坏性将会明显超过传统的企业网应用环境。

(5) 法律风险

云计算应用地域性弱、信息流动性大,信息服务或用户数据可能分布在不同地区甚至不同国家,在政府信息安全监管等方面可能存在法律差异与纠纷;同时,虚拟化等技术引起的用户间物理界限模糊而可能导致的司法取证问题也不容忽视。

2) 云计算中的网络安全策略

当在大数据使用案例中提及云安全策略时,我们希望任何安全解决方案都能够在不影响部署安全性的情况下提供与云一样的灵活性。目前,在应用云计算的过程中应重点关注几个方面的云计算安全策略。

(1) 体系结构的安全防护

云计算平台的各个层次都存在安全威胁,解决这类通用安全问题已经有比较成熟的产品。

① 云计算数据安全策略

云计算数据安全策略主要目的是保护云计算海量数据存储、传输以及数据安全隔离支撑平台的安全,主要体现在以下几个方面。

云数据传输安全方面,可以选择在链路层、网络层、传输层甚至应用层对传输数据进行加密;采用IPSec VPN、SSL等VPN技术,通过网络隔离实现从终端到云存储的传输安全,也可以采用加密通道来保障信息的安全传输,即便是云计算后台的网络管理员也无法窃取数据。

云存储方面,一般情况下,提供者都支持对数据进行加密存储,以防数据被他人非法窃取。通常多采用效能较高的对称加密算法,如AES、3DES或者SCB2等。对于存储在云计算平台中的数据,可采用快照、备份和容灾等保护手段确保客户重要数据的安全。

应对数据残留方面,不管是物理数据存储设备上的数据被擦除后留下的痕迹,还是虚拟机迁移、回收和改变大小等行为造成之前在虚拟机上的数据的残留,都需要在把存储空间再次分配给其他租户之前,将上一租户的数据彻底清除干净。

② 虚拟化安全策略

虚拟化的安全包括两方面的问题:一是虚拟技术本身的安全,二是虚拟化引入的新的安全问题。

虚拟化软件方面,虚拟化软件由云计算提供者来管理,用户不用访问此软件层,因此需要云计算服务提供者严格控制虚拟化软件层的访问权限,以保障计算机同时运行多个操作系统的安全性。云计算服务提供者必须建立健全的访问控制策略,从而保证虚拟化层次的用户数据安全。

虚拟服务器方面,一台物理服务器被划分为多台虚拟机进行使用,不同的虚拟机之间可以相互访问,绕过了防火墙与交换机等设备,使虚拟机之间的攻击更加容易。一方面,可通过TPM安全模块保护PC、防止非法用户访问,另一方面,最好使用可支持虚拟技术的多核处理器,做到CPU之间的物理隔离。

在云计算中心内部,可采用VLAN、分布式虚拟交换机技术,通过虚拟化进行实例间逻辑划分,实现不同用户系统、网络和数据的安全隔离。通过虚拟防火墙和虚拟设备管理软件为虚拟机环境部署安全防护策略,通过防恶意软件建立补丁管理和版本管理机制,有效防范各种虚拟化存在的安全隐患。

③ 基础网络安全策略

基础网络安全策略是指能够保护各种计算资源在统一架构下的网络接入及平台安全运行,包括保护不同地理位置数据中心和用户终端的互连安全。可通过可信网络连接机制,检验连接到通信网络的设备可信情况,确保接入通信网络的设备的可信性,避免设备非法接入。

(2) 应用层面的安全防护

由于云环境的灵活性、开放性以及公众可用性等特性,给应用安全带来了很多挑战。应用层的安全防护主要有如下几个方面。

① 在终端用户安全方面,通过安装安全软件,比如杀毒软件、防火墙等,来确保计算机的安全性。

② SaaS应用方面,因为SaaS是云计算提供者提供给用户的软件服务,用户无须关心

底层的云基础设施，所以由云计算提供者维护、管理所有应用，并保证应用程序和组件的安全性。目前，对于云计算提供者的评估方法是根据保密协议，要求提供商提供相关的安全实践信息，包括黑盒与白盒安全测试记录等。云计算提供者通过提供高强度密码、对密码进行定期管理、不同的数据根据唯一的标识符进行隔离、加强软件的安全性管理等多种手段保证SaaS服务的安全。

③ PaaS应用方面，PaaS模式是云计算提供者不提供基础设施，而是提供基于基础设施的服务平台，用户可以在此平台上开发并运行应用。因此，PaaS应用安全由两个层次组成，即PaaS自身安全和客户不属于PaaS上的应用安全。PaaS自身安全由云计算提供者维护，主要针对SSL的安全、第三方应用安全、共享服务模式等方面，通过采用风险评估、"沙盒"结构等方式保证PaaS自身的安全。用户则应该尽可能获悉第三方信息从而进行风险评估，提高自己数据的安全性。

④ IaaS方面，云计算提供者将虚拟机租赁给用户，云计算提供者不负责管理用户的应用、运行及维护，对于应用的安全，用户负全部责任。

3. 物联网安全

物联网作为互联网的延伸，被称为世界信息产业的第三次浪潮。物联网产业由政府推动走向市场主导，大量新兴的物联网技术应用会走进人们的生活。随着物联网产业市场的扩大，物联网安全问题越发凸显，成为制约物联网大规模应用的重要因素。物联网的安全问题主要集中在以下几个方面。

1）感知层安全

感知层位于物联网三层结构中的最底层，用于识别物体和采集信息。物联网感知层常见的呈现形态多以终端设备为主，大部分物联网终端设备的安全处理能力非常低，很容易成为黑客实施攻击的目标，所以感知层拥有轻量级的安全保护技术显得极其重要。

ARM公司推出了两款基于ARMv8-M架构的低成本32位MCU Cortex-M23和Cortex-M33芯片，它们将得到市场认可的安全技术拓展到要求最为严苛的物联网终端节点；另外，赛门铁克拟通过在物联网终端中植入基于半轻量级EC密码的根证书，通过物联网终端设备的全球唯一标识和认证技术，实现对物联网设备的安全认证。

2）传输层安全

传输层则主要负责数据的传输与处理，其安全功能一般与传输网络的基础设施一起部署。由于物联网设备的灵活性，使得其网络传输层一定要具有远距离传输能力的网络。而常见的互联网的有线连接不够灵活，移动通信网的高功耗和用户数量的限制也使其不适合物联网系统。因此，需要新的网络传输层为物联网服务。

从近几年市场发展状况来看，低功耗广域网（LPWAN）作为面向物联网应用而设计的专用网络受到了市场的喜爱。Sigfox公司和Lora公司在这个领域持续领跑市场，已经在多个国家和地区部署。

3）应用层安全

应用层是物联网三层结构中的最顶层，主要对感知层采集的数据进行计算、处理和知识挖掘，从而实现对物理世界进行实时控制、精确管理和科学决策。物联网的处理应用层主要是云计算平台及其服务，包括大数据处理。因此物联网处理应用层的安全就是处理平台本身的安全和其所提供的服务的安全。在这方面，几乎每个物联网处理平台都有自己的特色。

4) 物联网安全整体解决方案

物联网是一个复杂多样、跨度大的系统,在安全防护方面要进行体系化治理,就需要具备整体解决方案能力的公司。目前,赛门铁克声称提供物联网安全整体解决方案,也发布了一些研究报告;亚马逊以AWS-IoT解决方案云平台作为物联网整体解决方案、Intel旗下的风河公司也提供物联网安全解决方案。

5) 物联网隐私保护

隐私保护是指使个人或集体等实体不愿意被外人知道的信息得到应有的保护。对个人而言,隐私权是自然人享有的对其个人的、与公共利益无关的个人信息、私人活动和私有领域进行支配的一种人格权。对集体来说,隐私一般指代表一个团体各种行为的敏感信息。

由于物联网的很多应用需要收集个人信息,因此物联网面临更严重的隐私安全威胁。针对个人隐私,要通过加强隐私保护的手段来保护个人隐私,主要手段包括:①将个人信息保护纳入国家战略资源的保护和规划范畴;②加快完善个人隐私保护的相关立法;③加强对个人隐私保护的行政监管,建立对个人隐私保护的测评机制,并推动云服务产品隐私安全相关国家标准的制定;④加强对个人隐私权的技术保护;⑤加强行业自律保护与监督作用等。

我国在2017年6月1日起施行《中华人民共和国网络安全法》,重点解决个人信息保护的痛点问题。

7.3 安全管理

为了保证计算机网络的安全,除了提高网络安全技术之外,必须加强网络安全管理。在网络信息安全保障体系中,要始终贯彻"三分技术,七分管理,运作贯彻始终"的理念,充分体现网络安全管理的重要性。

7.3.1 安全管理的概念

安全管理(Security Management,SM),是以管理对象的安全为任务和目标所进行的各种管理活动。安全管理的对象是整个系统而不是系统中的某个或某些元素。一般说来,系统的所有构成要素都是管理的对象。从系统内部看,安全管理涉及计算机、网络、操作、人事和信息资源;从外部环境看,安全管理涉及法律、道德、文化传统和社会制度等方面的内容。

网络安全管理主要是以技术为基础、配以行政手段的管理活动,从范畴上讲,它要涉及三个方面——用户、资源、授权管理,其中授权管理是核心。

网络安全管理的具体目标大致上可以分为以下三个。

(1) 了解网络和用户的行为。

(2) 可对网络和系统的安全性进行评估。

(3) 确保访问控制策略的实施。

网络安全管理涉及网络安全规划、网络安全管理机构、网络安全管理系统和网络安全教育等多个方面。网络安全管理系统通常可包括系统安全管理、安全服务管理和安全机制管理等三个方面。

(1) 系统安全管理。负责整个网络的安全管理,包括安全策略管理、与其他网络管理功能的交互、与安全服务管理和安全机制管理的交互、事件处理管理、安全审计管理和安全恢复管理等。

(2) 安全服务管理。负责管理某个特定的安全服务,包括判定对该安全服务的使用、协商和选择支持该服务的安全机制、与安全机制管理交互以调用某个安全机制、与其他安全服务管理功能交互等。

(3) 安全机制管理。是指对特定的安全机制的管理,包括密钥管理、数字签名管理、访问控制管理、数据完整性管理、验证机制管理、信息与流填充机制管理、路由控制机制管理、仲裁机制管理等。

7.3.2 安全管理原则

计算机信息系统的安全管理主要基于以下三个原则。

1. 多人负责原则

每项与安全有关的活动都必须由两人或多人负责,以进行相互监督和相互备份。

2. 任期有限原则

出于监督的目的,一般地讲,负责系统安全和系统管理的人员要有一定的轮换制度,以防止由单人长期负责一个系统的安全,而其本人可能对系统做手脚。

3. 职责分离原则

对于涉及敏感数据处理的计算机系统安全管理,以下工作应分开进行。

(1) 系统的操作和系统的开发。

(2) 机密资料的接收和传送。

(3) 安全管理和系统管理。

(4) 系统操作和备份管理。

7.3.3 安全管理的模型

新的安全问题会不断出现,系统的安全需求也在不断变化,因此,安全问题是动态的。所以,安全管理应该是一个不断改进的持续发展过程。图 7-9 就是体现这种持续改进模式的安全管理模型。

安全管理工作应遵循 PDCA 循环模式的 4 个基本步骤,每一次的安全管理活动循环都是在已有的安全管理策略指导下进行的,每次循环都会通过检查环节发现新的问题,然后采取行动予以改进,从而形成了安全管理策略和活动的螺旋式提升。

(1) 制订计划(Plan)。对每个阶段都应制订出具体的安全管理工作计划,明确责任、任务,确定工作进度,形成完整的安全管理工作文件。

(2) 落实执行(Do)。按照具体安全管理计划开展各项工作,包括建立权威的安全机构、落实必要的安全措施、开展全员的安全培训等。

(3) 检查效果(Check)。对上述安全管理的计划与执行工作、构建的信息安全管理体系进行认真的监督检查,并反馈报告具体的检查报告。

(4) 实施改进(Action)。根据检查的结果,对现有信息安全管理策略及方法进行评审、评估和总结,评价现有信息安全管理体系的有效性,采取相应的改进措施。

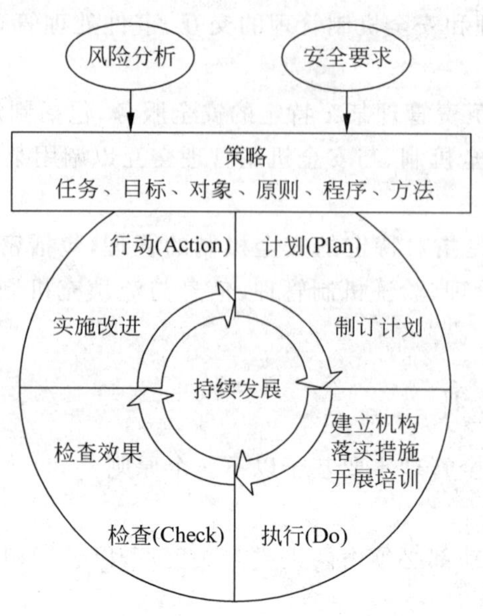

图 7-9　安全管理模型——PDCA 持续改进模式

7.3.4　网络安全管理解决方案

全球计算机网络攻击的规模、范围和集中程度将继续增长，随着恶意软件、蠕虫和其他恶意程序绕过简单的和更传统的网络安全系统，攻击将更有目标性。针对这种趋势，软件服务提供商 Perimeter eSecurity 公司日前提出了网络管理员应该采用的 8 个网络安全解决方案。

1. 实施全面的补丁管理

一些最敏感的数据经常放在非微软系统上，如 Linux、UNIX 或者 Macintosh 系统。因此，要采用全面的补丁管理解决方案，提供网络的全面的可见性并且覆盖所有的操作系统和所有厂商的产品，不要仅限于微软的产品。

2. 实施员工安全培训

通过强制性培训提高员工熟悉安全的程度。每个月通过在线课程进行培训是提醒员工安全是每一个人的责任的好方法。选择能够提供最新课程的培训计划，保证用户了解政策和程序并且向管理层提供报告。

3. 采用基于主机的入侵防御系统

很多威胁现在使用加密、数据包分割、数据包重叠和编码等方法绕过网络入侵检测系统。应考虑使用基于主机的入侵防御系统，因为它能够检测系统查找异常行为、安装应用程序的企图、用户权限升级和其他异常事件。

4. 进行网络、操作系统和应用层测试

大多数机构都进行基本的外部网络和操作系统安全漏洞测试。这种测试能够发现许多暴露给互联网的安全漏洞。在应用程序级别上进行测试是非常重要的，因为这些攻击正在日益流行，如果能够早期发现，就能够减少安全漏洞的大暴露。

5. 应用 URL 过滤

仍然允许员工自由浏览网络的机构应该了解和面对允许这样做的风险。除了潜在的法律和声誉的担心之外，自由的网络浏览为恶意攻击敞开了一个大窗口。更好的替代方法是预先管理允许员工访问的网站，把这些网站限制在安全的范围内，允许访问声誉好的网络出版商的网站。

6. 集中进行台式计算机保护

台式计算机杀毒软件已经成为大多数计算机的一个标准。这是个好消息。然而，如果分别管理这些系统，也许就会有没有保护的系统和暴露安全漏洞。应确保进行集中的管理和报告。

7. 强制执行一个强大的政策管理系统

对于某些机构来说，政策管理意味着强制执行定期改变的复杂口令。对于其他机构来说，政策管理就是让"管理员"在工作站控制限制的访问。还有一些机构认为，政策管理是报告杀毒更新、补丁水平和操作系统服务包水平的一种方法。要执行一个至少包含上述全部内容的强大的政策管理系统。

8. 采用一种信息发送管理解决方案

机构每一天都会泄漏敏感的数据，这通常是员工发送电子邮件的结果。信息发送管理解决方案把敏感的数据限制在内部网络。采取的第一个步骤可能就是电子邮件内部过滤解决方案。这个解决方案允许网络管理员监视通过简单邮件传输协议发送的敏感数据。

7.3.5 网络安全法

《中华人民共和国网络安全法》于2016年11月7日十二届全国人大常委会第二十四次会议表决通过，并于2017年6月1日起施行。

网络安全法明确了网络空间主权的原则；明确了网络产品和服务提供者的安全义务；明确了网络运营者的安全义务；进一步完善了个人信息保护规则；建立了关键信息基础设施安全保护制度；确立了关键信息基础设施重要数据跨境传输的规则。

从专家的角度解读，其中的几个亮点如下。

1. 明确对公民个人信息安全进行保护

网络安全法做出专门规定：网络产品、服务具有收集用户信息功能的，其提供者应当向用户明示并取得同意；网络运营者不得泄漏、篡改、毁损其收集的个人信息；任何个人和组织不得窃取或者以其他非法方式获取个人信息，不得非法出售或者非法向他人提供个人信息，并规定了相应法律责任。

2. 个人信息被冒用有权要求网络运营者删除

网络安全法第四十三条规定：个人发现网络运营者违反法律、行政法规的规定或者双方的约定收集、使用其个人信息的，有权要求网络运营者删除其个人信息。网络运营者应当采取措施予以删除或者更正。

3. 个人和组织有权对危害网络安全的行为进行举报

网络安全法第十四条规定：任何个人和组织有权对危害网络安全的行为向网信、电信、公安等部门举报。收到举报的部门应当及时依法做出处理；不属于本部门职责的，应当及时移送有权处理的部门。

4. 网络运营者应当加强对其用户发布的信息的管理

网络安全法第四十七条规定：网络运营者应当加强对其用户发布的信息的管理，发现法律、行政法规禁止发布或者传输的信息的,应当立即停止传输该信息,采取消除等处置措施,防止信息扩散,保存有关记录,并向有关主管部门报告。

5. 严厉打击网络诈骗

网络安全法针对层出不穷的新型网络诈骗犯罪还规定:任何个人和组织不得设立用于实施诈骗,传授犯罪方法,制作或者销售违禁物品、管制物品等违法犯罪活动的网站、通信群组,不得利用网络发布与实施诈骗,制作或者销售违禁物品、管制物品以及其他违法犯罪活动的信息。

这些规定,不仅对诈骗个人和组织起到震慑作用,更明确了互联网企业不可推卸的责任。

6. 以法律形式明确"网络实名制"

网络安全法以法律的形式对"网络实名制"做出规定:网络运营者为用户办理网络接入、域名注册服务,办理固定电话、移动电话等入网手续,或者为用户提供信息发布、即时通信等服务,应当要求用户提供真实身份信息。用户不提供真实身份信息的,网络运营者不得为其提供相关服务。

7. 重点保护关键信息基础设施

网络安全法专门单列一节,对关键信息基础设施的运行安全进行明确规定,指出国家对公共通信和信息服务、能源、交通、水利、金融、公共服务、电子政务等重要行业和领域的关键信息基础设施实行重点保护。

8. 惩治攻击破坏我国关键信息基础设施的境外组织和个人

网络安全法规定,境外的个人或者组织从事攻击、侵入、干扰、破坏等危害中华人民共和国的关键信息基础设施的活动,造成严重后果的,依法追究法律责任;国务院公安部门和有关部门并可以决定对该个人或者组织采取冻结财产或者其他必要的制裁措施。

9. 重大突发事件可采取"网络通信管制"

网络安全法中,对建立网络安全监测预警与应急处置制度专门列出一章做出规定,明确了发生网络安全事件时,有关部门需要采取的措施。特别规定:因维护国家安全和社会公共秩序,处置重大突发社会安全事件的需要,经国务院决定或者批准,可以在特定区域对网络通信采取限制等临时措施。

10. 未成年人上网的特殊保护

网络安全法第十三条规定:国家支持研究开发有利于未成年人健康成长的网络产品和服务,依法惩治利用网络从事危害未成年人身心健康的活动,为未成年人提供安全、健康的网络环境。

网络安全法有以下几方面的特点。

一是比较全面,具有全面性。网络安全法比较全面和系统地确立了各个主体包括国家有关主管部门、网络运营者、网络使用者在网络安全保护方面的义务和责任。另外,它确立了保障网络的设备设施安全、网络运行安全、网络数据安全,以及网络信息安全等各方面的基本制度。它是我们网络安全领域里基础性的法律。

二是非常有针对性。网络安全法从我们国家的国情出发,坚持问题导向,总结实践经验,也借鉴了其他国家的一些做法,建立保障网络安全的各项制度,重在管用,重在解决实际问题。

三是具有协调性。网络安全法在立法过程中始终坚持安全与发展并重的原则,协调推进网络安全和发展。非常注重保护网络主体的合法权益,保障网络信息依法、有序、自由地流动,促进网络技术创新,最终实现以安全促发展、以发展来保安全这样一个目的。

《网络安全法》是国家行使网络空间管辖权的基本大法。《网络安全法》的实施,既是国家网络治理从量变到质变的里程碑事件,也是依法治国、依法治网的标志性事件,有利于在网络空间和通过网络空间实现国家治理体系和治理能力现代化。

7.4 局域网安全解决方案

局域网是指在小范围内由服务器和多台计算机组成的工作组互联网络。由于通过交换机和服务器连接网内每一台计算机,因此局域网内信息的传输速率比较高,同时局域网采用的技术比较简单,安全措施较少,同样也给病毒传播提供了有效的通道和数据信息的安全埋下了隐患。局域网的网络安全威胁通常由于欺骗性的软件使数据安全性降低、服务器区域没有进行独立防护、计算机病毒及恶意代码的威胁、局域网用户安全意识不强以及 IP 地址冲突等所引起。正是由于局域网内应用上这些独特的特点,造成局域网内的病毒快速传递,数据安全性低,网内计算机相互感染,病毒屡杀不尽,数据经常丢失。

7.4.1 局域网安全方案框架

一个安全的计算机网络应该具有可靠性、可用性、完整性、保密性和真实性等特点。计算机网络不仅要保护计算机网络设备安全和计算机网络系统安全,还要保护数据安全。

安全解决方案的框架主要有如下几个方面的内容。

1. 安全风险概要分析

对当前的安全风险和安全威胁做一个概括和分析,最好能够突出用户所在的行业,并结合其业务的特点、网络环境和应用系统等。同时要有针对性,如政府行业、电力行业、金融行业等,要体现很强的行业特点,使人信服和接受。

2. 实际安全风险分析

实际安全分析一般从以下几方面进行分析。

1) 网络风险和威胁分析

详细分析用户当前的网络结构,找出带来安全问题的关键并使之图形化,指出风险和威胁所带来的危害,对如果不消除这些风险和威胁会引起什么样的效果有一个详细的分析和解决方法。

2) 系统风险和威胁分析

对用户所有的系统都要进行一次详细的评估,分析存在哪些风险和威胁,并根据与业务的关系,指出其中的利害关系。要运用当前流行系统所面临的安全风险和威胁,结合用户的实际系统,给出一个中肯、客观和实际的分析。

3) 应用分析和威胁分析

应用的安全是企业的关键,也是安全方案中最终要保护的对象。同时由于应用的复杂性和关联性,分析时要比较综合。

总之,帮助用户找出其网络中要保护的对象,帮助用户分析网络系统,帮助他们发现其网络系统中存在的问题,以及采用哪些产品和技术来解决。

3. 主要安全技术

常用的安全产品有5种:防火墙、防病毒、身份认证、传输加密和入侵检测。结合用户的网络、系统和应用的实际情况,对安全产品和安全技术做比较和分析,帮助用户选择最能解决他们所遇到的问题的产品,不求新、求好和求大。

(1) 防火墙。对包过滤技术、代理技术和状态检测技术的防火墙,都做一个概括和比较,结合用户网络系统的特点,帮助用户选择一种安全产品,对于选择的产品,一定要从中立的角度来说明。

(2) 防病毒软件。针对用户的系统和应用的特点,对桌面防病毒、服务器防病毒和网关防病毒做一个概括和比较,详细指出用户必须如何做,否则就会带来什么样的安全威胁,一定要中肯、合适,不要夸大和缩小。

(3) 身份认证。从用户的系统和用户的认证情况进行详细的分析,指出网络和应用本身的认证方法会出现哪些风险,结合相关的产品和技术,通过部署这些产品和采用相关的安全技术,能够帮助用户解决哪些应用的传统认证方式所带来的风险和威胁。

(4) 传输加密。要用加密技术来分析,指出明文传输的巨大危害,通过结合相关的加密产品和技术,能够指出用户的现有情况存在哪些危害和风险。

(5) 入侵检测。对入侵检测技术要有一个详细的解释,指出在用户的网络和系统部署了相关的产品之后,对现在的安全情况会产生一个怎样的影响,要有一个详细的分析。结合相关的产品和技术,指出对用户的系统和网络会带来哪些好处,指出为什么必须要这样做,不这样做会怎么样,会带来什么样的后果。

4. 风险评估

风险评估是工具和技术的结合,通过这两个方面的结合,给用户一种很实际的感觉,使用户感到这样做过以后,会对他们的网络产生一个很大的影响。

5. 安全服务

安全服务不是产品化的东西,而是通过技术向用户提供的持久支持。对于不断更新的安全技术、安全风险和安全威胁,安全服务的作用变得越来越重要。

(1) 网络拓扑安全。结合网络的风险和威胁,详细分析用户的网络拓扑结构,根据其特点,指出现在或将来会有哪些安全风险和威胁,并运用相关的产品和技术,来帮助用户消除产生风险和威胁的根源。

(2) 系统安全加固。通过风险评估和人工分析,找出用户的相关系统已经存在或是将来会存在的风险和威胁,并运用相关的产品和技术,来加固用户的系统安全。

(3) 应用安全。结合用户的相关应用程序和后来支撑系统,通过相应的风险评估和人工分析,找出用户和相关应用已经存在或是将来会存在的风险,并运用相关产品和技术,来加固用户的应用安全。

(4) 灾难恢复。结合用户的网络、系统和应用,通过详细的分析、针对可能遇到的灾难,制定出一份详细的恢复方案,把由于突发情况所带来的风险降到最低,并有一个良好的应付方案。

(5) 紧急响应。对于突发的安全事件需要采用相关的处理流程,比如服务器死机、停电等。

(6) 安全规范。制定出一套完善的安全方案，比如IP地址固定、离开计算机时需要锁定等。结合实际分成多套方案，如系统管理员安全规范、网络管理员安全规范、高层领导的安全规范、普通员工的管理规范、设备使用规范和安全环境规范。

(7) 服务体系和培训体系。提供售前和售后服务，并提供安全产品和技术的相关培训。

7.4.2 局域网安全案例

某高校局域网是校园网络，覆盖南区、北区和西区三个校区，网络上运行着各种信息管理系统，保存着大量的重要数据。安全策略越来越成为学校计算机网络的关键因素，特别是随着多协议新业务的发展、电子商务、网上办公、各种中间业务的应用，学校网络不再是一个封闭的网络，极大地扩展了学校的业务，提高了学校的竞争力，但同时也带来网络安全的风险。

为保证校园网的可靠性、可用性、完整性、保密性和真实性，该校园网的安全解决方案设计包括：校园网现状分析、安全风险概要分析、完整网络安全实施方案的设计、实施方案计划、技术支持和服务、项目安全产品、检测验收报告和安全技术培训。

1. 校园网现状分析

校园网总体上分为校园内网和校园外网。校园内网主要包括教学局域网、图书馆局域网、办公自动化局域网等。校园外网主要指学校提供对外服务的服务器群、与CERNET的接入以及远程移动办公用户的接入等。

教学局域网是教学人员利用计算机开展教学和学生通过计算机来学习的网络平台；图书馆局域网实现了图书馆的网络化管理以及图书的网上检索或浏览；办公自动化局域网是教职员工自动化办公的平台，可以在此平台上开展公文管理、会议管理、档案管理以及个人办公管理等。实现包括教学管理、科研管理、学员管理、资产管理、人事管理、党务管理、财务管理、后勤管理等应用，形成院校的综合管理信息系统。

校园外网的服务器群构成了校园网的服务系统，一般包括DNS、Web、FTP、PROXY以及MAIL、认证计费、OA服务等。外部网实现了校园网与CERNET及Internet的基础接入，使院校教职工和学生能使用电子邮件和浏览器等应用方式，在教学、科研和管理工作中利用国内和国际网进行信息交流和共享。

2. 安全风险概要分析

校园网内的用户数量较大，局域网络数目较多，认真分析可以总结出校园网面临着如下的安全风险。

(1) 各种操作系统以及应用系统自身的漏洞带来的安全风险。

(2) Internet用户对校园网存在非法访问或恶意入侵的风险。

(3) 来自校园网内外的各种病毒的风险，外部用户可能通过邮件以及文件传输等将病毒带入校园内网。内部教职工以及学生可能由于使用盗版介质将病毒带入校园内网。

(4) 内部用户对Internet的非法访问风险，如浏览黄色、暴力、反动等网站，以及由于下载文件可能将木马、蠕虫、病毒等程序带入校园内网。

(5) 内外网恶意用户可能利用一些工具对网络及服务器发起DOS/DDOS攻击，导致网络及服务不可用。

(6) 可能会因为校园网内管理人员以及全体师生的安全意识不强、管理制度不健全，带来校园网的风险。

3. 完整网络安全实施方案的设计

近年来,随着学生宿舍、教职工家属等接入校园网后,网络规模急剧增大。同时,校园网络的应用水平也在不断提高。规模的壮大和运用水平的提高就决定了校园网面临的隐患也相应加剧。下面从物理、系统、网络、应用及管理5个层次分析和设计适合于校园网的安全建议方案。图7-10是该校校园网安全方案拓扑图。

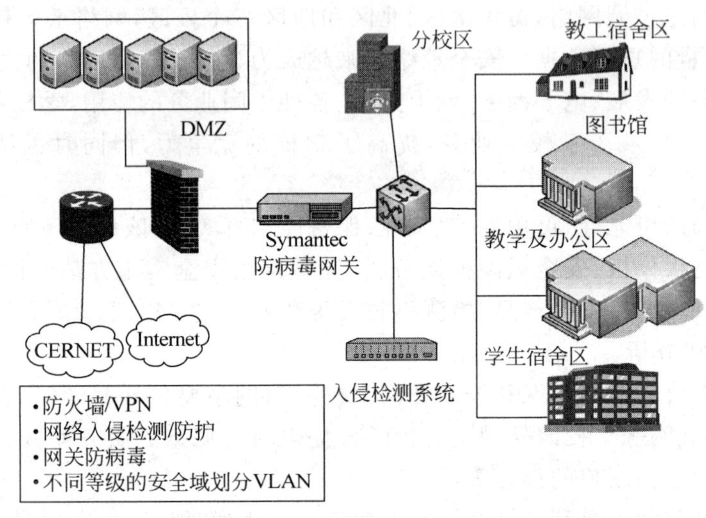

图7-10 校园网安全方案拓扑图

1) 物理层安全

物理安全主要包括三个方面,即:机房建设(机房及布局)、环境安全(门禁等)和物理安全控制(制度、手段等)。物理层的安全主要体现在通信线路的可靠性,软硬件设备安全性,设备的备份,防灾害能力、防干扰能力,设备的运行环境(温度、湿度、烟尘),不间断电源保障等。

为保障网络的正常运行,在物理安全方面应采取的措施如下。

(1) 产品保障方面:产品采购、运输、安装等方面的安全措施。

(2) 运行安全方面:网络系统中的各种设备,必须能够及时得到技术方面的服务,同时对关键的安全设备、重要的数据和系统,应设置备份应急系统。

(3) 防电磁辐射方面:所有重要涉密的设备需要安装防电磁辐射产品,如辐射干扰机。

(4) 保安方面:主要是防火、防盗等,还包括网络系统中所有网络设备、计算机、安全设备的安全防护。

2) 网络结构的安全分析

网络拓扑结构设计也直接影响到网络系统的安全性。假如在外部和内部网络进行通信时,内部网络的机器安全就会受到威胁,同时也影响在同一网络上的许多其他系统。通过网络传播,还会影响到连上Internet/Intranet的其他网络。因此,我们在设计时有必要将公开服务器(Web、DNS、E-mail等)和外网及内部其他业务网络进行必要的隔离,避免网络结构信息外泄;同时还要对外网的服务请求加以过滤,只允许正常通信的数据包到达相应主机,其他的请求服务在到达主机之前就应该遭到拒绝。

校园网中局域网数目较多,根据需要多个网络可能要互相连接。正是这种多网的互联,使我们对网络层的安全要极度重视。定义一个网络或各网络内不同安全等级的部分为不同的安全域。安全域之间的连接处叫网络边界。下面主要讨论以下几方面的网络结构安全防护:

(1) 多网络出口应用。校园网一般会分为办公区和学生宿舍区两个场所。学生宿舍区的网络往往会由于学生乱下载等造成病毒的恶意散播。为了避免学生宿舍区的网络影响到办公区的网络,我们可以采用多个出口,即学生宿舍区一个出口,办公区一个出口。这样双方互不影响,也不会影响对方的网速。

(2) 划分安全子网(VLAN)。如果同一局域网内有不同等级的安全域,可以通过划分子网及 VLAN 的方法加以访问控制。实现方案是将领导、财务及各部门、不同类型的服务器、网络设备和防火墙、公共区域的信息点、无线接入点(AP)等分别划为不同的网段和 VLAN,并在防火墙中设置不同的访问控制权限。领导分在一个单独的网段和 VLAN 内,千兆到桌面,拥有全部资源的访问权力,同时不能被其他用户访问;财务及各部门分别划分在不同的网段和 VLAN 内,百兆到桌面;所有学员及公寓管理部分单独划分网段,并统一进行管理和计费,同时在公寓和校园其他管理部门间设置防火墙;临时员工可以根据需要提供从公网接入到部门应用不同级别的权限,并且可以将公用区域或办公室任意端口按需要划归临时员工使用,临时员工离开后可以将端口恢复低权限设置。

(3) 加强网络边界的访问控制。安全等级差别较大的边界需要采用防火墙来控制。如校园内网、校园外网和 Internet 之间,利用防火墙进行访问控制和内容过滤,可有效地解决需求中提到的多种威胁。防火墙的主要目的是控制数据组,只允许合法流通过。其特征是在网络边界上建立相应的网络通信监控系统——防火墙,来达到保障网络安全的目的。防火墙技术假设被保护网络具有明确的边界和服务,并且假设网络信息的威胁主要来自外部网络而不是内部网络,它通过建立一整套规则和系统策略来检测、限制、更改穿越防火墙的数据流,实现内部网络的保护。采用防火墙安全技术适合于与外部网络相对独立且网络服务类型相对有限的网络系统,而校园网正属此型,故要实现校园网的安全应采用防火墙技术。

本方案在校园局域网中为了保护局域网核心子网区域重要服务器的数据安全,同时为校园广大网络用户提供高速网络连接,在核心子网区域部署一台防火墙,并采用千兆接口双路由的方式连接到局域网核心层,从而实现对核心服务器区域进行保护和对该区域服务器的高速访问。

(4) 防止内外的攻击威胁。在每个安全域内或多个安全域之间安装入侵检测系统(IDS),作为防火墙的有益补充,可有效地防止来自网络内外的攻击。防火墙由于性能的限制通常不能提供实时的入侵检测能力,对于企业内部人员所做的攻击,防火墙更是形同虚设。为了在网络安全的层次和网络安全区域方面进一步加强,应在局域网络中建立一套入侵监测系统。IDS 入侵检测技术是一种主动保护自己免受攻击的网络安全技术。入侵检测技术能够帮助系统对付网络攻击,扩展系统管理员的安全管理能力(包括安全审计、监视、攻击识别和响应),提高信息安全基础结构的完整性。

(5) 定期的网络安全性检测实现持续安全。利用漏洞扫描器(Scanner),定期对系统进行安全性评估,及时发现安全隐患并实施修补,可达到网络的相对持续安全。

(6) 建立网络防病毒系统。在校园网中安装网络版的防毒系统,集中控制、管理查杀网络中服务器、终端的病毒,保护全网不被病毒侵害。

我们在局域网内部署 Symantec 防病毒系统。Symantec 系统具有跨平台的技术及强大功能,系统中心是中央管理控制台。通过该管理控制台集中管理运行 Symantec AntiVirus 企业版的服务器和客户端;可以启动和调度扫描,以及设置实时防护,从而建立并实施病毒防护策略,管理病毒定义文件的更新,控制活动病毒,管理计算机组的病毒防护、查看扫描、病毒检测和事件历史记录等功能。

(7) 建立 VPN 系统。VPN 即虚拟私有网络技术,它的安全功能包括:通道协议、身份验证和数据加密,实际工作时,远程外网客户机向校园网内的 VPN 服务器发出请求,VPN 服务器响应请求并向客户机发出身份质询,客户机将加密的响应信息发送到 VPN 服务端,VPN 服务器根据用户数据库检查该响应,如果账户有效,VPN 服务器将检查该用户是否具有远程访问的权限,如果该用户拥有远程访问的权限,VPN 服务器接受此连接。在身份验证过程中产生的客户机和服务器公有密钥将用来对数据进行加密。简单来说,VPN 可以通过对校园网内的数据进行封包和加密传输,在互联网公网上传输私有数据,达到私有网络的安全级别。

在校园网中,通过 VPN 给校外住户、分校区用户、出差远程办公用户、远程工作者等提供一种直接连接到校园局域网的服务,满足网络安全的要求。VPN 的核心设备选用 Cisco 的 3825 路由器。

3) 系统的安全分析

系统的安全是指整个网络操作系统和网络硬件平台是否可靠且值得信任。网络内使用的操作系统的安全,如 Windows 2003,Windows 2008 等,主要表现在三方面:一是操作系统本身的缺陷带来的不安全因素,主要包括身份认证、访问控制、系统漏洞等;二是对操作系统的安全配置问题;三是病毒对操作系统的威胁。

系统层主要解决的是由于各种操作系统、数据库及相关产品的安全漏洞和病毒造成的威胁。解决的技术手段主要有以下几种。

(1) 采用主机加固手段对主机加固,如升级、打补丁、关闭不需要的端口、安装杀毒软件等。

(2) 采用主机访问控制手段加强对主机的访问控制。

(3) 安装 Linux 或 UNIX 系统作服务器,增加系统安全性能。

4) 应用系统的安全分析

应用系统的安全跟具体的应用有关,它涉及面广。应用系统的安全是动态的、不断变化的。应用的安全性也涉及信息的安全性,它包括很多方面。

(1) 应用系统的安全是动态的、不断变化的。

应用的安全涉及方面很多,以目前 Internet 上应用最为广泛的 E-mail 系统来说,其解决方案有 sendmail、Netscape Messaging Server、Software. Com Post. Office、Lotus Notes、Exchange Server、Sun CIMS 等二十多种。其安全手段涉及 LDAP、DES、RSA 等各种方式。应用系统是不断发展且应用类型是不断增加的。在应用系统的安全性上,主要考虑尽可能建立安全的系统平台,而且通过专业的安全工具不断发现漏洞,修补漏洞,提高系统的安全性。

(2) 应用的安全性涉及信息、数据的安全性。

信息的安全性涉及机密信息泄漏、未经授权的访问、破坏信息完整性、假冒、破坏系统的可用性等。在某些网络系统中,涉及很多机密信息,如果一些重要信息遭到窃取或破坏,它的经济、社会影响和政治影响将是很严重的。因此,对用户使用计算机必须进行身份认证,对于重要信息的通信必须授权,传输必须加密。采用多层次的访问控制与权限控制手段,实现对数据的安全保护;采用加密技术,保证网上传输的信息(包括管理员口令与账户、上传信息等)的机密性与完整性。

本校园网设计中采用的安全措施主要有以下几点。

(1) 各应用系统自身的加固。

(2) 建立身份认证系统(实名制)。

(3) 建立安全审计系统。

(4) 建立备份和恢复系统。

(5) 建立日志访问系统。

5) 管理的安全风险分析

管理是网络安全中最重要的部分。责权不明,安全管理制度不健全及缺乏可操作性等都可能引起管理安全的风险。实现管理层的安全主要应注意以下几点。

(1) 建立安全管理平台。主要是指将各种安全系统或设备集中控管、综合分析。局域网的网络环境比较复杂,含有多种 Cisco 交换设备、华为交换设备、路由设备以及其他一些接入设备,为了能够有效地管理网络,可以采用 BT_NM 网络资源管理系统。

该系统基于 SNMP 管理协议,可以实现跨厂商、跨平台的管理。系统采用物理拓扑的方法来自动生成网络的拓扑图,能够准确和直观地反映网络的实际连接情况,包括设备间的冗余连接、备份连接、均衡负载连接等,对拓扑结构进行层次化管理。

通过网络软件的 IP 地址定位功能可以定位 IP 地址所在交换机的端口,有效解决了 IP 地址盗用、查找病毒主机网络黑客等问题。

通过网络软件还可实现对网络故障的监视、流量检测和管理,使网管人员能够对故障预警,以便及时采取措施,保证了整个网络能够坚持长时间的安全无故障运行。

(2) 建立、健全安全管理体制。网络信息系统安全问题的解决依赖于技术和管理两方面,在采取技术措施保障网络安全的同时,我们还建立健全网络信息系统安全管理体系,将各种安全技术与运行管理机制、人员思想教育与技术培训、安全规章制度建设相结合。

校园网用户较多,一定要建立一套合理可行的安全管理制度。只有制度和设备的完美结合才能真正提高校园网的安全水平。

(3) 提高全员的安全意识。信息安全和网络安全事关师生身心健康,事关教育健康发展,事关国计民生和社会稳定,而人正是网络安全中最薄弱的环节。这个环节的加固是见效最快的,所以必须加强对使用网络的人员的管理,注意管理方式和实现方法,从而加强工作人员的安全培训,增强内部人员的安全防范意识,提高内部管理人员整体素质。同时要加强法制建设,进一步完善关于网络安全的法律,以便更有利地打击不法分了。

建立全新网络安全机制,必须深刻理解网络并能提供直接的解决方案,因此,最可行的做法是制定健全的管理制度和严格管理相结合。保障网络的安全运行,使其成为一个具有良好的安全性、可扩充性和易管理性的信息网络便成为首要任务。一旦上述安全隐患成为事实,所造成的对整个网络的损失都是难以估计的。因此,网络的安全建设是局域网建设过程中重要的一环。

4. 实施方案与技术支持

1) 安全实施方案

安全工程的实施是为信息与网络系统设计实现安全防护体系的最后一个阶段的任务,这个阶段做不好,以前所有的工作(制定安全策略、风险分析与评估、需求分析等)等于徒劳。安全工程的实施也是一个系统化的过程,包含很多领域的内容,如项目管理、项目质量保证等,需要认真、仔细地对待。最关键的一点是要保证安全工程的质量,避免重复建设和垃圾工程。

为了保证安全工程的质量,有三个方面的工作必须得到重视:一是选择一个科学、合适的实施方案作为工程实施的指导;二是选择一个工程能力可靠的施工单位负责工程的建设;三是对工程实施的整个过程进行监理。

2) 技术支持和服务

技术支持主要包括技术支持的内容和技术支持提供的服务。

(1) 技术支持的内容。主要包括安全项目中所包括的产品和技术的服务,如:安装调试项目中所涉及的全部产品和技术;安全产品及技术文档;提供安全产品和技术的最新信息;服务器内免费产品升级等。

(2) 技术支持提供的服务。安全项目完成以后提供的技术支持服务,包括:客户现场24小时技术支持服务;客户技术支持中心热线电话;客户技术支持中心E-mail服务;客户技术支持中心Web服务。

3) 项目安全产品

(1) 安全产品的报价。项目涉及的所有安全产品和服务的具体报价。

(2) 安全产品介绍。项目中涉及的所有安全产品介绍,主要是使用户清楚所选择的具体安全产品种类、功能、性能和特点等。

5. 检测验收报告和安全技术培训

(1) 项目检测报告。项目检测报告通常由一个中立的、具有较高的安全检测评价资格的第三方检测机构,根据初步实施完成的网络安全架构进行安全扫描和检测后给出。该报告将作为网络安全工程项目的检测评价、检查验收和安全管理的重要依据。

(2) 安全技术培训。安全技术培训包括对管理人员的安全培训、安全技术基础培训、安全攻防技术培训、系统安全管理培训和安全产品的培训等。

小　结

网络的安全问题包含网络的系统安全和网络的信息安全两方面的内容。网络安全,泛指网络系统的硬件、软件及其系统中的数据受到保护,不受偶然的或者恶意的原因而遭到破坏、更改、泄漏,系统连续、可靠、正常地运行,网络服务不中断。

网络安全具有保密性、完整性、可用性、可控性和不可否认性5个技术特征,网络安全防范体系包括物理层安全、系统层安全、网络层安全、应用层安全和安全管理5个层次。常见的安全技术评估标准有美国的TCSEC、通用安全评估准则CC、国内安全评估通用准则。

网络安全技术是保证网络安全的重要保障，常见的网络安全技术包括密码与加密技术、防火墙技术、身份认证与访问控制、漏洞扫描技术、上网行为管理技术、入侵检测技术和网络防病毒技术等。安全管理则是网络信息安全保障体系中另外一个重要的方面。

随着云计算、虚拟化技术、物联网技术等网络新技术的不断涌现，对于 Web 安全、云计算安全、物联网安全的研究逐渐进入人们的视野。

局域网的安全解决方案在网络安全威胁无处不在的今天显得尤为重要。一个完整的局域网安全解决方案包括安全风险概要分析、实际安全风险分析、主要安全技术、风险评估、安全服务等多个方面，各种技术和管理的综合运用是保障局域网安全的重要手段。

习题与实践

1. 填空题

(1) 计算机网络安全是一门涉及________、________、________、密码技术、信息安全技术、应用数学、数论和信息论等多种学科的综合性学科。

(2) 网络安全从内容上看，包括________、________、________和安全管理 4 个方面。

(3) TCSEC 可信计算机系统评估标准将计算机系统的安全划分为________、________、________和________ 4 个等级和 7 个级别。

(4) 在加密系统中，原有的信息称为________，由________变为________的过程称为加密，由________还原成________的过程称为解密。

(5) 常用的加密方法有________、________、________和________ 4 种。

(6) 以防火墙的软硬件形式分类，防火墙可分为________防火墙、硬件防火墙以及________防火墙；以防火墙技术分类，防火墙可分为 ________防火墙和 ________防火墙。

(7) 访问控制包括三个要素，即 ________、________和________。访问控制的内容包括________和________三个方面。

(8) 漏洞是指硬件、软件或者________上存在的安全缺陷。入侵者可利用的漏洞大致分为三类，网络传输和协议的漏洞、________的漏洞和________的漏洞。

(9) 计算机病毒最流行的定义是：________。计算机病毒一般具有 ________、________、________和________ 4 个特性。

2. 简答题

(1) 什么是网络安全？网络安全有哪些技术特征？

(2) 常用的加密技术有哪些？各自有什么特点？

(3) 什么是防火墙？一个好的防火墙应具备哪些功能？

(4) 现代计算机及网络系统中常用的身份认证方式有哪些？对每种认证方式请举出一个应用场合。

(5) 入侵检测系统如何分类？请详细介绍一款入侵检测系统，并给出应用网络拓扑图。

(6) 单机环境和网络环境下的网络病毒防治需要注意什么？

(7) 什么是安全管理？安全管理的原则是什么？

(8) Perimeter eSecurity 公司提出的网络管理员应该采用的 8 个网络安全解决方案的

具体内容是什么?

(9) 从TCP/IP的角度实现Web安全需要注意哪些方面?

(10) 云计算面临的主要安全问题有哪些?

(11) 物联网的安全问题主要集中在哪几个方面?

3. 实践

(1) 通过上网查找,介绍一个防火墙产品,并安装一个简单的防火墙和一个代理服务的软件。

(2) 通过进行校园网调查,分析现有校园网的网络安全解决方案,提出改进方案。

(3) 对某企业网络进行社会实践调查,编写一份完整的网络安全解决方案。

第8章 局域网规划与设计

本章学习目标

- 了解系统集成的基本概念，掌握系统集成步骤及其主要内容；
- 理解网络设计原则，掌握自顶向下的网络设计模型；
- 掌握网络规划与设计循环设计流程；
- 掌握需求分析的基本步骤和方法；
- 掌握现有网络分析的步骤与方法；
- 掌握13种常见的网络逻辑设计步骤与方法；
- 掌握物理设计中网络设备选择标准，了解机房、供电系统设计内容；
- 理解网络工程监理的内容和作用，掌握网络工程监理实施步骤；
- 掌握常见网络设计方案书的撰写步骤与方法。

◎案例导入

网络工程毕业的小张刚刚应聘到一家公司。因公司目前网络存在诸多问题，部门经理要求小张在原有网络的基础上进行改进，并要求小张撰写一份网络规划与设计方案。小张问自己：网络规划与设计要遵循什么样的模型？方案格式是什么样的？方案包括哪些内容？怎么描述现有网络？怎么设计满足需求的网络？

本章将通过自顶向下的网络设计模型，遵循需求分析、逻辑设计、物理设计、测试与优化等流程，按照系统集成思想规划与设计一个适合不同需求的局域网。

8.1 局域网设计与系统集成

如何规划、设计、搭建和测试基于TCP/IP技术的计算机网络是网络工程的基本任务。根据网络应用需求的不同，设计实现的网络主要表现在规模、性能、可靠性、安全性、可管理性等方面的不同，因此，以局域网为核心的网络必须能够适应上述需求，并解决好网络设计、实施和维护、监理等一系列技术问题。

一般而言，网络工程是根据用户需求和投资规模，把工程化思想应用到网络设计中，合理选择各种网络设备和软件产品，通过集成设计、应用开发、安装调试等工作，建成具有良好的性能价格比的计算机网络系统的过程，即网络工程就是用系统集成方法建成计算机网络工作的集合。

8.1.1 系统集成概念

系统是“相互作用的多元素的复合体”,具体指实现某一个目标(如局域网)而应用的一组元素(设备、软件、人员、时间)的有机组合,系统具备多元性、相关性、整体性特点。同时,系统本身可作为一个元素单位(如模块、组件或子系统)参与多次组合,这种组合过程可概括为系统集成。

系统集成是一种目前常用的实现复杂系统的工程方法,通过选购大量标准的系统组件并可能自主开发部分关键组件后进行组装,组件间通过标准接口进行通信以实现复杂系统的整体功能,如标准化流水线加工的现代汽车工业。

网络系统集成的特点可以概括如下。

(1) 接口规范。系统集成的实质就是让不同产品、不同设备通过标准的接口实现互连,即系统集成的关键不在于对具体产品设备的研究开发,而是在于理解和解决产品、设备间的接口通信问题。

(2) 关注整体。在进行网络规划与设计之前,必须依据用户需求,从商业目标和技术性能目标方面整体考虑网络系统。

(3) 规范化和高质量化。系统集成作为一项系统工程,必须以科学化、规范化、系统化的管理手段来实现,做到建设任何网络系统都有完备的文档和数据规范,从而高质量地按时完成网络系统建设。

(4) 良好的用户关系。技术、管理和用户关系是系统集成三个至关重要的因素。技术是集成,管理是保障,良好的用户关系是关键。加强与用户的沟通和交流,增进双方的理解与协调,并持之以恒地坚持贯彻整个系统集成过程,从而保持与用户的和谐愉快的合作关系,进而可大大加快工程进展。

同样,系统集成具备以下4个优势。

(1) 系统开发速度快。

(2) 建设质量水平高。

(3) 标准化配置。

(4) 权责分明的解决方案。

不可忽略,人在系统集成中起到关键性的作用。首先人要对系统功能进行分析,通过分析得到系统集成的总体指标;其次,人要将总体指标分解成各个子系统的指标;最后,人要选择合适的技术、产品、设备进行搭建、调整和后期培训等工作。整个网络集成过程的工程质量监理必须通过人来完成。

8.1.2 网络工程的系统集成步骤

设计和实现网络系统遵从一定的网络系统集成模型,模型从系统开始,经历用户需求分析、逻辑网络设计、物理网络设计和测试,并贯彻网络工程监理。即采用自顶向下的网络设计方法,从OSI参考模型上层开始,然后向下直到底层的网络设计方法。它在选择较低层的路由器、交换机和媒体之前,主要研究应用层、会话层和传输层功能。该模型是可以循环反复的,并且是进行网络工程设计的第一步。

技术、管理和用户关系是系统集成三个至关重要的因素,因此,网络工程系统集成步骤应该综合考虑三因素。通常来讲,网络工程系统集成步骤主要包括以下几个方面工作。

(1) 选择系统集成商或设备供应商。

(2) 用户需求分析。

(3) 逻辑网络设计。

(4) 物理网络设计。

(5) 网络安全设计。

(6) 网络设备安装调试和验收。

(7) 网络系统验收。

(8) 用户培训和系统维护。

下面概要给出上述八方面工作的主要内容,详细内容在后继章节中再逐渐展开。

1. 选择系统集成商或设备供应商

建设小型网络,只需要在计算机零销商店购买一些必备的网络设备和用品即可,这时选择适当的网络设备和网络设备供应商至关重要。如果要建设大中型网络系统,就需要选择系统集成商了。用户以招标的方式选择系统集成商,用户对网络系统的意愿应体现在发布的招标文件中。工程招标的流程如下。

(1) 招标方聘请监理部门工作人员,根据需求分析阶段提交的网络系统集成方案,编制网络工程标书。

(2) 做好招标工作的前期准备,编制招标文件。

(3) 发布招标通告或邀请函,负责对有关网络工程问题进行咨询。

(4) 接受投标单位递送的标书。

(5) 对投标单位资格、企业资质等进行审查。审查内容包括:企业注册资金、网络系统集成工程案例、技术人员配置、各种网络代理资格属实情况、各种网络资质证书的属实情况。

(6) 邀请计算机专家、网络专家组成评标委员会。

(7) 开标,公开招标各方资料,准备评标。

(8) 评标,邀请具有评标资质的专家参与评标,对参评方各项条件公平打分,选择得分最高的系统集成商。

(9) 中标,公告中标方,并与中标方签订正式工程合同。

系统集成商的公司资质、公司业绩、技术实力、公关能力和谈判技巧等综合表现是能否中标的关键。

2. 用户需求分析

用户需求分析是指确定网络系统要支持的业务、要完成的功能、要达到的性能等。通常来讲,网络设计者应从以下三个方面进行用户需求分析:网络的应用目标、网络的应用约束和网络的通信特征。

3. 逻辑网络设计

在逻辑网络设计中,重点是指网络系统如何部署和网络拓扑等细节设计上。主要工作包括网络拓扑设计、网络分层设计、IP 地址规划、路由和交换协议选择、网络管理和安全等。

4. 物理网络设计

物理网络设计主要任务包括网络环境设计和网络设备选型。其中,网络环境设备主要是指结构化布线系统设计、网络机房设计和供电系统设计等方面；网络设备选型主要是指园区网设备选型和企业网设备选型。

5. 网络安全设计

网络安全是网络系统集成系统中必须面对的重要问题,涉及资源、设备、数据等资产。设计上,首先界定要保护的资源；其次制定安全策略,采购安全产品；最后,设计适合需要的网络设计方案。

6. 网络设备安装调试和验收

网络设备在正式交付使用之前,必须在仿真环境上经过测试。常见的网络测试包括网络协议测试、布线系统测试、网络设备测试、网络系统应用测试、安全测试等多个方面。

7. 网络系统验收

网络系统验收是用户方正式认可系统集成商完成的网络工程阶段。这一阶段是确认工程项目是否达到设计要求。验收分为现场验收和文档验收。现场验收需要检验环境是否符合要求；文档验收需要检验开发文档、管理文档和用户文档是否完备。

8. 用户培训和系统维护

网络一旦交工,后期维护是非常重要且烦琐的一件事情。系统集成商或设备供应商必须为用户提供必要的培训,培训对象可以是网管人员、一般用户等。培训可分为现场培训和指定地点培训,同时还涉及以合同方式提供产品、设备售后服务和免费技术支持等。

8.2 局域网设计的原则与模型

局域网设计原则主要表现在要满足一定的技术指标和性能指标,并遵从自顶向下的网络设计方法。

8.2.1 局域网设计原则

1. 标准性和开放性原则

标准性原则表现在选用的设备、软件和通信协议符合国际标准或工业标准。使其网络硬件环境、软件环境、通信环境、操作平台与高层应用系统之间的相互依赖性减至最小,便于发挥各自的优势。通过采用结构化、模块化、标准化的设计形式,满足系统及用户各种不同的需求,适应不断变革中的要求。以满足系统与功能为目标,保证总体方案的设计合理,满足用户的需求,同时便于系统使用过程中的维护,以及今后系统的二次开发与移植。

开放性原则体现在以下几个方面。

(1) 能适应计算机硬、软件技术的迅速发展。

(2) 硬件上简便的重新组合能够支撑新环境要求和适应新技术的发展。

(3) 底层应用系统支撑软件的版本升级对高层应用系统的影响应局限在可控制的范围内或无影响。

(4) 能适应管理体制和组织结构的变化。

(5) 能采用 VLAN 技术划分网络。

(6) 在尽量少变动或不变动硬件体系结构的同时,能适应管理体制和组织结构的变化。

(7) 应用系统能适应用户发展的新要求,易于修改和扩展新功能。

2. 可扩展性原则

在达到总设计目标的前提下，争取高的性能价格比。网络应有良好的可扩充性，随着网络技术的不断发展和增加新的任务、扩充新的能力，系统应能方便升级且能最大限度地保护现有的投资。系统要有可扩展性和可升级性，随着用户单位发展、业务的增长和应用水平的提高，网络中的数据和信息流将按指数级增长，需要网络有很好的可扩展性，并能随着技术的发展不断升级。设备应选用符合国际标准的系统和产品，以保证系统具有较长的生命力和扩展能力，满足将来系统升级的要求。

3. 先进性与实用兼顾原则

采用的技术应是业界先进的，选用的设备和软件应是国内外著名厂商的主流、先进的产品，但又不盲目追求高、洋、全；适应投资能力，既先进又实用；能满足性能要求，易于操作、管理和维护，易于学习、掌握和应用；人机界面友好，应用环境良好；系统建设应该在先进性的指导下始终贯彻面向应用，注重实效的方针，坚持实用、经济的原则。

4. 安全与可靠原则

采用最新的各种容错技术，使网络系统有较高的可靠性；系统对各级网络有监测和管理能力；采用划分 VLAN、子网隔离、防火墙等安全控制措施；主设备能进行在线修复、更换和扩充；主设备专线 UPS 供电；楼内供电线路有良好的地线；网络通信线路在楼外一律采用光缆；电力线路应有防雷电措施等。

同时网络必须是可靠的，包括网络物理级的可靠性，如服务器、风扇、电源、线路等；以及网络逻辑的可靠性，如路由、交换的汇聚，链路冗余，负载均衡，QoS 等。由于大学中 IPv6、流媒体、视频点播、VoIP 等视频和语音项目经常走在社会前列，因此网络必须具有足够高的性能，满足业务的需要。

5. 可维护性原则

由于校园骨干网络系统规模庞大，应用丰富而复杂，需要网络系统具有良好的可管理性，网管系统具有监测、故障诊断、故障隔离、过滤设置等功能，以便于系统的管理和维护。同时应尽可能选取集成度高、模块可通用的产品，以便于管理和维护。

8.2.2 局域网设计模型

设计一个满足特定业务需求的网络时，必须遵守一定的处理过程和设计模型。一个好的模型不仅不会成为干扰实际建网工作的负担，而且会使设计者的工作更加简单、高效、令人满意。

局域网设计中采用自顶向下的网络设计过程。该过程是一种从 OSI 参考模型上层开始，然后向下直到底层的网络设计方法，如图 8-1 所示。它在选择较低层的路由器、交换机和媒体之前，主要研究应用层、会话层和传输层功能。

自顶向下的网络设计过程特点主要表现如下。

(1) 不要一开始就使用专用网络设计软件(如 OPNET 等)。

(2) 首先分析网络工程项目商业和技术目标。

(3) 了解园区和企业网络结构找出网络服务对象及其所处位置。

(4) 确定网络上将要运行的应用程序及其在网络上的行为。

(5) 重点先放在 OSI 参考模型第 7 层及其以上。

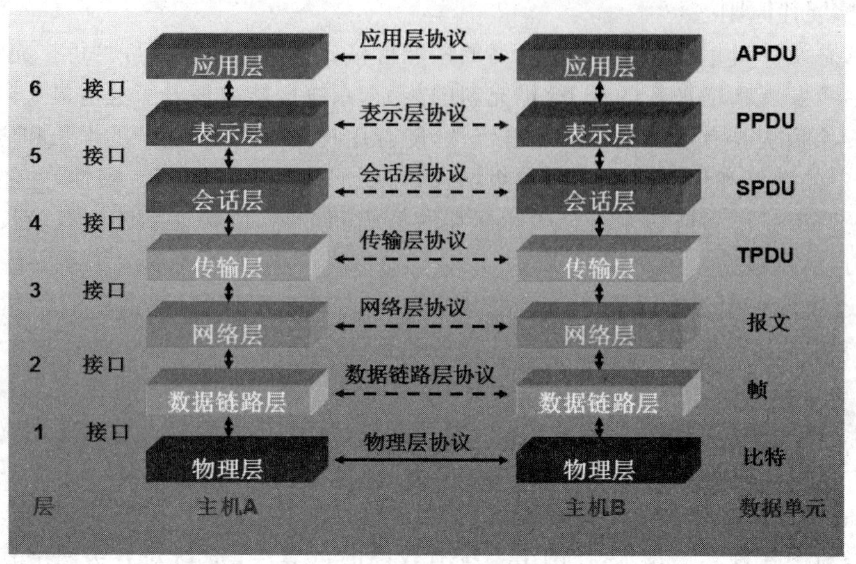

图 8-1 OSI 参考模型

开发一个新系统或修改一个现有系统的过程及其继续存在的一段时期,称为系统开发生命周期。没有哪个生命周期能够完美地描述所有开发项目,系统开发生命周期主要表现为流程周期、循环周期。系统用户的反馈会引起系统的再一次修改、重建、测试和完善。本章中网络设计模型主要分为 4 个阶段,并以周而复始的方式执行。

(1) 需求分析。这个阶段主要包括商业目标分析、技术目标分析、现有网络特征描述、网络通信量分析。

(2) 逻辑设计。这个阶段主要包括网络逻辑拓扑设计、网络结构、网络层地址、命名模型设计、交换和路由协议选择、网络安全规划设计和网络管理设计。

(3) 物理设计。主要是指如何选择园区、企业网络逻辑设计的具体技术和产品。

(4) 测试、优化和文档编写。涉及网络设计测试、网络设计优化和网络设计文档编写。

Cisco 提倡一种称为规划、设计、操作、优化(PDIOO)的网络生命周期,主要包括以下几个步骤。

(1) 规划。包括网络需求分析、网络安装地点现场分析和对需要网络服务的用户认证。

(2) 设计。依据规划收集到的需求,完成逻辑和物理设计。

(3) 实施。依据设计说明构建,是对设计的一种验证。

(4) 运行。这是对设计效果的测试,性能问题和其他任何错误在这个阶段收集后交给优化解决。

(5) 优化。如果由于设计错误出现太多的问题,或者当实际使用中网络性能下降或网络能力无法满足时,优化阶段可能会导致网络的重新设计。

(6) 淘汰。当网络或者网络的一部分过时了,则它可能被淘汰。

同时,在具体的实现中,如在设计大中型网络时,为了分解设计目标,可以应用如下设计模型。

(1) 层次模型。就是将复杂的网络设计分成几个层次,每一层着重于某些特定的功能并部署对应的设备。通常大中型网络采用三层结构,分别为核心层、汇聚层和接入层。

(2) 流量模型。网络的最终目的是应用,应用的特点表现为流量。通常流量模型遵从80/20原则或20/80原则。

(3) 冗余模型。为了网络的可靠性和可用性,可以采用介质冗余、链路冗余、服务器冗余和交换机、路由器冗余。

(4) 安全模型。分为内部网络和外部网络安全两种。

总之,各种模型都是为了更好地设计网络。在实际操作中,可以依据用户需求和实际情况,组合上述模型对网络进行设计。本文采用自顶向下开发模型对局域网进行设计,即沿着需求分析、逻辑设计、物理设计、测试和优化等主线详细阐述局域网的设计过程,如图8-2所示。

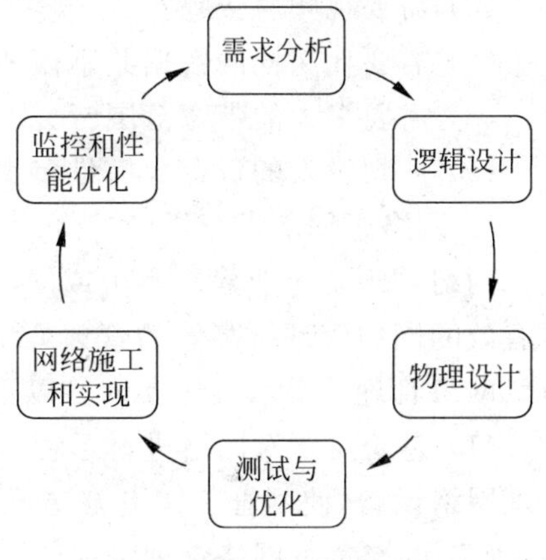

图8-2 网络的循环设计图

8.3 需求分析

需求分析从字面上的意思来理解就是找出"需"和"求"的关系,从当前业务中找出最需要重视的方面,从已经运行的网络中找出最需要改进的地方,满足客户提出的各种合理要求,依据客户要求修改已经成形的方案。同时,搞清楚网络应用目标,理解网络应用约束,掌握网络分析的技术指标,采用适当的分析网络流量的方法,也是网络需求分析中非常重要的内容。

8.3.1 需求分析的类型

1. 应用背景分析

应用背景需求分析概括了当前网络应用的技术背景,介绍了行业应用的方向和技术趋势,说明本企业网络信息化的必然性。应用背景需求分析要回答一些为什么要实施网络集成的问题。

(1) 国外同行业的信息化程度以及取得哪些成效?

(2) 国内同行业的信息化趋势如何?

(3) 本企业信息化的目的是什么?

(4) 本企业拟采用的信息化步骤如何?

2. 业务需求分析

目标是明确企业的业务类型,应用系统软件种类,以及它们对网络功能指标(如带宽、服务质量QoS)的要求。业务需求是企业建网中首要的环节,是进行网络规划与设计的基本依据。通过业务需求分析为以下方面提供决策依据。

(1) 需实现或改进的企业网络功能有哪些?

(2) 需要集成的企业应用有哪些?

(3) 需要电子邮件服务吗?

(4) 需要Web服务吗?

(5) 需要上网吗？带宽是多少？

(6) 需要视频服务吗？

(7) 需要什么样的数据共享模式？

(8) 需要多大的带宽范围？

(9) 计划投入的资金规模是多少？

3. 网络管理需求分析

网络管理是企业建网不可或缺的方面，网络是否按照设计目标提供稳定的服务主要依靠有效的网络管理。高效的管理策略能提高网络的运营效率，建网之初就应该重视这些策略。网络管理的需求分析要回答以下类似的问题。

(1) 是否需要对网络进行远程管理。远程管理可以帮助网络管理员利用远程控制软件管理网络设备，使网管工作更方便，更高效。

(2) 谁来负责网络管理？

(3) 需要哪些管理功能？如需不需要计费，是否要为网络建立域，选择什么样的域模式等。

(4) 选择哪个供应商的网管软件？是否有详细的评估？

(5) 选择哪个供应商的网络设备？其可管理性如何？

(6) 需不需要跟踪和分析处理网络运行信息？

(7) 将网管控制台配置在何处？

(8) 是否采用了易于管理的设备和布线方式？

4. 网络安全需求分析

企业安全性需求分析要明确以下几点。

(1) 企业的敏感性数据的安全级别及其分布情况。

(2) 网络用户的安全级别及其权限。

(3) 可能存在的安全漏洞，这些漏洞对本系统的影响程度如何。

(4) 网络设备的安全功能要求。

(5) 网络系统软件的安全评估。

(6) 应用系统安全要求。

(7) 采用什么样的杀毒软件。

(8) 采用什么样的防火墙技术方案。

(9) 安全软件系统的评估。

(10) 网络遵循的安全规范和达到的安全级别。

5. 通信量需求分析

通信量需求是从网络应用出发，对当前技术条件下可以提供的网络带宽做出评估。如表8-1所示为常用应用对流量的需求。通信量分析通常需要考虑以下几个问题。

(1) 未来有没有对高带宽服务的要求？

(2) 需不需要宽带接入方式？本地能够提供的宽带接入方式有哪些？

(3) 哪些用户经常对网络访问有特殊的要求？如行政人员经常要访问OA服务器，销售人员经常要访问ERP数据库等。

(4) 哪些用户需要经常访问Internet？如客户服务人员经常要收发E-mail。

表 8-1　常用应用程序所需基本带宽

应用类型	基本带宽需求	备　注
PC 连接	14.4～56Kb/s	远程连接,FTP、HTTP、E-mail
文件服务	100Kb/s 以上	局域网内文件共享,C/S 应用,B/S 应用,在线游戏等绝大部分纯文本应用
压缩视频	256Kb/s 以上	MP3、RM 等流媒体传输
非压缩视频	2Mb/s 以上	VoD 视频点播、视频会议等

(5) 哪些服务器有较大的连接数?

(6) 哪些网络设备能提供合适的带宽且性价比较高?

(7) 需要使用什么样的传输介质?

(8) 服务器和网络应用能够支持负载均衡吗?

6. 网络扩展性需求分析

网络的扩展性有两层含义,其一是指新的部门能够简单地接入现有网络;其二是指新的应用能够无缝地在现有网络上运行。扩展性分析要明确以下指标。

(1) 企业需求的新增长点有哪些?

(2) 已有的网络设备和计算机资源有哪些?

(3) 哪些设备需要淘汰,哪些设备还可以保留?

(4) 网络节点和布线的预留比率是多少?

(5) 哪些设备便于网络扩展?

(6) 主机设备的升级性能?

(7) 操作系统平台的升级性能?

7. 网络环境需求分析

网络环境需求是对企业的地理环境和人文布局进行实地勘察以确定网络规模、地理分划,以便在拓扑结构设计和结构化综合布线设计中做出决策。网络环境需求分析需要明确下列指标。

(1) 园区内的建筑群位置。

(2) 建筑物内的弱电井位置、配电房位置等。

(3) 各部分办公区的分布情况。

(4) 各工作区内的信息点数目和布线规模。

8.3.2　如何获得需求

获取网络规划与设计需求通常有以下 4 种方式。

(1) 实地考察。实地考察是工程设计人员获得第一手资料采用的最直接的方法,也是必需的步骤。

(2) 用户访谈。用户访谈要求工程设计人员与招标单位的负责人通过面谈、电话交谈、电子邮件等通信方式以一问一答的形式获得需求信息。

(3) 问卷调查。问卷调查通常对数量较多的最终用户提出,询问其对将要建设的网络应用的要求。问卷调查的方式可以分为无记名问卷调查和记名问卷调查。

(4) 向同行咨询。将获得的需求分析中不涉及商业机密的部分发布到专门讨论网络相关技术的论坛或新闻组中,请同行给你参考已制定设计说明书,这时候,你会发现热心于此方案的人们通常会给出许多中肯的建议。

通过各种途径获取的需求信息通常是零散的、无序的,而且并非所有需求信息都是必要的或当前可以实现的,只有对当前系统总体设计有帮助的需求信息才应该保留下来,其他的仅作为参考或以后升级使用。接下来就需要将需求信息用规范的语言表述出来和制作出需求信息列表。其中,需求信息也可以用图表来表示。图表带有一定的分析功能,常用的有柱图、直方图、折线图和饼图。如图 8-3 所示的是中国网民 2015—2016 年所使用的各类互联网 TOP10 应用图。

	2016年		2015年		
应用	用户规模/万	网民使用率	用户规模/万	网民使用率	全年增长率
即时通信	66628	91.1%	62408	90.7%	6.8%
搜索引擎	60238	82.4%	56623	82.3%	6.4%
网络新闻	61390	84.0%	56440	82.0%	8.8%
网络视频	54455	74.5%	50391	73.2%	8.1%
网络音乐	50313	68.8%	50137	72.8%	0.4%
网上支付	47450	64.9%	41618	60.5%	14.0%
网络购物	46670	63.8%	41325	60.0%	12.9%
网络游戏	41704	57.0%	39148	56.9%	6.5%
网上银行	36552	50.0%	33639	48.9%	8.7%
网络文学	33319	45.6%	29674	43.1%	12.3%

图 8-3 中国网民 2015—2016 年所使用的各类互联网 TOP10 应用图

8.3.3 网络商业目标分析和约束

了解客户的商业目标及其约束是网络设计中一个非常关键的方面,只有对客户的商业目标进行透彻分析,才能提出得到客户认可的网络设计方案。客户的商业目标又称为网络设计目标。

常见的网络设计目标包括:增加收入和利润、提高市场占有份额、拓展新的市场空间、提高在同一市场内同其他公司竞争的能力、降低费用、提高员工生产力、缩短产品开发周期、使用即时生产方法、制定解决配件短缺的计划、为新客户提供服务、支持移动性、为客户提供更好的支持、为关键要素开放网络、建立达到新水平的良好的信息网和关系网以作为网络组织化模型的基础、避免网络安全问题引发商业中断、避免自然或人为灾害引发商业中断、对过时技术进行更新改造、降低电信和网络费用并在操作上进行简化等。

进行网络目标分析的步骤包括:首先,从企业高层管理者开始收集业务需求;其次,收集用户群体需求;最后,收集为支持用户应用所需要的网络需求。

在同客户见面之前,最好先调查客户所从事的基本业务信息,如了解客户所属的行业和客户的市场、供应商、产品、服务、竞争优势和财务状况。在同客户见面时,首先进行有关网络工程项目目标的简要叙述,如:主要解决的问题、新网络怎样帮助客户在商业上取得更大的成功、网络工程项目成功的条件和如果网络设计项目失败或没有按照规范施工，将会导致什么后果。其次，了解客户是否有技术上的偏见，例如，是否只使用某一公司的产品、是否避免使用某种技术、是否数据人员与语音人员有偏见等。接着，获取有关公司的组织机构图，如显示公司总的组织机构、涉及哪些用户、网络的范围、具体的地理位置如何。最后，获取有关安全策略，如：安全策略如何影响新的网络设计的、新的网络设计是如何影响安全策略的、安全策略是否过严以至于设计者不能工作、对执行安全策略的网络资源进行分类等。

用户比较关注网络设计中是否满足用户网络应用，因此需要了解用户的现有应用及其新增的应用。通过详细信息收集如下信息：应用程序、用户团体、数据存储、网络协议、现有网络的逻辑和物理体系结构、当前网络性能等，并在用户帮助下，填写表 8-2。

表 8-2　网络应用表

应用名称	应用类型	是否为新应用	重要性	备注

表中“应用名称”填入用户提供的名称、规范的应用名称或者用户自己明白的应用名称。“应用类型”是按照标准网络应用对应用进行的归类。“重要性”可选择填入非常重要、较重要和不重要。“备注”填写与网络设计有关的内容。如表 8-3 所示为某高校网络应用表。

表 8-3　某高校网络应用表

应用名称	应用类型	新应用	重要性	备注
电子邮件	电子邮件	否	非常重要	教职工间传输数据
FTP	文件共享	否	较重要	对内提供教学资料
…	…	…	…	…
无线上网	无线接入	是	重要	移动便捷

在商业目标分析和判断用户给出新的网络应用需求时，网络约束对网络设计影响很大。常见的网络约束主要有政策约束、预算约束、时间约束、技术约束、人员约束。

8.3.4　网络技术目标分析

在分析网络设计技术要求时，应当列出用户能够接受的网络性能标准，如延迟、效率、吞吐量、响应时间等。这些技术指标和性能指标可为后期网络升级或更新提供一种比较依据，这种依据就是性能基线(baseline)。

常见的网络技术目标主要包括可扩展性、可用性、网络性能、安全性、可管理性、易用性、适应性和可付性。下面分别给出每一个技术目标的相关内容。

1. 可扩展性

可扩展性指的是网络设计应该支持多大程度的网络扩展。网络分层设计易于扩展，平面式网络设计可扩展性差。如下问题属于可扩展性技术目标范畴：在以后的一年里能增加多少站点？在以后的两年里情况如何？每一个新站点的网络范围有多大？在未来的一年中将有多少新的用户访问公司的互联网？未来的两年情况如何？在未来的一年里将会在互联网中增加多少台服务器？未来的两年情况如何？

2. 可用性

可用性可以用每年、每月、每天或者每小时内正常工作的时间占该时期总时间的百分率来表示。例如：24/7运转、在168小时一周内网络可用165小时、可用性为98.21%等。不同的应用程序可能需要不同的可用性级别，关键设备或部门、企业可能需要99.999%(即"5个9")可用性目标。

衡量可用性通常采用失败的平均时间(MTBF)和修复的平均时间(MTTR)来定义。公式如下：

$$\text{可用性} = \text{MTBF}/(\text{MTBF} + \text{MTTR})$$

【实例8-1】 如网络每4000小时(166天)失效不能多于一次，并且要在一个小时内修复，则该网络的可用性＝4000/4001 ＝ 99.98%。

影响可用性的因素主要有可靠性、用户流量的容量、网络冗余、网络弹性(指网络可以承受的压力)等。

3. 网络性能

网络性能也是技术目标的一种，是用户使用网络过程中最关注的一个技术指标。通常网络性能包括带宽、吞吐量、带宽利用率、提供负荷、准确性、效率、延迟和延迟变化、响应时间等，详见8.3.5节。

4. 安全性

安全目标是实现安全的费用不超过从安全事故中恢复所需的费用。安全性分析首先要获取需要保护的资产，其次制定详细的安全规划，如确定网络资产、包括价值和期望费用以及因安全丢失后的问题、安全风险分析等。在局域网设计中，需要保护的资产包括硬件、软件、应用、数据、知识产权、商业机密和公司信誉等。

5. 可管理性

通过管理工具，可以帮助组织取得可用性、性能和安全目标，帮助机构测量网络设计是否满足目标，不满足时则可以通过调整网络参数来实现。借助简单网络管理协议SNMP可以很轻松地实现网络的可管理性。

6. 易用性

易用性是指网络用户访问网络和服务的难易程度。主要工作是为了使网络用户的工作更容易进行。通过用户培训，可以改善用户访问网络和服务的难易程度；严格的安全或访问控制则会负面影响易用性。

7. 适应性

适应性是指适应技术上的变化和更新。灵活的网络设计能适应变化的通信模式和服务质量(QoS)需求。同时，尽量排除会使未来新技术的使用变得困难的任何因素。

8. 可付性

可付性是指可以承担得起的网络设计应在给定的财务成本下承载最大的流量。局域网和园区网设计中可付性尤其重要，而企业网则表现在可用性方面。在以流量为计费标准的局域网中，接入网电路每月重复的花费是造成运行大型网络成本很高的一个主要原因，因此可以选用适当的技术加以降低。例如，使用静态默认路由、采用支持数据压缩的封装协议提高数据传输效率、动态分配广域网带宽等技术解决。

在网络实际设计中，需要折中考虑才能达到目标。为了帮助集成商分析折中方案，需要客户确定一个最主要的网络设计目标。这些目标可以是商业目标，也可以是技术目标。除此之外，还必须要求客户区分剩余目标的优先顺序，区分优先顺序将有利于完成网络设计折中方案。如表 8-4 所示是一个折中方案，要求客户将他们想花费在可扩展性、可用性、网络性能、安全性、可管理性、易用性、适应性、可付性等方面的成本比例做出选择。

表 8-4 网络技术目标所占比例表

技术指标	所占比例	技术指标	所占比例
可扩展性	20%	可管理性	5%
可用性	25%	易用性	10%
网络性能	15%	适应性	5%
安全性	5%	可付性	15%

折中方案比描述起来要复杂得多，因为一个技术目标需要其他技术目标的支持或存在关联。通常来讲，校园网可付性比可用性重要，企业网可用性比可付性重要。

8.3.5 网络性能分析

网络性能是技术目标的一种，是客户使用网络过程中最关注的一个技术指标。通常网络性能包括带宽、吞吐量、带宽利用率、提供负荷、准确性、效率、延迟和延迟变化、响应时间等。

1. 带宽

对于网络链路，带宽(bandwidth)用来衡量单位时间内传输比特的能力，通常用 bps 表示，分为物理带宽和逻辑带宽。为了能够正常工作，不同类型的应用需要不同的带宽，一些典型应用的带宽如下。

(1) PC 通信：14.4～56kbps。

(2) 数字音频：1～2Mbps。

(3) 压缩视频：2～10Mbps。

(4) 文档备份：10～100Mbps。

(5) 非压缩视频：1～2Gbps。

(6) 网络设备串口默认带宽为 T1(1.544Mbps)美国标准，欧洲标准为 E1(2.048Mbps)。

2. 吞吐量

吞吐量是指单位时间内无差错地传输数据的能力，通常以 bps，Bps 或分组/秒(pps)度量。与吞吐量相关的参数通常是通道容量和网络负载。吞吐量和有效吞吐量是两个概念，前者是指字节/秒，而不管用户数据字节或分组头部字节；后者是指应用层用户字节的吞吐率，有时又称“有效吞吐率”，即每个分组头部浪费掉的带宽不包括在内。有效吞吐量越高，响应时间越快。影响吞吐量的因素主要包括：分组的大小、分组之间的间隙、转发分组设备的速率、客户端速度(CPU，内存和硬盘访问速度)、服务器速度(CPU，内存和硬盘访问速度)、网络设计、协议、距离、错误率、具体访问时间等。

3. 效率

通常指发送一定数量的数据需要多少开销。从有效吞吐量角度来看，帧越大，效率越高;帧越小,效率越低。但是,如果出现帧的丢失或者重传,则效率明显降低。

4. 响应时间

响应时间是指请求和响应之间的时间。通常响应时间不仅与网络相关,同时还与应用程序及其所运行的设备相关。大多数用户期望在100～200ms内在显示器上看到有关内容,即客户默认可以接受的响应时间。影响响应时间的常见因素包括轮询延迟(如令牌网)、连接延迟、CPU延迟、网卡延迟、物理介质传播延迟。

5. 延迟

延迟是指一个帧准备从一个节点传送,并传送到网络里其他节点所花的时间。引起延迟的原因主要包括:传播延迟(信号在电缆或光纤中的传播速度仅为真空中传播速度的2/3)、发送延迟(又称串行延迟,即将数字数据放到传输线上需要的时间,例如,在1.544Mbps T1线上输送1024B需要5ms)、分组交换延迟、排队延迟和重传延迟。解决延迟常见的方法为增加带宽和选择高级队列算法。

6. 抖动

抖动即平均延迟时间变化量,又称为延迟变化。在网络设计中,语音、视频和音频应用是不允许发生抖动的。如果客户提不出具体要求,则延迟变化量应该小于延迟的1%或2%,即如果平均延迟为200ms的分组,则抖动不应高于2～4ms。减少抖动的方法就是为语音、视频和音频提供较大的缓存。

7. 丢包率

丢包率是指在一定的时段内在两点间传输中丢失分组与总的发送分组的比率。根本原因在于网络对分组的传输是按"尽力而为"方式进行,直接原因是存储分组队列空间和网络链路带宽。无拥塞时,路径丢包率为0,轻度拥塞时丢包率为1%～4%,严重拥塞时丢包率为5%～15%。对用户来讲,丢包率高的网络通常使应用不能正常工作。

8. 利用率

利用率反映指定设备在使用时所发挥的最大能力。在网络设计中通常考虑两种类型的利用率:CPU利用率和链路利用率。

8.3.6 网络通信流量分析

在实现的网络设计中,应当适当考虑网络流量的特点、分析网络通信流量特征并估算应用的通信负载。

1. 网络流量特点

发现互联网基本行为和特性的一些规律,有助于我们全面细致地进行网络设计。网络流量主要规律和特征如下。

(1) 互联网流量一直在变化。

(2) 聚合的网络流量是多分型的。

(3) 网络流量表现时间局部性和空间局部性。

(4) 分组流量是非均匀分布的。

(5) 分组长队是双峰分布,具有"长而尖"的分布特性。

(6) 分组到达过程是突发性的。

(7) 会话到达过程遵循泊松分布。

(8) 多数 TCP 会话是简短的。

(9) 通信流量是双向的但通常不对称。

(10) 互联网流量的主体是 TCP。

2. 分析网络通信流量特征

分析网络通信流量特征的步骤包括以下几部分。

(1) 绘制网络拓扑结构图,确定子网边界,把网络分成几个易关联的域。

(2) 确定域内现有和未来的设备。

(3) 分析网络通信流量特征,确定流量基线。

确定流量边界,主要是搞清楚现有应用和新应用的用户组和数据存储方式。为描述用户组,需要填写用户组表格,如表 8-5 所示。其中,"位置"栏用于说明用户组在网络结构图上的位置。在"所使用的应用程序"栏中记录的是应用程序的名称。如表 8-6 所示为某一校园网的用户组表。

表 8-5 用户表

名　称	用户数量	位　置	所使用的应用程序

表 8-6 某一校园网的用户组表

用户名称	用户数量	位　置	团体应用
学生宿舍	1300	1 号楼	网页浏览,文件下载,认证计费
基础实验楼	300	基础实验楼	网页浏览,文件下载
⋮	⋮	⋮	⋮
图书馆	100	图书馆	网页浏览,文件下载,数据库

为了描述数据存储方式,需要填写数据存储方式表,如表 8-7 所示。"存储类型"可以是服务器、服务器群、主机、磁带备份单元等能够存储大量数据的互联网设备或组件。如表 8-8 所示为某一校园网的数据存储方式表。

表 8-7 数据存储方式表

存储类型	位　置	应用程序	使用的用户组

表 8-8 某一校园网的数据存储方式表

数据存储类型	位　置	应用程序	用户组
Web 服务器	网络中心	WWW	所有
E-mail 服务器	网络中心	电子邮件	所有
⋮	⋮	⋮	⋮
FTP 服务器	网络中心	文件下载	所有

根据数据流量边界,很容易辨别逻辑网络边界和物理网络边界,进而找到易于进行管理的域。所谓逻辑网络边界,是指使用一个或一组特定应用程序的用户组群来区分,可根据VLAN确定的工作组来区分。物理网络边界更为直观,可通过物理链路的连接来确定一个物理工作组。

分析网络通信流量需要刻画流量的源点和目的点,利用测量系统或软件如Fluke协议分析仪等设备获取相关参数,并填写表8-9。

表8-9 网段通信流量估算表

	目的地1		目的地2		…		目的地 n	
	Mb/s	路径	Mb/s	路径	Mb/s	路径	Mb/s	路径
源1	20	×	30	×			60	×
⋮								
源 n								

通过研究流量类型,可以方便网络设计者获取基线,常见的通信流量可以分为以下几类。

(1) 终端/主机通信流量。

(2) 客户/服务器通信流量。

(3) 瘦客户端通信流量。

(4) 对等通信流量。

(5) 服务器/服务器通信流量。

(6) 分布式计算通信流量。

(7) 网格计算通信流量。

(8) IP网络上的语音通信流量。

利用统计的工作组中的用户数量,以及用户使用的应用程序,可以很容易地得到应用程序的总用户数量。依据每一个应用程序的开销,进而估算通信负载。如表8-10所示为计算出来的流量的具体数值。

表8-10 应用程序流量估算分布表

应用程序	三个子网通过网络主干百分率	同步会话数	平均处理量大小	估算总共需要容量
E-mail服务	33/33/33	540 000次/小时	3KB	3.6Mb/s
CAD服务器	0/50/50	65次/小时	3.6KB	5.8Mb/s
文件服务器	25/25/50	100次/小时	2.5MB	560kb/s

分析网络流量一是靠精确测量,二是靠粗略估算,最终得出的结论是对网络流量现状的估计,同时也是为未来网络流量提供一个参考基线。

8.4 现有网络分析

如果是设计一个全新的网络,那么现有网络特征与分析可以省略。现在网络设计通常是在原有网络上进行改进和完成,因此掌握现有网络特点是网络方案设计中的重点和前提。

主要包括以下几个方面。

(1) 现有互连网络的拓扑。

(2) 地址和命名特征。

(3) 现有网络采用的布线和介质。

(4) 建筑物之间的距离和环境因素。

(5) 现有网络的性能参数。即网络性能基线,主要从可靠性、抖动、延迟、可用性、带宽利用率、广播/组播比例、协议所在带宽比例、相应时间、主要设备如路由器、交换机和防火墙的状态等获取。

(6) 网络应用流量的特征。

(7) 当前网络的安全和管理设计。

下面以一个具体的校园网案例描述一个现有互联网的特征分析。

8.4.1 现有互连网络的拓扑

现有互连网络拓扑主要是给出核心层、汇聚层、接入层采用的技术和启用的路由协议,并给出访问 Internet 所采用的技术、多少个信息点等基本信息。

如下面的描述:当前校园网现状为学院所有楼宇全部联入校园网(含办公楼、教学楼、实验楼及学生宿舍);南北两校区采用万兆以太网技术,各校区内采用千兆主干,百兆交换到桌面;各校区内采用多核心网络交换设备,采用环状及树状网络结构,保证网络的可靠性;全院信息点数近两万个,联网计算机超过 10 000 台。公网 IP 地址数目 8192 个。校园网共有 Internet 出口 2 个,其中教育网出口带宽 300Mb/s,网通出口带宽 200Mb/s。如图 8-4 所示为校园网拓扑图。

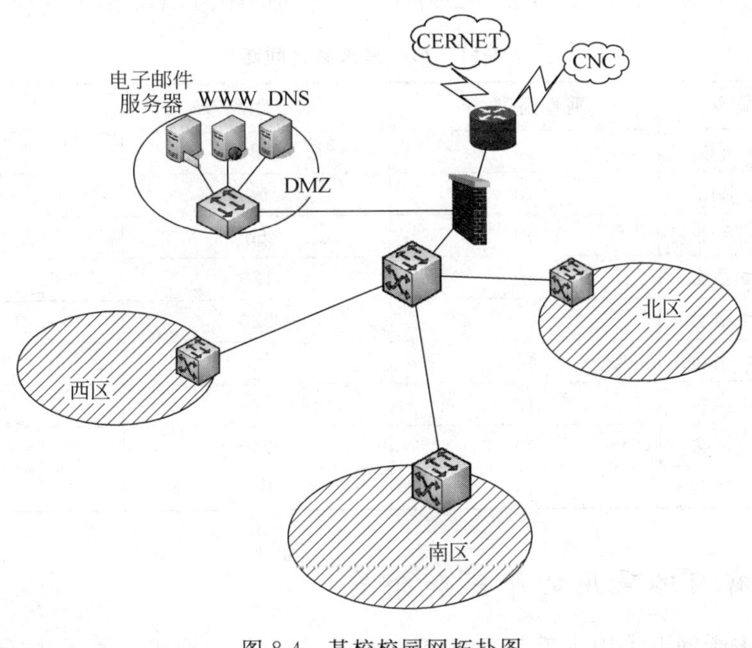

图 8-4　某校校园网拓扑图

绘制网络拓扑图,建议读者采用 Visio 制图工具,具体用法如下。

(1) 安装 Visio 工具。

(2) 单击"新建"→"网络"→"详细网络图"。

(3) 在左边"形状"一栏中,选择所需设备图标。

(4) 如果需要连接线,单击"文件"→"形状"→"其他 Visio 方案"→"连接线"即可。

8.4.2 地址和命名特征

通过表 8-11,可以很容易地收集现有网络的地址和命名特征,其中,地址和命名通常是核心设备、关键服务等。

表 8-11 某校地址和命名表

对　象	命名	计算机数量	地　址	所处物理位置
路由器	40	1	10.10.10.0/26	八楼
核心交换机	8512	1	10.10.20.0/26	八楼
汇聚交换机	882	6	10.10.30.0/26	八楼
图书馆	tsg	50	172.16.40.64/26	图书馆楼
教学楼	syl	20	172.16.40.128/26	1 号楼
服务器	s	6	172.16.40.192/26	2 号楼
学生宿舍楼 1	ss_1	200～300	172.16.41.0 /24	学生宿舍楼 1

8.4.3 建筑物之间的距离和环境因素

现有网络特征主要给出从网络中心到各建筑物间的距离,如表 8-12 所示。

表 8-12 某校建筑物之间距离

建　筑　物	垂直高度/m	水平距离/m	总长/m
网络中心到家属楼	40	220	260
网络中心到图书馆	40	60	100
网络中心到主教楼	40	60	100
网络中心到 1#宿舍	40	120	160
网络中心到 2#宿舍	40	220	260
网络中心到 3#宿舍	40	180	220
网络中心到 4#宿舍	40	220	260
网络中心到 5#宿舍	40	160	200
网络中心到 6#宿舍	40	100	140

8.4.4 现有网络采用的布线和介质

在核心的主干网上采用了千兆光纤,从网络中心到各个楼宇之间采用千兆光纤的多模光纤,每栋楼宇内部采用超 5 类双绞线连接到桌面,可提供百兆的带宽。

8.4.5 现有网络的性能参数

对用户来说，网络性能参数最直接的影响因素体现在以下几点。

1. 通信距离

一般来说，双方通信距离越大，通信的费用越高，通信的速率也会变慢；随着距离的加大，网络延时也会加大，需要的路由设备相应增加，投资的成本也就加大了。

2. 通信时段

网络通信与生活中的交通相似，在网络中，上班时间和晚上为主要的网络高峰期，网络的传输量大，容易出现通信堵塞。

3. 通信拥塞

网络拥塞容易造成网络整体性能下降，比如公司之间的网络连接主干线出现拥塞，造成用户的数据无法正常传输，因而需要考虑在拥塞情况下如何解决通信问题。

4. 服务类型

由于要提供不同的网络服务，用户需求分析和设计方案也就不同，否则就会出现如上所述的网络拥塞，造成网络构架的不合理。比如银行传输的数据要准确，差错率要低，那么传输服务质量(QoS)的要求必须严格；如果是政府或学校进行视频会议或教学，则在网络的带宽和时延方面的要求必须严格。

5. 核心干线吞吐量

如果公司之间的网络连接的主干线出现问题，将直接影响整个干线数据的传输。如果干线的带宽没有达到实际数据传输的最高峰要求，将会出现网络瓶颈、拥塞，甚至导致网络瘫痪。

下面以 PC 连接为例给出性能参数的计算方法。以 56kb/s 为基础，终端最大用户总数约为 6500 人，不妨假设流量高峰期有 80%用户同时使用这项服务，则校园骨干带宽大于 284Mb/s 就可以满足需求。视频计算方式：以 256kb/s 为基础，假设高峰时有 50%用户同时观看，则校园网骨干宽带大于 800Mb/s 即可满足。

可用性＝MTBF/(MTBF＋MTTR)，其中，MTBF 是故障发生平均间隔时间，MTTR 是修复故障所需的平均时间。

要测试到终端用户的实际利用带宽可以使用一种简单的方法，到百度下载一首歌曲，不要使用任何下载工具，看看平均速度是多少，在做这项测试时尽量保证所用的服务最简，CPU 负载最小。通常校园网设计的是百兆到桌面，实际利用的却远低于这个标准，有时网络速度慢通常与网络中某段造成瓶颈有关，例如出口路由处。

从以上分析可看出，设计标准通常是比实际应用要大得多，以应对各种环境对网络性能的影响和适应网络的扩展要求。

现有网络校园骨干为千兆、百兆入楼，所以到终端的速度通常低于百兆，在实际应用中也足够使用。

8.4.6 网络应用流量的特征

通过网络管理工具，如 Multi Router Traffic Grapher(MRTG)，收集并查看关键设备和网段上的流量，可以很容易地发现网络应用流量的特征。看到边界路由器带宽利用率只是在凌晨 2～6 点，由于上网的人少利用率降至 5%，其余时间都处于约 100%。学生宿舍楼设备连接到核心层上,从图 8-5 可以看出,由于夜间寝室断电,利用率降至 5%以下,其余工作时间约等于 100%,符合校园网规律。

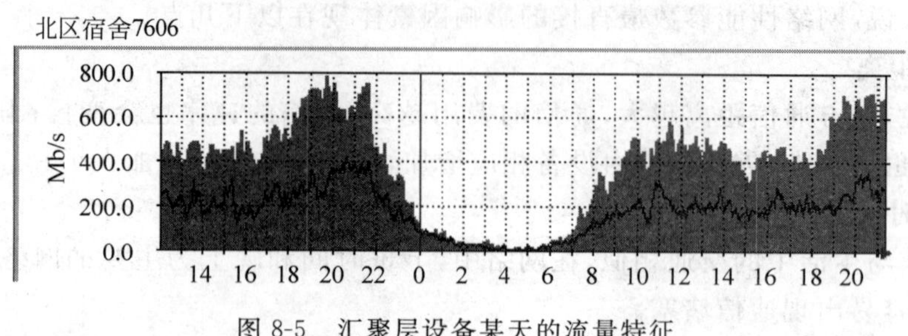

图 8-5 汇聚层设备某天的流量特征

8.4.7 当前网络管理和安全设计

网络管理方面,学校目前一直使用 MRTG 监控网络链路流量负载的工具软件,进行各个交换机和路由器的流量实时监控,能及时反映出当前和平均的流量图。缺点有:发现流量异常设备不会自动报警;无法查阅历史记录。

学校采用锐捷计费系统,对使用 Internet 的用户,进行自动计费。

安全设计方面,边界路由起到了防火墙的功能,能够防止外界直接访问内部资源,同时又将整个校园网控制在一个局域网内部,保证内部资源不向外部公开;划分 VLAN 避免了校园广播风暴,同时对各个部门和楼宇划分 VLAN 和使用 ACL 流量监控;对安全性以及低广播风暴的要求,要求各个部门可单独划分 VLAN,各单位之间在未经授权的情况下不能相互访问。对财务部,院领导部门等访问做特殊控制。同时尽量减少不正常的网络流量如病毒的传播。

8.5 网络逻辑设计

网络逻辑设计主要分为 13 个步骤进行。

① 网络拓扑结构设计。
② IP 地址和命名方案设计。
③ VLAN 设计。
④ 交换和路由协议选择。
⑤ 互联网接入方案设计。
⑥ 安全方案设计。
⑦ 管理方案设计。
⑧ 无线网络设计。
⑨ 存储规划设计。
⑩ 数据备份设计。
⑪ 网络可靠性设计。
⑫ 数据中心设计。
⑬ 虚拟化设计。

8.5.1 网络拓扑结构设计

对于规模较小或简单的网络而言,因比较容易设计与实现,多采用平面网络拓扑结构。所谓平面网络拓扑结构,就是指没有层次的网络,每一个互连网络设备实质上都完成相同的工作。如通过交换机将PC和服务器连接在一起就属于平面网络拓扑结构设计。平面网络拓扑结构具备容易设计与实现、代价低等优点,不足之处在于所有设备属于相同的冲突域,容易产生广播风暴等。平面网络拓扑结构可应用到局域网和广域网中,部分网状拓扑结构和完全网络拓扑结构属于平面网络拓扑结构的类型。

对于大、中型网络设计,尤其表现在不同局域网互连而造成复杂结构,通常采用"分层设计"思想。分层的好处在于增加网络可用带宽、隔离广播、容易设计和理解、元素更改较容易和充分发挥网络设备功能等。一个典型的层次拓扑结构是三层层次模型,如图8-6所示。

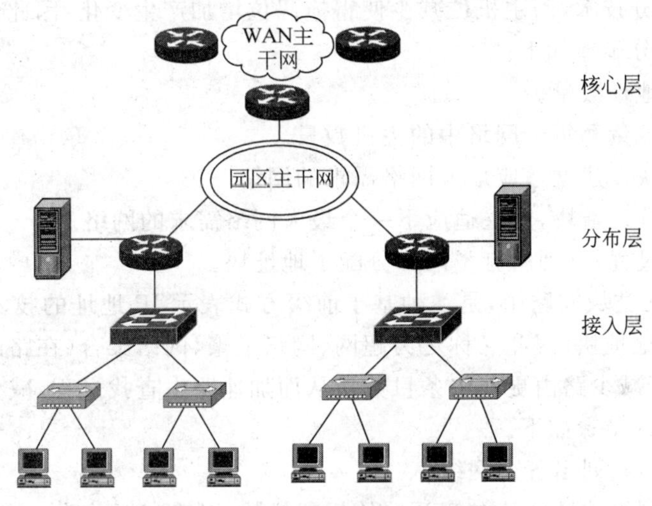

图8-6 典型的三层网络拓扑结构

具有三层结构的层次拓扑结构由核心层、分布层(也称为汇聚层)和接入层组成。其中,核心层是互连网络的高速主干,具有高可靠性、提供冗余、提供容错、能够迅速适应网络变化、低延时、可管理性良好和网络直径限定、一致特定等特点。分布层是接入层和核心层的中介,具备高性能(如对通过核心层的流量控制)、高安全(如对资源访问的控制)的特点,并提供各个工作组接入、VLAN之间路由、汇总接入层的路由等功能,同时分别向核心层和接入层隐藏各自的详细拓扑。接入层为用户提供了在本地网段访问互连网络的能力。接入层包括两个含义:在WAN设计中每一个局域网属于接入层范畴;在局域网设计中每一个桌面用户属于接入层范畴。

在网络拓扑设计中,为了提高网络的可靠性、可用性目标,可以通过冗余网络设计来实现。网络结构的冗余设计主要包括备份设备、备份路径和负载平衡。

8.5.2 IP地址和命名方案设计

网络地址规划是指根据IP编址特点,为所设计的网络设备分配合适的IP地址,使之能够高效地联网工作。

IP 地址的特点主要有以下几个。

(1) 直接与互联网相连设备的接口都至少分配一个全球唯一 IP 地址。

(2) 32 位 IP 地址由网络位和主机位组成，通常采用点分十进制表示。

(3) 子网掩码的引入主要是解决 IP 地址所在网络归属问题。

(4) IP 地址分为有类编址和无类编址两种方式，有类编址主要分成 A、B、C、D、E 类。

(5) IP 地址按照通信用途可编址为单播、广播和组播；按照网络范围内的不同类型地址可以分为网络地址、广播地址和主机地址；按照是否允许访问 Internet 可以分为公有地址和私有地址(10.0.0.0/8、172.16.0.0/12、196.168.0.0/16)；按照其他用途可以分为默认路由(0.0.0.0/0)、本地环回地址(127.0.0.0/8)、链路本地地址(169.254.0.0/16)和供教学使用的 Test-Net 地址(192.0.2.0/24)。

更高级的 IP 地址技术主要是指 VLSM 和 CIDR 技术。VLSM 是指通过"借主机位"技术来实现的子网划分技术，因主机位减少使得掩码位增加产生变化，因此又称为可变长子网掩码技术。子网划分步骤如下。

(1) 确定总的地址数量。

(2) 确定网络数量和每个网络中的主机数量。

(3) 划分地址块以建立适应最大网络需求的网络。

(4) 进一步划分地址块，建立适应下一个最大网络需求的网络。

(5) 继续上述过程，直到所有子网都分配了地址块。

CIDR 全称为无类域间路由，是一种基于前缀方式表示 IP 地址的技术。它允许把多个网络汇总到下一个地址块，因此又称之为超网、网络汇聚、网络聚合(在路由协议中称之为路由汇总)。好处在于减少路由更新中条目数量从而加速路由查找过程，减少路由更新所需要的带宽。路由汇总的步骤如下。

(1) 以二进制格式列出各个网络。

(2) 计算所有网络地址中从左侧开始的相同位数，以确定汇总路由掩码。

(3) 复制(2)所得到的相同位，不同位用 0 补齐，确定汇总后的网络地址。

IP 地址通常采用静态分配和动态分配两种方式，服务器、网络设备、外网设备、防火墙、中间设备和重要主机多采用静态地址。IP 地址静态分配和动态分配选择标准如下。

(1) 通常终端系统的数量超过 30 台，多采用动态分配。

(2) 如需要对网络地址重新编号的话，多采用动态分配。

(3) 如果可用性需求高，多采用静态分配。

(4) 如果安全需求高，多采用动态分配。

(5) 如果需地址跟踪，多采用静态分配。

(6) 如果终端系统需要地址以外的信息，多采用动态分配。

32 位的 IP 地址数量是有限的，为了解决 IP 地址不足的问题，通常采用以下三种途径来解决。

(1) 发展 IPv6 地址。IPv6 将地址空间由 32 位扩充至 128 位，目前正在逐步推广使用中。

(2) DHCP 技术。为临时上网用户分配一个 IP 地址，用户用完后再回收以供别人使用。

(3) 网络地址转换 NAT。可以为大量用户分配内部私有地址，在要与因特网通信时，通过地址转换技术，将内部地址转换为该内网的某个代理主机的合法外部IP地址。

在名字设计中，域名通常由若干个分量组成，各分量之间用点隔开，如下所示。

…三级域名.二级域名.一级域名

同样，名字分配应遵循如下一些原则。

(1) 名字应当简短、有意义、无二义性并易于辨认。

(2) 名字中包含位置代码。

(3) 避免使用不常用的字符。

(4) 名字一般不区分大小写。

(5) 如果设备有多个接口和多个地址，就应当将所有都映射到一个相同的名字上。

(6) 为了安全，推荐使用长且含义隐蔽的名字。

8.5.3 VLAN设计

VLAN(虚拟局域网)是指在交换机基础上，采用网络管理软件构建的可以跨越不同网段、不同网络的端到端的逻辑网络。只有构成VLAN的站点直接与支持VLAN的交换机端口相连并接受相应的管理软件的管理，才能实现VLAN通信。从前面我们已经了解到VLAN具备有效的共享网络资源、降低成本、简化网络管理、安全性高、网络性能高等优点。

VLAN在逻辑上是一个独立的IP子网，在实现上通常采用以下两种方式。

(1) 基于端口的VLAN技术。该技术将一台或多台交换机上的若干端口划分为一组，根据所连接的端口确定成员关系，是目前最常用的实现方式。

(2) 基于MAC地址的VLAN技术。依据网络设备的MAC地址确定VLAN成员关系。

此外，还可以利用基于协议的VLAN技术、基于网络地址的VLAN、基于规则的VLAN技术等来划分VLAN。

交换机端口可属于一个或多个VLAN，通常可以将端口配置为以下VLAN类型。

(1) 静态VLAN(Static VLAN)。以手动方式把端口分配给VLAN。

(2) 动态VLAN(Dynamic VLAN)。需要借助VLAN成员资格策略服务器VMPS来完成。

(3) 语音VLAN(Voice VLAN)。该模式可以使端口支持连接到该端口的IP电话。

VLAN常见的封装协议有IEEE 801.1Q协议和ISL协议，前者是国际通用标准，主要在帧中添加VLAN标记实现；后者是Cisco提出的标准，主要是在帧头添加VLAN标记实现。Cisco把VLAN类型分为数据VLAN(Data VLAN)、默认VLAN(Default VLAN)、黑洞VLAN(Black hole VLAN)、本征VLAN(Native VLAN)、管理VLAN(Management VLAN)和语音VLAN(Voice VLAN)。Cisco交换机默认VLAN是VLAN1，VLAN1也是指管理VLAN。

VXLAN(Virtual Extensible LAN)，是一种网络虚拟化技术，试图改进大型云计算部署时的扩展问题，是对VLAN的一种扩展。由于VLAN Header头部限长是12b，导致VLAN的限制个数是$2^{12}=4096$个，无法满足日益增长的需求。目前，VXLAN的报文Header内有24b，可以支持2^{24}次方的VLAN个数。应用场景运用在云计算、数据中心网络,比如虚拟机迁移、虚拟机规模受网络规格限制、网络隔离能力限制等需求情况下。具体内容见第4章。

8.5.4 交换和路由协议选择

二层交换技术通常包括第二层透明网桥(交换)、多层交换、STP 相关技术和 VLAN 技术;三层路由协议涉及静态或动态协议、距离矢量和链路状态协议、内部和外部等。下面简单介绍这些技术。

1. 二层交换

特点在于二层交换对用户来讲可透明地转发帧;自动学习对应于端口的每个 MAC 地址,通过软件可以限制 MAC 数量;当还没有学习到目的地单播地址时进行洪泛帧;对出端口的帧进行过滤;洪泛广播和多播等。

2. 三层交换

三层交换除了具备二层交换功能之外,还能够实现一定的第三层选路功能。因价格较路由器便宜,现实网络中应用较广,经常用于站点密集且地域分布范围不大的园区网设计中。

3. STP 技术

为提高可用性和可靠性,网络设计中通常采用冗余路径或冗余设备来确保。但如果物理网络造成环路,则会出现广播风暴、帧的重复传输和 MAC 地址表的不稳定。因此,STP 技术的引入就是在物理环路上形成一个无环的逻辑网络。采用的标准为 IEEE 802.1D,可扩展为 RSTP、PVST、MSTP 等。

4. 静态和动态路由协议

前者是手工预先配置,操作简单,适应小型平面网络;后者可适应网络拓扑变化,利用算法计算最佳路由。

5. 距离矢量和链路状态路由协议

前者主要以跳数来衡量到达目的网络的代价,如 RIP 和 RIPv2;后者主要以带宽、延迟作为代价,如 EIGRP 和 OSPF。

6. 内部和外部路由协议

自治系统 AS 内部运行的协议称为内部路由协议,反之为外部路由协议。其 AS 是指在单个实体管理下采用共同的路由策略的一个或一组网络。

在具体的网络设计中,可采用以下几个标准进行交换和路由协议的选择。

(1) 网络通信量特性。EIGRP 和 OSPF 利用组播传播路由信息。

(2) 带宽、内存和 CPU 的使用。如动态路由协议、生成树利用算法实现特定功能,每进行一次运算,都需要内存和 CPU。

(3) 支持的对等数量。如 RIP 最大支持 15 跳路由器。

(4) 是否快速适应网络拓扑变化。OSPF 和 EIGRP 在收敛速度上比 RIP 快。

(5) 是否支持鉴别。OSPF、EIGRP、RIPv2 都支持认证。

通常小型网络多采用静态路由和 RIP,大中型网络多采用 EIGRP 和 OSPF,在多厂家路由设备的网络中,通常采用 OSPF 路由协议。在现实网络分析中,路由协议选择可采用决策表方式以便客户理解和参与,如表 8-13 所示是一个路由选择协议的决策表。

表 8-13 典型路由选择协议的决策表

	关键目标			其他目标		
	适应性——在大型互联网上，必须在几秒内适应网络的变化	必须能够扩展到更大规模（上百个路由器）	必须符合工业标准并且与已有设备相兼容	不应造成网络拥塞	可以在便宜的路由器上运行	易于配置和管理
BGP	X	X	X	8	7	7
OSPF	X	X	X	8	8	8
IS-IS	X	X	X	8	6	6
IGRP	X	X				
EIGRP	X	X				
RIP			X			

关于链路状态路由协议和距离矢量路由选择协议在选择上可参考以下标准：如果网络使用简单的平面拓扑，且不需要层次化设计；网络使用简单的集中星状拓扑；不考虑网络汇聚的最坏情况；管理员没有足够的经验来运行链路状态协议并实现排错时，建议采用距离矢量路由协议。如果网络的快速汇聚至关重要；网络设计呈层次化；管理员对所选的链路状态协议十分了解，建议采用链路状态路由选择协议。

8.5.5 互联网接入方案设计

目前，常见的互联网接入技术主要有电话拨号接入、专线接入、ADSL 接入、LAN 接入、无线接入。随着通信价格越来越便宜和客户对带宽的需求增大，目前园区网和企业网通常采用光纤接入的局域网技术，即本地边界路由和 ISP 直接通过光纤以太口接入。无论选择何时接入方案，通常只是以可付性、可用性作为出发点，同时遵循以下几个原则。

(1) 网络应当有确定的入口和出口，为了安全和管理，最好一个。

(2) 如果配置动态路由，最好选择一个具有路由鉴别功能的路由协议。

(3) 通常默认路由和静态路由是接入互联网最有效的方法。

(4) 接入网的边界路由器能够防御 DOS 攻击并具备 NAT 转换和 VPN 功能。

8.5.6 安全方案设计

1. 网络安全设计步骤

(1) 确定网络资产。网络资产主要包括硬件、软件、应用、数据、知识产权、商业机密、公司信誉等。部分网络资产是可变化调整的。

(2) 分析安全风险。首先分析网络设备被"黑"情况，如数据被截获、分析、更改或删除，用户口令受到威胁和设备配置被更改；其次进行侦查攻击，查看网络是否存在安全漏洞；最后做好拒绝服务攻击的防范。

(3) 分析安全需求和折中。安全性目标要在可付性、易用性、性能、可用性、可管理性技术目标方面做出折中。

(4) 设计安全方案。不仅包括整个网络的设计方案，还涉及部门内部网络设计方案。

如图8-7所示为典型的局域网安全设计方案。

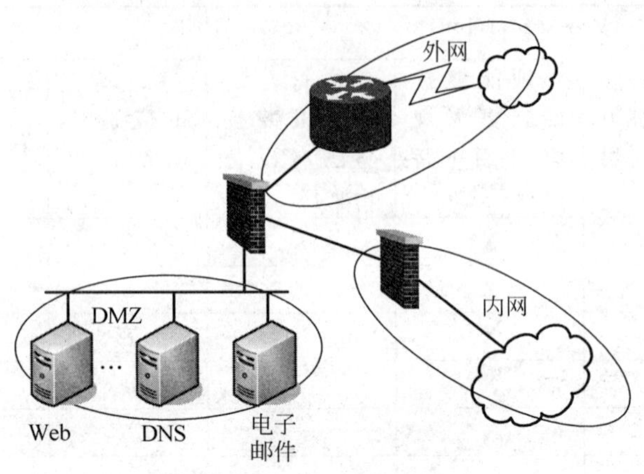

图8-7　一种典型网络安全拓扑方案

(5) 定义安全策略。RFC 2196 将安全策略定义为“安全策略就是针对有权使用组织机构的技术及信息资产的人员必须遵守的规则的正式声明文件”。策略的制定必须涉及访问控制、流量计费、身份鉴别、隐私和设备购买方面。同时,安全策略要随着需求变化而变。

(6) 设计应用安全策略的步骤。时间、人员、资金、场地需要考虑在内。

(7) 设计技术实施策略。技术涉及通信安全、威胁防御、身份认证、信任等,并存在“人制定策略,策略利用技术实现,技术服务于人”的关系。

(8) 从用户、经理和技术人员处获取。主要是获取需求、理解、合作。

(9) 用户、经理和技术人员培训。用户培训侧重能有安全威胁和漏洞的敏感性、能产生需要识别的保护组织的信息和资源;技术人员培训侧重提供决定信息安全计划策略时所需的组织安全知识的级别;经理培训侧重培养识别和确定威胁与漏洞的能力,为系统和资源设置安全需要。

(10) 技术策略和安全步骤实施。

(11) 发现问题时测试网络的安全性并更新。

(12) 维持网络的安全性。

网络安全设计还包括接入网安全设计、公共服务器安全设计、远程访问安全设计、网络设备、服务器集群、桌面用户和无线网络安全设计。

2. 接入网安全设计

接入网安全设计主要从物理安全、防火墙和分组过滤器、审计日志/鉴别/授权、定义良好的出口和入口点、支持鉴别的路由协议方面考虑。

3. 公共服务器安全设计

公共服务器安全设计方法是将服务器放在受防火墙保护的DMZ内,在服务器本身上运行防火墙,激活DoS保护,限制每个时间帧的连接数,使用可靠打了最新安全补丁的操作系统,模块化维护(如Web服务器不同时运行其他服务)。

4. 远程访问和VPN安全设计

远程访问和VPN安全设计从物理安全、防火墙、鉴别/授权/审计、加密、一次性口令、安全协议(如 CHAP、RADIUS、IPSec)等方面考虑。

5. 网络中间设备安全设计

将网络设备(路由器、交换机等)作为高价值主机对待并加以增强以便防止可能的入侵,访问设备需要登录 ID 和口令使用 SSH 而非 Telnet,更改欢迎界面标识等。

6. 服务器集群安全设计

可以通过布置网络和主机 IDS 监控服务器子网和单个服务器,配置过滤器限制服务器的连接以防服务器受到危害,修补服务器操作系统已知的安全缺陷,服务器的访问和管理需要鉴别和授权,将 root 口令限制为少数人,避免客户账号等方面。

7. 用户服务安全设计

在安全策略中指定允许在联网 PC 上运行的应用程序,联网 PC 需要个人防火墙和防病毒软件,离开时鼓励桌面用户退出,在交换机上使用 IEEE 802.1X 基于端口的安全等。

8. 无线网络安全设计

将无线局域网置于自己的子网或 VLAN 中,简化地址以便于更加容易配置分组过滤器,所有的无线(有线)便携机需要运行个人防火墙和防病毒软件,禁止广播 SSID 的信标,需要 MAC 地址鉴别,设立专供外部访问人员使用的 WLAN。

9. 网络安全设备自身安全设计

网络安全设备承担着整个局域网的安全,自身安全必须确保。建议在运行中,根据网络需求开启安全功能,关于其他未使用的安全功能,使其安全功能最小化。同时,实时监测安全设备被攻击情况,及时调整安全策略,及时升级系统版本和功能包。

10. 安全套餐设计

在具体网络建设过程中,经费和安全需求是制约因素。建议采用如下安全套餐配置。

(1) 安全套餐 1:防火墙+IDS+网络版杀毒软件。

(2) 安全套餐 2:安全套餐 1+防毒墙+数据库审计+日志审计+堡垒机+WAF(有 Web 应用的话)+桌面管理软件或安全准入接入系统+数据备份系统。

(3) 安全套餐 3:安全套餐 2+双因素认证+IP 地址管理设备+机房运维管理软件+加密软件+上网行为管理/流量控制设备+应用容灾。

(4) 安全套餐 4:安全套餐 3+SOC+服务器负载均衡+链路负载均衡+网闸+异地应用容灾。

(5) 安全套餐 5:安全套餐 4+漏洞扫描+抗 DDOS+APT+各种新奇特技术。

8.5.7 管理方案设计

一个好的网络管理系统可以帮助企业网达到可用性高、性能高和安全性高的目标;帮助组织机构测量设计目标满足的情况,在不满足时可调整网络参数;帮助组织机构分析当前网络行为,合理升级,并解决升级时问题的排错。

在进行网络管理设计时,要考虑可扩展性、流量模式、数据格式和费用/收益之间的折中;确定哪些资源需要监控;确定性能测量的度量;确定有多少数据需要收集等。网络管理系统可能成本投入较大,带来的收益并不明显,甚至对网络性能产生负面影响。

网络管理主要是进行网络监控,通过简单网络管理协议 SNMP、RMON 收集被监控设备上的信息,从而达到管理功能。SNMP 网络管理模型包括管理者、代理、管理信息库 MIB

和 SNMP 管理协议 4 个重要元素。SNMP 分为 V1、V2、V3 三种版本,V2 是对 V1 的扩展,V3 添加安全和认证功能。RMON 分成 RMON1 和 RMON2,前者工作在 OSI 模型的 1、2 层,后者工作在 OSI 模型的 1～7 层。如图 8-8 所示是典型网络管理模型,图 8-9 是管理信息库 MIB 层次结构。

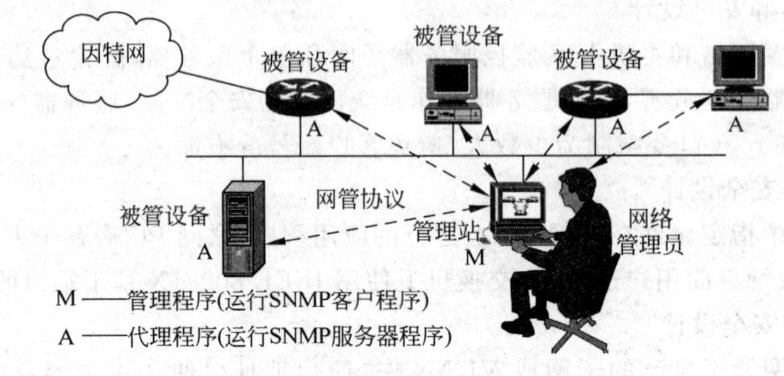

图 8-8 网络管理的一般模型

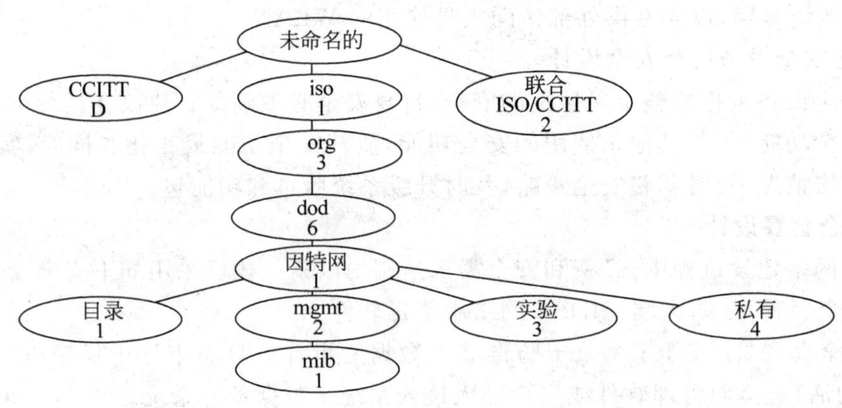

图 8-9 典型信息管理库 MIB 结构

在网络管理设计中,选择一个 SNMP 网络管理平台非常重要。作为一种开放的网络管理基础设施,通常提供网络拓扑结构自动发现、网络配置、事件通知、智能监控、计费、访问控制、网络信息报告生成和编程接口等。具有代表性的有 HP 公司的 HP Open View,IBM 公司的 NetView,ZOHO 公司的 ManageEngine,Cisco 公司的 Cisco Works,Sun 公司的 NetManager,智和信通公司的 SugarNMS,Novell 公司的 NetWare Manage Wise 和代表未来智能网络管理方向的 Cabletron 公司的 SPECTRUN。这些网管系统在支持本公司网络管理方案的同时,均可通过 SNMP 对网络设备进行管理。

8.5.8 无线网络设计

在企业网中引入 WLAN 具有环境适应性强、生产力提高和节约成本等优点。WLAN 的一种最简单形式是使用无线电频率(RF)来代替使用电缆通信的局域网。如图 8-10 所示为有线网络和无线网络的区别。RF 信号在空气中传播时,会产生折射、发射、衍射等行为,因此无线接收设备的最大吞吐量和到 RF 的距离有关,如图 8-11 所示为吞吐量和 RF 的关系。

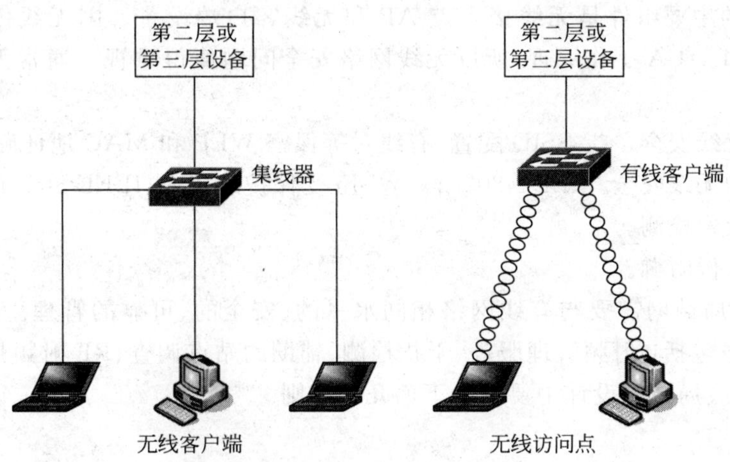

图 8-10　有线和无线接入方式

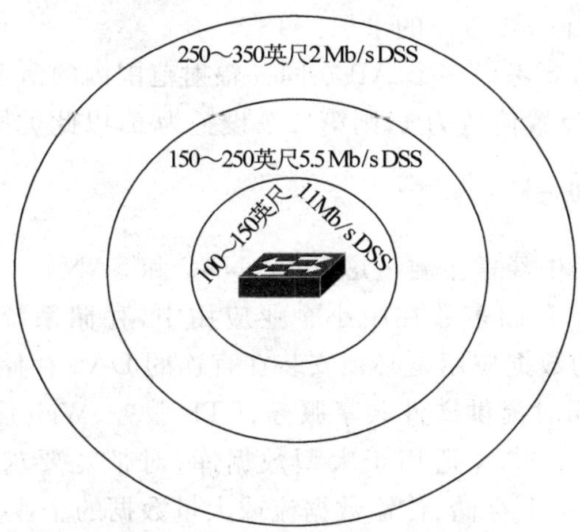

图 8-11　吞吐量和 RF 的关系

WLAN 采用 IEEE 802.11 标准，如表 8-14 所示为常见标准及其对应的参数信息。

表 8-14　不同 WLAN 标准的对比表

协议	发布日期	频　带	最大传输速度
IEEE 802.11	1997 年	2.4～2.5GHz	2Mb/s
IEEE 802.11a	1999 年	5.15～5.35/5.47～5.725/5.725～5.875GHz	54Mb/s
IEEE 802.11b	1999 年	2.4～2.5GHz	11Mb/s
IEEE 802.11g	2003 年	2.4～2.5GHz	54Mb/s
IEEE 802.11n	2009 年	2.4GHz 或者 5GHz	600Mb/s(40MHz×4MIMO)
IEEE 802.11ac	2011 年	5GHz	433Mb/s,867Mb/s,1.73Gb/s,3.47Gb/s,6.93Gb/s(8MIMO,160MHz)
IEEE 802.11ad	2012 年(草案)	60GHz	最大到 7000Mb/s
IEEE 802.11ax	2015 年	5GHz	10Gb/s

无线网络的主要组件是无线接入点 AP 和无线客户端设备。因无线传播信号采用广播,并利用 CSMA/CA 工作原理,所以无线网络安全问题值得重视。通常无线安全解决方法有如下几种。

(1) 基本无线安全。指 SSID 配置、有线对等保密 WEP 和 MAC 地址确认。

(2) 增强的无线安全。IEEE 802.1x、Wi-Fi 受保护的接入、IEEE 802.11i。

(3) 无线入侵检测。

(4) 无线入侵防御。

同样,无线局域网需要与有线网络相同水平的、安全的、可靠的管理。与 WLAN 相关的网络管理任务包括:射频管理服务、干扰检测、辅助的站点调查、RF 射频扫描和监视。

此外,在无线局域网设计中要注意下面几个细则。

(1) 站点测量。

(2) WLAN 漫游。

(3) 点对点桥接。

(4) 无线 IP 电话设计需要考虑的事项。

同时,在具体部署时,要考虑多个 AP 在同一辐射范围内的信道设置。通常以间隔 5 个信道为佳,如第一个 AP 设置信道为 1,则第二个设置为 6,以此类推。

8.5.9 存储规划设计

在网络存储设计方案中经常主要考虑 DAS、NAS 和 SAN。

(1) 确定需求。DAS 存储多数在中小企业应用中,存储系统被直连到应用的服务器中,在中小企业中,许多的数据应用是必须安装在直连的 DAS 存储器上。NAS 适合海量存储、高读写吞吐率场景,同时提供文件共享服务、FTP 服务、Web 服务、日志服务器、打印服务器及备份服务器等。FC-SAN 适用于大型数据库、对带宽要求高的场景、关键性业务。IP-SAN 适用于需要在网络上存储、传输数据流或大量数据的企业。

(2) 确定网络平台。从存储系统的使用要求来看,基于 IP 技术的存储系统是主流。基于 TCP/IP 的网络服务 SAN 存储区域网络,是一种高速的、专门用于存储操作的网络,通常独立于计算机局域网。存储通过光纤交换机将磁盘空间分配给不同的服务器,服务器通过以太网对外提供服务,存储区域与用户的应用区域隔离。IP-SAN 尽可能地扩展了存储资源,保障了更多的业务应用,解决了困扰 DAS 与 SAN 受限地理范围的问题。在进行大量、大块的数据传输时,基于光纤信道的 FC-SAN 更有优势。

8.5.10 数据备份设计

数据备份是容灾的基础,是指为防止系统出现操作失误或系统故障导致数据丢失,而将全部或部分数据集合从应用主机的硬盘或阵列复制到其他的存储介质的过程。

1. 数据备份的方式

目前比较实用的数据备份方式可分为本地备份异地保存、远程磁带库与光盘库、远程关键数据+定期备份、远程数据库复制、网络数据镜像、远程镜像磁盘等 6 种。

数据备份必须要考虑到数据恢复的问题,包括采用双机热备、磁盘镜像或容错、备份磁带异地存放、关键部件冗余等多种灾难预防措施。这些措施能够在系统发生故障后进行系统恢复。但是这些措施一般只能处理计算机单点故障，对区域性、毁灭性灾难则束手无策，也不具备灾难恢复能力。

2. 数据备份的策略

备份策略非常重要。备份策略指确定需备份的内容、备份时间及备份方式。根据自己的实际情况来制定不同的备份策略。目前被采用最多的备份策略主要有以下三种：①完全备份，备份系统中的所有数据，适用于那些业务不繁忙、数据量不大的单位；②增量备份，只备份上次备份后有变化的数据，适用于当天新的或被修改过的数据；③差分备份，也叫做累计备份，是指备份上次完全备份以后有变化的数据。

在实际应用中，备份策略通常是以上三种的结合，采用三个周期执行。例如，每周一至周六进行一次增量备份或差分备份，每周日进行全备份，每月底进行一次全备份，每年底进行一次全备份。

8.5.11 网络可靠性设计

网络可靠性是指网络自身在规定条件下正常工作的能力。冗余设计是网络可靠性设计最常用的方法，网络冗余设计的目的有两个，一是提供网络链路备份，二是提供网络负载均衡。网络链路备份和负载均衡在冗余设计的物理结构上完全一致，但是完成的功能完全不同，工作模式也完全不同。

冗余链路用于网络备份时，两条冗余链路只有一条工作，另一条处于热备监控状态；冗余链路用于负载均衡时，多条冗余链路同时工作，不存在备份链路。从设计内容上来讲，包括链路冗余、设备冗余、软件冗余。链路冗余是指双网卡方式或在单片机多口网卡上使用链路聚合技术，利用交换机或路由器端口进行双链路连接。设备冗余如交换机、路由器、服务器、电源系统，服务器冗余采用双机热备，核心交换机、路由器采用冗余电源和设备。软件冗余是指采用双服务器软件镜像。

在网络结构冗余设计方面可包括如下方式：核心层全网状冗余设计，核心层部分网状冗余设计，汇聚层与核心层之间的双归冗余设计，汇聚层之间的冗余设计。在网络协议上面，二层冗余包括 STP、MSTP，三层包括 VRRP。

8.5.12 数据中心设计

数据中心建设能够为企业用户提供优质高效的服务、降低企业成本、提高企业经济效益、拓宽企业信息系统的范围，为企业带来更强的竞争力。实现方式是通过搭建统一化存储架构，实现数据的统一存储、管理、应用。数据中心多数具备数据存储、数据备份、异地容灾等功能。

数据中心在设计建设上，通常要求主机系统不能中断，数据不能丢失，一旦意外丢失过后能够尽快恢复。同时，信息系统具有抵御部分灾难性事件对信息数据的破坏的能力。

建立一个标准化的数据存储备份中心，通常使用存储区域网(SAN)为数据中心提供一个强健的集中存储平台，除为关键应用提供集中存储空间外，关键应用系统能够处于安全的数据备份系统保护之中。同时，在数据中心机房以外的地方建立异地容灾系统，从而有效地避免自然灾害、供电问题、人为因素、病毒等各方面的破坏，充分保障信息系统数据安全。

例如,使用两台光纤存储交换机组成核心存储区域网,连接关键业务主机和磁盘阵列和虚拟磁带库等。现有关键服务器接入存储区域网,备份服务器采用单独的服务器,保证备份服务高效运行。虚拟磁带库设备直接连接到SAN光纤交换机上,并通过其本身的远程复制功能,由备份软件所备份的本地数据,复制到异地数据中心的虚拟磁带库中,做到备份数据的异地容灾功能。

通常,数据中心的架构由多方面的软硬件等组成。

(1) 服务器。新数据中心演变的核心是计算平台的战略选择。因此应选择能最好地支持自身需求的服务器,并且为64位系统以及网格和虚拟计算技术的到来做好准备。

(2) 基础架构软件。选择适合自身需求的操作系统,如UNIX、Linux和Windows。另外,为Web应用挑选开发平台。

(3) 网络和Web基础架构。公司选择的网络基础架构必须能够满足合作新需求以及Web应用的爆炸性增长。为VoIP和新兴的会话初始化协议(Session Initiation Protocol)等应用提供高质量的支持做好准备,这有可能意味着将中枢和数据中心交换机升级至10Gb/s以太网,以及将配线室升级至1Gb/s。

(4) 无线/移动能力。公司要把无线技术紧密结合到基础架构中,这样可显著提高决策速度和提升客户服务等。

(5) 存储。根据自身的情况看是否需要选择存储区域网络(SAN)、网络连接存储(NAS)和IP存储。

(6) 安全。牢固的安全措施是数据中心所必需的,各种威胁不断变化而且攻击越来越密集,但是各公司却想方设法让应用更加分散、信息更容易访问,这两者结合是很危险的。

(7) 配电系统监控。配电系统监控主要包括高低压配电系统、柴油发电机系统、自动转换开关系统、UPS主机、蓄电池、UPS输出列头配电系统、机架配电系统及空调、照明配电系统等。

(8) 环境系统监控。环境系统监控主要包括空调制冷系统、温湿度监控系统、机房漏水系统、机房新风机和机房微环境等。

8.5.13 虚拟化设计

虚拟化是指通过虚拟化技术将一台计算机虚拟为多台逻辑计算机。本质上就是这种把有限的固定的资源根据不同需求进行重新规划以达到最大利用率。以实现层次来划分：分为硬件虚拟化、操作系统虚拟化、应用程序虚拟化；以被应用的领域来划分：服务器虚拟化、存储虚拟化、应用虚拟化、平台虚拟化、桌面虚拟化。

桌面虚拟化应用于通过任何设备,在任何地点、任何时间,通过网络访问属于我们个人的桌面系统。服务器虚拟化应用于将服务器物理资源抽象成逻辑资源,让一台服务器变成几台甚至上百台相互隔离的虚拟服务器,不再受限于物理上的界限,而是让CPU、内存、磁盘、I/O等硬件变成可以动态管理的“资源池”。应用虚拟化适用于将应用程序与操作系统解耦合,为应用程序提供了一个虚拟的运行环境,就算客户端设备故障宕机,也不会影响到应用程序的业务处理进程,更换一台客户端设备,或者等到故障恢复以后,用户还可以接着刚才的进程处理业务。

8.6 网络物理设计

物理设计阶段是实施网络工程的物理基础，主要包括结构化布线系统设计、网络设备选择、网络机房设计和供电系统设计。

8.6.1 结构化布线系统设计

在网络设计中，结构化布线系统实际上就是指建筑物或建筑群内安全的传输线路，利用这些传输线路将所有语音设备、数据通信设备、图像处理和安全监控设备、交换设备和其他信息管理系统相互连接起来，并按照一定秩序和内部关系组成为一个整体的系统。结构化布线系统所采用的传输介质、布线设备、连接组件都是标准化的。

本文所讨论的结构化布线系统组成是以一个建筑群为单元，它由工作区子系统、水平布线子系统、垂直布线子系统、管理子系统、设备间子系统和建筑群子系统组成。关于结构化布线系统的设计具体内容参考第5章。在布线选择时，通常遵从以下几个规则。

(1) 布线美观、合理。

(2) 既要避免铺张浪费，同时也要留有余地。

(3) 建筑物内的布线设计尽量预埋管线。

(4) 既要满足可用性，又要满足可扩展性。

(5) 室外布线多采用架空或者埋地或沿原有有线电视、电话线布线。

8.6.2 网络设备选择

1. 网络设备选择标准

在网络设计中，常见网络设备主要是指交换机、路由器、无线访问点和无线网桥。其中主要以交换和路由应用范围最广。依据不同层次，可以选择不同类型的设备，如接入层交换机、核心层交换机等。通常选择网络设备时可参考如下标准。

(1) 端口数。

(2) 处理速度。

(3) 内存大小。

(4) 设备中继数据时的延迟。

(5) 设备中继数据时的吞吐量。

(6) 支持的LAN和WAN技术。

(7) 支持的媒介。

(8) 费用。

(9) 易于配置和管理。

(10) MTBF和MTTR。

(11) 支持热交换组件。

(12) 支持冗余电源。

(13) 技术支持质量、文档和培训等。

对于交换机和网桥设备，可增加如下标准。

(1) 支持的网桥协议。

(2) 是否支持高级生成树算法。

(3) 可以学习的MAC地址数量。

(4) 是否支持端口特性(IEEE 802.1x)。

(5) 是否支持直通式交换。

(6) 是否支持可适应的直通式交换。

(7) 支持的VLAN技术。

(8) 是否支持组播应用。

对于路由器设备(包括带路由选择模块的交换机),可以增加如下标准。

(1) 支持的网络协议。

(2) 支持的路由选择协议。

(3) 是否支持组播应用。

(4) 是否支持先进的队列、交换技术和其他的优化特性。

(5) 是否支持压缩。

(6) 是否支持加密。

2. 不同分层交换机的选择

因交换机支持端口较多,同时价格较路由器便宜,因此园区网主要是以交换机为主。下面以Cisco交换机设备为例,给出接入层、汇聚层、核心层的常用设备。

1) 接入层交换机

接入层交换机负责终端节点设备连接到网络,因此,需要支持端口安全功能、VLAN、快速以太网/千兆以太网、PoE和链路聚合等功能。

(1) Catalyst Express 500适应于端口密度不高的接入层。

(2) Catalyst 2960系列适合供电不便,空间有限的接入层。

(3) Catalyst 3560适合用作小企业LAN接入或分支机构融合网络环境中的接入层。

(4) Catalyst 3750是适合中型结构和企业分支机构中的接入层。

2) 汇聚层交换机

汇聚层需支持流量安全策略管理、VLAN路由、ACL、QoS、链路聚合等功能,如Catalyst 3500、4500、4900系列设备。

3) 核心层交换机

核心层交换机要求在可用性、链路聚合、高速转发、QoS方面具有较高的性能,如Catalyst 4500、6500、7200等系列。

Cisco的Linksys WRT300N可作为小企业或家庭用户的无线接入设备。

8.6.3 网络机房设计

网络机房是确保网络系统安全、可靠的重要环节。一个良好的机房工作环境,可以使系统可靠工作,延长机器寿命。机房设计主要包括总体设计、环境设计、空调容量设计等。

1. 总体设计

设计计算机网络中心机房时首先要设计机房场地,设计时主要考虑面积、地面、墙壁、顶棚、门窗和照明等因素。

1）机房位置的选择

机房位置不宜设置在一栋高层建筑的底层，也不宜设置在高层，通常选择在中层为宜。机房选择的地址不易受地震、易燃易爆、强电场干扰和灰尘的影响。

2）机房面积确定

机房面积的确定一方面根据机器类型和应用，另一方面考虑实际条件。通常，网络系统机房面积应为设备占有面积的5～7倍。

3）机房地面设计

机房地面最好采用铺设灵活、方便、走线合理、具有高抗静电的活动地板，如铝合金地板、木质地板等，与地面距离20～30cm，保证系统的绝缘电阻在10MΩ以上，切忌铺地毯类物品。

4）机房墙面设计

机房的墙面应选用不易产生尘埃，也不易吸附尘埃的材料涂裱。目前大多采用塑料墙纸或乳胶漆等。

5）机房顶棚的设计

机房顶棚的设计主要是为了调温、吸音和照明装饰需要，在原房子顶棚加一层吊顶。吊顶要求美观、防火、消尘。如采用铝合金或轻钢作龙骨，可安装吸音铝合金板、难燃的铝塑板。

6）机房门窗的设计

机房的门应保证具有良好的密封性，以达到隔音防尘的效果，同时还应保证最大的设备能够方便地进出机房。窗户采用双层封闭玻璃窗，安装窗帘防止阳光直接照射。同时要考虑防盗问题，UPS供电系统应该置于单独的房间并防爆。

7）机房照明的设计

机房应有一定的照明度但又不宜过亮。按照国际标准，机房在离地面0.8m处照明度应为150～200lx。在有吊顶的房间可选用嵌入式荧光灯，在无吊顶的房间可选用吸顶式或吊链式作为照明源。

2. 机房环境设计

由于网络系统设备精密度高，且系统的接插件多，因此机房环境的设计要求较高。通常需要考虑的因素有：电源、灰尘、温度与湿度、腐蚀和电磁干扰等。

1）机房卫生环境

灰尘是计算机和网络部件的杀手。主要表现如下：如果硬盘被灰尘侵蚀，会造成磁盘或磁头损害，甚至数据丢失；主板集成电路若落满灰尘，在潮湿季节可能造成芯片老化或损害，甚至造成开路。

2）机房温度和湿度的环境

通常开机时机房温度要求在15～30℃，停机时机房温度要求是5～35℃。所以，机房一般都必须安装空调，而且通风良好；如果没有条件安装空调必须采用电扇降温。同样，湿度过高容易产生静电感应，对设备造成静电干扰以致产生故障；湿度过低会造成引脚之间漏电。依据国家标准，一般湿度保持在20%～80%就可以维持计算机网络系统的正常运行。

3）系统防电磁辐射的环境

电磁辐射对计算机网络系统的影响通常包括电磁干扰和射频干扰。外部强电设备的启动、停止所产生的脉冲干扰，计算机内部以及静电放电都会产生电磁干扰。机房附近的通信电台、可控硅的开启和关闭和电源系统的射频传导则是射频干扰的主要来源。

严重的电磁干扰会导致网络系统瘫痪,会破坏硬盘上的数据,会造成网络控制系统出错,控制失灵。任何无线电杂波干扰应低于0.5V,否则需要采取电磁屏蔽等措施使之达到该要求。

为了计算机机房设备的安全以及工作人员的人身安全,应保持室内空气的新鲜。通常在机房还需要安装如下设备:紫外线杀菌灯、灭火设备、去湿设备、监控系统等。

3. 机房空调容量设计

计算机机房环境调节的重点是降温去湿或加温加湿,这可借助空调来实现。因机房大小不同,因此选择空调时需要对空调容量进行计算。

设计空调容量时,通常需要考虑设备发热量、机房照明的发热量、机房人员的发热量、机房外围结构和空气流通等因素,在这些因素的基础上合理选择空调。通常的计算方法为$K=(100\sim300)\times\sum S$(大卡),其中,$K$为空调容量,$\sum S$为机房面积。

8.6.4 供电系统设计

计算机网络系统的供电设计既要满足供电的可靠性、维修方便性和运行的安全性要求,又能够满足供电系统的投资少、效益高的要求。

国家电力部门对工业企业电力负荷进行了等级划分,依据用电设备的可靠性程度通常分为三级。所谓一级负荷,就是要建立不停电系统,采用一类供电;二级负荷,需要建立带有备用供电系统的二类供电;三级负荷就是普通用户的供电系统,即三类电。无论哪种供电负荷,都要保证不间断供电。在实际网络设计中,多采用两路供电系统,如一路为UPS供电。

供电系统负荷计算通常使用实测法和估算法。实测法是相电流和相电压的两倍(负载为二相)或三倍(负载为三相)作为负载功率。估算法是将所有各个单项负载功率加起来,用所得到的和再乘以一个保险系数(通常设为1.3)作为总的负载功率。

目前,我国低电压供电系统的标准采用的是三相四线制,即相电压与频率相同,而相位不同的供电系统。三相额定电压为380V,单相额定电压为220V,频率为50Hz。设计配电系统时,进入机房的供电系统如果是三相电,则必须是三相四线制形式;如果采用单相供电,则必须是单相二线制形式。

机房通常采用市电直接供电、UPS系统供电和综合供电方式。企业网络核心机房通常采用市电和UPS结合的综合供电方式。同样,在设计供电系统时,要注意用电设备过载;注意电气保护措施及其电力线和电源插座的安装等安全。同时也要特别关注电网电压不稳、电源系统接地等设计。

8.7 网络工程监理

计算机系统及网络工程建设从规划、设计、施工建设、安装调试到运行维护是一项系统工程,需要投入大量的人力、物力、财力,但多年来存在着投资不少、收效不大的问题。这其中的原因很多。

(1) 计算机系统及网络工程建设市场不规范,竞争无序,缺乏有效的管理。

(2) 计算机系统及网络工程建设的项目承建方在技术实力、管理水平等方面参差不齐，加之缺少必要的监督，往往造成低劣工程，用户满意度不高，同时也浪费了人力、财力等其他资源。如高校为了节省成本，在校园网建设时使用了一些劣质设备，使系统在运行中出现了很多问题，造成了很多不便与损失。

(3) 计算机系统及网络工程建设的项目投资方缺少既了解计算机知识又懂业务的复合型人才，对这一系统工程建设缺乏应有的了解，使投资方与建设方的交互不充分，可能导致建成后的系统不能满足用户的要求。

因此，把监理机制引入到计算机系统及网络工程的建设中去势在必行。监理单位作为第三方，独立于投资方与承建方，可以起到监督、协调、仲裁等作用，从而有助于保障工程建设的质量、进度和投资。

8.7.1 网络工程监理的主要内容

1. 把好工程质量关

对工程的每一环节质量把关，例如从下面的工程环节着手。

(1) 集成方案是否合理，所选设备规格、软件功能、布线结构等能否达到用户要求。

(2) 基础建设是否完整，布线质量、设备性能是否合格，有关资料、证书是否齐全。

(3) 信息系统硬件平台环境是否合理，可扩充性如何，软件平台是否统一合理。

(4) 应用软件能否实现相应功能，是否便于使用、管理和维护。

(5) 培训教材、时间、内容是否合适。

(6) 验收前文件是否准确、完整。

2. 帮助用户控制工程进度

帮助用户掌握工程进度，按期分段对工程验收，在保证工程质量的前提下，督促乙方根据合同要求按时完成。

3. 帮助用户做好各项测试工作

严格遵循相关标准，对信息系统进行包括布线、网络等各方面的测试工作。在监理过程中，及时发现网络系统在集成过程中存在的技术问题，减少工程返工量，密切协调用户与集成商的关系，与甲乙双方充分合作，共同如期完成网络系统工程。

8.7.2 网络工程监理实施步骤

根据以往的经验，将网络工程监理的实施步骤划分为合同签订阶段、综合布线建设阶段、网络系统集成阶段、验收阶段和保修阶段共5个阶段。

1. 合同签订阶段

1) 综合布线需求分析

对甲方实施综合布线的相关建筑物进行实地考察，由甲方提供建筑工程图，了解相关建筑物的建筑结构，分析施工需要解决的问题和达到的要求；需了解的其他数据包括：中心机房的位置、信息点数、信息点与中心机房的最远距离、电力系统供应状况、建筑接地情况等。

2) 网络系统集成应用需求分析

了解甲方的网络应用和整体投资概况等；了解甲方数据量的大小、数据的重要程度、网络应用的安全性、实时性及可靠性等要求。

3) 了解乙方的网络系统集成方案和功能

主要涉及硬件与软件,其硬件包括:网络物理结构拓扑图、网络系统平台选型、网络基本应用平台选型、网络设备选型、网络服务器选型以及系统设备报价等。衡量乙方的方案是否满足甲方的需求。

4) 确定验收标准

协助甲方签订网络系统建设项目合同,以达到招、投标书的要求。

2. 综合布线建设阶段

(1) 审核综合布线系统设计、施工单位与人员的资质是否符合合同要求。

(2) 网络综合布线系统材料验收。

(3) 综合布线系统进度考核。

(4) 督促施工单位进行网络布线测试,根据测试结果,判定网络布线系统施工是否合格,若合格则继续履行合同;若不合格,则敦促施工单位根据测试情况进行修正,直至测试达标。

(5) 根据合同进行网络综合布线系统验收,包括布线系统文档。

(6) 布线项目验收后,敦促用户按照合同付款。

3. 网络系统集成阶段

(1) 审核网络系统集成的设计、实施单位与人员的资质是否符合合同要求。

(2) 网络设备及系统软件验收,包括:装箱单、保修单、配置情况、设备产地证明、系统软件的合法性、网络设备加电试机等。

(3) 监督实施进度,根据实际情况,协调业主与系统集成商之间的问题,设法促成工程如期进行。

(4) 督促施工单位进行网络系统集成性能测试,对存在的问题,督促系统集成商及时解决。

(5) 督促施工单位网络应用测试。包括:网络应用软件配置是否合理、各种网络服务是否实现、网络安全性及可靠性是否符合合同要求等,并敦促系统集成商按合同要求认真、及时解决。

4. 验收阶段

(1) 网络系统集成验收。

协助用户组织验收工作,包括验收委员会的成立、各验收参数的确定和审核验收技术资格等;验收主要包括:合同履行情况、网络系统是否达到预期效果、各种技术文档等。

(2) 项目验收后,敦促用户按照合同付款。

5. 保修阶段

本阶段主要完成可能出现的质量问题的协调工作。

(1) 定期走访用户,检查网络系统运行状况。

(2) 出现质量问题,确定责任方,敦促其及时解决。

(3) 保修期结束,与用户商谈监理结束事宜。

8.7.3 网络工程监理依据

1. 综合布线监理依据

1) 国家和行业标准

(1) 中华人民共和国标准 GB 50174—1993 电子计算机机房设计规范。

(2) 中华人民共和国标准 GB 2887—1989 计算站场地技术条件。

(3) 中华人民共和国标准 GB 9254—1998 信息技术设备的无线电干扰极限值和测量方法。

(4) 中华人民共和国标准 GB/T 50311—2000 建筑与建筑群综合布线系统工程设计规范。

(5) 中华人民共和国标准 GB/T 50312—2000 建筑与建筑群综合布线系统工程施工和验收规范。

(6) 中华人民共和国标准 GB/T 50314—2000 智能建筑设计标准。

2) 国家、地方法规和双方文件

(1) 中华人民共和国合同法。

(2) 工程监理委托合同书。

(3) 业主和承包方的合同书。

2. 网络系统集成监理依据

1) 国家和行业标准

(1) IEEE 802.3 快速以太网标准规范。

(2) IEEE 802.3 千兆以太网标准规范。

(3) ANSI X3T9.5 光纤分布式数据接口标准规范。

(4) 中华人民共和国标准 GB 9254—1998 信息技术设备的无线电干扰极限值和测量方法。

2) 国家、地方法规和双方文件

(1) 中华人民共和国计算机信息网络国际联网管理暂行规定。

(2) 中华人民共和国合同法。

(3) 工程监理委托合同书。

(4) 业主和承包方的合同书。

(5) 与项目有关的技术文件(可行性方案等)。

8.7.4 网络工程监理组织结构

监理单位委派总监理工程师、监理工程师、监理人员,并且向业主方通报,明确各工作人员职责,分工合理,组织运转科学有效。

1. 总监理工程师

负责协调各方面关系,组织监理工作,定期检查监理工作的进展情况,并且针对监理过程中的工作问题提出指导性意见。审查施工方提供的需求分析、系统分析、网络设计等重要文档,并提出改进意见。组织甲乙双方重大争议纠纷,协调双方关系,针对施工中的重大失误签署返工令。

2. 监理工程师

接受总监理工程师的领导,负责协调各方面的日常事务,具体负责监理工作,审核施工方需要按照合同提交的网络工程、软件文档,检查施工方工程进度与计划是否吻合,主持甲乙双方的争议解决,针对施工中的问题进行检查和督导,起到解决问题、正常工作的目的。监理工程师有权向总监理工程师提出合理化建议,并且在工程的每个阶段向总监理工程师提交监理报告,使总监理工程师及时了解工作进展情况。

3. 监理人员

负责具体的监理工作,接受监理工程师的领导,负责具体硬件设备验收、具体布线、网络施工督导,并且每个监理日编写监理日志向监理工程师汇报。

8.8 局域网设计方案的撰写

8.8.1 网络实验室方案的撰写

为新建的网络实验室设计局域网,进行网络实验室的网络需求分析(如80台计算机,每40台一个VLAN,每10台PC连接到百兆交换机上,交换机之间互连。VLAN间通信通过三层交换机,80台计算机共享如FTP、代理、WWW服务等。通过三层交换机的上端千兆口连接到网络中心,通过网络中心实现外网的连接)。给出设计方案和二层、三层交换机上的典型配置(如单臂路由、地址划分)。

1. 需求分析

满足各个VLAN在较短时间内(如5s内)访问FTP、代理和WWW服务,因此需要对网络应用需求进行分析(如给出吞吐量、利用率、响应时间等性能指标),给出网络应用技术需求表。

2. 给出网络拓扑图

利用Visio绘图工具给出网络实验室设计方案的拓扑图。建议为了提高可靠性和可用性,可以在两台交换机间设置Trunk;服务器建议设置在三层交换机上,以便提高访问速度和充分利用带宽等。

3. 给出详细的设计方案

(1) 服务器设计:给出FTP、代理、WWW服务的配置。

(2) 交换机设计与配置:给出VLAN、Trunk、单臂路由的配置。

(3) 可靠性和可用性设计:服务器放置在三层交换机上,为了提高端口访问服务器的带宽,可采用端口聚合技术。

8.8.2 可靠、安全网络实验室方案的撰写

在网络实验室方案设计的基础之上,满足以下要求。

(1) 网络实验室办公楼到网络中心办公楼要求具备高传输速率,而且要求高可靠性。

(2) 采用千兆到交换机,百兆到桌面的传输方案。

(3) 采用双交换机互为高速备份的联网方案,采用服务器间的数据备份。

(4) 通过设置DMZ确保代理、FTP、WWW服务器的安全。其中只允许外网访问WWW服务器。

1. 需求分析

冗余设计确保可靠性;链接聚合技术确保可用性;数据备份、异地互为备份确保安全性;生成树协议确保可用性等。

2. 给出网络拓扑图

利用Visio绘图工具给出可靠、安全网络实验室设计方案的拓扑图。建议为了提高交

换机的可靠性和可用性，可采用双交换机联网到网络中心的方案；为提高速度和可用性，三层交换机采用 UPS 供电和端口链路聚合技术，服务器建议设置在三层交换机上，以便提高访问速度和充分利用带宽等，同时提供数据备份。

3. 给出详细的设计方案

(1) 服务器安全设计。

(2) 交换机设计与配置。

(3) DMZ 的设计、防火墙的配置(可通过 ACL 实现)。

8.8.3 校园网方案的撰写

校园网设计应满足以下要求。

(1) 学校具有 18 个学院，三个校区，其中，网络中心、亚太、国教位于北区，软件学院位于西区，其余学院位于南区。

(2) 网络中心向外提供各种标准化、信息化的服务，各个学院也自行向互联网发布学院信息并负责自己学院的信息服务，每个学院拥有约 1500 台 PC。

(3) 学校从 CERNET 申请一段 IPv4 地址 202.196.0.0/18，从 CNC 申请一段 IPv4 地址 125.10.0.0/21。

(4) 采用三层结构设计校园网，选用万兆以太网连接三个校区作为高速主干；采用千兆以太网作为各园区的主干，形成大学校园网的汇集层，选用百兆以太网作为接入层。

(5) 校园网与因特网具有统一接口，即通过千兆以太网接入 CERNET 和 CNC。

1. 需求分析

(1) 地址较少，人数太多，因此考虑使用私有地址和 NAT。

(2) 每一个学院分配两个 C 类 CERNET 地址，其余归网络中心分配使用；每个学院分配一个/26 的 CNC 地址，其余归网络中心分配使用，因此需要考虑 VLSM 技术方案。

(3) 采用主流以太网技术；选用万兆交换机；采用 OSPF 路由协议，采用 SNMP 网络管理协议。

2. 给出网络拓扑图

利用 Visio 绘图工具给出方案的拓扑图，给出 DMZ。

3. 给出详细的设计方案

(1) IP 地址设计方案。

(2) NAT 地址转换设计。

(3) OSPF 设计。

(4) 核心网采用万兆交换机间采用 VTP，互相设置 Trunk。

(5) 各学院划分 VLAN。

小　结

网络工程就是用系统集成方法建成计算机网络工作的集合。系统集成步骤主要包括选择系统集成商、用户需求分析、逻辑网络设计、物理网络设计、网络安全设计、系统安装与调试、系统测试与验收和用户培训和系统维护。

用户需求分析主要包括网络的应用目标分析、网络的应用约束分析、网络技术目标分析、网络性能分析和网络的通信特征分析。

逻辑网络设计包括网络拓扑结构设计、IP地址和命名设计、VLAN设计、交换和路由协议选择、互联网接入设计、安全设计、网络管理设计、无线网络设计、存储规划设计、数据备份设计、网络可靠性设计、数据中心设计和虚拟化设计。

网络物理设计主要包括结构化布线系统设计、网络设备选择、网络机房设计和供电系统设计。

网络工程监理主要包括监理内容、实施步骤、监理依据和监理组织结构。最后给出三个典型的局域网设计方案的撰写案例。

习题与实践

1. 习题

(1) 自顶向下网络设计方法的主要网络设计阶段有哪些?

(2) 为什么了解客户的商业特点很重要?

(3) 目前公司都有哪些商业目标?

(4) 目前商业组织机构的典型技术目标有哪些?

(5) 如何区分带宽和吞吐量?

(6) 如何提高网络效率?

(7) 为提高网络效率必须进行哪些折中?

(8) 哪些因素能帮助你确定现有互联网是否可以支持新的功能?

(9) 当考虑协议行为时,相对网络利用率与绝对网络利用率有何区别?

(10) 为什么描述互联网的物理结构后,还需要描述网络的逻辑结构?

(11) 安装新的无线网络时,需要考虑哪些建筑和环境因素?

(12) 列出并描述6种不同类型的通信流量。

(13) 为什么网络设计中层次化和模块化很重要?

(14) 为什么结构化地址分配和命名很重要?

(15) 相对于公共地址,何时最适合使用私有IP地址?

(16) 何时使用静态地址,何时使用动态地址?

(17) 将网络升级为IPv6的几种方法是什么?

(18) 下面的网络号码是在一个分办公室定义的,它们能被汇聚吗?

10.108.48.0,10.108.49.0,10.108.50.0,10.108.51.0

10.108.52.0,10.108.53.0,10.108.54.0,10.108.55.0

(19) 哪些因素可以决定最适合客户的距离矢量或链路状态路由?

(20) 哪些因素可以帮助你选择详细而明确的路由协议?

(21) 为什么网络管理设计很重要?

(22) 根据ISO列出定义网络管理进程的5种类型。

(23) 无线局域网主要使用哪些协议保证安全?

(24) 简述无线局域网的组网工作过程。

(25) 为什么需要网络工程监理？其主要内容是什么？

(26) 网络工程监理5个阶段的主要内容是什么？

(27) 给出最新的网络工程监理依据。

(28) 给出存储区域网络SAN的分类及其特点。

(29) 简述二层、三层典型的网络可靠性技术有哪些？

(30) 什么是虚拟化？虚拟化和云计算的关系是什么？

2. 实验题

完善8.8节中的三种网络设计方案，并撰写实验报告。

第9章　局域网解决方案案例

本章学习目标

- 掌握以校园网为代表的局域网的规划与设计步骤；
- 掌握校园网规划与设计方案的撰写；
- 理解企业网与校园网的区别与联系；
- 掌握企业网规划与设计步骤；
- 掌握基于等级保护的网络安全规划与设计步骤；
- 掌握无线局域网规划与设计步骤；
- 掌握数据中心的规划与设计步骤。

9.1　校园网解决方案案例

本节的目标是向读者介绍如何利用局域网规划与设计的方法，撰写一个校园网设计方案。案例是基于一个真实的网络设计，为了保护客户的隐私和客户网络的安全，同时为了使得案例简单易懂，作者对案例的一些地方进行了改动或者简化。

9.1.1　校园网背景

学校现有教职工 1500 人，各类在校生 15 000 余人，每年以 5%比例增长。校园占地 1460 亩，分为南区、北区和西区三个校区，18 个学院分布在三个校区。本方案针对北区部分，现北区拥有行政、教学、实验综合楼两栋、教学楼一栋、图书馆楼一栋、后勤及工会混合楼一栋、家属院楼 4 栋、学生宿舍楼 6 栋。

由于入学率的增加和应用需求带宽的激增，导致现有网络存在性能、可用性、可靠性等问题。网络中心 6 名管理人员和若干兼职学生从事管理维护学生工作。因外来访问者、学生不经过认证就可以轻而易举访问无线网络，因此无线接入点成为网络中心和各学院争议的焦点。

9.1.2　需求分析

1. 商业目标分析

(1) 在未来的三年中，将损耗从 30%降低到 5%。

(2) 提高教师的效率，允许教师和其他学院的同仁一起参与更多的项目研究。

(3) 提高学生提交作业、选课、成绩查询效率。

(4) 允许学生使用他们的无线笔记本访问园区网络和因特网。

(5) 允许访问者使用他们的无线笔记本从园区网络访问互连网络。

(6) 保护网络防止入侵。

(7) 提高关键任务应用程序和数据的安全性和可靠性。

2. 技术目标分析

(1) 重新设计 IP 地址规划。

(2) 增加已有因特网接入带宽,以支持新的应用和现有应用的扩展。

(3) 为学生提供一个安全、私密的无线网络用于访问园区网络和因特网。

(4) 提供一个响应时间大约为 1/10 秒的网络。

(5) 网络的可靠性大约为 99.90%,MTBF 为 3000 个小时,MTTR 为 3 个小时。

(6) 提高安全性,保护因特网连接和内部网络,防止入侵。

(7) 使用网络管理工具,提高 IT 部门的效率和效果。

(8) 网络具有良好的可扩展性,可以在将来支持多媒体应用。

3. 网络应用分析

如表 9-1 所示为该校园网典型网络应用分析表。

表 9-1 校园网典型网络应用

应用名称	应用类型	新应用	重要性	备注
电子邮件	电子邮件	否	√	
FTP	文件共享	否	√	
主页	Web 浏览	否	√	
图书馆	数据库访问	否	√	
认证计费	认证计费	否	√	
网络维护	网上报修	否		
论坛	讨论交流	否	√	
远程教育	远程教育	否	√	
VoIP 语音电话	IP 电话	是		①
无线网络	无线网络	是		②
视频点播	视频点播	否		
视频会议	流媒体	是		
网上课堂	网上教学	否		
远程接入	VPN	否	√	③
安全更新	安全	否		
部门域名	域名服务	否	√	
校内代理	代理服务	是		④
办公自动化	OA	否	√	⑤

注:

① 将模拟声音信号数字化,以数据封包的形式在 IP 数据网络上实时传递,其最大优势是能广泛采用 Internet 和全球 IP 互联的环境,提供比传统业务更多更好的服务。

② 截至目前,我国已经有 15.1%的高校建有无线校园网,但绝大多数都属于实验性质,并没有广泛开放给学生使用。同时有 36.2%的高校计划建设无线校园网,两项合计达到了 51.3%。该校目前仍处于实验阶段。

③ 虚拟专用网络。

④ 指那些自己不能执行某种操作的计算机,通过一台服务器来执行该操作,可实现网络的安全过滤、流量控制、用户管理等功能。

⑤ 功能强大的 OA 和邮件系统,可以为每个使用者建立自己的信箱和 OA 账号,既安全保密又极大地方便了通信。许多事务处理均可以通过邮件和 OA 提醒,高效便利。

4. 用户团体分析

如表9-2所示为该校园网典型用户团体分析表。

表9-2 校园网用户团体表

用户团体名字	用户数	团体应用
1号学生宿舍	1300①	网页浏览,文件下载,认证计费
2号学生宿舍	1000	网页浏览,文件下载,认证计费
3号学生宿舍	700	网页浏览,文件下载,认证计费
4号学生宿舍	700	网页浏览,文件下载,认证计费
5号学生宿舍	1300	网页浏览,文件下载,认证计费
6号学生宿舍	600	网页浏览,文件下载,认证计费
基础实验楼	300	网页浏览,文件下载
主教楼	100	网页浏览,文件下载
东教学楼	20	网页浏览,文件下载
图书馆	100	网页浏览,文件下载,数据库管理
家属院	400	网页浏览,文件下载
后勤服务总公司	30	网页浏览,文件下载

注:①通常情况,8人间宿舍有4个接入点,6人间和4人间均为2个接入点。

5. 数据存储位置

如表9-3所示为该校园网典型数据存储表。

表9-3 校园网数据存储位置表

数据存储	位置	应用	团体
图书馆藏书目录	图书馆服务器集群	图书馆藏书目录	所有
Web服务器	网络中心服务器集群	Web站点主机	所有
E-mail服务器	网络中心服务器集群	电子邮件	所有
FTP服务器	网络中心服务器集群	文件下载	所有
DHCP服务器	计算中心服务集群	编址	所有
网络管理服务器	计算中心服务集群	网络管理	管理部门
DNS服务器	计算中心服务集群	命名	所有

9.1.3 现有网络特征

1. 现有网络概括和拓扑

核心层是一台8512三层交换机,通过多模光纤连接到计算机中心、图书馆、主教楼、基础实验楼和东教楼,各个宿舍楼经过7606汇聚后连接到8512上。

同时在路由器上拿出一个端口接到DMZ,防火墙提供校园网的WWW、DNS、电子邮件等服务;SAM和DHCP服务器也连到7606上,提供各个宿舍楼的动态地址分配和上网计费功能。边界路由通过CERNRT(中国教育科研网)和两根网通的线连接到Internet上。在边界路由NET40和所有的三层交换机上配置OSPF路由协议;在边界路由上配置NAT做地址转换;在核心交换机8512上划分VLAN对全院VLAN进行管理。每个楼宇上的三层交换机同样划分VLAN。该校北区网络拓扑如图9-1所示。

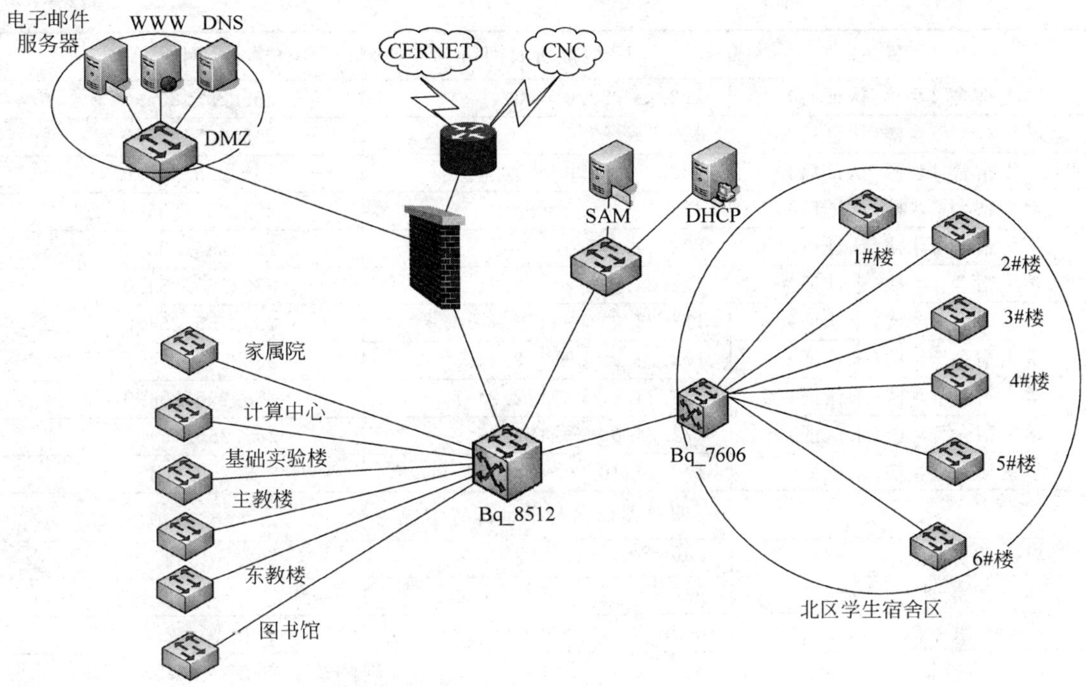

图 9-1 某校北区网络拓扑图

2. 地址和命名

由于学校上网人数比较多，各个部门和楼宇之间又处在不同的 VLAN 中，C 类的 IP 地址不能够满足上网的需求，所以校园网内部一部分采用了公有地址，而另一部分采用了 RFC1918 中规定的私有地址段，这些私有地址不能访问外部网络，但是可以访问校园网，必须经过路由将私有地址转换成公有地址才能出网。

学生宿舍楼采用了私有地址转换成公有地址的方案，使用 DHCP 服务器和 RAIDUS 服务器结合的技术，只有通过 RAIDUS 认证服务器认证后的用户 DHCP 服务器才能给他分配公有 IP 地址，没有通过认证的只能分配私有地址，私有地址采用了子网划分，从 172 的 B 类地址借 7 位主机位作为子网地址位，从而每个楼宇可以分配 512 个私有地址。

计算机中心、图书馆以及其他部门分配了固定的共有 IP 地址，可以直接访问 Internet。如表 9-4 所示为北区各部门、学生宿舍楼 IP 地址配置情况和常见服务器的命名与地址配置。

表 9-4 某高校校园网地址和命名清单

部门名称	IP 地址所属网络	子网掩码
基础实验楼网络中心	202. *.32.0	255.255.255.0
主教楼	202. *.34.0	255.255.255.0
基础实验楼	202. *.35.0	255.255.255.0
基础实验楼	202. *.43.0	255.255.255.0
南区教师楼	202. *.46.0	255.255.255.0
学生宿舍 1#楼(认证后)	222. *.81.0	255.255.255.0

续表

部门名称	IP地址所属网络	子网掩码
学生宿舍2#楼(认证后)	222. *.82.0	255.255.255.0
学生宿舍3#楼(认证后)	222. *.83.0	255.255.255.0
学生宿舍4#楼(认证后)	222. *.84.0	255.255.255.0
学生宿舍5#楼(认证后)	222. *.85.0	255.255.255.0
学生宿舍6#楼(认证后)	222. *.86.0	255.255.255.0
学生宿舍1#楼(未认证)	172.24.0.*～172.24.1.*	255.255.254.0
学生宿舍2#楼(未认证)	172.24.2.*～172.24.3.*	255.255.254.0
学生宿舍3#楼(未认证)	172.24.4.*～172.24.5.*	255.255.254.0
学生宿舍4#楼(未认证)	172.24.6.*～172.24.7.*	255.255.254.0
学生宿舍5#楼(未认证)	172.24.8.*～172.24.9.*	255.255.254.0
学生宿舍6#楼(未认证)	172.24.10.*～172.24.11.*	255.255.254.0
服务器命名与地址配置情况		
Web服务器	www	202. *.32.7/24
DNS服务器	dns	202. *.32.1/24
E-mail服务器	mail	202. *.32.50/24
NAT服务器	nat	202. *.32.110/24
DHCP服务器	dhcp	10.10.10.252/24

3. 现有网络采用的布线和介质

在核心的主干网上采用了千兆光纤，从网络中心到各个楼宇之间采用千兆光纤的多模光纤，每栋楼宇内部采用超5类双绞线连接到桌面，可提供百兆的带宽。如表9-5所示为所采用的光纤类型。

表9-5　某校建筑物之间所采用的光纤类型

建筑物	建筑物间距离/m	光纤类型
亚太八楼到家属楼	260	AMP 6芯光纤(50/125)
亚太八楼到图书馆	100	AMP 4芯光纤(62.5/125)
亚太八楼到主教楼	100	AMP 4芯光纤(62.5/125)
亚太八楼到1#宿舍	160	AMP 6芯光纤(50/125)
亚太八楼到2#宿舍	260	AMP 6芯光纤(50/125)
亚太八楼到3#宿舍	220	AMP 6芯光纤(50/125)
亚太八楼到4#宿舍	260	AMP 6芯光纤(50/125)
亚太八楼到5#宿舍	160	AMP 4芯光纤(62.5/125)
亚太八楼到6#宿舍	100	AMP 4芯光纤(62.5/125)

在双绞线的选取上，交换机之间采用TCL PC101004，交换机到主机间采用FS-HSYV5e(UTP)。

4. 建筑物之间的距离和环境因素

校园内各个建筑物采用的是光纤连接，而这里只以建筑物之间的实际距离为准，包括建筑物之间的水平距离和垂直距离。水平距离是就是建筑物之间水平相距多远，如基础实验楼到综合楼大概是 50m。垂直距离是某一建筑物的一楼到顶楼之间的距离，如基础实验楼一楼到九楼的垂直距离大概是 24m，如表 9-6 和表 9-7 所示。

表 9-6　建筑物垂直距离表

建　筑　物	垂直距离
基础实验楼	约 23m
综合楼	约 13m
教学楼	约 10m
图书馆	约 10m
1＃学生宿舍楼	约 15m
2＃学生宿舍楼	约 13m
3＃学生宿舍楼	约 15m
4＃学生宿舍楼	约 15m
5＃学生宿舍楼	约 15m
6＃学生宿舍楼	约 7.5m
后勤工会混合楼	约 10m
1＃教师家属楼	约 17.5m
2＃教师家属楼	约 17.5m
3＃教师家属楼	约 17.5m
4＃教师家属楼	约 17.5m

表 9-7　建筑物水平距离表

建　筑　物	水平距离
基础实验楼到综合楼	约 50m
基础实验楼到教学楼	约 30m
基础实验楼到图书馆	约 45m
基础实验楼到 1＃学生宿舍楼	约 150m
基础实验楼到 2＃学生宿舍楼	约 300m
基础实验楼到 3＃学生宿舍楼	约 75m
基础实验楼到 4＃学生宿舍楼	约 85m
基础实验楼到 5＃学生宿舍楼	约 60m
基础实验楼到 6＃学生宿舍楼	约 70m
基础实验楼到后勤工会混合楼	约 200m
基础实验楼到 1＃教师家属楼	约 250m
基础实验楼到 2＃教师家属楼	约 250m
基础实验楼到 3＃教师家属楼	约 260m
基础实验楼到 4＃教师家属楼	约 260m

5. 现有网络的性能参数

1）带宽

从网络中心到各个楼宇均铺设了多模光纤，带宽可以达到千兆每秒，各楼层到桌面采用的是超 5 类双绞线，带宽在百兆左右。

2）吞吐量

在网络高峰期，例如中午 12:00 左右和晚上 21:00 左右，上网人数比较多，发生冲突的可能性达到 10%，这样吞吐量＝90%×G(网络负载)，其他时间的吞吐量几乎等于网络负载。

3）丢包率

在网络无拥塞的时候，路径丢包率为 0，轻度拥塞时丢包率为 1%～4%，严重拥塞时丢包率为 5%～15%。

4）可用性

以边界路由 NE40 为例计算设备可用性，如表 9-8 所示为各数据。

表 9-8　设备可用性清单

	平均故障间隔时间/h	平均修复时间/h
第一次故障	5000	5
第二次故障	10 000	8
第三次故障	6000	3
平均时间	7000	5.33

可用性＝7000/(5.33＋7000)＝99.9％。

5）主干网的流量负载

7606 到 8512 干线流量：最大约 800M，流量分布如下。

(1) 7606 到 1#楼：最大约 180M。

(2) 7606 到 2#楼：最大约 108M。

(3) 7606 到 3#楼：最大约 88M。

(4) 7606 到 4#楼：最大约 106M。

(5) 7606 到 5#楼：最大约 104M。

(6) 7606 到 6#楼：最大约 104M。

8512 到计算机中心流量：最大约 500M，流量分布如下。

(1) 8512 到图书馆流量：最大约 200M。

(2) 8512 到主教楼流量：最大约 200M。

(3) 8512 到基础实验楼流量：最大约 60M。

(4) 8512 到东教流量：最大约 40M。

6. 网络应用流量的特征

要分析现有网络流量，首先需确定子网边界，把网络分成几个易管理的域；其次确定工作组和数据的传输方式；最后通过网络流量基线对网络流量进行分析。

可以将现有校园网划分为综合楼、后勤部、家属院、教学区、宿舍区、图书馆和主区域。其物理区域和逻辑区域分别如图 9-2 和图 9-3 所示。

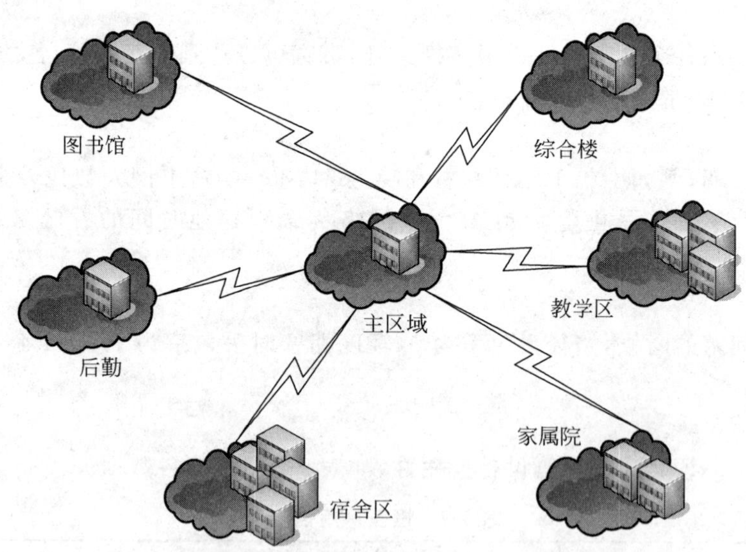

图 9-2　校园网物理网络区域图

工作组表的用户数量除学生宿舍是按照入住人数估测得来外，其他的基本上按照接入网节点个数而估测得来。表 9-9 中位置即是该工作组在网络拓扑图上的位置。

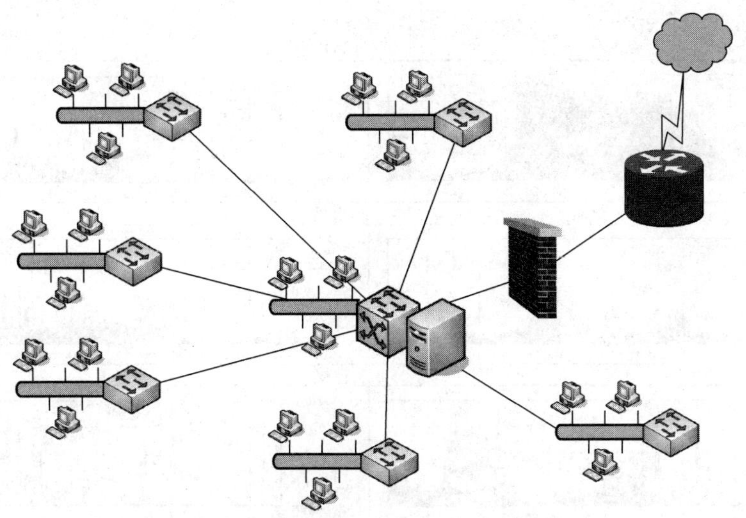

图 9-3　校园网逻辑网络区域图

表 9-9　校园网工作组表

名　　称	用户数量	位　　置	所使用的应用程序
基础实验楼	800	如图 9-2 所示的主区域	电子邮件、FTP、Web、数据存储与备份、计费
东教学楼	25	如图 9-2 所示的教学区	电子邮件、文件传输、Web
综合楼	600	如图 9-2 所示的综合楼	电子邮件、FTP、Web、数据存储与备份
图书馆	10	如图 9-2 所示的图书馆	电子邮件、文件传输、Web 浏览器、查询
学生宿舍楼	5160	如图 9-2 所示的宿舍区	电子邮件、文件传输、Web 浏览器、上网
后勤部	40	如图 9-2 所示的后勤部	计费、数据存储
家属院	2000	如图 9-2 所示的家属院	电子邮件、Web 浏览器、上网

针对上述区域给出该校园网关键设备某一天的流量特征，如图 9-4 所示。

防火墙用来保护内部安全，主要是通过访问控制来阻止外界对内部的访问，而内部对外部的访问一般默认允许，因此呈现出大量的数据流入，而只有相对极少数的数据流出。如图 9-5 所示为某周防火墙网络流量监控截图。

由于学校对学生宿舍的管理是每天 6:00～23:00 进行供电，所以校园网流量在 23:00 后呈现出突然下降状态，图 9-6 和图 9-7 分别是网络流量监控系统对管理学生宿舍总交换机的网络流量日截图和周截图。

由于学校 FTP、网络视频、在线电视直播均为单向向校内师生提供服务，所以呈现出只有大量数据流出，如图 9-8 所示为流量监控系统的流量截图。

7. 现有网络安全与网络管理

通过对网络流量做了简单的分析，发现 BT 和 ARP 攻击高峰期两类流量总和占 75% 左右。BT 下载是现在比较流行的下载方式，BT 是用多少带宽就有可能吃多少，这个也是运营商很争议的事情。ARP 攻击属于协议性攻击行为，通常因很多学生和教职工较少安装 ARP 防火墙之类的专防 ARP 的软件，并且较少定期更新系统漏洞等造成。BT 和 ARP 不仅影响网速，而且影响网络的可用性。

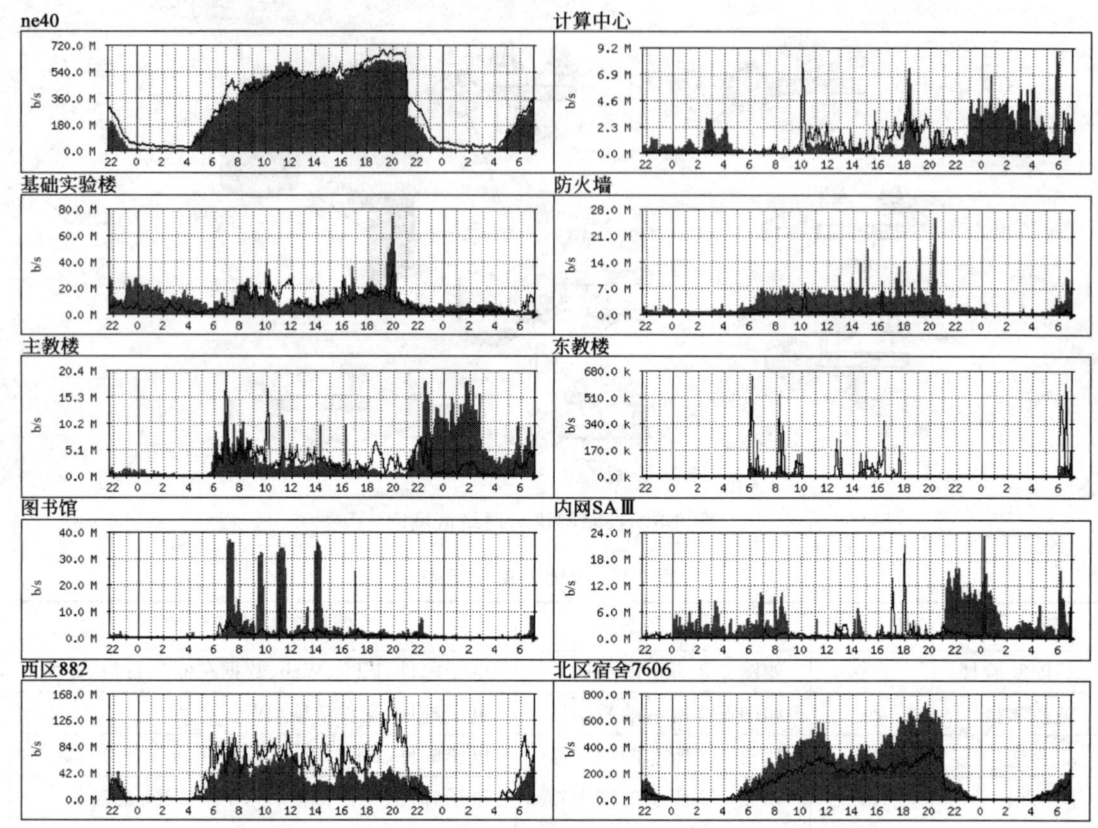

图 9-4　几个典型区域关键设备的某天流量特征

每周 图表(30min平均)

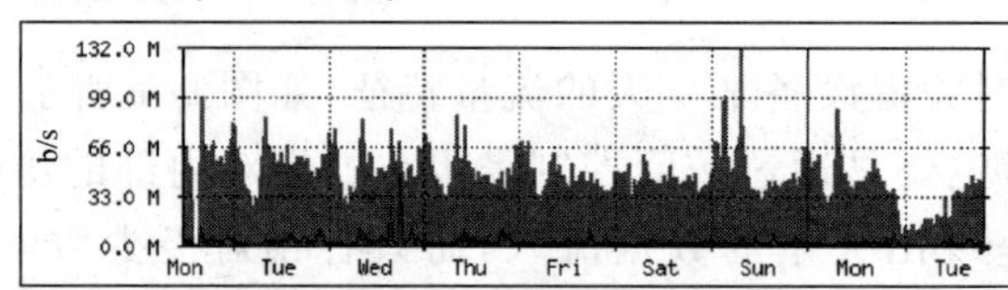

最大 流入:130.8 Mb/s(13.1%)　平均 流入:47.6 Mb/s(4.8%)　当前 流入:44.0 Mb/s(4.4%)
最大 流出:46.5 Mb/s(4.6%)　平均 流出:2983.7kb/s(0.3%)　当前 流出:3580.7kb/s(0.4%)

图 9-5　防火墙某周的流量特征

每日 图表(5min平均)

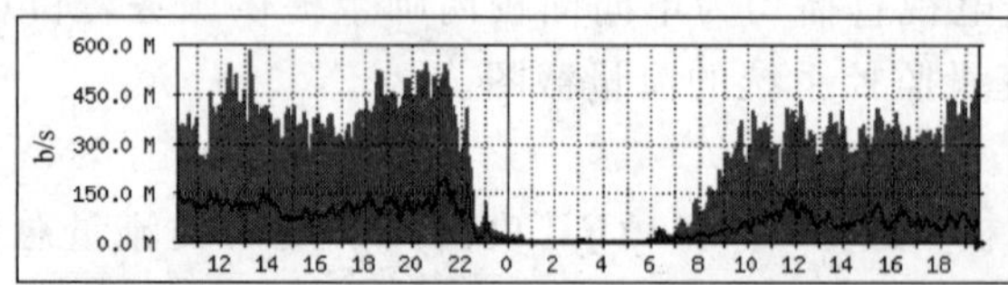

最大 流入:582.1Mb/s(58.2%)　平均 流入:262.4 Mb/s(26.2%)　当前 流入:498.1Mb/s(49.8%)
最大 流出:193.9Mb/s(19.4%)　平均 流出:65.4 Mb/s(6.5%)　当前 流出:75.1Mb/s(7.5%)

图 9-6　学生宿舍某天典型流量特征

每周 图表(30min平均)

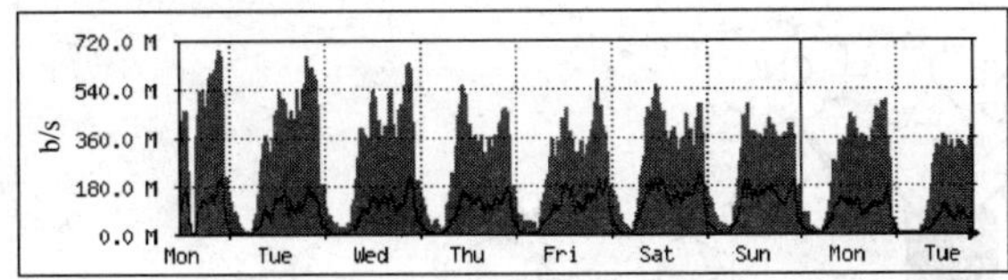

最大 流入:686.8 Mb/s(68.7%)　平均 流入:281.9 Mb/s(28.2%)　当前 流入:407.8 Mb/s(40.8%)
最大 流出:225.4 Mb/s(22.5%)　平均 流出:86.1 Mb/s(8.6%)　当前 流出:71.3 Mb/s(7.1%)

图 9-7　学生宿舍某周典型流量特征

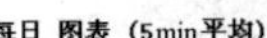

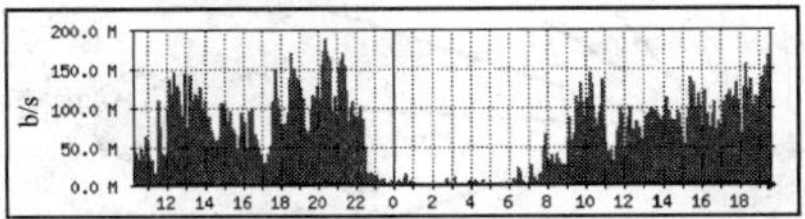

最大 流入: 188.6 Mb/s(9.4%) 平均 流入: 64.4 Mb/s(3.2%) 当前 流入: 148.9 Mb/s(7.4%)
最大 流出: 4574.0 kb/s(0.2%) 平均 流出: 1661.9 kb/s(0.1%) 当前 流出: 3410.9 kb/s(0.2%)

(a) 承担DVD服务的FTP流量特征

每日 图表 (5min平均)

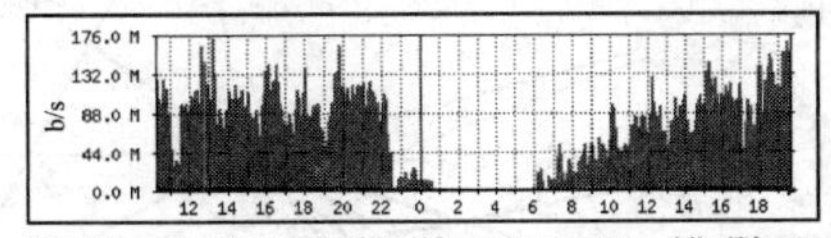

最大 流入: 172.6 Mb/s(8.6%) 平均 流入: 65.8 Mb/s(3.3%) 当前 流入: 113.2 Mb/s(5.7%)
最大 流出: 4308.2 kb/s(0.2%) 平均 流出: 1690.2 kb/s(0.1%) 当前 流出: 2649.5 kb/s(0.1%)

(b) 承担综合服务的FTP流量特征

每日 图表 (5min平均)

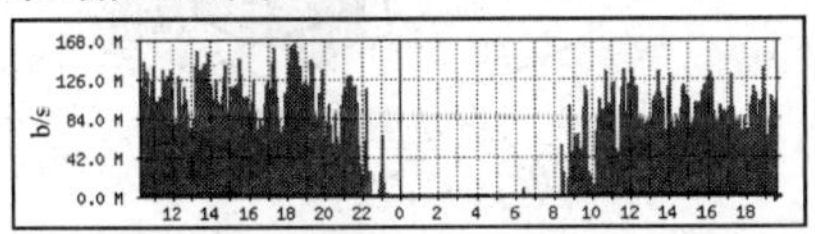

最大 流入: 165.6 Mb/s(8.3%) 平均 流入: 68.1 Mb/s(3.4%) 当前 流入: 102.9Mb/s (5.1%)
最大 流出: 4196.5 kb/s(0.2%) 平均 流出: 1860.7 kb/s(0.1%) 当前 流出: 2751.5kb/s (0.1%)

(c) 承担Movie服务的FTP流量特征

每日 图表 (5min平均)

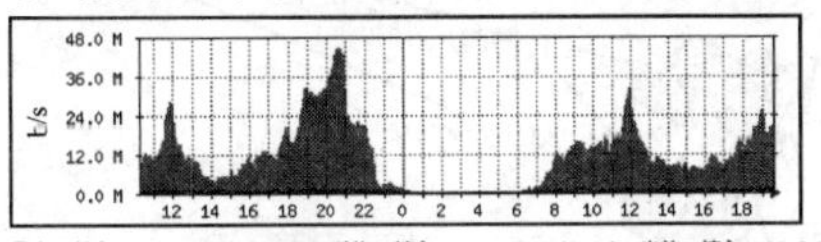

最大 流入: 45.0 Mb/s(2.3%) 平均 流入: 11.4 Mb/s(0.6%) 当前 流入: 20.8 Mb/s(1.0%)
最大 流出: 1645.6 kb/s(0.1%) 平均 流出: 688.0 kb/s(0.0%) 当前 流出: 757.5 kb/s(0.0%)

(d) 承担TV服务的流量特征

图 9-8　FTP 和 TV 服务的流量特征

为了最大可能地减少校外的攻击,给校内提供一个安全稳定的网络环境,要求学校在网络边界路由和核心层之间添加硬件防火墙。同时划分 VLAN 及应用 ACL。对安全性以及低广播风暴的要求,要求各个部门可单独划分 VLAN,各单位之间在未经授权的情况下,不能相互访问。对财务部、院领导部门等访问做特殊控制。同时尽量减少不正常的网络流量,如病毒的传播。

同时,学校目前一直使用 MRTG,进行各个交换机和路由器的流量实时监控,能及时反映出当前和平均的流量图。

学校采用锐捷计费系统,对使用 Internet 的用户进行自动计费。

9.1.4　网络逻辑设计

1. 网络拓扑结构设计

8512 核心交换机在整个校园网中占了主导地位,所以必须保证它的安全性和可靠性,在原有的拓扑基础上增加了一台 8512 核心交换机作为冗余设备,当其中一台出现故障时另一台可以继续工作,保证了网络的可靠性。同时还在每栋楼上增加了无线局域网的发射装置,提供了更多的网络接入点。主干线使用千兆光纤到各个楼宇。为了避免产生环路,在每个三层交换机上配置 STP,同时为了减轻 DHCP 服务器在整个校园网中的通信,安排各个学院各自在三层交换机上开启 DHCP。为了提高带宽,增加 CNC 带宽到 1000M,并实现负载平衡。所有三层交换机上运行 OSPF。如图 9-9 所示为改进后的网络拓扑图。

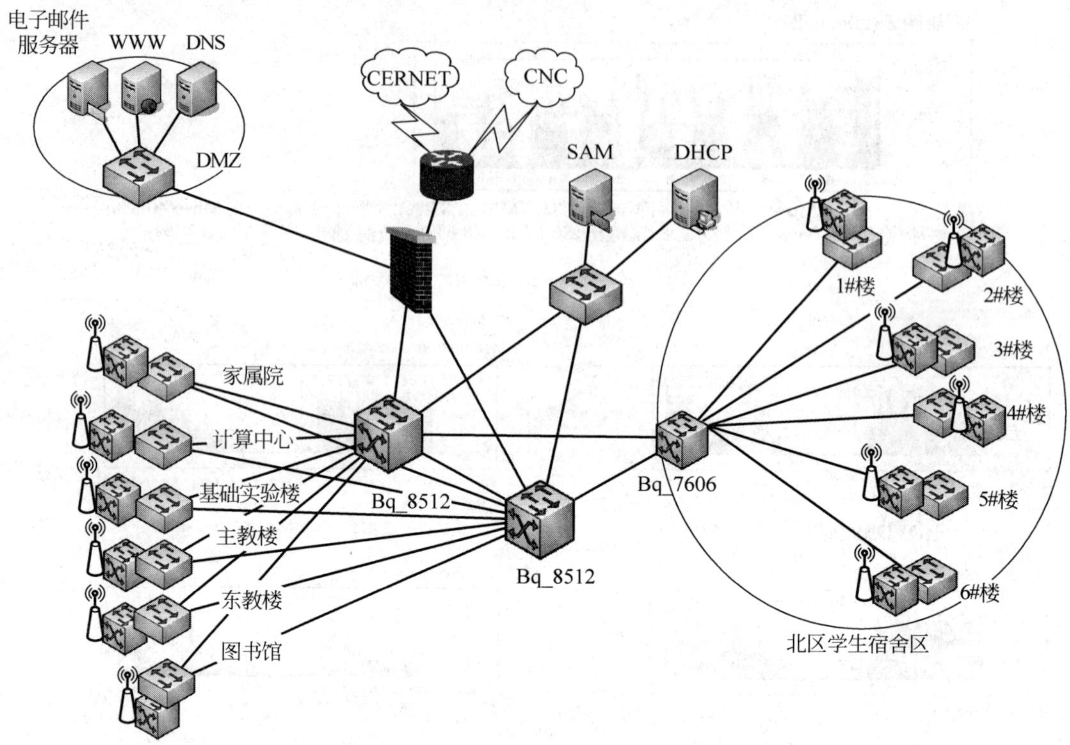

图 9-9 改进后具有核心层冗余和无线接入的校园拓扑图

2. IP 地址方案和 VLAN 的划分

每一个三层交换机的接口都对应一个 VLAN,每个宿舍楼的每一楼层的二层交换机又划分了不同的 VLAN,在 8512 上划分 VLAN。VLAN 配置清单如表 9-10 所示。

表 9-10 VLAN 的配置清单列表

端口	VLAN ID	说明
RG-S6810E(网管中心,核心交换机,网管 IP: 172.16.1.254/24)		
1～10	VLAN1	网管中心
11～20	VLAN2	连接到亚太实验楼交换机
21～35	VLAN3	连接到主教楼办公室交换机
36～44	VLAN4	连接到主教楼学生机主交换机上行端口
45～48	VLAN5	连接到东教楼交换机上行端口
49～55	VLAN6	连接到图书馆交换机上行端口
56～85	VLAN7～VLAN12	连接到宿舍楼交换机上行端口
86～99	VLAN13～VLAN16	连接到家属楼交换机上行端口

下面以宿舍楼为例给出 VLAN 连接和配置情况,如表 9-11 所示。

下面是各 VLAN 的 IP 地址划分和功能描述,如表 9-12 所示。

3. 互联网接入方案

学校采用了一根 CERNET(中国教育科研网)和两根 CNC 光纤接到 Internet 上,为了提高带宽,可以提高 CNC 带宽至 1000MB,从而快速满足广大师生的上网需求。

表 9-11　宿舍楼 VLAN 的配置清单列表

端　　口	VLAN ID	说　　明
STAR-S2126G/STAR-S2150G（宿舍楼，网管 IP：172.16.1.246）		
56～60(1 号楼)	VLAN6	连接到网管中心下行端口 2
61～65(2 号楼)	VLAN7	连接到网管中心下行端口 3
66～70(3 号楼)	VLAN8	连接到网管中心下行端口 4
71～75(4 号楼)	VLAN9	连接到网管中心下行端口 5
76～80(5 号楼)	VLAN10	连接到网管中心下行端口 6
81～85(6 号楼)	VLAN11	连接到网管中心下行端口 7

表 9-12　VLAN 地址配置清单列表

VLAN ID	网段 IP	网关 IP	描　　述
VLAN1	172.16.1.0/24	172.16.1.254/24	综合楼中心机房：网管
VLAN2	172.16.2.0/24	172.16.2.254/24	亚太实验楼
VLAN3	172.16.3.0/24	172.16.3.254/24	综合楼办公室
VLAN4	172.16.4.0/24	172.16.4.254/24	综合楼学生机房
VLAN5	172.16.5.0/24	172.16.5.254/24	东教楼
VLAN6	172.16.6.0/24	172.16.6.254/24	图书馆
VLAN7～VLAN12	172.16.7～12.0/24	172.16.7～12.254/24	宿舍楼
VLAN13～VLAN16	172.16.13～16.0/24	172.16.13～16.254/24	家属楼

4. 安全方案

在边界路由上设置了防火墙的功能，对不安全的信息进行了过滤，保证了内部网络不受入侵。如果经济允许，可在 8512 和 Ne40 之间搭建硬件防火墙，从而有效地保护内网。同时为了防范 ARP 攻击，要求每个终端桌面安装认证端以方便进行管理。

5. 管理方案

8512 作为核心层交换机，只有管理员才能访问，管理员可以对全院的 VLAN 进行划分，7606 作为各个宿舍楼的汇聚层交换机，与 DHCP 服务器和 SAM 服务器结合，管理员可以为每个宿舍楼动态分配 IP 和划分子网，实现上网计费功能。同时在核心设备上开启 SNMP，继续使用原来的 MRTG 进行流量监控。

6. WLAN 的设计

设计两个独立的子网，一个用于安全的专用无线局域网，另外一个用于开放的公共无线局域网。每个子网都遍布整个校园网。使用这个解决方案，无线用户可以在整个校园网进行漫游。同时，在每栋建筑物内，开放式接入点和安全接入点连接到交换机不同的端口上，每一个端口在各自的 VLAN 内。

开放式接入点不配置 WEP 或 MAC 地址认证，SSID 采用默认方式进行通过，这样外来用户就可以轻而易举地和无线局域网建立关联。为了保护校园网络安全，防止开放网络中用户的访问，在边界路由上配置 ACL，只允许少量的协议进行转发，如 80、21、20、25、110、53、67 等端口。

专用接入点进行身份认证，并开始进行流量计费，从而保障了网络的安全。

9.1.5 网络实施

1. 综合布线实施

根据用户需求分析,决定校园网络采用星状网络拓扑结构。

1) 工作区子系统的设计

学生宿舍一般通过交换机接入校园网网络,因此为了节省工程造价,每个宿舍只安装一个单口信息插座。信息点密集的房间可以选用两口或四口信息插座,如教学楼的多媒体教室、办公室、计算中心机房等,信息插座的数量要根据用户的需求而定。

考虑到校园网中大多数信息点的接入要求达到100Mb/s,因此建议校园网内所有信息插座均选用IBDN Giga Flex PS5E超5类模块。IBDN超5类模块可以满足未来155Mb/s网络接入的要求。

为了方便用户接入网络,信息插座安装的位置结合房间的布局及计算机安装位置而定,原则上与强电插座相距一定的距离,安装位置距地面30cm以上,信息插座与计算机之间的距离不应超过5m。

2) 水平干线子系统的设计

经过全面的考虑,该院的综合布线系统的水平干线子系统全部采用非屏蔽双绞线。考虑到以后的校园网网络的应用,建议整个校园网的楼内水平布线全部采用IBDN 1200系列超5类非屏蔽双绞线,以便满足以后网络的升级需要。

考虑到该院实施布线的建筑物都没有预埋管线,所以建筑物内的水平干线子系统全部采用明敷PVC管槽,并在槽内布设超5类非屏蔽双绞线缆的布线方案。原则上PVC管槽的敷设应与强电线路相距30cm,如遇特殊情况PVC管槽与强电线路相距很近的情况下,管槽内安装白铁皮然后再安装线缆,从而达到较好的屏蔽效果。

3) 设备间子系统设计

经实地考察发现,每幢学生宿舍都有两个楼道,而且在二层或三层楼道都已设置了配电房,可以利用现有的配电房作为设备间。对于学生宿舍楼层较长的,建议采用双设备间的配置方案。教工宿舍和办公楼信息点较少,不考虑专门设置设备间。整个校园网的主设备间放置于亚太八楼的网管中心。

东教楼的信息点较分散且信息点较少,没有必要设立专门的设备间,可以在教师休息室内安装6U墙装机柜,机柜内只需容纳一个交换机和两个配线架即可。

办公楼、图书馆、实验大楼信息点较多,需要预设机柜,机柜内应配备足够数量的配线架和理线架设备。

网络中心根据功能划分为两个区域,一半空间作为机房,另一半作为行政办公区域。网络中心机房采用铝合金框架支撑的玻璃墙进行隔离,全部铺设防静电地板,且地板已进行良好接地处理。机房内还安装了一个10kVA的UPS,配备的40个电池可以满足8个小时的后备电源供电。为了保证机房内温度的控制,机房内配备了两个5匹的柜式空调,空调具备来电自动开机功能。为了保证机房内设备的正常运行,所有设备的外壳及机柜均做好接地处理,以实现良好的电气保护。

4) 管理子系统的设计

为了配合水平干线子系统选用的超5类非屏蔽双绞线,每个设备间内都应配备IBDN

PS5E 超 5 类 24 口/1U 模块化数据配线架，配线架的数量要根据楼层信息点数量而定。为了方便设备间内的线缆管理，设备间内安装相应规格的机柜，机柜内的两个配线架之间还安装 IBDN 理线架，以进行线缆的整理和固定。

为了便于光缆的连接，每幢楼内的设备间内应配备光缆接线箱或机架式配线架，以便端接室外布设进入设备间的光缆。为了端接每个交换机的光纤模块，还应配备一定数量的光纤跳线，以端接交换机光纤模块和配线架上的耦合器。

5）垂直干线子系统的设计

由于大多数建筑物都在 6 层以下，考虑到工程造价，决定采用 4 对 UTP 双绞线作为主干线缆。对于楼层较长的学生宿舍，将采用双主干设计方案，两个主干通道分别连接两个设备间。

对于新建的学生宿舍及教学大楼都预留了电缆井，可以直接在电缆井中铺设大对数双绞线，为了支撑垂直主干电缆，在电缆井中固定了三角钢架，可将电缆绑扎在三角钢架上。对于旧的学生宿舍、办公大楼、实验大楼、图书馆，要开凿直径 20cm 的电缆井并安装 PVC 管，然后再布设垂直主干电缆。

6）建筑群子系统的设计

校园内建筑物之间的距离很近，只有网络中心机房与教工区设备间之间的跨距、网络中心机房与学生宿舍二区设备间之间的跨距较远，均已超过 550m，其他建筑物之间的跨距不超过 500m，因此除了网络中心机房与教工区、学生宿舍设备间之间布设 12 芯单模光纤外，其他建筑物之间的光缆均选用 6 芯 50μm 多模光缆进行布线。由于该学院原有的闭路电视线、电话线全部采用架空方式安装，而且目前建筑物之间没有现成的电缆沟，经过与院方交流意见，决定所有光纤采用架空方式铺设。铺设光纤时，尽量沿着现有的闭路电视或电话线路的路由进行安装，从而保持校园内的环境美观要求，也可以加快工程进度。

2. 网络设备的选择

1）接入层设备选择

接入层网络作为二层交换网络，提供工作站等设备的网络接入。接入层在整个网络中接入交换机的数量最多，具有即插即用的特性。对此类交换机的要求，一是价格合理；二是可管理性好，易于使用和维护；三是有足够的吞吐量；四是稳定性好，能够在比较恶劣的环境下稳定地工作。

此层交换机应具备 VLAN 划分，链路聚合等功能。因可付性限制和计费认证是校园网的主要目标，该校选用 RJ-S2126、RJ-S1926S＋、RJ-S1926F＋、D-Link 等型号作为接入层交换机使用。使用端口认证技术，用粘滞端口的方法使端口在检测到未经授权的 MAC 地址时自动关闭，增强安全性。

对于一些高要求的部门，如财务处、教务处等可采用思科设备，如思科 2900 系列中思科 WS-C2960-24TT-L 或思科 WS-C2960-48TT-L。

2）汇聚层设备选择

汇聚层主要负责连接接入层接点和核心层中心，汇集分散的接入点，扩大核心层设备的端口密度和种类，汇聚各区域数据流量，实现骨干网络之间的优化传输。汇聚交换机还负责本区域内的数据交换，汇聚交换机一般与核心层交换机同类型，仍需要较高的性能和比较丰富的功能，但吞吐量较低。

工作在这一层的交换机最重要的要求就是支持安全策略和冗余组件。前者并不一定很有用,而是主要在汇聚层上做这块功能,而后者就比较关键,一旦正常工作的链路物理性断开,就要重新选择可用线路。

在校园网实施中,选用支持认证较好的 RJ-3760 汇聚层用于计算中心;选择 4 台 Quidway S3526 分别作为主教楼、图书馆、基础实验楼、家属楼汇聚层设备。

如果经济允许,可采用 Cisco Catalyst 3560 系列充当三层交换机。该系列支持 IP 电话、无线接入点、视频监视、建筑物管理系统和远程视频信息亭。客户可以部署网络范围的智能服务,如高级 QoS、速率限制、访问控制列表、组播管理和高性能 IP 路由,并保持传统 LAN 交换的简便性。内嵌在 Cisco Catalyst 3560 系列交换机中的思科集群管理套件(CMS)让用户可以利用任何一个标准的 Web 浏览器,同时配置多个 Catalyst 桌面交换机并对其排障。Cisco CMS 软件提供了配置向导,它可以大幅度简化融合网络和智能化网络服务的部署。

3)核心层设备选择

网络主干部分称为核心层,核心层的主要目的在于通过高速转发通信,提供优化、可靠的骨干传输结构,因此核心层交换机应拥有更高的可靠性,性能和吞吐量。

工作在此层的交换机要具备高速转发、路由以及吞吐量较大的功能,同时性能也要保证,学校选用华为 Quidway S8500 系列。为了提高网络可靠性和可用性,可选择同系列设备作为冗余设备。

3. 典型配置与实施

1)OSPF 路由协议的配置

OSPF 路由协议是一种典型的链路状态(Link-state)的路由协议,一般用于同一个路由域内。在这里,路由域是指一个自治系统,即 AS,它是指一组通过统一的路由政策或路由协议互相交换路由信息的网络。在这个 AS 中,所有的 OSPF 路由器都维护一个相同的描述这个 AS 结构的数据库,该数据库中存放的是路由域中相应链路的状态信息,OSPF 路由器正是通过这个数据库计算出其 OSPF 路由表的。

作为一种链路状态的路由协议,OSPF 将链路状态广播数据包 LSA(Link State Advertisement)传送给在某一区域内的所有路由器,这一点与距离矢量路由协议不同。运行距离矢量路由协议的路由器是将部分或全部的路由表传递给与其相邻的路由器。下面以 Cisco 为例,给出其典型的配置命令。

首先在路由器上面启用 OSPF,命令如下所示。

```
R1(config)#router ospf process-id
```

其次,通告参与更新、接收路由信息所在接口的网络。配置如下。

```
Router(config-router)#network network-address wildcard-mask area area-id
```

网络地址和通配符掩码一起,用于指定此 network 命令启用的接口或接口范围。area 是共享链路状态信息的一组路由器,OSPF 网络也可配置为多区域。area-id 是指如果所有路由器都处于同一个 OSPF 区域,则必须在所有路由器上使用相同的 area-id 来配置。区域

0 是骨干区域，是必须存在且配置的区域。并且，OSPF 不会自动在主网络边界总结。

在该校园网中，要求在核心交换、各汇聚层三层交换机上都配置 OSPF 路由协议，同时为了方便管理，要求为单区域 OSFP。

2）STP 配置

现在多数交换机默认开启 STP，但需要指定 STP 工作模式，如下所示。

```
S3500#conf t
S3500(config)#spanning-tree ?
  mode           Spanning tree operating mode
  portfast       Spanning tree portfast options
  VLAN           VLAN Switch Spanning Tree
S3500(config)#spanning-tree mode ?
  pvst           Per-Vlan spanning tree mode
  rapid-pvst     Per-Vlan rapid spanning tree mode
S3500(config)#spanning-tree mode pvst //一个 VLAN 一个 STP
```

同样还可以配置快速端口转发和 RSTP，以节省时间。

3）访问控制列表的配置

这也许是最重要的一个环节了，毕竟目前学校网络在出口处并未设置防火墙。我们可以通过指定，允许特定的外网地址访问内网，也可拒绝一切外网来源，同时可以控制内网访问的网站，防止学生登录不良网站。因此，几乎所有未被记录的外网都被禁止进入，大大减少了被攻击量。下面给出一个配置实例。

（1）案例背景

① 一台 3550EMI 交换机，划分三个 VLAN。端口 1～8 划分到 VLAN2，端口 9～16 划分到 VLAN 3，端口 17～24 划分到 VLAN4。

② VLAN2 为服务器所在网络，命名为 server，IP 地址段为 192.168.2.0，子网掩码为 255.255.255.0，网关 192.168.2.1，域服务器为 Windows 2000 Advance Server，同时兼作 DNS 服务器，IP 地址为 192.168.2.10。

③ VLAN3 为客户机 1 所在网络，命名为 work01。IP 地址段为 192.168.3.0，子网掩码为 255.255.255.0，网关设置为 192.168.3.1。

④ VLAN4 为客户机 2 所在网络，命名为 work02。IP 地址段为 192.168.4.0，子网掩码为 255.255.255.0，网关设置为 192.168.4.1。

⑤ 3550 作 DHCP 服务器，各 VLAN 保留 2～10 的 IP 地址不分配置，例如：192.168.2.0 的网段，保留 192.168.2.2～192.168.2.10 的 IP 地址段不分配。

（2）安全要求

VLAN3 和 VLAN4 不允许互相访问，但都可以访问服务器所在的 VLAN2。

（3）配置清单

```
interface Vlan1
  no ip address
  shutdown
!
```

```
interface Vlan2
  ip address 192.168.2.1 255.255.255.0
!
interface Vlan3
  ip address 192.168.3.1 255.255.255.0
  ip access-group 103 out
!
interface Vlan4
  ip address 192.168.4.1 255.255.255.0
  ip access-group 104 out
!
ip classless
!
!
access-list 103 permit ip 192.168.2.0 0.0.0.255 192.168.3.0 0.0.0.255
access-list 103 permit ip 192.168.3.0 0.0.0.255 192.168.2.0 0.0.0.255
access-list 103 permit udp any any eq bootpc
access-list 103 permit udp any any eq tftp
access-list 103 permit udp any eq bootpc any eq bootps
access-list 103 permit udp any eq tftp any eq tftp
access-list 104 permit ip 192.168.2.0 0.0.0.255 192.168.4.0 0.0.0.255
access-list 104 permit ip 192.168.4.0 0.0.0.255 192.168.2.0 0.0.0.255
access-list 104 permit udp any eq tftp any eq tftp
access-list 104 permit udp any eq bootpc any eq bootpc
access-list 104 permit udp any any eq bootpc
access-list 104 permit udp any any eq tftp
!
ip dhcp excluded-address 192.168.2.2 192.168.2.10
ip dhcp excluded-address 192.168.3.2 192.168.3.10
ip dhcp excluded-address 192.168.4.2 192.168.4.10
!
ip dhcp pool test01
  network 192.168.2.0 255.255.255.0
  default-router 192.168.2.1
  dns-server 192.168.2.10
ip dhcp pool test02
  network 192.168.3.0 255.255.255.0
  default-router 192.168.3.1
  dns-server 192.168.2.10
ip dhcp pool test03
  network 192.168.4.0 255.255.255.0
  default-router 192.168.4.1
  dns-server 192.168.2.10
```

4) NAT 转换的配置

借助于 NAT,私有(保留)地址的"内部"网络通过路由器发送数据包时,私有地址被转换成合法的 IP 地址,一个局域网只需使用少量 IP 地址(甚至是一个)即可实现私有地址网络内所有计算机与 Internet 的通信需求。

(1) 静态地址转换配置

① 在内部本地地址与内部合法地址之间建立静态地址转换。在全局设置状态下输入:

```
Ip nat inside source static 内部本地地址   内部合法地址
```

② 指定连接网络的内部端口在端口设置状态下输入：

```
ip nat inside
```

③ 指定连接外部网络的外部端口在端口设置状态下输入：

```
ip nat outside
```

（2）动态地址转换配置

① 在全局设置模式下，定义内部合法地址池。

```
ip nat pool 地址池名称   起始 IP 地址   终止 IP 地址   子网掩码
```

其中，地址池名称可以任意设定。

② 在全局设置模式下，定义一个标准的 access-list 规则以允许哪些内部地址可以进行动态地址转换。

```
access - list 标号 permit 源地址通配符
```

其中，标号为 1～99 的整数。

③ 在全局设置模式下，将由 access-list 制定的内部本地地址与指定的内部合法地址池进行地址转换。

```
ip nat inside source list 访问列表标号 pool 内部合法地址池名字
```

④ 指定与内部网络相连的内部端口在端口设置状态。

```
ip nat inside
```

⑤ 指定与外部网络相连的外部端口。

```
ip nat outside
```

（3）复用动态地址 PAT 配置

① 在全局设置模式下，定义内部合地址池。

```
ip nat pool   地址池名字   起始 IP 地址   终止 IP 地址   子网掩码
```

② 在全局设置模式下，定义一个标准的 access-list 规则以允许哪些内部本地地址可以进行动态地址转换。

```
access - list 标号 permit 源地址   通配符
```

其中，标号为 1～99 的整数。

③ 在全局设置模式下,设置在内部的本地地址与内部合法 IP 地址间建立复用动态地址转换。

```
ip nat inside source list 访问列表标号 pool 内部合法地址池名字 overload
```

④ 在端口设置状态下,指定与内部网络相连的内部端口。

```
ip nat inside
```

⑤ 在端口设置状态下,指定与外部网络相连的外部端口。

```
ip nat outside
```

5) VLAN 配置

下面是 VLAN10 的划分情况,其他的类似。

```
Switch# configure terminal
Switch(config)# interface vlan 10
Switch(config-if)ip address 202.196.34.254 255.255.255.0
Switch(config-if)# no shutdown
Switch(config-if)# exit
```

下面是将端口 Fa 0/5 加入到划分的 VLAN10 中。

```
Switch# configure terminal
Switch(config-if)# interface fastethernet 0/5
Switch(config-if)# switchport access vlan 10
Switch(config-if)#  no shutdown
```

将三层交换机的 Fa 0/1 端口设置为 Trunk 模式连接二层交换机的 Fa 0/10 端口。

```
Switch# configure terminal
Switch(config)# interface fastEthernet 0/1
Switch(config-if)# switchport mode truck
Switch(config-if)# end
```

为实现不同 VLAN 之间的通信,可将二层交换机的 Fa0/10 端口设置为 Trunk 模式连接三层交换机的 Fa 0/1 端口。

```
Switch# configure terminal
Switch(config)# interface fastEthernet 0/10
Switch(config-if)# switchport mode truck
Switch(config-if)# end
```

在配置中,还涉及服务的配置如 DHCP、WWW、DNS、FTP 等的配置,请读者参考前面的章节。

9.2　企业网解决方案案例

园区网是指一栋大楼或一群大楼连接而成的企业网络，园区网由多个 LAN 组成。园区网通常局限于固定的地理区域，但它可以跨越相邻的建筑物，例如某个工业园区或商业园区。

企业网解决方案也遵循需求分析、逻辑设计、物理设计、测试和后期维护的系统集成模型。但企业网在体系结构上和以校园为典型代表的园区网还是有所区别的。如图 9-10 所示为 Cisco 提出的典型企业体系结构。

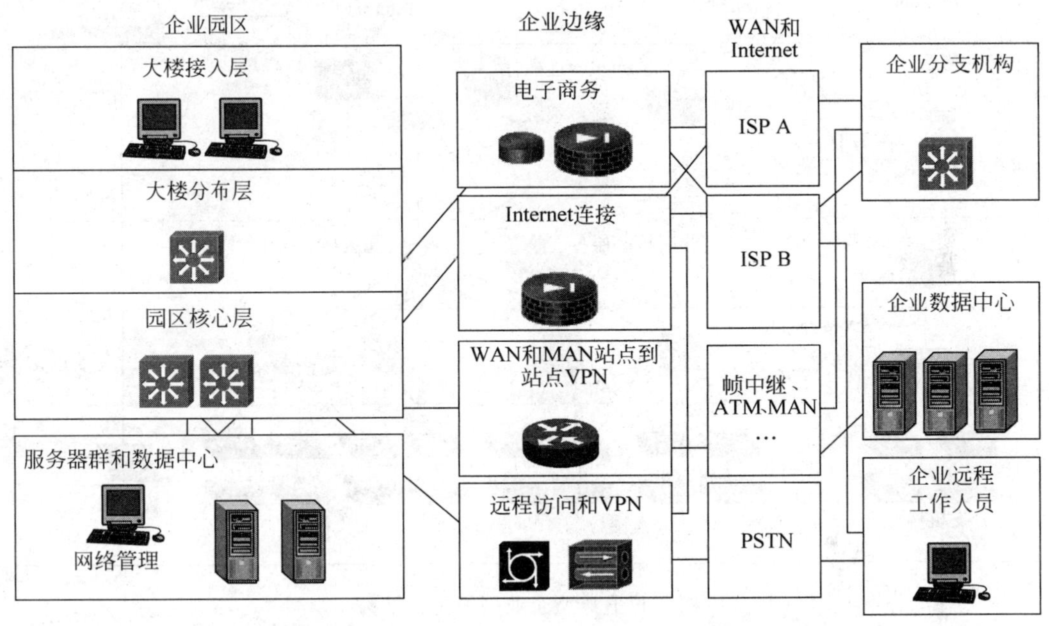

图 9-10　Cisco 提出的典型企业体系结构

企业园区网体系结构说明的是能够创建可扩展网络，同时满足园区式企业运营需求的建议方法。该体系结构是模块化的，可以随着企业的发展轻松扩展支持更多的园区大楼或楼层。

1. 企业边缘体系结构

该模块负责连接企业外部的语音、视频和数据服务，使企业能够使用 Internet 和合作伙伴资源并为其客户提供资源。而且经常作为园区模块和企业体系结构中其他模块之间的连接枢纽。

2. 企业分支机构体系结构

此模块允许企业将园区网上的应用程序和服务扩展到成千上万的远程位置和用户，或者扩展到某些小分支机构。

3. 企业数据中心体系结构

数据中心负责管理和维护许多数据系统，这些系统对现代企业的运营至关重要。员工、合作伙伴和客户依靠数据中心的数据和资源进行高效地创造、协作和交流。近十年来，

Internet 和基于 Web 技术的兴起让数据中心变得比以往任何时候都更重要,它带动了生产效率的提升、业务流程的改进和社会的变革。

4. 企业远程办公体系结构

如今,许多企业都为其员工提供弹性工作环境,让他们可以在家远程办公。远程办公是指在家利用企业的网络资源工作。远程办公模块建议在家使用宽带服务(例如电缆调制解调器 Modem 或 DSL)连接到 Internet,继而连接到公司网络。由于 Internet 会给企业带来严重的安全风险,因此需要采取一些特殊措施来确保远程通信的安全性和隐私性。

如图 9-11 所示为满足企业体系结构的典型企业网络拓扑。

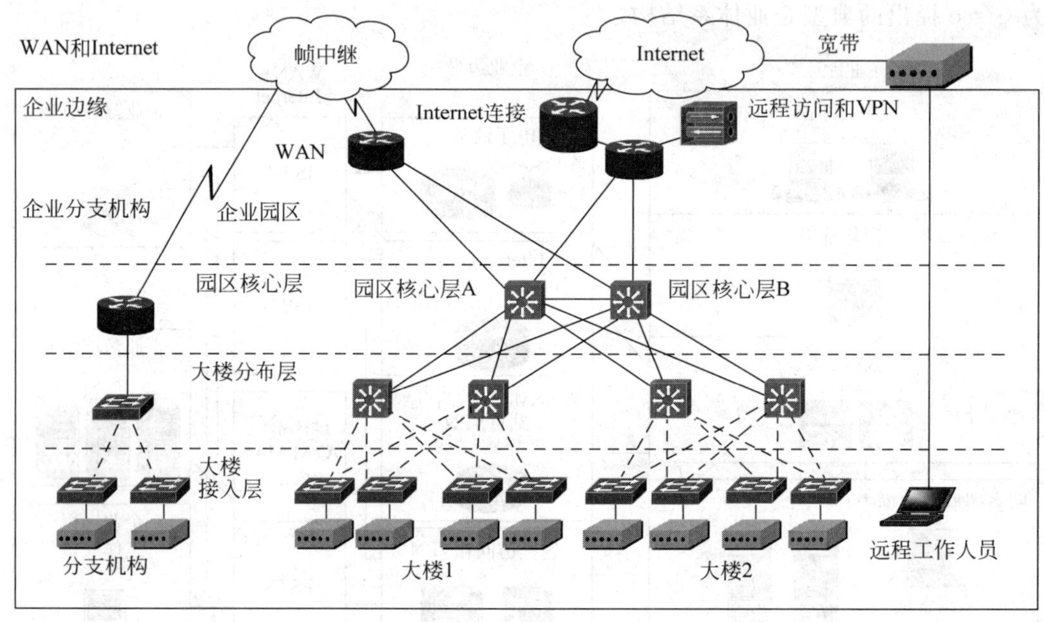

图 9-11 典型企业网络拓扑结构

下面就以一个简单的中小企业网络给出企业网络的规划方案。其中很多内容可参考 9.1 节的校园网相关内容。

9.2.1 企业网背景

郑州某公司,下设两个分公司,第一分公司在北京,第二分公司在上海,各有自己的办公楼。总公司部门结构如下:财务部(15 人)、行政部(25 人)、生产部(200 人)、研发部(50 人)、后勤部(20 人)、业务部(100 人)、人力资源部(15 人)。分公司部门结构与总公司部门结构一样。

本项目要求在公司内部建立稳定、高效的办公自动化网络,通过项目的实施,使所有员工能够通过总部网络进入 internet,从而提高所有员工的工作效率和加快企业内部信息的传递。同时需要建立 Web 服务器,用于在互联网上发布企业信息。在总部和子公司均设立专用服务器,使集团内所有员工能够利用服务器方便地访问公共文件资源,并能够完成企业内部邮件的收发。系统建立完成后,要求能满足企业各方面的应用需求,包括办公自动化、邮件收发、信息共享和发布、员工账户管理、系统安全管理等,并能够实现网上视频会议、出差员工远程连接等。

9.2.2 需求分析

1. 商业目标分析

(1) 在原有 VPN 基础之上,实现 IPSec VPN 移动接入的升级。

(2) 满足认证、加密、完整性验证需求,使用户能够安全地接入企业资源、VPN 和外网。

(3) 在安全的基础上,网络应具备易用性特点。如通过简单易用的方法实现信息远程连通,任何安装浏览器的机器都可以使用,网络部署灵活方便。

(4) 增加收入和利润,提高市场知名度,具有高额的投资回报率。

(5) 增强应用程序性能。

(6) 采用分布式网络管理方案,用户授权与安全认证进一步加强。

(7) 提高竞争力,如资源发布更加集中、简便。

(8) 在原系统上升级,降低设备成本投入。

2. 应用目标分析

经过需求分析,给出如表 9-13 所示的应用目标情况。

表 9-13 企业网应用目标情况表

应用名称	应用类型	是否为新应用	重要性	备注
文件共享	文件共享	否	关键	
办公自动化	群件	否	非常关键	
WWW 服务	Web 浏览	否	非常关键	
电子邮件服务	电子邮件	否	非常关键	
文件存储	文件传输、数据	否	关键	
财务管理	网络销售订单	否	非常关键	
视频会议	视频会议	新	关键	
远程访问	终端仿真	新	关键	
网上招聘	人力资源管理	否	关键	

3. 管理需求

新建网络必须具备网络流量管理、P2P 软件的控制、带宽优化和多线路策略、部门之间的访问权限等。

4. 安全需求

(1) 出差员工与公司安全通信,子公司与总部之间运用 IPSEC VPN 技术保证其数据包的安全传输。

(2) 出差员工通过 PPTP LAC 服务器接入公司总部认证,并用 PPP CHAP 技术建立安全连接,对总部进行访问。

(3) 总部建立防火墙,在 DMZ(非军事区)放置 Web、FTP、E-mail 数据服务器,外部用户可以直接访问,在防火墙内部放置文件服务器,以供公司内部人员访问。

(4) VLAN 间的访问控制,保证系统的安全性。

5. 通信量需求

根据本公司的应用分析,通信量具备终端/主机通信流量、客户/服务器通信流量、服务器/服务器通信流量、分布式通信流量、对等通信流量等流量类型。同时要求每台客户机达到10～100Mb/s速率,初步估计同时会有250台客户机同时上网。考虑到分工司与总公司的实时性,安全性传输,根据易扩充性原则应采用"千兆到楼宇、百兆到部门",主干采用千兆光纤传输。

6. 网络扩展性需求

(1) 确保公司新的部门能够简单地接入现有网络。

(2) 确保公司新的应用能够无缝地在现有网络上运行。

(3) 确保网络能够容纳不同类型的网络通信。

9.2.3 设计原则与技术目标分析

1. 先进性

系统的主机系统、网络平台、数据库系统、应用软件均应使用目前国际上较先进、较成熟的技术,符合国际标准和规范。

2. 标准性

所采用技术的标准化,可以保证网络发展的一致性,增强网络的兼容性,以达到网络的互连与开放。为确保将来不同厂家设备、不同应用、不同协议连接,整个网络从设计、技术和设备的选择,必须支持国际标准的网络接口和协议,以提供高度的开放性。

3. 兼容性

跟踪世界科技发展动态,使网络规划与现有光纤传输网及将要改造的分配网有良好的兼容,在采用先进技术的前提下,最大可能地保护已有投资,并能在已有的网络上扩展多种业务。

4. 可升级和可扩展性

随着技术不断发展,新的标准和功能不断增加,网络设备必须可以通过网络进行升级,以提供更先进、更多的功能。在网络建成后,随着应用和用户的增加,核心骨干网络设备的交换能力和容量必须能做出线性的增长。设备应能提供高端口密度、模块化的设计以及多种类接口、技术的选择,以方便未来更灵活的扩展。

5. 安全性

网络的安全性对网络设计是非常重要的,合理的网络安全控制,可以使应用环境中的信息资源得到有效的保护,可以有效地控制网络的访问,灵活地实施网络的安全控制策略。在企业园区网络中,关键应用服务器、核心网络设备,只有系统管理人员才有操作、控制的权力。应用客户端只有访问共享资源的权限,网络应该能够阻止任何的非法操作。

6. 可靠性

本系统是7×24小时连续运行系统,从硬件和软件两方面来保证系统的高可靠性。硬件可靠性主要采用设备冗余、链路冗余来实现,即系统的主要部件采用冗余结构,如:传输方式的备份,提供备份组网结构;主要的计算机设备(如数据库服务器)采用CLUSTER技术,支持双机或多机高可用结构;配备不间断电源等。软件可靠性,充分考虑异常情况的处理,具有强的容错能力、错误恢复能力、错误记录及预警能力并给用户以提示;具有进程监控管理功能,保证各进程能可靠运行数据库系统应用。还应具有网络结构稳定性,当增加/扩充应用子系统时,不影响网络的整体结构以及整体性能,对关键的网络连接采用主备方式,以保证数据传输的可靠性。

本系统应具有较强的容灾容错能力,具有完善的系统恢复和安全机制。

7. 易操作性

提供中文方式的图形用户界面,简单易学,方便实用,性能价格比优良。

8. 可管理性

网络的可管理性要求：网络中的任何设备均可以通过网络管理平台进行控制,网络的设备状态、故障报警等都可以通过网管平台进行监控,通过网络管理平台简化管理工作,提高网络管理的效率。

9.2.4 网络设计

1. 现有网络特征

公司主楼(0号楼)为38层,其他两个楼(1,2号楼)都是7层。它们与主楼相距都是50m,另两个分公司在北京和上海各自有自己的办公楼。公司部门结构：0号楼包括财务部、行政部、人力资源部；1号楼包括生产部、研发部；2号楼包括后勤部、业务部。

2. 整体方案设计

为了实现以上网络设计原则和技术目标,使公司网络具有良好的扩展能力并便于管理,易于维护,在网络设计上采用了以下策略。

1) 因特网接入和园区网分离

将因特网接入部分和园区网主体部分分离,每部分完成其自身的功能,可以减少两者之间的相互影响。因特网接入的变化,对园区网络没有影响；而园区网络的变化对因特网接入部分影响较小。这样可以增强网络的扩展能力,保持网络层次结构清晰,便于管理和维护。

2) 降低各个子公司之间的网络关联度

将各个子公司之间的网络关联度降低到最低的策略,可以最大限度地减少各个子公司网络之间的相互影响,便于分别管理,或者在不同子公司扩展网络的新应用。

3) 统一标准,统一网络

统一的IP应用标准(IP地址,路由协议),安全标准,接入标准和网络管理平台,才能实现真正的统一管理,便于集团的管理和网络策略的实施。

3. 地址和命名设计

1) VLAN设计规范

集团内的局域网进行VLAN划分,可以减少网络内的广播数据包,提高网络运行效率；可以区分不同的应用和用户,方便集团的管理与维护。建议每栋建筑物内的局域网划分7个VLAN,如表9-14所示。

表9-14 按部门进行VLAN划分

VLAN划分	人员	VLAN划分	人员
VLAN1	财务部工作人员	VLAN5	人类资源部工作人员
VLAN2	行政部工作人员	VLAN6	业务部工作人员
VLAN3	研发部工作人员	VLAN7	生产部工作人员
VLAN4	后勤部工作人员		

2) IP 地址分配方案

公司向 ISP 申请 125.1.1.0/26 地址,而内部局域网 IP 采用私有地址,分配方案如表 9-15 所示。

表 9-15 公司 IP 地址分配方案

机　构	地址空间	用　途
郑州总公司	10.10.0.0/16	公司全部地址空间
	10.10.0.0/21	郑州总公司地址空间
	10.10.1.0/24	郑州总公司网络管理地址空间
	10.10.2.0/24	郑州总公司财务部地址空间
	10.10.3.0/24	郑州总公司人力资源部地址空间
	10.10.4.0/24	郑州总公司行政部地址空间
	10.10.5.0/24	郑州总公司研发部地址空间
	10.10.6.0/24	郑州总公司后勤部地址空间
	10.10.7.0/24	郑州总公司业务部地址空间
	10.10.8.0/24	郑州总公司生产部地址空间
北京子公司	10.10.16.0/21	北京子公司地址空间
	10.10.16.0/24	北京子公司网络管理地址空间
	10.10.17.0/24	北京子公司财务部地址空间
	10.10.18.0/24	北京子公司人力资源部地址空间
	10.10.19.0/24	北京子公司行政部地址空间
	10.10.20.0/24	北京子公司研发部地址空间
	10.10.21.0/24	北京子公司后勤部地址空间
	10.10.22.0/24	北京子公司业务部地址空间
	10.10.23.0/24	北京子公司生产部地址空间
上海子公司	10.10.32.0/21	上海子公司地址空间
	10.10.32.0/24	上海子公司网络管理地址空间
	10.10.17.0/24	上海子公司财务部地址空间
	10.10.18.0/24	上海子公司人力资源部地址空间
	10.10.19.0/24	上海子公司行政部地址空间
	10.10.20.0/24	上海子公司研发部地址空间
	10.10.21.0/24	上海子公司后勤部地址空间
	10.10.22.0/24	上海子公司业务部地址空间
	10.10.23.0/24	上海子公司生产部地址空间

4. 交换与路由协议设计

为了使公司园区网高效、稳定地运行,便于管理与维护,对局域网交换和路由技术的相关方面进行了规范设计,包括 VTP、VLAN、STP、Trunk、ETHERCHANNEL、HSRP、VPN 等。每一台都连接所有的汇聚层交换机,但相互之间并不连接(提高网络的故障收敛速度)。作为二层的核心,只保证数据的高速转发。网络的可靠性由汇聚层的路由协议提供保证。

1) 生成树

生成树协议(STP/RSTP/MSTP)主要用来建立和维护局域网的拓扑,消除循环连接导致的网络广播风暴,并且提供网络拓扑的冗余备份功能,平时作为备份的路径被阻塞,当主用路径网络设备出现故障时,能够及时调整端口状态,调整网络拓扑。

Cisco 6509 系列以太网交换机除了支持 STP 生成树协议，还支持 IEEE 802.1w 快速生成树协议(RSTP)以及 IEEE 802.1s 多生成树协议(MSTP)。快速生成树协议是生成树协议的改进，在原有功能的基础上提高了网络保护的性能。传统生成树倒换时间为 42s，从发现链路断裂、数据中断到数据恢复至少需要三十多秒的时间，而快速生成树协议只需 6～8s 的时间就可以将数据流切换到备份链路上。

IEEE 802.1s 多生成树协议(MSTP)可以通过支持一个网络内的多个生成树，使管理员把 VLAN 流量分配给唯一的通路。网络管理员只要为 VLAN 分配独立的生成树拓扑，就可以确保两个 VLAN 都能在网上顺畅传输。这就可以起到均衡网络流量，提高可靠性的作用。Cisco 6509 系列以太网交换机最大可以支持 17 个或者 33 个 STP 实例。

2) 链路聚合

为了在以太网上获得更高的数据传输带宽，Cisco 6509 系列以太网交换机提供了二层的端口链路聚合(Link Aggregation)功能(基于标准 IEEE 802.3ad)。这样在生成树协议(STP)和其他二层协议上看，做了链路聚合的所有物理端口被视为同一个端口。在做了链路聚合的端口之间可以做冗余备份和负载分担。

在实际应用中，进行聚合处理的端口等同于一个端口，任何转发到聚合端口上的报文会通过对源、目的地址的逻辑运算来分布到聚合的不同端口上。即使是多播和广播报文也不会被复制多份，也要通过对地址的逻辑计算，将流量平衡分配到不同的端口上。Cisco 6509 系列以太网交换机系统在二层和三层对硬件查表未命中的新地址进行监控。如果新地址是在聚合的端口上时，根据二层和三层的不同，使用 MAC 地址或 IP 地址进行逻辑计算，根据逻辑的结果选择相应端口为转发端口，发往该目的地址的帧将按照计算把负载均衡的结果进行转发，实现端口之间负载均衡和冗余保护，保证数据流不出现乱序现象。

3) HSRP

HSRP 是 Cisco 公司是所特有的。HSRP 向主机提供了默认网关的冗余性，减少了主机维护路由表的任务。当网络边缘设备或接入电路出现故障时，HSRP 提供了一个较好的解决方案，能够确保用户通信迅速并透明地恢复，以此为 IP 网络提供冗余性、容错和增强的路由选择功能。通过使用热备份路由份协议(HSRP)，可使网络对最终用户的可用性得到充分的保证。另外，通过多个热备份组，路由器可以提供冗余备份，并在不同的 IP 子网上实现负载分担。

公司园区网的 IP 地址规范中规定：网关的地址统一使用子网的最后一个可用地址。启用 HSRP 之后，这个地址就是 HSRP 的虚拟地址。在成对的两台汇聚层多层交换机上，具体的 HSRP 配置规范如下。

(1) 在端口模式下，设置端口 IP 地址。

(2) 在端口模式下，启用 HSRP 功能，并设置虚拟 IP 地址。

(3) 热备份组号。热备份组号与接口的 VLAN 号相同。

(4) 热备份优先级。

(5) 设置组路由器身份验证字符串。

(6) 设置切换时间。

4) 等价路由

除了从设备级支持三层转发容错协议 VRRP 之外，Cisco 6509 系列以太网路由交换机还支持等价路由(ECMP)。等价路由即为到达同一个目的IP或者目的网段存在多条Cost值相等的不同路由路径,当设备支持等价路由时,发往该目的IP或者目的网段的三层转发流量就可以通过不同的路径分担,实现网络的负载均衡,并在其中某些路径出现故障时,由其他路径代替完成转发处理,实现路由冗余备份功能。Cisco 6509系列以太网路由交换机从硬件上也实现了等价路由的支持,真正实现了硬件三层转发流量的负载分担与路由冗余备份。

Cisco 6509系列以太网路由交换机最大支持4条等价路由,并且不论是RIP、OSPF等路由协议产生的路由,还是静态配置路由,不论是网段路由还是主机路由,甚至默认路由,都可以支持等价路由。

5）策略路由

策略路由(Policy-Based Routing,PBR)是目前越来越多的路由器或三层交换机设备正在支持的一项路由扩展功能,支持策略路由的设备不仅能以报文的目的IP地址为依据来进行路由选择,还可以以报文的源IP地址、源MAC地址、报文大小、报文进入的端口、报文类型、报文的VLAN属性等其他扩展条件来选择路由。通过合理的路由策略设计,可以实现网络流量的负载均衡,充分利用路由设备,并实现路由、交换设备之间的冗余备份功能,同时提供各种可以区分的服务等级,为不同用户提供不同的QoS服务。策略路由是设置在接收报文接口而不是发送接口。Cisco 6509系列以太网路由交换机可以很好地支持策略路由功能,并且可以将路由下一跳重定向到某个物理端口,或者某个下一跳IP地址。

5. 网络安全设计

公司网络有一千个左右用户,网络规模比较大,并且和因特网存在连接。为了保障网络系统的运行安全,保护集团的信息安全,必须进行网络安全方面的规划和实施。一个网络的安全,首先要有严格和有效执行的管理制度。建议公司制定严格的网络安全管理策略,并有效执行。其次,必须具有一定的技术手段来保障网络的安全。技术和管理手段相结合实施,才能够产生良好的效果。

通过以下几个技术方面的实施,可以在一定程度上保障网络的安全。

(1) VPN。

(2) NAT技术类型。

(3) 冗余电源。

(4) 提高设备的物理安全性。

(5) 配置设备的口令。

(6) 进行VTP域的认证。

(7) 园区用户的接入控制。

因为一般的安全措施都不是针对网络用户的,严格控制用户的接入,可以避免非法用户接入带来的潜在的安全隐患。同时,园区网系统建设验收完毕之后,应确保交换机的所有用户端口处于关闭状态,只有用户使用申请通过批准之后,网络管理员才能将端口激活。

(8) 应用系统的访问限制。

可以根据集团的应用需求,在汇聚层的多层交换机上实施访问控制,限制园区网用户对特定应用系统的访问,或者只允许特定用户访问某些资源。

(9) 防火墙。

在防火墙上划分内网、外网、DMZ,并设置ACL和身份认证,同时防火墙上支持VPN

服务等。

6. 网络管理设计

在设计园区网的设备选择上，要求网络设备支持标准的网络管理协议 SNMP，同时支持 RMON/RMONII 协议，核心设备要求支持 RAP（远程分析端口）协议，实施充分的网络管理功能。在设计园区网的原则上应该要求设备的可管理性，同时先进的网管软件可以支持网络维护、监控、配置、计费、认证等功能。Cisco 公司提供的 CiscoWorks 工具和 Cisco 安全工具可以强化和自动化网络管理，如 CiscoWorks 的 QoS 策略管理、CiscoWorks 语音管理、CiscoWorks VLAN 网络解决方案引擎、Cisco NetFlow 记账功能。Cisco 安全工具包括 Cisco 公司服务保证代理 SAA。

9.2.5 网络实施

1. 综合布线选择

本公司总部有三幢建筑楼，主楼和其他办公大楼之间的距离已超过双绞线布线的技术要求，因此采用光纤进行布线。由于涉及的建筑物较多，规模较大，因此将其定位为智能化园区综合布线系统。园区的综合布线系统是一个高标准的布线系统，水平系统和工作区采用超 5 类元件，主干采用光纤，构成主干千兆以太网。不仅能满足现有数据、语音、图像等信息传输的要求，也为今后的发展奠定了基础。公司总部一共有一千个左右信息点，建筑群间的光缆采用多模光纤系统，大楼内的布线采用超 5 类双绞线结构化布线系统。

2. 网络技术与设备选择

1）网络技术选择

在集团园区网络的建设中，主干网选择何种网络技术对网络建设的成功与否起着决定性的作用。选择适合集团园区网络需求特点的主流网络技术，不但能保证网络的高性能，还能保证网络的先进性和扩展性，能够在未来向更新技术平滑过渡，保护用户的投资。

根据用户要求，主干网络选用千兆以太网技术。目前流行的局域网、城域网技术主要包括以太网、快速以太网、ATM（异步传输模式）、FDDI、CDDI、千兆以太网等。在这些技术中，千兆以太网以其在局域网领域中支持高带宽、多传输介质、多种服务、保证 QoS 等特点正逐渐占据主流位置。

2）网络设备选择原则

在网络系统设计时考虑如下选型原则。

（1）稳定可靠的网络。

（2）高带宽。

（3）可扩展性。

（4）安全性。

（5）易用性。

3）核心层设备

由于集团园区网络发展规模较大，未来需提供多媒体办公、办公自动化、图书资料检索、远程互联、视频会议等复杂的网络应用，为便于管理，建议选用的交换机作为网络组建交换设备。同时，选用一台 Cisco 6509 交换机作为主干交换机实现 1000MB 作主干 100MB 到桌面的需求。此外，Cisco 6509 交换机在安装千兆光纤模块的同时，还可以安装百兆光纤模块,完全可以适应现在或将来的楼内光纤布线,灵活性很强。

4) 汇聚层设备

考虑到集团要求单个子公司的网络自成体系,单个子公司的局域网广播数据流不能扩展到全网,单个子公司的网络故障不应该扩展到全网,汇聚层交换机也应该采用具有路由功能的多层交换机,以达到网络隔离和分段的目的。子公司的主交换机负责子公司内部的网络数据交换和集团园区网的其他路由。

汇聚层设备选择 Cisco 公司的 Catalyst 3550 系列交换机,每个子公司的主交换机选择 WS-C3550-48-EMI 交换机。Catalyst 3550 智能以太网交换机是一个新型的可堆叠的、多层次级交换机系列,可以提高可用性、可扩展性、服务质量(QoS)、安全性并可改进网络运营的管理能力,从而提高网络的运行效率。

WS-C3550-48-EMI 交换机有 48 个 10/100 和两个基于 GBIC 的 1000BASE-X 端口,通过使用多层软件镜像(EMI),可以提供路由和多层交换功能,满足三层交换需求,可以满足服务器群的高密度、高速率的接入需要,也可以满足因特网接入的需求。

5) 接入层交换机

接入层交换机放置于楼层的设备间,用于终端用户的接入,应该能够提供高密度的接入,对环境的适应能力强,运行稳定。楼层接入设备选择 Cisco 公司的 WS-C2950-48-EI 智能以太网交换机。

WS-C2950-48-E 交换机有 48 个 10/100 端口和两个基于千兆接口转换器(GBIC)的 1000BASE-X 端口,能够为用户提供千兆的光纤骨干和高密度的接入端口;具有高达 13.6Gb/s 的背板带宽,能够提供 10.1Mp/s 的转发速率;增强型的 IOS,能够支持 250 个 VLAN,提供安全、QoS、管理等各方面的智能交换服务。WS-C2950-48-EI 交换机属于 Catalyst 2950 系列智能交换机。Catalyst 2950 系列是配置固定的、可堆叠的独立设备系列,提供了线速快速以太网和千兆位以太网连接。

依据上述需求、逻辑和物理设计,该企业网络的拓扑图如图 9-12 所示。

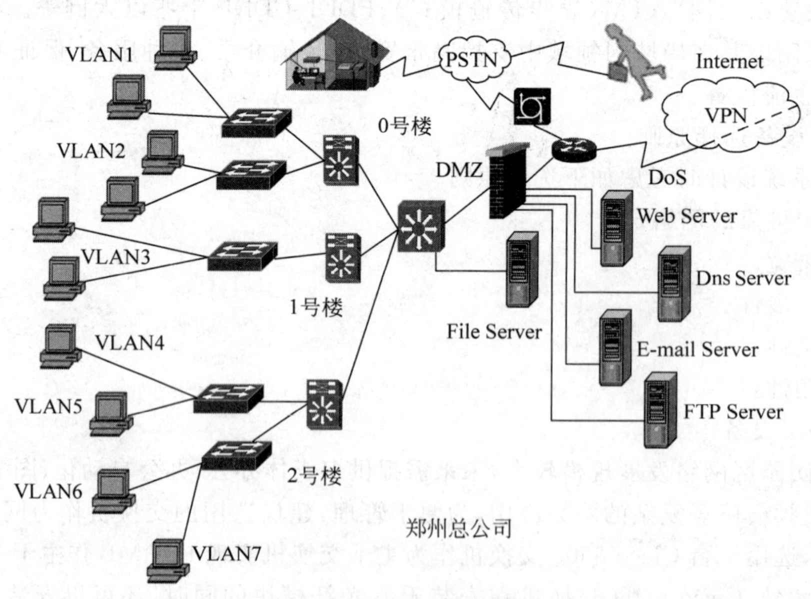

图 9-12 郑州总公司网拓扑图

北京子公司和上海子公司的拓扑图如图 9-13 所示。

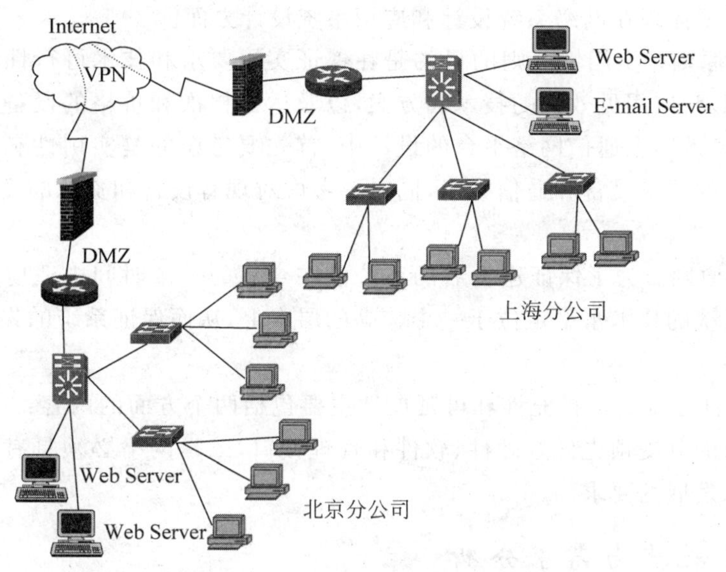

图 9-13　北京和上海分公司拓扑图

9.3　基于等级保护的网络安全解决方案

《网络安全法》第二十一条规定，国家实行网络安全等级保护制度。网络运营者应当按照网络安全等级保护制度的要求，履行下列安全保护义务，保障网络免受干扰、破坏或者未经授权的访问，防止网络数据泄露或者被窃取、篡改。《网络安全法》第三十一条规定，国家对公共通信和信息服务、能源、交通、水利、金融、公共服务、电子政务等重要行业和领域，以及其他一旦遭到破坏、丧失功能或者数据泄露，可能严重危害国家安全、国计民生、公共利益的关键信息基础设施，在网络安全等级保护制度的基础上，实行重点保护。关键信息基础设施的具体范围和安全保护办法由国务院制定。《网络安全法》的出台，标志着等级保护工作上升为法律，简单地讲就是单位不做等级保护工作就是违法。在此背景下，设计建设基于等级保护标准的网络，也是网络设计者必须掌握的一项基本技能。下面将围绕等级保护建设设计要点，给出具体的设计案例。

9.3.1　设计原则

(1) 符合性原则。符合国家等级保护的相关标准、管理文件和流程要求。

(2) 规范性原则。工作中的过程文档和最终文档，具有很好的规范性，便于项目的跟踪和控制。

(3) 最小影响原则。评估工作尽可能小地影响系统和网络的正常运行，不能对现网的运行和业务的正常提供产生显著影响(包括系统性能明显下降、网络拥塞、服务中断等)。

(4) 连续性原则。网络平台在进行网络设计时，不仅需要满足目前的需求，还要考虑到技术的发展，具备适度的前瞻性，能够满足现今和将来一段时期的需要。同时还要为未来系统的扩充与扩建留有余地和基础。既要考虑原有投资的保护,又要兼顾未来的发展和变化。本原则的贯彻主要体现在网络系统设计和应用系统设计方面。

(5) 实用性原则。实用性原则的目的是在保证实用要求和技术可行性的前提下,要选择易于操作和管理,应用见效快的技术和方案,以及适当档次和价格的设备。这主要指"从实际出发,讲求实效",在通信网络平台的设计中,首先要考虑的是实用性和易于操作性,确保使用技术成熟的网络设备和通信技术,同时要考虑对现有设备和资源的充分利用,保护原有的投资。

(6) 先进性原则。为了保证建设后的系统能在今后的一段时间内适应新出现的应用,应将整个网络系统的技术水平定位于一个较高的层次上,从而保证系统的先进性,以适应新技术的发展需要。

(7) 可扩展性原则。可扩充性和可延展性主要包括两个方面的内容:一是为网络将扩充新的节点和新的分支预先做好硬件、软件和管理接口,二是网络必须具有升级能力,能够适应网络新技术发展的要求。

9.3.2 安全现状与需求分析

依据上述需求、逻辑和物理设计,该企业网络的拓扑图如图9-12所示。

1. 安全现状分析

在安全现状分析中,重点给出安全拓扑,介绍安全拓扑上设备角色、关键设备、核心业务、应用等的基本属性信息。如在访问控制方面:采用两台启明星辰天清汉马防火墙USG-FW-4010D,配置12个千兆电口和12个千兆光口,配置双电源,做双机热备;在入侵检测和应用网关方面:采用启明星辰天清入侵防御系统WAG1010,要求具备千兆带bypass功能。其中,RJ-45防护接口不少于12个,以解决"注入攻击""防篡改"等Web威胁。在数据防护和数据审计方面:采用启明星辰天钥网络安全审计系统CA500审计引擎采用独立硬件(非Windows平台),审计数据中心采用独立硬件(非Windows平台)通过对被授权人员和系统的网络行为进行解析、分析、记录、汇报,以帮助用户事前规划预防、事中实时监控、违规行为响应、事后合规报告、事故追踪回放等。在网络安全管理方面:采用启明星辰天镜脆弱性扫描与管理系统CSNS,该设备连接在交换机下层,实现类似基于内网主机的安全漏洞检测深度。

同时,给出系统定级、备案、测评等相关介绍。例如:①定级备案方面:某系统暂未定级。②评估方面:某系统等级保护工作不是在原有网络基础之上进行整改,而是根据业务信息系统的需要全新构建一个安全的业务系统平台。在对某系统建设需求进行调研、分析的基础上,建议按照等级保护三级的建设要求,以系统为单位进行安全风险评估,找出目标系统技术环节及管理环节的不足以及面临的威胁。③安全方案设计与评审:结合等级保护的技术和管理要求,暂未提交某系统的安全设计方案。同时未召开项目成果专家验收评审会对安全设计方案进行评审。④信息系统自测评方面:在未借助第三方测评下,单位仅通过漏洞扫描系统对信息技术进行基于主机的漏洞检查。

国家实行网络安全等级保护,鉴于新的网络安全等级保护标准暂未出来,下面仍然以传统的信息系统安全等级保护为例进行介绍。对比结果如表9-16所示。

表 9-16　等级保护技术和管理对比

	信息系统安全等级保护	网络安全等级保护
技术	主机安全、网络安全、物理安全、应用安全、数据安全和备份与恢复	物理与环境安全、网络与通信安全、应用与数据安全、设备和计算安全
管理	安全管理制度、安全管理机构、人员安全管理、系统建设管理、系统运维管理	安全策略和管理制度、安全管理机构和人员、安全建设管理、安全运维管理

依据国家等级保护标准，在对信息系统开展调研、评估或测评之后，针对其存在的脆弱性，从管理和技术两个方面进行系统安全需求分析。

2. 技术需求分析

1）物理安全需求分析

在机房安全方面，应设置机房监控报警系统。邀请安装视频、传感等监控报警系统，确保报警功能正常运行，保存监控报警系统的监控记录，并开展物理安全方面的定期检查和维护记录。

2）数据安全及备份恢复需求分析

因信息系统的业务数据非常重要，要在晚上进行数据备份和恢复工作，完善本地数据备份与恢复功能，备份介质场外存放距离在 10km 以外；应提供主要网络设备、通信线路和数据处理系统的硬件冗余，保证系统的高可用性；并且对路由器、核心交换机的配置要启用局部压缩服务。

3）网络安全需求分析

在重要网段与非重要网段之间应采取可靠的访问控制手段进行技术隔离。在网络边界部署访问控制设备，启用访问控制功能，且访问控制功能应根据会话状态信息为数据流提供明确的允许/拒绝访问的能力，控制粒度应为端口级；采取地址绑定（如 IP/MAC、端口）等手段防止重要网段的地址欺骗。对网络系统中的网络设备运行状况、网络流量、用户行为等进行日志记录，并能够根据记录数据进行分析，并生成审计报表；在网络边界处监视以下攻击行为：端口扫描、强力攻击、木马后门攻击、拒绝服务攻击、缓冲区溢出攻击、IP 碎片攻击和网络蠕虫攻击等，并在检测到攻击时，应针对严重入侵事件进行报警。

对登录网络设备的用户进行身份鉴别，且对同一用户应选择两种或两种以上组合的鉴别技术来进行身份鉴别，身份鉴别信息应具有不易被冒用的特点，口令应有复杂度要求并定期更换；对非授权设备私自连到内部网络和内部网络用户私自连到外部网络的行为进行检查，准确定出位置，并对其进行有效阻断。绘制与当前运行情况相符的网络拓扑结构图，并根据各网段重要性划分不同的子网或网段。

4）应用安全需求分析

提供数据有效性检验功能，保证通过人机接口输入或通过通信接口输入的数据格式或长度符合系统设定要求。定期对网站进行漏洞扫描发现是否存在信息泄露、中间件漏洞、第三方插件漏洞和不存在网站暗链。

5）主机安全需求分析

应对主要服务器进行监视，包括监视服务器的 CPU、硬盘、内存、网络等资源的使用情况。禁用 TCP/IP 高级配置服务，禁用更改所有用户远程访问连接的属性。对重要用户行为、系统资源的异常使用和重要系统命令的使用等系统内重要的安全相关事件进行审计，并能够根据记录数据进行分析，并生成审计报表；通过对入侵检测设备进行配置，对重要服务器进行入侵的行为，并在发生严重入侵事件时提供报警。安装防恶意代码软件，并及时更新防恶意代码软件版本和恶意代码库。操作系统和数据库系统管理用户身份标识应具有不易被冒用的特点，口令应有复杂度要求并定期更换。严格限制默认账户的访问权限，重命名系统默认账户，修改这些账户的默认口令。

3. 管理需求分析

1）安全管理机构需求分析

系统需要配备一定数量的系统管理员、网络管理员、数据库管理员、安全管理员。其中，安全管理员要专职。建立外联单位联系列表，聘请网络安全专家作为常年的安全顾问指导网络安全建设，参与安全规划和安全评审等。

邀请安全管理员定期根据制定的安全审核和安全检查制度开展检查工作，安全检查的记录经汇总后形成安全检查报告。其中，安全检查记录要包含检查对象、报告时间、报告结论、报告撰写人和报告批准人等条目。

2）人员安全管理需求分析

在人员管理中，针对关键岗位人员的安全审核和技能考核要严于其他岗位人员。关键岗位人员要建有安全审核和考核记录。积极开展安全教育和培训，并将培训的情况和结果进行记录并归档保存。在执行力度上，外部人员访问受控区域前先提出书面申请，批准后由专人全程陪同或监督，并登记备案。

3）系统建设管理需求分析

定期组织相关部门和有关安全技术专家对总体安全策略、安全技术框架、安全管理策略、总体建设规划和安全设计方案的合理性和正确性进行论证和审定。对第三方开发的软件系统，需要对外包软件的功能、性能和安全性等质量进行检测，并保存检查记录或报告。系统建设完成后，邀请建设方提供详细系统交付清单，包括所交接的设备、软件和文档等。

开展系统等级，并将备案材料报相应公安机关备案。其中，备案资料中包括《信息系统安全等级保护备案表》、系统拓扑结构及说明、系统安全组织机构和管理制度、系统安全保护设施设计实施方案或者改建实施方案、系统使用的网络安全产品清单及其认证、销售许可证明、测评后符合系统安全保护等级要求的技术检测评估报告、信息系统安全保护等级专家评审意见、主管部门审核批准信息系统安全保护等级的意见。

定期开展等级测评工作。对发现不符合相应网络安全标准要求的及时进行整改，并将测评报告和整改方案提交给公安机关。

4）系统运维管理安全需求

完善机房安全管理制度，对有关机房物理访问，物品带进、带出机房和机房环境安全等方面的管理做出规定。建立介质安全管理制度，对介质的存放环境、使用、维护和销毁等方面做出规定。建立安全管理中心，对通信线路、主机、网络设备和应用软件的运行状态、网络流量、用户行为、恶意代码、补丁升级、安全审计等安全相关事项进行集中管理，并对监测和报警记录进行分析。

指定专人对网络进行管理，负责运行日志、网络监控记录的日常维护和报警信息分析和处理工作；建立网络安全管理制度，对网络安全配置、日志保存时间、安全策略、升级与打补丁、口令更新周期等方面做出规定；定期对网络系统进行漏洞扫描，对发现的网络系统安全漏洞进行及时的修补。

定期进行漏洞扫描，对发现的系统安全漏洞及时进行修补；建立系统安全管理制度，对系统安全策略、安全配置、日志管理和日常操作流程等方面做出具体规定；指定专人对系统进行管理，划分系统管理员角色，明确各个角色的权限、责任和风险。

定期检查信息系统内各种产品的恶意代码库的升级情况并进行记录，对主机防病毒产品、防病毒网关和邮件防病毒网关上截获的危险病毒或恶意代码进行及时分析处理，并形成书面的报表和总结汇报。

建立变更管理制度，系统发生变更前，向主管领导申请，变更和变更方案经过评审、审批后方可实施变更，并在实施后将变更情况向相关人员通告。

9.3.3 方案总体设计

1. 总体安全设计目标

通过分区分域的安全建设原则，根据信息系统业务流的特点，将整个信息系统进行区域划分，突出了安全建设的重点，并且为“一个中心，三重防护”的安全保障体系提供了清晰的脉络，针对重点区域部署相对应的安全产品，达到等级保护要求的标准。

2. 分区分域建设原则

安全访问控制的前提是必须合理地分区分域，通过划分安全域的方法，将信息系统按照业务流程的不同层面划分为不同的安全域，各个安全域内部又可以根据功能模块划分为不同的安全子域，安全域之间的隔离与控制通过部署不同类型和功能的安全防护设备和产品，从而形成相辅相成的多层次立体防护体系。通过对系统的分区分域，不仅使网络结构清晰，而且防护重点明确，从而实现信息系统的结构化安全保护。

对于信息系统，分区分域的过程应遵循以下基本原则。

(1) 等级保护的符合性原则：对此模拟平台的搭建要符合等级保护相关标准的“一个中心、三重防护”的要求。

(2) 业务保障原则：分区分域方法的根本目标是能够更好地保障网络上承载的业务，在保证安全的同时，还要保证业务的正常运行和效率。

(3) 结构简化原则：分区分域方法的直接目的和效果是将信息(应用)系统整个网络变得更加简单，简单的逻辑结构便于设计防护体系。例如，分区分域并不是粒度越细越好，区域数量过多，过杂可能会导致安全管理过于复杂和困难。

(4) 立体协防原则：分区分域的主要对象是信息(应用)系统对应的网络，在分区分域部署安全设备时，需综合运用身份鉴别、访问控制、安全审计等安全功能实现立体协防。

(5) 生命周期原则：对于信息(应用)系统的分区分域建设，不仅要考虑静态设计，还要考虑变化因素。另外，在分区分域建设和调整过程中要考虑工程化的管理。

3. 安全区域划分

在遵循以上原则的前提下，对信息系统进行安全区域划分。为了突出重点保护的等级保护原则，根据信息系统的业务信息流的特点，将信息系统进行区域划分。

安全管理中心：安全系统的监控管理平台都放置在这个区域，为整个IT架构提供集中的安全服务，进行集中的安全管理和监控以及响应。具体来说可能包括如下内容：病毒监控中心、认证中心、安全运营中心等。

计算用户安全接入域：由访问同类数据的用户终端构成安全接入域，安全接入域的划分应以用户所能访问的安全服务域中的数据类和用户计算机所处的物理位置来确定。安全接入域的安全等级与其所能访问的安全服务域的安全等级有关。当一个安全接入域中的终端能访问多个安全服务域时，该安全接入域的安全等级应与这些安全服务域的最高安全等级相同。安全接入域应有明确的边界，以便于进行保护。

通信边界安全互连域：连接传输共同数据的安全服务域和安全接入域组成的互连基础设施构成了安全互连域。主要包括其他域之间的互连设备，域间的边界、域与外界的接口都在此域。安全互连域的安全等级的确定与网络所连接的安全接入域和安全服务域的安全等级有关。

数据业务安全服务域：在局域网范围内存储、传输、处理同类数据，具有相同安全等级保护的单一计算机(主机/服务器)或多个计算机组成了安全服务域，不同数据在计算机上的分布情况，是确定安全服务域的基本依据。根据数据分布，可以有以下安全服务域：单一计算机单一安全级别服务域，多计算机单一安全级别服务域，单一计算机多安全级别综合服务域，多计算机多安全级别综合服务域。

如图9-14所示为云计算平台的区域划分。

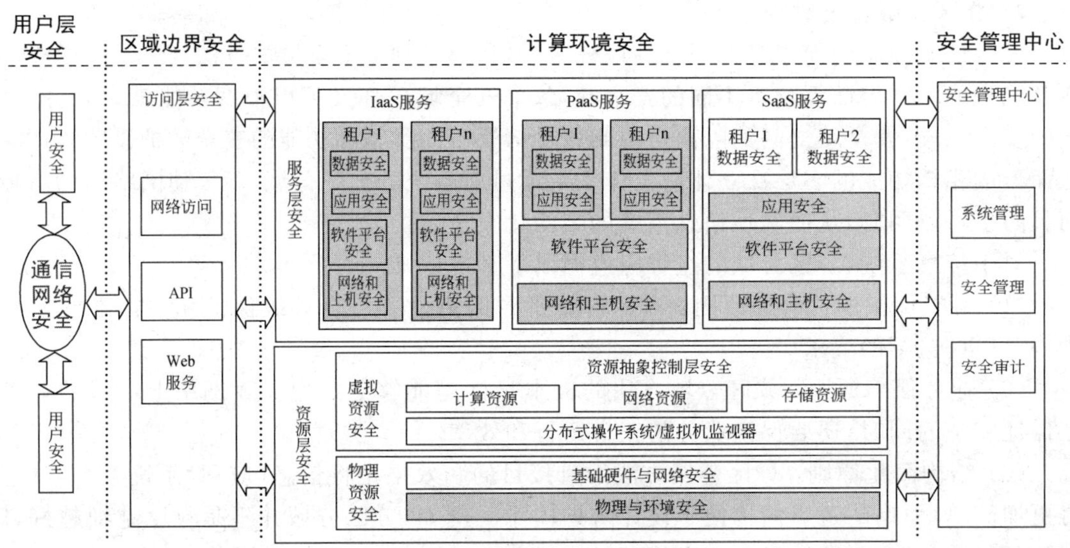

图9-14　安全区域划分示意图

4. 一个中心三重防护的安全保障体系

分区分域的建设原则按照信息系统业务处理过程将系统划分成计算环境、区域边界和通信网络三部分。以计算环境安全为基础对这三部分实施保护，构成由安全管理中心支撑下的计算环境安全、区域边界安全、通信网络安全所组成的三重防护体系结构。

安全管理中心实施对计算环境、区域边界和通信网络统一的安全策略管理，确保系统配置完整可信，确定用户操作权限，实施全程审计追踪。从功能上可细分为系统管理、安全管理和审计管理，各管理员职责和权限明确，三权分立，相互制约。

计算环境安全是信息系统安全保护的核心和基础。计算环境安全通过终端、服务器操作系统、上层应用系统和数据库的安全机制服务，保障应用业务处理全过程的安全。通过在操作系统核心层和系统层设置以强制访问控制为主体的系统安全机制，形成严密的安全保护环境，通过对用户行为的控制，可以有效防止非授权用户访问和授权用户越权访问，确保信息和信息系统得保密性和完整性，从而为业务应用系统的正常运行和免遭恶意破坏提供支撑和保障。

区域边界对进入和流出应用环境的信息流进行安全检查和访问控制，确保不会有违背系统安全策略的信息流经过边界，边界的安全保护和控制是信息系统的第二道安全屏障。

通信网络设备通过对通信双方进行可信鉴别验证，建立安全通道，实施传输数据密码保护，确保其在传输过程中不会被窃听、篡改和破坏，是信息系统的第三道安全屏障。

5. 安全防护设计

测试区和 Web/APP、数据库服务器分别建立不同的网段进行隔离；在所有主机上部署防病毒软件；服务器都要进行安全配置。区域边界方面，测试区与应用数据区进行数据交换时，要通过防火墙进行隔离；Web/APP 与数据库服务器进行数据交换时，只在核心交换区开放数据交换需要通信的 IP 和端口；在核心交换区部署网络审计系统，对通过核心交换区的数据进行审计，并对数据库的使用进行审计；在应用数据区前部署 IPS，保护重要服务器免受入侵；在核心交换区部署 IDS 系统，对网络中的入侵行为进行审计追踪。传输网络方面××大厦通信对数据保密性要求较高，需要通过加密机对数据进行加密处理。

计算环境方面，终端和服务器要安装杀毒软件，用户终端需要安装桌面管理系统进行统一管理，服务器需要进行安全配置；用户终端和服务器区分配不同的网段进行隔离，通过交换区进行数据交换。区域边界方面，在交换区部署网络审计系统，对数据流量进行审计核查；在外部边界区部署防火墙。

在外部边界区部署防火墙；与互联网通信的终端，要和内网用户做完全的物理隔离，并且通过防火墙和内容安全管理系统进行隔离和对网络访问行为进行核查。

9.3.4 基于标准的安全建设

在具体建设中，主要围绕安全管理制度和安全技术措施两个方面。

1. 开展信息安全等级保护安全管理制度建设

按照《信息系统安全等级保护管理办法》《信息系统安全等级保护基本要求》，参照《信息系统安全管理要求》《信息系统安全工程管理要求》等标准规范要求，建立健全并落实符合相应等级要求的安全管理制度。

(1) 信息安全责任制，明确信息安全工作的主管领导、责任部门、人员及有关岗位的信息安全责任。

(2) 人员安全管理制度，明确人员录用、离岗、考核、教育培训等管理内容。

(3) 系统建设管理制度，明确系统定级备案、方案设计、产品采购使用、密码使用、软件开发、工程实施、验收交付、等级测评、安全服务等管理内容。

(4) 系统运维管理制度，明确机房环境安全、存储介质安全、设备设施安全、安全监控、网络安全、系统安全、恶意代码防范、密码保护、备份与恢复、事件处置、应急预案等管理内容。建立并落实监督检查机制，定期对各项制度的落实情况进行自查和监督检查。

2. 开展信息安全等级保护安全技术措施建设

按照《信息系统安全等级保护管理办法》《信息系统安全等级保护基本要求》,参照《信息系统安全等级保护实施指南》《信息系统通用安全技术要求》《信息系统安全工程管理要求》《信息系统等级保护安全设计技术要求》等标准规范要求,结合行业特点和安全需求,制定符合相应等级要求的信息系统安全技术建设整改方案,开展信息安全等级保护安全技术措施建设,落实相应的物理安全、网络安全、主机安全、应用安全和数据安全等安全保护技术措施,建立并完善信息系统综合防护体系,提高信息系统的安全防护能力和水平。

在具体的实施过程中,重点围绕表9-17内容进行建设。

表 9-17 基于等级保护标准的安全建设内容

层面	类别	控制点
技术	物理安全	机房位置选择、物理访问控制、防盗窃和防破坏、防雷击、防火、防水和防潮、防静电、温湿度控制、电力供应、电磁防护
	网络安全	结构安全、访问控制、安全审计、边界完整性检查、入侵防范、恶意代码防范、网络设备防护
	主机安全	身份鉴别、安全标记、访问控制、可信路径、安全审计、剩余信息保护、入侵防范、恶意代码防范、资源控制
	应用安全	身份鉴别、安全标记、访问控制、可信路径、安全审计、剩余信息保护、通信完整性、通信保密性、抗抵赖、软件容错、资源控制
	数据安全及备份恢复	数据保密性、数据完整性、备份与恢复
管理	安全管理制度	管理制度、制定和发布、评审和修订
	安全管理机构	岗位设置、人员配备、授权和审批、沟通和合作、审核和检查
	人员安全管理	人员录用、人员离岗、人员考核、安全意识教育和培训、外部人员访问管理
	系统建设管理	系统定级、安全方案设计、产品采购和使用、自行软件开发、外包软件开发、工程实施、测试验收、系统交付、系统备案、等级测评、安全服务商选择
	系统运维管理	环境管理、资产管理、介质管理、设备管理、监控管理和安全管理中心、网络安全管理、系统安全管理、恶意代码防范管理、密码管理、变更管理、备份与恢复管理、安全事件处置、应急预案管理

9.4 无线局域网解决方案

本节的目标是介绍如何利用局域网规划与设计的方法撰写一个校园无线网络设计方案。案例是基于一个真实的网络设计,为了保护客户的隐私和客户网络的安全,同时为了使得案例简单易懂,作者对案例的一些地方进行了改动或者简化。

9.4.1 无线局域网络背景

学校现有教职工1703人,各类在校生两万余人。分为南区、北区和西区三个校区,18个学院分布在三个校区。

随着入学率的增加和对无线网络需求的激增,学校目前正加紧对信息化的规划和建设。

在现有校园有线网络的基础上，建设基于 WLAN 的无线网络，旨在推动学校信息化建设，实现统一网络管理、统一软件资源系统，建设高水平的智能化、数字化的教学园区网络。其中一个校区的平面图如图 9-15 所示。

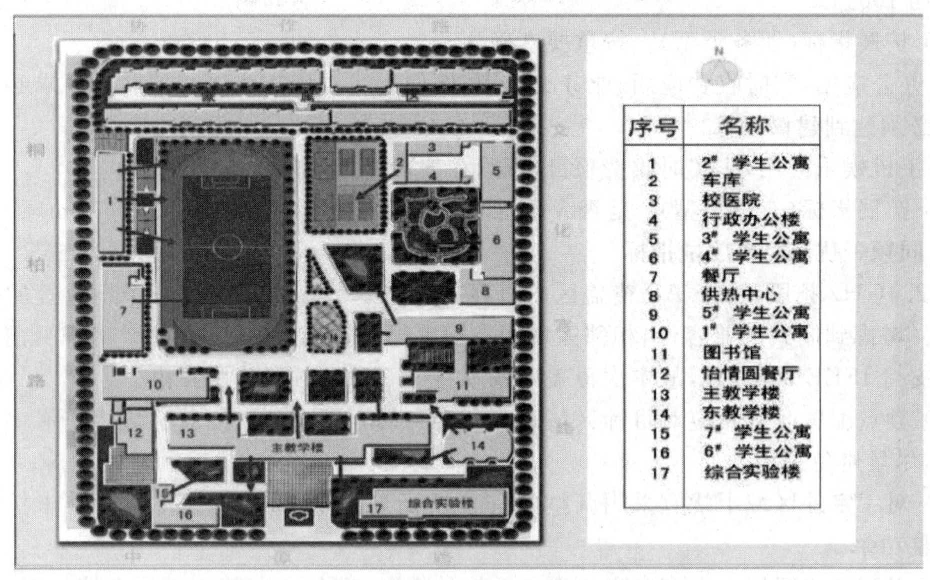

图 9-15　某学校北教学区平面示意图

9.4.2　需求分析

校园无线网络建设的目标如下。

(1) 全覆盖。以 IEEE 802.11 模式覆盖整个校园三个校区，保证被覆盖区域的无线网络访问流畅；为全体师生提供无线网络接入业务，在校园内随时随地使用学校的信息系统。

(2) 可管理。对有线网络、无线网络、校园网用户、网络接入点实现统一网络管理；与现有的认证计费系统有效融合，支持对所有用户的上网控制、认证与计费的持续运营。

(3) 安全性。实现用户身份鉴别、访问控制、可稽核性、保密性等要求；保护网络防止入侵，提高关键任务应用程序和数据的安全性和可靠性。

(4) 可扩充。在校园无线网络规模不断增大的情况下，实现平滑升级和扩充，并保证稳定性和未来可持续发展；保证对学校各种信息系统的服务支持。

9.4.3　技术目标分析

1. 无线信号覆盖指标

为能够提供优质的无线服务，所有房间（面板 AP 除外）内要求无线信号在室内任何空间信号强度 2.4G、5G 同时不低于－65dBm，丢包率小于 1%。室外环境无线信号在无线蜂窝覆盖边缘信号强度 2.4G、5G 同时不低于 70dBm。同时为了达到信号稳定，同频率、同信道的干扰信号强度不得高于－70dBm。

(1) 信号质量。目标覆盖区域内 95%以上位置，用户终端接收到的下行信号 S/N 值大于 10dB。

(2) 速率指标。在目标覆盖区内,单用户接入最大下行业务速率大于等于AP上连中继带宽的90%。

(3) 基本指标。主要STA的种类——手机的指标为-65dBm,笔记本为-70dBm,覆盖范围均100%。

(4) 扩展指标(业务类型)。按重要度确认。

① 办公应用,实时收费应用,业务类应用(例如无线查房),或者其他客户要求必须满足的应用必须达到建议指标。

② 手机娱乐应用,非实时收费项目,可以在建议指标上降低5dBm。

(5) 扩展指标(客户类型):是否VIP,如果是,建议在指标基础上增加5dBm。

2. 同频干扰及AP数量指标

在2.4GHz频段,一个AP覆盖区内直序扩频技术最多可以提供三个不重叠的信道同时工作。考虑到制式的兼容性,相邻区域频点配置时宜选用1、6、11信道。考虑目前多数终端都不支持IEEE 802.11a,故本次覆盖勘察不将5.8GHz频段作为重点。

(1) 频点配置时首先应对目标区域现场进行频率检测,对于覆盖区域内已有AP采用的信道,尽量避免采用。

(2) 对于室外区域干扰宜采用调整(定向)天线方向角,避免天线主瓣对准干扰源的方式或调整功率。

(3) 对于室内区域存在多套室内覆盖系统的情况,充分考虑其他通信系统使用的频段,设计时预留必要的保护频带,以满足干扰保护比的要求。

(4) 室外AP覆盖区频点配置时,为了实现AP的有效覆盖,避免信道间的相互干扰,在信道分配时宜引入移动通信系统的蜂窝覆盖原理。

(5) 室内AP覆盖区频点配置时充分利用建筑物内部结构,从平层和相邻楼层的角度尽量避免每一个AP所覆盖的区域对横向和纵向相邻区域可能存在的干扰。

(6) 系统设计时注意避免干扰源的影响。

(7) WLAN规划设计时结合现场勘察和测试之后,指定覆盖区域的每个AP的工作频率,可通过无线控制器实施AP自动频率调整。

3. 无线网络容量指标

最大重要应用的流量,是指多用户时,新加入用户应该满足的应用流量。只有办公、实时收费应用、业务类应用或者客户明确要求的其他应用才能算重要应用。

总流量有两种指标:超过带点数最大重要应用的流量和达到产品应有的最大性能。如果受现场环境所限,例如室外、距离太远或者带点数太多,就需要降低流量指标,但需要得到客户的确认。

相关指标计算如下。

(1) 并发数:WLAN在进行多终端接入设计时,按照每个IEEE 802.11n AP并发20个用户。

(2) 吞吐量:WLAN的数据业务吞吐量是容量设计的重要因素。在设计中应充分考虑各类数据业务特点和带宽的需求。

在目标覆盖区域内仅有一个终端,满足设计质量指标的情况下,系统吞吐量设计按照如下要求:在IEEE 802.11b模式下,上行或下行单向吞吐量应不低于5Mb/s(不加密)。在

IEEE 802.11g 模式下，上行或下行单向吞吐量应不低于 18Mb/s(不加密)。在 IEEE 802.11n 模式下，上行或下行单向吞吐量应不低于 54Mb/s(不加密)。

WLAN 容量计算方式如下。

(1) 每用户速率=(每 AP 连接速率×传输效率)/(用户数量×忙时用户激活比例)。其中，IEEE 802.11b 每个 AP 的最大连接速率为 11Mb/s，IEEE 802.11g 每个 AP 的最大连接速率为 54Mb/s，IEEE 802.11n 每个 AP 的最大连接速率为 300Mb/s，IEEE 802.11ac 每个 AP 的最大连接速率为 1Gb/s。

(2) 传输效率：表示总开销效率因子，包括 MAC 效率和纠错开销，取 50%。

(3) 用户数量×忙时用户激活比例：得到同时使用无线网络资源的实际用户数。

4. 丢包率指标

丢包率应小于 3%。

5. 延时指标

延时应小于 50ms。

9.4.4 网络设计

1. 网络拓扑结构设计

为了便于理解和学习，给出学院网络拓扑结构，如图 9-16 所示。

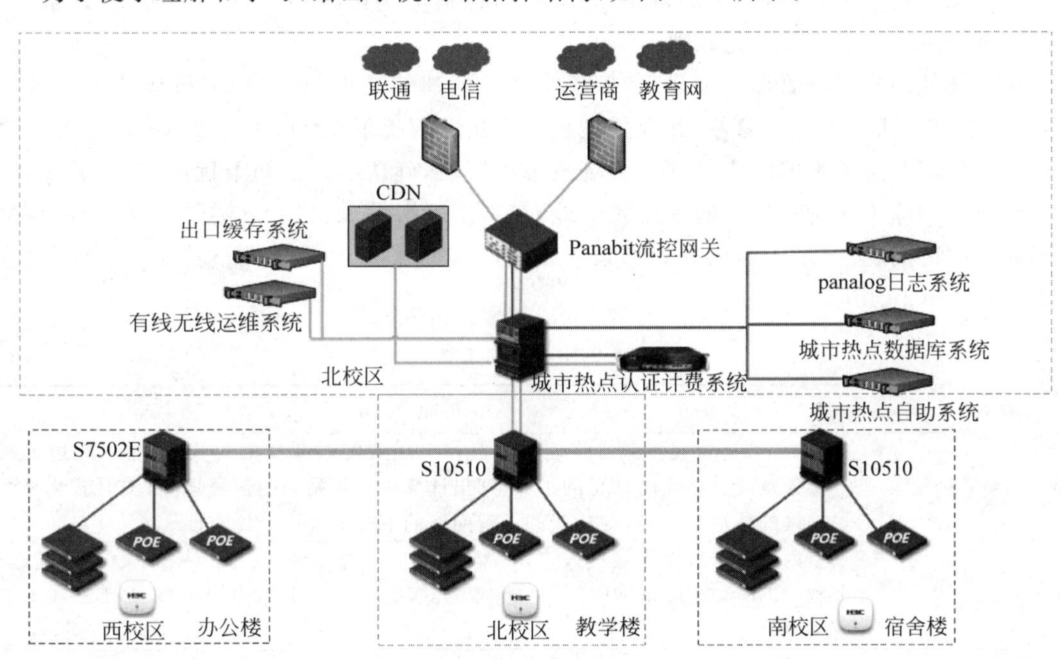

图 9-16 某学院网络拓扑结构图

2. AP 点位分布设计

1) 无线 AP 覆盖设计思路

采用场景化覆盖思想，不同的场景使用不同的解决方案，最大程度保证无线覆盖的效果和质量。

(1) 宿舍区覆盖方案。宿舍区采用锐捷智分+方案进行覆盖，AP 型号为 RG-AP5528。

每个AP带24个房间,采用IEEE 802.11ac WAVE2标准覆盖,实现超高性能接入。主要部署位置:1#～16#学生宿舍。

(2) 实训区覆盖方案。报告厅采用高性能放装AP进行覆盖,AP型号为RG-AP520(W2),高性能无线AP,支持IEEE 802.11 ac WAVE2标准覆盖。主要部署位置:2#、3#、4#、8#实训楼。

(3) 教学区覆盖方案。教学区采用放装方案进行覆盖,AP型号为RG-AP520(W2),高性能无线AP,支持IEEE 802.11 ac WAVE2标准覆盖。

(4) 图书馆覆盖方案。教学区采用放装方案进行覆盖,AP型号为AP720-I,该AP支持WAVE2标准,支持在线性能扩容,是一种高密度AP。主要部署位置:报告厅、图书馆等区域。

(5) 行政楼覆盖方案。行政楼采用面板AP方案进行覆盖,实现入室信号覆盖,性能更强,信号更好。

(6) 室外覆盖方案。室外采用锐捷室外专用AP进行覆盖,AP型号为RG-AP630。该AP为一体化无线产品,性能高,故障少,维护方便。

2) 地勘

地勘时需要对各场景现有无线覆盖情况做记录,实测设备具备根据周边Wi-Fi设备频率和信道来进行信道、发射功率的自动调整功能,以适应周边环境变化。室内、室外系统覆盖都要遵循AP信道覆盖避免原则。

在现场使用实际部署设备型号,依照每个场景的建筑结构,在实地进行放装测试,以设计点位、信道和功率等无线参数,并在保证覆盖质量的前提下,最小化设计AP点位数、尽可能地避免隐藏节点带来的危害。深入各场景覆盖区域,确认部分已知干扰源,典型的如办公区域微波炉。除了Wi-Fi覆盖的工作频率外,在本楼层水平、相邻上下楼层垂直方向均考虑了同频干扰的问题,合理的信道规划和频率设定,及设备信道功率的调整功能。地勘所使用的工具如表9-18所示。

表9-18 地勘工具

地勘工具	功能简介
WirelessMon	WirelessMon是一款允许使用者监控无线适配器和聚集的状态,显示周边无线接入点或基站实时信息的工具,列出计算机与基站间的信号强度,实时监测无线网络的传输速度,以便让我们了解网络的下载速度或其稳定性
RG-AP530(W2)	室内灵动天线型无线接入点,WAVE2 AP,双路双频,支持IEEE 802.11a/b/g/n和IEEE 802.11ac同时工作,胖/瘦模式切换、WAPI、双电口上联、PoE+和本地供电
Wi-Fi分析仪	手机端信号检测软件,可检测出周围Wi-Fi的信道占用情况以及信号值

3) AP点位分布设计

由于校园网无线网络规模较大,需要科学设计AP部署方式,保证信号覆盖连续、平滑且充分无盲区。本节以1#教学楼一层和两层为例,通过实地勘测,根据人群分布、信号强度、传输速度等方面,进行AP点位分布设计。

一层部署点位分布如图9-17所示,一层信号强度(2.4GHz)如图9-18所示。

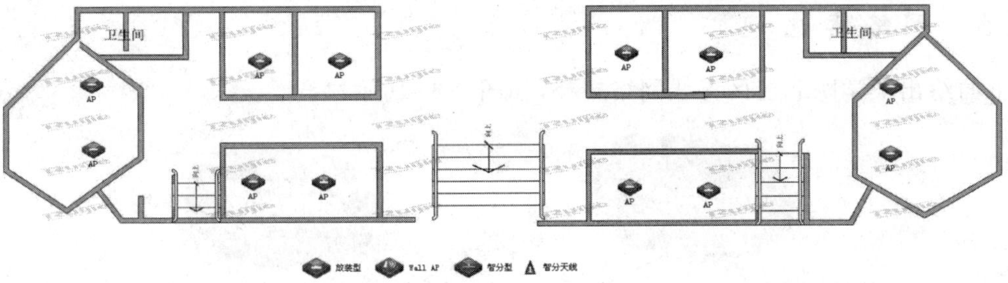

图 9-17　1＃教学楼一层 AP 点位分布图

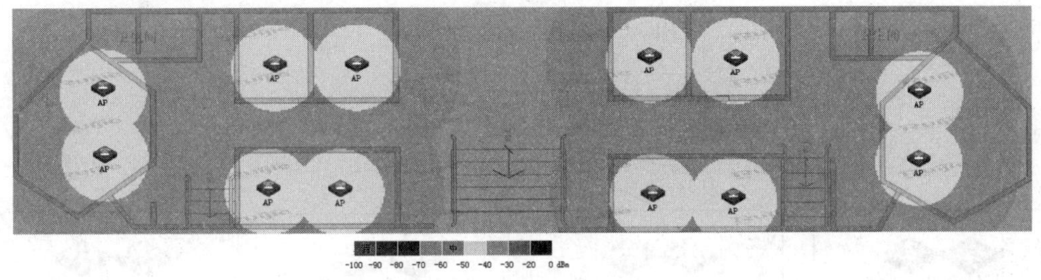

图 9-18　1＃教学楼一层信号强度图

二层部署点位分布如图 9-19 所示，二层信号强度(2.4GHz)如图 9-20 所示。

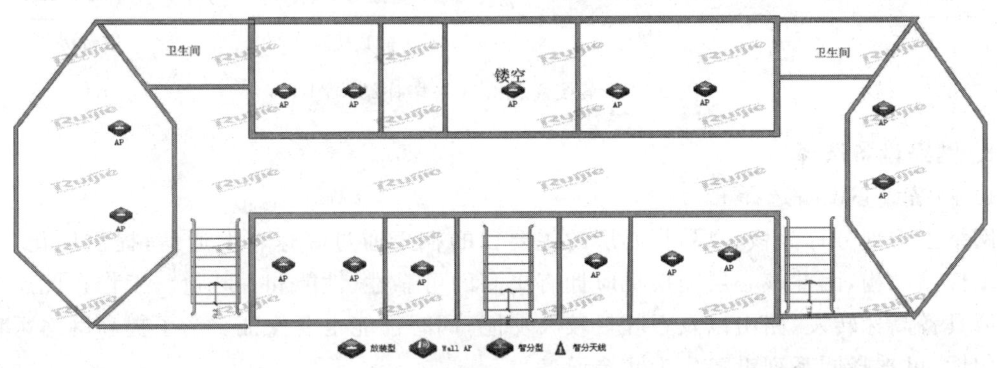

图 9-19　1＃教学楼二层 AP 点位分布图

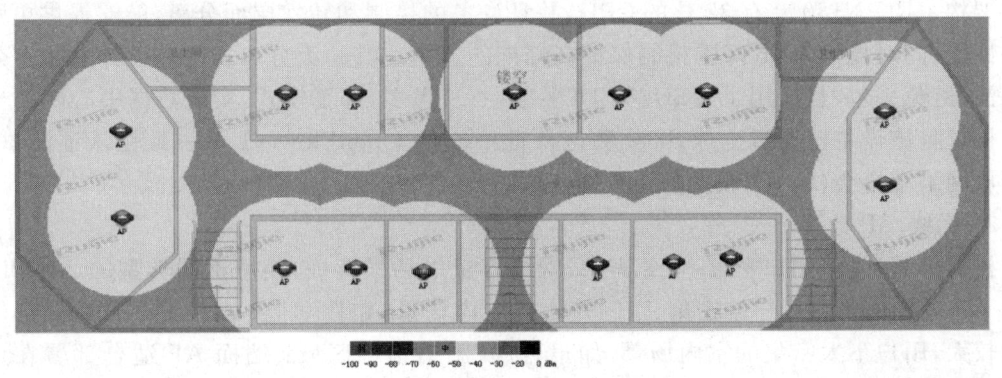

图 9-20　1＃教学楼二层信号强度图

9.4.5 网络实施

下面给出某学院北校区无线网络拓扑，如图 9-21 所示。

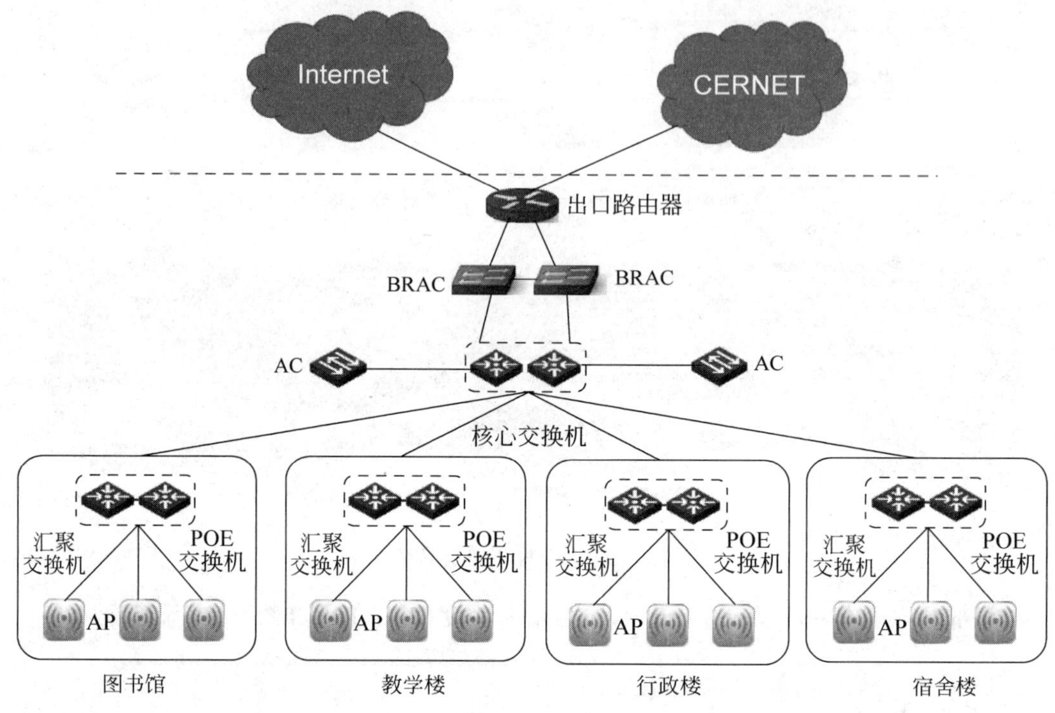

图 9-21 某校区无线网络拓扑结构图

1. 网络设备选择

1）网络核心设备选择

网络主干部分称为核心层，核心层的主要目的在于通过高速转发通信，提供优化、可靠的骨干传输结构，因此核心层交换机应拥有更高的可靠性、性能和吞吐量。工作在此层的交换机要具备高速转发、路由以及吞吐量较大功能，同时性能也要保证。为了提高网络可靠性和可用性，可选择同系列设备作为冗余设备。

网络核心交换机选用锐捷网络的核心交换机 RG-N18010 作为核心交换机，构建扁平化网络架构。RG-N18010 有 32 核的 CPU，并且设备的控制和转发层面分离，能够提供更强的网络性能，同时提供 Web 降噪机制保证高峰期的速率。其超大分布式缓存设计能够有效抵抗浪涌，避免丢包，且应用了 VSU/VSD(多虚一/一虚多)部署模式，实现数据中心网络全冗余架构。且该设备已通过全球 SDN 测试认证中心的 OpenFlow v1.3 一致性认证测试，获得开放网络基金会(ONF)颁发的一致性认证。

2）无线 AP 选择

根据部署环境、用户密度、业务需求、网络容量等场景特征，使用不同类型的 AP，其中：高密 AP 适合部署在用户较密集、空间较大的室内场景，如教学楼；高性能 AP 适合部署在空间较大，用户不太密集的室内场景，如报告厅、图书馆等区域；墙面 AP 适合部署在用户不太密集、相对稳定的室内场景，如行政楼；室外 AP 适合部署在室外环境，如广场；智分+

AP 适合部署在用户密集、多房间的室内场景，如学生宿舍。

在 AP 点位设计的基础上，按类别选择 AP 设备。

(1) 高密 AP。选用锐捷网络的 RG-AP740-I，全面支持 IEEE 802.11ac WAVE2 最新技术标准，搭载锐捷第 4 代 X-sense 灵动天线、采用三路射频电路设计、整机支持 9 条空间流和 MU-MIMO、HT160 等创新技术，跨越式地提升了无线 AP 的信号覆盖能力，随时保障现代大量移动智能终端的最优接入效果。

(2) 高性能 AP。选用锐捷网络的 RG-AP720-I，搭载灵动天线、支持 IEEE 802.11ac WAVE2 最新技术标准的无线接入点 AP 产品，支持 MU-MIMO，整机提供 1267Mb/s 的接入速率，超千兆的极速无线让性能不再成为瓶颈。

(3) 墙面 AP。选用锐捷网络的 RG-AP130(W2)，采用双路双频设计，可支持同时工作在 IEEE 802.11a/n/ac 和 IEEE 802.11b/g/n 模式，2.4G 和 5G 均可同时提供两条空间流接入。其中，RG-AP130(W2)搭载先进的 WAVE2 射频芯片，支持 MU-MIMO 特性，对多用户接入支持良好，可在 86mm 面板盒上安装，而且集成了以太网口和 IP 电话接口，整机设计简洁美观、部署便捷，可以在不破坏墙面装修的情况下安装在接线盒上。

(4) 室外 AP。选用锐捷网络 RG-AP630(IDA)，适应－40～65℃，湿度 0～100％的工作环境，配备可调节挂架、PoE OUT 端口，减轻工程部署压力、维护方便。

(5) 智分＋AP。选用锐捷网络的 RG-AM5528，采用多级分布式架构和千兆独享式架构，采用 19 英寸标准机柜尺寸，支持弱电间标准机柜部署和灵活地楼道小型机柜部署，提供 24 个下联 RJ-45 接口连接到微 AP 射频模块。可根据需要灵活地选择多种类型的微 AP 射频模块，特别适合部署在校园网环境。

在实施中，将每台无线 AP 设置相同的管理 IP 地址；所有 AP 设置成同样的 SSID、加密方式；AP 间覆盖范围部分重叠；相邻的各 AP 分别选择 1、6、11 信道，使 AP 干扰做到最小。

3) 汇聚层设备选择

汇聚层主要负责连接接入层接点和核心层中心，汇集分散的接入点，扩大核心层设备的端口密度和种类，汇聚各区域数据流量，以及本区域内的数据交换，实现骨干网络之间的优化传输。

(1) 楼宇汇聚交换机。选用锐捷网络的 RG-S5750C-28GT4XS-H 交换机，该系列交换机采用业界领先硬件架构设计，搭载锐捷网络最新的 RGOS11.X 模块化操作系统，提供更大的表项规格、更快的硬件处理性能、更便捷的操作使用体验。RG-S5750-H 系列提供灵活的千兆接入及高密度的万兆端口扩展能力，全系列交换机均固化 4 端口万兆光纤，采用双扩展槽设计，支持高密、高性能端口上行能力，充分满足用户高密度接入和高性能汇聚的需求。

(2) POE 交换机。选用锐捷网络的 RG-S2910-24GT4SFP-UP-H 交换机，是面向安全、高效、稳定和节能推出的大功率远程以太网供电交换机，该系列产品遵循国际标准供电协议 IEEE 802.3bt。有效解决了当前部署成本高、部署周期长、供电不稳定、运维管理难、安全系数低等问题，可充分满足智能弱电场景下大功率 POE 终端接入需求和室外场景下大功率无线热点接入需求。采用 POE 交换通过网线对 AP 进行供电，打破传统供电模式，避免因拉电源线而引发的火灾问题。

(3) AC 控制器。选用锐捷网络的 RG-WS6812 高性能无线控制器，无须改动任何网络架构和硬件设备,即可提供无缝的安全无线网络控制。RG-WS6812起始支持128个无线接入点的管理,通过license的升级,最大可支持1024个AP的管理。RG-WS6812可针对无线网络实施强大的集中式可视化的管理和控制。AC作为旁路模式部署在现有的网络架构中,通过AC实现对全网的AP进行统一的管控,AC会自动下发配置信息给AP,实现AP零配置接入。AC管控各相邻AP间漫游阈值,并读取STA信号强度,让STA在相邻AP间实现无缝漫游。AC管控各相邻AP的带机量,基于STA的负载均衡能平衡各AP接入负载压力,又能有效解决因某STA距AP较远而导致整个网络速率下降的问题。

2. 统一用户认证系统

在原有线校园网的基础上,对所有校园网用户采用融合BRAS的校园网统一接入认证。认证计费系统采用锐捷网络高校智慧运营BRAC(Broadband Remote Access Concentrator,远程接入集中器)解决方案。方案从运营各方的角度出发,充分考虑了学校、学生、运营商的诉求,能够有效满足联合运营模式下的多方需求,具有扁平化网络平台开放性、管理权和运营权分离的运营商合作新模式等特性。相比传统的方案,BRAC方案无须运营商开放AAA系统(认证授权计费系统),即可实现智慧运营管理,大大降低了智慧运营解决方案的部署难度。

统一用户认证系统包括:RG-SAM+认证计费管理平台与RG-ASME接入共享管理引擎,结合RG-N18010核心交换机实现校内-校外、准入-准出、有线-无线的全面融合、统一管理,支持基于这些接入方式的IEEE 802.1x、Web、PPPoE、IPoE身份认证、接入控制,可灵活设置管理服务策略。开启无感知认证,无线用户通过无感知认证方式接入网络,仅需首次输入账号和密码,避免了开机后再次输入账号密码的过程,让用户一次认证即可轻松上网。

通过SAM+认证计费管理平台实现对学生上网的精细化管控,老师可结合地点、身份、时间、服务等要素设定用户上网策略,实现对用户上网行为做管控。校园网账号和运营商账号绑定,统一认证方式,简化用户操作复杂度,提升用户体验。

3. 全网无缝漫游

无缝漫游也称为零切换,客户端在移动时从一个AP自由切换到另一个AP过程中网络连接不会被断开。用户在漫游过程中完全感受不到无线AP之间的切换操作。对于终端,无缝漫游是将某个AP的关联关系切换到另一个AP,从而实现其与无线始终保持连接的目的。无缝漫游旨在保证终端在移动过程中不间断通信的无缝移动需求,以及保证移动前后终端的属性和权限保持不变。要实现无缝漫游,需要AC与AP的支持,且由AC和AP完成相关切换工作。

前文中选择的AP与AC均具备无线漫游功能。AC控制器RG-WS6812支持先进的无线控制器集群技术,在多台RG-WS6812之间可实时同步所有用户在线连接信息和漫游记录。当无线用户漫游时,通过集群内对用户的信息和授权信息的共享,使得用户可以跨越整个无线网络,并保持良好的移动性和安全性,保持IP地址与认证状态不变,从而实现快速漫游和语音的支持。

通过AP与RG-WS系列无线控制器产品的配合,无线用户在AP之间移动访问时,可以保证二层网络和三层网络的无缝漫游,用户在过程中不会感觉到数据访问的中断。

9.5 云数据中心解决方案

随着IT平台规模和复杂程度的大幅度提升，传统数据中心已经不能满足IT发展的趋势，云计算技术从安全、服务器等多角度体现整合的优势，因此，企业从长远策略出发，考虑经济效益，建设云化数据中心势在必行。

9.5.1 需求分析

根据企业发展的现状，结合成熟可落地的新兴IT技术，某企业云数据中心的总体建设需求如下。

1. 稳定性

应采取各种必要技术措施，保证信息化云服务数据中心具备优秀的稳定性，在保证性能的前提下，为主要业务提供持续的支撑服务。

2. 安全性

云数据中心系统应能充分考虑用户数据的安全，避免用户受到异常攻击或敏感数据窃取。应能主动评估业务系统的安全状况及提供弥补措施，并提供各种操作行为的可回溯能力。

3. 可扩展性

云数据中心应具备良好的扩展能力，满足数据中心长期发展的要求。根据业务的发展预测，平台系统定期按照适度预留的原则进行建设，能在规定时间内快速响应新的用户、新的业务的新增要求。

4. 灵活的IT基础架构

满足资源的随时随地按需分配，需要建立一个灵活的硬件基础架构。硬件基础架构通常由虚拟的服务器池、共享的存储系统、网络和硬件管理软件组成。

5. 自动化资源部署

云数据中心的核心功能是自动为用户提供服务器、存储以及相关的系统软件和应用软件。用户、管理员和其他人员能通过Web界面使用该功能。自动化的部署流程不仅能做到“随需应变”，适应用户的需求，而且能够带来以下好处：引入技术和创新的时间缩短，设计、采购和构建硬件和软件平台的人力成本降低，以及通过提高现有资源的利用率和复用率节省成本。

6. 端服务请求管理

云数据中心提供一个统一的管理平台来实现端到端的流程管理，协调各个部门的合作，提高管理效率。同时该管理平台负责全部的人工交互界面，权限控制和用户管理等功能。

7. 完善的资源监控及故障处理手段

云数据中心提供资源和服务的各种运维能力，可以监控资源的使用情况，对于平台故障提供及时的预警报警，保证云计算平台的稳定运行。

8. 开放性

要求各类系统设计、产品及网络构建都要满足相关的国际标准和国家标准，提供标准结构及接口。

9.5.2 云数据中心规划设计方案

为了实现上述建设的关键需求,通过IT架构的优势,将业务系统效率发挥出来。某企业云数据中心建设项目采用"云管理平台+超融合架构"实现资源、业务、数据的集中承载和统一调度,整体解决方案系统逻辑架构图如图9-22所示。

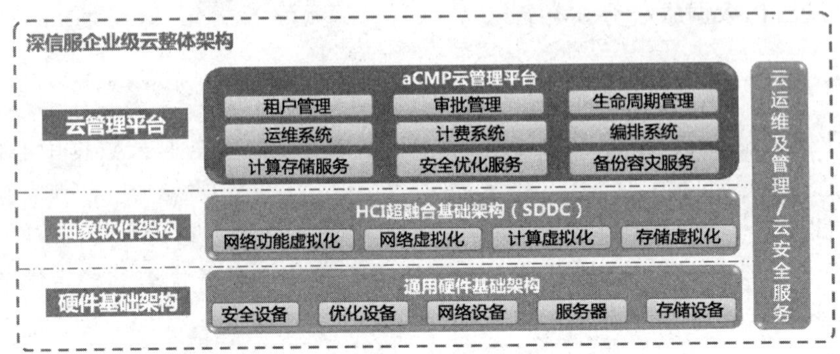

图9-22 云数据中心系统逻辑架构图

利用通用的硬件基础架构,搭建好云数据中心的基础架构,在通用的X86平台之上,利用软件定义的思路,将计算、网络、安全和存储进行全面的融合,构建出池化的超融合基础架构。在此基础之上,利用云管理平台,能够实现租户的隔离和管理、生命周期管理、运维管理系统、资源及业务的编排、资源计量、审计等一系列符合企业需求的功能特性。通过自动化的运维和安全及服务实现端到端的业务交付。

限于资金预算,在方案规划上,通过三期来建设实现。

1. 第一期

(1) 核心企业级云数据中心基础架构搭建完成。

(2) 将计划内的老旧单机服务器业务系统迁移至企业级云数据中心内。

(3) 将部分非核心业务系统迁移至企业级云数据中心内。

(4) 最大限度释放核心存储的空间及I/O压力,保证核心业务运行。

其拓扑设计如图9-23所示,其中:

(1) 新增12台设备。所有节点虚拟机流量都与新增的业务交换机连接并最终到核心交换机。每台服务器管理网络都通过一台管理交换机连接,最终连入核心交换机。

(2) 原有所属VMware虚拟化平台的服务器以及非虚拟化的服务器都无须变更现有网络,即可被aCMP云管平台接管。

(3) 企业级云包含aCMP云管平台和部署相关虚拟化组件,包括服务器虚拟化、存储虚拟化、网络虚拟化及网络功能虚拟化。

2. 第二期

(1) 将核心业务系统迁移至企业级云数据中心内。

(2) 将客户其他需要迁移到企业级云数据中心的业务迁移上去。

(3) 将原有的存储作为归档存储使用。

(4) 合并现有机房的非关键设备,包括防火墙、负载均衡等,简化机房环境。

(5) 资源不够可以扩充新的X86服务器作为计算和空间节点横向扩容。

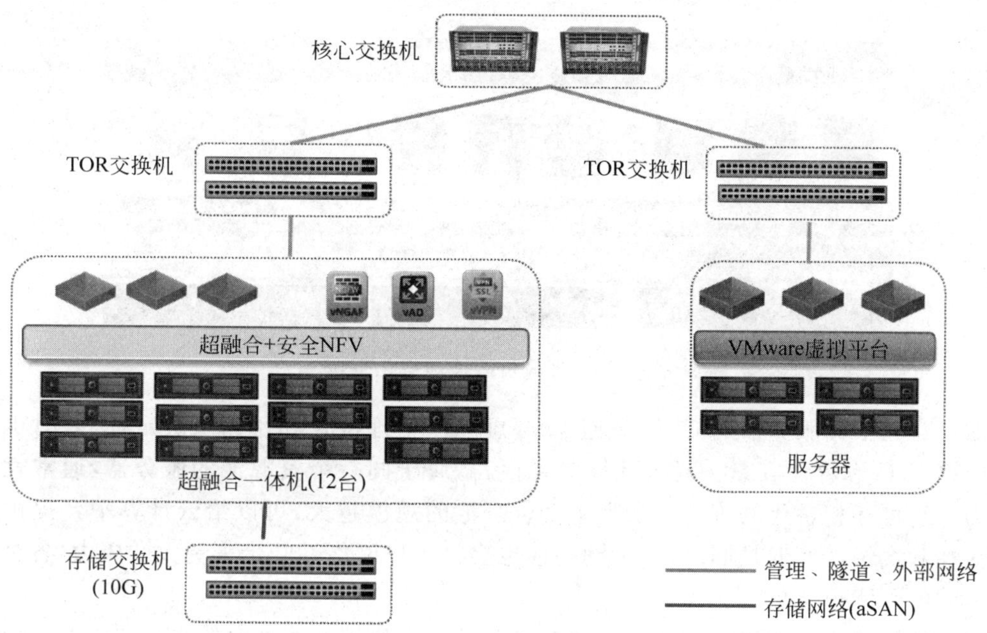

图 9-23　拓扑设计图

3. 第三期

（1）搭建容灾企业级云数据中心。

（2）将核心业务系统备份一份到容灾企业级云数据中心。

（3）启用备份一体机将核心数据中心全部数据备份到容灾数据中心并开启增量备份。

（4）通过负载均衡将两地数据中心核心业务容灾，做到业务快速切换。

9.5.3　云数据中心资源池设计

1. 计算资源池设计

服务器是云计算平台的核心，其承担着云计算平台的"计算"功能。对于云计算平台上的服务器，通常都是将相同或者相似类型的服务器组合在一起，作为资源分配的母体，即所谓的服务器资源池。在这个服务器资源池上，再通过安装虚拟化软件，使得其计算资源能以一种云主机的方式被不同的应用和不同用户使用。

虚拟化软件作为介于硬件和操作系统之间的软件层，采用裸金属架构的 X86 虚拟化技术，实现对服务器物理资源的抽象，将 CPU、内存、I/O 等服务器物理资源转化为一组可统一管理、调度和分配的逻辑资源，并基于这些逻辑资源在单个物理服务器上构建多个同时运行、相互隔离的虚拟机执行环境，实现更高的资源利用率，同时满足应用更加灵活的资源动态分配需求，譬如提供热迁移等高可用特性，实现更低的运营成本、更高的灵活性和更快速的业务响应速度，如图 9-24 所示。

计算资源池的构建可以采用以下 4 个步骤完成：计算资源池分类设计、集群设计、主机池设计、云主机设计。

1）计算资源池分类设计

在搭建服务器资源池之前，首先确定资源池的数量和种类，并对服务器进行归类。归类

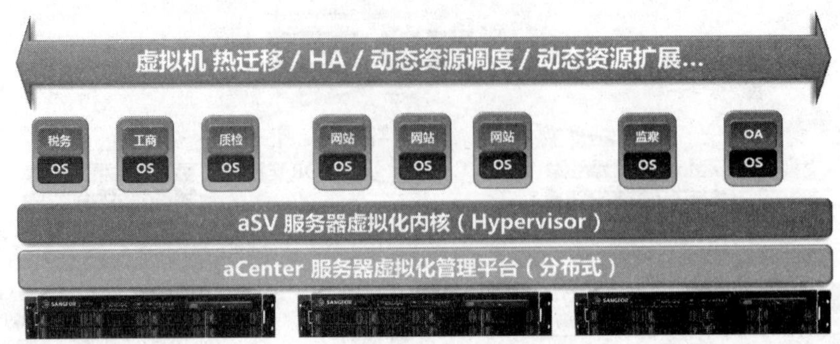

图 9-24　计算资源池虚拟化平台

的标准通常是根据服务器的CPU类型、型号、配置、物理位置和用途来决定,必要时也可以参考内存、I/O和存储容量。对云计算平台而言,属于同一个资源池的服务器,通常就会将其视为一组可互相替代的资源。如果单个资源池的规模越大,可以给云计算平台提供更大的灵活性和容错性。但是同时,太大的规模也会给出口网络吞吐带来更大的压力,各个不同应用之间的干扰也会更大。

初期的计算资源池规划应该包括所有可能被纳入到云计算平台的服务器资源,例如,为搭建云计算平台新购置的服务器、单位内部目前闲置的类似配置的服务器。在云计算平台搭建的初期,正在为业务系统服务的服务器并不会直接被纳入云计算平台的管辖。随着云计算平台的上线和业务系统的逐渐迁移,在后期,所有的业务均要求入云的时候,这些服务器也将逐渐地被并入云计算平台的资源池中。

2) 集群设计

当各种类型的计算资源池规划完毕后,需要通过一个类似全局的策略对这些散列的资源池进行集中管理,集群的概念就是在这个情况下诞生的。集群的目的是使用户可以像管理单个实体一样轻松地管理多个主机和云主机,从而降低管理的复杂度。同时,通过定时对集群内的主机和云主机状态进行监测,如果一台服务器主机出现故障,运行于这台主机上的所有云主机都可以在集群中的其他主机上重新启动,保证了数据中心业务的连续性。

集群的设计就是将计算资源池内的主机进行规划,在一个集群内,可以实现虚拟化后的所有特性,如热迁移、HA、动态资源调度、动态资源扩展等。

3) 主机池设计

若有部分没有加入集群的主机需要通过云管理平台集中管理的时候,规划主机池便显得非常必要。主机池就是一系列主机和集群的集合体,没有加入集群的主机全部在主机池中进行管理,主机池既可以管理主机,也可以管理集群。

4) 云主机设计

云主机其实可以理解为就是一个虚拟机的实例,通过服务的方式交付给用户。云主机与普通虚拟机的区别在于:每台云主机都具备一个完整的系统,它具有CPU、内存、网络设备、存储设备和BIOS,同时还拥有操作系统和应用程序。

2. 存储资源池设计

在此次云数据中心建设方案中,存储资源池的设计采用分布式存储技术,通过两副本的方式进行数据的可靠性保障。通过分布式存储,可以形成可横向扩展的云计算基础架构。

由于不再需要集中共享存储设备，整个云平台基础架构得以扁平化，大大简化了 IT 运维和管理，有效利用服务器资源，降低能源消耗，帮助企业实现 IT 环境的节能减排。

如图 9-25 所示，这种架构的基本单元是部署了虚拟化系统的 X86 标准服务器。在提供虚拟计算资源的同时，服务器上的空闲磁盘空间被组织起来形成一个统一的虚拟共享存储系统。虚拟化存储在功能上与独立共享存储完全一致，同时由于存储与计算完全融合在一个硬件平台上，无须像以往那样购买连接计算服务器和存储设备的专用 SAN 网络设备。

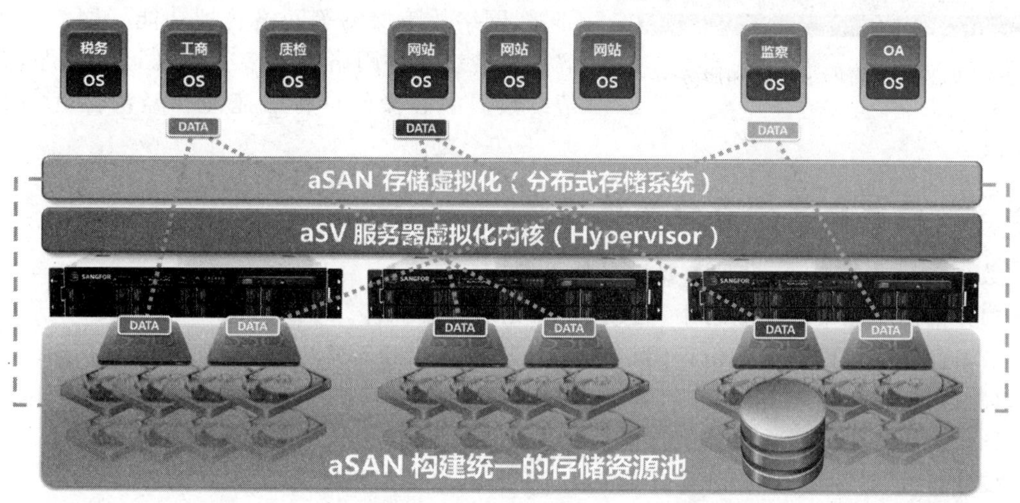

图 9-25　存储资源池逻辑架构图

3. 网络资源池设计

服务器虚拟化技术的出现使得计算服务提供不再以主机为基础，而是以云主机为单位来提供，同时为了满足同一物理服务器内云主机之间的数据交换需求，服务器内部引入了网络功能部件虚拟交换机 vSwitch(Virtual Switch)，如图 9-26 所示，虚拟交换机提供了云主机之间、云主机与外部网络之间的通信能力。

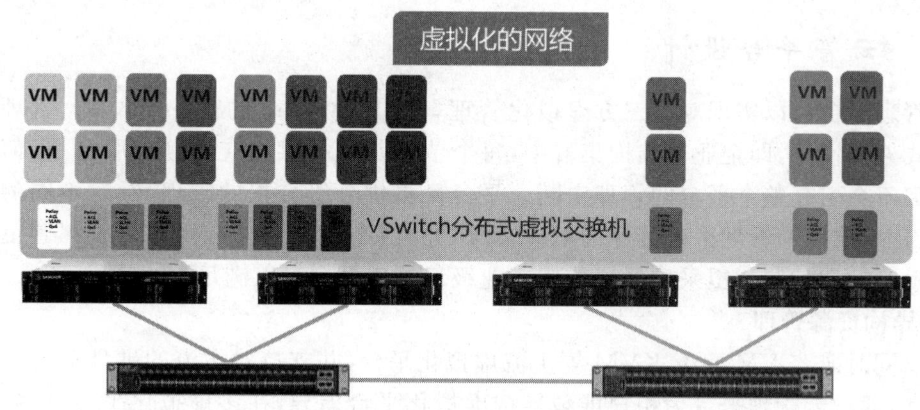

图 9-26　网络资源池示意图

深信服网络虚拟化 aNet 方案通过和服务器虚拟化 aSV 相结合，在虚拟机和物理网络之间，提供了一整套完整的逻辑网络设备、连接和服务，包括分布式虚拟交换机 vSwitch、虚

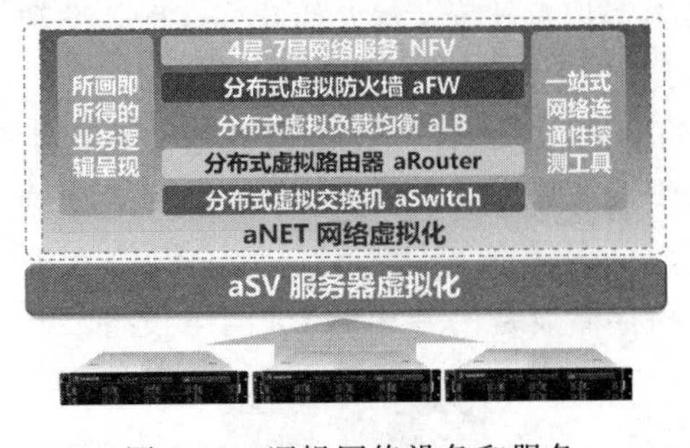

图 9-27 逻辑网络设备和服务

拟路由器 aRouter、虚拟下一代防火墙 vNGAF、虚拟应用交付 vAD、虚拟 vSSL VPN、虚拟广域网优化 vWOC 等虚拟网络、安全设备等，如图 9-27 所示；然后，还可以支持 VXLAN 等增强网络协议，实现和物理网络的无缝对接，简化网络的配置管理；此外，还可以通过虚拟化管理平台，实现网络拓扑部署、网络故障探测等网络管理功能。网络虚拟化解决了传统硬件网络的众多管理和运维难题，并且帮助数据中心操作员将敏捷性和经济性提高若干数量级。

9.5.4 云数据中心备份系统设计

数据备份非常重要，设计上要满足如下要求。

(1) 备份功能集成在平台中，无须购买，无须安装插件。

(2) 存储都可以作为备份存储，包括：FC、iSCSI、NFS 等。

(3) 支持自动清理备份策略，删除备份同时释放空间，备份存储空间得到充分利用。

(4) 多次备份不影响虚拟机性能。

(5) 高效、可靠，不影响业务正常运行，不影响原虚拟机性能。

(6) 数据备份最多保留三个月。

(7) 为数据库(SQL Server、Oracle)提供多磁盘数据一致性检查，确保数据恢复有效性。

(8) 提供备份合并功能，在删除备份的时候，数据会向后合并，保证每个保留的备份数据都是完整可用的，以此快速释放空间，节约备份存储资源。

通常，云平台自身通常集成了基于虚拟机的备份模块，可为用户提供虚拟机级别的数据保障。经过对备份方法的优化，很好地解决了快照备份带来的性能下降、浪费空间等困扰。

9.5.5 云管平台设计

云管理平台可以实现对第三方虚拟化管理，例如 VMware 的 vCenter 等。管理平台采用分布式架构设计，即企业云架构集群中，每个节点都可提供相应的管理服务，任何单一节点故障都不会引起整个平台的管理中断。平台可提供分级分权的管理，针对不同的平台用户，可以各自使用和管理平台分配的对应资源，并且针对每种资源对象，可以部署更加精细化的权限管理和控制。拟采用的深信服企业级云管理平台可以满足上述需求。

1. 异构资源管理

可以同时兼容 VMware、KVM 等主流虚拟化平台，并支持对主流的硬件资源实现统一集中管理，通过云管理平台为租户屏蔽异构虚拟化平台差异，在多虚拟化平台环境下，能为租户提供相同的云主机资源服务，并实现对于异构虚拟化平台的统一管理。

2. 分级分权管理

根据企业云业务划分需求，可以将管理员划分为多级进行管理，不同的级别具有不同的管理权限和访问权限。

(1) 系统管理员。也可称为超级管理员，能够创建和管理数据中心内的所有云资源。对于公有云，系统管理员是运营商数据中心管理员；对于私有云，系统管理员是企业或机构的 IT 管理员。

(2) 组织管理员。也可称为虚拟数据中心(vDC)管理员，拥有对组织虚拟数据中心的管理权，包括组织内部虚拟机的运行管理、镜像管理、用户管理以及认证策略管理等。组织管理员由系统管理员创建。对于私有云，组织管理员是内部部门的 IT 管理员。

(3) 最终用户。权限最低，允许最终用户通过内部网络访问自己专属的虚拟机，并允许通过自助服务门户向组织管理员申请虚拟资源。最终用户由组织管理员创建。

3. IT 自服务

自助式服务管理为用户提供了一个多租户的、可自助的 IaaS 服务，是一种全新的基础架构交付和使用模式。通过云管理平台提供的虚拟化资源池功能，IT 部门能够将 IT 物理资源，抽象成按需提供的弹性虚拟资源池，包括虚拟机、存储、网络、网络安全，以消费单元(即组织或虚拟数据中心)的形式对外提供服务，IT 部门能够通过完全自动化的自助服务访问，为用户提供这些消费单元以及其他包括虚拟机和操作系统镜像等在内的基础架构和应用服务模板。

4. 自动化运维

深信服企业云提供一键式的自动化运维手段，通过平台提供的一键故障检测、一键健康检测，通过平台提供故障定位分析，能够快速分析出问题节点，并能够指出具体的原因和修复的指导。平台提供的一键健康检测能够快速分析出平台潜在的业务风险，包括各种资源性能或者容量风险。平台管理员和租户管理员可以根据系统建议，选择以手动或者自动的方式，实现业务的故障排除和资源优化。

9.5.6 云安全设计

1. 安全架构设计

企业网络架构安全需要从传统安全防护手段和云环境特有安全防护两个维度来设计，才能真正满足云数据中心的安全要求。

1) 安全防护、检测、响应

(1) 通过部署边界安全防护措施，有效满足区域边界的访问控制、攻击防护和入侵防范。

(2) 部署的下一代防火墙、威胁检测探针等，均具备 2～7 层的双向安全威胁检测能力。

(3) 和安全管理中心、深信服安全服务云形成良好互动，保障快速响应能力。

2) 对云环境下特有安全问题加以解决

通过在虚拟化平台上部署安全组件(虚拟防火墙、虚拟负载均衡、虚拟威胁检测探针、虚拟 VPN 等)，并进行安全策略设置，保障虚拟化网络的可视、可控以及虚拟化边界安全防御、检测和响应能力。

通过对云管平台、虚拟化平台、虚拟机的安全加固和安全审计等措施部署，保障云平台的安全，保障业务系统安全、持续、有序运转。

2. 应用安全设计

对于整个云数据中心来说，仅通过网络的安全防护是不够的，还需要对应用安全进行加固,主要从两个方面实现:平台内部的安全和云主机内部的安全。

1) 平台内部的安全

现阶段,基于端口进行应用协议的识别是最常用的手段,但是随着各种网络应用的逐步丰富,这种基于端口的识别报文所属协议类型的方法已经暴露出其存在的不足。虚拟化平台一旦被攻击或者破解,也就意味着整个平台上所有的计算资源的控制权丧失,会造成非常严重的后果。因此,需要部署虚拟机云 WAF,可以抵御外部发起的安全威胁,通过风险扫描、漏洞检测、Web 防护和入侵防御,有效地保护平台的安全。

2) 云主机内部的安全

关于云主机内部的安全,主要考虑采用和主流主机安全厂商合作完成,将第三方杀毒控制中心安装在虚拟机上。采用 B/S 架构,可以随时随地地通过浏览器打开访问,主要负责设备分组管理、策略制定下发、统一杀毒、统一漏洞修复以及各种报表和查询等,在每个需要被保护的云主机中安装轻量级代理插件即可实现强大的主机防御。

3. 数据安全设计

1) 数据存储层面

虚拟化存储 aSAN 把每份数据复制成多份副本进行多副本存储,服务器只需要以常规手段挂载硬盘,虚拟化存储平台会把数据在不同的物理服务器硬盘里创建两个或三个一样的副本。而且,每一次数据的变化,都会通过网络,同时在 aSAN 中的所有副本里进行同步,从而确保数据的一致性。这种多副本的同步存储方式,能够在最大程度上确保数据的互备效果,从而低成本地实现存储的高可靠性。

2) 数据传输层面

主要通过构建 VPC(虚拟私有云)来为每个租户实现数据的安全传输,在云计算模式下,各个部门的数据均通过网络传递到云计算平台进行处理,如何有效地隔离各个租户,形成单独的安全域成为关键,通过 VPC 就能让每个部门的用户逻辑上在一个安全域中,让每个用户只能使用自己的资源。

小　结

本章主要讨论并给出校园网、企业网、等级保护安全建设、无线局域网、云数据中心 5 种网络规划与设计方案,方案的撰写是以真实的网络为背景给出范例。

校园网主要阐述项目背景介绍、需求分析、现有网络特征、物理网络设计和具体的网络设施。

企业网主要由企业边缘体系结构、企业分支机构体系结构、企业数据中心体系结构和企业远程办公体系结构组成。通过一个案例阐述企业网背景分析、需求分析、设计原则、技术目标分析、网络逻辑设计和具体的网络实施。

随着《网络安全法》的实施,网络建设和运营要实行网络安全等级保护制度。本书给出了基于等级保护标准的网络安全建设思路,从设计原则、安全现状分析、需求分析、标准建设方面,给出基于信息系统安全等级保护标准的建设方案。

无线网络建设是各单位建设重点,本书从无线信号覆盖、同频干扰、AP 定位和勘测、容量和数量角度出发,给出一个具体的无线局域网建设案例。

随着大数据、云计算技术的到来，单位陆续建立数据中心。本书从需求分析、网络规划设计、网络资源池、计算资源池、存储资源池、云平台和云安全角度给出了企业云数据中心的建设方案。

习题与实践

1. 网络实验室解决方案

为新建的网络实验室设计局域网，进行网络实验室的网络需求分析(如 80 台计算机，每 40 台一个 VLAN，每 10 台 PC 连接到百兆交换机上，交换机之间互连。VLAN 间通信通过三层交换机，80 台计算机共享如 FTP、代理、WWW 服务等。通过三层交换机的上端千兆口连接到网络中心，通过网络中心实现外网的连接)。给出设计方案和二层、三层交换机上的典型配置。尝试利用网络规划与设计的步骤给出解决方案。

2. 可靠、安全网络实验室解决方案

在网络实验室方案设计的基础之上，满足以下要求。

(1) 网络实验室办公楼到网络中心办公楼要求具备高传输速率，而且要求高可靠性。

(2) 采用千兆到交换机，百兆到桌面的传输方案。

(3) 采用双交换机互为高速备份的联网方案，采用服务器间的数据备份。

(4) 通过设置 DMZ 确保代理、FTP、WWW 服务器的安全。其中只允许外网访问 WWW 服务器。

尝试利用网络规划与设计的步骤给出详细的解决方案。

3. 校园网解决方案

(1) 学校具有 18 个学院，三个校区，其中，网络中心、亚太、国教位于北区，软件学院位于西区，其余学院位于南区。

(2) 网络中心向外提供各种标准化信息化的服务，各个学院也自行向互联网发布学院信息并负责自己学院的信息服务，每个学院拥有约 1500 台 PC。

(3) 学校从 CERNET 申请一段 IPv4 地址 202.196.0.0/18，从 CNC 申请一段 IPv4 地址 125.10.0.0/21。

(4) 采用三层结构为设计校园网，选用万兆以太网连接三个校区作为高速主干；采用千兆以太网作为各位园区的主干，形成大学校园网的汇集层，选用百兆以太网作为接入层。

(5) 大学校园网与因特网具有统一接口，即通过千兆以太网接入 CERNET 和 CNC。

尝试利用网络规划与设计的步骤给出详细的解决方案。

4. 企业网等级保护解决方案

某企业要建设数据中心，请参考 9.5 节的建设方案，并结合云计算的等级保护标准，给出基于等级保护建设的数据中心方案。

第10章 网络故障排除

本章学习目标

- 熟悉网络故障排除模型与方法；
- 掌握常见网络故障排除工具；
- 掌握物理层故障排除；
- 掌握交换机故障排除；
- 掌握路由协议故障排除；
- 掌握无线局域网故障排除；
- 掌握光纤网络故障排除；
- 掌握虚拟机故障排除；
- 掌握网络安全故障排除。

由于网络协议和网络设备的复杂性，网络中断会不时出现，有时网络中断是计划中的，对组织的影响易于控制；有时则是计划外的，对组织的影响可能相当严重。出现意外网络中断时，管理员必须有能力排除故障，使网络恢复正常。网络故障的定位和排除，既需要长期的知识和经验积累，以及对网络协议的理解，同时也需要一系列的软件和硬件工具。本章将围绕常见的网络故障排除的方法、工具展开讨论。

10.1 网络故障排除模型及方法

设想一下，如果每次采用不同的方法试图解决问题会是一种什么样的状况？在如此复杂的网络中，会有无数种可能的情况，而网络中许多不同的情况均会导致错误的发生，所以可能要从许多不同的起始点开始诊断。这不但是一种低效率的故障排除方式，而且非常耗时。因此，网络故障排除必须遵循一定的方法或模型。

10.1.1 Cisco 网络故障排除 7 步法

Cisco 公司提出了一种有效的 7 步式故障排除模型。一个故障排除模型就是一系列可以遵循的故障排除步骤，并且为我们提供一种有效解决网络问题的方式。如图 10-1 所示，Cisco 故障排除模型描述了当收到网络故障报告时，按照下面的步骤完成故障排除过程。

在开始动手排除故障之前，最好先准备一支笔和一个记事本。然后，将故障现象认真仔细地记录下来。在观察和记录时不要忽视细节，很多时候正是一些最小的细节使整个问题变得明朗化。排除大型网络故障如此，十几台计算机的小型网络的故障也是如此。

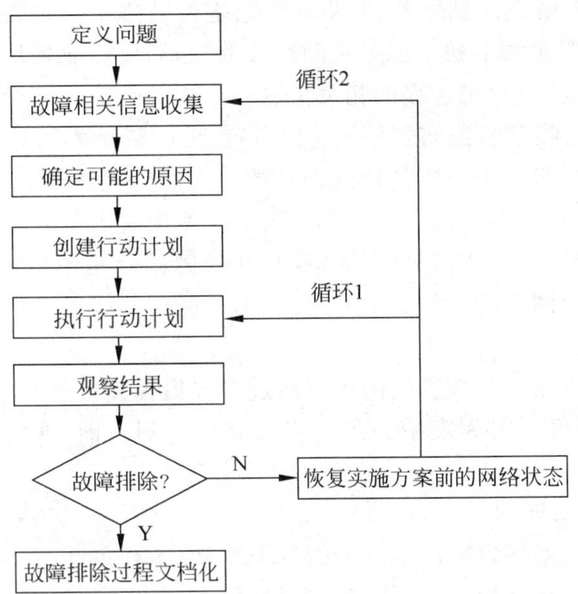

图 10-1 Cisco 网络故障排除模型

1. 问题的界定

用户关于故障问题的描述往往是含糊不清的，网络工程师最重要的是根据各种症状和潜在的问题对事件做出判断，需要获得详细的信息，并用这些信息定义问题的所在。

当有了足够的信息用以界定问题时，应该创建一份专门的、简洁的、对要解决问题能够进行精确描述的问题报告。一份好的问题报告更易于将注意力集中在界定的问题上，而不用去做那些与问题本身并没有什么关联的无用功。

2. 收集详细的信息

信息收集是指使用诊断工具收集故障相关网络和网络设备中专门信息的过程。其他信息应当包括排除其他可能性，能帮助精确定位实际问题的数据。

能否收集到更详细的信息取决于用户和环境。网络工程师必须收集尽可能多的信息以界定问题。界定问题所需的有用信息如表 10-1 所示。

表 10-1 界定问题所需的信息示例

信　　息	举　　例
症状	不能进行 Telnet、FTP 操作或不能访问 WWW 网页
问题再现	这种问题只是出现一次，还是经常发生
时间线	什么时间开始的？持续多长时间？多长时间发生一次？当前的运行配置以前是否能够正常工作
范围	能够 Telnet 或 FTP 哪里？能够访问哪些 WWW 网站？哪些用户会受到影响
基线信息	最近网络配置是否发生过变化

所有这些信息可以用来指导当前的问题并创建问题报告。

(1) 定义症状。首先需要确定什么正在工作而什么不能工作。这可以通过症状确定和范围界定来完成。

(2) 问题再现。在解决问题之前,要验证问题是否仍存在。如果问题不能再现,那么故障排除就是对时间和资源的浪费。如果是间歇性的问题,就需要采用进一步的措施,在下一次发生同样的事件时,获取尽可能多的相关信息。

(3) 理解时间线。除了验证问题是否可以重现之外,最重要的是调查问题出现的频率。另外还需要知道用户是否是第一次使用这种功能。有时涉及该问题的一些状态变量,昨天正常工作而今天却会发生问题,这会导致用户第一次使用时出现故障。

(4) 确定问题范围。可以确定问题的范围,并帮助区分是用户特有问题还是更广范围的问题。故障边界表示网络问题的界限和范围,用于区分功能正常的节点和故障节点。

3. 考虑可能情况

该步骤列出一个可能引起故障的清单。通过多收集相关信息并创建一个精确的问题报告,会缩短该列表的长度。因为表中的条目将只会集中到目前"实际的"问题而不是"可能的"问题上。

4. 创建和执行行动计划

一个行动计划描述用来解决网络故障的各个步骤,工作的出发点就是网络故障信息的收集。在执行每一步行动计划时,应仔细检查问题是否解决,并且不要在修复故障的同时又带来新的问题。因此当创建和执行行动计划时,尽可能一次只修改一个变量。如果多个改变同时发生,最好能够将这些改变控制在一个小的范围之内。

5. 观察故障排除结果或重复上述过程

通过观察和分析结果,可以验证是否排除了故障。如果故障得到解决,那么进入下一步,把对网络所做的所有修改都记录下来。如果依据所收集的信息还不能解决故障,那么需要回头收集更多的信息,可能会发现另外的线索,再次进行故障排除。

6. 故障文档化

文档编制是故障排除的一个有机组成部分。什么时间做了修改,做了怎样的修改,这些都会对将来的故障排除提供有价值的信息。如果相似的问题将来再次发生,可以参考这些文档,基于以前的经验解决当前的问题。

10.1.2 网络文档和记录

当网络发生故障的时候,排除故障最重要的工具之一就是手中的网络文档。要高效地诊断和解决网络故障,网络工程师需要了解网络的设计以及网络在正常运行情况下应具备的性能。这些信息称作网络基线,记录在配置表和拓扑图之类的文档中。

网络配置文档提供网络的逻辑图以及各组件的详细信息。这些信息应只存放在一个地点,要么以硬拷贝形式存放,要么存放在网络的某个受保护的服务器上。网络配置文档应包括以下部分:网络配置表、终端系统配置表、网络拓扑图。

1. 网络配置表

网络配置表包含网络中使用的软件和硬件的准确最新记录。网络配置表应为网络工程师提供查明和解决网络故障所需的全部信息。决定网络配置表格内容的最简单的方法之一是将观察到的信息按照OSI参考模型的层次对它们进行分类。表10-2列举了一个网络配置表格中的各种项目。

除了这些之外,还应该在这个表格中尽可能多地包含重要的第4层到第7层信息。

表 10-3 和表 10-4 列举了路由器和交换机网络配置表数据记录的示例。

表 10-2 网络配置表格的内容列表

分 类	项 目
杂项信息	设备名称、设备型号、CPU 类型、内存、DRAM、接口描述
第一层	介质类型、速度、接口编号、电缆插座或者端口
第二层	MAC 地址、生成树协议状态、根桥、快速端口信息、VLAN、以太网配置通道、封装、Trunk 状态、接口类型、端口安全性、VTP 状态、VTP 模式
第三层	IP 地址、IPX 地址、热备份路由协议 HSRP 地址、子网和子网掩码、路由协议、访问控制列表、通道信息、回环接口

表 10-3 路由器网络配置表示例

设备名称、型号	接口名称	MAC 地址	IP 地址/子网掩码	IP 路由协议
R1,Cisco 2611XM	fa0/0	0007.8580.a159	192.168.10.1/24	EIGRP 10
	fa0/1	0007.8580.a160	192.168.11.1/24	EIGRP 10
	s0/0/0	—	10.1.1.1/30	OSPF
	s0/0/1	—	未连接	
R2,Cisco 2611XM	fa0/0	0007.8580.a161	192.168.20.1/24	EIGRP 10

表 10-4 交换机网络配置表示例

交换机名称、型号、管理 IP	端口名称	速度	双工	STP 状态	快速启用端口	中继状态	以太通道	VLAN	要点
S1,CiscoWS-C3550-24-SMI,192.168.10.2/24	fa0/1	100	自动	转发	否	开	第 2 层	1	连接到 R1
	fa0/2	100	自动	转发	否	开	第 2 层	1	连接到 PC1
	fa0/3								未连接
	fa0/4								未连接

2. 终端系统配置表

终端系统配置表包含服务器、网络管理控制台和台式工作站等终端系统设备中使用的软件和硬件的基线记录。配置不正确的终端系统会对网络的整体性能产生负面影响。终端系统配置表应记录下列信息：设备名称(用途)、操作系统及版本、IP 地址、子网掩码、默认网关地址、DNS 服务器地址、终端系统运行的任何高带宽网络应用程序。表 10-5 列举了终端系统配置表数据记录的示例。

表 10-5 终端系统配置表示例

设备名称(用途)	操作系统/版本	IP 地址/子网掩码	默认网关地址	DNS 服务器地址	网络应用程序	高带宽应用程序
SRV1(Web/TFTP 服务器)	UNIX	192.168.20.254/24	192.168.20.1/24	192.168.20.1/24	HTTP FTP	
SRV2(Web/TFTP 服务器)	UNIX	192.168.201.30/27	192.168.201.1/27	192.168.201.1/27	HTTP	
PC1(管理员终端)	UNIX	192.168.10.10/24	192.168.10.1/24	192.168.10.1/24	Telnet FTP	VoIP

续表

设备名称(用途)	操作系统/版本	IP 地址/子网掩码	默认网关地址	DNS 服务器地址	网络应用程序	高带宽应用程序
PC2(用户 PC-工程部)	Windows XP Pro SP2	192.168.11.10/24	192.168.11.1/24	192.168.11.1/24	HTTP FTP	VoIP
PC3(演示 PC-营销部)	Windows XP Pro SP2	192.168.30.10/24	192.168.30.1/24	192.168.30.1/24	HTTP	视频流 VoIP

3. 网络拓扑图

网络的图形化表示,以图解方式说明网络中各设备的连接方式及其逻辑体系结构。拓扑图和网络配置表有许多部分是相同的。拓扑图中的每台网络设备都应使用一致的标志或图形符号来表示,并且每个逻辑连接和物理连接都应使用简单的线条或其他适当的符号来表示,也可以显示路由协议。

拓扑图至少应包含以下信息:所有设备的标识符号及连接方式、接口类型和编号、IP 地址和子网掩码。图 10-2 是一个网络拓扑图数据记录的示例。

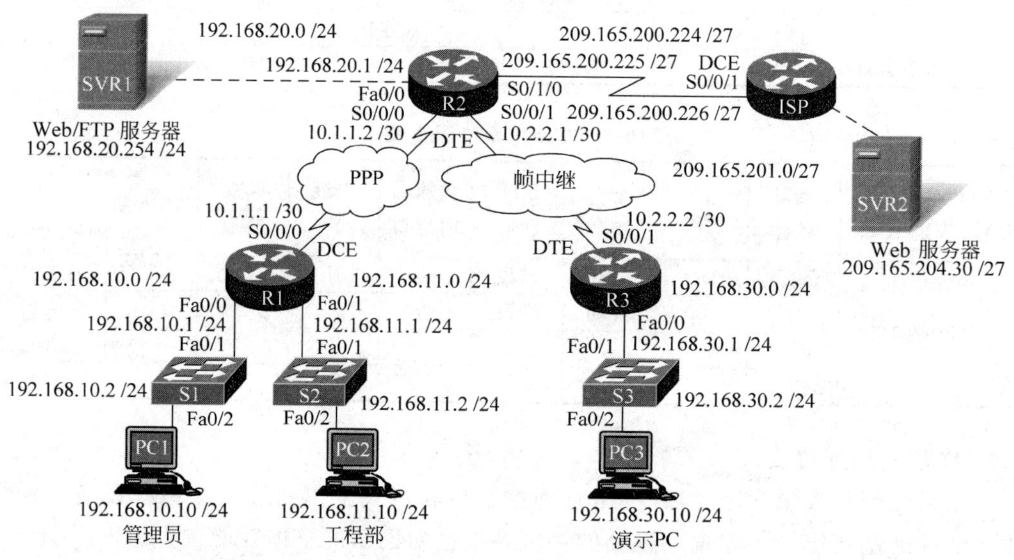

图 10-2 网络拓扑图示例

4. 记录网络数据

图 10-3 显示了网络数据记录流程。当记录网络数据时,可能需要直接从路由器和交换机收集信息。以下命令有助于执行网络数据记录流程。

(1) ping 命令。用于在登录相邻设备前测试与这些设备的连接。对网络中的其他 PC 执行 ping 命令时,同时会启动 MAC 地址自动发现进程。

(2) Telnet 命令。用于远程登录设备以访问配置信息。

(3) show ip interface brief 命令。用于显示设备上所有接口的打开或关闭状态以及 IP 地址。

(4) show ip route 命令。用于显示路由器中的路由表,以了解直接连接的相邻设备、其他远程设备(通过获悉的路由)以及已配置的路由协议。

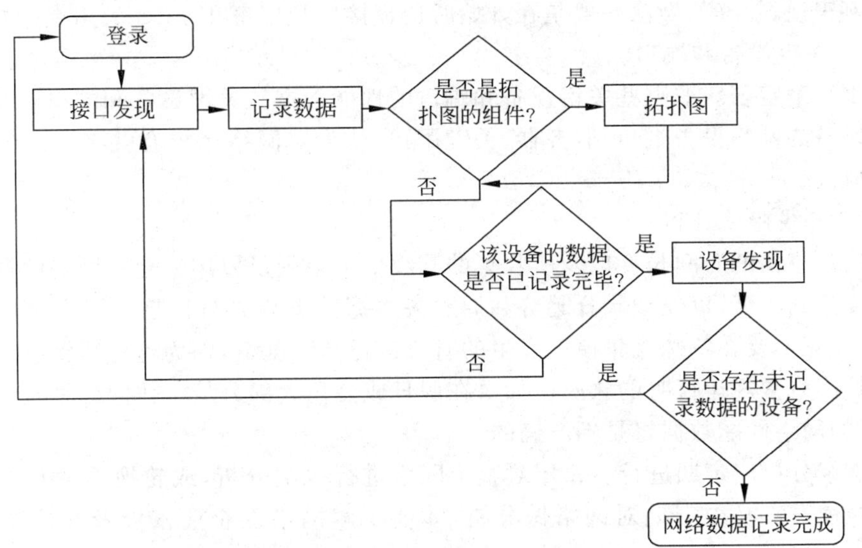

图 10-3 网络数据记录流程

(5) show cdp neighbor detail 命令。用于获取直接连接的相邻 Cisco 设备的详细信息。

10.1.3 网络性能基线

网络管理员可以通过度量关键网络设备和链路的初始性能及可用性,在网络扩展时或流量模式变化时辨别网络的异常运行情况和正常运行情况。还可以利用基线了解现有网络设计是否能够满足所需策略的需要。如果没有基线,在度量网络流量最佳状况特征以及拥塞程度时便没有了依据。

1. 建立网络性能基线的意义

要建立网络性能基线,必须从网络运行不可或缺的端口和设备收集关键的性能数据。这些信息有助于判定网络的特性以及找到下列问题的答案。

(1) 网络的日常或日均运行情况如何?

(2) 哪些方面利用率不足或利用率过高?

(3) 哪些地方出现的错误最多?

(4) 应为需要监控的设备设置哪些阈值?

(5) 网络是否能够满足所确定策略的需要?

此外,在建立初始基线后进行分析往往能够发现一些隐藏的问题。所收集的数据会反映出网络中拥塞状况或潜在拥塞状况的真实性质,还可能会展现出网络中一些利用率不足的区域,了解这些情况后,设计人员往往会根据质量和容量观察结果重新设计网络。

2. 建立网络性能基线的步骤

由于网络性能初始基线奠定了度量网络变化影响以及后续故障排除工作的基础,因此对其做仔细的规划有重要意义。以下是建议的初始基线规划步骤。

1) 确定需要收集哪些类型的数据

第一步在建立初始基线时,请先选择几个变量来表示所定义的策略。如果选择的数据点过多,由于数据量过大,将难以对收集的数据做分析。可以着手于少量数据点,然后逐步增加。举例来说,较好的做法一般是在开始时选择接口利用率和CPU利用率衡量指标。

2) 确定关键设备和端口

第二步是确定要获取哪些关键设备和端口的性能数据。关键设备和端口包括:连接到其他网络设备的网络设备端口、服务器、关键用户、认为对网络运行有关键作用的任何其他设备和端口。

3) 确定基线持续时间

基线信息收集的时间长度以及所收集的基线信息必须足以用来建立网络的概貌。这段时间至少要达到7天,以便记录日趋势和周趋势数据。周趋势与日趋势或小时趋势同样重要。同时,注意不要在特殊流量模式发生的时段进行基线度量,因为这样得到的数据并不能准确地反映网络常规运行时的状况。如果在假日或公司大部分员工休假的月份进行基线度量,所得到的网络性能数据将是不准确的。

网络基线分析应定期进行。每年对整个网络进行一次分析,或轮换式地对网络的不同部分做基线度量。必须定期对网络做分析,才能了解网络受企业发展及其他变化影响的情况。

通常使用先进的网络管理软件来对大型的复杂网络做基线度量。例如,管理员可以利用Fluke Network工具的Intelligent Baselines功能自动创建报告和查看报告。在较简单的网络中,完成基线度量任务可能需要手动收集数据以及使用简单的网络协议分析仪。

10.1.4 网络故障排除方法

1. 按手段划分

网络故障多种多样,不同的故障有不同的表现形式。故障分析时要通过各种现象灵活运用排除方法,找出故障所在并及时排除。

1) 排除法

排除法是指依据所观察到的故障现象,尽可能全面地列举出所有可能发生的故障,然后逐个分析、排除。在排除时要遵循由简到繁的原则,提高效率。使用这种方法可以应付各种各样的故障,但维护人员需要有较强的逻辑思维,对网络设备有全面深入的了解。

2) 对比法

对比法就是利用现有的、相同型号的且能够正常运行的设备作为参考对象,和故障设备进行对比,从而找出故障点。这种方法简单有效,尤其是系统配置上的故障,只要简单地对比一下就能找出配置的不同点。

3) 替换法

替换法是指使用正常的设备部件来替换可能有故障的部件,从而找出故障点的方法。它主要用于硬件故障的诊断,但需要注意的是,替换的部件必须是相同品牌、相同型号的同类设备才行。

2. 按网络协议层次划分

逻辑网络模型(如OSI模型和TCP/IP模型)将网络功能分为若干个模块化的层。排除故障时,可以对物理网络应用这些分层模型来隔离网络故障。例如,如果故障症状表明存在物理连接故障,网络技术人员可以专注于检查在物理层运行的线路是否有故障,如果线路工作正常,技术人员便可检查故障是否是由其他层中的某些方面导致的。

OSI 模型的上层(第 5～7 层)主要关注：网络终端的高层协议以及终端设备软硬件是否运行良好。

OSI 模型的第 3 层网络层主要关注：地址和子网掩码是否正确，排除时沿着源到目的地的路径查看路由表，同时检查接口的 IP 地址。

OSI 模型的第 2 层数据链路层主要关注：端口的状态、协议的状态以及利用率等。

OSI 模型的第 1 层物理层主要关注：电缆、连接头、信号电平等。

此外还有分块和分段故障排除法。分块法是把网络故障划分为网络链路故障、网络配置故障、网络协议故障和网络服务故障等 4 大块。分段法是把网络分段，逐段排除故障。还可以采用由外而内(Outside-in Troubleshooting)、由内而外(Inside-out)和半分法(Divide-by-Half)进行网络故障排除。

实际在网络故障排除中，应该能够灵活运用多种排除方法，完成网络故障的定位和排除。

10.2 故障排除工具

10.2.1 常用网络命令

常用的网络命令有很多，如 IP 网络连通性测试命令 ping，路径信息提示命令 pathping、测试路由路径命令 tracert、网络故障诊断命令 netdiag。熟练掌握这些命令，对网络故障的定位和排除有很好的帮助。下面介绍 ping 命令、ipconfig 命令、tracert 命令。

1. ping 命令

ping 命令是使用频率最高的测试连通性的命令，使用 ping 可以测试计算机名和计算机的 IP 地址，验证与远程计算机的连接，通过将 ICMP 回显数据包发送到计算机并侦听回显响应数据包来验证与一台或多台远程计算机的连接，该命令只有在安装了 TCP/IP 后才可以使用。

1) 验证网卡工作是否正常

在 DOS 窗口下，ping 本地主机的 IP 地址，如“ping 202.196.36.4”，回车运行。若出现如图 10-4 所示提示即可肯定网卡工作正常；但若出现 4 行“Request timeout”提示，则说明网卡工作不正常。

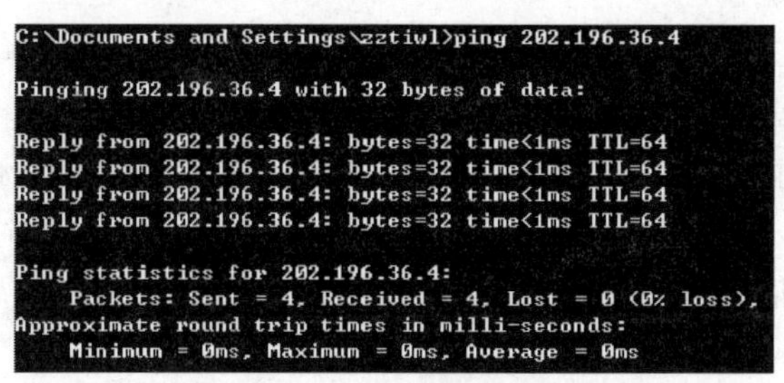

图 10-4 验证网卡工作是否正常

2) 验证 DNS 配置是否正常

在 DOS 窗口下，提示符后输入任一域名(如 www.163.com)，看其是否能被解析成一个IP地址。输入“ping www.163.com”,回车运行。若出现如图10-5提示信息即说明DNS服务器配置正确;但若出现“Unknown host name”提示信息,则说明DNS配置出错。

```
C:\Documents and Settings\zztiwl>ping www.163.com

Pinging www.cache.gslb.netease.com [121.195.178.235] with 32 bytes of data:

Reply from 121.195.178.235: bytes=32 time=11ms TTL=56
Reply from 121.195.178.235: bytes=32 time=11ms TTL=56
Reply from 121.195.178.235: bytes=32 time=11ms TTL=56
Reply from 121.195.178.235: bytes=32 time=11ms TTL=56

Ping statistics for 121.195.178.235:
    Packets: Sent = 4, Received = 4, Lost = 0 (0% loss),
Approximate round trip times in milli-seconds:
    Minimum = 11ms, Maximum = 11ms, Average = 11ms
```

图10-5 验证DNS工作是否正常

3) 验证网关配置是否正常

在DOS窗口下,ping默认网关。如果ping正常,表明计算机已经连接到网络并且可以与本地网络进行通信,如图10-6所示。如果失败,则表明存在一个本地物理网络问题,这个问题可能出现在计算机到路由器之间的任何一个位置上。

```
C:\Documents and Settings\zztiwl>ping 202.196.36.30

Pinging 202.196.36.30 with 32 bytes of data:

Reply from 202.196.36.30: bytes=32 time=2ms TTL=255
Reply from 202.196.36.30: bytes=32 time=1ms TTL=255
Reply from 202.196.36.30: bytes=32 time=1ms TTL=255
Reply from 202.196.36.30: bytes=32 time=1ms TTL=255

Ping statistics for 202.196.36.30:
    Packets: Sent = 4, Received = 4, Lost = 0 (0% loss),
Approximate round trip times in milli-seconds:
    Minimum = 1ms, Maximum = 2ms, Average = 1ms
```

图10-6 验证网关工作是否正常

2. ipconfig 命令

ipconfig应该是网络管理员使用最多的一个命令,它可以查看本机的IP地址等信息,而这也通常是判断网络故障入手的第一步。一台终端用户报告不能上网了,首先第一步就是查一下该用户的IP地址、网关等信息是否正确。

1) ipconfig/all

使用ipconfig/all可以查看网络的详细信息,比不加参数时显示的信息更详细。

2) ipconfig /renew

如果使用ipconfig /all查看IP地址、网关等信息全部正确的话,建议加参数/renew让本机重新获取IP地址试一下。加参数/renew重新获取IP地址,是因为网络出现故障后,有可能还会保存原来网络的一些状态信息。如果获取正常,表示IP地址这一块没有问题。

除了使用ipconfig查看网络状态信息,重新获取IP地址等,通过查看网络连接的状态也可以查看IP地址等信息,通过“修复”按钮也可以让客户端重新获取IP地址。

3. tracert 命令

tracert(跟踪路由)是路由跟踪实用程序,用于确定IP数据包访问目标所经过的路径。tracert命令用IP生存时间(TTL)字段和ICMP错误消息来确定从一个主机到网络上其他主机的路由。

在下例中,数据包必须通过两个路由器(10.0.0.1和192.168.0.1)才能到达主机

172.16.0.99。主机的默认网关是 10.0.0.1，192.168.0.0 网络上的路由器的 IP 地址是 192.168.0.1。

```
C:\> tracert 172.16.0.99  -d
Tracing route to 172.16.0.99 over a maximum of 30 hops
1 2s 3s 2s 10.0.0.1
2 75 ms 83 ms 88 ms 192.168.0.1
3 73 ms 79 ms 93 ms 172.16.0.99
Trace complete.
```

可以使用 tracert 命令确定数据包在网络上的停止位置。下例中，默认网关确定 192.168.10.99 主机没有有效路径。这可能是路由器配置的问题，或者是 192.168.10.0 网络不存在（错误的 IP 地址）。

```
C:\> tracert 192.168.10.99
Tracing route to 192.168.10.99 over a maximum of 30 hops
1 10.0.0.1 reports:Destination net unreachable.
Trace complete.
```

10.2.2 常用故障排除工具

可以利用种类繁多的软件工具和硬件工具来简化故障排除工作。这些工具可以用于收集和分析网络故障症状，往往还提供可用于建立网络基线的监控功能和报告功能。

1. 软件故障排除工具

1）网络管理系统工具

网络管理系统（NMS）工具包括设备级监控工具、配置工具以及故障管理工具。这些工具可以用于调查和解决网络故障。网络监控软件以图形方式显示网络设备的物理视图，网络管理员可以利用该视图监控远程设备，而不必亲自实地检查。设备管理软件提供交换产品的动态状态信息、统计信息及配置信息。常用的网络管理工具有 CiscoView、HP Openview、Solar Winds 及 What's Up Gold。

2）知识库

在线网络设备厂商知识库已成为不可或缺的信息来源。如果网络管理员将厂商知识库与 Google 之类的 Internet 搜索引擎结合使用，便可获得大量从经验中积累下来的信息。例如，http://www.cisco.com 上的 Cisco Tools & Resources（工具和资源）页面就是一个免费工具，提供 Cisco 相关硬件和软件的信息，包括故障排除步骤、执行指南以及涉及网络技术大部分层面的原始白皮书。

3）基线建立工具

可以使用许多工具将网络数据记录及基线建立过程自动化，这些工具有适用于 Windows、Linux 及 UNIX 操作系统的多个版本。基线建立工具如 SolarWinds 的 LANsurveyor 软件和 CyberGauge 软件，可以帮助用户完成常见的基线数据记录任务。它们可以帮助用户绘制网络图，帮助用户使网络软件和硬件数据记录保持最新状态，以及帮助用户以经济的方式度量基线网络带宽使用情况。

4) 协议分析仪

协议分析仪将一个有记录的帧中的各种协议层解码,并以一种相对易用的格式呈现这些信息。如 Wireshark 协议分析仪显示的信息包括物理信息、数据链路信息、协议信息以及每一帧的描述。大部分协议分析器都能够过滤满足特定条件的流量以便实现某种目的。例如,记录某台设备收到和产生的所有流量。协议分析仪也可用硬件设备捕获数据,用软件进行分析。

2. 硬件故障排除工具

1) 网络分析模块

可以在 Cisco Catalyst 6500 系列交换机及 Cisco 7600 系列路由器中安装网络分析模块(NAM),以提供本地及远程交换机和路由器所产生流量的图示。NAM 是一个基于浏览器的嵌入式界面,在该界面中为消耗网络关键资源的流量生成报告。此外,还可以利用它捕获并解码数据包以及跟踪响应时间,以向网络或服务器指出应用程序故障的具体位置。

2) 数字万用表

如图 10-7 所示,数字万用表(DMM)是测试仪器,用于直接测量电压、电流和电阻的值。排除网络故障时,大部分多媒体测试都涉及检查供电电压电平以及检验网络设备是否已通电。

3) 电缆测试仪

如图 10-8 所示,电缆测试仪是专用的手持设备,用于为测试各种类型的数据通信电缆。可以使用电缆测试仪来检测断线、跨接线、短路连接以及配对不当的连接。这些设备可以是廉价的连通性测试仪、中等价位的数据电缆测试仪或昂贵的时域反射计 TDR。

图 10-7　数字万用表

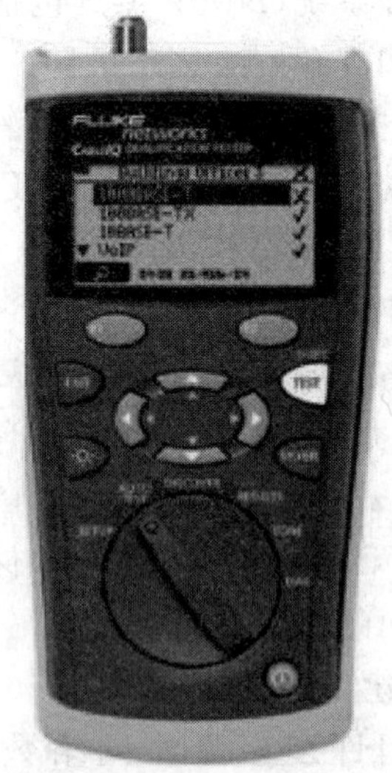

图 10-8　电缆测试仪

4) 电缆分析仪

如图 10-9 所示,电缆分析仪是多功能的手持设备,用于测试和验证适用于不同服务和标准的铜缆和光缆。更先进的工具加入了高级故障排除诊断功能，可以利用这些功能测量与性能缺陷（近端串扰、回波损耗）位置的距离、确定纠正措施以及图形化地显示串扰和阻抗行为。电缆分析仪通常附带基于 PC 的软件。一旦收集到现场数据，手持设备即可上传这些数据，从而创建准确并包含最新数据的报告。

5）便携式网络分析

如图 10-10 所示，便携式网络分析仪用于排除交换网络和 VLAN 的故障。网络工程师只要将网络分析仪插入网络的任何位置，便能够了解该设备连接的交换机端口以及网络的平均利用率和峰值利用率。还可以利用该分析仪来发现 VLAN 配置，查明网络最大流量的来源，分析网络流量以及查看接口详细信息。该设备一般能够向安装有网络监控软件的 PC 输出数据，以做进一步分析和故障排除之用。

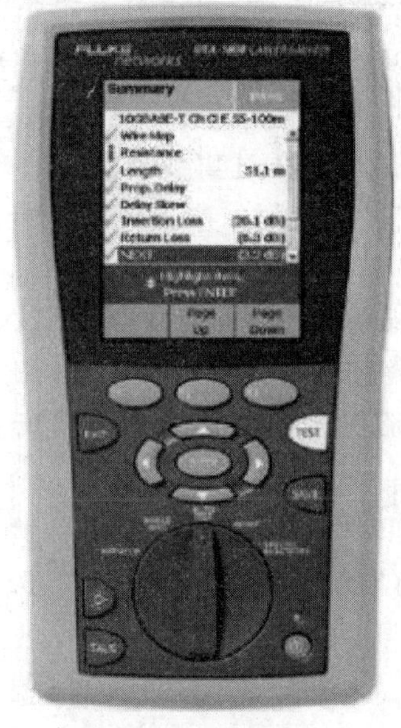

图 10-9　电缆分析仪

图 10-10　网络分析仪

10.2.3　利用协议分析仪排除故障示例

借助协议分析仪对网络故障进行分析，往往会获得出人意料的效果。下面简单介绍协议分析仪的原理及应用实例。

1. 协议分析仪工作原理

以美国网络联盟公司的协议分析仪产品 Sniffer 为例。它能够在全部 7 层 OSI 模型上进行解码，并解析四百五十多种网络协议。Sniffer 可以将网卡置于混杂模式，从而能够对网络上传输的所有数据包进行捕捉，既可以在线实时监视网络数据流，也可以将数据包截获存储以备日后分析。它向用户提供智能专家系统、数据包解码、主机流量排序、会话流量排序、协议分布、网络带宽使用率、数据包总体统计等一系列报告。

数据包解码功能可以对捕获的每个数据包进行 OSI 模型的 7 层详细解码，为使用者提供每个数据包结构、内容和协议的详细资料；智能专家系统通过扫描捕捉的数据包来检测网络异常现象，并自动对每种异常现象按层次进行归类，经过问题分离、分析且归类后，专家系统将解释问题的性质并提供排障建议。通过对这些报告的分析,可以确定故障原因、故障部位,采取相应的措施,排除故障,优化网络。

2. 应用协议分析仪故障排除实例:交换机端口死锁

故障现象:交换机上的某一端口连接了一个集线器,集线器上面有 DNS 及 Web 服务器。在没有任何征兆的情况下,交换机的这一端口突然出现故障,端口上的所有设备不能联网。

故障检查:

(1) 换一个好的交换机端口,约几分钟后重复上述故障。

(2) 怀疑连接交换机的集线器有物理故障,换了一个好的以后,故障仍然存在,可以确定不是集线器故障引起的故障。

(3) 关掉交换机电源,重新加电后,原来出故障的端口恢复正常,可以判断端口故障是因为某种原因锁死,并非烧坏。依此,初步判断故障是由 DNS 或 Web 服务器的硬件或软件异常引起的。

(4) 使用 Sniffer 协议分析仪接入该网段,测试后发现 DNS 通过集线器接入一个好的交换机端口后,很快产生了几个广播风暴,之后交换机的端口就锁死。广播风暴是造成交换机端口锁死的直接原因。

(5) 通过解读捕捉到的数据包内容,可以看到:广播风暴产生的原因是本地 DNS(主)服务器与一台远程 DNS(从)服务器之间产生了大量通信。通信内容是远程 DNS 服务器向本地 DNS 服务器查询一个主机的名字解析,而本地 DNS 服务器没有设置该主机所在域的 DNS 服务器地址,从而造成异常的通信过程。

包的内容解析如下。

第 99 个包:由远程 DNS 服务器 192.136.16.49(从)向本地 DNS 服务器 192.25.89.173(主)查询 www.hbs.js 的名字解析。

```
DLC: —DLC Header —
DLC:
DLC: Frame 99 arriverd at 21:18:41.8190; frame size is 70(0046hex)bytes
DLC: Destination = Station 006094EAC3FD
DLC: Source = Station DECnet 001BB0
DLC: Entertype = 0800(IP)
DLC:
…
IP: —IP Header —
IP:
IP: Source address  = [192.136.16.49],DNS1 -- 从 DNS
IP: Destination address  =  [192.25.89.173],DNS0——主 DNS
IP:
…
DNS: —Internet Domain Name Service header —
DNS:
DNS: ID = 3523
DNS: Flags = 01
DNS: 0… = Command
```

```
DNS: .000 0… = Query
DNS: …0. = Not truncated
DNS: …11 = Recursion desired
DNS: Flags = 0x
DNS: …0… = Nor Verified data NOT acceptable
DNS: Question count = 1. Answer NOT acceptable
DNS: Authority court = 0. Additional record count = 0
DNS:
DNS: ZONE Session
DNS: name = www. hbs. js.
DNS: type = host address(A,1)
DNS: Class = Internet(IN,1)
```

第 100 个包：本地 DNS 服务器 192. 25. 89. 173 将查询不到 www. hbs. js 的结果反馈给远程 DNS 服务器 192. 136. 16. 49。

```
DLC: —DLC Header —
DLC:
DLC: Frame 100 arriverd at 21:18:41.8192; frame size is 70(0046hex)bytes
DLC: Destination = Station DECnet 001BB0
DLC: Source = Station 006094EAC3FD
DLC: Entertype = 0800(IP)
DLC:
…
IP: —IP Header —
IP:
IP: Source address  = [192.25.89.173],DNS0—主 DNS
IP: Destination address  =  [192.136.16.49],DNS1——从 DNS
DNS: —Internet Domain Name Service header —
DNS:
DNS: ID = 3523
DNS: Flags = 81
DNS: 1… = Response
DNS: ….0 = Not authoritative answer
DNS: 000 0... = Query
DNS: …0. = Not truncated
DNS: Flags = 8X
DNS: …0… =  data NOT Verified
DNS: 1… =  Recursion available
DNS: Response Code =  Server failure(2)
DNS: …0… =  Unicast packet
DNS: Question count = 1. Answer count = 0
DNS: Authority court = 0. Additional record count = 0
DNS:
DNS: ZONE Session
DNS: name = www. hbs. js.
DNS: type = host address(A,1)
DNS: Class = Internet(IN,1)
```

从协议分析仪还可以看出,在1s内,两台DNS之间有1155个这样的包来回,这种数据包产生了一个广播风暴,造成了交换机端口锁死。

故障排除:将www.hhs.js所在域的DNS服务器的地址定义在本地DNS上,故障排除。

在这个例子中,远程DNS向本地DNS查询www.hbs.js的地址解释,本地DNS答复找不到以后,理论上远程DNS不应再发出查询请示,但由于软件BUG的问题,造成了DNS系统异常,产生了一个广播风暴,使交换机出现了故障。

10.3 交换以太网故障排除

10.3.1 物理层故障排除

1. 物理层常见故障

物理层的故障主要表现在设备的物理连接方式是否恰当;连接电缆是否正确;Modem、CSU/DSU等设备的配置及操作是否正确。常见物理层故障如下。

1) 开箱即无法使用故障

(1) 检查接口卡或主板上的器件,查看是否器件脱落或被压变形,以及BOOTROM或内存条的插座有无插针无法弹起。

(2) 检查PCI侧的插针、物理接口(包括电缆)的插针是否有弯针。

(3) 当没有查到上述硬件故障后,可更换或升级BOOTROM、内存条或主机驱动程序的版本。

2) 安装后无法正常使用故障

(1) 线路连接问题,如线路阻抗不匹配、线序连接错误、中间传输设备故障。

(2) 与其他设备有兼容性问题。

(3) 接口配置问题。

(4) 电源或接地不符合要求。

(5) 在安装过程中也要考虑模块接口电缆所支持的最大传输长度、最大速率等因素。

3) 使用过程中发生故障

(1) 电源、接地和防护方面不符合要求,在有电压漂移或雷击时造成器件损坏。

(2) 传输线受到干扰。如遭受噪声和衰减。

(3) 环境的温湿度、洁净度、静电等指标超出使用范围。

(4) CPU过载。进程CPU利用率高、输入队列丢弃、性能下降、Telnet和ping等操作无法响应。

(5) 超过设计极限。设备资源是在以极限或接近极限能力运行,并且接口错误数增加。

2. 物理层故障排除流程

1) 检查有无电缆损坏或连接不良

可以通过电缆测试仪检测有无断线或信息插座有无故障。怀疑电缆受损时,可以用已知能够正常工作的电缆替换可疑电缆。如果怀疑连接不良,拔出电缆,对电缆和接口都进行物理检查,然后重装电缆。

2）检查是否整个网络都遵循了正确的电缆连接标准

检验是否使用了正确的电缆，某些设备间的直接连接可能需要使用交叉电缆。确保电缆连线正确。

3）检查设备的电缆连接是否正确

确认所有电缆都已连接到正确的端口或接口，并确保所有交叉连接都正确地配线至正确的位置。如果设置一个整洁、条理化的配线间，便可以节省大量时间。

4）检验接口配置是否正确

确认在正确的 VLAN 中设置了所有交换机端口，并且生成树设置、速度设置和双工设置的配置均正确。确认所有活动的端口或接口都未关闭。

5）检查运行统计信息和数据错误率

利用 Cisco show 命令来检查有无冲突以及输入错误和输出错误之类的统计信息，这些统计信息的特征随网络上使用的协议而变化。

3. 集线器常见故障的分析处理

一般情况下，通过观察与集线器连接端口的指示灯是否发亮，可以判断网络连接是否正常。

1）集线器在 100Mb/s 网络中的应用故障

故障现象：将网络从 10Mb/s 升级到 100Mb/s 后，网络无法正常工作。

故障排除：在局域网中，当网络的连接范围较大时，可通过集线器之间的级联扩大网络的传输距离。在 10Mb/s 网络中最多可级联 4 级，使网络的最大传输距离达到 600m。但当网络从 10Mb/s 升级到 100Mb/s 或新建一个 100Mb/s 的局域网时，如果采用普通的方法对 100Mb/s 集线器进行连接将使局域网络无法正常工作。众所周知，在 100Mb/s 网络中只允许对两个 100Mb/s 的集线器进行级联，而且两个 10Mb/s 集线器之间的连接距离不能大于 5m，所以 100Mb/s 局域网在使用集线器时最大距离为 205m。如果实际连接距离不符合以上要求，网络将无法连接。这一点要引起足够重视，否则在用户规划网络时很容易造成严重的错误。

2）集线器经常烧坏

故障现象：一台连接两幢楼的集线器经常烧坏，有时候一个月之中就要坏三四次。

故障排除：经测试，其中 A 楼的电源系统已经老化，零线绝对电压是 30V，火线绝对电压是 250V，而用万用表量电压还是 220V；到 B 楼集线器，则两个集线器要承受 30V 的电势差，很可能因此而损坏。解决的办法很简单，只需在 A 楼的交换机房接一根地线即可。

4. 案例分析 1：路由器相连设备故障导致路由器无法启动

1）故障现象

如图 10-11 所示同轴电缆通过一个转接头连接到 RouterB 的串口。在路由器的启动过程中，通过 Console 口与 RouterB 相连接的 PC 的超级终端上没有任何显示。路由器各面板灯显示正常。

2）可能原因分析

路由器没有正常启动：路由器本身是故障的；所提供的电源不符合要求；电源线有问题。

路由器正常启动但是没有在超级终端上显示：超级终端各参数设置错误；配置电缆

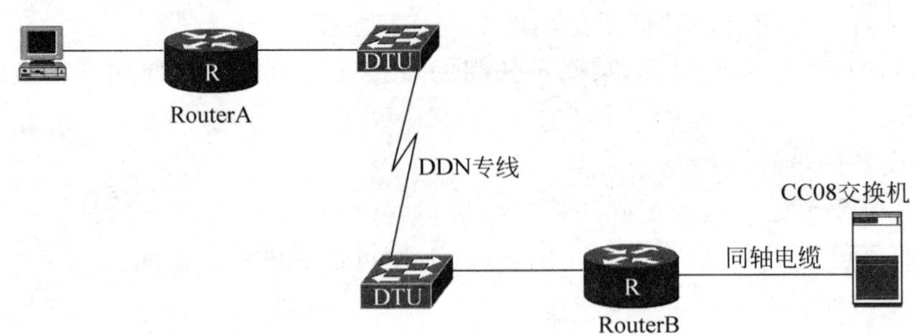

图 10-11 相连设备导致路由器无法启动

故障。

3）故障排除

用同一根配置电缆连接到另一台路由器上，超级终端上正常显示。至此定位为路由器没有正常启动。

更换路由器，电源线不换，超级终端上正常显示，至此排除电源和电源线的问题，定位为路由器本身或与之相连的设备故障。

把与路由器相连的所有不必要的设备拔掉，再启动路由器，发现路由器能够正常启动，超级终端输出正常。定位为路由器相连设备故障导致路由器无法正常启动。

一个一个地插上其他设备，发现插上转接头后路由器无法正常启动，更换转接头，路由器正常启动。

5. 案例分析 2：V.35 DTE/DCE 电缆问题

1）故障现象

Quidway R2501 路由器同帧中继交换机直连（路由器端采用 V35 DTE 电缆），因帧中继交换机侧的端口类型为 15 针串口，故需采用一段转接线才能同 2501 路由器互连，之后采用了一段两端物理接口都符合对接要求的电缆线（设备自带的 V35 DTE 电缆），完成了两台设备的物理对接。

通过 display interface s0 命令查看，发现物理层已经 UP。配置了链路层帧中继协议后，通过 display interface s0 命令查看发现链路层协议始终处于 DOWN 状态。

2）可能原因分析

双方链路层数据配置有误。此时，需要路由器端设置为 DTE，帧中继交换机端设为 DCE；设备端口故障；两类设备的互通性存在问题；物理连接有问题。

3）故障排除

（1）首先怀疑双方的有关链路层数据配置有误，是否双方各设置为 DTE 或 DCE 模式，经检查无错误之处。

（2）两端设备都更换了不同端口进行测试，故障依旧。

（3）检查线缆，发现帧中继交换机提供的转换电缆，虽物理接口相同，但存在 DTE 和 DCE 之分，现行组网中帧中继交换机作为 DCE 设备使用，而我们采用了 DTE 类型的转接线，故出现了如上故障。

（4）把 DTE 类型转接电缆更换为 DCE 类型转接电缆。

10.3.2 交换机故障的排除

交换机故障一般可以分为硬件故障和软件故障两大类。

1. 交换机硬件故障

1）电源故障

由于外部供电不稳定，或者电源线路老化或者雷击等原因导致电源损坏或者风扇停止，从而不能正常工作。由于电源缘故而导致机内其他部件损坏的事情也经常发生。

如果面板上的 Power 指示灯是绿色的，就表示是正常的；如果该指示灯灭了，则说明交换机没有正常供电。这类问题很容易发现，也很容易解决。

针对这类故障，首先应该做好外部电源的供应工作，一般通过引入独立的电力线来提供独立的电源，并添加稳压器来避免瞬间高压或低压现象。如果条件允许，可以添加 UPS 来保证交换机的正常供电。在机房内设置专业的避雷措施，来避免雷电对交换机的伤害。

2）端口故障

这是最常见的硬件故障，无论是光纤端口还是双绞线的 RJ-45 端口，在插拔接头时一定要小心。如果不小心把光纤插头弄脏，可能导致光纤端口污染而不能正常通信。经常看到很多人喜欢带电插拔接头，理论上讲是可以的，但是这样也无意中增加了端口的故障发生率。在搬运时不小心，也可能导致端口物理损坏。如果购买的水晶头尺寸偏大，插入交换机时，也容易破坏端口。

一般情况下，端口故障是某一个或者几个端口损坏。所以在排除了端口所连计算机的故障后，可以通过更换所连端口，来判断其是否损坏。遇到此类故障，可以在电源关闭后，用酒精棉球清洗端口。如果端口确实被损坏，那就只能更换端口了。

3）模块故障

交换机是由很多模块组成的，比如堆叠模块、管理模块、扩展模块等。这些模块发生故障的几率很小，不过一旦出现问题，就会遭受巨大的经济损失。如果插拔模块时不小心，或者搬运交换机时受到碰撞，或者电源不稳定等，都可能导致此类故障的发生。

上面提到的这三个模块都有外部接口，比较容易辨认，有的还可以通过模块上的指示灯来辨别故障。比如堆叠模块上有一个扁平的梯形端口，或者有的交换机上是一个类似于 USB 的接口。管理模块上有一个 Console 口，用于和网管计算机建立连接，方便管理。如果扩展模块是光纤连接的话，会有一对光纤接口。

在排除此类故障时，首先确保交换机及模块的电源正常供应，然后检查各个模块是否插在正确的位置上，最后检查连接模块的线缆是否正常。在连接管理模块时，还要考虑它是否采用规定的连接速率，是否有奇偶校验，是否有数据流控制等因素。连接扩展模块时，需要检查是否匹配通信模式，比如使用全双工模式还是半双工模式。当然如果确认模块有故障，解决的方法就是应当立即联系供应商给以更换。

4）背板故障

交换机的各个模块都是接插在背板上的。如果环境潮湿，电路板受潮短路，或者元器件因高温、雷击等因素而受损都会造成电路板不能正常工作。比如散热性能不好或环境温度太高导致机内温度升高，指使元器件烧坏。

在外部电源正常供电的情况下，如果交换机的各个内部模块都不能正常工作，那就可能是背板坏了,遇到这种情况即使是电器维修工程师,恐怕也无计可施,唯一的办法就是更换背板了。

5）线缆故障

其实这类故障从理论上讲,不属于交换机本身的故障,但在实际使用中,电缆故障经常导致交换机系统或端口不能正常工作,所以这里也把这类故障归入交换机硬件故障。比如接头接插不紧,线缆制作时顺序排列错误或者不规范,线缆连接时应该用交叉线却使用了直连线,光缆中的两根光纤交错连接,错误的线路连接导致网络环路等。

从上面的几种硬件故障来看,机房环境不佳极易导致各种硬件故障,所以在建设机房时,必须先做好防雷接地及供电电源、室内温度、室内湿度、防电磁干扰、防静电等环境的建设,为网络设备的正常工作提供良好的环境。

2. 交换机的软件故障

交换机的软件故障是指系统及其配置上的故障,可以分为以下几类。

1）系统错误

在交换机内部有一个可刷新的只读存储器,它保存的是这台交换机所必需的软件系统。由于当时设计的原因,存在一些漏洞,在条件合适时,会导致交换机满载、丢包、错包等情况的发生。交换机系统提供了如Web、TFTP等方式来下载并更新系统,在升级系统时,也有可能发生错误。

对于此类问题,需要养成经常浏览设备厂商网站的习惯,如果有新的系统推出或者新的补丁,请及时更新。

2）配置不当

对交换机不熟悉,或者由于各种交换机配置不一样,管理员往往在配置交换机时会出现配置错误。比如VLAN划分不正确导致网络不通,端口被错误地关闭,交换机和网卡的模式配置不匹配等原因。这类故障有时很难发现,需要一定的经验积累。如果不能确保用户的配置有问题,应先恢复出厂默认配置,再一步一步地配置。最好在配置之前先阅读说明书,这也是网管所要养成的习惯之一。每台交换机都有详细的安装手册、用户手册,深入到每类模块都有详细的讲解。

3）密码丢失

这可能是每个管理员都曾经经历过的。一旦忘记密码,可以通过一定的操作步骤来恢复或者重置系统密码。有的则比较简单,在交换机上按下一个按钮就可以了；有的则需要通过一定的操作步骤才能解决。此类情况一般在人为遗忘或者交换机发生故障后导致数据丢失,才会发生。

4）外部因素

由于病毒或者黑客攻击等情况的存在,有可能某台主机向所连接的端口发送大量不符合封装规则的数据包,造成交换机处理器过分繁忙,致使数据包来不及转发,进而导致缓冲区溢出产生丢包现象。还有一种情况就是广播风暴,它不仅会占用大量的网络带宽,而且还将占用大量的CPU处理时间。网络如果长时间被大量广播数据包所占用,正常的点对点通信就无法正常进行,网络速度就会变慢或者瘫痪。

一块网卡或者一个端口发生故障,都有可能引发广播风暴。由于交换机只能分割冲突域,而不能分割广播域(在没有划分VLAN的情况下),所以当广播包的数量占到通信总量的 30%时，网络的传输效率就会明显下降。

总的来说，软件故障应该比硬件故障较难查找，解决问题时，可能不需要花费过多的金钱，反而需要较多的时间。最好在平时的工作中养成记录日志的习惯。每当发生故障时，及时做好故障现象记录、故障分析过程、故障解决方案、故障归类总结等工作，以积累经验。比如在进行配置时，由于种种原因，当时没有对网络产生影响或者没有发现问题，但也许几天以后问题就会逐渐显现出来。如果有日志记录，就可以联想到是否前几天的配置有错误。由于很多时候都会忽略这一点，以为是在其他方面出现问题，当走了许多弯路之后，才找到问题所在。记录日志及维护信息是非常必要的。

3. 交换机网络故障排除的原则

当然为了使排障工作有章可循，可以在故障分析时，按照以下的原则来分析。

1）由远到近

由于交换机的一般故障（如端口故障）都是通过所连接计算机而发现的，所以经常从客户端开始检查。可以沿着客户端计算机→端口模块→水平线缆→跳线→交换机这样一条路线，逐个检查，先排除远端故障的可能。

2）由外而内

如果交换机存在故障，可以先从外部的各种指示灯上辨别，然后根据故障指示，再来检查内部的相应部件是否存在问题。比如 Power LED 为绿灯表示电源供应正常，熄灭表示没有电源供应；Link LED 为黄色表示现在该连接工作在 10Mb/s，绿色表示为 100Mb/s，熄灭表示没有连接，闪烁表示端口被管理员手动关闭；RDP LED 表示冗余电源；MGMT LED 表示管理员模块。无论能否从外面查出故障所在，都必须登录交换机以确定具体的故障所在，并进行相应的排障措施。

3）由软到硬

发生故障，谁都不想动不动就拿螺丝刀去先拆了交换机再说，所以在检查时，总是先从系统配置或系统软件上着手进行排查。如果软件上不能解决问题，那就是硬件有问题了。比如某端口不好用，那可以先检查用户所连接的端口是否不在相应的 VLAN 中，或者该端口是否被其他的管理员关闭，或者配置上的其他原因。如果排除了系统和配置上的各种可能，那就可以怀疑到真正的问题所在——硬件故障上。

4）先易后难

在遇到故障分析较复杂时，必须先从简单操作或配置上来着手排除，这样可以加快故障排除的速度，提高效率。

10.3.3 路由协议故障的排除

本节介绍常见的 RIP 和 OSPF 协议的故障排除。

1. RIP

(1) RIP 是 Routing Information Protocol（路由信息协议）的简称。

(2) RIP 是距离矢量路由协议的一个具体实现。

(3) RIP 适用于中小型网络，有 RIP1 和 RIP2 两个版本。

(4) RIP2 使用组播（224.0.0.9）发送，支持验证和 VLSM。

RIP 常见故障有以下几种。

(1) 两台配置 RIP 的路由器间不能互通问题。

① 可能是 RIP 没有启动,也可能是相应的网段没有使能。

② 另一个可能原因是接口上把 RIP 给关掉了。

③ 还有一个可能原因是子网掩码的不匹配。

④ 版本差异(如不同厂商路由器之间)。

(2) RIP1 和 RIP2 的差异引起的问题。

① 配了验证,却没有起作用。

② 聚合问题。

(3) RIP 性能问题。

① 仅以跳数 hops 作为 metric 的问题。

② 广播更新问题。

(4) 其他问题。

① 帧中继中的水平分割问题。

② 地址借用问题。

RIP 相关的命令如下(以华为公司设备为例)。

display rip:显示 RIP 当前运行状态及配置信息。

debug rip packet:打开 RIP 报文调试信息开关。

RIP 典型案例如图 10-12 所示。

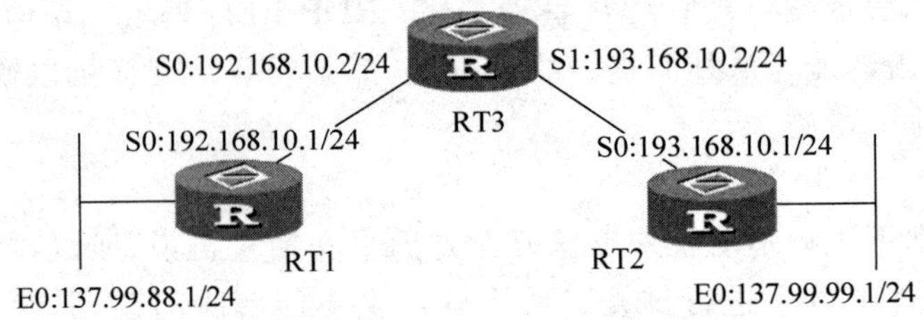

图 10-12 RIP 案例示例

故障现象:从 RT3 上无法 ping 通 137.99.99.0/24 网段;在 RT3 上用 tracert 命令发现去往 137.99.99.0/24 网段的数据包被送到了 RT1。

查看 RT3 的路由表,如表 10-6 所示。

表 10-6 RT3 路由器路由表

序号	Destination/Mark	Proto	Pref	Metric	Nexthop	Interface
1	127.0.0.0/8	Direct	0	0	127.0.0.1	LoopBack0
2	127.0.0.1/32	Direct	0	0	127.0.0.1	LoopBack0
3	137.99.0.0/16	RIP	100	1	192.168.10.1	Serial0
4	192.168.10.0/24	Direct	0	0	192.168.10.1	Serial0
5	192.168.10.1/32	Direct	0	0	192.168.10.1	Serial0
6	192.168.10.2/32	Direct	0	0	127.0.0.1	LoopBack0
7	192.168.10.0/24	Direct	0	0	192.168.10.2	Serial0
8	192.168.10.2/32	Direct	0	0	127.0.0.1	LoopBack0

从路由表序号 3 的路由表条目可以看出，是不连续子网问题。原因：RIP1 按类发布路由。解决方法：配置 RIP2 并取消汇总。

2. OSPF 协议

(1) OSPF 是 Open Shortest Path First Protocol(开放最短路径优先协议)的简称。

(2) 可适应大规模网络。

(3) 路由变化收敛速度快。

(4) 支持区域划分。

(5) 支持等值路由。

(6) 支持验证。

(7) 支持路由分级管理。

(8) 支持以组播地址发送协议报文。

OSPF 常见问题及排除方法如下。

(1) OSPF 邻居路由器无法互相学习路由。

① 故障定位的检查要点如下。

② 检查物理连接及下层协议是否正常运行。

③ 是否已经配置了 Router ID。

④ 检查 OSPF 协议是否已成功地被激活。

⑤ 检查需要运行 OSPF 的接口是否已配置属于特定的区域。

⑥ hello-interval 与 dead-interval 之间的关系。

⑦ 若网络的类型为广播或 NBMA，至少有一台路由器的优先级应大于零。

⑧ 区域的 STUB 属性必须一致。

⑨ 接口的网络类型必须一致。

⑩ 在 NBMA 类型的网络中是否手工配置了邻居。

⑪ 检查是否已正确地引入了所需要的外部路由。

(2) 其他故障问题。

① 路由表不稳定，时通时断：物理线路问题；Router ID 问题。

② 无法引入自治系统外部路由：STUB 区域问题。

③ 区域间路由聚合的问题。

④ 路由表中丢失部分路由：路由过滤问题。

(3) OSPF 相关的命令。

display ospf：OSPF 路由选择进程的主要信息。

display ospf interface：OSPF 相关的接口信息。

display osppf peer：显示 OSPF 邻居信息。

(4) OSPF 典型案例。

故障现象：如图 10-13 所示，RTC 向 RTD(11.1.3.2)发送流量的过程中，当 RTB 和 RTD 之间链路突然断掉时，RTC 到 RTB 之间出现路由环路。

① 在 RTB 和 RTD 之间的链路断掉之后，分别在 RTB 和 RTC 上查看路由表。RTC 上的路由表如图 10-14 所示。

② RTB 上的路由表如图 10-15 所示。

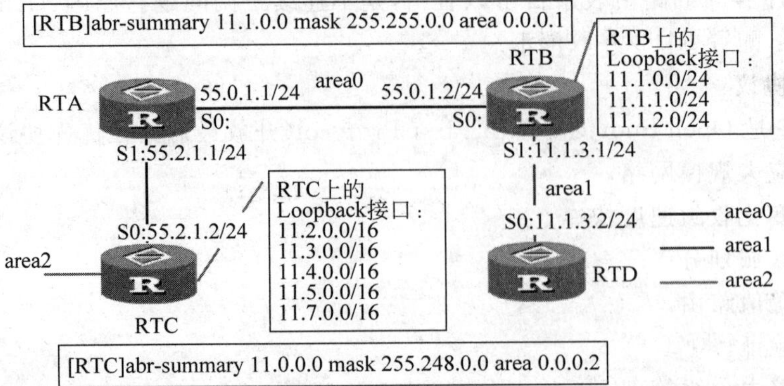

图 10-13　OSPF 案例

```
[RTC]displayip routing-table
Routing Tables:
 Destination/Mask Proto  Pref   Metric    Nexthop  Interface
   11.1.0.0/16  OSPF  10      4686      55.2.1.1 Serial0
   11.2.0.0/16 Direct  0       0       11.2.1.1 LoopBack2
   11.2.1.1/32 Direct  0       0      127.0.0.1 LoopBack0
   11.3.0.0/16 Direct  0       0       11.3.1.1 LoopBack3
   11.3.1.1/32 Direct  0       0      127.0.0.1 LoopBack0
   11.4.0.0/16 Direct  0       0       11.4.1.1 LoopBack4
   11.4.1.1/32 Direct  0       0      127.0.0.1 LoopBack0
   11.5.0.0/16 Direct  0       0       11.5.1.1 LoopBack5
   11.5.1.1/32 Direct  0       0      127.0.0.1 LoopBack0
   11.6.0.0/16 Direct  0       0       11.6.1.1 LoopBack6
   11.6.1.1/32 Direct  0       0      127.0.0.1 LoopBack0
   11.7.0.0/16 Direct  0       0       11.7.1.1 LoopBack7
   11.7.1.1/32 Direct  0       0      127.0.0.1 LoopBack0

............
```

图 10-14　RTC 上路由表

```
[RTB]displayip routing-table
Routing Tables:
 Destination/Mask Proto  Pref   Metric    Nexthop  Interface
   11.0.0.0/13  OSPF  10     4686      55.0.1.1 Serial0
   11.1.0.0/24 Direct 0       0       11.1.0.1 LoopBack1
   11.1.0.1/32 Direct 0       0      127.0.0.1 LoopBack0
   11.1.1.0/24 Direct 0       0       11.1.1.2 LoopBack2
   11.1.1.2/32 Direct 0       0      127.0.0.1 LoopBack0
   11.1.2.0/24 Direct 0       0       11.1.2.1 LoopBack3
   11.1.2.1/32 Direct 0       0      127.0.0.1 LoopBack0
......
```

图 10-15　RTB 上路由表

当 RTC 向 RTD(11.1.3.2)发送流量时，通过分析故障后 RTC 和 RTB 的路由表发现，数据包从 RTC 匹配路由 11.1.0.0/16 发往 RTB，但在 RTB 比对路由表时因为直连的 S1 口故障，11.1.3.0/24 的路由条目从路由表中消失，数据包只能又通过 11.0.0.0/13 的汇总路由从 S0 发回 RTC，所以形成环路。

③ 处理方法：将聚合路由引至 Null 0 接口，如图 10-16 所示。

在 RTC 和 RTB 上增加到 Null 0 接口的汇总路由后，因为静态路由的优先级高于 OSPF 的汇总路由，所以即使链路故障后导致汇总路由不精确，数据包也会先匹配静态路由

```
[RTC]ip route-static 11.0.0.0 255.248.0.0 Null 0
[RTB]ip route-static 11.1.0.0 255.255.0.0 Null 0
```

图 10-16 RTC 和 RTB 处理结果

丢弃数据包,从而避免出现路由环路。

10.3.4 无线局域网故障的排除

由于无线信道特有的性质,使得无线网络连接具有抗干扰能力差,传输不稳定性,在使用过程中会遭遇各式各样的网络故障,大大影响了服务质量。这些网络故障严重影响了日常的上网效率。下面将介绍无线网络故障排除的一般流程,来帮助用户及时、有效地排除这些故障。

1. 软件故障排除

如无线网络出现无法建立连接可以先检查操作系统。

(1) 查看网络参数配置是否正确。查看网卡是否正确设置 IP 地址、网关、DNS 等参数。

(2) 有没有正确设置 SSID。无论是无线对等网络,还是接入点无线网络,都必须设置正确的 SSID,否则,客户端将无法加入。

(3) 有没有正确安装迅驰等芯片的驱动程序。如果无法从笔记本原始制造商处获得软件或驱动程序更新,也可以使用英特尔参考驱动程序。

(4) 操作系统是否中病毒。有时候操作系统中病毒会不断向无线路由器发送大量无用数据包,导致网络中断。

以上 4 点是比较常见的无线网络由于软件方面导致的故障。这些故障发生不容易引起用户注意,所以排除起来需要足够的耐心,一步步去排除。

2. 硬件故障排除

无线网络设备是组建无线网络的必需品,而这些设备的使用又有别于有线网络设备,所以对它们出现的故障也要区分对待。

1) 无线 AP 故障排除

无线 AP 在无线网络中有着至关重要的作用,常见故障现象可分为：连接速率下降、传输速率不稳定、机器无法获得 IP 地址。这三类故障现象都有相应的解决方法。

(1) 连接速率下降可以查看无线 AP 与无线网卡是否有遮挡物、无线 AP 附近是否有干扰、是否增加了无线客户端、笔记本是否开启省电模式。前三个故障的原因都比较好理解,而笔记本采用节电模式时,无线网卡的发射功率会大大下降,导致无线信号减弱,从而影响无线网络的传输速率。

(2) 传输速率不稳定可以查看无线 AP 位置放置是否合适。一般无线设备可以自动根据环境调整速度,距离远了,传输速度就会降低。一般要将无线 AP 放置在无线局域网设备群的中央。

(3) 机器无法获取 IP 地址可以查看无线 AP 是否关闭 DHCP 服务、是否设置了 MAC 地址过滤、是否设置了 WEP 加密。

2) 无线路由器故障

无线路由器和平时以太网使用的路由器没有太大的区别,常见故障现象可分为：无线路由器登录设置失败、无线路由器无法自动拨号、无线路由器经常掉线。

(1) 登录设置失败可以从内网是否存在广播风暴、网络是否有病毒、局端线路是否有故障等三个方面去排查。

(2) 无法自动拨号一般是无线路由器硬件故障或参数设置不当、线路连接有问题、浏览器参数设置有问题。

(3) 经常掉线可以查看无线路由器内部参数设置、仔细检查路由器是否本身存在故障。例如,输入电压不稳、内部温度过高或者遭遇雷击等。

3) 无线天线故障

无线天线在无线网络中的作用不容忽视,无线信号强弱、覆盖范围大小、距离远近都和它相关。常见故障一般如下。

(1) 安装位置不正确。

(2) 针对不同网络类型使用了错误的无线天线。

(3) 覆盖范围没有达到要求。

(4) 不同的使用环境用错天线类型。

上述故障只要发现就很容易排除,例如,室外天线要注意防水和防雷处理、远距离的数据传输时,应当选择大增益的天线。对无线网卡而言,由于只是需要与无线AP或无线路由器进行通信,所以应当选择定向天线。对于无线漫游网络而言,无线AP和无线网卡都应当采用全向天线。

4) 无线网卡故障

无线网卡在无线网络中是一个很容易出现问题的设备,它的常见故障现象可以分为:无线网卡拔插导致系统死机、无线网卡无法正常工作、无线网卡导致系统蓝屏。这三类故障解决方法如下。

(1) 拔插无线网卡按照正确的步骤进行操作。例如,插拔无线网卡时,一定不要进行与网络通信或信息传输相关的工作,先将网卡设备暂时禁用,再拔除无线网卡就会安全了。

(2) 无线网卡无法正常工作可以检查网卡的驱动程序是否安装正确或者网卡的参数配置是否正确或者网卡的参数配置是否正确。

(3) 无线网卡导致蓝屏一般都是网卡的驱动程序与操作系统不匹配、网卡松动或者网卡没有完全插入插槽引起的。

以上介绍了无线网络故障排除的一般方法,如果条件允许还可以借助专业的工具进行无线网络故障排除。例如,Fluke公司的ES网络通是功能强大的网络故障排除工具,可用于无线局域网的故障排除。

3. 无线局域网故障排除流程及案例

如图10-17所示,某无线终端无法连接到无线网络。任何网络问题的故障排查都应遵循系统化的方法,从物理层逐层往上,直至到达TCP/IP协议栈的应用层。WLAN的故障排除方法与此相同,可以系统化分三步进行。

(1) 步骤1:排除用户PC导致故障的可能性。

如果没有网络连接,请检查以下各项。

① 使用ipconfig命令确认PC上的网络配置。确保该PC已通过DHCP获得一个IP地址或已配置一个静态IP地址。

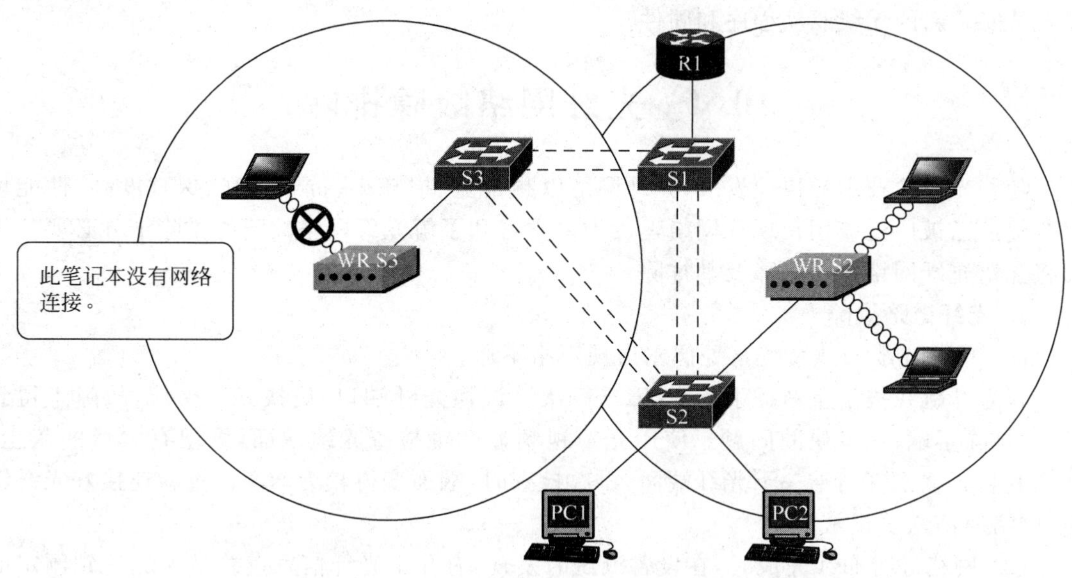

图 10-17 无线网络故障排除案例

② 确保该设备可以连接到有线网络。将该设备连接到有线 LAN 并 ping 已知的 IP 地址。

③ 可能需要尝试另一块无线网卡。如有必要,请重新加载适合该客户端设备的驱动程序和固件。

④ 如果客户端的无线网卡正常工作,请检查客户端的安全模式和加密设置。如果安全设置不匹配,客户端将无法接入 WLAN。

如果用户的 PC 可以运行,但性能不佳,请检查以下各项。

① PC 到接入点的距离有多远? PC 是否处在计划的覆盖区域(BSA)之外。

② 检查客户端上的通信设置。只要 SSID 是正确的,客户端软件应该就能检测到合适的信道。

③ 检查区域中是否存在其他在 2.4GHz 频段上运行的设备。其他设备可能是无绳电话、婴儿监控仪、微波炉、无线安全系统,还可能是流氓接入点。来自这些设备的数据可能会干扰 WLAN,导致客户端和接入点之间的连接中断。

(2) 步骤 2: 确认设备的物理状态。

所有设备是否都已妥当置放? 请考虑可能出现的物理安全问题。所有设备是否都有电源,这些电源是否都已打开?

(3) 步骤 3: 检查链路。

检查连接设备之间的链路,查找出现故障的连接器或损坏或缺少的电缆。如果物理设备没有问题,则使用有线 LAN 来检查是否可以 ping 包括接入点在内的设备。

如果此时仍存在连通性问题,则可能是接入点或其配置有问题。

在排查 WLAN 故障时,建议的步骤是: 先排查物理因素,再排查应用软件的因素。在排除用户 PC 导致故障的可能性并确认设备的物理状态正常之后,即应开始分析接入点的性能。检查接入点的电源状态。

在确认接入点设置之后,如果无线发射装置仍有故障,请尝试连接到另一个接入点。可以尝试安装新的无线驱动程序和固件。

10.4 光纤网络故障排除

随着光传输技术的快速发展,光纤网络以频带宽、损耗小、抗干扰强、保真度高、性能可靠等优点已被广泛应用在现代网络建设中。学习和了解光纤网络故障的排除十分必要。下面将介绍光纤网络常见故障及其排除。

1. 光纤链路故障

(1) 单模光缆布线系统某处偶尔出现网络不通。

将光纤跳线拔下重新插上后,故障未解决。调换光纤端口、更换光纤模块,故障未得到解决,排除了端口、模块的问题。使用光缆视频显微镜检查光缆端面,发现有大量的灰尘。使用瓶装压缩空气清洁一下光纤端面,再次检查时,端面变得较为洁净。重新连接好光纤链路,网络通信恢复正常。

(2) 网络综合布线完成后,在设备测试时发现,有几个光纤信息点总是无法达到额定的传输速率。

双向测试光纤链路后,发现个别光纤链路的连通性有问题。由于光缆采用8芯,调整使用的光纤后,问题得到解决。原因是只对光缆单向测试,将无法保证连通性。

(3) 内网服务正常,Internet连接超时。

重启代理服务器后,网络故障依旧。查看代理服务器的系统性能,没有发现问题。当测试代理服务器与Internet的连接时,丢包率很高,原因有两个,一是Internet服务商的接入设备发生故障,二是光电收发器有问题。更换光电收发器后,Internet连接恢复正常。

2. 光纤收发器故障

1) 光纤收发器的光口(FX)指示灯不亮

要确定光纤链路是否交叉连接(光纤跳线一头是平行方式连接;另一头是交叉方式连接)。例如,A收发器的光口(FX)指示灯亮、B收发器的光口(FX)指示灯不亮,则故障在A收发器端:一种可能是A收发器(TX)光发送口已坏,因为B收发器的光口(RX)接收不到光信号,此时需更换收发器;另一种可能是A收发器(TX)光发送口的这条光纤链路有问题(光缆或光纤跳线可能断了),此时需更换光纤跳线。

2) 双绞线(TP)指示灯不亮

要确定双绞线连线是否有错或连接有误。有的收发器有两个RJ-45端口:(To Hub)表示连接交换机的连接线是直通线;(To Node)表示连接交换机的连接线是交叉线。有的收发器侧面有MPR开关:表示连接交换机的连接线是直通线方式;DTE开关:连接交换机的连接线是交叉线方式。根据端口的不同以及开关,用通断测试仪检测双绞线是否是所要求的连接线,如果不符合要求则需更换连接线。

10.5 虚拟机故障排除

目前应用比较广泛的虚拟机软件有VMware、KVM、Xen等。本节将以VMware和KVM为例,简单介绍虚拟机常见的故障排除。

1. VMware 虚拟机常见故障排除

(1) 启动虚拟机失败：The VMware Authorization Service is not running (1007131)。

当 VMware Authorization 服务未运行或者该服务不具有管理员权限时出现该故障。为排除该故障,启动该服务并保证其具有管理员权限。

① 以管理员登录 Windows。

② 运行 services. msc。

③ 启动 VMware Authorization Service。

④ 停止 User Account Control (UAC)。

⑤ 为运行 VMware Authorization Service 的 Windows 用户增加管理员权限。

(2) Windows 主机上未完全卸载时进行清理。

① 以管理员登录 Windows,关闭防火墙和防病毒软件。

② 如果使用的是 Workstation 7.0 以上版本,运行以下命令：

```
VMware-workstation-full-7.1.2-301548.exe /clean
```

(3) 客户操作系统启动慢、虚拟机内应用程序运行慢。

① 查证下降的性能是非预期行为,因为虚拟化开销,通常会引起一定的性能下降。

② 查证所使用的 VMware 产品是最新版本。

③ 检查 VMware Tools 在虚拟机中已安装,运行了正确的版本。

④ 检查虚拟机硬件设置,确保为虚拟机提供了充足的资源,包括 CPU 和内存。

⑤ 确保主机上所安装的防病毒软件配置为扫描时排除虚拟机文件。

⑥ 检查主机的存储系统,查证配置为最优性能。

⑦ 查证主机有足够的自由内存,满足虚拟机的需求。

⑧ 停止主机的 CPU 电源管理。

⑨ 查证主机网络不影响虚拟机的性能。

⑩ 查证主机操作系统正常运行,处于健康状态。

2. KVM 虚拟机常见故障排除

(1) "KVM：disabled by BIOS"错误。

请在 BIOS 中检查是否有能够开启的选项。如果没有,请从厂商的网站上获取最新的 BIOS。注意：

① 部分计算机(比如 HP nx6320),在 BIOS 里面启用虚拟化后需要重新启动计算机。

② 部分计算机,在 BIOS 里面开启某些功能可能会影响 VT 的支持(比如在 ThinkPAD T500 下开启 Intel AMT 会阻止 kvm-intel 的加载)。

③ 在一些 Dell 的机器上,需要取消 Trusted Execution,否则 VT 不会被加载。

(2) 已经安装了 VMware/Parallels/VirtualBox,当使用 modprobe KVM 时,系统锁死。

英特尔 VT 和 AMD-V 都没有提供判断软件当前是否正在使用硬件虚拟化扩展的机制。如果有两个内核模块已经装载,都试图使用硬件虚拟化扩展,系统将出现错误。目前暂时只能在一台计算机上同时使用一种虚拟化软件。

(3) 当连接一个 VNC 终端时,出现"rect too big"错误提示。

这是在处理即时像素格式时，由 VNC 协议的一个缺陷所引起的。如果在使用 TigerVNC,可以使用 vncviewer 的命令行选项-AutoSelect=0,停止像素加密的即时选择。

(4) 当使用鼠标在客户操作系统窗口中单击,鼠标不显示。

用以下方式运行 kvm/qemu:

```
- usb - usbdevice tablet
```

如果无效,则使用以下命令:

```
$ export SDL_VIDEO_X11_DGAMOUSE = 0
```

(5) 安装 Kubuntu 时,QEMU/KVM 并没有挂起,却不在屏幕上显示任何信息。

带上-std-vga 选项运行 KVM。如果客户机系统像 Kubuntu/Ubuntu 一样使用 framebuffer 模式的话,这一做法是有效的。

(6) 使用中遇到"rtc interrupts lost"的错误信息,并且客户机运行缓慢。

在客户机的.config 文件中设置 CONFIG_HPET_EMULATE_RTC=y。

10.6 网络安全故障排除

本节将从网络安全技术着手,以常见的防火墙和入侵检测为例,简单介绍网络安全故障的排除。

1. 防火墙常见故障排除(以华为 Eudemon 200 为例)

(1) ACL 加速编译失败。

当配置规则的端口号变化太频繁,相关性太少时,ACL 加速功能很可能在编译过程中失败,这是算法的局限性决定的,应尽量避免使用这样的 ACL 规则,如无法避免,只能不使用加速查找功能。

(2) 配置了黑名单表项,但是 Buildrun 信息中却没有显示。

如果配置了黑名单表项有老化时间的配置,则该表项不会显示在 Buildrun 信息中,也无法保存,可以使用 display firewall blacklist item 命令看到。

(3) 接好防火墙之后,网络不通,无法 ping 通其他设备,其他设备也无法 ping 通防火墙。

一般是配置出错了,按照典型配置指导书,重新配置即可。

(4) 有的端口打开了快转有的没有,在组合起来应用的时候,某些端口性能很低。

VRP 内部实现机制的问题,目前唯一的解决措施时所有接口保持统一的转发方式,要么都用快转,要么都不用,不能混合使用。

(5) 使用了地址扫描/端口扫描功能,但却没有作用。

地址扫描/端口扫描需要在要防范的域内配置使能基于 IP 的出方向统计功能,也就是说要在要防范的域的配置模式下,使用命令 statistic enable ip outzone 才可以。

(6) 配置了 VGMP,但却没有作用。

在配置 VGMP 的时候需要指定数据通道,如果没有数据通道的话,VGMP 的报文将发送不出去，而导致 VGMP 不能通信，表现为 VGMP 没有作用。

2. 入侵检测常见故障排除（以锐捷 RG-IDS 为例）

1）Sensor 串口不能通信

（1）超级终端属性参数配置不正确。建议参数配置全部选择默认，波特率为 9600。

（2）串口线损坏。建议使用其他串口线尝试重新连接。

（3）引擎串口屏蔽。使用显示器连接引擎硬件设备查看 Console 管理一项是否为“disable serial console”。如果显示为“enable serial console”，表明串口登录权限已经被屏蔽掉，建议修改为“disable serial console”。

（4）引擎串口损坏。如果使用同一串口线连接其他设备通信正常、通过显示器接入查看终端有显示、显示界面与串口终端显示界面相同，则表示该设备的引擎串口损坏。

（5）RG-IDS 引擎设备优先响应键盘和显示器外接设备，如果同时连接终端和显示器，串口配置信息会通过显示器显示，不会通过超级终端显示。建议卸掉显示器和键盘，再次尝试超级终端操作。

2）EC 与 Sensor 连接故障

（1）确定供电正常，检查电源连接。

（2）检查网络接口和网线连接是否正常。

（3）尝试使用 Telnet 命令连接 EC 1968 端口，成功。

（4）使用外接显示器查看设备启动时的情况，需注意自检时的声音提示，有“嘀”的一声说明自检正常（如果设备使用冗余电源，有一个未加电时也会有“长鸣”告警声音，注意和自检错误时的声音告警相区别）。

（5）在 Sensor 的控制台界面 Config Networking 配置页中检测管理接口的 IP、掩码、默认路由以及物理端口配置无误，主 EC 所用的 IP 地址、掩码配置是否正确。

（6）在 Sensor 控制台的 Interface Setting 配置页查看 Sensor 的接口速率和双工工作模式是否配置正确，建议正常情况下都配置为 auto。

（7）运行 Console 界面上的 Sensor 连接测试，判断 EC 和 Sensor 的通信是否正常。

（8）使用 Sensor 调试工具获取 Sensor 的相关信息，看是否能正确返回信息。

（9）Sensor 目前的状态显示只是根据 Sensor 主动上传的信息来判断，所以在应用策略时可能会导致状态正常但是连接不上的问题。

小　　结

Cisco 网络故障排除模型介绍了网络故障排除的详细步骤，总共分为 7 步，包括问题的界定、收集详细的信息、考虑可能情况、创建一份行动计划、执行行动计划、观察行动计划的结果、重复上述过程。

网络文档在排除故障时会发挥重要作用。网络配置文档提供网络的逻辑图以及各组件的详细信息，主要包括网络配置表、终端系统配置表、网络拓扑图。

建立网络基线对网络文档和网络故障排除有重要意义，可以分为三步建立网络基线：确定需要收集哪些类型的数据、确定关键设备和端口、确定基线持续时间。

常见的网络故障排除方法：排除法、对比法、替换法、按 OSI 协议层次方法、分块法、分段法等。

可以利用常见的网络命令 ipconfig、ping、tracert 进行网络故障定位和排除，可以利用各种软硬件工具进行网络故障排除，如协议分析仪 Sniffer。

重点介绍了交换以太网的故障排除，主要包括物理层故障排除、交换机故障排除、路由协议故障排除、无线局域网故障排除等方法。另外，分别介绍了光纤网络、虚拟机、网络安全设备的故障排除。

习题与实践

1. 填空题

(1) Cisco 网络故障排除法有 7 步，其中前两步是________和________。

(2) 网络故障排除常使用的网络文档有________、________、________。

(3) 按手段划分，常用的网络故障排除方法有________和________。

(4) 常见的软件故障排除工具有________、________和________。

(5) 常见的硬件故障排除工具有________、________和________。

2. 简答题

(1) 简述 Cisco 网络故障排除模型及其 7 步法。

(2) 简述网络文档在故障排除时的作用和常见文档。

(3) 简述常用的网络故障排除方法。

(4) 简述 ping 命令在网络故障排除中的用法。

(5) 简述 ipconfig 命令在网络故障排除中的用法。

(6) 简述 tracert 命令在网络故障排除中的用法。

(7) 简述协议分析仪在网络故障排除中的用法。

(8) 简述物理层故障排除的方法。

(9) 简述集线器常见故障的排除方法。

(10) 简述交换机常见故障的排除方法。

(11) 简述路由协议常见故障的排除方法。

(12) 简述无线局域网常见故障的排除方法。

(13) 简述光纤网络常见故障的排除方法。

(14) 简述虚拟机常见故障的排除方法。

(15) 简述网络安全常见故障的排除方法。

3. 实验题

实验：网络故障排除

(1) 实验目的。

学习网络故障排除的方法，实际排除网络故障。

(2) 实验内容。

① 构建网络

② 测试网络

③ 破坏网络

④ 排查问题
⑤ 收集症状
⑥ 修复问题
⑦ 记录问题和解决方案
(3) 实验设备与环境,如图 10-18 所示。

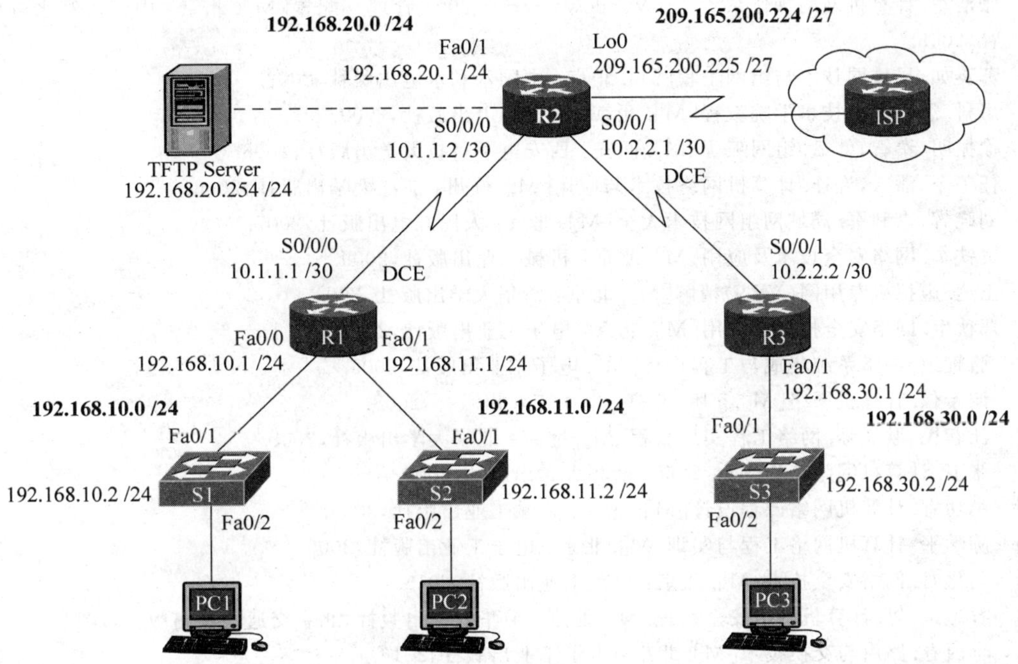

图 10-18 实验设备与环境

(4) 实验步骤。

① 建立网络:根据拓扑图进行网络布线;配置 NAT、DHCP 和 OSPF。

② 测试网络:确认端到端连接正常;检验 DHCP 和 NAT 是否正常工作;通过使用 show 和 debug 命令了解每台设备。

③ 破坏网络:学生乙破坏网络配置。

④ 排查问题:学生甲询问问题的有关症状等。

⑤ 收集症状:使用 show 和 debug 命令开始收集症状,也可以使用 show running-config。

⑥ 纠正问题:纠正配置,测试解决方案。

⑦ 记录问题和解决方案:两个学生都应当在自己的日志中记录问题和解决方案。

参考文献

[1] 张浩军.计算机网络操作系统——Windows Server 2003 管理与配置[M].北京：中国水利水电出版社,2005.

[2] 苏英如.局域网技术与组网工程[M].北京：中国水利水电出版社,2003.

[3] 思科.思科网络技术学院教程[M].北京：人民邮电出版社,2009.

[4] 徐振明,秦智,韩斌.组网工程[M].西安：西安电子科技大学出版社,2006.

[5] 任午令,潘云,许祥.计算机网络技术与应用[M].杭州：浙江大学出版社,2006.

[6] 刘晓辉,李利军.局域网组网技术大全[M].北京：人民邮电出版社,2007.

[7] 贾铁军.网络安全技术及应用[M].北京：机械工业出版社,2009.

[8] 王达.虚拟机专用网(VPN)精解[M].北京：清华大学出版社,2004.

[9] 郑秋生.网络安全技术及应用[M].北京：电子工业出版社,2009.

[10] 骆耀组.网络系统集成与工程设计[M].电子工业出版社,2005.

[11] 谢希仁.计算机网络[M].5 版.北京：电子工业出版社,2008.

[12] 汪新民,耿红琴.网络工程实用教程[M].北京：北京大学出版社,2008.

[13] 张卫.计算机网络工程[M].北京：清华大学出版社,2006.

[14] 吴功宜.计算机网络课程设计[M].北京：机械工业出版社,2005.

[15] 陈学平.计算机网络工程与实训[M].北京：电子工业出版社,2006.

[16] 刘化君.网络安全技术[M].北京：机械工业出版社,2015.

[17] 石志国,等.计算机网络安全教程[M].北京：清华大学出版社,北京交通大学出版社,2011.

[18] 李丙春.路由与交换技术[M].北京：电子工业出版社,2016.

[19] 苗凤君,盛剑会,等.网络操作系统及配置管理——Windows Server 2008 和 RHEL 6.0[M].北京：清华大学出版社,2012.

[20] IT 同路人.Windows Server 2008 系统管理、活动目录、服务器假设[M].北京：人民邮电出版社,2010.

[21] 戴有炜.Windows Server 2008 网络专业指南[M].北京：北京科海电子出版社,2009.

[22] 葛秀慧,田浩.网站建设——基于 Windows Server 2008 和 Linux 9[M].北京：清华大学出版社,2008.

[23] 刘晓辉,张剑宇,张栋.网络服务——搭建、配置与管理大全(Linux 版)[M].北京：电子工业出版社,2009.

[24] 伍云辉.Linux 服务器配置与管理指南[M].北京：清华大学出版社,2010.

[25] 郑秋生.网络工程实训和实践应用教程[M].北京：清华大学出版社,2011.

图书资源支持

感谢您一直以来对清华版图书的支持和爱护。为了配合本书的使用，本书提供配套的资源，有需求的读者请扫描下方的"书圈"微信公众号二维码，在图书专区下载，也可以拨打电话或发送电子邮件咨询。

如果您在使用本书的过程中遇到了什么问题，或者有相关图书出版计划，也请您发邮件告诉我们，以便我们更好地为您服务。

我们的联系方式：

地　　址：北京海淀区双清路学研大厦 A 座 707

邮　　编：100084

电　　话：010－62770175－4604

资源下载：http://www.tup.com.cn

电子邮件：weijj@tup.tsinghua.edu.cn

QQ：883604(请写明您的单位和姓名)

资源下载、样书申请

书圈

用微信扫一扫右边的二维码，即可关注清华大学出版社公众号"书圈"。